CLASSIQUES LATINS.

HISTOIRE

DES

ANIMAUX

PAR PLINE,

TRADUITE EN FRANÇAIS
PAR GUEROULT.

Édition augmentée

DE SOMMAIRES, DE NOTES NOUVELLES ET D'UNE TABLE

DES MATIÈRES.

A PARIS,

CHEZ LEFÈVRE, ÉDITEUR,

RUE DE L'ÉPERON, 6;

ET CHEZ GARNIER FRÈRES, LIBRAIRES,

AU PALAIS-ROYAL, 215.

1845.

TYP. LACRAMPE ET COMPᵉ, RUE DAMIETTE, 2.

DISCOURS PRÉLIMINAIRE.

Pline est le seul des anciens qui ait traité de tous les objets qui appartiennent à la nature. Le ciel, l'eau, la terre les animaux, les plantes, les minéraux, l'origine, les progrè et les procédés des arts, il a tout compris dans son histoire naturelle, travail immense, *inventaire précieux de tout ce qui formait alors les véritables richesses de l'esprit humain* [1].

L'ouvrage entier est partagé en trente-six livres. Cinq, savoir, les VII, VIII, IX, X et XIe, contiennent l'histoire des animaux.

En traitant cette partie, l'auteur a suivi la division donnée par la nature même, de la terre, de l'eau, et de l'air. Il parle successivement des animaux terrestres, des animaux aquatiques, des oiseaux. Les insectes, soit qu'ils vivent sur la terre, ou dans l'air, ou au sein des eaux, sont tous renvoyés au dernier livre, comme formant une classe à part.

Le plus parfait des animaux, l'homme, occupe seul le septième livre. Il ne pouvait pas être confondu avec les autres, puisque c'est pour lui que la nature semble les avoir tous produits.

Après avoir jeté un coup d'œil rapide sur les principales variétés de l'espèce humaine, Pline prend l'homme au mo-

---

[1] Condorcet.

ment de sa naissance, et le suit d'âge en âge jusqu'au dernier instant de sa vie. Il ne dissimule rien de nos misères et
de nos infirmités. Il est même pénétré de honte et de pitié
lorsqu'il considère combien l'existence de l'homme est fragile, dans quelles bornes étroites elle est circonscrite, par
combien de douleurs et de maladies elle est tourmentée.
Les faveurs de la fortune sont appréciées à leur juste valeur, et il déplore la vanité et le néant des félicités humaines.
Mais qu'il sait bien aussi nous rappeler au sentiment de
notre grandeur, en développant les ressources que l'homme
peut trouver en lui-même ! Avec quelle dignité, avec quelle
noblesse il nous fait voir combien cet être, plus faible à sa
naissance qu'aucun des animaux, est digne d'être le roi de
la nature par le développement de sa taille, par l'accroissement de sa force, et la perfection de ses organes ! Les facultés de l'ame fixent ensuite son attention. La mémoire, le
courage, la force de souffrir, l'élévation du génie, les talents
en tout genre sont le sujet d'autant de chapitres, pleins de
chaleur et d'éloquence ; enfin, il conduit l'homme à la
vieillesse, et après lui avoir fait parcourir toutes les périodes de la vie, il l'abandonne à la mort, et le voit rentrer
dans le néant d'où il était sorti. Il termine l'histoire de
l'homme en consacrant les noms de ceux qui ont fait la
gloire et le bonheur de l'humanité par l'invention des
arts.

Buffon personnifie, en quelque sorte, l'espèce humaine :
c'est sur l'homme collectif qu'il arrête ses regards. Pline
peint en détail, et ne considère que les individus : comme
tout ce qu'il dit est appuyé sur des faits, il cite en exemples
une multitude d'hommes qui appartiennent à tous les pays
et à tous les siècles. Mais il ne s'écarte point de son objet
principal ; ces portraits deviennent un tableau d'histoire, et
chez lui, la connaissance des individus nous conduit à la
connaissance de l'espèce.

Le huitième livre contient l'histoire des animaux terrestres. Ces arrangements méthodiques, ces systèmes généraux,
adoptés par les modernes, n'ont point été connus des naturalistes anciens. Pline n'a donc pas disposé ses animaux par
genres, par ordres, par classes ; sa seule manière de les dis-
tribuer est de placer au premier rang ceux qui ont reçu en
partage la grandeur et la force. Il parle d'abord des animaux
qui se sont maintenus libres et indépendants ; il commence
par l'éléphant, le lion, la panthère, le tigre, etc. ; il décrit
fidèlement leurs mœurs, leurs actions, leur façon de vivre,
leurs ruses, les lieux de leur habitation, leur génération, le
nombre des petits, les soins des pères et des mères, etc. Ensuite, il s'occupe de ceux qui vivent en société avec l'homme,
ou qui du moins habitent les mêmes lieux que lui ; il nous
entretient d'abord du chien, du cheval, du taureau, etc.,
s'arrêtant toujours avec complaisance sur ceux qui peuvent
le plus servir à nos besoins ou à nos plaisirs.

Sa marche est la même lorsqu'il traite des animaux aquatiques et des oiseaux. Partout il a su également éviter la sécheresse et la monotonie, varier la forme de ses descriptions, y mêler des faits intéressants et des réflexions sur les
services que peuvent nous rendre ces animaux. On remar-
quera particulièrement ce qu'il dit, dans le huitième livre,
de l'emploi de la laine, de l'origine et des progrès de l'art
de tisser ; et dans le neuvième, de l'usage des perles et des
procédés de la teinture en pourpre. Le dixième est terminé
par quelques remarques sur les sens dans les différents animaux.

La moitié du onzième livre est consacrée aux insectes ; il
met en tête les abeilles ; ce sont, dit-il, les seuls animaux de
cette classe que la nature ait produits pour l'homme ; il
entre dans de grands détails sur les ruches, sur l'éducation
et les travaux des abeilles, sur la récolte du miel. Les autres
insectes sont traités, pour la plupart, d'une manière super-

ficielle ; quelques uns même ne sont qu'indiqués. Il n'est pas étonnant que ces animaux aient été moins étudiés par des hommes qui regardaient comme le véritable et unique but de la science, les moyens d'en tirer le parti le plus avantageux pour la société. On voit même qu'en entrant en matière, notre auteur demande grace à ses lecteurs ; il craint qu'on ne rejette avec dédain des observations qui n'ont pour objet que des animaux inutiles et méprisés.

La dernière moitié de ce livre nous présente la description de l'homme par toutes ses parties extérieures et intérieures, et nous fait connaître dans les autres animaux les rapports que toutes les parties de leur corps ont avec celles du corps de l'homme.

Pline, en écrivant l'histoire des animaux, a souvent cité Aristote. Mais il ne faut pas croire, comme l'ont avancé quelques critiques outrés, qu'il se soit contenté de traduire le philosophe grec : son objet était de nous faire jouir de l'expérience de tous les siècles qui l'avaient précédé. Il a donc recueilli les observations des différents auteurs qui se sont occupés des animaux. Il nous les a transmises en y ajoutant celles qu'il avait faites lui-même. Il a bien fallu qu'il citât le plus laborieux et le plus exact de tous les observateurs ; il le nomme fréquemment ; il s'appuie de son témoignage ; il le compare et souvent il l'oppose à celui des autres auteurs ; quelquefois il le combat, mais toujours avec le respect dû à la supériorité de son génie. Et combien d'observations postérieures aux siennes n'a-t-il pas ajoutées ! combien de faits plus récents n'a-t-il pas sauvés de l'oubli ! combien n'a-t-il pas indiqué d'animaux qui n'avaient pas été connus d'Aristote !

Mais il a, dit-on, accueilli sans choix et sans examen tout ce que l'ignorance ou la vanité des historiens et des voyageurs ont offert à son insatiable avidité de tout savoir, et c'est ainsi qu'il a fait plutôt le roman que l'histoire des animaux.

Ce reproche s'adresse à tous les naturalistes anciens, autant qu'à Pline lui-même. Nous les jugerions avec moins de sévérité, si nous pensions un peu plus aux grands avantages que nous avons sur eux. Aujourd'hui, grace à l'imprimerie, toute découverte nouvelle est soumise à l'examen et à la censure publique. On s'empresse de la vérifier, de la discuter, de la combattre. Les objections, les réponses sont généralement connues ; et si elle sort victorieuse de cette épreuve, elle jouit d'une autorité universelle.

Les anciens étaient obligés de s'en rapporter à des relations de voyageurs, à des descriptions dont souvent il n'existait qu'une seule copie. Les livres étaient rares, et, par conséquent, très chers : et comme ils ne parvenaient guère à ceux qui, témoins des faits, auraient été des juges compétents, le mensonge et l'erreur s'accréditaient par le silence des contemporains.

D'ailleurs, ces mêmes anciens ne paraissent pas avoir connu, comme nous, les avantages du commerce des lumières. Jaloux de leur supériorité, les savants étaient peu communicatifs. Pline se plaint, en plusieurs parties de son ouvrage, que ceux de son temps gardent pour eux seuls le secret de leurs connaissances.

Il n'avait donc pas les mêmes moyens que nous pour s'assurer de la vérité. Il lui était difficile de choisir avec certitude ce qui méritait d'être rapporté ; aussi n'a-t-il voulu prononcer qu'avec précaution sur ce que les anciens ont pu croire. Il n'a point pris sur lui d'affirmer ce qui lui semblait douteux ; mais il s'est fait un scrupule de rejeter ce que des auteurs estimables lui avaient transmis. Il nous avertit, au commencement du septième livre, qu'il ne prétend pas se rendre garant de tous les faits qu'il va rapporter ; et que chaque fois qu'ils lui paraîtront de nature à être contestés, il nous renverra aux auteurs de qui il les emprunte. Il les cite en effet, et nous voyons qu'il s'est réservé le droit de les ré-

futer et de se moquer assez souvent de la crédulité des Grecs,
toujours amis du merveilleux. Je pourrais ajouter que l'expérience a démontré la justesse de plusieurs de ses observations, qu'on avait regardées comme incroyables et fabuleu-
ses, et que, plus d'une fois aussi, on lui a imputé des erreurs
qui appartenaient à ceux qui l'avaient mal traduit ou mal
commenté.

Mais il suffira, sans doute, de rapporter ici le témoignage imposant de Buffon. Voici comme il s'exprime (*De la
manière de traiter l'histoire naturelle*) : « Quoique les modernes aient ajouté leurs découvertes à celles des anciens, je
ne vois pas que nous ayons sur l'histoire naturelle beaucoup
d'ouvrages que l'on puisse mettre au-dessus d'Aristote et de
Pline... Si les anciens semblent avoir négligé à dessein
la description de chaque objet, ils ont du moins très bien
traité l'historique de la vie et des mœurs des animaux. »

Au surplus, quand même les amateurs de l'histoire naturelle ne pardonneraient pas à Pline les erreurs de son siècle,
au moins a-t-il un mérite incontestable aux yeux des amis
des lettres et de l'antiquité. Quels droits n'a-t-il pas acquis à
leur reconnaissance, en nous transmettant cette foule de détails sur les mœurs domestiques des Romains, sur leurs arts,
sur leur luxe, sur leurs jeux, cette multitude d'anecdotes
curieuses, de singularités piquantes qui donnent un si grand
prix à son ouvrage?

Sous ce rapport, Pline, tant de fois cité par les naturalistes, mérite d'être lu par tous les hommes qui ne sont pas
étrangers aux lettres. Le savant Camus a déjà traduit, il y a
plusieurs années, l'histoire des animaux par Aristote. Si
ma traduction n'a pas trop affaibli les traits de mon auteur,
peut-être aura-t-on quelque plaisir à rapprocher et à comparer ensemble Aristote, Pline et Buffon, ces écrivains im-
mortels, dont les ouvrages forment les trois grandes époques dans la chronologie de l'histoire naturelle.

Je m'empresse de payer un juste tribut de reconnaissance aux hommes célèbres qui, de nos jours, ont fait faire tant de progrès à cette partie de l'histoire naturelle. L'ignorance de bien des faits avait, jusqu'ici, rendu beaucoup plus difficile la tâche que je me suis imposée. Aidé par les ouvrages de Buffon et de Daubenton, et par ceux de leurs dignes successeurs, Lacépède et Cuvier ; éclairé par les notes instructives dont Camus a enrichi sa traduction d'Aristote, j'ai eu moins d'obstacles à vaincre. Leurs observations et leurs discussions savantes m'ont souvent été d'un grand secours pour l'intelligence du texte. De pareils ouvrages sont les commentaires les plus utiles. C'est en les étudiant qu'on parviendra le plus sûrement à entendre et à traduire les naturalistes anciens.

Je dois prévenir mes lecteurs que toutes les fois que j'ai cité Buffon, je me suis servi de l'édition de Paris, Imprimerie royale, 1769.

Pour ce qui concerne les poids, les mesures et les monnaies des anciens, j'ai suivi en tout le savant auteur du *Voyage d'Anacharsis*.

HISTOIRE NATURELLE

DE PLINE.

LIVRE SEPTIÈME.

DE L'HOMME.

Misères de l'homme.

Tel est le tableau du monde (1) et l'état des terres, des nations, des mers, des îles, des villes qu'il renferme. La nature des animaux qui le peuplent, si toutefois il est possible à l'esprit humain de les atteindre tous, offre à la contemplation un spectacle non moins immense qu'aucune de ses autres parties.

Il est juste de commencer par l'homme, pour qui la nature semble avoir produit tous les autres animaux. Elle vend bien cher les grands dons qu'elle lui fait ; peut-être même est-elle pour lui moins mère que marâtre. D'abord, c'est le seul qu'elle couvre de vêtements étrangers :

HOMINIS NATURA.

I. Mundus, et in eo terræ, gentes, maria insignia, insulæ, urbes, ad hunc modum se habent. Animantium in eodem natura nullius prope partis contemplatione minor est, si quidem omnia exsequi humanus animus que.t.

Principium jure tribuetur homini, cujus causa videtur cuncta alia genuisse natura, magna sæva mercede contra tanta sua munera : ut non sit satis æstimare, parens melior homini, an tristior noverca fuerit. Ante omnia, unum animantium cunctorum alienis velat opibus : ceteris varie

elle donne aux autres divers téguments, les tests, les coquilles, le cuir, les piquants, le poil, la soie, le crin, le
duvet, la plume, l'écaille et la laine. Elle a muni les arbres eux-mêmes contre le froid et le chaud, en les enve-
loppant d'une écorce quelquefois double. L'homme est le
seul qu'au jour de sa naissance elle jette nu sur la terre
nue, livré, dès cet instant, aux cris et aux pleurs. De tant
d'êtres vivants, nul autre n'est destiné aux larmes, et ces
larmes, il les répand aussitôt qu'il respire : mais le
rire (2), grands dieux! le rire, même précoce, même le
plus hâtif, n'éclôt jamais sur ses lèvres avant le quarantième jour.

A ce triste essai de la lumière succèdent des liens qui
entravent tous ses membres, et dont les bêtes sauvages
qui naissent dans nos habitations sont affranchies, du
moins en ces premiers moments. Produit sous de si brillants auspices, le voilà donc étendu pieds et mains liés,
ce futur dominateur de tous les autres animaux! Il pleure!
Des supplices commencent sa vie, et tout son crime est
d'être né. Après un tel début, hélas! quelle démence que
de se croire des droits à l'orgueil!

Se traîner sur les genoux et sur les mains est en lui le

tegumenta tribuit, testas, cortices, coria, spinas, villos, setas, pilos, plumam, pennas, squamas, vellera. Truncos etiam arboresque cortice, interdum gemino, a frigoribus et calore tutata est. Hominem tantum nu-
dum, et in nuda humo, natali die abjicit ad vagitus statim et ploratum,
nullumque tot animalium aliud ad lacrymas, et has protinus vitæ principio. At hercules risus, præcox ille et celerrimus, ante quadragesimum
diem nulli datur.

Ab hoc lucis rudimento, quæ ne feras quidem inter nos genitas, vincula excipiunt, et omnium membrorum nexus : itaque feliciter natus ja-
cet, manibus pedibusque devinctis, flens animal ceteris imperaturum :
et a suppliciis vitam auspicatur, unam tantum ob culpam, quia natum
est. Heu dementiam ab his initiis existimantium ad superbiam se genitos!

Prima roboris spes, primumque temporis munus quadrupedi sim ilem

premier signe de la force et le premier bienfait du temps. Mais quand ce débile quadrupède se dressera-t-il sur ses pieds ? quand formera-t-il des sons articulés ? quand sa bouche pourra-t-elle broyer les aliments ? jusques à quand la molle flexibilité de son crâne attestera-t-elle qu'il est plus faible qu'aucun des animaux ? Déja surviennent les maladies et cette foule de remèdes inventés pour les guérir, trop souvent impuissants eux-mêmes contre des maux inconnus et nouveaux. Avertis par leur instinct, les autres courent, volent ou nagent. L'homme ne sait rien sans le secours de l'instruction, ni parler, ni marcher, ni manger. Oui, de lui-même il ne sait que pleurer : aussi plusieurs ont-ils prononcé que le mieux serait de ne point naître (3), ou de rentrer à l'instant même dans le néant.

A lui seul exclusivement ont été réservés le chagrin, le luxe qui se varie sous des formes sans nombre , et qu'il étale sur toutes les parties de son corps, l'ambition, l'avarice , la passion immodérée de la vie , la superstition, le soin de sa sépulture, et même de ce qui arrivera quand il ne sera plus. Nul animal dont la vie soit plus frêle, les desirs plus effrénés , la peur plus effarée , la rage plus furieuse. Enfin, les autres vivent en paix avec leurs semblables : nous les voyons se réunir et combattre

facit. Quando homini incessus ! quando vox ! quando firmum cibis os ? quamdiu palpitans vertex, summæ inter cuncta animalia imbecillitatis indicium ! Jam morbi, totque medicinæ contra mala excogitatæ, et hæ quoque subinde novitatibus victæ. Cetera sentire naturam suam , alia pernicitatem usurpare, alia præpetes volatus, alia nare : hominem scire nihil sine doctrina , non fari, non ingredi, non vesci : breviterque non aliud naturæ sponte , quam flere. Itaque multi exstitere, qui non nasci optimum censerent, aut quam ocissime aboleri.

Uni animantium luctus est datus, uni luxuria, et quidem innumerabilibus modis, ac per singula membra : uni ambitio, uni avaritia, uni immensa vivendi cupido, uni superstitio, uni sepulturæ cura, atque etiam post se de futuro. Nulli vita fragilior , nulli rerum omnium libido major, nulli pavor confusior, nulli rabies acrior. Denique cetera animantia in suo genere probe degunt : congregari videmus, et stare contra dissi-

contre des ennemis d'une espèce différente : les lions, malgré leur férocité, n'ont point la guerre avec les lions ; les
serpents ne déchirent point les serpents ; les poissons
mêmes et les monstres de la mer ne sont cruels que pour
ceux d'une autre espèce ; mais, c'est de l'homme, grands
dieux ! que l'homme éprouve le plus de maux.

Dans la partie géographique de cet ouvrage, j'ai exposé
presque tout ce que j'avais à dire de l'espèce humaine,
considérée sous une vue générale ; car mon objet n'est
pas ici de m'occuper des coutumes et des mœurs des nations : elles sont variées à l'infini, et chaque association
politique a les siennes. Cependant je crois ne devoir pas
omettre certains traits particuliers, et spécialement ceux
qui caractérisent les peuples éloignés de la mer. Je ne
doute pas que plusieurs faits ne paraissent, à beaucoup
de mes lecteurs, prodigieux et incroyables. En effet, a-
t-on cru à l'existence des Éthiopiens (1) avant qu'on les
eût vus ? Tout ce qui vient pour la première fois à notre
connaissance, n'est-il pas un sujet d'étonnement ? Combien de choses ne sont jugées possibles, qu'après qu'elles
ont été faites ?

A chaque instant la force et la majesté de la nature
surpassent notre croyance, quand nous contemplons, je

milia. Leonum feritas inter se non dimicat : serpentium morsus non petit serpentes : ne maris quidem belluæ ac pisces, nisi in diversa genera,
sæviunt. At hercules homini plurima ex homine sunt mala.

1. Et de universitate quidem generis humani, magna ex parte, in re-
latione gentium diximus. Neque enim ritus moresque nunc tractamus,
innumeros, ac totidem pene, quot sunt hominum cœtus : quædam tamen
haud omittenda duco, maximeque longius a mari degentium : in quibus
prodigiosa aliqua et incredibilia multis visum iri haud dubito. Quis
enim Æthiopas, antequam cerneret, credidit ? aut quid non miraculo
est, quum primum in notitiam venit ! Quam multa fieri non posse, priusquam sint facta, judicantur !

Naturæ vero rerum vis atque majestas in omnibus momentis fide caret, si quis modo partes ejus ac non totam complectatur animo. Ne pa-

ne dis pas son ensemble, mais même ses détails. Pour ne parler ni des paons, ni de la robe mouchetée des tigres et des panthères, ni des riches couleurs de tant d'animaux, une chose simple et petite, en apparence, mais de nature pourtant à effrayer l'imagination, c'est cette multitude de langues et d'idiomes, qui fait qu'un étranger est à peine un homme pour quiconque n'est pas son compatriote. D'un autre côté, quoique le visage de l'homme ne soit guère composé que de dix parties, on ne rencontre nulle part, entre tant de milliers d'individus, deux figures parfaitement semblables; et cependant tous les efforts de l'artiste (5) ne peuvent jamais produire une pareille diversité entre le petit nombre de têtes qu'invente son génie.

Au surplus, je ne prétends pas garantir tous les faits que je vais énoncer. J'aime mieux renvoyer aux sources, et citer les auteurs pour tout ce qui sera suspect et douteux; mais je demande qu'on n'affecte pas un dédain superbe pour les Grecs, qui sont, à la fois, et les plus anciens et les plus exacts de tous les observateurs de la nature.

Des diverses races.

J'ai indiqué des nations Scythes, et même en grand nombre, qui se nourrissaient de chair humaine. Ce fait

---

vones, aut tigrium pantherarumque maculas, et tot animalium picturas commemorem, parvum dictu, sed immensum æstimatione, tot gentium sermones, tot linguæ, tanta loquendi varietas, ut externus alieno pene non sit hominis vice. Jam in facie vultuque nostro, quum sint decem, aut paulo plura membra, nullas duas in tot millibus hominum indiscretas effigies exsistere; quod ars nulla in paucis numero præstet affectando.

Nec tamen ego in plerisque eorum obstringam fidem meam, potiusque ad auctores relegabo, qui dubiis reddentur omnibus; modo ne sit fastidio Græcos sequi, tanto majore eorum diligentia vel cura vetustiore.

II. 2. Esse Scytharum genera, et quidem plura, quæ corporibus hu-

semblerait peut-être incroyable, si nous ne rappelions à notre pensée qu'au centre de notre empire, que dans la Sicile et l'Italie, il a existé de ces peuples monstres, tels que les Cyclopes et les Lestrigons, et qu'à une époque très récente (6), les nations Transalpines étaient dans l'usage d'offrir des sacrifices humains. Immoler des hommes ou les manger (7), la différence n'est pas grande. On rapporte qu'auprès des Scythes les plus voisins du nord, non loin de cette caverne où j'ai dit que se forme l'aquilon, lieu qu'on nomme Gesclitos, sont placés les Arimaspes, remarquables en ce qu'ils n'ont qu'un œil au milieu du front. Plusieurs auteurs, entre autres Hérodote et Aristéas de Proconnèse, écrivent que ce peuple est continuellement en guerre avec les griffons, espèce de monstres ailés, qui tirent l'or des mines; que les griffons mettent autant d'ardeur à garder ce précieux métal, que les Arimaspes à l'enlever (8).

Par delà d'autres Scythes anthropophages, dans une grande vallée du mont Imaüs, est une contrée, qu'on nomme Abarimon, où vivent des hommes sauvages, dont les pieds sont tournés en arrière; ils sont d'une agilité surprenante, et vivent errants parmi les animaux des fo-

manis vescerentur, indicavimus. Idipsum incredibile fortasse, ni cogitemus in medio orbe terrarum, ac Sicilia et Italia, fuisse gentes hujus monstri Cyclopas et Læstrygonas, et nuperrime trans Alpes hominem immolari gentium earum more solitum : quod paulum a mandendo abest : sed et juxta eos, qui sunt ad septemtrionem versi , haud procul ab ipso aquilonis exortu , specuque ejus dicto, quem locum Gescliton appellant, produntur Arimaspi, quos diximus, uno oculo in fronte media insignes : quibus assidue bellum esse circa metalla cum gryphis, ferarum volucri genere, quale vulgo traditur, eruente ex cuniculis aurum, mira cupiditate et feris custodientibus, et Arimaspis rapientibus, multi, sed maxime illustres Herodotus et Aristeas Proconnesius scribunt.

Super alios autem anthropophagos Scythas, in quadam convalle magna Imai montis, regio est, quæ vocatur Abarimon, in qua silvestres vivunt homines , aversis post crura plantis, eximiæ velocitatis, passim

rêts. Béton, qui mesura les marches d'Alexandre le Grand, nous a transmis que ces hommes ne peuvent vivre sous un autre ciel, et que cette raison, qui s'oppose à ce qu'ils soient transportés chez les rois voisins, empêcha qu'on n'en présentât à ce prince.

Isigone de Nicée raconte que ces anthropophages, que j'ai dit être situés au nord, à dix journées du Borysthène, boivent dans des crânes humains, dont ils étendent les peaux et les chevelures sur leur poitrine, en guise de serviettes. Il dit aussi qu'il y a dans l'Albanie une espèce d'hommes dont les yeux sont verts ; que, dès leur enfance, ils ont les cheveux blancs, et qu'ils voient mieux la nuit que le jour. Il ajoute, qu'à dix journées par delà le Borysthène, les Sarmates ne prennent jamais de nourriture que de trois en trois jours.

Cratès de Pergame rapporte que dans l'Hellespont, près de Parium, il y avait une espèce d'hommes, nommés Iphiogènes, qui, par leur attouchement, guérissaient les morsures des serpents, et faisaient sortir le venin du corps en appliquant leur main sur la plaie. Varron assure que dans ce même pays, il existe encore quelques hommes dont la salive est un remède contre la dent des

cum feris vagantes. Hos in alio non spirare cœlo, ideoque ad finitimos reges non pertrahi, neque ad Alexandrum Magnum pertractos, Bæton itinerum ejus mensor prodidit.

Priores anthropophagos, quos ad septemtrionem esse diximus decem dierum itinere supra Borysthenem amnem, ossibus humanorum capitum bibere, cutibusque cum capillo pro mantelibus ante pectora uti, Isigonus Nicæensis. Idem in Albania gigni quosdam glauca oculorum acie, a pueritia statim canos, qui noctu plus quam interdiu cernant. Idem itinere dierum decem supra Borysthenem Sauromatas tertio die cibum capere semper.

Crates Pergamenus in Hellesponto circa Parium genus hominum fuisse tradit, quos Ophiogenes vocat, serpentium ictus contactu levare solitos, et manu imposita venena extrahere corpori. Varro etiamnum esse paucos ibi, quorum salivæ contra ictus serpentium medeantur. Similis et in

serpents. Telle fut aussi en Afrique, selon Agatharchide,
la nation des Psilles (9), ainsi nommée du roi Psillus,
dont le tombeau subsiste encore dans la région des grandes
Syrtes. L'odeur de leur corps était pour ces reptiles un
narcotique mortel. Ils étaient dans l'usage d'exposer les
enfants nouveaux nés aux serpents les plus cruels, et d'é-
prouver ainsi la fidélité des femmes, parceque les serpents ne fuyaient pas les enfants nés d'un adultère. Cette
nation a été presque entièrement exterminée par les Nasamons, qui occupent aujourd'hui ce pays. Toutefois il
reste encore quelques individus de la race de ceux qui
avaient pris la fuite, ou qui se trouvaient absents dans le
temps de la guerre. Une vertu semblable s'est conservée
dans la nation des Marses en Italie. On dit qu'ils la tiennent du fils de Circé, dont ils tirent leur origine. Au
surplus, tous les hommes portent en eux un poison contre
les serpents. On prétend que la salive produit sur ces
reptiles le même effet que l'eau bouillante ; qu'ils meurent même si elle leur pénètre dans la gorge, surtout
quand cette salive est celle d'un homme à jeun.

Calliphane écrit qu'au delà des Nasamons et des Ma-
chlies leurs voisins, habitent les Androgynes, qui réu-

Africa gens Psyllorum fuit, ut Agatharchides scribit, a Psyllo rege
dicta, cujus sepulcrum in parte Syrtium majorum est. Horum corpori
ingenitum fuit virus exitiale serpentibus, et cujus odore sopirent eas.
Mos vero liberos genitos protinus objiciendi sævissimis earum, eoque
genere pudicitiam conjugum experiendi, non profugientibus adulterino
sanguine natos serpentibus. Hæc gens ipsa quidem prope internecione
sublata est a Nasamonibus, qui nunc eas tenent sedes ; genus tamen hominum ex iis qui profugerant, aut quum pugnatum est afuerant, hodieque remanet in paucis. Simile et in Italia Marsorum genus durat, quos
a Circæ filio ortos ferunt, et ideo inesse iis vim naturalem eam. Et tamen omnibus hominibus contra serpentes inest venenum : feruntque ic-
tas saliva, ut ferventis aquæ contactum fugere. Quod si in fauces pene-
traverit, etiam mori : idque maxime humani jejuni oris.

Supra Nasamonas confinesque illis Machlyas, Androgynos esse utrius-

nissent les deux sexes , usant tour à tour de l'un et de l'autre. Aristote ajoute qu'ils ont le sein droit comme les hommes, et le sein gauche comme les femmes (10).

Isigone et Nimphodore disent qu'il existe en Afrique certaines familles d'enchanteurs , qui, par la vertu de quelques paroles, tuent les troupeaux, dessèchent les arbres , et font périr les enfants. Isigone ajoute que chez les Tribales et les Illyriens , certains hommes ensorcellent par leur vue, et tuent ceux qu'ils regardent fixement, surtout lorsqu'ils sont en colère : que les pubères résistent moins à leurs maléfices ; que ce qui les distingue le plus, c'est qu'ils ont deux prunelles à chaque œil. Apollonide attribue la même singularité à certaines femmes de la Scythie, qu'on nomme Bithiennes. Philarque cite aussi dans le Pont la race des Thibiens et plusieurs autres, dont il dit que le caractère distinctif est d'avoir une double prunelle à un œil, et une figure de cheval à l'autre. Il ajoute que leurs corps ne peuvent s'enfoncer dans l'eau, même étant appesantis par leurs vêtements. On peut ranger dans la classe de ces êtres extraordinaires la race des Pharnaces, d'Éthiopie, dont la sueur, si l'on en croit Damon, corrompt tous les corps qu'elle touche.

que naturæ, inter se vicibus coeuntes, Calliphanes tradit. Aristoteles adjicit dextram mammam iis virilem, lævam muliebrem esse.

In eadem Africa familias quasdam effascinantium, Isigonus et Nymphodorus : quorum laudatione intereant probata, arescant arbores, emoriantur infantes. Esse ejusdem generis in Triballis et Illyriis dici Isigonus, qui visu quoque effascinent, interimantque quos diutius intueantur, iratis præcipue oculis : quod eorum malum facilius sentire puberes. Notabilius esse quod pupillas binas in oculis singulis habeant. Hujus generis et feminas in Scythia, quæ vocantur Bithyæ, prodit Apollonides. Phylarchus et in Ponto Thibiorum genus, multosque alios ejusdem naturæ : quorum notas tradit in altero oculo geminam pupillam, in altero equi effigiem. Eosdem præterea non posse mergi, ne veste quidem degravatos. Haud dissimile iis genus Pharnacum in Æthiopia prodidit Damon, quorum sudor tabem contactis corporibus adferat

Parmi nos auteurs, Cicéron assure qu'en tout pays, le regard des femmes qui ont une double prunelle est funeste. Ainsi donc, après avoir donné aux hommes, comme aux bêtes féroces, le goût de la chair humaine, la nature a voulu répandre des poisons dans toute leur personne, même jusque dans leurs yeux, afin que nulle part il n'existât aucun mal qui ne fût aussi dans l'homme.

Non loin de Rome, au territoire des Falisques, on voit un petit nombre de familles, qu'on nomme les Hirpiens. Dans un sacrifice annuel, qui s'offre près du mont Soracte en l'honneur d'Apollon, ces Hirpiens marchent, sans se brûler, sur un brasier ardent. Un sénatus-consulte les exempte, à perpétuité, du service militaire et de toutes les autres charges publiques.

Certaines parties du corps sont quelquefois douées de propriétés merveilleuses : tel était chez Pyrrhus le pouce du pied droit. Son attouchement guérissait les maux de rate. Les historiens rapportent qu'il ne put être brûlé avec le reste du corps, et qu'il fut déposé à part dans un temple.

L'Inde surtout, et l'Éthiopie abondent en productions

Feminas quidem omnes ubique visu nocere, quæ duplices pupillas habeant, Cicero quoque apud nos auctor est. Adeo naturæ, quum ferarum morem vescendi humanis visceribus in homine genuisset, gignere etiam in toto corpore, et in quorumdam oculis quoque, venena placuit : ne quid usquam mali esset, quod in homine non esset.

Haud procul urbe Roma, in Faliscorum, agro familiæ sunt paucæ, quæ vocantur Hirpi : hæ sacrificio annuo, quod fit ad montem Soractem Apollini, super ambustam ligni struem ambulantes non aduruntur. Et ob id perpetuo senatusconsulto militiæ omniumque aliorum munerum vacationem habent.

Quorumdam corpori partes nascuntur ad aliqua mirabiles : sicut Pyrrho regi pollex in dextero pede, cujus tactu lienosis medebatur. Hunc cremari cum reliquo corpore non potuisse tradunt, conditumque loculo in templo.

Præcipue India Æthiopumque tractus miraculis scatent. Maxima in

prodigieuses. Les plus grands animaux naissent dans l'Inde.
Les chiens, par exemple, y sont d'une plus haute taille
que partout ailleurs. On dit que les arbres s'élèvent à tel
point qu'une flèche n'en peut atteindre le sommet. Telle
est la fertilité du sol, la température du ciel, l'abondance
des eaux, que, si pourtant la chose est croyable, des es-
cadrons entiers se cachent à l'ombre d'un seul figuier.
Les roseaux y deviennent si grands, que de la partie com-
prise entre chaque nœud, on forme un canot capable de
porter trois hommes.

Il est constant que la taille de beaucoup des habitants
excède cinq coudées, qu'ils ne crachent point, qu'ils ne
ressentent aucune douleur à la tête, aux dents, aux yeux,
rarement aux autres parties du corps; tant leur tempérament est endurci par la chaleur du soleil! que leurs
philosophes, qu'on nomme gymnosophistes, demeurent
depuis le matin jusqu'au soir, regardant fixement le soleil, et se tenant tout le jour, sur un pied, dans des sables
brûlants.

Mégasthène rapporte que, sur une montagne nommée
Nulus, des hommes ont la plante des pieds tournée en
arrière, et huit doigts à chaque pied (fables); que, sur

India gignuntur animalia. Indicio sunt canes grandiores ceteris. Arbores
quidem tantæ proceritatis traduntur, ut sagittis superjaci nequeant.
Hæc facit ubertas soli, temperies cœli, aquarum abundantia (si libeat
credere), ut sub una [ficuturmæ condantur equitum. Arundines vero
tantæ proceritatis, ut singula internodia alveo navigabili ternos interdum homines ferant.

Multos ibi quina cubita constat longitudine excedere; non exspuere;
non capitis, aut dentium, aut oculorum ullo dolore adfici, raro aliarum
corporis partium; tam moderato solis vapore durari. Philosophos eorum,
quos gymnosophistas] vocant, ab exortu ad occasum perstare, contuentes
solem immobilibus oculis; ferventibus arenis toto die alternis pedibus
insistere.

In monte, cui nomen est Nulo, homines esse aversis plantis, octonos
digitos in singulis habentes, auctor est Megasthenes. In multis autem

plusieurs montagnes, d'autres hommes ont des têtes de
chien ; qu'ils se couvrent de peaux de bêtes, qu'ils jap-
pent au lieu de parler, qu'ils sont armés de griffes et vivent de chasse (singes *cynocéphales*). Ctésias écrit que, de
son temps, leur nombre était de plus de cent vingt mille,
et que, chez une nation de l'Inde, les femmes n'accouchent qu'une seule fois dans toute la vie ; que, dès leur
naissance, les enfants ont les cheveux blancs. Il parle
aussi d'une espèce d'hommes, nommés Monocoles, qui,
n'ayant qu'une seule jambe, sont pourtant d'une agilité
merveilleuse. Il dit que ces mêmes hommes sont appelés
Sciapodes, parceque, couchés sur le dos pendant la grande
chaleur, ils se couvrent de l'ombre de leurs pieds ; qu'ils
habitent dans le voisinage des Troglodytes (fables) ; que,
près de ces derniers, vers l'occident, on rencontre quelques hommes sans cou (14), et qui ont les yeux aux
épaules.

Dans les montagnes orientales de l'Inde, au pays des
Catharcludes, se trouvent aussi les satyres (espèce de singes), animaux très légers à la course. Ils vont tantôt sur
quatre pieds, tantôt sur deux. Ils ont la face humaine.
Leur agilité est telle, qu'on ne les prend que vieux ou
malades. Tauron nomme Choromandes (singes ?) une nation

montibus genus hominum capitibus caninis, ferarum pellibus velari,
pro voce latratum edere, unguibus armatum venatu et aucupio vesci.
Horum supra centum viginti millia fuisse prodente se Ctesias scribit :
et in quadam gente Indiæ, feminas semel in vita parere, genitosque
confestim canescere. Item hominum genus, qui Monocoli vocarentur,
singulis cruribus, miræ pernicitatis ad saltum ; eosdemque Sciapodas
vocari, quod in majori æstu humi jacentes resupini, umbra se pedum
protegant : non longe eos a Troglodytis abesse. Rursusque ab his, occi-
dentem versus, quosdam sine cervice oculos in humeris habentes.

Sunt et satyri subsolanis Indorum montibus (Catharcludorum dicitur regio) pernicissimum animal : quum quadrupedes, tum recte currentes, humana effigie, propter velocitatem, nisi senes aut ægri, non
capiantur. Choromandarum gentem vocat Tauron, silvestrem, sine voce

sauvage qui, au lieu de sons articulés, ne fait entendre qu'un glapissement effroyable. Ils ont le corps velu, les yeux jaunes, des dents de chien. Eudoxe dit que dans les parties méridionales de l'Inde, les hommes ont le pied d'une coudée de long, mais que les femmes l'ont si petit, qu'on les nomme Struthopodes (*pieds de moineau*) (fables).

Mégasthène place parmi les Indiens nomades une espèce d'hommes, qu'il appelle Scyrites, qui n'ont que deux trous à la place des narines, et dont les pieds flexibles se replient comme les serpents. Selon cet auteur, à l'extrémité orientale de l'Inde, vers la source du Gange, sont les Astomes, qui n'ont point de bouche ; tout leur corps est couvert de poil ; ils s'habillent du duvet des feuilles. Ils ne vivent que par la respiration et l'odorat. Ils ne mangent et ne boivent jamais. Seulement ils respirent l'odeur des plantes, des fleurs et des pommes sauvages ; ce sont là leurs provisions de voyage : une odeur un peu forte est mortelle pour eux.

Par delà les Astomes, à l'extrémité des montagnes, sont, dit-on, les Trispithames et les Pygmées (12), dont la taille n'excède pas trois spithames, c'est-à-dire vingt-sept pou-

stridoris horrendi, hirtis corporibus, oculis glaucis, dentibus caninis. Eudoxus in meridianis Indiæ, viris plantas esse cubitales : feminis adeo parvas, ut Struthopodes appellentur.

Megasthenes gentem inter nomadas Indos narium loco foramina tantum habentem, anguinum modo loripedem, vocari Scyritas. Ad extremos fines Indiæ ab oriente, circa fontem Gangis, Astomorum gentem sine ore, corpore toto hirtam, vestiri frondium lanugine, halitu tantum viventem et odore quem naribus trahant. Nullum illis cibum, nullumque potum : tantum radicum florumque varios odores et silvestrium malorum, quæ secum portant longiore itinere, ne desit olfactus : graviore paulo odore haud difficulter exanimari.

Supra hos extrema in parte montium Trispithami Pygmæique narrantur, ternas spithamas longitudine, hoc est, ternos dodrantes non

ces. Ils vivent sous un ciel très sain, où règne un printemps perpétuel : les montagnes les garantissent de l'aquilon. Nous lisons aussi dans Homère que les grues leur font une guerre cruelle (13). Si l'on en croit la renommée, au retour de chaque printemps, le peuple entier des Pygmées, monté sur des béliers et des chèvres, armé de flèches, descend vers la mer, et mange les œufs et les petits des grues ; trois mois sont employés à cette expédition : sans cela, ils ne résisteraient pas à leurs ennemis devenus trop nombreux. Leurs cabanes sont construites de boue, de plumes et de coquilles d'œuf. Aristote dit que les Pygmées vivent dans des cavernes : il s'accorde pour tout le reste avec les autres auteurs.

Isigone raconte que les Cirnes, peuple de l'Inde, vivent cent quarante ans. Il pense la même chose des Éthiopiens Macrobiens, des Sères et des habitants du mont Athos. Il attribue la longévité de ces derniers à la chair de vipère dont ils se nourrissent. Elle les préserve, selon lui, de toute espèce de vermine, soit à la tête, soit dans leurs habits.

Onésicrite dit que, dans les régions de l'Inde où il n'y a point d'ombre, les hommes ont cinq coudées deux pal-

---

excedentes, salubri cœlo, semperque vernante, montibus ab aquilone oppositis ; quos a gruibus infestari Homerus quoque prodidit. Fama est insidentes arietum caprarumque dorsis, armatos sagittis, veris tempore, universo agmine ad mare descendere, et ova pullosque earum alitum consumere : ternis expeditionem eam mensibus confici ; aliter futuris gruibus non resisti : casas eorum luto, pennisque et ovorum putaminibus construi. Aristoteles in cavernis vivere Pygmæos tradit : cetera de his, ut reliqui.

Cyrnos, Indorum genus, Isigonus annis centenis quadragenis vivere. Item Æthiopas Macrobios et Seras existimat, et qui Athon montem incolant : hos quidem, quia viperinis carnibus alantur : itaque nec capiti, nec vestibus eorum noxia corpori inesse animalia.

Onesicritus, quibus locis Indiæ umbræ non sint, corpora hominum cubitorum quinum, et binorum palmorum exsistere, et vivere annos

mes (14), qu'ils vivent cent trente ans, qu'ils ne vieillissent point, mais qu'ils meurent comme entre deux âges. Cratès de Pergame appelle Gymnètes, et plusieurs auteurs nomment Macrobiens, des Indiens qui vivent plus de cent ans. Ctésias cite une de leurs peuplades, nommée Pandorè, située dans les vallées. On y vit deux cents ans. Leurs cheveux, qui sont blancs dans le jeune âge, noircissent dans la vieillesse (fable). D'autres, au contraire, qui sont voisins des Macrobiens, ne passent pas quarante ans. Leurs femmes ne sont mères qu'une fois. Ce fait est confirmé par Agatharchide : il ajoute qu'ils se nourrissent de sauterelles, et qu'ils sont légers à la course. Clitarque et Mégasthène leur donnent le nom de Mandes, et leur comptent trois cents bourgades. Ils disent que les femmes y sont mères à sept ans, et vieilles à quarante.

D'après Artémidore, la vie est très longue dans l'île de Taprobane, et se passe sans aucune incommodité. On raconte que chez les Calinges, peuple de l'Inde, les femmes conçoivent à cinq ans, et ne passent pas la huitième année ; qu'ailleurs il naît des hommes (des singes) avec une queue garnie de poil, et qui sont extrêmement légers ; que d'autres ont des oreilles qui leur couvrent tout le

centum triginta, nec senescere, sed, ut medio ævo, mori. Crates Pergameus Indos, qui centenos annos excedant, Gymnetas appellat, non pauci Macrobios. Ctesias gentem ex his, quæ appelletur Pandore, in convallibus sitam, annos ducenos vivere, in juventa candido capillo, qui in senectute nigrescat. Contra alios, quadragenos non excedere annos, junctos Macrobiis, quorum feminæ semel pariant : idque et Agatharchides tradit. Præterea locustis eos ali, et esse pernices. Mandorum nomen iis dedit Clitarchus et Megasthenes, trecentosque eorum vicos adnumerat. Feminas septimo ætatis anno parere, senectam quadragesimo accidere.

Artemidorus in Taprobana insula longissimam vitam sine ullo corporis languore traduci. In Calingis, ejusdem Indiæ gente, quinquennes concipere feminas, octavum vitæ annum non excedere ; et alibi cauda villosa homines nasci pernicitatis eximiæ, alios auribus totos contegi.

corps (fable). Le fleuve Arabis sépare les Orites des Indiens. Ceux-là ne connaissent d'autre nourriture que le poisson. Ils le déchirent avec les ongles, le sèchent au soleil, puis ils en font du pain, à ce que rapporte Clitarque. Cratès de Pergame prétend que les Troglodytes au delà des Éthiopiens, courent plus vite que les chevaux, et que les Syrbotes, chez les Éthiopiens, ont plus de huit coudées de haut.

Les Minisminiens, qui font partie des Éthiopiens nomades, situés le long du fleuve Astragus, vers le nord, sont à dix journées de l'Océan. Ces peuples se nourrissent du lait des animaux que nous appelons cynocéphales. Ils en forment des troupeaux, ne réservant qu'un très petit nombre de mâles pour la reproduction de l'espèce. Dans les solitudes de l'Afrique, des apparences d'hommes se montrent subitement au voyageur, et disparaissent aussitôt.

Telles sont, avec beaucoup d'autres encore, les variétés que la nature a produites dans l'espèce humaine : ces jeux de son inépuisable génie sont pour nous autant de prodiges. Eh ! qui pourrait dénombrer ceux qu'elle opère chaque jour, ou, pour mieux dire, à chaque instant du

Oritas ab Indis Arbis fluvius disterminat. Hi nullum alium cibum novere, quam piscium, quos unguibus dissectos sole torreant : atque ità panem ex his faciunt, ut refert Clitarchus. Troglodytas super Æthiopiam velociores esse equis, Pergamenus Crates. Item Æthiopas octona cubita longitudine excédere : Syrbotas vocari gentem eam.

Nomadum Æthiopum, secundum flumen Astragum ad septemtrionem vergentium, gens Menisminorum appellata, abest ab Oceano dierum itinere viginti, animalium quae Cynocephalos vocamus lacte vivit, quorum armenta pascit maribus interemptis, praeterquam sobolis causa. In Africæ solitudinibus hominum species obviæ subinde fiunt, momentoque evanescunt.

Hæc atque talia ex hominum genere ludibria sibi, nobis miracula, ingeniosa fecit natura. Et singula quidem, quae facit in dies, ac prope horas, quis enumerare valeat ! ad detegendam ejus potentiam, satis sit

jour? Qu'il suffise, pour manifester la plénitude de sa puissance, qu'elle ait placé des nations mêmes au nombre des prodiges. Passons à l'homme, et recueillons quelques faits non contestés.

Accouchements prodigieux.

Il est avéré qu'il peut naître trois enfants jumeaux; les Horaces et les Curiaces en sont des exemples. Un nombre plus grand est regardé comme un prodige, excepté en Égypte, où l'usage des eaux du Nil augmente la fécondité (15). De nos jours, sur la fin du règne d'Auguste, une femme du peuple, Fausta, accoucha dans Ostie de deux garçons et de deux filles; présage certain de la famine qui eut lieu bientôt après. Nous lisons qu'une femme du Péloponnèse accoucha quatre fois de deux jumeaux, et qu'ils vécurent presque tous. Trogue Pompée rapporte qu'en Égypte des femmes mettent au monde jusqu'à sept enfants à la fois. Quelques individus naissent avec les deux sexes. Nous les appelons hermaphrodites; autrefois on les nommait androgynes (16), et ils étaient comptés parmi les prodiges : aujourd'hui on en fait un objet de délices.

Parmi les décorations de son théâtre, Pompée le Grand plaça des statues admirables, qui avaient été travaillées avec le plus grand soin par les plus habiles artistes. On

inter prodigia posuisse gentes. Hinc ad confessa in homine pauca.

III. 3. Tergeminos nasci certum est, Horatiorum Curiatiorumque exemplo : supra, inter ostenta dicitur : præterquam in Ægypto, ubi fœtifer potu Nilus amnis. Proxime, supremis divi Augusti, Fausta quædam e plebe, Ostiæ duos mares, totidem feminas enixa, famem quæ consecuta est portendit haud dubie. Reperitur et in Peloponneso binos quater enixa, majoremque partem ex omni ejus vixisse partu. Et in Ægypto septenos uno utero simul gigni auctor est Trogus. Gignuntur et utriusque sexus, quos hermaphroditos vocamus, olim androgynos vocatos, et in prodigiis habitos, nunc vero in deliciis.

Pompeius Magnus in ornamentis theatri Mirabiles fama posuit effigies, ob id diligentius magnorum artificum ingeniis elaboratas : inter

lisait sur une des inscriptions le nom d'Eutichis de Tralle,
portée au bûcher par vingt de ses enfants : elle en avait
eu trente. Alcippe mit au monde un éléphant (17). Un
fait de cette nature est compté parmi les présages sinis-
tres. Une esclave accoucha aussi d'un serpent, au commencement de la guerre des Marses. Les femmes produisent quelquefois des monstres qui réunissent plusieurs
formes. L'empereur Claude écrit qu'un hippocentaure naquit en Thessalie, et mourut le même jour. J'ai vu moi-
même, sous le règne de ce prince, l'hippocentaure (18)
qu'on lui avait envoyé d'Égypte, conservé dans le miel.
On cite l'exemple d'un enfant qui rentra dans le ventre
de sa mère : ce fut à Sagonte, l'année où cette ville fut
détruite par Annibal.

Le changement de femmes en hommes n'est point une
chose fabuleuse (19). Nous trouvons dans les annales que,
sous le consulat de Licinius Crassus et de Cassius Lon-
ginus, une fille de Casinum, qui vivait encore sous la
puissance paternelle, devint garçon, et que, par l'ordre
des aruspices, elle fut déportée dans une île déserte. Licinius Mucien dit qu'il a vu dans Argos un certain Arescon
qui avait porté auparavant le nom d'Arescusa ; que même
cet Arescon avait été marié à un homme, mais que bientôt la barbe et les signes de la virilité s'étaient montrés, et

quas legitur Eutychis, a xx liberis rogo illata, Trallibus enixa xxx partus. Alcippe elephantum, quamquam id inter ostenta est. Namque et
serpentem peperit inter initia Marsici belli ancilla. Multiformes pluribus modis inter monstra partus eduntur. Claudius Cæsar scribit hippo-
centaurum in Thessalia natum eodem die interiisse. Et nos principatu
ejus allatum illi ex Ægypto in melle vidimus. Est inter exempla in uterum protinus reversus infans Sagunti, quo anno ab Annibale deleta est.

4. Ex feminis mutari in mares non est fabulosum. Invenimus in annalibus, P. Licinio Crasso, C. Cassio Longino coss. Casini puerum factum
ex virgine sub parentibus, jussuque aruspicum deportatum in insulam
desertam. Licinius Mucianus prodidit visum a se Argis Arescontem, cui
nomen Arescusæ fuisset ; nupsisse etiam, mox barbam et virilitatem

qu'il épousa une femme. Il dit avoir vu à Smyrne un jeune garçon à qui la même chose était arrivée. J'ai vu de même en Afrique Cossicius, citoyen de Thysdris, qui était devenu homme le jour de ses noces.

Lorsqu'il naît deux jumeaux, il est rare qu'il n'en coûte pas la vie soit à la mère, soit à l'un des enfants (20). S'ils sont de différents sexes, il est encore plus rare qu'ils vivent tous les deux. Les filles se forment plus vite que les garçons ; elles vieillissent aussi plus promptement. Les fœtus mâles se remuent plus souvent dans le sein de la mère. Ils sont presque toujours portés du côté droit, et les femelles du côté gauche.

Génération.

Le temps de la naissance et de la gestation est déterminé pour les autres animaux : l'homme naît dans tout le cours de l'année, et la durée de la grossesse n'a point de bornes fixes. On voit naître des enfants au septième mois, au huitième, et même au commencement du dixième et du onzième. Ceux qui viennent avant le septième ne vivent jamais. Ils ne naissent au septième que lorsqu'ils ont été conçus la veille ou le lendemain d'une pleine lune, ou pendant l'interlune. En Égypte, beaucoup d'enfants

---

provenisse, uxoremque duxisse. Ejusdem sortis et Smyrnæ puerum a se visum. Ipse in Africa vidi mutatum in marem, nuptiarum die, L. Cossicium civem Thysdritanum.

Editis geminis raram esse, aut puerperæ, aut puerperio, præterquam alteri, vitam : si vero utriusque sexus editi sint gemini, rariorem utrique salutem ; feminas gigni celerius quam mares, sicuti celerius senescere ; sæpius in utero moveri mares, et in dextera fere geri parte, in læva feminas, constat.

IV. 5. Ceteris animantibus statum et pariendi et partus gerendi tempus est : homo toto anno, et incerto gignitur spatio. Alius septimo mense, alius octavo, et usque ad initia decimi undecimique. Ante septimum mensem haud umquam vitalis est. Septimo non nisi pridie posterove plenilunii die, aut interlunio concepti nascuntur. Tralatitium in Ægypto est

naissent à huit mois. En Italie même, quoique les anciens aient été d'une opinion contraire, les enfants nés à ce terme vivent aussi bien que les autres. Cette variation dans la durée des grossesses a beaucoup d'étendue. Vestilia, qui fut successivement femme de Cassius Herdicius, de Pomponius et d'Orfitus, citoyens de la plus haute distinction, après être accouchée quatre fois au septième mois, mit au monde Suillius Rufus au onzième, et Corbulon au septième; ils devinrent l'un et l'autre consuls : enfin, elle eut au huitième Césonia, qui fut l'épouse de l'empereur Caligula. Ceux qui naissent à cette époque courent de grands dangers jusqu'au quarantième jour. Les femmes enceintes souffrent surtout dans le quatrième et le huitième mois, et les fausses couches sont alors mortelles. Masurius rapporte, que le préteur L. Papirius, sans s'arrêter aux réclamations d'un héritier collatéral, mit un enfant en possession des biens paternels, sur la déclaration de la mère, qu'elle avait été enceinte pendant treize mois. Il jugea qu'il n'y avait point de limites fixées pour les termes de l'accouchement (24).

Signes auxquels on reconnaît le sexe avant l'accouchement.

Le dixième jour après la conception, les douleurs de tête, des vertiges qui offusquent la vue, le dégoût, les

et octavo gigni. Jam quidem et in Italia tales partus esse vitales, contra priscorum opiniones. Variant hæc pluribus modis. Vestilia C. Herdicii, ac postea Pomponii, atque Orfiti, clarissimorum civium conjux, ex his quatuor partus enixa, septimo semper mense, genuit Suillium Rufum undecimo, Corbulonem septimo, utrumque consulem : postea Cæsoniam, Caii principis conjugem, octavo. In quo mensium numero genitis, intra quadragesimum diem maximus labor. Gravidis autem, quarto et octavo mense, lethalesque in iis abortus. Masurius auctor est, L. Papirium prætorem, secundo! hærede lege agente, bonorum possessionem contra eum dedisse, quum mater partum se XIII mensibus diceret tulisse : quoniam nullum certum tempus pariendi statum videretur.

V. 6. A conceptu decimo die, dolores capitis, oculorum vertigines tere-

maux d'estomac annoncent la formation de l'homme. Si c'est un garçon, la mère a le teint meilleur ; la grossesse est moins pénible ; l'enfant remue le quarantième jour. C'est tout le contraire pour l'autre sexe. La mère sent un poids insupportable ; les jambes et les aines se tuméfient ; le mouvement ne se fait sentir qu'au quatre-vingt-dixième jour. Mais quel que soit le sexe de l'enfant, la mère éprouve une extrême langueur, lorsque les cheveux commencent à pousser, et pendant la pleine lune. C'est aussi le temps de la pleine lune qui incommode le plus les enfants nouveau-nés. Dans la grossesse, tout, jusqu'à la manière de marcher, est de la plus grande conséquence. Des femmes, pour avoir usé d'aliments trop salés, ont mis au monde des enfants privés d'ongles. Si elles ne retiennent pas leur respiration au moment de l'enfantement, elles rendent la couche plus laborieuse. Bâiller en accouchant est mortel ; éternuer aussitôt après avoir conçu, provoque l'avortement.

On est pénétré de pitié et même de honte, lorsqu'on réfléchit combien est frêle, dans son principe, l'existence du plus superbe des animaux, puisqu'une lampe mal éteinte suffit pour que l'homme soit rejeté du sein qui l'a conçu. C'est de là que les tyrans, que les bourreaux de

ræque, fastidium in cibis, redundatio stomachi, indices sunt hominis inchoati. Melior color marem ferenti, et facilior partus : motus in utero quadragesimo die. Contraria omnia in altero sexu : ingestabile onus, crurum et inguinis levis tumor. Primus autem nonagesimo die motus. Sed plurimum languoris in utroque sexu, capillum germinante partu, et in plenilunio : quod tempus editos quoque infantes præcipue infestat. Adeoque incessus, atque omne, quidquid dici potest, in gravida refert, ut salsioribus cibis usæ carentem unguiculis partum edant, et, si respiravere, difficilius enitantur. Oscitatio quidem in enixu lethalis est : sicut sternuisse a coitu, abortivum.

7. Miseret atque etiam pudet æstimantem quam sit frivola animalium superbissimi origo, quum plerumque abortus causa fiat odor a lucernarum extincta. His principiis nascuntur tyranni, his carnifex animus.

l'humanité sont arrivés à la vie. O toi, qui te confies dans la force de ton corps, qui embrasses avidement les dons de la fortune, qui penses être, non pas son favori, mais son fils ; toi, dont l'ame ne respire que le meurtre et le carnage ; toi, qui, dans l'ivresse d'un vain succès, te crois un dieu, il fallait si peu de chose pour t'anéantir ! Aujourd'hui, il faudrait moins encore ; la dent imperceptible d'un reptile, ou même un grain de raisin sec, comme au poéte Anacréon ; un poil avalé dans du lait, comme au sénateur Fabius. Voulez-vous apprécier la vie à sa juste valeur ? ne perdez jamais de vue la fragilité humaine.

Des monstres.

Il est contre l'ordre de la nature que les enfants naissent en se présentant par les pieds. C'est par cette raison que ces sortes d'enfants ont été nommés Agrippas, fruits d'un accouchement forcé. Ainsi naquit Marcus Agrippa, exemple presque unique de bonheur parmi ceux qui sont nés de cette manière. Encore peut-on dire qu'il a vérifié lui-même le présage de sa naissance irrégulière, par l'infirmité de ses pieds, par la misère de sa jeunesse, par l'agitation d'une vie passée tout entière dans les armes et le carnage, par ses succès contre la bonne cause, par ses

Tu qui corporis viribus fidis, tu qui fortunæ munera amplexaris, et te ne alumnum quidem ejus existimas, sed partum : tu tamen cujus semper tinctoria est mens, tu qui te deum credis, aliquo successu tumens, tanti perire potuisti : atque etiam hodie minoris potes, quantulo serpentis ictus dente ; aut etiam, ut Anacreon poeta, acino uvæ passæ ; ut Fabius senator prætor, in lactis haustu uno pilo strangulatus. Is demum profecto vitam æqua lance pensitabit, qui semper fragilitatis humanæ memor fuerit.

VI. 8. In pedes procedere nascentem, contra naturam est : quo argumento eos appellavere Agrippas, ut ægre partos : qualiter M. Agrippam ferunt genitum, unico prope felicitatis exemplo in omnibus ad hunc modum genitis. Quamquam is quoque adversa pedum valetudine, misera juventa, exercito ævo inter arma mortesque, ad noxia

enfants, qui tous firent le malheur de la terre, surtout les deux Agrippines, mères de Caligula et de Néron, ces deux fléaux du genre humain. Ajoutez la courte durée de sa vie. Il fut moissonné à sa cinquante et unième année, également tourmenté et par les débauches de sa femme, et par le despotisme de son beau-père. Agrippine, mère de Néron, que nous avons vu empereur, et qui fut pendant tout son règne l'ennemi du genre humain, a laissé par écrit que ce prince naquit les pieds les premiers. Il est dans l'ordre de la nature que l'homme entre dans le monde par la tête et qu'il en sorte par les pieds.

Opération césarienne.

Ceux dont la naissance a coûté la vie à leur mère paraissent sous de meilleurs auspices. Tels ont été le premier Scipion l'Africain, et le premier des Césars, ainsi nommé de l'incision qui fut faite à sa mère. Cette même cause a fait donner à d'autres le nom de Césons. Manilius, qui commença le siége de Carthage, était né de cette manière.

Des Vopisci.

On appelait *Vopiscus* celui de deux jumeaux qui était arrivé à terme, lorsque l'autre avait péri par une fausse

---

successu, infelici terris stirpe omni, sed per utrasque Agrippinas maxime, quæ Caium et Domitium Neronem principes genuere, totidem faces generis humani; præterea brevitate ævi, quinquagesimo uno raptus anno, in tormentis adulteriorum conjugis, socerique prægravi servitio, fuisse augurium præposteri natalis existimatur. Neronem quoque paulo ante principem, et toto principatu suo hostem generis humani, pedibus genitum parens ejus scribit Agrippina. Ritu naturæ capite hominem gigni mos est, pedibus efferri.

VII. 9. Auspicatius enecta parente gignuntur : sicut Scipio Africanus prior natus, primusque Cæsarum a cæso matris utero dictus : qua de causa et Cæsones appellati. Simili modo natus et Manilius, qui Carthaginem cum exercitu intravit.

VIII. 10. Vopiscos appellabant e geminis, qui retenti utero nasceren-

couche. Ces sortes de merveilles, quoique fort rares, ne
sont pas sans exemple.

De la génération.

A l'exception de la femme, peu de femelles reçoivent le
mâle lorsqu'elles sont fécondées. La superfétation n'a
lieu que dans une ou deux espèces au plus. Nous lisons
dans les mémoires des médecins et des observateurs qui
se sont livrés à ces sortes de recherches, que douze fœtus
ont été emportés par une seule fausse couche. Mais lorsqu'il s'est écoulé un peu de temps entre deux concep-
tions, les deux fœtus arrivent à leur terme, comme on l'a
vu par l'exemple d'Hercule et d'Iphicle, son frère, et par
cette femme qui mit au monde deux jumeaux (22), dont
l'un ressemblait à son mari et l'autre à son amant. Une
esclave de Proconnèse, ayant eu le même jour commerce
avec son maître et l'intendant de son maître, accoucha
de deux enfants, qui ressemblaie chacun à leur père.
Une autre femme accoucha de deux enfants, dont l'un à
terme et l'autre à cinq mois. Une autre enfin, étant accouchée à sept mois, mit au monde deux jumeaux dans
l'un des mois suivants.

Des ressemblances.

C'est une chose très ordinaire que de parents bien con-

tur, altero interempto aborto. Namque maxima, etsi rara, circa hoc
miracula exsistunt.

IX. 11. Præter mulierem, pauca animalia coitum novere gravida.
Unum quidem omnino aut alterum superfetat. Exstat in monumentis
etiam medicorum, et quibus talia consectari curæ fuit, uno abortu duodecim puerperia egesta. Sed ubi paululum temporis inter duos conceptus intercessit, utrumque perfertur : ut in Hercule et Iphicle fratre ejus
apparuit; et in ea quæ gemino partu alterum marito similem, alterum-
que adultero genuit; item in Proconnesia ancilla quæ ejusdem diei coitu,
alterum domino similem, alterum procuratori ejus; et in alia, quæ
unum justo partu, quinque mensium alterum edidit. Rursus in alia quæ,
septem mensium edito puerperio, insecutis mensibus geminos enixa est.

X. Jam illa vulgata, varie ex integris truncos gigni; ex truncis inte-

formés il naisse des enfants privés de quelque membre ;
que des parents mutilés donnent le jour à des enfants qui
ne le soient pas, ou qui le soient de la même manière ;
que des signes, des taches et même des cicatrices se reproduisent. Les stigmates que les Daces se font au bras
se retrouvent à la quatrième génération.

L'histoire fait foi que, dans la famille des Lépidus,
trois citoyens sont nés, de deux en deux générations, avec
un œil couvert par une membrane. On voit des enfants
qui ressemblent à leur aïeul : souvent, de deux jumeaux,
l'un a les traits du père, et l'autre les traits de la mère.
Souvent aussi deux frères, nés à un an l'un de l'autre, se
ressemblent comme s'ils étaient jumeaux. Quelquefois
tous les enfants d'un même lit ressemblent à la mère ;
quelquefois ils ressemble au père ; d'autres fois ils ne
tiennent ni de l'un ni de l'autre ; ou bien encore, c'est la
fille qui ressemblent au père, et le fils à la mère. Un
exemple qui n'est pas contesté est celui de Nicéus, fameux athlète de Byzance : sa mère, fruit d'un adultère,
était née d'un Éthiopien ; quoique pour la couleur elle ne
différât en rien des autres femmes, ce Nicéus était parfaitement noir, comme l'Éthiopien son aïeul.

Ces ressemblances ont leur cause dans l'imagination des
parents : plusieurs choses fortuites paraissent y concourir

gros, eademque parte truncos : signa quædam, nævosque, et cicatrices
etiam regenerari. Quarto partu Dacorum originis nota in brachio redditur.

12. In Lepidorum gente tres, intermisso ordine, obducto membrana
oculo, genitos accepimus. Similes quidem alios avo ; et ex geminis quoque alterum patri, alterum matri ; annoque post genitum, majori similem fuisse, ut geminum. Quasdam sibi similes semper parere, quasdam
viro, quasdam nulli, quasdam feminam patri, marem sibi. Indubitatum
exemplum est Nicæi nobilis pyctæ Byzantii geniti, qui adulterio Æthio-
pis nata matre, nil a ceteris colore differente, ipse avum regeneravit Æ-
thiopem.

Similitudinum quidem in mente reputatio est, et in qua credantur

aussi, la vue, l'ouïe, la mémoire, et les idées dont ils sont frappés au moment même de la copulation. Une pensée qui s'offre subitement à l'un des deux suffit pour opérer la ressemblance ou pour l'altérer. C'est par cette raison que la conformité des mêmes traits se rencontre plus rarement chez l'homme que chez les autres animaux. La rapidité des pensées, la vivacité des affections, la variété des sensations, produisent des impressions très diverses : chez les autres animaux, l'âme est immobile, uniforme dans chaque espèce, et dans chaque individu de la même espèce.

Un certain Artémon, de la classe du peuple, ressemblait si parfaitement à Antiochus, roi de Syrie, que la reine Laodice, après avoir assassiné son époux, fit jouer à cet homme le rôle du prince, pour être par lui recommandée au peuple et appelée à la succession du trône. Vibius, simple plébéien, et même l'affranchi Publicius, ressemblaient à Pompée, au point qu'on s'y méprenait aisément. Ils avaient jusqu'à cette physionomie honnête, et cet air de candeur et de franchise qui distinguaient ce grand homme. Une pareille cause fit donner au père de Pompée le surnom de Ménogène, son cuisinier : on l'avait déjà surnommé Strabon, parcequ'il était louche, et ce dé-

multa fortuita pollere, visus, auditus, memoria, haustæque imagines sub ipso conceptu. Cogitatio etiam utriuslibet animum subito transvolans, effingere similitudinem aut miscere existimatur. Ideoque plures in homine quàm in ceteris omnibus animalibus differentiæ, quoniam velocitas cogitationum, animique celeritas, et ingenii varietas multiformes notas imprimat : cum ceteris animantibus immobiles sint animi, et similes omnibus, singulisque in suo cuique genere.

Antiocho, regi Syriæ, e plebe nomine Artemon in tantum similis fuit, ut Laodice, conjux regia, necato jam Antiocho, mimum per eum commendationis, regnique successionis peregerit. Magno Pompeio Vibius quidam e plebe, et Publicius etiam servitute liberatus, indiscreta prope specie fuere similes, illud os probum reddentes, ipsumque honorem eximiæ frontis. Qualis causa patri quoque ejus, Menogenis coci sui cognomen imposuit, jam Strabonis a specie oculorum habenti, vitium imitata

aut se retrouvait aussi dans son esclave. Scipion fut surnommé Sérapion ; celui-ci était le vil esclave d'un marchand de porcs. Un autre Scipion de la même famille, reçut dans la suite le nom du mime Salution (23). Spinther, acteur des seconds rôles, et Pamphile, acteur des troisièmes rôles, donnèrent leurs noms à Lentulus et à Metellus, consuls dans la même année, en sorte qu'un hasard singulier offrait en spectacle sur le théâtre la figure des deux premiers magistrats de la république. Ce fut au contraire l'orateur L. Plancus qui donna son nom à l'histrion Rubrius (24). Burbuléius et Ménogène, tous deux histrions, donnèrent leurs noms, le premier à Curion le père, et le second à Messala, ex-censeur. Un pêcheur sicilien était le portrait vivant du proconsul Sura : c'étaient non-seulement les mêmes traits, mais la même ouverture de bouche en parlant, le même épaississement de la langue, le même bredouillement dans la prononciation. On reprochait à Cassius Sévérus, célèbre orateur, sa ressemblance avec Mirmillon, conducteur de bestiaux.

Antoine était déja triumvir, lorsque Toranius, marchand d'esclaves, lui présenta deux enfants d'une rare beauté. L'un était né en Italie, et l'autre au delà des

et in servo ; Scipioni, Serapionis : is erat suarii negotiatoris vile mancipium. Ejusdem familiæ Scipioni post eum cognomen Salutio mimus dedit : sicut Spinther secundarum, tertiarumque Pamphilus, collegio Lentuli et Metelli coss. In quo perquam importune fortuitum hoc quoque fuit, duorum simul consulum in scena imagines cerni. E diverso, L. Plancus orator histrioni Rubrio cognomen imposuit. Rursus Curioni patri Burbuleius, itemque Messalæ censorio Menogenes, perinde histriones. Sura quidem proconsulis etiam rictum in loquendo, contractionemque linguæ, et sermonis tumultum, non imaginem modo, piscator quidam in Sicilia reddidit. Cassio Severo, celebri oratori, armentarii Mirmillonis objecta similitudo est.

Toranius mango Antonio, jam triumviro, eximios forma pueros, alterum in Asia genitum, alterum trans Alpes, ut geminos vendidit : tanta

Alpes. Il les vendit comme jumeaux, tant la ressemblance était parfaite. Mais la différence du langage ayant bientôt découvert la fraude, Antoine devint furieux : il s'emporta contre Toranius, se plaignant surtout de l'énormité du prix. Il les avait payés deux cent mille sesterces (45,000 fr.). « C'est précisément parcequ'ils ne sont pas « jumeaux que je les ai vendus si cher, lui répliqua le « rusé marchand. Leur ressemblance n'aurait rien de « merveilleux, s'ils étaient sortis de la même mère. Mais « qu'une aussi parfaite conformité se trouve entre des « enfants qui sont nés en des lieux si différents, c'est une « rareté qui n'a pas de prix. » Cette réponse fit succéder si heureusement l'admiration à la colère, que ce farouche proscripteur, dont un outrage encore venait d'exciter la furie, se persuada qu'il ne possédait rien dans toutes ses richesses qui fût plus digne de sa fortune.

Quels hommes sont aptes à engendrer; exemples d'une fécondité merveilleuse.

Il existe une sorte d'antipathie entre certains corps; et des époux stériles entre eux cessent de l'être, s'ils s'unissent à d'autres. Auguste et Livie en sont des exemples. Tel homme ou telle femme ne produisent que des filles ou des garçons. Souvent ils ont alternativement des en-

---

unitas erat. Postquam deinde sermone puerorum detecta fraude, a furente increpitus Antonio est, inter alia magnitudinem pretii conquerente (nam ducentis mercatus erat sestertiis), respondit versutus ingenii mango, «Ob id ipsum se tanti vendidisse, quoniam non esset mira simi- « litudo in ullis eodem utero editis : diversarum quidem gentium nata- « les tam concordi figura reperiri, super omnem esse taxationem. » Adeoque tempestivam admirationem intulit, ut ille proscriptor animus, modo et contumelia furens, non aliud in censu magis ex fortuna sua duceret.

XI. 13. Est quædam privatim dissociatio corporum : et inter se steriles, ubi cum aliis junxere, gignunt, sicut Augustus et Livia. Item alii aliæque feminas tantum generant, aut mares; plerumque et alternant :

fants de l'un ou de l'autre sexe. C'est ce qu'éprouva la
mère des Gracques, qui eut douze enfants, et Agrippine,
mère de Germanicus, qui en eut neuf. D'autres sont stériles dans leur jeunesse ; d'autres n'obtiennent qu'une
seule fois, dans la vie, le bonheur d'être mères. Quelques unes ne conduisent jamais leur fruit à terme, et si
elles y parviennent à force de remèdes et de soins, elles
n'ont ordinairement qu'une fille.

Parmi quelques exemples infiniment rares, on cite celui d'Auguste. Ce prince, l'année même où il mourut, vit
naître le petit-fils de sa petite-fille, M. Silanus, qui, proconsul en Asie, fut empoisonné par Néron lorsqu'il parvint à l'empire. Q. Metellus le Macédonique laissa six
enfants, onze petits-fils, et vingt-sept tant belles-filles que
gendres ou autres personnes qui le saluaient du nom de
père. On trouve dans les actes du temps d'Auguste que,
sous son douzième consulat, où il eut pour collègue
L. Sylla, le troisième jour avant les ides d'avril, Crispinus
Hilarus, d'une honnête famille plébéienne de Fésulum,
monta au Capitole accompagné de ses neuf enfants,
parmi lesquels étaient deux filles, de vingt-sept petits-
fils, de vingt-neuf arrière-petits-fils, de huit petites-

scent Gracchorum mater duodecies, et Agrippina Germanici novies.
Aliis sterilis est juventa, aliis semel in vita datur gignere. Quædam non
perferunt partus : quales, si quando medicina et cura vicere, feminam
fere gignunt.

Divus Augustus in reliqua exemplorum raritate, neptis suæ nepotem
vidit genitum quo excessit anno, M. Silanum : qui quum Asiam obtine-
ret post consulatum, Neronis principis successione, veneno ejus interemptus est. Q. Metellus Macedonicus, quum sex liberos relinqueret, undecim nepotes reliquit : nurus vero, generosque, et omnes qui se patris
appellatione salutarent, viginti septem. In actis temporum divi Augusti
invenitur duodecimo consulatu ejus, Lucioque Sulla collega, a. d. III
idus aprilis, C. Crispinum Hilarum ex ingenua plebe Fesulana, cum
liberis novem (in quo numero filiæ duæ fuerunt), nepotibus XXVII, pro-

filles, et qu'il offrît un sacrifice, assisté de cette nombreuse famille.

Jusqu'à quel âge l'homme engendre.

Les femmes cessent de concevoir à cinquante ans, et chez la plupart l'écoulement périodique s'arrête à la quarantième année. Quant aux hommes, c'est un fait généralement connu qu'après sa quatre-vingt-sixième année le roi Massinissa eut un fils qu'il nomma Methymathne; et que Caton le censeur, à quatre-vingts ans accomplis, en eut un aussi de la fille de Salonius son client. C'est par cette raison que les descendants de ses autres fils furent surnommés Liciniens, et ceux du dernier, Saloniens : Caton d'Utique est sorti de cette branche. On sait que, de nos jours, L. Volusius Saturninus, qui est mort préfet de Rome, avait plus de soixante et douze ans, lorsqu'il eut de Cornélia, de la famille des Scipions, Volusius Saturninus, que nous avons vu consul : on trouve même, dans beaucoup de familles obscures, des hommes qui ont été pères à soixante et quinze ans.

Du flux menstruel.

Parmi les animaux, la femme seule est sujette à l'écoulement périodique (25); elle est aussi la seule dans la

nepotibus xLxx, neptibus octo, prolata pompa, cum omnibus his in Capitolio immolasse.

XII. 14. Mulier post quinquagesimum annum non gignit, majorque pars quadragesimo profluvium genitale sistit. Nam in viris Massinissam regem post LXXXVI annum generasse filium, quem Methymathnum appellaverit, clarum est; Catonem censorium, octogesimo exacto, e filia Salonii clientis sui. Qua de causa, aliorum ejus liberorum propago Liciniani sunt cognominati, hi Saloniani, ex quibus Uticensis fuit. Nuper etiam L. Volusio Saturnino, in Urbis praefectura extincto, notum est Cornelia Scipionum gentis, Volusium Saturninum, qui fuit consul, genitum post LXII annum. Et usque ad LXXV apud ignobiles vulgaris reperitur generatio.

XIII. 15. Solum autem animal menstruale mulier est : inde unius

matrice de laquelle se forme ce qu'on appelle moles.
C'est une chair informe, inanimée, qui résiste au tranchant et à la pointe du fer. Elle remue, comme
le vrai fœtus, et arrête l'éruption des menstrues. Quelquefois elle produit une sorte de fausse couche, qui est mortelle; quelquefois elle vieillit avec la femme qui la
porte; d'autres fois elle tombe emportée par un cours de
ventre. Il se forme aussi dans l'estomac de l'homme quelque chose de semblable qu'on appelle squirre : c'est ce
qui est arrivé à Oppius Capiton, ancien préteur.

Au surplus, il serait difficile de trouver rien de plus
monstrueux dans ses effets que cet écoulement périodique
dont nous parlons. Qu'une femme en cet état s'approche,
les vins nouveaux s'aigrissent, les grains qu'elle touche
deviennent stériles, les jeunes greffes périssent, les plantes
des jardins se dessèchent, les fruits tombent des arbres
au pied desquels elle s'est reposée : son seul aspect ter-
nit l'éclat des miroirs, émousse le tranchant du fer, efface
le brillant de l'ivoire : les essaims meurent, l'airain lui-
même et le fer se rouillent et contractent une odeur détestable. Les chiens qui en ont goûté deviennent enrages,
et le venin de leur morsure est sans remède. Le bitume
qui, à certaines époques de l'année, flotte sur les eaux de

utero, quas appellarunt molas. Ea est caro informis, inanima, ferri ictum et aciem respuens. Movetur, sistitque menses : et ut partus, alias
lethalis, alias una senescens, aliquando alvo citatiore excidens. Simile
quiddam et viris in ventre gignitur, quod vocant scirron : sicut Oppio
Capitoni prætorio viro.

Sed nihil facile reperiatur mulierum profluvio magis monstrificum.
Acescunt superventu musta, sterilescunt tactæ fruges, moriuntur insita,
exuruntur hortorum germina, et fructus arborum quibus insedere decidunt : speculorum fulgor aspectu ipso hebetatur, acies ferri præstrin-
gitur, eborisque nitor : alvei apium emoriuntur : æs etiam ac ferrum ru-
bigo protinus corripit, odorque dirus; et in rabiem aguntur gustato eo
canes, atque insanabili veneno morsus inficitur. Quin et bituminum sequax alioquin ac lenta natura, in lacu Judææ, qui vocatur Asphaltites,

l'Asphaltite, lac de Judée, et dont la nature est de s'attacher à tout ce qui le touche, ne peut être séparé de lui-même qu'au moyen d'un fil trempé dans cette liqueur funeste. Les plus petits animaux, les fourmis, en ressentent l'impression. Elles rejettent, dit-on, les grains qu'elles transportaient, et ne les reprennent jamais. Cette incommodité, dont les effets sont si terribles, revient tous les trente jours, et avec plus de force au troisième mois. Quelques femmes y sont sujettes plus souvent ; d'autres aussi en sont toujours exemptes. Mais celles-ci n'ont point d'enfants, parceque le sang menstruel est la seule matière de la génération : la semence du mâle est la forme dans laquelle il se coagule et devient, avec le temps, un être vivant et organisé. Si donc l'écoulement continue pendant les grossesses, les enfants, selon Nigidius, seront faibles, ou malsains, ou même ne vivront pas.

Le même auteur pense que le lait d'une femme qui nourrit ne se corrompt point, si elle devient enceinte du même homme.

Moment de la génération.

C'est au commencement ou à la fin des règles que la conception se fait le plus aisément. On prétend qu'un

certo tempore anni supernatans, non quit sibi avelli, ad omnem contactum adhærens, præterquam filo, quod tale virus infecerit. Etiam formicis, animali minimo, messe sensum ejus ferunt : abjiciique gestatas fruges, nec postea repeti. Et hoc tale tantumque omnibus tricenis diebus malum in muliere exsistit, et trimestri spatio largius. Quibusdam vero sæpius mense ; sicut aliquibus numquam : sed tales non gignunt, quando hæc est generando homini materia, semine e maribus coaguli modo hoc in sese glomerante, quod deinde tempore ipso animatur, corporaturque, Ergo quum gravidis fluxit, invalidi aut non vitales partus eduntur, aut saniosi, ut auctor est Nigidius.

16. Idem, lac feminæ non corrumpi alenti partum, si ex eodem viro rursus conceperit, arbitratur.

XIV. Incipiente autem hoc statu, aut desinente, conceptus facillimi

dès premiers signes de la grossesse, c'est que, lorsqu'une femme se frotte les yeux de quelque drogue, sa salive en contracte la couleur.

Des dents.

Les dents percent à sept mois, et communément celles d'en haut sortent les premières. Ces mêmes dents tombent à la septième année, et sont remplacées par d'autres. Quelques enfants naissent avec des dents, comme Manius Curius, surnommé par cette raison Dentatus, et Cnéius Papirius Carbon. Tous deux furent des hommes célèbres. Mais dans les femmes cette circonstance a été, du temps des rois, un sinistre présage. Valéria étant née avec des dents, les aruspices annoncèrent qu'elle causerait la ruine de la ville dans laquelle on la transporterait. Elle fut déportée à Suessa Pométia, alors très florissante, et la prédiction fut accomplie. Un présage malheureux pour les femmes, c'est de naître les parties sexuelles fermées (26). Cornélie, mère des Gracques, en est un exemple. Quelques enfants n'ont au lieu de dents qu'un os continu, sans aucune séparation. Le fils de Prusias, roi de Bithynie, avait la mâchoire supérieure ainsi conformée.

traduntur. Fecunditatis in feminis prærogativam accepimus, inunctis medicamine oculis, salivam inflci.

XV. Ceterum editis primores septimo mense gigni dentes, priusque in supera fere parte haud dubium est. Septimo eosdem decidere anno, aliosque suffici. Quosdam et cum dentibus nasci, sicut M. Curium, qui ob id Dentatus cognominatus est : et Cn. Papirium Carbonem, præclaros viros. In feminis ea res inauspicati fuit exempli, regum temporibus, quum ita nata esset Valeria, exitio civitati, in quam delata esset, futuram responso aruspicum vaticinante, Suessam Pometiam illa tempestate florentissimam deportata est, veridico exitu consecuto. Quasdam, concreto genitali gigni, infausto omine Cornelia Gracchorum mater indicio est. Aliqui, vice dentium, continuo osse gignuntur ; sicut Prusiæ regis Bithyniorum filius, superna parte oris.

Les dents seules résistent au feu. Elles ne brûlent point dans le bûcher avec le reste du corps. Toutefois cette même substance, invincible aux flammes, est creusée par l'humeur de la pituite. On parvient à les blanchir avec certaines drogues. Elles s'usent par le frottement, et quelques personnes les perdent de bonne heure. Nécessaires pour broyer les aliments, elles sont encore d'une grande importance pour régler la voix et la parole. Elles reçoivent, comme de concert, les coups de la langue : leurs rangs hauts et serrés s'opposent, ainsi qu'un rempart, à l'impétuosité des mots, dont elles adoucissent et modifient les sons. Quand elles nous manquent, les paroles ne sont plus qu'une suite de sons confus et inarticulés.

On prétend que le nombre des dents forme un pronostic. Les hommes en ont généralement trente-deux. Il faut excepter la nation des Turdules. Un nombre plus grand annonce une vie plus longue. Les femmes en ont moins que les hommes. Les caresses de la fortune sont promises à celles qui ont les dents canines supérieures doubles à la mâchoire droite, comme Agrippine, mère de Domitius Néron : quand c'est à gauche, le pronostic est contraire. On n'est pas dans l'usage de brûler les corps

Dentes autem tantum invicti sunt ignibus, nec cremantur cum reliquo corpore. Iidem flammis indomiti, cavantur tabe pituitæ. Candorem trahunt quodam medicamine. Usu atteruntur, multoque primum in aliquibus deficiunt. Nec cibo tantum et alimentis necessarii : quippe vocis sermonisque regimen primores tenent, concentu quodam excipientes ictum linguæ, serieque structuræ, atque magnitudine mutilantes, mollientesve, aut hebetantes verba : et quum defuere, explanationem omnem adimentes.

Quin et augurium in hac esse creditur parte. Triceni bini viris attribuuntur, excepta Turdulorum gente : quibus plures fuere, longiora promitti vitæ putant spatia. Feminis minor numerus ; quibus in dextera parte gemini superne, à canibus cognominati, fortunæ blandimenta pollicentur, sicut in Agrippina Domitii Neronis matre ; contra in læva. Ho-

des enfants à qui les dents n'ont pas encore percé. Mais
nous entrerons dans plus de détails, lorsque nous traite-
rons des diverses parties du corps.

Nous lisons que Zoroastre (27) est le seul homme qui
ait ri le jour même de sa naissance. On ajoute que, pour
présager sa science future, son cerveau palpitait avec
tant de force, qu'il repoussait la main qu'on y avait
posée.

Exemples de tailles extraordinaires.

Il est constant qu'à l'âge de trois ans, l'homme est
parvenu à la moitié de sa grandeur. On observe en général que, dans l'espèce humaine, la taille va en décroissant de jour en jour, et que rarement les fils sont plus
grands que leurs pères; la séve vitale s'altérant à mesure que s'approche l'époque de l'embrasement universel (28). On trouva dans une montagne de Crète entr'ouverte par un tremblement de terre (29), un corps de
quarante-six coudées de long, que les uns pensent être
celui d'Orion, et les autres celui d'Otus. On croit, sur la
foi de quelques monuments, que le corps d'Oreste,
exhumé par l'ordre de l'oracle, avait sept coudées. Il y a
près de mille ans (30) que le prince des poëtes, Homère,
se plaignait sans cesse que les hommes n'étaient plus

minem prius quam genito dente cremari, mos gentium non est. Sed mox
plura de hoc, quum membratim historia decurret.

Risisse eodem die, quo genitus esset, unum hominem accepimus
Zoroastrem. Eidem cerebrum ita palpitasse, ut impositam repelleret
manum, futuræ præsagio scientiæ.

XVI. In trimatu suo cuique dimidiam esse mensuram futuræ certum
est. In plenum autem cuncto mortalium generi minorem in dies fieri,
propemodum observatur : rarosque patribus proceriores, consumente
ubertatem seminum exustione, in cujus vices nunc vergat ævum. In
Creta, terræ motu rupto monte, inventum est corpus stans XLVI cubitorum, quod alii Orionis, alii Oti fuisse arbitrantur. Orestis corpus, oraculi jussu refossum, VII cubitorum fuisse monumentis creditur. Jam
vero ante annos prope mille, vates ille Homerus non cessavit minora cor-

aussi grands qu'autrefois (31). Les annales ne disent pas
quelle était la taille de Névius Pollion ; mais sans doute
elle tenait du prodige, puisqu'il faillit être étouffé par la
foule qui s'empressait pour le voir. L'homme le plus
grand qui ait paru de nos jours (32) est un certain Gab-
bara, qui fut amené d'Arabie, sous l'empire de Claude ;
il avait neuf pieds neuf pouces (33). Il y eut sous Auguste deux hommes qui avaient un demi-pied de plus.
Leurs squelettes furent conservés, comme une merveille,
dans le tombeau des jardins de Salluste. On les nommait
Posion et Secundilla.

Sous le même règne a paru le plus petit homme qu'on
ait jamais vu (34), Conopas, les délices et l'amusement
de Julia, petite-fille d'Auguste : il avait deux pieds une
palme (35). Andromeda, affranchie de Julia Augusta, était
de la même taille. Varron écrit que Manius Maximus et
M. Tullius, chevaliers romains, avaient deux coudées (36).
J'ai vu moi-même leurs squelettes conservés dans des ar-
moires. On sait qu'il naît des enfants qui ont un pied et
demi, et quelquefois davantage, mais qui ne vivent pas
plus de trois ans.

Enfants précoces.

Nous lisons qu'à sa troisième année le fils d'Euthymène,

pora mortalium, quam prisca, conqueri. Nævii Pollionis amplitudinem
annales non tradunt. Sed quia populi concursu pene interemptus esset,
prodigii vice habitum. Procerissimum hominum ætas nostra, divo Claudio principe, Gabbaram nomine, ex Arabia advectum, novem pedum et
totidem unciarum vidit. Fuere sub divo Augusto semipede addito,
quorum corpora, ejus miraculi gratia, in conditorio Sallustianorum ad-
servabantur hortorum. Posioni et Secundillæ erant nomina.

Eodem præside, minimus homo duos pedes et palmum, Conopas nomine, in deliciis Juliæ neptis ejus fuit : et mulier Andromeda, liberta
Juliæ Augustæ. Manium Maximum, et M. Tullium, equites romanos,
binum cubitorum fuisse, auctor est M. Varro : et ipsi vidimus in loculis
adservatos. Sesquipedales gigni, quosdam longiores, in trimatu im-
plentes vitæ cursum, haud ignotum est.

XVII. Invenimus in monumentis, Salamine Euthymenis filium in

à Salamine, avait trois coudées de haut, que sa démarche était lente et son esprit borné, que déjà il était arrivé à l'état de puberté, qu'il avait la voix forte, et qu'il mourut d'une convulsion subite à sa troisième année révolue. Tous ces caractères, à la puberté près, je les ai reconnus moi-même, il n'y a pas longtemps, dans le fils de Cornélius Tacite, intendant de la Gaule Belgique. Les Grecs nomment ces sortes d'individus ἐκτραπέλοι (écarts de la nature) ; chez les Latins, ils n'ont point de nom.

On a observé que la distance qui se trouve entre les extrémités des grands doigts de la main, lorsque les bras sont étendus, est égale à la hauteur du corps ; comme aussi, que l'on a plus de force de la main droite ; que quelques hommes sont ambidextres ; que d'autres sont gauchers ; ce qui ne se trouve jamais parmi les femmes.

Qualités corporelles remarquables.

Les mâles pèsent plus que les femelles ; et, dans tous les animaux, les morts pèsent plus que les vivants, et ceux qui sont endormis plus que ceux qui sont éveillés. Les cadavres des hommes flottent sur le dos, et ceux des femmes sur le ventre : il semble qu'après leur mort la nature ménage encore leur pudeur.

---

tria cubita triennio adolevisse, incessu tardum, sensu hebetem ; et jam puberem factum voce robusta, absumptum contractione membrorum subita, triennio circumacto. Ipsi non pridem vidimus eadem ferme omnia præter pubertatem, in fi io Cornelii Taciti, equitis romani, Belgicæ Galliæ rationes procurantis. Ἐκτραπέλους Græci vocant eos : in Latio non habent nomen.

17. Quod sit homini spatium a vestigio ad verticem, id esse passis manibus inter longissimos digitos observatum est, sicuti vires dextera parte majores, quibusdam æquas utraque, aliquibus læva manu præcipuas : nec id umquam in feminis.

XVIII. Mares præstare pondere, et defuncta viventibus corpora omnium animalium, et dormientia vigilantibus. Virorum cadavera supina fluitare, feminarum prona, velut pudori defunctarum parcente natura.

On a prétendu qu'il y a des hommes dont les os sont compacts et sans moelle, qu'on les connaît à ce qu'ils n'éprouvent pas la soif et qu'ils ne suent jamais. Cependant nous savons que la volonté a suffi pour dompter la soif, et que Julius Viator, chevalier romain, né chez les Vocontiens, nos confédérés, ayant été attaqué d'une hydropisie dans son jeune âge, les médecins lui prescrivirent l'abstinence des liquides ; que de l'habitude de cette privation, il se fit une seconde nature, et que dans sa vieillesse il n'usa d'aucun breuvage. D'autres se sont imposé pareillement différentes privations.

On rapporte que Crassus, l'aïeul de celui qui périt dans la guerre des Parthes, n'a jamais ri de sa vie; ce qui l'a fait nommer Agelaste. Plusieurs n'ont jamais pleuré. Socrate, célèbre par sa sagesse, eut toujours un visage égal. On ne le vit jamais ni plus gai, ni plus triste. Cette fermeté d'ame dégénère quelquefois en roideur : elle devient dureté, inflexibilité : elle éteint toutes les affections humaines. Les Grecs nomment ἀπαθεῖς (impassibles) les hommes de ce caractère. Ils en ont eu beaucoup : et, ce qui est étonnant, dans ce nombre étaient leurs plus grands philosophes, Diogène le Cynique, Pyrrhon, Héraclite et

18. Concretis quosdam ossibus, ac sine medullis vivere accepimus. Signum eorum esse, nec sitim sentire, nec sudorem emittere, quanquam et voluntate scimus sitim victam : equitemque Romanum Julium Viatorem e Vocontiorum gente fœderata, in papillaribus annis, aquæ subter cutem fusæ morbo, prohibitum humore a medicis, naturam fecisse consuetudine, atque in senecta caruisse potu. Nec non et alii multæ sibi imperavere.

19. Ferunt Crassum, avum Crassi in Parthis interempti, numquam risisse, ob id Agelastum vocatum : sicut nec flesse multos. Socratem clarum sapientia eodem semper visum vultu, nec aut hilaro magis, aut turbato. Exit hic animi tenor aliquando in rigorem quendam, torvitatemque naturæ duram et inflexibilem, affectusque humanos adimit, quales ἀπαθεῖς Græci vocant, multos ejus generis experti : quodque mirum sit, auctores maximæ sapientiæ. Diogenem Cynicum, Pyrrho-

Timon. Ce dernier prit en haine le genre humain tout entier. On remarque dans quelques personnes d'autres singularités peu importantes : par exemple, Antonia, fille de Drusus, n'a jamais craché ; Pomponius, poète consulaire, n'eut jamais d'éructation. Ceux qui ont les os secs et sans moelle sont appelés *cornei* (racornis). Ces hommes sont extrêmement rares.

Extrême vigueur.

Varron, citant des exemples d'une force extraordinaire, parle de Tritannus, gladiateur célèbre, du nombre de ceux qui combattent avec l'armure samnite. Il dit que cet homme, sec et maigre, mais fortement constitué, avait, ainsi que son fils, soldat du grand Pompée, tous les nerfs, même ceux des mains et des bras, croisés en forme de treillage. Il ajoute que Tritannus, défié par un ennemi, se présenta sans armes, qu'il le terrassa d'un seul doigt, et l'emporta dans le camp. Vinnius Valens, centurion dans la garde d'Auguste, soutenait un chariot chargé de muids, jusqu'à ce qu'ils eussent été vidés. D'une main, il arrêtait un char, malgré tous les efforts des chevaux qui tiraient en sens contraire. On cite d'autres faits étonnants

nem, Heraclitum, Timonem, hunc quidem etiam in totius odium generis humani evectum. Sed hæc parva naturæ insignia in multis varia cognoscuntur : ut in Antonia Drusi numquam exspuisse, in Pomponio consulari poëta numquam ructasse. Quibus natura concreta sunt ossa, qui sunt rari admodum, cornei vocantur.

XIX. 20. Corpore vesco, sed eximiis viribus Tritannum, in gladiatorio ludo, Samnitium armatura celebrem, filiumque ejus militem Magni Pompeii, et rectos et transversos cancellatim toto corpore habuisse nervos, in brachiis etiam manibusque, auctor est Varro in prodigiosa virium elatione. Atque etiam hostem ab eo ex provocatione dimicantem inermi dextra uno digito superatum, et postremo correptum in castra translatum. At Vinnius Valens meruit in prætorio divi Augusti centurio, vehicula cum culeis onusta, donec exinanirentur, sustinere solitus : carpenta adprehensa una manu retinere, obnixus contra nitentibu jumentis ; et alia mirifica facere, quæ insculpta monumento ejus spectantur.

qu'on a gravés sur son tombeau. Aussi Varron dit-il de
lui : « l'Hercule villageois soutenait en l'air son mulet. »
Fusius Sabinus montait un escalier avec un poids de cent
livres à chaque pied (37), autant à chaque main, et deux
poids de deux cents livres sur les épaules. J'ai vu moi-
même un certain Athanatus, homme d'une corpulence
énorme, marcher sur le théâtre, revêtu d'une cuirasse de
plomb qui pesait cinq cents livres, et chaussé de brode-
quins du même poids. Lorsque l'athlète Milon s'était posé
sur ses pieds, personne ne pouvait le déplacer ; et quand
il tenait une pomme dans sa main fermée, il n'était pas
possible de lui ouvrir les doigts.

Agilité surprenante.

On avait regardé comme une merveille que Philippide
eût fait, en deux jours, le chemin d'Athènes à Lacédémone. La distance est de onze cent quarante stades (38).
Mais Anistis, Lacédémonien, et Philonide, coureur d'A-
lexandre le Grand, firent en un jour le chemin d'Élis à
Sicione, qui est de douze cents stades. Aujourd'hui nous
voyons dans le cirque (39) des hommes fournir une course
de cent soixante mille pas (40) ; et tout récemment, sous
le consulat de Fonteius et de Vipstanus, un enfant de huit
ans a parcouru, depuis l'heure de midi jusqu'à la nuit,

Ideo M. Varro : « Rusticellus, inquit, Hercules appellatus, mulum
« suum tollebat. » Fusius Salvius duo centenaria pondera pedibus,
totidem manibus et ducenaria duo humeris contra scalas ferebat. Nos
quoque vidimus Athanatum nomine, prodigiosæ ostentationis, quinge-
nario thorace plumbeo indutum, cothurnisque quingentorum pondo cal-
ciatum per scenam ingredi. C. Milonem athletam, cum constitisset,
nemo vestigio educebat ; malum tenenti nemo digitum corrigebat.

XX. Cucurrisse mcxl stadia ab Athenis Lacedæmonem biduo Phi-
lippidem, magnum erat, donec Anystis, cursor Lacedæmonius, et Philo-
nides Alexandri Magni, a Sicyone Elin, uno die, mille ducenta stadia
cucurrerunt. Nunc quidem in Circo quosdam clx. m. passuum tolerare
non ignoramus. Nuperque Fonteio et Vipstano coss. annos viii genitum

un espace de soixante et quinze mille pas. Pour comprendre ce qu'une telle course a de merveilleux, songeons qu'en faisant la plus grande diligence, qu'en changeant trois fois de relais, Tibérius Néron employa un jour et une nuit pour se rendre auprès de son frère, malade en Germanie. La route était de deux cent mille pas.

Excellence de la vue.

La subtilité de la vue est attestée par des exemples qui passent toute croyance. Cicéron écrit qu'on avait renfermé dans une coquille de noix l'*Iliade* d'Homère, écrite sur du parchemin. Il parle aussi d'un homme qui distinguait les objets à la distance de cent trente-cinq mille pas. Varron nous apprend de plus, que cet homme se nommait Strabon, et que, pendant la guerre punique, toutes les fois qu'une flotte sortait du port de Carthage (41), il l'apercevait de Lilybée, promontoire de Sicile, et que même il indiquait le nombre des vaisseaux. Callicrate (42) fit en ivoire des fourmis et d'autres animaux si petits, que nul autre que lui n'en pouvait discerner les diverses parties. Myrmécide se signala dans le même genre : il construisit un quadrige, qu'une mouche couvrait de ses ailes,

puerum a meridie ad vesperam LXXX. millia pass. cucurrisse. Cujus re admiratio ita demum solida perveniet, si quis cogitet nocte ac die longissimum iter vehiculis tribus Tiberium Neronem emensum, festinantem ad Drusum fratrem ægrotum in Germania : in eo fuerunt CC. millia passuum.

XXI. 21. Oculorum acies vel maxime fidem excedentia invenit exempla. In nuce inclusam Iliada, Homeri carmen in membrana scriptum, tradidit Cicero. Idem, fuisse qui pervideret CXXXV. M. passuum. Huic et nomen M. Varro reddidit, Strabonem vocatum. Solitum autem punico bello, a Lilybæo Siciliæ promontorio, exeunte classe e Carthaginis portu, etiam numerum navium dicere. Callicrates ex ebore formicas et alia tam parva fecit animalia, ut partes earum a ceteris cerni non possent. Myrmecides quidem in eodem genere inclaruit, a quo quadrigam

et un vaisseau, qu'une petite abeille cachait de même sous les siennes.

Excellence de l'ouïe.

Relativement à l'ouïe, un seul fait tient du prodige : le bruit de la bataille qui ruina Sybaris fut entendu à Olympie (43) le jour même que cette bataille fut donnée. Quant à la défaite des Cimbres et à celle de Persée, annoncées le jour même par Castor et Pollux, ces faits doivent être rangés dans la classe des apparitions et des révélations divines.

Courage à supporter la douleur.

Grace aux retours fréquents des calamités, des exemples sans nombre ont prouvé à quel point l'homme possède la force de souffrir. Le trait le plus éclatant parmi les femmes est celui de la courtisane Lééna, qui endura la torture, sans déclarer les tyrannicides Harmodius et Aristogiton : parmi les hommes, c'est celui d'Anaxarque, appliqué à la question pour une cause semblable ; il se rendit maître de son secret en se coupant la langue avec les dents, et la cracha au visage du tyran.

De la mémoire.

Il serait difficile de dire quel homme a possédé, au de-

ex eadem materia, quam musca integeret alis, fabricatam, et navem quam apicula pinnis absconderet.

XXII. 22. Auditus unum exemplum habet mirabile : prælium quo Sybaris deleta est, eo die quo gestum erat, auditum Olympiæ. Nam Cimbricæ victoriæ, Castoresque Romani, qui Persicam victoriam ipso die, quo contigit, nuntiavere, visus et numinum fuere præsagia.

XXIII. 23. Patientia corporis, ut est crebra sors calamitatum, innumera documenta peperit. Clarissimum in feminis, Leenæ meretricis, quæ tortâ non indicavit Harmodium et Aristogitonem tyrannicidas : in viris, Anaxarchi qui, simili de causa quum torqueretur, prærosam dentibus linguam, unamque spem indicii, in tyranni os exspuit.

XXIV. 24. Memoria, necessarium maxime vitæ bonum, cui præci-

gré le plus éminent, la mémoire, de tous les biens le plus
nécessaire à la vie. On cite en ce genre une foule d'exemples célèbres. Le roi Cyrus appelait par leurs noms tous
les soldats de son armée, et L. Scipion tous les citoyens
romains. Cinéas, ambassadeur de Pyrrhus, savait les noms
des sénateurs et des chevaliers romains, dès le lendemain
de son arrivée. Mithridate, roi de vingt-deux nations,
leur rendit la justice en autant de langues, après les avoir
haranguées toutes sans interprète. Le Grec Charmadas ré-
cita, mot pour mot, comme en lisant, des ouvrages qu'on
avait demandés dans une bibliothèque. On a fait un art
de la mémoire. Simonide, poëte lyrique, en fut l'inventeur, et Métrodore le perfectionna. A l'aide de leur méthode on répétait, dans les mêmes termes, tout ce qu'on
avait entendu. Au surplus, rien de si fragile dans l'homme
que la mémoire. Une maladie, une chute, une peur même,
lui portent des atteintes funestes. Tantôt elle n'éprouve
que des altérations partielles, tantôt elle se perd tout entière. Un homme, frappé d'une pierre, oublia les lettres
de l'alphabet; un autre, tombé d'un toit très élevé, ne
reconnaissait plus ni sa mère, ni ses alliés, ni ses proches.
Une maladie fit perdre à un autre le souvenir de ses esclaves. L'orateur Messala Corvinus oublia son propre nom.

jura haud facile dictu est, tam multis gloriam ejus adoptis. Cyrus rex
omnibus in exercitu suo militibus nomina reddidit; L. Scipio, populo
Romano; Cineas, Pyrrhi regis legatus, senatui et equestri ordini Romæ,
postero die quam advenerat. Mithridates duarum et viginti gentium
rex, totidem linguis jura dixit, pro concione singulas sine interprete
adfatus. Charmadas quidam in Græcia, quæ quis exegerat volumina in
bibliothecis, legentis modo repræsentavit. Ars postremo ejus rei facta,
et inventa est, a Simonide melico, consummata a Metrodoro Scepsio,
ut nihil non iisdem verbis redderetur auditum. Nec aliud est æqre fragile in homine, morborum et casus injurias atque etiam metus sentiens,
alias particulatim, alias universa. Ictus lapide oblitus est literas tantum.
Ex præalto tecto lapsus, matris et adfinium propinquorumque cepit
oblivionem : alius ægrotus, servorum etiam : sui vero nominis Messala

Quelquefois aussi la mémoire essaie de nous échapper, lors
même que le corps est dans un état de repos et de santé.
Au moment où le sommeil se glisse dans nos sens, elle
nous abandonne tout à coup, en sorte que la chaîne des
idées se trouvant rompue, nous cherchons, avec inquiétude, en quel lieu nous sommes.

Force d'ame.

L'ame la plus forte que la nature ait jamais produite,
me paraît avoir été celle de César ; et je ne parle pas ici
de son courage, de sa constance, de cette élévation de génie qui embrassait le monde entier, mais seulement de
cette énergie qui lui fut propre, de cette activité qui semblait tenir de la rapidité de la flamme. On rapporte qu'il
écrivait ou lisait en même temps qu'il dictait et qu'il
écoutait : qu'on l'a vu dicter à ses secrétaires quatre lettres à la fois sur des affaires de la plus haute importance.
Il combattit cinquante fois, enseignes déployées, et seul il
a surpassé Marcellus, qui avait livré trente-neuf batailles.
Qu'il ait fait périr par ses victoires, indépendamment des
guerres civiles, onze cent quatre-vingt-douze mille hommes ; certes, la nécessité même eût-elle été son excuse,
cet exécrable attentat contre l'humanité ne peut être un

Corvinus orator. Itaque sæpe deficere tentat, ac meditatur, vel quieto
corpore et valido. Somno quoque serpente amputatur, ut inanis mens
quærat ubi sit loci.

XXV. Animi vigore præstantissimum arbitror genitum Cæsarem dictatorem. Nec virtutem constantiamque nunc commemoro, nec sublimi-
tatem omnium capacem quæ cœlo continentur : sed proprium vigorem
celeritatemque quodam igne volucrem. Scribere aut legere, simul dictare et audire solitum accepimus. Epistolas vero tantarum rerum quaternas pariter librariis dictare, aut si nihil aliud ageret, septenas. Idem
signis collatis quinquagies dimicavit, solus M. Marcellum transgressus,
qui undequadragies dimicaverat. Nam præter civiles victorias, undecies
centena, et XCII. M. hominum occisa præliis ab eo, non equidem in gloria
posuerim tantam, etiam coactam, humani generis injuriam : quod ita
esse confessus est ipse, bellorum civilium stragem non prodendo.

titre de gloire. Lui-même en a fait l'aveu, en ne dénombrant pas les massacres civils.

Clémence et grandeur d'âme.

Faisons plus justement honneur au grand Pompée d'avoir enlevé aux pirates huit cent quarante-six vaisseaux : que le titre distinctif de César soit la clémence, vertu où il n'eut point d'égal et qui le força au repentir. Le même César a donné un exemple de magnanimité auquel nul autre ne pourrait être comparé. Faire à ce sujet l'énumération de ses spectacles, de ses largesses, vanter la magnificence de ses édifices, ce serait le langage d'un partisan du luxe. Voici quel est ce trait d'héroïsme incomparable, cette marque non équivoque d'une ame invincible : c'est que les papiers de Pompée ayant été pris à Pharsale, et ceux de Scipion à Thapse, il les brûla de bonne foi sans les avoir lus.

Faits héroïques.

Rappeler ici tous les titres et les triomphes du grand Pompée, ce n'est pas seulement prouver la supériorité d'un homme, c'est étendre la gloire de l'empire romain, puisque ses brillants exploits ont égalé ceux d'Alexandre, pour ne pas dire ceux même d'Hercule et de Bacchus. Après avoir repris la Sicile, où il signala son début dans

XXVI. Justius Pompeio Magno tribuatur DCCCXLVI naves piratis ademisse : Cæsari proprium et peculiare sit, præter supra dicta, clementiæ insigne, qua usque ad pœnitentiam omnes superavit. Idem magnanimitatis perhibuit exemplum, cui comparari non possit aliud. Spectacula enim edita effusasque opes, aut operum magnificentiam in hac parte enumerare, luxuriæ faventis est. Illa fuit vera et incomparabilis invicti animi sublimitas : captis apud Pharsaliam Pompeii Magni scriniis epistolarum, iterumque apud Thapsum Scipionis, concremasse ea optima fide, atque non legisse.

XXVII. 26. Verum ad decus imperii Rom. non solum ad viri unius pertinet victoriam, Pompeii Magni titulos omnes, triumphosque hoc in loco nuncupari : æquato non modo Alexandri Magni rerum fulgore, sed etiam Herculis prope ac Liberi patris. Igitur Sicilia recuperata, unde

la carrière politique en servant la cause de Sylla ; après
avoir soumis et réduit l'Afrique entière, conquête qui lui
valut le nom de Grand, il entra dans Rome en triomphe,
quoique simple chevalier, ce qui jusqu'alors avait été sans
exemple. Aussitôt il passe en Occident ; il érige des trophées sur les Pyrénées, y fait graver qu'il a réduit en son
pouvoir huit cent soixante-seize villes, depuis les Alpes
jusqu'aux frontières de l'Espagne ultérieure, et se montre
encore plus grand en ne parlant pas de Sertorius. La
guerre civile, qui excitait toutes les guerres étrangères,
étant éteinte, le char triomphal le porte une seconde fois
dans Rome, simple chevalier, tant de fois général avant
que d'être soldat. Envoyé ensuite sur toutes les mers, et
de là dans l'Orient, il fit hommage de sa gloire à sa patrie, suivant l'usage qui s'observe aux jeux sacrés. Les
vainqueurs n'y sont pas couronnés eux-mêmes ; mais ils
couronnent leur cité natale. Pompée renvoya donc l'honneur de ses exploits à la république, en plaçant cette inscription dans le temple qu'il bâtit à Minerve du produit
des dépouilles. « Pompée le Grand, général des armées
« romaines (44), après avoir terminé une guerre de trente
« ans ; après avoir défait, mis en fuite, tué ou forcé à se
« rendre douze millions cent quatre-vingt-trois mille

primum, Sullanus in reip., causa exoriens, auspicatus est : Africa vero
tota subacta, et in ditionem redacta, Magnique nomine in spolium inde
capto, eques Rom. (id quod antea nemo) curru triumphali revectus est,
et statim ad solis occasum transgressus, excitatis in Pyrenæo tropæis,
oppida DCCCLXXVI ab Alpibus ad fines Hispaniæ ulterioris in ditionem
redacta victoriæ suæ adscripsit, et majore animo Sertorium tacuit ;
belloque civili (quod omnia externa conciebat) extincto, iterum triumphales currus eques Rom. induxit, toties imperator, antequam miles.
Postea ad tota maria, et deinde solis ortus missus, hos retulit patriæ
titulos, more sacris certaminibus vincentium. Neque enim ipsi coro-
nantur, sed patrias suas coronant. Hos ergo honores Urbi tribuit in delubro Minervæ, quod ex manubiis dicabat. CN. POMPEIUS MAGNUS IMP.
BELLO XXX. ANNORUM CONFECTO, FUSIS, FUGATIS, OCCISIS, IN DEDI-

« hommes, coulé à fond ou pris huit cent quarante-six
« vaisseaux, reçu à composition quinze cent trente-huit
« villes et châteaux, soumis tous les pays depuis le lac
« Méotis jusqu'à la mer Rouge, acquitte le vœu qu'il a
« fait à Minerve. » Tel est l'exposé sommaire de ses exploits dans l'Orient. Voici l'inscription du triomphe dont
il fut honoré le troisième jour avant les calendes d'octobre,
sous le consulat de Pison et de Messala (45) : « Après avoir
« délivré les provinces maritimes des incursions des pi-
« rates, et restitué l'empire de la mer au peuple romain,
« Pompée a triomphé de l'Asie, du Pont, de l'Arménie,
« de la Paphlagonie, de la Cappadoce, de la Cilicie, de
« la Syrie, des Scythes, des Juifs, des Albaniens, de l'I-
« bérie, de l'île de Crète, des Basternes, enfin des rois
« Mithridate et Tigrane. » Et parmi tant de hauts faits,
ce qui mettait le comble à sa gloire, comme il le dit lui-
même dans une assemblée où il rendit compte de tout ce
qu'il avait fait, c'est que l'Asie, province frontière (46),
alors qu'elle lui fut confiée, était devenue centrale, quand
il la remit à sa patrie. Si, d'un autre côté, l'on voulait
détailler de la même manière les exploits de César, qui a

TIONEM ACCEPTIS, HOMINUM CENTIES VICIES SEMEL LXXXIII. M. DE-
PRESSIS AUT CAPTIS NAVIBUS DCCCXLVI. OPPIDIS, CASTELLIS MDXXXVIII.
IN FIDEM RECEPTIS : TERRIS A MÆOTIS LACU AD RUBRUM MARE SUB-
ACTIS, VOTUM MERITO MINERVÆ. Hoc est breviarium ejus ab Oriente.
Triumphi vero, quem duxit a. d. tertium kalendas octobres, M. Pisone,
M. Messala consulibus, praefatio hæc fuit : QUUM ORAM MARITIMAM A
PRÆDONIBUS LIBERASSET, ET IMPERIUM MARIS POPULO ROMANO RES-
TITUISSET : EX ASIA, PONTO, ARMENIA, PAPHLAGONIA, CAPPADOCIA,
CILICIA, SYRIA, SCYTHIS, JUDÆIS, ALBANIS, IBERIA, INSULA CRETA,
BASTERNIS, ET SUPER HÆC DE REGIBUS MITHRIDATE ATQUE TIGRANE
TRIUMPHAVIT. Summa summarum in illa gloria fuit (ut ipse in con-
cione dixit, quum de rebus suis dissereret), Asiam ultimam provin-
ciarum accepisse, eamdemque mediam patriæ reddidisse. Si quis e con-
trario simili modo velit percensere Cæsaris res, qui major illo apparuit,

paru plus grand que Pompée, il faudrait dénombrer tous
les pays de la terre ; ce qui serait sans fin.

Trois grandes qualités réunies chez un même homme.

Beaucoup se sont illustrés par d'autres vertus. Le premier de la famille Porcia qui ait porté le nom de Caton,
a passé pour avoir réuni, au suprême degré, les trois
genres de mérite les plus éminents dans un homme. Il fut,
à la fois, excellent orateur, excellent général, excellent sénateur : toutes ces qualités, Scipion Émilien ne les eut
pas le premier ; mais je pense qu'elles brillèrent en lui
avec plus d'éclat. D'ailleurs, il ne fut pas en butte à cette
haine de tant de citoyens, qui fatigua la vie de Caton.
Voici donc le trait distinctif de ce dernier : c'est qu'il
plaida quarante-quatre fois pour lui-même ; que nul autre
ne fut plus souvent accusé, et que toujours il fut ab-
sous (47).

Courage merveilleux.

Quel homme s'est le plus signalé par sa valeur ? Cette
question exigerait des recherches immenses, surtout si
l'on admettait les fables des poëtes. Ennius, plein d'admiration pour Cécilius Denter et pour son frère, ajouta
en leur honneur un seizième livre à ses annales. Siccius

totum profecto terrarum orbem enumeret ; quod infinitum esse con-
veniet.

XXVIII. 27. Ceteris virtutum generibus varie et multi fuere præstantes. Cato primus Porciæ gentis tres summas in homine res præsti-
tisse existimatus, ut esset optimus orator, optimus imperator, optimus
senator : quæ mihi omnia, etiamsi non prius, attamen clarius fuisse
in Scipione Æmiliano videntur, dempto præterea plurimorum odio, quo
Cato laboravit. Itaque sit proprium Catonis, quater et quadragies causam dixisse, nec quemquam sæpius postulatum, et semper absolutum.

XXIX. 28. Fortitudo in quo maxime exstiterit, immensæ quæstionis
est, utique si recipiatur poetica fabulositas. Q. Ennius Cæcilium Den-
trem fratremque ejus præcipue miratus, propter eos sextumdecimum
adjecit annalem. L. Siccius Dentatus, qui tribunus plebis fuit, Sp. Tar-

Dentatus, qui fut tribun du peuple sous le consulat de Tarpéius et d'Atérius, peu après l'expulsion des rois, réunit des titres infiniment nombreux. Il se trouva à cent vingt batailles, et sortit vainqueur de huit combats singuliers : il portait sur sa poitrine les cicatrices honorables de quarante-cinq blessures ; jamais il ne fut blessé par derrière. De plus, il enleva trente-quatre dépouilles, reçut, pour prix de son courage, dix-huit piques sans fer, vingt-cinq hausse-cols, quatre-vingt-trois colliers, cent soixante bracelets, vingt-six couronnes, quatorze civiques, huit d'or, trois murales, et une obsidionale, dix mille as (750 fr.), et vingt bœufs prélevés sur le butin. Il suivit le triomphe de huit généraux, qui lui devaient la plus grande partie de leurs victoires ; et, ce qui me semble le premier de tous ses hauts faits, il dénonça au peuple un de ses généraux, Titus Romilius, à la fin de son consulat, et le convainquit d'avoir mal usé du commandement.

Les exploits guerriers de Manlius Capitolinus ne seraient pas moins grands, si la fin de sa vie n'en avait détruit tout le mérite. Avant sa dix-septième année, il avait enlevé deux dépouilles ; le premier des chevaliers, il avait obtenu la couronne murale, six couronnes civiques, tren-

peio, A. Aterio consulibus, haud multo post exactos reges, vel numerosissima suffragia habet, centies vicies prœliatus, octies ex provocatione victor, quadraginta quinque cicatricibus adverso corpore insignis, nulla in tergo. Item spolia cepit XXXIV donatus hastis puris duodeviginti, phaleris XXV, torquibus tribus et LXXX, armillis CLX, coronis XXVI, civicis XIV, aureis VIII, muralibus III, obsidionali una, fisco æris X, captivis et XX, simul bubus, imperatores novem ipsius maxime opera triumphantes secutus : præterea (quod optimum in operibus ejus reor) uno ex ducibus T. Romilio ex consulatu ad populum convicto male acti imperii.

Rei militaris haud minora forent Manlii Capitolini decora, ni perdidisset illa exitu vitæ. Ante decimum septimum annum bina ceperat spolia. Primus omnium eques muralem acceperat coronam, VI civicas,

te-sept récompenses militaires, reçu vingt-trois blessures par devant, sauvé Sulpicius, maître de la cavalerie, quoique blessé lui-même à l'épaule et à la cuisse. Seul, il avait sauvé le Capitole et avec lui l'État entier, ce qui serait au-dessus de tout, s'il n'avait voulu s'y faire roi. Au reste, dans toutes ces actions la valeur fit beaucoup, mais la fortune fit encore plus.

Nul, ce me semble, ne peut être préféré à Sergius, quoique Catilina, son arrière-petit-fils, flétrisse ce beau nom. A sa seconde campagne, il perdit la main droite : en deux campagnes, il fut blessé vingt-trois fois, et réduit à ne pouvoir presque plus faire usage de son autre main ni de ses pieds; il n'avait qu'un seul esclave, et cependant, tout mutilé qu'il était (48), il servit encore un grand nombre d'années. Pris deux fois par Annibal (car il n'eut pas à lutter contre un ennemi vulgaire), il s'échappa deux fois, après une captivité de vingt mois, n'ayant pas été un seul jour sans être enchaîné, ou sans avoir les fers aux pieds. Il combattit quatre fois avec la seule main gauche, et il eut deux chevaux tués sous lui. Il se fit attacher au bras droit une main de fer, et ce fut avec cette main qu'il combattit, lorsqu'il délivra Crémone, défendit Plaisance,

XXXVII dona, XXIII cicatrices adverso corpore exceperat : P. Servilium magistrum equitum servaverat, ipse vulneratus humerum ac femur. Super omnia, Capitolium summamque rem in eo solus a Gallis servaverat, si non regno suo servasset. Verum sunt in his quidem virtutis opera magna, sed majora fortunæ.

M. Sergio, ut quidem arbitror, nemo quemquam hominum jure prætulerit, licet pronepos Catilina gratiam nomini deroget. Secundo stipendio dexteram manum perdidit; stipendiis duobus ter et vicies vulneratus est : ob id neutra manu, neutro pede satis utilis : uno tantum servo, plurimis postea stipendiis debilis miles. Bis ab Annibale captus (neque enim cum quolibet hoste res fuit), bis vinculorum ejus profugus, XX mensibus nullo non die in catenis aut compedibus custoditus. Sinistra manu sola quater pugnavit, duobus equis insidente eo suffossis. Dexteram sibi ferream fecit, eaque religata prœliatus, Cremonam obsidione

et força douze camps aux ennemis dans la Gaule. Tous ces détails se trouvent dans le discours qu'il prononça, lorsqu'étant préteur, ses collègues prétendaient l'exclure des sacrifices, sous prétexte qu'il était mutilé. Donnez-lui d'autres ennemis à combattre, quel amas de couronnes il aurait accumulé? En effet, il importe de savoir en quelles circonstances chaque guerrier a signalé sa valeur. Or, quelles couronnes civiques furent obtenues aux journées de la Trébie, du Tésin, du Trasimène? Quelle sorte de couronnes fut méritée à Cannes, où le comble de la valeur fut d'avoir échappé à l'ennemi? Certes, les autres ont vaincu des hommes, Sergius a vaincu même la fortune.

Génies illustres.

Qui pourrait décerner la palme du génie, et prononcer entre cette multitude immense de talents et de chefs-d'œuvre de toute espèce? à moins que l'on ne convienne que nul n'a été plus heureux que le poëte grec, soit par le succès, soit par le sujet de ses ouvrages. Alexandre (car une question aussi hardie ne peut être décidée que par des suffrages illustres, et les grands hommes ne sont bien jugés que par leurs pairs), Alexandre, dis-je, avait trouvé parmi les dépouilles de Darius une boîte de parfums enrichie

exemit, Placentiam tutatus est : duodena castra hostium in Gallia cepit : quæ omnia ex oratione ejus apparent, habita quum in prætura sacris arceretur a collegis, ut debilis. Quos hic coronarum acervos constructurus hoste mutato! Etenim plurimum refert, in quæ cujusque virtus tempora inciderit. Quas Trebia, Ticinusve, aut Trasymenos civicas dedere? Quæ Cannis corona merita? unde fugisse virtutis summum opus fuit. Ceteri profecto victores hominum fuere, Sergius vicit etiam fortunam.

XXX. 29. Ingeniorum gloriæ quis possit agere delectum, per tot disciplinarum genera, et tantam rerum operumque varietatem! nisi forte Homero vate Græco nullum felicius exstitisse convenit, sive operis fortuna, sive materia æstimetur. Itaque Alexander Magnus (etenim insignibus judiciis optime, citraque invidiam, tam superba censura peragetur), inter spolia Darii, Persarum regis, unguentorum scrinio capto,

d'or, de perles et de pierreries. Ses courtisans lui en montraient les différents usages. Mais qu'était-ce que des parfums pour un roi soldat et couvert de poussière! Ah! dit-il , renfermons-y plutôt les poésies d'Homère. Il voulait que le plus riche ouvrage de l'art conservât l'ouvrage le plus précieux de l'esprit humain. A la prise de Thèbes, ce prince ordonna que la famille et la maison de Pindare fussent épargnées. Il rebâtit la patrie d'Aristote ; et cet hommage généreux répandit un nouvel éclat sur les travaux du philosophe.

Apollon convainquit à Delphes les assassins du poëte Archiloque. Pendant le siége d'Athènes par les Lacédémoniens , Bacchus ordonna que les derniers devoirs fussent rendus à Sophocle , le premier des poëtes tragiques. Plusieurs fois il avertit en songe le roi Lysandre de permettre que l'objet de ses délices reçût la sépulture. Le prince s'informa quel citoyen était mort dans Athènes : il reconnut sans peine celui que le dieu désignait, et laissa faire en paix ses funérailles.

Sages fameux.

Denys le tyran, qui n'était d'ailleurs qu'un monstre d'orgueil et de cruauté, envoya au-devant du sage Pla-

quod erat auro gemmisque ac margaritis pretiosum, varios ejus usus amicis demonstrantibus (quando tædebat unguenti bellatorem et militia sordidum), « Immo hercule, inquit, librorum Homeri custodiæ detur » : ut pretiosissimum humani animi opus quam maxime diviti opere servaretur. Item Pindari vatis familiæ penatibusque jussit parci, quum Thebas caperet. Aristotelis philosophi patriam condidit : tantæque rerum claritati tam benignum testimonium miscuit.

Archilochi poetæ interfectores Apollo arguit Delphis. Sophoclem tragici cothurni principem defunctum sepeliri Liber pater jussit, obsidentibus mœnia Lacedæmoniis : Lysandro eorum rege in quiete sæpius admonito « ut pateretur humari delicias suas. » Requisivit rex, quis supremum diem Athenis obiisset : nec difficulter ex iis, quem deus significasset, intellexit : pacemque funeri dedit.

XXXI. 30. Platoni sapientiæ antistiti Dionysius tyrannus, alias sæ-

ton un vaisseau décoré de bandelettes. Il le reçut lui-
même au rivage sur un char attelé de chevaux blancs.
Isocrate vendit un seul discours vingt talents(108,000 f.).
Eschine, célèbre orateur d'Athènes, avait lu aux Rhodiens son accusation contre Ctésiphon ; il lut ensuite la
harangue de Démosthène, celle même qui l'avait fait con-
damner à l'exil. Comme ils étaient frappés d'admiration :
« Que serait-ce, leur dit-il, si vous l'aviez entendu lui-
même ! » Témoignage bien fort dans la bouche d'un ennemi malheureux. Thucydide avait été banni comme général ; il fut rappelé comme historien. Les Athéniens
avaient puni sa lâcheté, ils honorèrent son éloquence. Les
rois d'Égypte et de Macédoine rendirent un grand hommage au poëte Ménandre, lorsqu'ils lui envoyèrent une
flotte et une députation pour l'inviter à venir à leur cour :
mais il se rendit un plus grand hommage à lui-même, en
préférant la jouissance des lettres à la faveur des rois.

Les grands de Rome ont honoré aussi le génie, même
dans les étrangers. Pompée, après avoir terminé la guerre
contre Mithridate, alla rendre visite à Posidonius, célèbre
par ses leçons de philosophie. Près d'entrer, il défendit
au licteur de frapper de sa baguette selon l'usage ; et ce-

vitiæ superbiæque natus, vittatam navem misit obviam : ipse quadrigis
albis egredientem in litora excepit. Viginti talentis unam orationem
Isocrates vendidit. Æschines Atheniensis summus orator, quum accusa-
tionem, qua fuerat usus, Rhodiis legisset, legit et defensionem Demos-
thenis, quâin illud pulsus fuerat exsilium : mirantibusque, « Tum magis
« fuisse miraturos dixit, si ipsum orantem audivissent » : in calamitate
lestis ingens factus inimici. Thucydidem imperatorem Athenienses in
exsilium egere, rerum conditorem revocavere, eloquentiam mirati, cujus
virtutem damnaverant. Magnum et Menandro in comico socco testimonium regum Ægypti et Macedoniæ contigit, classe et per legatos petito :
majus ex ipso, regiæ fortunæ prælata literarum conscientia.

Perhibuere et Romani proceres etiam exteris testimonia. Cn. Pompeius, confecto Mithridatico bello, intraturus Posidonii sapientiæ pro-
fessione clari domum, fores percuti de more a lictore vetuit : et fasces

lui qui avait vu l'Orient et l'Occident à ses pieds baissa ses faisceaux devant la porte d'un savant.

Dans le temps de cette députation célèbre des trois philosophes athéniens, Caton le censeur, ayant entendu Carnéade, opina que l'on devait les renvoyer au plus tôt, parceque les raisonnements subtils de cet étranger rendaient la vérité problématique. Quelle révolution dans les mœurs! Ce même Caton persista toujours à soutenir que tous les Grecs, sans exception, devaient être expulsés de l'Italie; et son arrière-petit-fils, Caton d'Utique, amena un philosophe grec avec lui, quand il revint de l'armée; il en amena un second au retour de sa légation en Chypre. C'est un fait remarquable, que la langue grecque ait été proscrite par un des Catons, et introduite par l'autre. Mais parlons aussi des honneurs rendus à nos compatriotes.

Le premier des Scipions ordonna que la statue d'Ennius fût placée sur son tombeau, et que son dernier monument offrît le nom d'un poète à côté de ce surnom glorieux, prix de la conquête d'une des trois parties de la terre.

Auguste, sans égard pour le testament de Virgile, défendit qu'on brûlât son poème; et cette défense fut pour

literarum januæ submisit is, cui se Oriens Occidensque submiserat.

Cato censorius, in illa nobili trium sapientiæ procerum ab Athenis legatione, audito Carneade, quamprimum legatos eos censuit dimittendos, quoniam illo viro argumentante, quid veri esset haud facile discerni posset. Quanta morum commutatio! Ille semper alioquin universos ex Italia pellendos censuit Græcos; at pronepos ejus Uticensis Cato, unum ex tribunatu militum philosophum, alterum ex Cypria legatione deportavit. Eamdemque linguam ex duobus Catonibus, in illo abjecisse, in hoc importasse, memorabile est. Sed et nostrorum gloriam percenseamus.

Prior Africanus Q. Ennii statuam sepulcro suo imponi jussit; clarumque illud nomen, immo vero spolium ex tertia orbis parte raptum, in cinere supremo cum poetæ titulo legi.

Divus Augustus carmina Virgilii cremari contra testamenti ejus ve-

le poëte un suffrage plus imposant que n'eût été l'approbation qu'il aurait donnée lui-même à son ouvrage.

Varron est le seul homme vivant dont la statue ait été posée dans la bibliothèque bâtie à Rome par les soins d'Asinius Pollion, et la première de l'univers qu'on ait rendue publique. Cette distinction accordée à lui seul, dans un siècle si fertile en génies, et par un homme qui tenait lui-même le premier rang et comme orateur et comme citoyen, ne lui fait pas moins d'honneur, à mon gré, que la couronne navale qu'il reçut du grand Pompée, dans la guerre des pirates. Si je voulais suivre ce détail, les exemples seraient innombrables chez les Romains, puisque ce peuple a lui seul produit plus d'hommes supérieurs en tout genre, que n'en ont jamais enfanté toutes les autres nations du monde.

Toutefois, ô Cicéron! puis-je, sans crime, passer ton nom sous silence? et que célébrerai-je comme le titre distinctif de ta gloire? Mais en est-il qu'on puisse préférer au témoignage universel du peuple-roi, aux seules actions qui, sans compter les autres merveilles de ta vie entière, ont signalé ton consulat? Tu parles, et les tribus renoncent à la loi agraire, c'est-à-dire à leurs besoins : tu conseilles, elles pardonnent à Roscius sa loi théâtrale, et

recundiam vetuit; majusque ita vati testimonium contigit, quam si ipse sua probavisset.

M. Varronis in bibliotheca, quæ prima in orbe ab Asinio Pollione ex manubiis publicata Romæ est, unius viventis posita imago est; haud minore (ut equidem reor) gloria, principe oratore et cive, ex illa ingeniorum, quæ tunc fuit, multitudine, uni hanc coronam dante, quam quum eidem Magnus Pompeius piratico ex bello navalem dedit. Innumerabilia deinde sunt exempla romana, si persequi libeat; cum plures una gens in quocumque genere eximios tulerit, quam ceteræ terræ.

Sed et quo te, M. Tulli, piaculo taceam? quove maxime excellentem insigni prædicem? quo potius, quam universi populi illius gentis amplissimo testimonio, et e tota vita tua consulatus tantum operibus electis? Te dicente, legem agrariam, hoc est, alimenta sua abdicaverunt tribus;

consentent à des distinctions humiliantes : tu pries, et les
enfants des proscrits rougissent de prétendre aux honneurs. Catilina fuit devant ton génie : ta voix proscrivit
M. Antoine. Je te salue, ô toi, qui le premier fus nommé
père de la patrie (49) ; toi, qui le premier méritas le triomphe, sans quitter la toge, et le premier obtins la victoire
par les seules armes de la parole ; toi, le père de l'éloquence et des lettres latines ; toi, enfin, et ton ancien
ennemi, le dictateur César, l'a écrit lui-même, toi qui as
remporté un triomphe d'autant plus solennel que d'agran-
dir à ce point les limites du génie, est un bien plus grand
succès que d'avoir, par la réunion de tous les autres talents, reculé les bornes de l'empire.

Plusieurs ont surpassé en sagesse tous les autres
hommes. Tels furent, chez les Romains, ceux qu'on sur-
nomma Catus et Corculus. Tel fut chez les Grecs Socrate,
que l'oracle d'Apollon Pythien déclara le plus sage des
mortels.

Préceptes les plus utiles à la vie.

Les hommes ont élevé au rang des oracles Chilon de
Lacédémone, en consacrant à Delphes trois maximes de
lui, qui furent gravées en lettres d'or (50). Les voici : Que

te suadente, Roscio theatralis auctori legis ignoverunt, notatasque se
discrimine sedis æquo animo tulerunt ; te orante, proscriptorum liberos
honores petere puduit ; tuum Catilina fugit ingenium ; tu M. Antonium
proscripsisti. Salve primus omnium parens patriæ appellate, primus in
toga triumphum linguæque lauream merite, et facundiæ latiarumque
literarum parens ; atque (ut dictator Cæsar, hostis quondam tuus, de te
scripsit) omnium triumphorum lauream adepte majorem, quanto plus
est, ingenii romani terminos in tantum promovisse, quam imperii, reliquis animi bonis.

31. Præstitere ceteros mortales sapientiâ, ob id Cati, Corculi, apud
Romanos cognominati. Apud Græcos Socrates, oraculo Apollinis Pythii
prælatus cunctis.

XXXII. 32. Rursus mortales oraculorum societatem dedere Chiloni
Lacedæmonio, tria præcepta ejus Delphis consecrando, aureis literis,

chacun se connaisse : Ne rien desirer de trop : La misère est la compagne des dettes et des procès. Il mourut de joie en apprenant la victoire de son fils à Olympie , et la Grèce entière suivit ses funérailles.

De la divination.

La Sibylle, parmi les femmes (51), et parmi les hommes, le Grec Mélampus (52) et le Romain Marcius (53) se sont plus que tous les autres associés aux dieux par le privilege de la divination.

L'homme reconnu le plus vertueux.

Scipion Nasica est le seul au monde que le sénat ait déclaré, sous serment, le plus honnête homme de son siècle ; et ce même Scipion, se présentant au nombre des candidats, essuya deux fois la honte d'un refus. Que dis-je? il ne lui fut point permis de mourir dans sa patrie. C'est ainsi que Socrate, proclamé par Apollon le plus sage des mortels, termina sa vie dans les fers.

Noms des femmes les plus sages.

Sulpicia, fille de Paterculus, épouse de Fulvius Flaccus, est la seule que la commune voix de ses contemporaines ait jugée la plus chaste des femmes. Parmi les cent Romaines dont on avait fait choix, elle fut élue pour dé-

quæ sunt hæc : « Nosse se quemque ; et nihil nimium cupere ; comitem- « que æris alieni atque litis, esse miseriam. » Quin et funus ejus, quum victore filio Olympiæ expirasset gaudio, tota Græcia prosecuta est.

XXXIII. 33. Divinitas, et quædam cœlitum societas nobilissima , ex feminis in Sibylla fuit ; ex viris in Melampode apud Græcos, apud Romanos in Marcio.

XXXIV. 34. Vir optimus semel a condito ævo judicatus est Scipio Nasica, a jurato senatu. Idem in toga candida bis repulsa notatus a populo. In summa, ei in patria mori non licuit ; non hercules magis, quam extra vincula illi sapientissimo ab Apolline judicato Socrati.

XXXV. 35 Pudicissima femina semel, matronarum sententia, judicata est Sulpicia Paterculi filia, uxor Fulvii Flacci ; electa ex cen-

dier la statue de Vénus, d'après l'ordre des livres sibyllins. La sagesse de Claudia fut déclarée par un jugement du ciel, lorsqu'elle fit entrer la mère des dieux dans Rome.

Exemples remarquables d'affections naturelles.

Sans doute on a vu par tout l'univers des traits sans nombre de tendresse et de sensibilité : mais Rome nous en offre un exemple qui efface tous les autres. Une femme de la dernière classe, et partant inconnue, était nouvellement accouchée, lorsque sa mère fut condamnée à mourir de faim. Elle obtint la liberté d'entrer dans la prison. Le geôlier la fouillait chaque fois, de peur qu'elle n'apportât quelques aliments. Il la surprit un jour allaitant sa mère (34). Frappés d'admiration, les magistrats accordèrent la grace de la mère à la tendresse de la fille, et toutes deux furent nourries, le reste de leurs jours, aux dépens du public. Le lieu fut consacré à la piété. Sous le consulat de Quintius et d'Acilius, on bâtit le temple de cette déesse sur l'emplacement même de la prison, dans l'endroit où nous voyons aujourd'hui le théâtre de Marcellus. Deux serpents avaient été pris dans la maison du père des Gracques; les aruspices consultés répondirent que ce serait lui qui vivrait si on tuait la femelle. « Tuez

tum præceptis, quæ simulacrum Veneris ex Sibyllinis libris dedicaret. Iterum, religionis experimento, Claudia, inducta Romam deum Matre.

XXXVI. 36 Pietatis exempla infinita quidem toto orbe exstitere; sed Romæ unum, cui comparari cuncta non queant. Humilis in plebe, et ideo ignobilis puerpera, supplicii causa carcere inclusa matre, cum impetrasset aditum, a janitore semper excussa, ne quid inferret cibi, deprehensa est uberibus suis alens eam. Quo miraculo, matris salus donata pietati est, ambæque perpetuis alimentis, et locus ille eidem consecratus deæ, C. Quinctio, M. Acilio coss., templo Pietatis exstructo in illius carceris sede, ubi nunc Marcelli theatrum est. Gracchorum pater anguibus prehensis in domo, quum responderetur, « ipsum victurum alterius sexus interempto » : « Immo vero, inquit, meum necate : Cornelia

« le mâle, s'écria-t-il ; Cornélie est jeune et peut encore
« être mère. » C'était tout à la fois épargner sa femme et
servir la république. La prédiction fut accomplie peu de
temps après. M. Lépidus mourut du chagrin que lui
causa son divorce avec Apuléia, sa femme. P. Rutilius,
légèrement indisposé, expira tout à coup en apprenant
qu'on avait refusé le consulat à son frère. P. Catiénus
était si fort attaché à son patron, qu'étant institué héritier de tous ses biens il se jeta dans son bûcher.

Hommes célèbres dans les arts, l'astronomie, la grammaire et la médecine.

Qui pourrait dénombrer cette foule de savants et d'artistes qui ont brillé dans tous les genres? Je ne puis me
dispenser d'en nommer quelques uns, puisque je parle
des hommes qui ont honoré l'humanité. Bérose s'illustra
par l'astronomie : pour prix de ses prédictions, les Athéniens lui dressèrent dans le gymnase une statue dont la
langue était dorée. Apollodore se rendit célèbre par ses
connaissances littéraires : les Amphictyons lui déférèrent
des honneurs publics. Hippocrate excella dans la médecine : il prédit une peste qui venait de l'Illyrie, et envoya
ses élèves dans les villes pour y donner des secours. La
Grèce reconnaissante lui décerna les mêmes honneurs

« enim juvenis est, et parere adhuc potest. » Hoc erat uxori parcere, et
reipublicæ consulere. Idque mox consecutum est. M. Lepidus Apuleiæ
uxoris caritate post repudium obiit. P. Rutilius morbo levi impeditus,
nuntiata fratris repulsa in consulatus petitione, illico exspiravit. P. Ca-
tienus Plotinus patronum adeo dilexit, ut heres omnibus bonis institu-
tus, in rogum ejus se jaceret.

XXXVII. 57. Variarum artium scientia innumerabiles enituere, quos
tamen attingi par sit florem hominum libantibus. Astrologia Berosus,
cui ob divinas prædictiones Athenienses publice in gymnasio statuam
inaurata lingua statuere. Grammatica Apollodorus, cui Amphictyones
Græciæ honorem habuere. Hippocrates medicina ; qui venientem ab Illyriis pestilentiam prædixit, discipulosque ad auxiliandum circa urbes
dimisit : quod ob meritum honores illi, quos Herculi, decrevit Græcia.

qu'à Hercule. Le roi Ptolémée récompensa la même
science dans Cléombrote de Céos : à la célébration des
grands jeux, il lui fit don de cent talents (540,000 f.)
pour avoir sauvé le roi Antiochus. Critobule s'acquit un
grand renom en retirant une flèche de l'œil de Philippe :
il le guérit sans qu'il lui restât aucune difformité. Mais
de tous les médecins, celui qui s'est rendu le plus fameux, c'est Asclépiade de Prusium, en fondant une nouvelle secte, en dédaignant les offres et les invitations du
roi Mithridate, en faisant du vin un remède curatif, en
sauvant un homme que déjà l'on portait au bûcher ; mais
surtout, en pariant contre la fortune son nom de médecin, qu'il n'éprouverait aucune sorte d'infirmités : il ga-
gna le pari, et mourut, dans une extrême vieillesse,
d'une chute qu'il fit dans un escalier.

Hommes célèbres dans la géométrie et l'architecture.

Marcellus rendit un grand hommage aux talents du
géomètre et du mécanicien, lorsqu'à la prise de Syracuse
il ordonna que le seul Archimède fût épargné. L'ignorance d'un soldat trompa l'intention du général. Chersiphron de Crète s'est immortalisé en bâtissant le temple
admirable de Diane, à Éphèse ; Philon, en construisant

Eamdem scientiam in Cleombroto Ceo Ptolemæus rex Megalensibus sacris donavit c. talentis, servato Antiocho rege. Magna et Critobulo fama
est, extracta Philippi regis oculo sagitta, et citra deformitatem oris cu-
rata orbitate luminis. Summa autem Asclepiadi Prusiensi, condita nova
secta, spretis legatis et pollicitationibus Mithridatis regis, reperta ratione, qua vinum ægris mederetur, relato e funere homine et servato :
sed maxime sponsione facta cum fortuna, ne medicus crederetur, si umquam invalidus ullo modo fuisset ipse ; et victor, suprema in senecta
lapsu scalarum exanimatus est.

XXXVIII. Grande et Archimedi geometricæ ac machinalis scientiæ
testimonium M. Marcelli contigit, interdicto, cum Syracusæ caperen-
tur, ne violaretur unus ; nisi fefellisset imperium militaris imprudentia.
Laudatus est et Chersiphron Gnossius, æde Ephesiæ Dianæ admirabili
fabricata ; Philon, Athenis armamentario mille navium ; Ctesibius pneu-

l'arsenal d'Athènes, qui pouvait armer jusqu'à mille vaisseaux ; Ctésibius, en inventant la pompe et d'autres machines hydrauliques ; Dinocrate, en traçant le plan d'Alexandrie en Égypte, sous les ordres d'Alexandre. Ce conquérant défendit que nul autre qu'Apelles fît son portrait, que nul autre que Pyrgotèle et Lysippe le représentât soit en marbre, soit en bronze. On cite une foule d'exemples en l'honneur des artistes de ce genre.

Hommes célèbres dans la peinture et la gravure.

Le roi Attale donna, dans une vente publique, cent talents d'un seul tableau d'Aristide, peintre thébain. César paya quatre-vingts talents pour la Médée et l'Ajax de Timomaque, qu'il destinait au temple de Vénus *Génitrix*. Le roi Candaule acheta au poids de l'or un assez grand tableau de Bularque, qui représentait la destruction de Magnésie. Démétrius, surnommé le preneur de villes, ne voulut pas employer le feu contre Rhodes, de peur de brûler un tableau de Protogène peint sur la partie du mur opposée à son attaque. Praxitèle a travaillé le marbre avec un brillant succès. On cite sa Vénus de Gnide, fameuse surtout par l'amour insensé d'un jeune homme, et par l'estimation du roi Nicomède, qui proposa aux Gnidiens de lui céder cette statue en paiement d'une somme

matica ratione et hydraulicis organis repertis ; Dinocrates metatus Alexandro condente in Ægypto Alexandriam. Idem hic imperator edixit, ne quis ipsum alius, quam Apelles, pingeret ; quam Pyrgoteles, sculperet ; quam Lysippus, ex ære duceret ; quæ artes pluribus inclaruere exemplis.

XXXIX. 38. Aristidis Thebani pictoris unam tabulam, centum talentis rex Attalus licitus est. Octoginta emit duas Cæsar dictator, Medeam et Ajacem Timomachi, in templo Veneris Genitricis dicaturus. Candaules rex, Bularchi picturam Magnetum exitii, haud mediocris spatii, pari rependit auro. Rhodum non incendit rex Demetrius, expugnator cognominatus, ne tabulam Protogenis cremaret, a parte ea muri locatam. Praxiteles marmore nobilitatus est, Gnidiaque Venere, præcipue vesano amore cujusdam juvenis insigni, et Nicomedis æstimatione regis, grandi Gnidiorum ære alieno permutare eam conati. Phidiæ Ju-

énorme qu'ils lui devaient. Le Jupiter Olympien atteste
chaque jour la gloire de Phidias. Celle de Mentor est consacrée par le Jupiter Capitolin et par la Diane d'Éphèse,
auxquels des vases de cet artiste ont été dédiés.

Prix élevés de certains esclaves.

Jamais homme né dans la servitude n'a été vendu, que
je sache, aussi cher que le grammairien Daphnus. Scaurus, prince du sénat, l'acheta de Gnatius de Pisaure sept
cent mille sesterces (157,506 fr.). De nos jours, plusieurs
comédiens ont de beaucoup excédé ce prix, mais ils ache-
taient eux-mêmes leur liberté. Déja, du temps de nos ancêtres, Roscius gagnait cinq cent mille sesterces (112,500 f.)
par an. Peut-être faudrait-il citer ici le payeur de l'armée qui, dans ces derniers temps, a fait la guerre en Arménie pour Tiridate ; Néron l'affranchit moyennant treize
millions de sesterces (2,925,000 fr.). Ce n'était pas la valeur de l'homme, mais le produit de la place. Ainsi, lorsque Séjan acheta de Lutorius Priscus l'eunuque Pezonte
cinquante millions de sesterces (11,250,000 fr.), ce fut la
passion de Séjan, et non la beauté de l'esclave, qui détermi-
na la somme. Lutorius profita des malheurs publics pour
mettre à si haut prix cet être dégradé. Rome était trop occupée de ses maux pour songer à lui en faire un reproche.

piter Olympius quotidie testimonium perhibet ; Mentori Capitolinus, et
Diana Ephesia, quibus fuere consecrata artis ejus vasa.

XL. 39. Pretium hominis in servitio geniti maximum ad hanc diem
(quod equidem compererim) fuit grammaticæ artis Daphni, Gnatio Pi-
saurense vendente, et M. Scauro principe civitatis ⅡⅤ. DCC. licente.
Excessere hoc in nostro ævo nec mediocre histriones, sed libertatem suam
mercati. Quippe quum jam apud majores Roscius histrio ⅡⅤ-s.D. annua
meritasse prodatur ; nisi quis in hoc loco desiderat Armeniaci belli,
paulo ante propter Tiridatem gesti, dispensatorem, quem Nero ⅡⅤ-s.CXXX
manumisit. Sed hoc pretium belli, non hominis fuit ; tam hercule, quam
libidinis, non formæ Pæzontem e spadonibus Sejano ⅡⅤ-s.D. mercante a
C. Lutorio Prisco. Quam quidem injuriam lucrifecit ille mercatus in
luctu civitatis, quoniam arguere nulli vacabat.

Du bonheur le plus grand.

De tous les peuples du monde, nul doute que le plus vertueux n'ait été le peuple romain.

Il n'appartient point à l'homme de décider quel a été le mortel le plus heureux, puisque chacun définit le bonheur à sa manière, et selon qu'il est affecté lui-même. Si nous voulons porter un jugement vrai, et prononcer sans rien donner aux séductions de la fortune, nul mortel n'est heureux. Celui de qui l'on peut dire qu'il n'est pas malheureux, doit se louer de son sort : la fortune l'a traité avec indulgence. Car, sans parler du reste, il est à craindre au moins qu'elle ne se lasse ; et cette crainte une fois admise, plus de bonheur solide. D'ailleurs, quel homme ne manque pas quelquefois de sagesse? Plût au ciel que le grand nombre des mortels trouvât dans sa conscience de quoi démentir cet oracle! L'humanité faible, ingénieuse à s'abuser elle-même, calcule à la manière des Thraces, qui jettent dans une urne des cailloux noirs ou blancs, selon ce qu'ils ont éprouvé chaque jour. A leur mort, on sépare ces cailloux, on les compte, et l'on prononce. Mais le jour dont le bonheur est attesté par une pierre blanche, n'a-t-il pas été lui-même la cause de quelque malheur? Com-

XLI. 40. Gentium in toto orbe præstantissima una omnium virtute haud dubie Romana exstitit.

Felicitas cui præcipua fuerit homini non est humani judicii; quum prosperitatem ipsam alius alio modo, et suopte ingenio quisque terminet. Si verum facere judicium volumus, ac repudiata omni fortunæ ambitione decernere, mortalium nemo est felix. Abunde agitur, atque indulgente fortuna deciditur cum eo, qui jure dici non infelix potest. Quippe, ut alia non sint, certe ne lassescat fortuna metus est; quo semel recepto, solida felicitas non est. Quid quod nemo mortalium omnibus horis sapit! utinamque falsum hoc, et non a vate dictum quam plurimi judicent! Vana mortalitas, et ad circumscribendum seipsam ingeniosa, computat more Thraciæ gentis; quæ calculos colore distinctos pro experimento cujusque diei in urnam condit, ac supremo die separatos dinumerat, atque ita de quoque pronuntiat. Quid quod iste calculi candore illo laudatus dies, originem mali habuit! Quam multos accepta

bien d'hommes écrasés par le pouvoir qu'ils avaient accepté !
Combien d'hommes perdus et précipités dans les supplices
par leurs propres biens ! car c'est ainsi qu'ils nomment les objets dont la possession a pu leur donner une heure de joie.
Ainsi donc, les jours sont jugés l'un par l'autre, et cependant
le dernier décide de tous : ce qui prouve que tous doivent être
récusés. Ajoutons que le nombre fût-il égal, il n'y a point de
parité entre les biens et les maux. Nul plaisir ne peut con-
tre-balancer le chagrin le plus léger. O recherche vaine et
insensée ! on compte les jours, lorsqu'il faudrait les peser.

Rareté de la continuation du bonheur dans une même famille.

On ne trouve, dans toute la suite des siècles, que la
seule Lampido (55), reine de Lacédémone, qui ait été
fille, femme et mère de rois. La seule Bérénice a été fille,
sœur et mère de vainqueurs aux jeux olympiques. La famille des Curions a seule produit trois orateurs de père
en fils, et celle des Fabius a seule donné de suite trois
princes du sénat, Fabius Ambustus, Fabius Rullianus son
fils, et Fabius Gurgès son petit-fils.

Exemples remarquables des vicissitudes de la fortune.

Les exemples des révolutions de la fortune sont innom-

adflixere imperia ! quam multos bona perdidere, et ultimis mersere suppliciis ! ista nimirum bona , si cui inter illa hora in gaudio fuit. Ita est
profecto , alius de alio judicat dies, et tamen supremus de omnibus ;
ideoque nullis credendum est. Quid quod bona malis paria non sunt ,
etiam pari numero ; nec lætitia ulla minimo mœrore pensanda ! Heu
vana et imprudens diligentia ! numerus dierum comparatur, ubi quæritur pondus.

XLII. 41. Una feminarum in omni ævo Lampido Lacedæmonia reperitur, quæ regis filia , regis uxor, regis mater fuerit. Una Berenice, quæ
filia , soror, mater Olympionicarum. Una familia Curionum, in qua tres
continua serie oratores exstiterunt. Una Fabiorum , in qua tres continui
principes senatus, M. Fabius Ambustus, Fabius Rullianus filius, Q. Fabius Gurges nepos.

XLIII. 42. Cetera exempla fortunæ variantis innumera sunt. Etenim

brables. En effet, ses faveurs ne sont-elles pas presque toujours une suite de ses disgraces? et ses disgraces les plus cruelles une suite de ses plus grandes faveurs?

Elle conserva trente-six ans le sénateur Fidustius, proscrit par Sylla; mais il fut proscrit une seconde fois. Il survécut à Sylla; mais seulement jusqu'au temps d'Antoine. Il est certain qu'Antoine ne le proscrivit que parce-qu'il avait déja été proscrit.

Exemples remarquables de dignités.

Elle a voulu que Ventidius seul triomphât des Parthes; mais elle l'avait traîné enfant devant le char de Pompée Strabon, lorsqu'il triompha d'Asculum. Masurius prétend qu'il fut conduit deux fois en triomphe, et Cicéron qu'il était muletier, employé dans les vivres militaires. Suivant le plus grand nombre, il languit dans sa jeunesse au dernier rang de la milice.

Balbus Cornélius l'aîné fut consul : mais on lui avait contesté l'état de citoyen; les juges avaient délibéré s'il ne pouvait pas être battu de verges. Le premier des étrangers, que dis-je, des hommes nés aux bords de l'Océan, il parvint à un honneur que nos ancêtres refusèrent même aux habitants du Latium.

quæ facit magna gaudia, nisi ex malis? aut quæ mala immensa, nisi ex ingentibus gaudiis?

43. Servavit proscriptum a Sulla M. Fidustium senatorem, annis XXXVI, sed iterum proscriptus. Superstes Sullæ vixit, sed usque ad Antonium; constatque nulla alia de causa ab eo proscriptum, quam quia proscriptus fuisset.

XLIV. Triumphare P. Ventidium de Parthis voluit quidem solum, sed eumdem in triumpho Asculano Cn. Pompeii Strabonis duxit puerum; quanquam Masurius auctor est bis in triumpho ductum; Cicero, mulionem castrensem suffaraneum fuisse; plurimi, juventam inopem in caliga militari tolerasse.

Fuit et Balbus Cornelius major consul, sed accusatus, atque de jure virgarum in eum, judicum in consilium missus; primus externorum atque etiam in Oceano genitorum usus illo honore, quem majores Latio quoque negaverunt.

On doit citer aussi L. Fulvius parmi ces exemples mémorables. Consul des Tusculans révoltés, il passa chez les Romains, qui lui déférèrent aussitôt la même dignité : c'est le seul qui, l'année même où il avait porté les armes contre le peuple romain, ait triomphé à Rome de ceux dont il avait été consul.

Sylla seul, jusqu'à nous, s'est arrogé le surnom d'heureux, sans doute pour avoir été l'assassin de ses concitoyens et l'oppresseur de sa patrie. Car enfin quels étaient ses titres ? sinon d'avoir pu proscrire et massacrer tant de milliers de Romains. O félicité mal entendue, et dont les suites devaient être bien cruelles ! N'ont-ils pas été plus heureux que lui, ceux qui périrent alors ? ils sont pour nous un objet de pitié : Sylla n'excite que l'horreur. Voyez la fin de sa vie : que sont les maux de tous les proscrits ensemble auprès des tourments qu'il endura, lorsque sa chair, se dévorant elle-même, enfantait son propre supplice ! Qu'il ait dissimulé ces horribles souffrances, et que, sur la foi de ce dernier songe auquel il survécut à peine, nous pensions que lui seul a triomphé de l'envie par sa gloire ; il a cependant avoué que la dédicace du Capitole a manqué à son bonheur.

Est et L. Fulvius inter insignia exempla, Tusculanorum rebellantium consul ; eodemque honore, quum transisset, exornatus confestim a populo romano ; qui solus eodem anno, quo fuerat hostis, Romæ triumphavit ex iis quorum consul fuerat.

Unus hominum ad hoc ævi felicis sibi cognomen adseruit L. Sulla, civili nempe sanguine, ac patriæ oppugnatione adoptatum. Et quibus felicitatis inductus argumentis ? quod proscribere tot millia civium ac trucidare potuisset. O prava interpretatio, et futuro tempore infelix ! Non melioris sortis tunc fuere pereuntes, quorum miseremur hodie, quam Sullam nemo non oderit ? Age, non exitus vitæ ejus, omnium proscriptorum ab illo calamitate crudelior fuit, erodente se ipso corpore, et supplicia sibi gignente ? Quod ut dissimulaverit, et supremo somnio ejus (cui immortuus quodammodo est) credamus, ab uno illo invidiam gloria victam : hoc tamen nempe felicitati suæ defuisse confessus est, quod Capitolium non dedicavisset.

Dix éléments de bonheur réunis chez le même individu.

Q. Métellus, dans l'oraison funèbre qu'il prononça en l'honneur de son père L. Métellus, pontife, deux fois consul, dictateur, maître de la cavalerie, quindécemvir pour le partage des terres, et le premier qui ait conduit des éléphants en triomphe après la première guerre punique, a écrit que son père avait réuni, au degré le plus éminent, les dix choses les plus grandes et les plus excellentes qui soient l'objet de tous les vœux et de tous les travaux des sages : qu'il avait désiré d'être le premier guerrier de son temps, le meilleur orateur, le plus brave général, de conduire les expéditions les plus importantes, d'exercer la magistrature suprême, de parvenir à la plus haute sagesse, de passer pour un sénateur accompli, d'acquérir une grande fortune pár des moyens honnêtes, de laisser beaucoup d'enfants, et d'être le citoyen le plus illustre de toute la république. Il ajoute que ses vœux ont été comblés, et que nul autre, depuis la fondation de Rome, n'a joui d'un tel bonheur.

Il serait long et superflu de combattre cette assertion. Un seul fait la réfute victorieusement ; c'est que Métellus fut privé de la vue pendant sa vieillesse. Il la perdit dans un incendie, lorsqu'il enleva le palladium du temple de

XLV. Quintus Metellus in ea oratione, quam habuit supremis laudibus patris sui L. Metelli, pontificis, bis consulis, dictatoris, magistri equitum, quindecimviri agris dandis, qui primus elephantos ex primo Punico bello duxit in triumpho, scriptum reliquit, « decem maximas « res optimasque, in quibus quærendis sapientes ætatem exigerent, con- « summasse eum. Voluisse enim primarium bellatorem esse, optimum « oratorem, fortissimum imperatorem, auspicio suo maximas res geri, « maximo honore uti, summa sapientia esse, summum senatorem haberi, pecuniam magnam bono modo invenire, multos liberos relin- « quere, et clarissimum in civitate esse : hæc contigisse ei, nec ulli alli « post Romam conditam. »

Longum est refellere et supervacuum, abunde uno casu refutante. Siquidem is Metellus orbam luminibus exegit senectam, amissis incendio,

Vesta. La cause était belle, mais l'effet n'en fut pas moins triste. Sans doute on ne doit pas l'appeler malheureux ; mais le nom d'heureux n'est pas fait pour lui. Le peuple romain lui accorda un droit que nul autre n'obtint en aucun temps : c'était de se faire porter sur un char toutes les fois qu'il allait au sénat : grande et magnifique distinction ! mais ses yeux en étaient le prix.

Le fils de ce Métellus, qui avait fait cet éloge de son père, est cité lui-même parmi les exemples rares de la félicité humaine. Sans parler de toutes ses dignités et du surnom de Macédonique, il fut porté au bûcher par ses quatre fils, l'un ex-préteur, les trois autres consulaires ; et, de ces derniers, deux avaient triomphé, le troisième avait été censeur. Peu d'hommes ont obtenu même un seul de ces honneurs. Cependant au moment le plus brillant de sa gloire, Métellus revenant du Champ de Mars, à midi, lorsque le Forum et le Capitole sont déserts, fut saisi par le tribun Atinius Labéon, surnommé Macérion, qu'il avait exclu du sénat, lorsqu'il était censeur. Atinius le traîne vers la roche Tarpéïa pour le précipiter. Ses nombreux enfants accourent ; mais, dans ce danger pressant, ils arriveront trop tard, et comme pour former le

quum Palladium raperet ex æde Vestæ, memorabili causa, sed eventu misero. Quo fit ut infelix quidem dici non debeat : felix tamen non possit. Tribuit ei populus romanus, quod numquam ulli alii ab condito ævo, ut, quoties in senatum iret, curru veheretur ad curiam. Magnum et sublime, sed pro oculis datum.

44. Hujus quoque Q. Metelli qui illa de patre dixerat filius inter rara felicitatis humanæ exempla numeratur. Nam præter honores amplissimos cognomenque e Macedonia, quatuor filiis illatus rogo, uno prætorio, tribus consularibus, duobus triumphalibus, uno censorio : quæ singula quoque paucis contigere ; in ipso tamen flore dignationis suæ ab C. Attinio Labeone, cui cognomen fuit Macerioni, tribuno plebis, quem e senatu censor ejecerat, revertens e Campo, meridiano tempore, vacuo foro et Capitolio, ad Tarpeium raptus ut præcipitaretur, convolante quidem tam numerosa illa cohorte quæ patrem eum appellabat (sed ut necesse erat in subito) tarde et tanquam in exsequias, quum resistendi

cortége funèbre, puisqu'ils n'ont le droit ni de résister, ni de repousser un agresseur sacré. Il va périr victime de sa vertu et de son devoir. A la fin on trouva un tribun pour interposer son autorité. Il fut arraché des portes mêmes de la mort. Depuis ce temps, il vécut de secours étrangers : car ses biens furent ensuite consacrés par cet homme qu'il avait dégradé : Atinius ne croyait pas avoir assez fait pour sa vengeance, en lui comprimant la gorge, au point de faire jaillir son sang par les oreilles. Pour moi, je mettrais au nombre des malheurs d'avoir été l'ennemi de Scipion Émilien. Croyons-en Métellus lui-même : « Allez, mes enfants, disait-il à ses fils, « rendez les derniers devoirs à Scipion ; vous ne verrez « jamais les funérailles d'un plus grand citoyen. » Et c'était aux conquérants des îles Baléares et de la Dalmatie que le vainqueur de la Macédoine adressait ce langage. Mais ne considérons que la violence dont nous parlons ici : a-t-on droit d'appeler heureux un homme à qui le caprice d'un ennemi, d'un Atinius, faillit ôter la vie ? Quelles victoires peuvent compenser un tel outrage ? quels honneurs, quels chars de triomphe la fortune n'a-t-elle pas renversés par un choc aussi rude ? Un censeur traîné dans les rues de Rome (car il n'avait eu que ce moyen

sacroque sanctum repellendi jus non esset, virtutis suæ opera et censuræ peritura, ægre tribuno, qui intercederet, reperto, a limine ipso mortis revocatus. Alieno beneficio postea vixit, bonis inde etiam consecratis a damnato suo, tanquam parum esset : faucium certe intortarum expressique per aures sanguinis pœna exacta est. Equidem et Africani sequentis inimicum fuisse, inter calamitates duxerim, ipso teste Macedonico : siquidem liberis dixit : « Ite, filii, celebrate exsequias, num- « quam civis majoris funus videbitis. » Et hoc dicebat jam Balearicis et Diadematis, jam Macedonicus ipse. Verum ut illa sola injuria æstimetur, quis hunc jure felicem dixerit, periclitatum ad libidinem inimici, nec Africani saltem, perire ! quos hostes vicisse tanti fuit ! aut quos non honores currusque illa sua violentia fortuna retroegit, per mediam urbem censore tracto (etenim sola hæc morandi ratio fuerat) : tracto in

de gagner du temps)! et traîné vers ce Capitole, où, vainqueur autrefois, il n'avait pas conduit avec tant d'inhumanité les prisonniers mêmes dont il triomphait. Cet attentat devient plus affreux encore par le bonheur dont il fut suivi, puisqu'il aurait privé le vainqueur de la Macédoine de cet honneur et si grand et si rare, d'être porté au bûcher par des fils triomphateurs, triomphant lui-même, en quelque sorte, jusque dans ses funérailles. Sans doute nulle félicité n'est parfaite, quand elle est altérée par un outrage, et par un outrage aussi sanglant. Au surplus, est-ce un éloge pour les mœurs de ce siècle, ou n'est-ce pas un nouveau sujet d'indignation que, parmi tant de Métellus, l'audace criminelle d'Atinius soit restée impunie?

Malheurs d'Auguste.

L'univers entier s'accorde à placer Auguste sur la liste des heureux. Mais si nous portons un regard attentif sur tous les traits de sa vie, nous y verrons de grands exemples des vicissitudes humaines. La place de maître de la cavalerie, refusée à ses sollicitations, et donnée à Lépidus par son oncle ; la haine que lui attira la proscription ; le triumvirat où, s'associant aux plus scélérats des hommes, il ne jouit pas même de l'égalité du pouvoir : An-

Capitolium illud, in quod triumphans ipse de eorum exuviis, ne captivos quidem sic traxerat ! Majus hoc scelus felicitate consecuta factum est, periclitato Macedonico vel funus tantum ac tale perdere, in quo a triumphalibus liberis portaretur in rogum, velut exsequiis quoque triumphans. Nulla est profecto solida felicitas, quam contumelia ulla vita rumpit, nedum tanta. Quod superest, nescio morum gloriæ, an indignationis dolori accedat, inter tot Metellos tam sceleratam C. Attinii audaciam semper fuisse inultam.

XLVI. 45. In divo quoque Augusto, quem universa mortalitas in hac censura nuncupat, si diligenter æstimentur cuncta, magna sortis humanæ reperiantur volumina. Repulsa in magisterio equitum apud avunculum, et contra petitionem ejus prælatus Lepidus ; proscriptionis invidia ; collegium in triumviratu pessimorum civium, ne æqua saltem

toine écrasait ses deux collègues. Sa maladie pendant le combat de Philippes; sa fuite, pendant laquelle il resta trois jours caché dans un marais, malade, et, de l'aveu d'Agrippa et de Mécène, enflé d'une hydropisie; ses naufrages en Sicile, où il se cacha aussi dans une caverne; ses prières à Proculéius, pour en obtenir la mort, lorsque, dans sa fuite, il était pressé par des vaisseaux ennemis; les embarras de l'émeute de Pérouse; ses inquiétudes sur la bataille d'Actium; la chute de cette machine de guerre qui faillit l'écraser en Pannonie; tant de séditions des armées, tant de maladies dangereuses; les projets suspects de Marcellus; le honteux exil d'Agrippa; cette multitude de conspirations tramées contre sa vie; la mort de ses enfants, qui lui fut imputée, et leur perte rendue plus cruelle encore par cet affreux reproche; l'adultère de sa fille, et ses projets parricides dévoilés au grand jour; la retraite outrageante de son gendre Tibère; l'adultère de sa petite-fille; ensuite, tant de maux réunis; le défaut d'argent pour payer les soldats; la révolte de l'Illyrie; l'enrôlement des esclaves; la disette de jeunes citoyens; la peste dans Rome; la famine et la sécheresse dans l'Italie; le dessein qu'il forma de mourir : il passa quatre jours entiers sans prendre de nourriture.

portione, sed prægravi Antonio; Philippensi prœlio morbus, fuga, et triduo in palude ægroti, et (ut fatentur Agrippa et Mæcenas) aqua subter cutem fusa turgidi, latebra; naufragia Sicula, et alia ibi quoque in spelunca occultatio. Jam in navali fuga urgente hostium manu, preces Proculeio mortis admotæ; cura Perusinæ contentionis; sollicitudo martis Actiaci; Pannonicis bellis ruina e turri; tot seditiones militum; tot ancipites morbi corporis; suspecta Marcelli vota; pudenda Agrippæ ablegatio; toties petita insidiis vita; incusatæ liberorum mortes, luctusque non tantum orbitate tristes; adulterium filiæ, et consilia parricidæ palam facta; contumeliosus privigni Neronis secessus; aliud neptis adulterium; juncta deinde tot mala; inopia stipendii, rebellio Illyrici, servitiorum delectus, juventutis penuria, pestilentia Urbis, fames sitisque Italiæ, destinatio exspirandi, et quatridui inedia major pars

Ajoutez la défaite de Varus, les libelles affreux répandus contre lui, l'exhérédation d'Agrippa posthume, après l'avoir adopté ; ses regrets après l'avoir exilé ; d'un côté, ses soupçons contre Fabius, qu'il accusait d'avoir trahi son secret ; de l'autre, les projets de Livie et de Tibère, qui empoisonnèrent ses derniers moments. Enfin ce dieu (je n'examine point ici les titres de sa divinité), ce dieu mourut, en laissant pour héritier le fils d'un homme qui lui avait fait la guerre.

L'homme que les dieux ont déclaré le plus heureux.

Ici se présentent à notre pensée deux oracles de Delphes, que le dieu semble avoir prononcés pour humilier la vanité humaine : dans le premier, il déclare le plus heureux de tous les hommes Phédius, qui venait de mourir pour la patrie. Consulté une autre fois par Gygès, alors le plus puissant roi du monde, il répondit qu'Aglaüs de Psophis était plus heureux que lui. Ce vieillard, dans un coin de l'Arcadie, cultivait un héritage borné, mais qui fournissait abondamment à tous les besoins de l'année. Il n'en était jamais sorti ; et, comme on en peut juger par son genre de vie, ayant eu moins de désirs, il avait éprouvé moins de maux.

mortis in corpus recepta. Juxta hæc Variana clades, et majestatis ejus fœda sugillatio, abdicatio Postumi Agrippæ post adoptionem, desiderium post relegationem ; inde suspicio in Fabium, arcanorumque proditionem ; hinc uxoris et Tiberii cogitationes, suprema ejus cura. In summa, deus ille, cœlumque, nescio adeptus magis, an meritus, herede hostis sui filio excessit.

XLVII. 46. Subeunt in hac reputatione Delphica oracula, velut ad castigandam hominum vanitatem a deo emissa. Duo sunt hæc : « Phedium felicissimum, qui pro patria prox me occubuisset. » Iterum a Gyge rege tunc amplissimo terrarum consultum, « Aglaum Psophidium esse feliciorem. » Senior hic in angustissimo Arcadiæ angulo parvum, sed annuis victibus large sufficiens, prædium colebat, numquam ex eo egressus ; atque (ut e vitæ genere manifestum est) minima cupidine minimum in vita mali expertus.

Homme que les oracles déclarent un dieu de son vivant.
— Éclair merveilleux.

Par l'ordre du même oracle, et de l'aveu de Jupiter, le plus grand des dieux, le pugilist. Euthime, toujours vainqueur, une seule fois vaincu dans les combats olympiques, se vit déifier lui-même : il assista vivant à sa propre apothéose. Une statue lui avait été érigée dans Locres, sa ville natale, et une autre dans Olympie. Je vois que Callimaque a regardé comme un des faits les plus surprenants que ces deux statues aient été frappées de la foudre en un même jour, et que le dieu ait ordonné qu'on sacrifiât à l'athlète ; ce sacrifice fut offert plusieurs fois et pendant sa vie et après sa mort. Qu'un pareil culte ait pu plaire aux dieux, rien au monde n'est plus étonnant.

Longévité.

La diversité des climats, la variété des exemples, et la différence de nos destinées, ne permettent pas de rien établir de certain sur la durée de la vie humaine. Hésiode, le premier qui ait traité cette matière, rapportant un grand nombre de fables sur la vie de l'homme, attribue neuf fois notre âge à la corneille (56), quatre fois autant au cerf, et le triple au corbeau. Ce qu'il dit du phénix

XLVIII. 47. Consecratus est vivus sentiensque oraculi ejusdem jussu et Jovis deorum summi adstipulatu Euthymus pycta, semper Olympiæ victor, et semel victus. Patria ei Locri in Italia ; ibi imaginem ejus, et Olympiæ alteram, eadem die tactam fulmine, Callimachum, ut nihil aliud, miratum video, deumque jussisse sacrificari ; quod et vivo factitatum et mortuo, nihilque adeo mirum aliud quam hoc placuisse diis.

XLIX. 48. De spatio atque longinquitate vitæ hominum, non locorum modo situs, verum exempla, ac sua cuique sors nascendi incertum fecere. Hesiodus, qui primus aliqua de hoc prodidit, fabulose (ut reor) multa de hominum ævo referens, cornici novem nostras adtribuit ætates, quadruplum ejus cervis, id triplicatum corvis. Et reliqua fabulo-

et des nymphes est encore plus fabuleux. Le poëte Anacréon donne cent cinquante ans au roi des Tartessiens, Arganthonius ; dix ans de plus à Cinyras, roi de Chypre, et deux cents ans à Égimius. Théopompe en donne cent cinquante-trois à Épiménide de Crète. Hellanicus écrit que chez les Épiens, en Étolie, quelques hommes vivent deux cents ans. Ce fait est confirmé par Damaste, qui rapporte que Pictoréus, l'un d'eux, remarquable par sa corpulence et par ses forces, vécut jusqu'à trois cents ans. Éphore dit la même chose de quelques rois des Arcadiens. Alexandre Cornélius cite chez les Illyriens un certain Dandon, qui vécut cinq cents ans. Xénophon, dans son Périple, donne cent ans de plus à un roi des Tyriens ; et, comme s'il craignait de n'en avoir pas dit assez, il fait vivre son fils huit cents ans. Toutes ces exagérations viennent de ce qu'on ne savait pas calculer les temps. Les uns comptaient l'été pour une année (57) et l'hiver pour une autre. Plusieurs mesuraient les années par chacune des saisons, comme les Arcadiens, chez qui les années étaient de trois mois. Quelques uns, tels que les Égyptiens, les mesuraient par les lunes : voilà pourquoi plusieurs d'entre eux sont cités comme ayant vécu mille ans.

Passons à des faits avoués et reconnus. Il est à peu près

slus in phœnice, ac nymphis, Anacreon poeta Arganthonio Tartessiorum regi CL. tribuit annos, Cinyræ Cypriorum x. annis amplius, Ægimio CC. Theopompus Epimenidi Gnossio CLIII. Hellanicus quosdam in Ætolia Epiorum gentis CC. explere. Cui adstipulatur Damastes, memorans Pictoreum ex iis præcipuum corpore viribusque, etiam CCC. vixisse. Ephorus Arcadum reges CCC. annis. Alexander Cornelius, Dandonem quemdam in Illyrico D. vixisse. Xenophon in Periplo, Tyriorum insulæ regem DC. atque ut parce mentitus, filium ejus DCCC. quæ omnia inscitia temporum acciderunt. Annum enim alii æstate unum determinabant, et alterum hieme ; alii quadripartitis temporibus, sicut Arcades, quorum anni trimestres fuere ; quidam lunæ senio, ut Ægyptii ; itaque apud eos aliqui et singula millia annorum vixisse produntur.

Sed ut ad confessa transeamus, Arganthonium Gaditanum octoginta

certain que Arganthonius de Cadix régna quatre-vingts
ans. On pense qu'il monta sur le trône dans sa quarantième année. Il est hors de doute que Masinissa régna
soixante ans, et que Gorgias le Sicilien en vécut cent
huit. Fabius Maximus fut augure pendant soixante-trois
ans. Perpenna et, de nos jours, Volusius Saturninus sur-
vécurent à tous ceux dont ils avaient recueilli le suffrage
pendant leur consulat. Le premier ne laissait après lui que
sept des sénateurs qu'il avait inscrits étant censeur. Il
vécut quatre-vingt-dix-huit ans. Observons à ce sujet
qu'il est arrivé, une seule fois, que cinq années se soient
écoulées de suite sans qu'il mourût un sénateur. Ce fut
depuis la clôture du lustre par les censeurs Flaccus et
Albinus, l'an de Rome 579, jusqu'aux censeurs qui leur
succédèrent. Valérius Corvinus vécut cent ans. Il y eut
un intervalle de quarante-six ans entre son premier et son
sixième consulat. Il obtint vingt et une fois la chaise curule (58), ce qui n'est arrivé qu'à lui seul. Le pontife Métellus vécut le même nombre d'années.

Parmi les femmes, Livia, épouse de Rutilius, passa qua-
tre-vingt-dix-sept ans. Sous l'empire de Claude, Statilia,
d'une famille illustre, vécut quatre-vingt-dix-neuf ans.

annis regnasse prope certum est; putant quadragesimo cœpisse. Masi-
nissam sexaginta annis regnasse indubitatum est; Gorgiam Siculum
centum et octo vixisse. Q. Fabius Maximus sexaginta tribus annis
augur fuit. M. Perpenna, et nuper L. Volusius Saturninus, omnium quos
in consulatu sententiam rogaverant, superstites fuere. Perpenna septem reliquit ex iis quos censor legerat; vixit annos xcviii. Qua in re et
illud adnotare succurrit, unum omnino quinquennium fuisse, quo senator nullus moreretur; quum Flaccus et Albinus censores lustrum condi-
dere, usque ad proximos censores, ab anno Urbis quingentesimo septuagesimo nono. M. Valerius Corvinus, c. annos implevit; cujus inter primum et sextum consulatum xlvi. anni fuere. Idem sella curuli semel
ac vicies sedit, quoties nemo alius. Æquavit ejus vitæ spatium Metellus
pontifex.

Et ex feminis Livia Rutili xcvii. annos excessit; Statilia, Claudio
principe, ex nobili domo, nonaginta novem; Terentia Ciceronis ciii.

Térentia, femme de Cicéron, en vécut cent trois, et Clodia, femme d'Ofilius, cent quinze : celle-ci avait eu quinze
enfants. La mime Luccéia remplit un rôle sur le théâtre
à cent ans. Galéria Copiola, actrice des intermèdes, se re-
montra sur le théâtre sous le consulat de Poppéius et de
Sulpicius, aux jeux célébrés pour le rétablissement de la
santé d'Auguste. Elle était dans sa cent quatrième année.
Elle avait débuté quatre-vingt-onze ans auparavant, sous
le consulat de Marius et de Carbon, aux jeux de l'édile
Pomponius ; Pompée l'avait reproduite (59) à la dédicace
de son grand théâtre, et l'actrice, à cet âge, avait paru
une merveille. Asconius Pédianus rapporte que Sammula
vécut aussi cent dix ans. Stéphanion, qui, le premier,
exécuta des danses romaines sur le théâtre, parut deux
fois aux jeux séculaires (60), d'abord sous Auguste, ensuite sous le quatrième consulat de l'empereur Claude.
Ce fait me semble moins étonnant, puisqu'enfin l'intervalle ne fut que de soixante-trois ans. Au surplus, il vécut encore longtemps après. Mucien rapporte que sur le
sommet du Tmolus, qu'on nomme Temsis, les habitants
vivent cent cinquante ans, et qu'au dénombrement qui
eut lieu sous Claude, Fullonius de Boulogne se fit inscrire

Clodia Ofilii cxv. hæc quidem etiam enixa quindecies. Lucceia mima
centum annis in scena pronuntiavit. Galeria Copiola emboliaria reducta
est in scenam, C. Poppæo, Q. Sulpicio coss., ludis pro salute divi Augusti votivis, annum centesimum quartum agens; quæ producta fuerat
tirocinio a M. Pomponio ædili plebis, C. Mario, Cn. Carbone consulibus, ante annos nonaginta unum ; et a Magno Pompeio magni theatri
dedicatione, anus pro miraculo reducta. Sammulam quoque centum decem annis vixisse auctor est Asconius Pedianus. Minus miror Stepha-
nionem (qui primus togatas saltare instituit) utrisque sæcularibus ludis
saltasse, et divi Augusti, et quos Claudius Cæsar consulatu suo quarto
fecit, quando LXIII, non amplius anni interfuere, quamquam et postea
diu vixit. In Tmoli montis cacumine, quod vocant Tempsin, CL. annis
vivere, Mucianus auctor est. Totidem annos censum Claudii Cæsaris
censura T. Fullonium Bononiensem ; idque collatis censibus quos ante

comme ayant cet âge. L'empereur voulut s'assurer du fait ;
et la vérité fut attestée par la confrontation des registres
et par les autres preuves qu'il donna de son existence.

De la destinée suivant la naissance.

Il semble que c'est ici le lieu d'exposer quels sont, à ce
sujet, les principes de l'astrologie. Épigène (61) a nié que
l'homme puisse compléter cent douze ans, et Bérose (62),
qu'il puisse aller au delà de cent seize. La méthode trans-
mise (63) par Pétosiris et Nécepsos (64), et nommée par
eux quart du zodiaque, ou triplicité des signes, est encore en usage. D'après cette méthode, il paraît que, sous
le climat de l'Italie, on peut vivre jusqu'à cent vingt-
quatre ans. Ils ont établi qu'en partant du premier point
d'ascension des trois signes, nul homme ne peut passer
90 degrés. Cette mesure de la vie, ils l'appellent anaphore
(ascension) ; ils disent qu'elle peut être interrompue dans
son cours par la rencontre des astres malfaisants, ou même
par leurs rayons et par ceux du soleil. A l'école égyp-
tienne a succédé celle d'Esculape, qui enseigne que le
nombre des années est réglé par les astres ; mais elle n'a
point déterminé quelle pouvait être la plus longue durée
de la vie. Les sectateurs de cette école disent qu'il est rare
que la vie soit très longue, parcequ'il naît une foule d'individus aux heures critiques des jours lunaires, par exem-

detulerat, vitæque argumentis (etenim id curæ principi erat) verum apparuit.

L. 49. Poscere videtur locus ipse sideralis scientiæ sententiam. Epigenes CXII. annos impleri negavit posse : Berosus excedi CXVI. Durat et
ea ratio, quam Petosiris ac Necepsos tradiderunt, et tetartemorion appellant, a trium signorum portione, qua posse in Italiæ tractu CXXIV.
annos vitæ contingere apparet. Negavere illi quemquam XC. partium
exortivam mensuram (quod anaphoras vocant) transgredi, et has ipsas
incidi occursu maleficorum siderum, aut etiam radiis eorum, solisque.
Schola rursus Æsculapii secuta, quæ stata vitæ spatia a stellis accipi
dicit, sed quantum plurimum tribuat incertum est. Rara autem esse
dicunt longiora tempora, quandoquidem momentis horarum insignibus,

ple, à la septième et à la quinzième (ces heures se comptent indifféremment le jour et la nuit) ; et que ceux qui naissent ainsi, soumis à l'influence des années climatériques (65), ne passent guère la cinquante-quatrième année.

D'abord, les variations de l'art lui-même prouvent l'incertitude des calculs. Nous avons de plus à lui opposer l'expérience et les exemples du dernier recensement fait, il y a quatre ans, sous la censure de l'empereur Vespasien et de son fils (66). Il n'est pas besoin de compulser tous les registres. Je citerai la portion de l'Italie située entre l'Apennin et le Pô. A Parme, trois citoyens déclarèrent cent vingt ans ; un, à Brixelle, cent vingt-cinq ; deux, à Parme, cent trente ; un, à Plaisance, cent trente et un ; une femme, à Faventia, cent trente-cinq ; à Bologne, Terentius, fils de Marcus, et à Rimini, M. Aponius, cent cinquante, et Tertulla, cent trente-sept ; à Véléiacum, situé sur des collines, aux environs de Plaisance, six déclarèrent cent dix ans ; quatre, cent vingt ; un, cent cinquante ; c'était M. Mucius Félix, fils de Mucius, de la tribu Galéria ; et, pour ne pas nous arrêter plus longtemps à prouver ce que personne ne conteste, la huitième région de

unæ dierum, ut VII. atque XV. (quæ nocte ac die observantur) ingens turbâ nascatur, scansili annorum lege occidua, quam climacteras appellant, non fere ita genitis LIV. annum excedentibus.

Primum ergo artis ipsius inconstantia declarat, quàm incerta ea sit. Accedunt experimenta recentissimi census, quem intra quadriennium imperatores Cæsares Vespasiani, pater filiusque censores egerunt. Nec sunt omnia vasaria excutienda ; mediæ tantum partis, inter Apenninum Padumque, ponemus exempla. Centum viginti annos Parmæ tres edidere, Brixelli unus CXXV. Parmæ duo CXXX. Placentiæ unus CXXXI, Faventiæ una mulier CXXXV. Bononiæ L. Terentius Marci filius, Arimini vero M. Aponius, C. et L. Tertulla, CXXXVII. Circa Placentiam in collibus oppidum est Veleiatium, in quo CX. annos sex detulere, quatuor centenos vicenos, unus, CL. M. Mucius M. filius, Galeria, Felix. Ac ne pluribus moremur in re confessa, in regione Italiæ oc-

l'Italie (67) donna dans le recensement cinquante-quatre citoyens de cent ans (68); quatorze de cent dix; deux de cent vingt-cinq; quatre de cent trente; quatre de cent trente-cinq ou de cent trente-sept; trois de cent quarante.

D'un autre côté, quelle diversité dans le sort des mortels? Homère nous dit qu'Hector et Polydamas, dont la destinée fut si différente, étaient nés dans la même nuit. Cécilius Rufus et Licinius Calvus naquirent l'un et l'autre le cinquième jour avant les calendes de juin, sous le consulat de C. Marius et de Cn. Carbon. Tous deux furent orateurs, mais avec un sort bien différent. C'est ce qu'éprouvent tant d'hommes qui, chaque jour, dans tout l'univers, reçoivent la vie aux mêmes heures. Esclaves et maîtres, rois et mendiants, naissent également sous les mêmes constellations.

Divers exemples de maladies.

Publius Cornélius Rufus, qui fut consul avec Manius Curius, perdit la vue en dormant, pendant qu'il rêvait que ce malheur lui arrivait. Plus heureux, Jason de Phéres, malade d'un abcès, et condamné par les médecins, chercha la mort dans une bataille : un coup de lance lui perça la poitrine, et il fut guéri par la main

fava centenum annorum censi sunt homines LIV. centenum denum homines XIV, centenum vicenum quinum homines duo, centenum tricenum homines quatuor, centenum tricenum quinum aut septenum totidem, centenum quadragenum homines tres.

Alia mortalitatis inconstantia : Homerus eadem nocte natos Hectorem et Polydamanta tradit, tam diversæ sortis viros. C. Mario, Cn. Carbone III. coss. a. d. quintum kalend. junias, M. Cæcilius Rufus et C. Licinius Calvus eadem die geniti sunt, oratores quidem ambo, sed tam dispari eventu. Hoc etiam iisdem horis nascentibus in toto mundo quotidie evenit, pariterque domini ac servi gignuntur, reges et inopes.

LI. 50. Publius Cornelius Rufus, qui consul cum M. Curio fuit, dormiens oculorum visum amisit, cum id sibi accidere somniaret. E diverso Phereus Iason deploratus a medicis vomicæ morbo, cum mortem

d'un ennemi. Q. Fabius Maximus, consul, ayant livré bataille aux Allobroges et aux Arvernes, sur les bords de l'Isère, le sixième jour avant les ides d'août, leur tua cent trente mille hommes, et, dans la chaleur de l'action, fut délivré de la fièvre quarte.

La vie, quel que soit ce présent de la nature, est trop incertaine et trop fragile. Dans ceux même qui en jouissent le plus longtemps, sa durée est courte et ses bornes étroites, surtout si l'on porte ses regards sur l'éternité. Calculons d'ailleurs le repos de la nuit : l'homme ne vit que la moitié de sa vie ; l'autre moitié est l'image de la mort, et, s'il ne dort pas, elle est un supplice. On ne compte pas non plus les années de l'enfance, qui ne sent point ; celles de la vieillesse, qui ne se prolonge que pour souffrir. Tant de dangers de toute espèce, tant de maladies, de craintes et de soins qui nous font si souvent invoquer la mort, qu'elle est l'objet le plus fréquent de nos vœux. Certes la brièveté de la vie est le plus grand bienfait de la nature. Les sens s'émoussent, les membres s'engourdissent, tout meurt avant nous, la vue, l'ouïe, les jambes, les dents même et les instruments de la digestion :

in acie quæreret, vulnerato pectore medicinam invenit ex hoste. Q. Fabius Maximus consul apud flumen Isaram prælio commisso adversus Allobrogum Arvernorumque gentes, a. d. VI. Idus augustas, CXXX. M. perduellium cæsis, febri quartana liberatus est in acie.

Incertum ac fragile nimium est hoc munus naturæ, quidquid datur nobis ; malignum vero et breve etiam in his, quibus largissime contigit, universum utique ævi tempus intuentibus. Quid quod æstimatione nocturnæ quietis, dimidio quisque spatio vitæ suæ vivit ! pars æqua morti similis exigitur, aut pœnæ, nisi contigit quies. Nec reputantur infantiæ anni, qui sensu carent ; non senectæ, in pœnam vivacis. Tot periculorum genera, tot morbi, tot metus, tot curæ, toties invocata morte, ut nullum frequentius sit votum. Natura vero nihil hominibus brevitate vitæ præstitit melius. Hebescunt sensus, membra torpent, præmoritur visus, auditus, incessus, dentes etiam ac ciborum instrumenta ; et tamen vitæ hoc tempus adnumeratur.

et cet état de dépérissement, on le fait entrer dans le
calcul de la vie.

Si donc le musicien Xénophile a vécu cent cinq ans
sans aucune espèce d'incommodité, c'est un prodige, et
cet exemple est unique. Tous les hommes, oui, je dis
tous, éprouvent dans chaque partie de leurs membres
certains retours de chaleur et de frisson auxquels les
autres animaux ne sont pas sujets. La mélancolie elle-
même est une maladie, et souvent une maladie mortelle (69). Au surplus, ces accès fébriles dont je parle reviennent à des heures réglées, quelquefois tous les trois
ou quatre jours, même pendant une année entière ; car la
nature a imposé aussi des lois aux maladies. La fièvre
quarte ne commence jamais au solstice d'hiver, jamais
même pendant les mois de l'hiver. Certaines maladies ne
nous attaquent plus après la soixantième année. D'autres
disparaissent à la puberté, principalement dans les femmes.
Les vieillards sont les moins sujets à la peste. Il est des
maladies affectées à des nations entières ; il en est qui
sont particulières aux esclaves, aux riches, aux diverses
classes de la société. On a observé que la peste va toujours du midi à l'occident, ou du moins qu'elle ne s'é-
carte presque jamais de cette direction ; qu'elle ne com-

Ergo pro miraculo et id solitarium reperitur exemplum, Xenophi-
lum musicum centum et quinque annis vixisse sine ullo corporis incommodo. At hercules reliquis omnibus per singulas membrorum partes,
qualiter nullis aliis animalibus, certis pestifer calor remeat horis, aut
rigor, neque horis modo, sed et diebus noctibusque trinis quadrinisve,
etiam anno toto. Atque etiam morbus est aliquis, per sapientiam mori.
Morbis enim quoque quasdam leges natura posuit. Quadrini circuitus
febrem, numquam bruma, numquam hibernis mensibus incipere : quosdam post sexagesimum vitæ spatium non accidere : alios pubertate de-
poni, a feminis præcipue. Senes minime sentire pestilentiam. Namque
et universis gentibus ingruunt morbi, et generatim modo servitiis, modo
procerum ordini, aliosque per gradus. Qua in re observatum, a meridianis partibus ad occasum solis pestilentiam semper ire, nec umquam
fere aliter ; non hieme, nec ut ternos excedat menses.

mence pas en hiver, et qu'elle ne dure pas plus de trois mois.

De la mort.

Parlons des signes qui présagent la mort : ce sont, dans la frénésie, le rire ; et dans le délire, l'obstination du malade à manier les franges du lit, à plier les bords des couvertures, son indifférence pour ceux qui l'agitent afin de le tirer du sommeil, l'écoulement des matières qu'on ne nomme point sans quelque formule préalable. Mais les indices les moins douteux sont le changement survenu dans les yeux et les narines, la position constante sur le dos, l'inégalité ou la débilité du pouls, et d'autres symptômes qui ont été observés par Hippocrate, le prince de la médecine. En même temps que les signes de mort sont innombrables, il n'est pas un seul signe qui puisse nous tranquilliser sur la santé et sur la durée de la vie, puisque Caton le censeur, écrivant à son fils, a prononcé cette sentence contre les hommes les mieux portants : qu'une jeunesse mûre est le signe d'une mort prompte. Le nombre des maladies est incalculable. Phérécide le Syrien mourut d'une quantité effroyable de vers qui lui sortaient du corps. Quelques hommes ont continuellement la fièvre. Tel fut Mécène ; il ne put obtenir un moment de sommeil

LII. 51. Jam signa lethalia : in furoris morbo risum ; sapientiæ vero ægritudine fimbriarum curam et stragulæ vestis plicaturas, a somno moventium neglectum, præfandi humoris e corpore effluvium : in oculorum quidem et narium aspectu indubitata maxime, atque etiam supino assidue cubitu ; venarum inæquabili aut formicante percussu, quæque alia Hippocrati principi medicinæ observata sunt. Et quum innumerabilia sint mortis signa, salutis securitatisque nulla sunt : quippe cum censorius Cato ad filium de validis quoque observationem, ut ex oraculo aliquo, prodiderit, senilem juventam præmaturæ mortis esse signum. Morborum vero tam infinita est multitudo, ut Pherecydea Syrius serpentium multitudine ex corpore ejus erumpente exspiraverit. Quibusdam perpetua febris est, sicut C. Mæcenati. Eidem triennio su-

pendant les trois dernières années de sa vie. Le poëte Antipater de Sidon avait la fièvre tous les ans, à l'anniversaire de sa naissance : il en mourut dans un âge assez avancé.

Hommes revenus de leurs funérailles.

Aviola, consulaire, donna des signes de vie sur le bûcher; mais la violence des flammes empêcha qu'on ne le secourût : il fut brûlé vif. On dit que Lamia, ex-préteur, éprouva un malheur semblable. Messala Rufus et la plupart des auteurs rapportent que l'ex-préteur Ælius Tubéron fut retiré du bûcher. Telle est la condition des humains; et nous sommes tellement le jouet de la fortune, qu'on ne peut même se fier à la mort d'un homme. On dit que l'ame d'Hermotine de Clazomène, abandonnant son corps, voyageait dans des pays lointains, et qu'à son retour elle annonçait des choses qu'il n'avait pas été possible de connaître, à moins que d'être sur les lieux. Pendant son absence, le corps restait dans un état de mort. A la fin, les Cantharides, ses ennemis, brûlèrent le corps, et l'ame, à son retour, ne trouva plus son enveloppe. On dit aussi que, dans l'île de Proconnèse, on vit l'ame d'Aristéas sortir de sa bouche sous la forme d'un

preuo, nullo horæ momento contigit somnus. Antipater Sidonius poeta omnibus annis, uno die tantum natali, corripiebatur febre, et ea consumptus est satis longa senecta.

LIII. 52. Aviola consularis in rogo revixit : et quoniam subveniri non potuerat, prævalente flamma, vivus crematus est. Similis causa in L. Lamia prætorio viro traditur. Nam C. Ælium Tuberonem prætura functum a rogo relatum Messala Rufus et plerique tradunt. Hæc est conditio mortalium : ad has, et ejusmodi occasiones fortunæ gignimur, uti de homine ne morti quidem debeat credi. Reperimus inter exempla, Hermotini Clazomenii animam relicto corpore errare solitam, vagamque e longinquo multa annuntiare, quæ nisi a præsente nosci non possent, corpore interim semianimi : donec cremato eo inimici (qui Cantharidæ vocabantur) remeanti animæ velut vaginam ademerint. Aristeæ etiam visam evolantem ex ore in Proconneso, corvi effigie, magna quæ

corbeau. Mais c'est abuser de la crédulité des lecteurs, et je range dans la classe des récits fabuleux ce qui est rapporté d'Épiménide de Gnosse. On dit que, dans son enfance, fatigué par la chaleur et par une longue marche, il dormit cinquante-sept ans dans une caverne ; que, se réveillant, comme s'il s'était endormi la veille, il fut dans un grand étonnement de tous les changements arrivés autour de lui, et qu'il vieillit dans un nombre de jours égal à celui des années pendant lesquelles il avait dormi ; que cependant il vécut jusqu'à la cent cinquantième année. Les femmes semblent plus exposées à ces morts apparentes, à cause des renversements de la matrice : la respiration se rétablit, lorsque cette partie est remise dans son état naturel. Nous avons, sur ce sujet, un traité célèbre chez les Grecs : il a été composé par Héraclide, qui avait rappelé à la vie une femme tenue pour morte depuis sept jours.

Varron atteste aussi que, lorsqu'il était vigintivir pour le partage des terres à Capoue, un homme qu'on portait au bûcher revint à pied de la place publique à sa maison ; que la même chose arriva dans Aquinum. Il dit de plus qu'à Rome, Corfidius, mari de sa tante maternelle, revint à la vie lorsque déjà on avait fait prix pour ses

sequitur fabulositate. Quam equidem et in Gnossio Epimenide simili modo accipio : puerum aestu et itinere fessum in specu septem et quinquaginta dormisse annis ; rerum faciem mutationemque mirantem, velut postero experrectum die : hinc pari numero dierum senio ingruente, ut tamen in septimum et quinquagesimum atque centesimum vitæ duraret annum. Feminarum sexus huic malo videtur maxime opportunus, conversione vulvæ ; quæ si corrigatur, spiritus restituitur. Huc pertinet nobile apud Græcos volumen Heraclidis, septem diebus feminæ exanimis ad vitam revocatæ.

Varro quoque auctor est, xx. viro se agros dividente Capuæ, quemdam qui efferretur, foro domum remeasse pedibus. Hoc idem Aquini accidisse. Romæ quoque Corfidium materteræ suæ maritum funere locato revixisse, et locatorem funeris ab eo elatum. Adjicit miracula,

funérailles, et que lui-même accompagna le convoi de
celui qui avait commandé le sien : il y ajoute même des
circonstances merveilleuses qui méritent d'être connues.
L'aîné des deux Corfidius paraissant être mort, son testament fut ouvert ; et son frère, déclaré héritier, s'occupa
des funérailles. Cependant le prétendu mort frappe des
mains ; ses esclaves accourent. Il leur dit qu'il vient de
chez son frère, qui lui a recommandé sa fille, et indiqué
un lieu où il avait enfoui de l'or à l'insu de tous : il
m'a demandé, ajoute-t-il, que les préparatifs qu'il avait
faits pour moi soient employés à ses propres funérailles.
A peine il achevait ce récit, que les gens du frère vinrent
annoncer sa mort ; et l'or fut trouvé à l'endroit indiqué.

Le monde est plein de prédictions de ce genre ; mais
elles ne méritent pas d'être recueillies : trop souvent elles
sont supposées. En voici un exemple bien remarquable :
dans la guerre de Sicile, Gabiénus, un des plus braves
officiers de la flotte de César, tomba au pouvoir de Sex.
Pompée, qui lui fit couper la gorge : la tête ne tenait
presque plus au corps. Il resta tout le jour exposé sur le
rivage. La nuit étant survenue, Gabiénus, s'adressant à
la multitude rassemblée, demanda avec des gémissements

quæ tota indicasse conveniat. E duobus fratribus equestris ordinis, Cor-
fidio majori accidisse, ut videretur exspirasse, apertoque testamento
recitatum heredem minorem funeri instituisse : interim eum, qui videbatur extinctus, plaudendo concivisse ministeria, et narrasse « a fratre
« se venisse, commendatam sibi filiam ab eo. Demonstratum præterea,
« quo in loco defodisset aurum, nullo conscio, et rogasse ut iis fune-
« bribus, quæ comparasset, efferretur. » Hoc eo narrante, fratris domes-
tici propere annuntiavere examinatum illum : et aurum, ubi dixerat,
repertum est.

Plena præterea vita est his vaticiniis, sed non conferenda, cum sæpius falsa sint, sicut ingenti exemplo docebimus. Bello Siculo Gabienus
Cæsaris classiarius fortissimus captus à Sex. Pompeio, jussu ejus incisa cervice, et vix cohærente, jacuit in litore toto die. Deinde quum advesperavisset, cum gemitu precibusque, congregata multitudine, petiit

et des instances réitérées que Pompée vînt à lui, ou envoyât quelques personnes de confiance : qu'il revenait des enfers pour lui annoncer des choses importantes. Pompée envoya plusieurs de ses amis. Gabiénus leur dit que la cause et le parti de Pompée étaient agréables aux dieux infernaux ; que ses vœux seraient couronnés par le succès ; qu'il avait ordre de lui porter cette nouvelle ; que, pour preuve de la vérité, il expirerait aussitôt qu'il aurait rempli sa commission. Il expira en effet. On a des exemples de gens qui ont apparu après leur sépulture : mais nous recherchons ici les faits naturels et non les miracles.

Exemples de mort subite.

La mort subite, c'est-à-dire le plus grand bonheur de la vie, est un de ces événements qui, tout fréquents qu'ils sont, ne perdent jamais le droit de nous étonner. Je montrerai qu'elle n'a rien que de naturel. Verrius en a cité une foule d'exemples. Je ferai choix de quelques uns. Outre Chilon, dont j'ai parlé plus haut, Sophocle et Denys, tyran de Sicile, moururent de joie l'un et l'autre en apprenant qu'ils avaient remporté le prix de la tragédie. Après la bataille de Cannes, une mère expira en revoyant son fils dont on lui avait faussement annoncé la mort.

uti Pompeius ad se veniret, aut aliquem ex arcanis mitteret : se enim ab inferis remissum, habere quæ nuntiaret. Misit plures Pompeius ex amicis, quibus Gabiénus dixit : « Inferis diis placere Pompeii causas et « partes pias ; proinde eventum futurum, quem optaret ; hoc se nuntiare « jussum ; argumentum fore veritatis, quod peractis mandatis, protinus « exspiraturus esset » ; idque ita evenit. Post sepulturam quoque visorum exempla sunt, nisi quod naturæ opera, non prodigia consectamur.

LIV. 53. In primis autem miraculo sunt atque frequenti mortes repentinæ (hoc est, summa vitæ felicitas), quas esse naturales docebimus. Plurimas prodidit Verrius : nos cum delectu modum servabimus. Gaudio obiere, præter Chilonem, de quo diximus, Sophocles et Dionysius Siciliæ tyrannus, uterque accepto tragicæ victoriæ nuntio. Mater pugna illa Cannensi, filio incolumi viso contra falsum nuntium. Pudore Dio-

Diodore, professeur de dialectique, mourut de honte de
n'avoir pu résoudre, sur-le-champ, une question frivole
que Stilpon lui proposait.

Deux Césars, l'un préteur, l'autre ex-préteur et père
du dictateur César, moururent sans aucune cause apparente, en se chaussant le matin, le dernier à Pise, le premier à Rome. Q. Fabius Maximus mourut subitement
dans son consulat, la veille des calendes de janvier. Il
lui fallut un successeur : Rébilus brigua un consulat de
quelques heures. Le sénateur Vulcatius Gurgès mourut
de la même manière. Ils étaient tous deux bien portants,
très dispos, et se préparaient à sortir. Q. Émilius Lépidus
tomba mort en sortant de chez lui, s'étant heurté le pouce
du pied contre le seuil de sa chambre ; C. Aufustius,
étant déjà sorti pour aller au sénat, et après avoir fait
un faux pas dans le comice.

Le député qui avait plaidé la cause des Rhodiens dans
le sénat, avec le plus brillant succès, tomba mort en sortant de la salle ; Cn. Bébius Tamphilus, ancien préteur,
en demandant à un jeune esclave quelle heure il était ;
Aulus Pompéius, dans le Capitole, après avoir salué les
dieux ; M. Juventius Thalna, consul, en offrant un sa-

crifice; Servilius Pansa, étant debout dans le Forum, auprès d'une boutique, à la seconde heure du jour, et s'appuyant sur son frère Publius Pansa; le juge Bébius en prononçant un sursis; Térentius Corax, en écrivant sur des tablettes dans le Forum; et, l'année dernière, un chevalier romain, en parlant à l'oreille à un consulaire, devant l'Apollon d'ivoire, qui est dans le Forum d'Auguste; et, ce qui est plus frappant encore, le médecin C. Julius, au moment où il promenait la sonde sur l'œil d'un de ses malades; Aulus Torquatus, consulaire, en prenant un gâteau dans un repas; Tuscius Valla, médecin, en buvant du vin miellé; Appius Sauféius, après avoir bu du vin miellé au sortir du bain, et en avalant un œuf; Quinctius Scapula, en soupant chez Aquilius Gallus; le greffier Décimus Sauféius, en dînant chez lui; Cornélius Gallus, ex-préteur, et Q. Hatérius, chevalier romain, dans l'acte vénérien. Et dans ce siècle, par une singularité bien remarquable, deux chevaliers sont morts dans les bras du même pantomime, de Mysticus, le plus bel homme qui fût alors (70).

Mais personne jamais ne s'attendit moins à la mort que le comédien M. Ofilius Hilarus. Le jour anniversaire de

tius Thalna consul, quum sacrificaret. C. Servilius Pansa, quum staret in foro ad tabernam hora diei secunda, in P. Pansam fratrem innixus. Bæbius judex, quum vadimonium differri jubet. M. Terentius Corax, dum tabellas scribit in Foro. Nec non et proximo anno, dum consulari viro in aurem dicit, eques romanus, ante Apollinem eboreum, qui est in Foro Augusti. Super omnes C. Julius medicus dum inungit, specillum per oculum trahens. Aulus Manlius Torquatus consularis, quum in cena placentam adpeteret. L. Tuccius Valla medicus, dum mulsi potionem haurit. Ap. Sauféius, quum a balineo reversus mulsum bibisset, ovumque sorberet. P. Quinctius Scapula, quum apud Aquilium Gallum cenaret. Decimus Sauféius scriba, quum domi suæ pranderet. Cornelius Gallus prætorius, et Q. Haterius eques Rom. in Venere obiere : et quos nostra adnotavit ætas, duo equestris ordinis in eodem pantomimo Mystico, tum forma præcellente.

Operosissima tamen securitas mortis in M. Ofilio Hilaro ab antiquis

sa naissance, après avoir reçu du public les applaudisse-
ments les plus flatteurs, il donnait un festin. Pendant le
repas, il demanda un breuvage chaud ; et regardant le
masque qui lui avait servi ce jour-là, il y posa sa couronne, et resta sans bouger dans cette attitude. On ne
s'aperçut de sa mort que lorsque le convive placé auprès
de lui voulut l'avertir que son breuvage refroidissait.

Voilà des morts heureuses : mais les exemples contraires sont sans nombre. L. Domitius, d'une des plus
illustres familles de Marseille, vaincu et pris à Corfinium
par César, s'empoisonna de désespoir. A peine eut-il
avalé le breuvage fatal, qu'il mit tout en œuvre pour ne
pas mourir. On trouve dans les actes que Félix, cocher
de la faction rouge (74), ayant été mis sur le bûcher, un
de ses partisans se jeta dans les flammes. J'ai honte de
dire que, pour empêcher que cette action ne tournât à la
gloire du cocher, les factions opposées publièrent que cet
homme avait perdu la tête, enivré par la vapeur des
parfums. Dans ces derniers temps, M. Lépidus, que j'ai
déjà dit être mort de chagrin après son divorce, fut rejeté du bûcher par la violence de la flamme. Le feu ne
permit pas qu'on l'y replaçât, et le corps fut brûlé près
de là avec d'autre bois.

traditur. Comœdiarum histrio is, quum populo admodum placuisset natali die suo, conviviumque haberet, edita cena calidam potionem in
pultario poposcit, simulque personam ejus diei acceptam intuens, coronam e capite suo in eam transtulit, tali habitu rigens, nullo sentiente,
donec adcubantium proximus tepescere potionem admoneret.

Hæc felicia exempla ; at contra miseriarum innumera. L. Domitius
clarissimæ gentis apud Massiliam victus, Corfinii captus ab eodem
Cæsare, veneno poto propter tædium vitæ, postquam biberat, omni opere
ut viveret, adnisus est. Invenitur in actis, Felice russato auriga elato,
in rogum ejus unum e faventibus jecisse sese ; frivolum dictu : ne hoc
gloriæ artificis daretur, adversis studiis copia odorum corruptum cri-
minantibus. Quum ante non multo M. Lepidus nobilissimæ stirpis, quem
divortii anxietate diximus mortuum, flammæ vi e rogo ejectus recondi
propter ardorem non potuisset, juxta sarmentis aliis nudus crematus est.

5

De la sépulture.

Brûler les corps (72) n'est pas une institution de la première antiquité dans Rome. D'abord on enterra les morts. L'usage de les brûler s'établit quand les Romains eurent connu, dans leurs guerres lointaines, que les tombeaux n'étaient pas toujours des asiles sacrés. Cependant plusieurs familles conservèrent l'ancienne coutume. Le dictateur Sylla est le premier des Cornélius dont on ait brûlé le corps. Il le voulut ainsi, parcequ'ayant exhumé le cadavre de Marius, il craignit pour lui-même la peine du talion. Le mot *sépulture* s'entend des derniers devoirs rendus de quelque manière que ce soit : *inhumé* ne se dit que d'un corps déposé dans la terre.

Des mânes. — De l'ame.

Après la sépulture, suivent les différentes questions sur les mânes. L'homme, à son dernier jour, redevient ce qu'il était avant le premier. Ni le corps ni l'ame ne sont pas plus susceptibles de sentiment, après la mort, qu'ils ne l'ont été avant la naissance. Mais la vanité humaine se prolonge même au delà du trépas, et se crée un fantôme d'existence jusque dans le domaine de la mort. Tantôt c'est l'immortalité qu'elle suppose à l'ame ; tantôt c'est la transmigration : ailleurs, elle anime les enfers, elle rend un culte aux mânes (73), et fait dieu celui qui déja

LV, 54. Ipsum cremare apud Romanos non fuit veteris instituti ; terra condebantur. At postquam longinquis bellis obrutos erui cognovere, tunc institutum. Et tamen multæ familiæ priscos servavere ritus : sicut in Cornelia nemo ante Sullam dictatorem traditur crematus : idque voluisse, veritum talionem, eruto C. Marii cadavere. Sepultus vero ntelligitur quoquo modo conditus : humatus vero homo contectus.

LVI, 55. Post sepulturam variæ Manium ambages. Omnibus a suprema die eadem, quæ ante primum ; nec magis a morte sensus ullus aut corpori aut animæ, quam ante natalem. Eadem enim vanitas in futurum etiam se propagat, et in mortis quoque tempora ipsa sibi vitam mentitur : alias immortalitatem animæ, alias transfigurationem, alias sensum inferis dando, et manes colendo, deumque faciendo, qui jam

même a cessé d'être homme ; comme si l'homme, en effet
respirait autrement que le reste des animaux : comme si
nous ne connaissions pas une infinité d'êtres dont la vie
est bien plus durable, sans que personne pourtant leur
présage une pareille immortalité. Eh ! quelle est donc la
substance de l'ame isolée du corps ? quelle en est la matière ? où siége sa pensée ? comment peut-elle voir, entendre, toucher ? comment peut-elle agir ? Et sans l'usage
de ses facultés, quel bonheur est possible pour elle ? D'un
autre côté, quel espace contiendra cet amas incalculable
d'ames et d'ombres produites pendant la durée de tant
de siècles ? Ambition délirante, songe puéril d'une nature faible et mortelle, que tourmente le desir de ne finir
jamais ! Il en faut dire autant du soin de conserver les
morts, et de cette résurrection promise par Démocrite,
qui lui-même n'est pas ressuscité. O comble de la démence ! revivre par la mort ! Le repos est donc pour jamais interdit à l'homme, s'il est vrai que son ame dans
les cieux, et que son ombre dans les enfers, conservent
toujours le sentiment. Cette illusion, dont se berce notre
crédulité, nous ravit le plus grand bienfait de la nature,
la mort : ou plutôt elle la rend doublement cruelle, s'il
faut éprouver d'avance le regret de ce qu'elle nous fera

etiam homo esse desierit : ceu vero ullo modo spirandi ratio homini a
ceteris animalibus distet, aut non diuturniora in vita multa reperiantur,
quibus nemo similem divinat immortalitatem. Quod autem corpus animæ per se ? quæ materia ? ubi cogitatio illi ? quomodo visus ? auditus ?
aut qui tangit ? qui usus ejus ? aut quod sine his bonum ? Quæ deinde
sedes, quantave multitudo tot sæculis animarum, velut umbrarum ?
Puerilium ista delinimentorum , avidæque numquam desinere mortalitatis commenta sunt. Similis et de adservandis corporibus hominum, ac
revivescendi promissa Democrito vanitas, qui non revixit ipse. Quæ
(malum) ista dementia est, iterari vitam morte ! quæve genitis quies
numquam, si in sublimi sensus animæ manet, inter inferos umbræ ! Perdit profecto ista dulcedo credulitasque præcipuum naturæ bonum, mortem : ac duplicat obitus, si dolere etiam post futuri æstimatione eveniat.

perdre. Car enfin si la vie est un bien, qui pourra, sans douleur, avoir cessé de vivre ? Ah ! qu'il est à la fois et plus facile et plus certain de s'en rapporter à soi, et de voir dans ce qui précéda la naissance, le présage et le garant de ce qui suivra la mort.

Inventions et inventeurs.

Avant que de passer aux autres animaux, il me semble convenable d'indiquer les auteurs des diverses inventions. Bacchus établit la manière d'acheter et de vendre. Il fut aussi l'inventeur du triomphe et du diadème, signe de la royauté. Cérès trouva l'usage du froment. Avant elle, les hommes se nourrissaient de glands. Elle enseigna dans l'Attique l'art de moudre et de pétrir, et dans la Sicile les autres préparations du grain ; ce qui lui mérita les honneurs divins. Cérès fut aussi la première législatrice. D'autres font cet honneur à Rhadamanthe.

Je pense que les lettres assyriennes ont existé dans tous les temps ; mais les uns, comme Gellius, veulent qu'elles aient été inventées en Égypte par Mercure (74), et les autres, qu'elles l'aient été chez les Syriens ; que Cadmus apporta de la Phénicie dans la Grèce (75) seize lettres, auxquelles Palamède ajouta, pendant la guerre de Troie, les quatre suivantes : Θ, Ξ, Φ, X. Le poëte Simonide en

Etenim si dulce vivere est, cui potest esse vixisse! At quanto facilius certiusque, sibi quemque credere, ac specimen securitatis antegenitali sumere experimento!

LVII. 56. Consentaneum videtur, priusquam digrediamur a natura hominum, indicare quæ cujusque inventa sint. Emere ac vendere instituit Liber pater. Idem diadema, regium insigne, et triumphum invenit. Ceres frumenta, cum antea glande vescerentur. Eadem molere et conficere in Attica, et alia in Sicilia ; ob id dea judicata. Eadem prima leges dedit ; ut alii putavere, Rhadamanthus.

Literas semper arbitror Assyrias fuisse ; sed alii apud Ægyptios a Mercurio, ut Gellius ; alii apud Syros repertas volunt. Utique in Græciam attulisse e Phœnice Cadmum sedecim numero. Quibus Trojano bello Palameden adjecisse quatuor hae figura Θ, Ξ, Φ, X. Totidem

ajouta quatre autres : Z, H, Ψ, Ω. Nous retrouvons la force de toutes ces lettres dans les nôtres. Aristote reconnaît dix-huit lettres de toute ancienneté : A, B, Γ, Δ, E, Z, I, K, Λ, M, N, O, Π, P, Σ, T, Y, Φ. Il veut qu'Épicharme, plutôt que Palamède, en ait ajouté deux : Θ, X. Anticidès prétend qu'un certain Ménos inventa les lettres en Égypte, quinze ans avant Phoronée (76), le plus ancien roi de la Grèce. Il tâche de le prouver par les monuments. D'un autre côté, Épigène, auteur respectable, nous apprend qu'on trouve chez les Babyloniens des observations astronomiques de 720 mille ans, gravées sur des briques cuites (77). Bérose et Critodème, qui donnent le moins de durée à ces observations, les font de 490 mille ans. Ce qui prouve que l'usage des lettres est de toute éternité. Les Pélasges les apportèrent dans le Latium.

Les deux frères Euryale et Hyperbius furent les premiers qui, dans Athènes, établirent des fours à brique, et construisirent une maison ; jusqu'alors on avait habité dans les cavernes. Gellius dit que Doxius, fils de Célus, trouva l'usage du ciment, en prenant exemple sur les nids des hirondelles. Cécrops donna son nom à la ville de Cé-

---

post eum Simonidem melicum, Z, H, Ψ, Ω, quarum omnium vis in nostris recognoscitur. Aristoteles x. et viii. priscas fuisse : A, B, Γ, Δ, E, Z, I, K, Λ, M, N, O, Π, P, Σ, T, Y, Φ ; et duas ab Epicharmo additas Θ, X, quam a Palamede mavult. Anticlides in Ægypto invenisse quemdam nomine Menon tradit, xv. annis ante Phoronum, antiquissimum Græciæ regem ; idque monumentis adprobare conatur. E diverso Epigenes, apud Babylonios dccxx. m. annorum observationes siderum coctilibus laterculis inscriptas docet, gravis auctor in primis ; qui minimum, Berosus et Critodemus, ccccxc. m. annorum. Ex quo apparet æternum literarum usum. In Latium eas attulerunt Pelasgi.

Laterarias, ac domum constituerunt primi Euryalus et Hyperbius fratres Athenis ; antea specus erant pro domibus. Gellio Doxius Cæli filius, lutei ædificii inventor placet, exemplo sumpto ab hirundinum nidis. Oppidum Cecrops à se appellavit Cecropiam, quæ nunc est arx Athenis.

cropie, qui est aujourd'hui la citadelle d'Athènes. Quelques uns veulent qu'Argos ait été bâtie antérieurement par le roi Phoronée; d'autres, que Sicione soit plus ancienne. Les Égyptiens prétendent que Diospolis a été bâtie chez eux longtemps avant cette époque. Cinyra, fils d'Agriopas, inventa, dans l'île de Chypre, l'art de faire la tuile et de fondre l'airain : on lui doit aussi la tenaille, le marteau, le levier et l'enclume. Les puits sont une invention de Danaüs, qui passa de l'Égypte dans la Grèce, nommée alors Argos Dipsion. Cadmus ouvrit la première carrière à Thèbes (Égypte), ou, comme le veut Théophraste, dans la Phénicie. On doit l'invention des murs à Thrason; celle des tours aux Cyclopes, selon Aristote; aux Tirynthiens (en Argolide), selon Théophraste. L'art du tisserand fut inventé par les Égyptiens; l'art de teindre la laine, par les Lydiens, à Sardes; le fuseau pour filer la laine, par Closter, fils d'Arachné; le fil de lin et les filets, par Arachné; l'art du foulon, par Nicias de Mégare, et celui du cordonnier, par Tychius le Béotien.

Les Égyptiens veulent que la médecine ait été inventée chez eux; d'autres, qu'elle l'ait été par Arabus, fils de Babylone et d'Apollon; la botanique et la pharmacie, par Chiron, fils de Saturne et de Philyra.

Aliqui Argos a Phoroneo rege ante conditum volunt; quidam et Sicyonem. Ægyptii vero multo ante apud ipsos Diospolin. Tegulas invenit Cinyra Agriopæ filius, et metalla æris, utrumque in insula Cypro : item forcipem, martulum, vectem, incudem. Puteos Danaus, ex Ægypto advectus in Græciam, quæ vocabatur Argos Dipsion. Lapicidinas Cadmus Thebis, aut, ut Theophrastus, in Phœnice. Thrason muros. Turres, ut Aristoteles, Cyclopes; Tirynthii, ut Theophrastus. Ægyptii textilia; inficere lanas Sardibus Lydi. Fusos in lanificio Closter filius Arachnes; linum et retia Arachne. Fulloniam artem Nicias Megarensis. Sutrinam Tychius Bœotius.

Medicinam Ægyptii apud ipsos volunt repertam; alii per Arabum, Babylonis et Apollinis filium; herbariam et medicamentariam a Chirone, Saturni et Philyræ filio.

Selon l'opinion d'Aristote, Scythès le Lydien; selon celle de Théophraste (dans son Traité des inventions), Délas le Phrygien montra la manière de tremper l'airain; les Chalybes, ou, suivant d'autres, les Cyclopes (de Sicile), la manière de le mettre en œuvre. Hésiode dit que les Dactyles Idéens trouvèrent le fer dans l'île de Crète. L'argent fut découvert par Erichthonius Athénien ou par Éacus; la mine d'or et l'art de fondre ce métal furent trouvés par Cadmus de Phénicie, auprès du mont Pangée (Abyssinie), ou, selon d'autres, par Éaclis et Thoas (roi de la Chersonnèse taurique), dans la Panchaïe, ou par Sol, fils d'Océanus, à qui Gellius attribue aussi l'usage du miel dans la médecine. Midacrite apporta le plomb de l'île Cassitéride (dans l'océan Britannique). Les Cyclopes inventèrent l'art de travailler le fer; Corèbe Athénien, l'art de faire des vases de terre, et le Scythe Anacharsis (vers l'an 592 av. J.-C.), ou, selon d'autres, Hyperbius Corinthien, la roue à l'usage du potier; Dédale, l'art de travailler le bois : il inventa la scie, le rabot, le plomb, la tarière, la colle forte et la colle de poisson. Théodore de Samos ajouta la règle, le niveau, le tour et la clef. Phidon d'Argos, ou Palamède, si nous en croyons Gellius, inventa les poids et les mesures. Pirode, fils de Cilix, trouva la manière de tirer le

---

Æs conflare et temperare, Aristoteles Lydum Scythen monstrasse, Theophrastus Delam Phrygem putat. Ærariam fabricam alii Chalybas, alii Cyclopas. Ferrum Hesiodus in Creta eos qui vocati sunt Dactyli Idæi. Argentum invenit Erichtonius Atheniensis; ut alii, Æacus. Auri metalla et conflaturam, Cadmus Phœnix ad Pangæum montem; ut alii, Thoas et Eaclis in Panchaia, aut Sol Oceani filius, cui Gellius medicinæ quoque inventionem ex melle adsignat. Plumbum ex Cassiteride insula primus adportavit Midacritus. Fabricam ferream invenerunt Cyclopes. Figlinas Corœbus Atheniensis. In iis orbem Anacharsis Scythes; ut alii, Hyperbius Corinthius. Fabricam materiariam Dædalus, et in ea serram, asciam, perpendiculum, terebram, glutinum, ichthyocollam : normam autem, et libellam, et tornum et clavem Theodorus Samius. Mensuras et pondera, Phidon Argivus; aut Palamedes, ut maluit Gel-

feu des veines d'un caillou, et Prométhée, celle de le conserver dans des feuilles de férule.

Les Phrygiens inventèrent le char à quatre roues ; les Carthaginois, le commerce ; l'Athénien Eumolpe (né en Thrace, mais émigré en Attique), la culture de la vigne et des arbres ; Strophilus, fils de Silène, le mélange du vin avec de l'eau ; l'Athénien Aristée, l'huile, la meule à pressoir, et le miel ; l'Athénien Busygès, ou Triptolème (d'Éleusis), selon d'autres, la manière d'attacher les bœufs, et la charrue.

Les Égyptiens établirent le gouvernement monarchique, et les Athéniens le gouvernement démocratique, après l'abdication de Thésée. Le premier tyran fut Phalaris (vers 780 av. J.-C.), dans la ville d'Agrigente. Les Lacédémoniens inventèrent la servitude (1059 av. J.-C.). Le premier arrêt de mort fut prononcé par l'Aréopage. Les Africains combattirent les premiers contre les Égyptiens avec cette sorte de bâtons qu'ils nomment *phalanges* (rouleaux). Prœtus et Acrisius (d'Argos), se faisant la guerre, d'autres disent Chalcus, fils d'Athamas (vers 1400 av. J.-C.), inventèrent les boucliers. La cuirasse est due à Midias de Messène ; le casque, l'épée, la pique, aux Lacédémoniens ; les bottines et les aigrettes, aux Cariens ; l'arc et la flè-

lius. Ignem e silice Pyrodes Cilicis filius : eumdem adservare in ferula, Prometheus.

Vehiculum cum quatuor rotis Phryges ; mercaturas Pœni. Culturas vitium et arborum Eumolpus Atheniensis. Vinum aqua miscere Staphylus Sileni filius. Oleum et trapetas Aristæus Atheniensis. Idem mella. Bovem et aratrum Buzyges Atheniensis ; ut alii, Triptolemus.

Regiam civitatem Ægyptii, popularem Attici, post Theseum. Tyrannus primus fuit Phalaris Agrigenti. Servitium invenere Lacedæmonii. Judicium capitis in Areopago primum actum est. Prœlium Afri contra Ægyptios primi fecere fustibus, quos vocant phalangas. Clypeos invenerunt Prœtus et Acrisius inter se bellantes, sive Chalcus Athamantis filius. Loricam Midias Messenius. Galeam, gladium, hastam Lacedæmonii. Ocreas et cristas Cares. Arcum et sagittam Scythen Jovis filium;

che, à Scythès, fils de Jupiter; d'autres attribuent la flèche à Persès, fils de Persée. La lance fut inventée par les
Étoliens; le dard attaché à une courroie, par Étolus, fils
de Mars; la demi-pique, par Tyrrhénus; le javelot, par
l'amazone Penthésilée; la hache, par Pisée; l'épieu et le
scorpion, machine de guerre, par les Crétois; la cata-
pulte, la baliste et la fronde, par les Syrophéniciens; la
trompette d'airain, par Pysée Tyrrhénien; la tortue, par
Artémon de Clazomène; le cheval, machine de guerre
dont on se sert pour battre les murs, et qu'on nomme aujourd'hui bélier, par Épéus, au siège de Troie.

Bellérophon (vers l'an 1220 av. J.-C.) monta le premier à cheval. Péléthronius (roi des Lapithes en Thessalie) inventa la bride et les harnais. Les Thessaliens qui
habitent au pied du mont Pélion, et qu'on a nommés Cen-
taures, sont les premiers qui aient combattu à cheval.
Les Phrygiens attelèrent les premiers deux chevaux de
front. Ericthonius en attela quatre. Palamède inventa,
pendant la guerre de Troie, l'ordre de bataille, le mot
d'ordre, les sentinelles; et Sinon, pendant la même guerre,
imagina les signaux. Lycaon inventa les trèves, et Thésée les confédérations.

Car, qui a donné son nom à la Carie, inventa les au-

a'ii sagittas Persen Persei filium invenisse dicunt : lanceas Ætolos, jaculum cum amento Ætolum Martis filium; hastas velitares Tyrrhenum;
pilum Penthesileam Amazonem; securim, Pisæum; venabula, et in
tormentis scorpionem Cretas; catapultam Syrophœnicas, ballistam et
fundam; æneam tubam, Pisæum Thyrrhenum. Testudines Artemonem
Clazomenium. Equum (qui nunc aries appellatur) in muralibus machi-
nis, Epeum ad Trojam.

Equo vehi Bellerophontem. Frenos et strata equorum Pelethronium.
Pugnare ex equo Thessalos, qui Centauri appellati sunt, habitantes se-
cundum Pelium montem. Bigas prima junxit Phrygum natio, quadri-
gas Erichthonius. Ordinem exercitus, signi dationem, tesseras, vigilias
Palamedes invenit Trojano bello. Specularum significationem, eodem
Sinon, Inducias Lycaon. Fœdera Theseus.

Auguria ex avibus Car, a quo Caria appellata. Adjecit ex ceteris ani-

gures par les oiseaux ; Orphée, les augures par les autres animaux ; Delphus, la divination par les entrailles
des victimes ; Amphiaraüs (entre 1263 et 1220 avant
J.-C.), par l'inspection du feu ; Tirésias le Thébain (vers
l'an 1220 av. J.-C.), par l'inspection des oiseaux ; Amphictyon (1500 av. J.-C.), l'explication des prodiges et
des songes ; Atlas, fils de Lybia, l'astronomie : d'autres
l'attribuent aux Égyptiens, et d'autres aux Assyriens. On
doit la sphère au Milésien Anaximandre, et la première
théorie des vents à Éole, fils de Hellen.

Amphion inventa la musique ; Pan, fils de Mercure, le
chalumeau et la flûte simple ; Midas, en Phrygie, la flûte
recourbée ; et, dans le même pays, Marsias, la flûte double ; Amphion, le mode lydien ; le Thrace Thamyras, le
mode dorien, et le Phrygien Marsias, le mode phrygien ;
Amphion, et, selon d'autres, Orphée ou Linus, la lyre.
Terpandre (970 av. J.-C.) perfectionna cet instrument, en
portant le nombre des cordes à sept ; Simonide (558 av.
J.-C.) en ajouta une huitième, et Timothée (380 av. J.-C.)
une neuvième. Thamyras joua le premier de la lyre sans
l'accompagnement de la voix ; Amphion ou Linus y joignit le chant. Terpandre composa les premiers poëmes
lyriques ; Ardalus de Trézène (Argolide) enseigna l'art de
chanter avec l'accompagnement de la flûte ; les Curètes

malibus Orpheus. Aruspicam Delphus, ignispicia Amphiaraus, auspicia
avium Tiresias Thebanus. Interpretationem ostentorum et somniorum
Amphictyon. Astrologiam Atlas Libyæ filius : ut alii, Ægyptii : ut alii,
Assyrii. Sphæram Milesius Anaximander. Ventorum rationem Æolus
Hellenis filius.

Musicam Amphion ; fistulam et monaulum Pan Mercurii ; obliquam
tibiam Midas in Phrygia ; geminas tibias Marsyas in eadem gente ; Ly-
dios modulos Amphion ; Dorios Thamyras Thrax ; Phrygios Marsyas
Phryx ; citharam Amphion : ut alii, Orpheus : ut alii, Linus ; septem
chordis additis Terpander. Octavam Simonides addidit ; nonam Timo-
theus. Cithara sine voce cecinit Thamyras primus ; cum cantu Amphion ; ut alii, Linus. Citharœdica carmina composuit Terpander. Cum

instituèrent la danse armée, et Pyrrhus la pyrrhique, l'une et l'autre dans la Crète.

Nous devons le vers héroïque à l'oracle d'Apollon Pythien. L'origine de la poésie présente une question difficile à résoudre. Il est prouvé qu'il existait des poëmes avant la guerre de Troie. Phérécide Syrien écrivit le premier en prose (530 av. J.-C.), du temps du roi Cyrus. Cadmus de Milet fut le premier qui écrivit l'histoire. Lycaon (1370 av. J.-C.) établit les jeux gymniques en Arcadie; Acaste, les jeux funèbres à Iolcos (Thessalie), et, après lui, Thésée, dans l'isthme de Corinthe; Hercule, les combats d'athlètes dans Olympie; Pythus, le jeu de paume. Gygès Lydien inventa la peinture en Égypte. Ce fut au contraire Euchir, parent de Dédale, selon Aristote, ou Polygnote, Athénien, selon Théophraste, qui l'inventa dans la Grèce.

Danaüs vint le premier d'Égypte en Grèce, sur un vaisseau : jusqu'alors on avait navigué sur des radeaux; le roi Erythra les avait inventés pour passer d'une île à l'autre sur la mer Rouge. Quelques auteurs font honneur de cette invention aux Mysiens et aux Troyens, lorsqu'ils traversèrent l'Hellespont pour descendre dans la Thrace.

tibiis canere voce Trœzenius Ardalus instituit. Saltationem armatam Curetes docuere, Pyrrhichen Pyrrhus, utramque in Creta.

Versum heroicum Pythio oraculo debemus. De poematum origine magna quæstio est. Ante Trojanum bellum probantur fuisse. Prosam orationem condere Pherecydes Syrius instituit, Cyri regis ætate. Historiam Cadmus Milesius. Ludos gymnicos in Arcadia Lycaon; funebres Acastus Iolco; post eum Theseus in Isthmo. Hercules Olympiæ athleticam; Pythus pilam lusoriam; Gyges Lydus picturam in Ægypto; in Græcia vero Euchir Dædali cognatus, ut Aristoteli placet; ut Theophrasto, Polygnotus Atheniensis.

Nave primus in Græciam ex Ægypto Danaus advenit : antea ratibus navigabatur, inventis in mari Rubro inter insulas a rege Erythra. Reperiuntur, qui Mysos et Trojanos priores excogitasse in Hellesponto putent, quum transirent adversus Thracas. Etiam nunc in Britannico oceano

Encore aujourd'hui on se sert sur l'océan Britannique de radeaux faits de branches entrelacées, et garnies de cuir tout autour. Sur le Nil, on en construit de papyrus, de joncs et de roseaux. Philostéphanus rapporte que Jason navigua le premier sur un vaisseau long ; Hégésias nomme Paralus, Ctésias nomme Sémiramis, et Archémacus, Égéon. Damaste attribue les birèmes aux Érythréens (Ionie) ; Thucydide, les trirèmes au Corinthien Aminocle ; Aristote, les quadrirèmes aux Carthaginois ; Mnésigiton, les quinquérèmes aux Salaminiens ; Xénagore, les vaisseaux à six rangs de rameurs aux Syracusains ; Mnésigiton, les vaisseaux depuis six rangs jusqu'à dix, à Alexandre le Grand. Philostéphanus écrit que Ptolémée Soter fit construire des vaisseaux à douze rangs ; Démétrius, fils d'Antigone, à quinze rangs ; Ptolémée Philadelphe, à trente, et Ptolémée Philopator, surnommé Tryphon, à quarante. Hippus de Tyr inventa le vaisseau de charge ; les Cyrénéens, les Phéniciens, les Rhodiens, les Cypriens, les différentes sortes de vaisseaux qu'on nomme *lembus* (galiote munie de quinze rames et sans voiles), *cymba* (petite barque), *celes* (barque rapide), *cercuros* (barque longue, ou fabriquée à Corcyre). Les Phéniciens trouvèrent l'art de régler la navigation sur les astres. Les Copes (en Béotie) inventèrent la rame, et les Platéens lui donnèrent sa largeur. Icare imagina les voiles; Dédale, le mât et l'antenne; les Samiens ou l'Athénien Périclès, le mât d'artimon; les Thasiens, les vaisseaux pontés dans toute leur longueur. Auparavant on combattait seulement sur la proue ou sur la poupe. Pisée Tyrrhénien ajouta les éperons; Eupalamus, l'ancre; Anacharsis, l'ancre à deux anses; l'Athénien Périclès, le grapin, et Typhis (pilote du navire *Argo*), le gouvernail. Minos combattit le premier avec une flotte. Le premier qui tua un animal fut Hyperbius, fils de Mars, et le premier qui tua un bœuf fut Prométhée.

Des choses sur lesquelles les premiers peuples ont été unanimes. — Des lettres anciennes.

La première chose qui ait été universellement adoptée par le consentement tacite des nations (78), c'est l'alphabet des Ioniens.

Une inscription de Delphes atteste que les anciens caractères grecs furent à peu près les mêmes que sont aujourd'hui ceux des Latins : cette inscription, gravée sur un airain antique, existe à présent dans la bibliothèque du mont Palatin, où les empereurs l'ont consacrée à Minerve. La voici : ΛΑΥΣΙΚΡΑΤΗΣ ΑΝΕΘΕΤΟ ΤΗ ΔΙΟΣ ΚΟΡΗ ΤΗΝ ΔΕΚΑΤΗΝ ΔΙΑ ΔΕΞΙΟΝ ΑΙΩΝΑ (79).

Copæ, latitudinem ejus Plateæ : vela Icarus, malum et antennam Dædalus; hippagum Samii aut Pericles Atheniensis, tectas longas Thasii; antea ex prora tantum et puppi pugnabatur. Rostra addidit Piseus Tyrrhenus; ancoram Eupalamus; eamdem bidentem Anacharsis; harpagonas et manus Pericles Atheniensis; adminicula gubernandi Typhis. Classe princeps depugnavit Minos. Animal occidit primus Hyperbius Martis filius, Prometheus bovem.

LVIII. 57. Gentium consensus tacitus primus omnium conspiravit, ut Ionum literis uterentur.

58. Veteres Græcas fuisse easdem pene, quæ nunc sunt Latinæ, indicio erit Delphica tabula antiqui æris, quæ est hodie in Palatio, dono principum Minervæ dicata in bibliotheca, cum inscriptione tali, ΛΑΥΣΙΚΡΑΤΗΣ ΑΝΕΘΕΤΟ ΤΗ ΔΙΟΣ ΚΟΡΗ ΤΗΝ ΔΕΚΑΤΗΝ ΔΙΑ ΔΕΞΙΟΝ ΑΙΩΝΑ.

Des premiers barbiers.

Le second exemple du consentement unanime des peuples est l'usage des barbiers. Les Romains les ont admis un peu tard. Si l'on en croit Varron (*De re rustica*, cap. II), les premiers barbiers vinrent de Sicile en Italie, l'an de Rome 454 ; ils furent amenés par Ticinius Ména. Jusqu'à cette époque, les Romains portèrent la barbe longue. Scipion Émilien fut le premier qui se fit couper la barbe tous les jours. Auguste fit constamment usage du rasoir (80).

Des premières horloges.

Le troisième objet sur lequel se sont accordées toutes les nations a été la division des heures, et cet accord supposait déjà un esprit de calcul et de méthode. J'ai dit au livre second (84) quels furent, dans la Grèce, et l'auteur et l'époque de cette découverte. Elle parvint aussi fort tard chez les Romains. Les douze tables ne font mention que du lever et du coucher du soleil. Quelques années après, on y ajouta le midi. L'huissier des consuls annonçait midi, lorsque de la salle du sénat il avait aperçu le soleil entre la tribune et le grécostase. Au moment où l'ombre se portait de la colonne Ménia vers la prison, il proclamait la dernière heure ; ce qui ne pouvait se faire

LIX. 59. Sequens gentium consensus in tonsoribus fuit, sed Romanis tardior. In Italiam ex Sicilia venere post Romam conditam anno quadringentesimo quinquagesimo quarto, adducente P. Ticinio Mena, ut auctor est Varro ; antea intonsi fuere. Primus omnium radi quotidie instituit Africanus sequens ; divus Augustus cultris semper usus est.

LX. 60. Tertius consensus fuit in horarum observatione, jam hic rationi accedens. Quando et a quo in Græcia reperta diximus in secundo volumine. Serius etiam hoc Romæ contigit. Duodecim tabulis ortus tantum et occasus nominantur ; post aliquot annos adjectus est et meridies, accenso consulum id pronuntiante, quum a Curia inter Rostra et Græcostasin prospexisset solem. A columna Mænia ad carcerem inclinato sidere, supremam pronuntiabat. Sed hoc serenis tantum diebus usque ad

que dans les jours sereins. Tel fut l'état des choses jusqu'à la dernière guerre punique. Fabius Vestalis rapporte
que, onze ans avant la guerre de Pyrrhus, Papirius Cursor plaça le premier cadran solaire auprès du temple de
Quirinus, qu'il faisait bâtir pour accomplir le vœu de son
père. Mais cet auteur ne décrit pas la forme de ce cadran ;
il ne nomme point l'artiste, et ne dit ni de quel lieu on
l'avait apporté, ni sur quel garant il cite ce fait. Varron
écrit que, trente ans après, l'an 491 de Rome, pendant la
première guerre punique, le premier cadran solaire fut
placé sur une colonne auprès de la tribune. Le consul
Valérius Messala le fit apporter de Catane, ville de Sicile,
dont il s'était rendu maître (*). Les lignes de ce cadran ne
s'accordaient pas exactement avec les heures. Toutefois
on s'en servit pendant 99 ans, jusqu'à ce que Martius
Philippus, qui fut censeur avec L. Paulus, en eût fait
placer un autre plus régulier à côté de celui de Valérius.
De tous les monuments de sa censure, ce fut celui dont
on lui sut le plus de gré ; cependant les heures étaient encore incertaines, lorsque le soleil ne se montrait pas. Au
lustre suivant, Scipion Nasica (82), collègue de Lénas,

primum punicum bellum. Princeps Romanis solarium horologium sta-
tuisse ante undecim annos, quam cum Pyrrho bellatum est, ad ædem
Quirini L. Papirius Cursor, quum eam dedicaret, a patre suo votam, a
Fabio Vestale proditur. Sed neque facti horologii rationem vel artifi-
cem significat ; nec unde translatum sit, aut apud quem scriptum id
invenerit. M. Varro primum statutum in publico secundum rostra in
columna tradit, bello Punico primo, a M. Valerio Messala, consule,
Catina capta in Sicilia : deportatum inde post xxx annos, quam de Pa-
piriano horolog'o traditur, anno Urbis ccccLxxxi, nec congruebant ad
horas ejus lineæ ; paruerunt tamen eis annis undecentum, donec Q. Martius Philippus, qui cum L. Paulo fuit censor, diligentius ordinatum
juxta posuit ; idque munus inter censoria opera gratissime acceptum est.
Etiam tum tamen nubilo incertæ fuere horæ usque ad proximum lustrum. Tunc Scipio Nasica, collega Lænatis, primus aqua divisit horas

(*) Catane est plus méridionale que Rome de quatre degrés et demi.

fut le premier qui, par le moyen de l'eau, marqua également les heures et du jour et de la nuit. Il plaça cette horloge sous un lieu couvert, l'an de Rome 595. Le peuple romain avait passé tout ce temps sans connaître la division du jour.

Passons aux autres animaux, et d'abord aux animaux terrestres.

aque noctium ac dierum. Idque horologium sub tecto dicavit, anno Urbis DXCV. Tamdiu populo Romano indiscreta lux fuit.

Nunc revertemur ad reliqua animalia, primumque terrestria.

LIVRE HUITIÈME.

DES ANIMAUX TERRESTRES.

Des éléphants. — De leurs instincts.

Passons aux autres animaux, et d'abord aux animaux
terrestres. L'éléphant est le plus grand de tous, et celui
qui approche le plus de l'homme par l'intelligence (1). Il
comprend la langue du pays natal, obéit au commandement, et se souvient des devoirs auxquels on l'a formé.
Il est sensible à l'amour et à la gloire. Que dis-je? on reconnaît en lui des qualités qui sont rares, même dans
l'homme, la probité, la prudence, l'équité, et même aussi
le culte des astres, l'adoration du soleil et de la lune.
Des auteurs écrivent qu'à l'apparition de la nouvelle
lune, des troupeaux d'éléphants descendent des forêts de
la Mauritanie vers un certain fleuve qu'on nomme Ami-
lus ; que là ils se purifient par des ablutions solennelles,
et qu'après avoir ainsi rendu hommage à l'astre naissant,

TERRESTRIUM ANIMALIUM GENERA ET NATURÆ.

I. 1. Ad reliqua transeamus animalia, et primum terrestria. Maximum est elephas, proximumque humanis sensibus; quippe intellectus
illis sermonis patrii, et imperiorum obedientia, officiorumque, quæ di-
dicere, memoria ; amoris, et gloriæ voluptas; immo vero (quæ etiam in
homine rara), probitas, prudentia, æquitas; religio quoque siderum,
solisque ac lunæ veneratio. Auctores sunt, in Mauritaniæ saltibus ad
quemdam amnem, cui nomen est Amilo, nitescente luna nova, greges
eorum descendere; ibique se purificantes sollemniter aqua circumspergi,

ils regagnent les forêts, portant avec leur trompe ceux de
leurs petits qui sont fatigués. Leur intelligence, dit-on,
va jusques à comprendre une religion étrangère à la leur ;
et lorsqu'ils doivent traverser les mers, ils ne montent
sur les vaisseaux qu'après que le conducteur a juré de
les ramener au pays. On en a vu qui, fatigués par l'excès
des souffrances, car ces masses énormes sont elles-mêmes
tourmentées par les maladies, se renversaient sur le dos,
et jetaient des herbes vers le ciel, associant en quelque
sorte la terre à leurs prières. Quant à la docilité, ils sa-
luent le roi, fléchissent les genoux, et présentent des couronnes. Chez les Indiens, des éléphants d'une petite espèce, qu'on nomme bâtards, sont employés à la charrue.

De l'époque où les éléphants furent attelés pour la première fois.

Les premiers qu'on ait vus attelés dans Rome, le furent au char du grand Pompée, lorsqu'il triompha de
l'Afrique. Déja Bacchus avait triomphé de cette manière,
après la conquête de l'Inde. Procilius nous apprend que
ceux qui traînaient le char de Pompée ne purent passer
de front par la porte de la ville.

Aux combats de gladiateurs donnés par Germanicus,
des éléphants exécutèrent quelques mouvements confus
et grossiers, en forme de ballet. Leurs exercices ordi-

atque ita salutato sidere in silvas reverti, vitulorum fatigatos præ se ferentes. Alienæ quoque religionis intellectu, creduntur maria transituri
non ante naves conscendere, quam invitati rectoris jurejurando de re-
ditu. Visique sunt fessi ægritudine (quando et illas moles infestant
morbi), herbas supini in coelum jacientes, veluti tellure precibus alle-
gata. Nam quod ad docilitatem attinet, regem adorant, genua submit-
tunt, coronas porrigunt. Indis arant minores, quos appellant nothos.

II. 2. Romæ juncti primum subiere currum Pompeii Magni Africano
triumpho; quod prius India victa, triumphante Libero patre, memoratur. Procilius negat potuisse Pompeii triumpho junctos egredi porta.

Germanici Cæsaris munere gladiatorio, quosdam etiam inconditos motus edidere, saltantium modo. Vulgare erat, per auras arma jacere non

naires étaient de lancer des traits dans les airs avec tant
de roideur que les vents ne pouvaient les détourner ; de
faire assaut comme les gladiateurs, et de se jouer ensemble en figurant la pyrrhique. Ensuite ils marchèrent sur
la corde (2), et même quatre d'entre eux en portaient un
cinquième étendu dans une litière, comme une nouvelle
accouchée. Ils allèrent se placer à table dans des salles
remplies de peuple, et passèrent à travers les lits en ba-
lançant leurs pas avec tant d'adresse qu'ils ne touchèrent
aucun des buveurs.

Aptitude de l'éléphant à apprendre.

C'est un fait certain qu'un éléphant ayant été châtié
plusieurs fois, parcequ'il était trop lent à comprendre ce
qu'on lui enseignait, fut aperçu la nuit répétant sa leçon.
Il est très étonnant que des éléphants marchent sur une
corde inclinée ; mais ce qui est vraiment un prodige,
c'est qu'ils reviennent en arrière, surtout en descendant.
Mucien, trois fois consul, rapporte qu'un de ces animaux
avait appris à tracer des caractères grecs, et qu'il écrivait en langue grecque la phrase suivante ; « J'ai moi-
« même écrit ces mots, et dédié les dépouilles celtiques. »
Mucien dit encore avoir vu à Pouzzoles que des éléphants
qu'on forçait de sortir d'un vaisseau, effrayés de l'étendue des planches qui les séparaient du rivage, marchè-

auferentibus ventis, atque inter se gladiatorios congressus edere, aut lasci-
viente pyrrhiche colludere ; postea et per funes incessere, lecticis etiam
ferentes quaterni singulos puerperas imitantes ; plenisque homine tricli-
niis accubitum iere per lectos ita libratis vestigiis, ne quis potantium
attingeretur.

III. 3. Certum est unum tardioris ingenii in accipiendis quæ trade-
bantur, sæpius castigatum verberibus, eadem illa meditantem noctu repertum. Mirum maxime, et adversis quidem funibus subire, sed regredi
magis utique pronis. Mucianus ter consul auctor est, aliquem ex his et
literarum ductus Græcarum didicisse, solitumque præscribere ejus linguæ verbis : « Ipse ego hæc scripsi, et spolia Celtica dicavi. » Itemque
e vidente Puteolis, quùm advecti e nave egredi cogerentur, territos spa-

rent à reculons, afin de s'abuser eux-mêmes sur la longueur du trajet.

Actions merveilleuses des éléphants.

Ils savent que la seule proie à rechercher en eux est
dans leurs armes, que Juba nomme leurs cornes, mais
que, bien avant lui, Hérodote et l'usage général ont, à
juste titre, nommées leurs dents. Aussi les cachent-ils
dans la terre, lorsqu'elles sont tombées par accident ou
par vieillesse. Il n'existe pas d'autre ivoire; encore la
partie qui est couverte par la chair n'est-elle, comme
dans les autres animaux, qu'une matière osseuse de nul
prix. De nos jours, on s'est avisé, faute d'ivoire, de couper les os mêmes et de les diviser en lames. Les grandes
dents sont devenues rares, et ne se trouvent plus que
dans l'Inde. Le luxe a épuisé celles qui étaient dans
notre empire. Leur blancheur indique la jeunesse des éléphants. Elles sont le principal objet de leurs soins. Ils
réservent l'une pour les combats, et se gardent d'en
émousser la pointe. L'autre leur sert journellement pour
arracher les racines et pousser des masses pesantes. S'ils
se voient investis par les chasseurs, ils placent en avant
ceux qui ont les plus petites dents, afin de faire croire
qu'ils ne méritent pas qu'on les attaque. Quand leurs

tio pontis procul a continente porrecti, ut sese longinquitatis æstimatione fallerent, aversos retrorsus isse.

IV. Prædam ipsi in se expetendam sciunt solam esse in armis suis,
quæ Juba cornua appellat, Herodotus tanto antiquior, et consuetudo
melius, dentes. Quamobrem deciduos casu aliquo, vel senecta defodiunt.
Hoc solum ebur est; cetero, et in his quoque, qua corpus intexit, vili-
tas ossea. Quamquam nuper ossa etiam in laminas secari cœpere penuria. Etenim rara amplitudo jam dentium, præterquam ex India, reperitur; cetera in nostro orbe cessere luxuriæ. Dentium candore intelligitur juventa. Circa hos bellais summa cura; alterius mucroni parcunt,
ne sit præliis hebes; alterius operario usu fodiunt radices, impellunt
moles; circumventique a venantibus, primos constituunt, quibus sunt

forces sont épuisées, ils brisent leurs dents contre un arbre, et se rachètent par ce sacrifice.

Instinct des animaux à prévoir le danger.

C'est une chose admirable dans la plupart des animaux, qu'ils sachent pourquoi on les attaque, et surtout de quoi ils doivent se garantir. Qu'un éléphant rencontre un voyageur égaré dans les déserts, il ne lui fait point de mal ; on dit même qu'il le remet dans son chemin. Mais que cet éléphant aperçoive la trace d'un homme avant que d'avoir aperçu l'homme lui-même, il frissonne, dans la crainte de quelque piége ; il s'arrête après l'avoir flairée, regarde autour de lui, souffle de colère ; il ne foule pas cette trace, il l'enlève, la passe à son voisin qui la transmet au suivant, et la nouvelle parvient ainsi jusqu'au dernier. Alors la troupe entière fait volte-face, revient sur ses pas, et se range en bataille, tant l'odorat de tous est longtemps affecté de cette exhalaison que répandent les pieds de l'homme, même lorsqu'ils ne sont pas nus ! Ainsi le tigre, terrible pour les autres bêtes féroces, et qui voit sans inquiétude la trace de l'éléphant lui-même, n'a pas plutôt vu celle de l'homme, qu'il transporte ailleurs ses petits. Comment a-t-il reconnu, en quels lieux avait-il aperçu déja cet homme qui le remplit d'effroi? De telles

minimi, ne tanti prœlium putetur; postea fessi, impactos arbori frangunt, prædaque se redimunt.

V. 4. Mirum in plerisque animalium, scire quare petantur; sed et per cuncta quid caveant. Elephas homine obvio forte in solitud'ne, et simpliciter oberrante, clemens placidusque etiam demonstrare viam traditur. Idem vestigio hominis animadverso prius quam homine, intremiscere insidiarum metu, subsistere ab olfactu, circumspectare, iras proflare, nec calcare, sed erutum proximo tradere, illum sequenti, nuntio simili usque ad extremum; et tunc agmen circumagi, et reverti, aciemque dirigi; adeo omnium odori durare virus illud, majore ex parte ne nudorum quidem pedum. Sic et tigris etiam feris ceteris truculenta, atque ipsa elephanti quoque spernens vestigia, hominis viso transferre dicitur protinus catulos. Quonam modo agnito ! ubi ante conspecto

forêts ne sont nullement fréquentées. Que cette rencontre extraordinaire étonne les animaux, je le conçois; mais d'où savent-ils qu'ils doivent craindre? et même pourquoi trembler au seul aspect de l'homme, eux qui lui sont tellement supérieurs en force, en grandeur, en vitesse? Telle est la nature, telle est sa puissance suprême, que, sans avoir jamais vu l'objet qu'ils ont à craindre, les plus grands, les plus féroces des animaux ont à l'instant même le sentiment du danger qui les menace.

Les éléphants marchent toujours de compagnie : le plus âgé conduit la troupe, le second d'âge ferme la marche. Lorsqu'ils traversent une rivière, ils font passer d'abord les plus petits, de peur que le poids des plus gros n'enfonce le terrain et n'augmente la profondeur du canal. Antipater rapporte que le roi Antiochus se servait à la guerre de deux éléphants, célèbres même par leurs noms; car ils connaissent ces distinctions; et Caton (3), qui, dans ses Annales, a passé sous silence les noms des généraux, écrit que l'éléphant qui combattit avec le plus de courage dans l'armée carthaginoise, se nommait Surus, et qu'il était mutilé d'une dent.

Antiochus voulant sonder un gué, l'éléphant Ajax, qui jusqu'alors avait toujours marché à la tête, refusa d'en-

illo, quem timet? Etenim tales silvas minime frequentari certum est. Sane mirentur ipsam vestigii raritatem; sed unde sciunt timendum esse! Immo vero cur vel ipsius conspectum paveant, tanto viribus, magnitudine, velocitate præstantiores! Nimirum hæc est natura rerum, hæc potentia ejus, sævissimas ferarum maximasque numquam vidisse quod debeant timere, et statim intelligere quum sit timendum.

5. Elephanti gregatim semper ingrediuntur. Ducit agmen maximus natu, cogit ætate proximus. Amnem transituri minimos præmittunt, ne majorum ingressu atterente alveum, crescat gurgitis altitudo. Antipater auctor est, duos Antiocho regi in bellicis usibus, celebres etiam cognominibus, fuisse; etenim novere ea. Certe Cato, quum imperatorum nomina Annalibus detraxerit, eum qui fortissime prœliatus esset in Punica acie, Surum tradidit vocatum, altero dente mutilato.

Antiocho vadum fluminis experienti renuit Ajax, alioquin dux agmi-

érer dans le fleuve. On publia que celui qui passerait serait le chef de la troupe. Patrocle osa le faire, et le roi le récompensa par des colliers d'argent, sorte de parure qui plaît beaucoup à ces animaux, et lui accorda toutes les prérogatives qui distinguent le chef. Ajax déshonoré se laissa mourir de faim, préférant la mort à l'infamie; en effet, ils sont très sensibles à la honte. Le vaincu fuit à la voix du vainqueur, et lui présente de la terre et de la verveine.

Ces animaux chastes et pudiques ne s'accouplent jamais que dans des lieux impénétrables aux regards. Le mâle est en état de produire à cinq ans, la femelle à dix (4). Elle ne reçoit le mâle que tous les deux ans, et même, dit-on, seulement pendant cinq jours de l'année; le sixième jour, ils se baignent dans un fleuve; ce n'est qu'après avoir rempli cette formalité qu'ils rejoignent la troupe. Ils ne connaissent ni l'adultère, ni ces combats funestes que se livrent les autres animaux pour la possession des femelles; ce n'est pas qu'ils ne ressentent les atteintes de l'amour. On rapporte qu'un éléphant, en Égypte, aima une marchande de fleurs; et ne croyez pas qu'il eût fait un choix vulgaire, elle fut la bien-aimée d'Aristophane, célèbre grammairien. Un autre s'éprit d'une forte passion pour Ménandre,

nis semper. Tum pronuntiatum, ejus fore principatum, qui transisset; ausumque Patroclum, ob id phaleris argenteis, quo maxime gaudent, et reliquo omni primatu donavit. Ille, qui notabatur, inedia mortem ignominiæ prætulit. Mirus namque pudor est, victusque vocem fugit victoris; terram ac verbenas porrigit.

Pudore numquam nisi in abdito coeunt; mas quinquennis, femina decennis. Initur autem biennio, quinis (ut ferunt) cujusque anni diebus, nec amplius; sexto, perfunduntur amne, non ante reduces ad agmen. Nec adulteria novere; nullave propter feminas inter se prœlia, ceter animalibus pernicialia; non quia desit illis amoris vis; namque traditur unus amasse quamdam in Ægypto corollas vendentem; ac ne quis vulgariter electam putet, mire gratam Aristophani, celeberrimo in arte grammatica. Alius Menandrum Syracusanum incipientis juventæ in exer-

jeune Syracusain, soldat dans l'armée de Ptolémée ; toutes les fois qu'il ne le voyait pas, il marquait ses regrets en refusant de manger. Juba cite un autre éléphant qui aima une marchande de parfums. Tous les trois manifestèrent leur amour par des mouvements de joie à la vue de la personne aimée, par la vivacité de leurs caresses, et par le soin qu'ils avaient de lui réserver et de verser dans les plis de sa robe les pièces de monnaie que le peuple leur avait données.

Il n'est pas étonnant qu'ils aient de l'amour, puisqu'ils ont de la mémoire. Ce même Juba raconte, qu'après une longue suite d'années un vieillard fut reconnu par un éléphant dont il avait été le conducteur pendant sa jeunesse. Il leur accorde aussi le discernement de la justice. Le roi Bocchus avait fait attacher à des poteaux trente éléphants que sa colère avait condamnés. On lâcha contre eux trente autres éléphants ; mais en vain on essaya tous les moyens : on ne put jamais en faire des bourreaux.

Époque de la première apparition des éléphants en Italie.

Ces animaux parurent pour la première fois en Italie pendant la guerre de Pyrrhus, l'an de Rome 472 ; et comme ce fut en Lucanie, ils furent appelés bœufs lucaniens. Sept ans après, on en vit à Rome dans un triom-

cito Ptolemæi, desiderium ejus, quoties non videret, inedia testatus. Et unguentariam quamdam dilectam Juba tradit. Omnium amoris fuere argumenta, gaudium a conspectu, blanditiæque inconditæ, stipesque, quas populus dedisset, servatæ, et in sinum effusæ.

Nec mirum esse amorem, quibus sit memoria. Idem namque tradit, agnitum in senecta, multos post annos, qui rector in juventa fuisset. Item divinationem quamdam justitiæ. Quum Bocchus rex triginta elephantis, totidem in quos sævire instituerat, stipitibus alligatos objecisset, procursantibus inter eos qui lacesserent, non potuisse effici, ut crudelitatis alienæ ministerio fungerentur.

VI. 6. Elephantos Italia primum vidit Pyrrhi regis bello, et boves Lucas appellavit, in Lucanis visos, anno Urbis quadringentesimo septuagesimo secundo ; Roma autem in triumpho, septem annis ad supe-

phe. L'an 502, on y amena un très grand nombre d'éléphants pris dans la bataille que le pontife Métellus avait gagnée sur les Carthaginois en Sicile. Ils étaient cent quarante-deux, ou, selon d'autres, cent quarante, qui passèrent le détroit sur des radeaux soutenus par des rangées de tonneaux. Verrius écrit qu'ils combattirent dans le cirque, et qu'on les tua à coups de javelots, pour s'en débarrasser, parceque la république ne voulait ni les nourrir, ni les donner aux rois. Pison prétend qu'on les produisit seulement dans le cirque, et que, pour achever de les rendre méprisables, on les fit chasser tout le long de l'amphithéâtre par des manœuvres armés de piques sans fer. Que devinrent-ils après cela? C'est ce que n'expliquent pas les auteurs qui nient qu'on les ait tués.

Combats des éléphants.

On cite un combat célèbre d'un Romain contre un éléphant. Annibal avait forcé nos prisonniers à combattre deux à deux les uns contre les autres. Un de ces prisonniers était resté seul ; il l'opposa à un éléphant, lui promettant la liberté s'il le tuait. Le Romain s'avança seul dans l'arène et tua l'éléphant, au grand regret des Carthaginois. Annibal sentit que la nouvelle de cette victoire

riorem numerum additis. Eadem plurimos anno quingentesimo secundo, victoria L. Metelli pontificis in Sicilia de Pœnis captos. Centum quadraginta duo fuere (aut ut quidam ext.) transvecti ratibus, quas doliorum consertis ordinibus imposuerat. Verrius eos pugnasse in circo, interfectosque jaculis tradit penuria consilii : quoniam neque ali placuisset, neque donari regibus. L. Piso inductos dumtaxat in circum, atque ut contemptus eorum incresceret, ab operariis hastas præpilatas habentibus, per circum totum actos. Nec quid deinde iis factum sit, auctores explicant, qui non putant interfectos.

VII. 7. Clara est unius e Romanis dimicatio adversus elephantum, quum Annibal captivos nostros dimicare inter sese coegisset. Namque unum qui supererat, objecit elephanto ; et ille, dimitti pactus, si interemisset, solus in arena congressus, magno Pœnorum dolore, confecit, Annibal, quum famam ejus dimicationis contemptum allaturam belluæ

inspirerait du mépris pour ces animaux ; il envoya des cavaliers pour l'assassiner dans la route. On éprouva dans les batailles contre Pyrrhus que leur trompe est facile à couper. Fenestella rapporte qu'ils combattirent dans le cirque, pour la première fois, pendant l'édilité curule de Claudius Pulcher, sous le consulat de Marcus Antonius et d'Aulus Posthumius, l'an de Rome 655, et que, vingt ans après, pendant l'édilité de Lucullus, on les fit combattre contre des taureaux.

Sous le second consulat de Pompée, à la dédicace du temple de Vénus Victorieuse, vingt éléphants, ou dix-sept, selon d'autres, combattirent contre des Gétules armés de javelots. Un d'eux excita l'admiration générale. Les pieds percés de coups, il se traîna sur les genoux vers les troupes ennemies, faisant voler dans les airs les boucliers qu'il arrachait. Les spectateurs prenaient plaisir à les voir retomber en pirouettant, comme si c'eût été l'effet de l'adresse, et non de la fureur de l'animal. Un fait non moins merveilleux, c'est qu'un autre éléphant fut tué d'un seul coup ; le javelot étant entré sous l'œil avait pénétré jusqu'à la cervelle. Ils essayèrent tous ensemble de forcer l'enceinte, non sans occasionner beaucoup de désordre parmi le peuple qui entourait les grilles de fer. Ce

intelligeret, equites misit, qui abeuntem interficerent. Proboscidem eorum facillime amputari, Pyrrhi præliorum experimentis patuit. Romæ pugnasse Fenestella tradit primum omnium in circo, Claudii Pulchri ædilitate curuli, M. Antonio, A. Postumio coss. anno Urbis sexcentesimo quinquagesimo quinto. Item post annos xx. Lucullorum ædilitate curuli adversus tauros.

Pompeii quoque altero consulatu, dedicatione templi Veneris Victricis, pugnavere in circo viginti, aut, ut quidam tradunt, xvii, Gætulis ex adverso jaculantibus, mirabili unius dimicatione, qui pedibus confossis repsit genibus in catervas, abrepta scuta jaciens in sublime, quæ decidentia voluptati spectantibus erant in orbem circumacta, velut arte, non furore belluæ jacerentur. Magnum et in altero miraculum fuit, uno ictu occiso. Pilum autem sub oculo adactum, in vitalia capitis venerat. Universi eruptionem tentavere, non sine vexatione populi, circumdati

qui fut cause que, dans la suite, César, devant donner le
même spectacle, entoura l'arène de fossés remplis d'eau.
Néron les a fait combler depuis, afin d'augmenter les
places des chevaliers. Mais, pour revenir aux éléphants
de Pompée, voyant que la fuite était impraticable, ils
cherchèrent à exciter la pitié du peuple par des postures
suppliantes et des attitudes qu'il serait impossible de décrire. Ils semblaient, par leurs cris lamentables, déplorer
le malheur de leur destinée. L'assemblée fut si émue,
que, sans égard pour la dignité de Pompée, oubliant
même que la magnificence de ces jeux était un hommage rendu à la majesté du peuple, les spectateurs se le-
vèrent tous à la fois en versant des larmes, et le chargè-
rent d'imprécations dont il fut bientôt victime.

César, dans son troisième consulat, fit combattre vingt
éléphants contre cinq cents hommes à pied ; et, dans une
autre occasion, le même nombre d'éléphants, qui portaient
des tours défendues par soixante hommes, contre cinq
cents fantassins et autant de cavaliers. Sous Claude et
Néron, le dernier exploit des gladiateurs qui demandaient
leur congé, était de les combattre seul à seul.

On dit que l'éléphant par lui-même est si doux pour
les animaux plus faibles, que, s'il rencontre un troupeau

clathris ferreis. Qua de causa Cæsar dictator, postea simile spectaculum
editurus, euripis arenam circumdedit ; quos Nero princeps sustulit,
equiti loca addens. Sed Pompeiani, amissa fugæ spe, misericordiam
vulgi inenarrabili habitu quærentes supplicavere, quadam sese lamen-
tatione complorantes ; tanto populi dolore, ut oblitus imperatoris, ac
munificentiæ honori suo exquisitæ, flens universus consurgeret, diras-
que Pompeio, quas ille mox luit, imprecaretur.

Pugnavere et Cæsari dictatori, tertio consulatu ejus, viginti contra
pedites quingentos ; iterumque totidem turriti cum sexagenis propu-
gnatoribus eodem, quo priores, numero peditum, et pari equitum ex adverso dimicante ; postea singuli, principibus Claudio et Neroni, in con-
summatione gladiatorum.

Ipsius animalis tanta narratur clementia contra minus validos, ut in

de moutons, il les détourne avec sa trompe, de peur d'en écraser quelqu'un sans le vouloir. Ils ne font jamais de mal, à moins qu'on ne les ait attaqués. C'est par un effet de cette douceur naturelle qu'ils marchent toujours de compagnie, étant les moins solitaires de tous les animaux. Lorsqu'ils sont enveloppés par une troupe de cavalerie, ils font passer au centre ceux qui sont faibles, ou fatigués, ou blessés, et se placent successivement au premier rang, comme s'ils agissaient par les ordres d'un chef, ou qu'ils connussent l'art de la guerre. Une fois pris, on les apprivoise aisément avec de l'orge.

Manière de prendre les éléphants.

Voici la manière dont on les prend dans l'Inde. Le conducteur mène un éléphant apprivoisé pour frapper et réduire l'éléphant sauvage qu'il pourra rencontrer errant ou solitaire. Lorsque celui-ci est excédé de fatigue, le conducteur lui saute sur le dos, et le trouve aussi traitable que le premier. En Afrique, on leur tend des chausse-trappes. Dès qu'un d'eux y tombe, les autres y jettent des branches, y roulent des pierres, comblent la fosse, et tentent tous les moyens pour le retirer. Autrefois, lorsqu'on cherchait à les prendre pour les subjuguer, un corps de cavalerie poussait les troupes d'éléphants dans une enceinte formée à dessein, et qui se prolongeait sans laisser aucune issue. Ils y restaient enfermés de toutes parts entre

grege pecudum occurrentia manu dimoveat, ne quod obterat imprudens; nec nisi lacessiti noceant, ideoque gregatim semper ambulent, minime ex omnibus solivagi. Equitatu circumventi, infirmos aut fessos, vulneratosve, in medium agmen recipiunt; ac velut imperio ac ratione, per vices subeunt. Capti celerrime mitificantur hordei succo.

VIII. 8. Capiuntur autem in India unum ex domitis agente rectore, qui deprehensum, solitarium, abactumve a grege, verberet ferum; quo fatigato, transcendit in eum, nec secus ac priorem regit. Africa foveis capit, in quas decurrente aliquo, protinus ceteri congerunt ramos, moles devolvunt, aggeres construunt, omnique vi conantur extrahere. Antea

des canaux et des fossés, jusqu'à ce qu'ils eussent été réduits par la faim. On connaissait qu'ils étaient domptés, quand ils acceptaient paisiblement une branche qu'un homme leur présentait. Aujourd'hui qu'on les chasse uniquement pour avoir leurs dents, on perce à coups de flèches leurs pieds, qui d'ailleurs sont en eux la partie la plus molle.

Aux confins de l'Éthiopie, les Troglodytes, qui ne vivent que de cette chasse, montent sur les arbres qui sont sur leur passage : de là ils épient celui qui marche le dernier, et lui sautent sur la croupe ; puis, de la main gauche, ils saisissent la queue, et s'attachent par les pieds à la cuisse gauche : ainsi suspendus, ils lui coupent le jarret droit avec une hache très affilée ; en se sauvant, ils lui coupent l'autre jarret : tout cela se fait avec une extrême vitesse. D'autres emploient un moyen moins périlleux, mais moins certain. Ils plantent en terre des arcs d'une grandeur immense. Plusieurs jeunes gens très vigoureux tiennent ces arcs assujettis ; d'autres les tendent avec effort, et percent de flèches énormes les éléphants qui passent, puis ils les suivent à la trace du sang. Les femelles sont beaucoup plus timides que les mâles.

domitandi gratis, greges equitatu cogebant in convallem manu factam, et longo tractu fallacem ; cujus inclusos ripis fossisque, fame domabant. Argumentum erat ramus, homine porrigente, clementer acceptus. Nunc dentium causa, pedes eorum jaculantur, alioquin mollissimos.

Troglodytæ contermini Æthiopiæ, qui hoc solo venatu aluntur, arbores propinquas itineri eorum conscendunt. Inde totius agminis novissimum speculati, extremas in clunes desiliunt. Læva apprehenditur cauda ; pedes stipantur in sinistro femine. Ita pendens alterum poplitem dextra cædit præacuta bipenni : hoc crure tardato profugiens, alterius poplitis nervos ferit, cuncta præceleri pernicitate peragens. Alii tutiore genere, sed magis fallaci, intentos ingentes arcus defigunt humi longius. Hos præcipui viribus juvenes continent ; alii connixi pari conatu contendunt, ac prætereuntibus sagittarum venabula infigunt, mox sanguinis vestigiis sequuntur. Elephantorum generis feminæ multo pavidiores.

Manière de dompter les éléphants.

Quand ils sont en fureur, on les dompte par les coups et par la faim. On en fait approcher d'autres pour contenir avec des chaînes la violence de leurs mouvements. C'est surtout lorsqu'ils entrent en chaleur qu'ils deviennent intraitables : alors ils renversent avec leurs dents les frêles habitations des Indiens. Aussi ne leur permet-on pas de s'accoupler, et sépare-t-on les femelles, qu'on réunit en troupeaux dans les pâturages. Les éléphants domptés servent à la guerre : ils portent contre les ennemis des tours chargées de soldats. Ce sont eux, en général, qui décident du sort des batailles dans l'Orient. Ils dispersent les armées, ils écrasent les combattants. Mais le moindre cri du pourceau les remplit de terreur. Une fois effrayés et blessés, ils reculent obstinément, et ne font pas moins de mal à leurs propres troupes qu'ils n'en avaient fait aux ennemis. L'éléphant d'Afrique respecte celui de l'Inde, et n'ose le regarder en face. Ce dernier est bien plus grand (5).

Du port de l'éléphant. — Autres particularités.

Le vulgaire pense que la femelle porte dix ans ; Aristote fixe le temps de la gestation à deux années (6). Il dit que les éléphants ne produisent jamais qu'un petit à la fois, et qu'ils vivent deux cents et quelquefois trois cents

IX. 9. Domantur autem rabidi, fame et verberibus, elephantis aliis admotis, qui tumultuantem catenis coerceant : et alias circa coitus maxime efferantur, et stabula Indorum dentibus sternunt. Quapropter arcent eos coitu, feminarumque pecuaria separant, quæ haud alio modo, quam armentorum, habent. Domiti militant, et turres armatorum, in hostes ferunt, magnaque ex parte Orientis bella conficiunt. Prosternunt acies, proterunt armatos. Iidem minimo suis stridore terrentur, vulneratique et territi retro semper cedunt, haud minore partium suarum pernicie. Indicum Afri pavent, nec contueri audent : nam et major Indicis magnitudo est.

X. 10. Decem annis gestare in utero vulgus existimat ; Aristoteles biennio, nec amplius quam singulos ; vivere ducenis annis, et quosdam

ans. Ils ont pris tout leur accroissement à la soixantième
année. Ils aiment l'eau, et se tiennent auprès des rivières ; mais ils ne peuvent pas nager (7) à cause de leur
énorme grosseur. Ces animaux ne supportent pas le froid ;
c'est leur plus grande incommodité. Ils sont sujets à des
gonflements et à des flux de ventre, et n'éprouvent pas
d'autres maladies. Je trouve dans quelques auteurs que
l'huile prise en boisson fait tomber les traits qui leur sont
entrés dans le corps, et que la sueur les rend plus adhérents. La terre est un poison pour eux, à moins qu'ils ne
la mâchent longtemps ; ils avalent aussi des pierres. Les
troncs d'arbres sont la nourriture qui leur est la plus
agréable. Ils renversent avec leur tête les palmiers les plus
hauts ; et quand ils les ont abattus, ils se nourrissent du
fruit. Ils mangent avec la bouche, ils boivent avec leur
trompe (8), et cette espèce de main est encore pour eux
l'organe de la respiration et de l'odorat. De tous les animaux, nul ne leur est plus odieux que le rat. S'ils voient
un rat toucher au fourrage posé dans leur crèche, ils n'en
veulent plus manger. Ils éprouvent une grande douleur
lorsqu'en buvant ils ont avalé une sangsue. Elle s'attache
au conduit de la respiration, et leur cause des maux in-
supportables.

trecenis. Juventa eorum a sexagesimo incipit. Gaudent amnibus maxime, et circa fluvios vagantur, quum alioquin nare propter magnitudinem
corporis non possint. Iidem frigoris impatientes, maximum hoc malum :
inflationemque et profluvium alvi, nec alia morborum genera sentiunt.
Olei potu tela, quæ corpori eorum inhæreant, decidere invenio ; a sudore autem facilius adhærescere. Et terram edisse his tabificum est,
nisi sæpius mandant. Devorant autem et lapides. Truncos quidem gratissimo in cibatu habent. Palmas excelsiores fronte prosternunt, ac ita
jacentium absumunt fructum. Mandunt ore ; spirant et bibunt, odoran-
turque haud improprie appellata manu. Animalium maxime odere murem ; et si pabulum in præsepio positum attingi ab eo videre, fastidiunt.
Cruciatum in potu maximum sentiunt hausta hirudine, quam sangui-
sugam vulgo cœpisse appellari adverto. Hæc ubi in ipso animæ canali
se fixit, intolerando adficit dolore.

Ils ont la peau très dure sur le dos, et molle sous le ventre. Nulle part elle n'est revêtue de poil. Ils ne peuvent même avec leur queue se délivrer de l'importunité des mouches ; car ces masses énormes sont sensibles à la piqûre d'une mouche. Mais leur peau est toute sillonnée de rides, et son odeur attire ces insectes. Ils laissent donc les essaims se poser sur cette peau tendue ; puis la fronçant brusquement, ils les écrasent entre leurs rides. Ce mécanisme leur tient lieu tout à la fois de queue, de crinière et de poil.

Leurs dents sont d'un grand prix ; elles fournissent la matière la plus brillante pour les statues des dieux. Le luxe a découvert en eux une autre espèce de mérite : il trouve un mets délicat dans les cartilages de la trompe, par la seule raison, je pense, qu'il croit alors manger l'ivoire même. Les dents les plus grandes sont réservées pour les temples. Toutefois Polybe rapporte, sur la foi du roi Gulussa, qu'aux extrémités de l'Afrique, sur les confins de l'Éthiopie, on se sert de dents d'éléphants pour faire les jambages des portes, et former des palissades autour des maisons et des parcs.

Patrie des éléphants. — Leur guerre avec les dragons.

L'Afrique produit des éléphants au delà des déserts des

Durissimum dorso tergus, ventri molle, setarum nullum tegumentum ; ne in cauda quidem præsidium abigendo tædio muscarum (namque id et tanta vastitas sentit), sed cancellata cutis, et invitans id genus animalium odore. Ergo quum extenti recepere examina, arctatis in rugas repente cancellis, comprehensas enecant. Hoc iis pro cauda, juba, villo est.

Dentibus ingens pretium, et deorum simulacris lautissima ex iis materia. Invenit luxuria commendationem et aliam experti in callo manus saporis, haud alia de causa, credo, quam quia ipsum ebur sibi mandere videtur. Magnitudo dentium videtur quidem in templis præcipua. Sed tamen in extremis Africæ, qua confinis Æthiopiæ est, postium vicem in domiciliis præbere ; sepesque in iis et pecorum stabulis, pro palis, elephantorum dentibus fieri Polybius tradidit, auctore Gulussa regulo.

XI. 11. Elephantos fert Africa ultra Syrticas solitudines, et in

Syrtes, et dans la Mauritanie : on en voit chez les Éthiopiens et les Troglodytes, comme je l'ai dit ci-dessus ; mais les plus grands se trouvent dans l'Inde. Cette contrée produit des serpents qui leur font continuellement la guerre, et qui sont eux-mêmes d'une telle grandeur qu'ils se replient aisément autour de l'éléphant, et qu'ils l'étouffent dans leurs nœuds. Il en coûte la vie aux deux adversaires. L'éléphant écrase, en tombant, le serpent qui l'embrasse.

Adresse des éléphants.

C'est dans ces animaux qu'on peut surtout remarquer cet instinct admirable qui est propre à chaque espèce. La hauteur de l'éléphant étant d'un accès difficile pour le serpent, il observe le chemin qui conduit aux pâturages, et se lance du haut d'un arbre. L'éléphant sait qu'il luttera vainement contre les nœuds de son ennemi ; il cherche donc à le froisser contre les arbres et les rochers. Celui-ci le prévient, et commence par lui lier les jambes avec sa queue. L'autre tâche de se dégager avec sa trompe. Le serpent enfonce sa tête dans la trompe même, et tout à la fois il bouche la respiration et déchire les parties les plus tendres. Lorsqu'ils se rencontrent à l'improviste, le serpent se dresse, et l'attaque principalement aux yeux. Voilà pourquoi on trouve assez souvent des éléphants,

Mauritania ; ferunt Æthiopes et Troglodytæ, ut dictum est ; sed maximos India, bellantesque cum iis perpetua discordia dracones, tantæ magnitudinis et ipsos, ut circumplexu facili ambiant, nexuque nodi præstringant. Commoritur ea dimicatio victusque ; corruens, complexum elidit pondere.

XII. 12. Mira animalium pro se cuique solertia est, ut his una. Ascendendi in tantam altitudinem difficultas draconi ; itaque iter ad pabula speculatus, ab excelsa se arbore injicit. Scit ille imparem sibi luctatum contra nexus ; itaque arborum aut rupium attritum quærit. Cavent hoc dracones, ob idque gressus primum adligant cauda. Resolvunt illi nodos manu. At hi in ipsas nares caput condunt, pariterque spiritum præcludunt, et mollissimas lancinant partes ; iidem obvii deprehensi in adversos erigant se, oculosque maxime petunt. Ita fit ut

aveugles, et languissants de faim et de tristesse. Quelle peut être la cause d'une si cruelle antipathie, si ce n'est que la nature se donne un spectacle à elle-même, en mettant aux prises des forces égales? Voici comme d'autres auteurs rendent compte de ce combat. Ils disent que l'éléphant a le sang très froid (9), et que les serpents en sont très avides, surtout dans les grandes chaleurs. Plongés au fond d'une rivière, ils attendent que l'éléphant vienne s'y désaltérer. Ils s'élancent, se replient autour de sa trompe, et lui déchirent l'oreille, parceque c'est la seule partie du corps que la trompe ne peut défendre. Ils sont d'une grandeur si prodigieuse qu'ils peuvent boire tout le sang d'un éléphant. Ils l'épuisent donc jusqu'à la dernière goutte. L'éléphant tombe, et le serpent, enivré de sang, est écrasé et meurt avec lui.

Des dragons.

L'Éthiopie produit aussi des serpents pareils à ceux de l'Inde; ils ont vingt coudées de long. Je ne sais ce qui a fait croire à Juba qu'ils ont des crêtes. On nomme Asachées les Éthiopiens chez lesquels ils se trouvent en plus grand nombre. On rapporte qu'ils s'entrelacent quatre ou cinq ensemble, en forme de claies, et que dressant leurs têtes, pour leur servir de voile, ils sont portés par les

---

plerumque cæci, ac fame et mæroris tabe confecti reperiantur. Quam quis aliam tantæ discordiæ causam attulerit, nisi naturam, spectaculum sibi ac paria componentem! Est et alia dimicationis hujus fama. Elephantis frigidissimum esse sanguinem : ob id æstu torrente præcipue a draconibus expeti. Quamobrem in amnibus mersos insidiari bibentibus; arctatisque illigata manu in aurem morsum defigere ; quoniam is tantum locus defendi non possit manu. Dracones esse tantos, ut totum sanguinem capiant, itaque elephantos ab iis ebibi, siccatosque concidere ; et dracones inebriatos opprimi, commorique.

XIII. 13. Generat eos et Æthiopia Indicis pares, vicenum cubitorum. Id modo mirum, unde cristatos Juba crediderit. Asachæi vocantur Æthiopes, apud quos maxime nascuntur. Narratur in maritimis

flots vers l'Arabie, où ils trouvent une meilleure nourriture.

Serpents énormes.

Mégasthène écrit que dans l'Inde les serpents parviennent à une telle grandeur, qu'ils avalent des cerfs et des taureaux entiers. Méthrodore rapporte qu'aux environs du fleuve Rhindace, dans le Pont, les serpents attirent par la force de leur haleine les oiseaux qui passent au-dessus d'eux (10), quelles que soient l'élévation et la rapidité de leur vol. On connaît l'histoire de ce serpent qui fut tué sur les bords du Bagrada, dans les guerres puniques. Il fallut que Régulus l'attaquât avec des balistes et des machines de guerre, comme il eût fait une citadelle. Ce serpent avait 120 pieds (douteux); sa peau et ses mâchoires ont été conservées dans un temple de Rome, jusqu'à la guerre de Numance. Ce qui rend ces faits très croyables, c'est que les serpents qu'on nomme boas en Italie deviennent si grands, qu'un d'eux ayant été tué sur le mont Vatican, pendant le règne de Claude, on lui trouva dans l'estomac le corps d'un enfant tout entier. Le lait de vache est leur première nourriture; c'est de là qu'on leur a donné le nom de boas. Il n'est pas nécessaire de donner une description exactement détaillée des autres animaux

eorum quaternos quinosque, inter se cratium modo implexos, erectis capitibus velificantes ad meliora pabula Arabiæ vehi fluctibus.

XIV. 14. Megasthenes scribit, in India serpentes in tantam magnitudinem adolescere, ut solidos hauriant cervos taurosque : Metrodorus, circa Rhyndacum amnem in Ponto, ut supervolantes, quamvis alte perniciterque, alites haustu raptas absorbeant. Nota est, in Punicis bellis ad flumen Bagradam a Regulo imperatore ballistis tormentisque, ut oppidum aliquod, expugnata serpens cxx pedum longitudinis. Pellis ejus maxillæque usque ad bellum Numantinum duravere Romæ in templo. Faciunt his fidem in Italia appellatæ boæ, in tantam amplitudinem exeuntes, ut divo Claudio principe, occisæ in Vaticano solidus in alvo spectatus sit infans. Aluntur primo bubuli lactis succo, unde nomen traxere. Ceterorum animalium, quæ modo convecta und —

qui, amenés de toutes les parties du monde, sont arrivés vivants en Italie.

Animaux de Scythie. — Des bisons.

La Scythie en produit infiniment peu, parcequ'elle manque d'arbrisseaux pour les nourrir. La Germanie, qui en est voisine, n'en produit pas un grand nombre : on y trouve pourtant quelques espèces remarquables de bœufs sauvages, les bisons chevelus, et les aurochs d'une force et d'une agilité singulière. Le vulgaire ignorant confond l'auroch avec le bubale (*antilope bubalis*), animal d'Afrique, qui a plutôt des rapports de similitude avec la génisse et le cerf.

Animaux du Nord; alcé, achlis, bonase.

Le Nord produit encore des troupeaux de chevaux sauvages, ainsi que l'on voit des troupeaux d'ânes sauvages dans l'Asie et l'Afrique. Il produit en outre l'alcé (*cervus alces*) (11), qu'on prendrait pour une de nos bêtes de somme, sans la longueur de son cou et de ses oreilles. Un animal propre à l'île de Scandinavie, que jamais on n'a vu dans Rome, dont pourtant plusieurs auteurs ont parlé, c'est l'achlis (également le *cervus alces*), qui ressemble à l'alcé, mais dont les jambes n'ont point de jointures; aussi ne se couche-t-il jamais : il dort appuyé contre un arbre. Le moyen de le prendre, c'est de couper

que, Italiam contigere sæpius, formas nihil attinet scrupulose referre.

XV. 15. Paucissima Scythia gignit, inopia fruticum ; pauca contermina illi Germania ; insignia tamen boum ferorum genera, jubatos bisontes, excellentique vi et velocitate uros, quibus imperitum vulgus bubalorum nomen imponit, quam id gignat Africa, vituli potius cervique quadam similitudine.

XVI. Septentrio fert et equorum greges ferorum, sicut asinorum Asia, et Africa : præterea alcem, ni proceritas aurium et cervicis distinguat, jumento similem. Item natam in Scandinavia insula, nec unquam visam, in hac urbe, multis tamen narratam, achlin, haud dissimilem illi, sed nullo suffraginum flexu ; ideoque non cubantem, sed acclinem

l'arbre d'avance. D'ailleurs il est d'une vitesse extrême. Sa lèvre supérieure est excessivement longue, ce qui le contraint de paître à reculons, pour empêcher qu'elle ne s'engage entre les dents.

On dit qu'on trouve dans la Péonie un animal sauvage, nommé bonasus (auroch), qui a la crinière du cheval; du reste il ressemble au taureau. Ses cornes sont tellement courbées l'une vers l'autre, qu'il ne peut s'en servir pour combattre; mais, en fuyant, il jette et lance quelquefois jusqu'à trois pas ses excréments (12), dont le contact produit l'effet du feu sur ceux qui le suivent.

Un fait digne d'observation, c'est que l'once, la panthère, le lion et les autres animaux semblables, marchent en renfermant leurs ongles dans une sorte de gaîne naturelle, pour que la pointe n'en soit ni brisée ni émoussée : lorsqu'ils courent, leurs griffes sont retirées en arrière; ils ne les étendent jamais que pour saisir une proie.

Des lions; comment ils naissent.

Le lion de la plus noble espèce est celui dont le cou et les épaules sont revêtus d'une crinière. Cet ornement vient avec l'âge à ceux qui sont nés d'un lion; mais ceux qui proviennent d'une panthère n'ont jamais cette marque

---

arbor: in somno, eaque incisa ad insidias, capi; alias velocitatis memoratæ. Labrum ei superius prægrande; ob id retrograditur in pascendo, ne in priora tendens involvatur.

Tradunt in Pæonia feram, quæ bonasus vocetur, equina juba, cetera tauro similem, cornibus ita in se flexis, ut non sint utilia pugnæ; quapropter fuga sibi auxiliari, reddentem in ea fimum interdum rium jugerum longitudine; cujus contactus sequentes ignis aliqua aburat.

XVII. Mirum pardos, pantheras, leones et similia, condito in corporis vaginas unguium mucrone, ne refringatur hebeteturve, ingredi; aversisque falculis currere, nec nisi appetendo protendere.

16. Leoni præcipua generositas, tunc quum colla armosque vestiunt jubæ. Id enim ætate contingit leone conceptis. Quos vero pardi generavere, semper insigni hoc carent; simili modo feminæ. Magna iis libido

distinctive : les femelles en sont également privées (13)
Ces animaux sont très ardents en amour. Les mâles deviennent furieux. L'Afrique surtout est témoin de leurs
fureurs et de leurs combats, parceque la disette d'eau y
contraint les bêtes féroces à se rassembler sur les bords
d'un petit nombre de rivières. C'est par cette raison qu'on
voit naître, dans cette partie du monde, tant d'animaux
de formes si diverses, les mâles s'accouplant, de gré ou
de force, avec des femelles de toute espèce. De là est aussi
venu ce mot usité chez les Grecs, que l'Afrique produit
toujours quelque chose de nouveau.

Le lion connaît à l'odorat que sa compagne l'a trahi ;
sa colère est terrible ; c'est pourquoi la coupable se lave
dans une eau courante, ou ne le suit que de loin. Le vulgaire a cru que la lionne ne produit qu'une seule fois,
parceque, pour se délivrer, elle se déchire le ventre avec
ses ongles. Aristote est d'une opinion tout à fait différente.
Comme c'est de lui que j'emprunterai presque tout ce
que je vais écrire sur ce sujet, je crois, avant tout, devoir
dire quelque chose de cet homme célèbre.

Alexandre le Grand, enflammé du desir de connaître
l'histoire naturelle des animaux, chargea ce philosophe,
qui réunissait tous les genres d'instruction, de faire les
recherches nécessaires ; et, pour que nulle espèce d'ani-

coitus, et ob hoc maribus ira. Africa hæc maxime spectat, inopia aquarum ad paucos amnes congregantibus se feris. Ideo multiformes ibi
animalium partus, varie feminis cujusque generis mares aut vi aut voluptate miscente. Unde etiam vulgare Græciæ dictum : « Semper ali-
« quid novi Africam adferre. »

Odore pardi coitum sentit in adultera leo, totaque vi consurgit in
pœnam. Idcirco ea culpa flumine abluitur, aut longius comitatur. Semel
autem edi partum, lacerato unguium acie utero in enixu, vulgum credidisse video. Aristoteles diversa tradit, vir quem in iis magna secu-
turus ex parte, præfandum reor.

Alexandro Magno rege inflammato cupidine animalium naturas nos-
cendi, delegataque hac commentatione Aristoteli, summo in omni doc-

maux n'échappât à sa connaissance, il mit à ses ordres plusieurs milliers d'hommes dans toute l'étendue de l'Asie et de la Grèce; c'étaient tous ceux qui vivaient de la chasse et de la pêche, et qui, par état, s'occupaient du soin des parcs, des bestiaux, des ruches, des viviers et des volières. Les cinquante volumes admirables (14) qu'Aristote nous a laissés sur les animaux, sont le résultat des observations qui lui ont été communiquées par tous ces hommes. J'en donne ici le précis, en y joignant ce qu'ils avaient ignoré; et je réclame l'indulgence de mes lecteurs pour un travail qui les met à portée d'embrasser, d'un coup d'œil, l'ensemble des œuvres de la nature, et cette foule d'objets que le plus illustre des rois a desiré de connaître.

Aristote écrit donc que la lionne, à sa première portée, produit cinq petits; que chacune des années suivantes, elle en produit un de moins, et qu'après la portée qui n'est que d'un seul, elle devient stérile : que les lions nouveau-nés ne sont qu'une masse informe, de la grandeur d'une belette (15); qu'à peine ils peuvent marcher à l'âge de six mois; qu'ils ne commencent à se mouvoir qu'à deux mois; qu'il n'existe de lions en Europe (16) qu'entre le fleuve Achéloüs et le fleuve Nestus, mais

trina viro, aliquot millia hominum in totius Asiæ Græciæque tractu parere jussa, omnium quos venatus, aucupia, piscatusque alebant, quibusque vivaria, armenta, alvearia, piscinæ, aviaria in cura erant, ne quid usquam genitum ignoraretur ab eo : quos percunctando, quinquaginta ferme volumina illa præclara de animalibus condidit, quæ a me collecta in arctum, cum iis quæ ignoraverat, quæso ut legentes boni consulant, in universis rerum naturæ operibus, medioque clarissimi regum omnium desiderio, cura nostra breviter peregrinantes.

Is ergo tradit leænam primo fœtu parere quinque catulos, ac per annos singulos uno minus; ab uno sterilescere. Informes minimasque carnes magnitudine mustelarum esse initio, semestres vix ingredi posse, nec nisi bimestres moveri. In Europa autem inter Acheloum tantum

qu'ils sont bien plus forts que ceux de l'Afrique et de la
Syrie.

Des espèces de lions.

Selon le même auteur, il y a deux espèces de lions;
les uns sont plus allongés, et leur poil est uni; les autres
ont le corps plus court et la crinière crépue. Ces derniers
sont plus timides; les autres ne craignent pas les blessures. Les mâles lèvent la cuisse, comme les chiens, pour
rendre leur urine, qui est fétide ainsi que leur haleine.
Ils boivent rarement, ne mangent que de deux jours l'un;
et quand ils sont bien repus, ils passent trois jours sans
prendre de nourriture. Autant qu'ils le peuvent, ils avalent sans mâcher. Lorsque leur estomac est trop plein,
ils s'enfoncent les griffes dans le gosier, et retirent ce qui
est de trop, afin de pouvoir marcher librement, s'il faut
fuir dans l'état de satiété. Aristote dit encore qu'ils vivent longtemps: la preuve qu'il en donne, c'est qu'on
en trouve un très grand nombre qui n'ont plus de dents.
Polybe, qui accompagna Scipion Émilien, rapporte que
les lions, dans leur vieillesse, attaquent les hommes, parcequ'ils sont trop pesants pour atteindre les bêtes sauvages
à la course. Il dit qu'alors ils assiègent les villes d'Afrique, et que Scipion et lui virent des lions qu'on avait

Nestumque amnes leones esse; sed longe viribus præstantiores iis, quos
Africa aut Syria gignant.

XVIII. Leonum duo genera: compactile et breve, crispioribus jubis.
Hos pavidiores esse, quam longos simplicique villo; eos contemptores
vulnerum. Urinam mares crure sublato reddere, ut canes, gravem odore,
nec minus halitum; raros in potu; vesci alternis diebus; a saturitate
interim triduo cibis carere. Quæ possint, in mandendo solida devorare;
nec capiente aviditatem alvo, conjectis in fauces unguibus extrahere,
ut, si fugiendum in satietate, abeant. Vitam iis longam docet argumento, quod plerique dentibus defecti reperiantur. Polybius Æmiliani
comes, in senecta hominem appeti ab iis refert, quoniam ad persequen-
das feras vires non superant. Tunc obsidere Africæ urbes; eaque de

mis en croix, pour effrayer les autres par la crainte d'un semblable supplice.

Du caractère du lion.

De tous les animaux féroces, le lion seul pardonne à qui le supplie : il fait grâce à ceux qu'il a terrassés. Dans sa fureur, il se jette plutôt sur les hommes que sur les femmes, et jamais sur les enfants, à moins qu'il ne soit extrêmement pressé par la faim. Les peuples de la Libye croient qu'il comprend les prières. J'ai entendu raconter (17) qu'une esclave, revenue de Gétulie, avait, au milieu des forêts, arrêté plusieurs lions prêts à s'élancer sur elle, en osant leur adresser la parole, et leur dire qu'elle était femme, fugitive et faible ; qu'elle implorait la pitié du plus généreux des animaux, du roi des forêts ; qu'elle était une proie indigne de sa gloire.

Que des animaux féroces aient été calmés par les paroles de l'homme, est-ce une preuve de leur intelligence, ou seulement un effet du hasard ? C'est sur quoi les opinions sont partagées. Faut-il s'en étonner ? On répète, depuis des siècles, que le pouvoir d'un chant magique contraint le serpent à sortir de sa retraite, et à se livrer lui-même à la mort ; et ce fait, si facile à constater, personne encore ne l'a vérifié.

causa crucifixos vidisse se cum Scipione, quia ceteri metu pœnae simili absterrerentur eadem noxa.

XIX. Leoni tantum ex feris clementia in supplices : prostratis parcit ; et ubi sævit, in viros potius, quam in feminas fremit, in infantes non nisi magna fame. Credit Libya intellectum pervenire ad eos precum. Captivam certe Gætuliæ reducem audivi, multorum in silvis impetum a se mitigatum alloquio, ausam dicere se feminam, profugam, infirmam, supplicem animalis omnium generosissimi, ceterisque imperitantis, indignam ejus gloria prædam.

Varia circa hoc opinio, ex ingenio cujusque, vel casu, mulceri alloquiis feras ; quippe obvium, serpentes extrahi cantu, cogique in pœnam, verum falsumne sit, vita non decreverit.

On connaît les diverses affections du lion par les mouvements de sa queue, comme on connaît celles du cheval par les mouvements de ses oreilles. La nature a donné ces caractères distinctifs aux animaux de la plus noble espèce. Lors donc que la queue du lion est immobile, il est doux et paisible; il a l'air caressant, ce qui est rare, car il est presque toujours en colère. Quand il commence à s'irriter, il bat la terre de sa queue; à mesure que sa fureur s'allume, il se frappe les flancs, comme pour s'exciter lui-même. Sa plus grande force est dans la partie antérieure de son corps. Un sang noirâtre coule de toutes les blessures que font ou ses griffes ou ses dents. Lorsqu'il est rassasié, il ne fait point de mal.

Sa fierté généreuse se manifeste surtout dans les dangers. Méprisant les traits qu'on lui lance, il se défend longtemps par la seule terreur qu'il inspire : il proteste en quelque sorte contre la violence à laquelle on le force; et lorsqu'il se lève, ce n'est pas qu'il cède au danger, c'est qu'il s'indigne de la folle audace de ses provocateurs. Mais voici une marque plus noble encore de son superbe courage. Dans la plaine, et tant qu'il peut être vu, quelque nombreux que soient les chasseurs et les chiens qui le pressent, il se retire d'un air de dédain, et s'arrêtant presqu'à chaque pas. Sitôt qu'il est entré dans les forêts,

Leonum animi index cauda, sicut et equorum aures. Namque et has notas generosissimo cuique natura tribuit. Immota ergo placidus, clemens, blandientique similis, quod rarum est; crebrior enim iracundia. Ejus in principio, terra verberatur; incremento terga, ceu quodam incitamento, flagellantur. Vis summa in pectore. Ex omni vulnere, sive ungue impresso, sive dente, ater profluit sanguis. Iidem satiati, innoxii sunt.

Generositas in periculis maxime deprehenditur : non in illo tantummodo, quod spernens tela diu se terrore solo tuetur, ac velut cogi testatur, cooriturque non tamquam periculo coactus, sed tamquam amentiæ iratus. Illa nobilior animi significatio : quamlibet magna canum et venantium urgente vi, contemptim restitansque cedit in campis, et ubi

il s'échappe, emporté par une course rapide, comme pouvant fuir sans honte, dès qu'il fuit sans témoins. Quand il poursuit sa proie, il s'élance par sauts et par bonds, ce qu'il ne fait pas en fuyant. A-t-il été blessé, il reconnaît à merveille l'offenseur, et va le chercher au milieu des chasseurs, quel qu'en soit le nombre. Si l'un d'eux a lancé un trait qui ne l'ait pas atteint, il le saisit, le fait pirouetter et le terrasse sans le blesser. On dit que la lionne combattant pour ses petits fixe les yeux sur la terre, pour n'être pas intimidée à la vue des épieux. Au surplus, ces animaux ne connaissent ni la ruse, ni la défiance. Ils ne regardent jamais qu'en face, et ne veulent pas qu'on les regarde autrement. On a dit que le lion mord la terre et pleure en mourant. Toutefois, quelque terrible que soit cet animal, le bruit des roues, un char vide, la crête et plus encore le chant du coq, lui font peur; le feu surtout l'épouvante. La satiété et le dégoût sont la seule incommodité qu'il éprouve : un outrage en est le remède. Des singes qui viennent en troupe folâtrer autour de lui, le mettent en fureur, et leur sang, dont il s'abreuve, opère sa guérison.

spectari potest ; idem ubi virgulta silvasque penetravit, acerrimo cursu fertur, velut abscondente turpitudinem loco. Dum sequitur, insilit saltu quo in fuga non utitur. Vulneratus observatione mira percussorem novit, et in quantalibet multitudine appetit. Eum vero qui telum quidem miserit, sed tamen non vulneraverit, correptum rotatumque sternit, nec vulnerat. Quum pro catulis fæta dimicat, oculorum aciem traditur defigere in terram, ne venabula expavescat. Cetero dolis carent et suspicione ; nec limis intuentur oculis, aspicique simili modo nolunt. Creditum est, a moriente humum morderi, lacrymamque letho dari. Atque hoc tale, tam sævum animal, rotarum orbes circumacti, currusque inanes, et gallinaceorum cristæ, cantusque etiam magis terrent, sed maxime ignes. Ægritudinem fastidii tantum sentit, in qua medetur ei contumelia, in rabiem agente adnexarum lascivia simiarum. Gustatus deinde sanguis in remedio est.

Combats de lions dans Rome.

Q. Scévola, fils de Publius, étant édile curule, fit le premier combattre plusieurs lions à la fois. Sylla, qui fut depuis dictateur, donna le premier, dans sa préture, un combat de cent lions à crinières. Après lui, le grand Pompée en fit paraître dans le cirque six cents, dont trois cent quinze avaient des crinières ; et César, pendant sa dictature, donna un combat de quatre cents lions.

Actions merveilleuses des lions.

Il était autrefois très difficile de les prendre : on n'y parvenait guère qu'en les faisant tomber dans des fosses. Sous l'empire de Claude, le hasard fournit un moyen honteux pour un tel animal. Un pasteur gétulien ayant arrêté l'impétuosité d'un lion, en lui jetant sa casaque sur la tête, ce spectacle fut donné aussitôt dans l'arène. On ne saurait croire à quel point cet animal si féroce devient doux et traitable, dès qu'un léger voile lui couvre la tête : il se laisse enchaîner sans résistance, comme si toute sa force était dans ses yeux. Il en paraîtra moins étonnant que Lysimaque ait étranglé celui avec lequel Alexandre l'avait fait enfermer.

Antoine soumit les lions au joug. Il est le premier dans

XX. Leonum simul plurium pugnam Romæ princeps dedit Q. Scævola P. filius in eu uli ædilitate. Centum autem jubatorum primus omnium L. Sulla, qui postea dictator fuit, in prætura. Post eum Pompeius Magnus in circo DC. in iis jubatorum CCCXV. Cæsar dictator CCCC.

XXI. Capere eos, ardui erat quondam operis, foveisque maxime. Principatu Claudii casus rationem docuit, pudendam pene talis feræ nomine, pastoris Gætuli sago contra ingruentis impetum objecto ; quod spectaculum in arenam protinus translatum est, vix credibili modo torpescente tanta illa feritate, quamvis levi injecta operto capite, ita ut devinciatur non repugnans ; videlicet omnis vis constat in oculis. Quo minus mirum sit, à Lysimacho Alexandri jussu simul incluso strangulatum leonem.

Jugo subdidit eos, primusque Romæ ad currum junxit M. Antonius,

Rome qui les ait attelés à un char; c'était pendant la guerre civile, après la bataille de Pharsale : symbole de ces temps désastreux, ce prodige signifiait que des ames généreuses subissaient le joug. En effet, Antoine se faisant traîner par des lions avec la comédienne Cytheris, était un phénomène plus monstrueux encore que toutes les autres atrocités de ce siècle. On dit qu'Hannon, célèbre Carthaginois, osa le premier manier un lion et le montrer apprivoisé. Il fut banni pour cette seule cause. On pensa qu'un homme aussi adroit était capable de tout persuader, et que la liberté serait mal confiée à qui maîtrisait à ce point la férocité même.

Nous devons aussi à des circonstances fortuites quelques exemples de clémence dans les lions. Mentor de Syracuse, voyageant dans la Syrie, en vit un qui se roulait à terre d'une manière suppliante. Saisi d'effroi, il voulut fuir; mais le lion s'opposait à son passage, et léchait ses pas d'un air caressant. Mentor remarqua une tumeur et une plaie au pied de l'animal : il en tira un éclat de bois, et le délivra de sa douleur. Un tableau atteste cet événement à Syracuse.

Elphis de Samos, débarqué en Afrique, aperçut de

et quidem civili bello, quum dimicatum esset in Pharsalicis campis, non sine quodam ostento temporum, generosos spiritus jugum subire illo prodigio significante; nam quod ita vectus est cum mima Cytheride, supra monstra etiam illarum calamitatum fuit. Primus autem hominum leonem manu tractare ausus, et ostendere mansuefactum, Hanno e clarissimis Pœnorum traditur; damnatusque illo argumento, quoniam nihil non persuasurus vir tam artificis ingenii videbatur; et male credi libertas ei, cui in tantum cessisset etiam feritas.

Sunt vero et fortuita eorum quoque clementiæ exempla. Mentor Syracusanus in Syria leone obvio suppliciter volutante, attonitus pavore, quum refugienti undique fera opponeret sese, et vestigia lamberet adulanti similis, animadvertit in pede ejus tumorem vulnusque, et extracto surculo liberavit cruciatu. Pictura casum hunc testatur Syracusis.

Simili modo Elphis Samius natione, in Africam delatus nave, juxta

même, auprès du rivage, un lion qui ouvrait une gueule
menaçante : il court à un arbre en invoquant Bacchus;
car on ne fait jamais plus de vœux que lorsqu'on n'a plus
d'espoir. L'animal, sans le poursuivre, comme il aurait
pu le faire, vient se coucher au pied de l'arbre, et lui
présente cette gueule toujours ouverte, afin que la cause
de son effroi devienne le motif de sa pitié. Un os dévoré
trop avidement s'était engagé entre ses dents. Puni par la
faim, portant son supplice dans ses propres armes, il le-
vait la tête vers Elphis, et l'implorait par de muettes
prières. Celui-ci ne voulait pas se fier légèrement à une
bête aussi formidable ; toutefois la surprise le retint plus
longtemps encore que la crainte. Enfin il descendit, et
délivra le lion qui se prêtait à cette opération, autant qu'il
était nécessaire, en prenant la posture la plus commode.
On ajoute que tant que le vaisseau resta sur ces côtes,
l'animal témoigna sa reconnaissance, en apportant une
chasse abondante. En mémoire de cet événement, Elphis
consacra, dans Samos, un temple que les Grecs nommèrent κεχηνότος Διονύσου, le temple de Bacchus à la bouche
béante.

Soyons encore étonnés que les bêtes sauvages distinguent les traces de l'homme, quand nous voyons qu'il est

litus conspecto leone hiatu minaci, arborem fuga petit, Libero patre
invocato ; quoniam tum præcipuus votorum locus est, cum spei nullus
est. Neque profugienti, quum potuisset, fera institerat ; et procumbens
ad arborem, hiatu, quo terruerat, miserationem quærebat. Os morsu avi-
diore inhæserat dentibus, cruciabatque inedia, tum pœna in ipsis ejus
telis, suspectantem, ac velut mutis precibus orantem : dum fortuitu fi-
dens non est contra feram, multo diutius miraculo quam metu, cessa-
tum est. Degressus tandem evellit præbenti, et quam maxime opus esset, accommodanti. Traduntque quamdiu navis ea in litore steterit,
retulisse gratiam venatus aggerendo. Qua de causa Libero patri templum in Samo Elpis sacravit, quod ab eo facto Græci κεχηνότος Διονύσου appellavere.

Miremur postea vestigia hominum intelligi a feris, quum etiam auxilia

aussi le seul être dont elles espèrent des secours ! Car pourquoi ces lions ne recoururent-ils pas à d'autres animaux, et d'où savaient-ils que les mains de l'homme pouvaient les guérir ? Peut-être aussi la force de la douleur contraint-elle les monstres mêmes des forêts à faire essai de tous les moyens.

Démétrius le naturaliste rapporte d'une panthère un fait non moins mémorable. Le père du philosophe Philinus traversait un désert : tout à coup il aperçoit une panthère couchée au milieu du chemin ; elle attendait quelque voyageur : saisi d'effroi, il veut retourner sur ses pas ; mais l'animal se roule autour de lui, joignant aux caresses les plus pressantes, des signes de tristesse et de douleur, auxquels on ne pouvait se méprendre, même dans une panthère. Elle était mère, et ses petits étaient tombés dans une fosse, à quelque distance. Le premier effet de la compassion fut de ne plus craindre, et le second d'examiner ce qu'elle demandait : elle lui tirait doucement l'habit avec ses griffes ; il se laisse conduire ; et, dès qu'il a compris la cause de sa douleur et le prix qu'elle met à sa vie, il retire les petits. La mère avec eux accompagne son bienfaiteur jusqu'au delà des déserts. Il était aisé de voir qu'elle exprimait sa reconnaissance, et

ab uno animalium sperent ? Cur enim non ad alia iere ! aut unde medicas manus hominis sciunt, nisi forte vis malorum, etiam feras omnia experiri cogit.

17. Æque memorandum et de panthera tradit Demetrius physicus, jacentem in media via, hominis desiderio, repente apparuisse patri cujusdam Philini, assectatoris sapientiæ ; illum pavore cœpisse regredi, feram vero circumvolutari non dubie blandientem, seseque conflictantem mœrore, qui etiam in panthera intelligi posset. Fœta erat, catulis procul in foveam delapsis. Primum ergo miserationis fuit non expavescere ; proximum, ei curam intendere ; secutusque, qua trahebat vestem ungulum levi injectu, ut causam doloris intellexit, simulque salutis suæ mercedem, exemit catulos : eaque cum iis prosequente, usque extra solitudines deductus, læta atque gestiente, ut facile appareret

n'exigeait aucun reto r : chose rare ; même dans
l'homme.

Homme reconnu et sauvé par un dragon.

Ces faits rendent croyable ce que Démocrite raconte de
Thoas, sauvé en Arcadie par un serpent. Il l'avait élevé
dans son enfance , et lui était extrêmement attaché. Son
père, redoutant le naturel et la grandeur de ce reptile,
l'avait porté dans les déserts. Ce fut là que Thoas , assailli par des brigands, fut délivré par ce serpent qui ac-
courut à sa voix. Quant à ce qu'on raconte d'enfants exposés que des bêtes féroces ont nourris de leur lait, ainsi
qu'on le rapporte des fondateurs de Rome allaités par une
louve, ces faits extraordinaires ont été des présages d'une
haute destinée, et n'appartiennent point à l'histoire naturelle des animaux.

Des panthères.

La panthère et le tigre sont à peu près les seuls animaux dont la peau soit parsemée de taches. Les autres
ont une couleur unique et propre à chaque espèce. Seulement les lions de la Syrie sont noirs. Les taches de la
panthère sont comme des yeux semés sur un fond blanc.
On prétend que son odeur attire les autres quadrupèdes,
mais que son regard cruel les écarte. Elle cache donc sa

gratiam referre, et nihil invicem inputare ; quod etiam in homine
rarum est.

XXII. Hæc fidem et Democrito adferunt, qui Thoantem in Arcadia
servatum a dracone narrat. Nutrierat eum puer dilectum admodum :
parensque serpentis naturam et magnitudinem metuens, in solitudines
tulerat, in quibus circumvento latronum insidiis, agnitoque voce sub-
venit. Nam que de infantibus ferarum lacte nutritis, cum essent expo-
siti, produntur, sicut de conditoribus nostris a lupa, magnitudini fato-
rum accepta ferri æquius, quam ferarum naturæ arbitror.

XXIII. Panthera et tigris macularum varietate prope solæ bestiarum spectantur ; ceteris unus ac suus cujusque generis color est. Leonum
tantum in Syria niger. Pantheris in candido breves macularum oculi.
Ferunt odore earum mire sollicitari quadrupedes cunctas, sed capitis

tête, et saisit les animaux attirés alors par un charme irrésistible. Si l'on en croit certains auteurs, les panthères ont à l'épaule une sorte de croissant qui se remplit et se vide selon le cours de la lune. Aujourd'hui, dans toute cette espèce, qui est très nombreuse en Afrique et dans la Syrie, on donne aux mâles le nom de *panthera varia* ou *pardus* ; quelques auteurs distinguent la femelle d'avec le mâle par la seule blancheur de la robe. Jusqu'ici je n'ai pas trouvé entre eux d'autre différence.

Sénatus-consulte et lois sur les panthères. — Quand parurent à Rome les premières panthères africaines.

Un ancien sénatus-consulte défendait d'apporter en Italie des panthères d'Afrique. Le tribun Aufidius fit porter une loi contraire, et permit d'en amener pour les jeux du cirque. Scaurus étant édile envoya, le premier, cent cinquante panthères, toutes de la première espèce. Pompée en fit venir quatre cent dix, et Auguste quatre cent vingt.

Des tigres; de leur première apparition dans Rome. —
Leur caractère.

A la dédicace du théâtre de Marcellus, aux nones de mai, sous le consulat de Q. Tubéron et de Fabius Maximus, consul pour la quatrième fois, le même Auguste

torcitate terreri. Quamobrem occultato eo, reliqua dulcedine invitatas corripiunt. Sunt qui tradant in armo iis similem lunæ esse maculam, crescentem in orbes, et cavantem pari modo cornua. Nunc varias, et pardos qui mares sunt, appellant in eo omni genere, creberrimo in Africa Syriaque. Quidam ab iis pantheras candore solo discernunt ; nec adhuc aliam differentiam inveni.

XXIV. Senatus-consultum fuit vetus, « ne liceret Africanas in Italiam advehere. » Contra hoc tulit ad populum Cn. Aufidius tribunus plebis, permisitque circensium gratia importare. Primus autem Scaurus ædilitate sua varias centum quinquaginta universas misit : dein Pompeius Magnus quadringentas decem; divus Augustus quadringentas viginti.

XXV. Idem Q. Tuberone, Paulo Fabio Maximo coss., IV. nonas

montra le premier, dans l'amphithéâtre, un tigre apprivoisé. L'empereur Claude en fit voir quatre à la fois.

Le tigre se trouve dans l'Hircanie et dans l'Inde : c'est
un animal d'une vitesse terrible. On en fait surtout l'é-
preuve lorsqu'on lui enlève toute sa portée, qui est toujours nombreuse. Le ravisseur emporte sa proie sur un
cheval très léger, et change plusieurs fois de relais. La
femelle trouvant sa tanière vide (car le mâle ne prend
aucun soin de sa progéniture), se précipite sur ses pas et
le suit à la piste. Averti de son approche par ses cris menaçants, le chasseur jette un des petits ; elle le prend dans
sa gueule, et, devenue plus légère par ce fardeau même,
elle regagne sa tanière ; puis se remet à sa poursuite, et
continue ainsi jusqu'à ce que, le voyant rembarqué, elle
exhale sur le rivage sa rage impuissante.

Du chameau ; de ses espèces.

Les chameaux sont nourris en troupeaux dans l'Orient.
On en distingue deux espèces : le chameau de la Bac-
triane et celui d'Arabie. Leur différence consiste en ce
que le premier porte deux bosses sur le dos ; le second
n'en a qu'une. Au bas de la poitrine ils en ont une autre
sur laquelle ils s'appuient lorsqu'ils sont couchés. Ainsi
que les bœufs, les deux espèces manquent de dents inci-

maias, theatri Marcelli dedicatione, tigrin primus omnium Roma
ostendit in cavea mansuefactum ; divus vero Claudius simul quatuor.

18. Tigrin Hyrcani et Indi ferunt animal velocitatis tremendæ, et
maxime cognitæ, dum capitur totus ejus fœtus, qui semper numerosus
est. Ab insidiante rapitur, equo quam maxime pernici, atque in recentes subinde transfertur. At ubi vacuum cubile reperit feria (maribus
enim cura non est sobolis) fertur præceps, odore vestigans. Raptor
adpropinquante fremitu, abjicit unum e catulis. Tollit illa morsu, et
pondere etiam ocior acta remeat, iterumque consequitur, ac subinde ;
donec in navim regresso irrita feritas sævit in litore.

XXVI. Camelos inter armenta pascit Oriens, quarum duo genera,
Bactriæ et Arabiæ ; differunt, quod illæ bina habent tubera in dorso,
hæ singula ; sub pectore alterum, cui incumbant. Dentium superiore

sives à la mâchoire supérieure. Ils rendent les mêmes
services que nos bêtes de somme ; on les dresse même
pour la guerre. Ils égalent le cheval en vitesse, mais leurs
marches sont mesurées ainsi que leurs forces. Jamais un
chameau ne fait une route plus longue que sa route ordinaire ; jamais il ne supporte une charge plus pesante
que sa charge accoutumée.

Ces animaux ont une aversion naturelle pour le cheval (18). Ils passent quatre jours sans boire, et lorsqu'ils
en trouvent l'occasion, ils boivent pour la soif passée et
pour la soif à venir. Ils commencent par troubler l'eau
avec leurs pieds, autrement ils ne boiraient pas avec plaisir. Ils vivent cinquante ans, et quelquefois cent. Ils sont
sujets à la rage. On a imaginé un genre de castration,
même pour les femelles qu'on destine à la guerre : on
leur donne plus de force et de courage en leur rendant
l'approche du mâle impossible.

De la girafe ; sa première apparition dans Rome.

Quelques uns des caractères du chameau se retrouvent
dans deux autres animaux : l'un est celui que les Éthiopiens appellent nabus (*la girafe*) (19). Il a l'encolure du
cheval, les pieds et les jambes du bœuf, la tête du chameau, des taches blanches semées sur un fond rougeâtre,

ordine, ut boves, carent in utroque genere. Omnes autem jumentorum
ministeriis dorso funguntur, atque etiam equitatu in prælis. Velocitas
inter equos, sed sua cuique mensura, sicuti vires ; nec ultra adsuetum
procedit spatium, nec plus instituto onere recipit.

Odium adversus equos gerunt naturale. Sitim et quatriduo tolerant ;
implenturque, quum bibendi occasio est, et in præteritum, et in futurum,
obturbata proculcatione prius aqua ; aliter potu non gaudent. Vivunt
quinquagenis annis, quædam et centenis. Utcumque rabiem et ipsæ
sentiunt. Castrandi genus, etiam feminas, quæ bello præparentur, inventum est : fortiores ita fiunt coitu negato.

XXVII. Harum aliqua similitudo in duo transfertur animalia : na-
bun Æthiopes vocant, collo similem equo, pedibus et cruribus bovi,
camelo capite, albis maculis rutilum colorem distinguentibus, unde ap-

ce qui l'a fait nommer *camelopardalis*. Rome l'a vu,
pour la première fois, aux jeux du cirque donnés par le
dictateur César. Depuis cette époque, nous le voyons de
temps en temps. Toute bizarre que soit sa figure, cet animal est d'une grande douceur; c'est ce qui l'a fait nommer aussi brebis sauvage.

Du chama, des cèpes.

Les jeux du grand Pompée montrèrent, pour la première fois, le chama (20), nommé *rufius* par les Gaulois.
Il a la figure du loup et les taches de la panthère. On y vit
aussi les animaux d'Éthiopie qu'on nomme ϰήπαι (21), dont
les pieds de derrière ressemblent aux pieds et aux jambes
de l'homme et les pieds antérieurs à nos mains. Depuis ce
temps, ils n'ont pas été revus à Rome.

Du rhinocéros.

A ces mêmes jeux parut le rhinocéros (des Indes), qui
porte une corne unique sur le nez. On l'a revu plusieurs
fois. C'est le second ennemi que la nature a suscité à l'é-
léphant. Il se prépare au combat en aiguisant sa corne contre
les rochers. Il tâche de frapper l'éléphant sous le ventre, où
il sait que la peau est plus tendre. Ils sont tous deux de
même longueur; mais le rhinocéros a les jambes beaucoup plus courtes. Sa couleur est celle du buis.

pellata cameloparadalis, dictatoris Cæsaris circensibus ludis primum
visa Romæ. Ex eo subinde cernitur, aspectu magis, quam feritate, con-
spicua; quare etiam ovis feræ nomen invenit.

XXVIII. 19. Pompeii Magni primum ludi ostenderunt chama,
quem Galli rufium vocabant effigie lupi, pardorum maculis. Iidem ex
Æthiopia, quas vocant ϰήπους, quarum pedes posteriores, pedibus
humanis et cruribus, priores manibus fuere similes. Hoc animal postea
Roma non vidit.

XXIX. 20. Iisdem ludis et rhinoceros, unius in nare cornus, qualis
sæpe visus. Alter hic genitus hostis elephanto; cornu ad saxa limato
præparat se pugnæ, in dimicatione alvum maxime petens, quem scit
esse molliorem. Longitudo ei par, crura multo breviora, color buxeus.

Lynx, sphinx, crocotes, cercopithèques.

L'Éthiopie produit un très grand nombre de lynx, des sphinx, qui ont le poil brun et deux mamelles à la poitrine, et une infinité d'autres animaux monstrueux; des chevaux ailés et armés de cornes qu'on nomme pégases, des crocotes (hyène?) qui proviennent de la chienne et du loup; il n'est rien que leurs dents ne brisent, rien que leur estomac ne digère à l'instant; des cercopithèques qui ont la tête noire, le poil de l'âne, et qui diffèrent des autres singes par la voix.

Des bœufs pareils à ceux de l'Inde, armés de trois cornes ou d'une seule corne; la léocrocote (22), animal d'une légèreté incroyable; elle a presque la taille de l'âne, les jambes du cerf, le cou, la queue et la poitrine du lion, la tête du blaireau, le pied fourchu, la gueule fendue jusqu'aux oreilles, et au lieu de dents un os qui garnit toute la mâchoire sans intervalle. On prétend qu'elle imite la voix de l'homme. Dans le même pays se trouve l'éale, qui a la grandeur du cheval de rivière, la queue de l'éléphant, le poil noir ou fauve, les mâchoires du sanglier, des cornes de plus d'une coudée de long; ces cornes sont mobiles. Lorsqu'il se bat, il les présente alter-

XXX. 21. Lyncas vulgo frequentes et sphingas, fusco pilo, mammis in pectore geminis, Æthiopia generat, multaque alia monstri similia: pennatos equos, et cornibus armatos, quos pegasos vocant; crocottas, velut ex cane lupoque conceptos, omnia dentibus frangentes, protinusque devorata conficientes ventre; cercopithecos nigris capitibus, pilo asinino, et dissimiles ceteris voce.

Indicos boves unicornes, tricornesque; leucrocotam, perniciissimam feram, asini fere magnitudine, cruribus cervinis, collo, cauda, pectore leonis, capite melium, bisulca ungula, ore ad aures usque rescisso, dentium loco osse perpetuo. Hanc feram humanas voces tradunt imitari. Apud eosdem et quæ vocatur eale, magnitudine equi fluviatilis, cauda elephanti, colore nigra vel fulva; maxillas apri, majora cubitalibus cornua habens, mobilia, quæ alterna in pugna sistit, variatque infesta

nativement droites ou obliques, selon le besoin. L'Éthiopie produit encore des taureaux sauvages très féroces ; ils sont plus grands que nos taureaux domestiques, et d'une vitesse extraordinaire ; ils ont la couleur fauve, les yeux bleus, le poil à contre-sens, la bouche fendue jusqu'aux oreilles, les cornes mobiles (23), la peau dure comme le caillou, impénétrable à toutes les blessures ; ils font la chasse à tous les animaux ; on ne les prend eux-mêmes que dans des fosses ; ils y meurent toujours de fureur. Ctésias écrit que, chez les mêmes peuples, se trouve l'animal qu'il nomme mantichore (24). Cet animal a une rangée de dents qui s'engrènent les unes dans les autres, la face et les oreilles de l'homme, les yeux verts, la couleur sanguine, le corps du lion, la queue armée d'un aiguillon comme le scorpion ; sa voix semble se composer des sons combinés de la flûte et de la trompette ; il est léger à la course, et très friand de chair humaine.

Animaux terrestres de l'Inde.

L'Inde, suivant le même Ctésias, produit aussi des bœufs solipèdes, et qui n'ont qu'une seule corne, et l'axis (25), qui a le pelage d'un faon de biche, mais moucheté de taches très blanches ; on l'offre en sacrifice à Bacchus. Les Indiens Orséens font la chasse à des singes dont tout

aut obliqua, utcumque ratio monstravit. Sed atrocissimos habet tauros silvestres, majores agrestibus, velocitate ante omnes, colore fulvos, oculis cæruleis, pilo in contrarium verso, rictu ad aures dehiscente, juxta cornua mobilia ; tergori duritia silicis, omne respuens vulnus. Feras omnes venantur ; ipsi non aliter, quam foveis capti, feritate semper intereunt. Apud eosdem nasci Ctesias scribit, quam mantichoram appellat, triplici dentium ordine pectinatim coeuntium, facie et auriculis hominis, oculis glaucis, colore sanguineo, corpore leonis, cauda scorpionis modo spicula infigentem ; vocis, ut si misceatur fistulæ et tubæ concentus ; velocitatis magnæ, humani corporis vel præcipue appetentem.

XXXI. In India et boves solidis ungulis, unicornes ; et feram nomine axin, hinnulei pelle, pluribus candidioribusque maculis, sacrorum Liberi patris. Orsæi Indi simias candentes toto corpore venantur. Asper-

le corps est blanc. Ils chassent aussi un animal très féroce; c'est la licorne (26); elle a la forme du cheval, la tête du cerf, les pieds de l'éléphant, la queue du sanglier; son mugissement est grave; du milieu du front sort une seule corne noire, longue de deux coudées. On dit que cet animal ne peut être pris vivant.

Animaux terrestres de l'Éthiopie; du catoplébas.

Dans la partie occidentale de l'Éthiopie est la fontaine Nigris, que quelques auteurs disent être la source du Nil. Les raisons que j'ai développées confirment cette opinion. Vers cette source, on trouve le catoplébas, animal d'une grandeur médiocre, languissant et comme paralysé dans tout le reste du corps; seulement il porte avec peine sa tête pesante; elle est toujours penchée vers la terre, sans cela il détruirait l'espèce humaine tout entière. Quiconque a vu ses yeux est à l'instant frappé de mort.

Du basilic.

Le basilic a la même propriété (27). C'est un serpent que produit la Cyrénaïque. Il n'a que douze doigts de longueur; sa tête est marquée d'une tache blanche, en forme de diadème. Son sifflement fait fuir tous les serpents; il ne rampe pas en formant plusieurs replis comme

rimam autem feram monocerotem, reliquo corpore equo similem, capite cervo, pedibus elephanto, cauda apro, mugitu gravi, uno cornu nigro media fronte cubitorum duum eminente. Hanc feram vivam negant capi.

XXXII. Apud Hesperios Æthiopas fons est Nigris, ut plerique æstimavere, Nili caput; argumenta, quæ diximus, persuadent. Juxta hunc fera appellatur catoblepas, modica alioquin, ceterisque membris iners, caput tantum prægrave ægre ferens; id dejectum semper in terram, alias internecio humani generis, omnibus qui oculos ejus videre confestim exspirantibus.

XXXIII. Eadem et basilisci serpentis est vis. Cyrenaica hunc generat provincia, duodenum non amplius digitorum magnitudine, candida in capite macula, ut quodam diademate insignem. Sibilo omnes fugat serpentes; nec flexu multiplici, ut reliquæ, corpus impellit, sed celsus

les autres reptiles; il se dresse, et la moitié de son corps est debout. Son contact, que dis-je? son haleine seule tue les arbrisseaux, brûle les herbes, rompt les pierres. Telle est la subtilité de son poison. On a prétendu jadis qu'un homme à cheval ayant percé un basilic avec sa lance, le venin monta le long de cette arme, et fit périr non-seulement le cavalier, mais même le cheval. Au surplus, dans tout le système de la nature, il n'est point de force qui n'ait sa rivale. La belette est le poison de ce monstre destructeur. L'épreuve en a souvent été faite pour des rois qui désiraient voir le corps de cet animal. On jette une belette dans le trou du basilic; il est facile de le reconnaître, car la terre est brûlée tout à l'entour. Elle le tue par son odeur, et périt en même temps. Tel est le résultat du combat de la nature contre elle-même.

Du loup; d'où vient le proverbe versipelles.

On croit aussi en Italie que le regard du loup est malfaisant, et que s'il aperçoit un homme avant que d'en être vu, il lui fait perdre la voix pour le moment. Les loups d'Afrique et d'Égypte sont lâches et petits; ceux des pays froids sont féroces et cruels. Que des hommes se changent en loups, et reprennent ensuite leur première forme, nous devons croire, avec certitude, que rien

et erectus in medio incedens. Necat frutices, non contactos modo, verum et adflatos; eruit herbas, rumpit saxa. Talis vis malo est. Creditum quondam, ex equo occisum hasta, et per eam subeunte vi, non equitem modo, sed equum quoque absumptum. Atque huic tali monstro (saepe enim erectum concupivere reges videre) mustelarum virus exitio est: adeo naturae nihil placuit esse sine pari. Injiciunt eas cavernis facile cognitis soli tabe; necant illae simul odore, moriunturque, et naturae pugna conficitur.

XXXIV. 22. Sed in Italia quoque creditur luporum visus esse noxius; vocemque homini, quem priores contemplentur, adimere ad praesens. Inertes hos parvosque Africa et Aegyptus gignunt; asperos trucesque, frigidior plaga. Homines in lupos verti, rursumque restitui sibi, falsum esse confidenter existimare debemus, aut credere omnia,

n'est plus faux, ou bien il faut admettre tous les contes
que l'expérience de tant de siècles a réfutés. J'indiquerai
pourtant l'origine d'une opinion tellement enracinée, que le
mot loup-garou est devenu une espèce d'anathème. Évan-
the, auteur grec assez estimé, prétend avoir lu, dans les
livres des Arcades, que, parmi les descendants d'un certain Anthus, on choisit au sort un homme que l'on mène
au bord d'un étang; là, il suspend ses habits à un chêne,
passe l'eau à la nage, gagne les déserts, où il est transformé
en loup, et vit pendant neuf ans en société avec les autres
loups. S'il passe tout ce temps sans voir un homme, il revient à l'étang, et dès qu'il l'a traversé à la nage, il reprend sa première forme; seulement il paraît vieilli de
neuf années. Fabius ajoute de plus qu'il retrouve ses
mêmes habits. La crédulité des Grecs est vraiment un
prodige. Il n'est mensonge si impudent qui ne soit garanti par un témoin. Aussi Agriopas, auteur des Olympio-
niques, raconte que, dans le temps où les Arcades offraient
encore des victimes humaines à Jupiter Lycéen, Déménète
de Parrhase mangea des entrailles d'un enfant immolé, et
qu'il fut transformé en loup; que, dix ans après, ce Déménète, rendu à sa profession d'athlète, disputa le prix
du pugilat, et fut vainqueur aux jeux olympiques. Le

quæ fabulosa tot sæculis comperimus. Unde tamen ista vulgo infixa sit
fama in tantum, ut in maledictis versipelles habeat, indicabitur. Evan-
thes inter auctores Græciæ non spretus, tradit Arcadas scribere, ex
gente Anthi cujosdam, sorte familiæ lectum, ad stagnum quoddam regionis ejus duci, vestituque in quercu suspenso transnatare, atque abire
in deserta, transfigurarique in lupum, et cum ceteris ejusdem generis
congregari per annos novem. Quo in tempore si homine se abstinuerit,
reverti ad idem stagnum; et quum transnataverit, effigiem recipere, ad
pristinum habitum addito novem annorum senio. Id quoque Fabius,
eamdem recipere vestem. Mirum est quo procedat Græca credulitas!
Nullum tam impudens mendacium est, ut teste careat. Itaque Agriopas, qui Olympionicas scripsit, narrat Demænetum Parrhasium in sacrificio, quod Arcades Jovi Lycæo humana etiam tum hostia faciebant,

peuple croit même qu'un petit poil, placé à l'extrémité de
la queue, possède la vertu d'inspirer l'amour ; que ce poil
tombe dès que le loup est pris, et qu'il n'a de vertu qu'autant qu'il a été arraché à l'animal vivant. On dit que le
temps de la chaleur, pour ces animaux, dure tout au
plus douze jours dans toute l'année, et que lorsqu'ils
sont pressés de la faim, ils se nourrissent de terre. On
tire des présages de la rencontre du loup. Si cet animal,
ayant la gueule pleine, traverse le chemin en passant à la
droite du voyageur, c'est le plus heureux de tous les augures.

Il y a une espèce de loups qu'on nomme cerviers ; tel
était celui qui fut amené de la Gaule et montré au peuple
dans les jeux du grand Pompée. Quelque affamé que soit
cet animal, on dit que, s'il tourne la tête en mangeant (28), il oublie sa proie, et s'écarte pour en chercher
une autre.

Diverses espèces de serpents.

Quant à ce qui concerne les serpents, chacun sait qu'ils
ont presque tous la couleur de la terre dans laquelle ils se
cachent, et que les espèces sont infiniment variées. Les
cérastes portent de petites cornes ordinairement au nom-

inmolati pueri exta degustasse, et in lupum se convertisse ; eumdem
decimo anno restitutum athleticæ, certasse in pugilatu, victoremque
Olympia reversum. Quin et caudæ hujus animalis creditur vulgo inesse
amatorium virus exiguo in villo, eamque, quum capiatur, abjici, nec
idem pollere, nisi viventi direptum. Dies, quibus coeat, toto anno non
amplius duodecim. Eumdem in fame vesci terra. Inter auguria, ad dexteram commeantium præciso itinere, si pleno id ore fecerit, nullum omi-
num præstantius.

Sunt in eo genere, qui cervarii vocantur, qualem e Gallia in Pompeii
Magni arena spectatum diximus. Huic quamvis in fame mandenti, si
respexerit, oblivionem cibi subrepere aiunt, digressumque quærere
aliud.

XXXV. 23. Quod ad serpentes attinet, vulgatum est colorem ejus
plerasque terræ habere, in qua occultentur. Innumera esse genera.
Cerastis corpore eminere cornicula sæpe quadrigemina ; quorum motu,

bre de quatre (29), par le mouvement desquelles ils attirent les oiseaux, en cachant le reste de leur corps. Les
amphisbènes ont deux têtes (30), c'est-à-dire une seconde
tête à l'extrémité de la queue, comme si ce n'était pas assez
d'une pour répandre leur venin. Les uns ont des écailles,
les autres une peau tachée de plusieurs couleurs, tous un
poison mortel. Le dard s'élance du haut des arbres, et ce
n'est pas seulement pour les pieds que les serpents sont
à craindre; ils fendent l'air comme le trait lancé par
la baliste. Le cou de l'aspic se gonfle (lorsqu'il est enflammé de colère et qu'il menace de la mort), et le
seul remède contre sa piqûre est la prompte amputation
de la partie blessée. Il y a, dans cet animal, un sentiment, ou, pour mieux dire, une affection vraiment unique. Il ne vit jamais seul : le mâle et la femelle vont
presque toujours ensemble. S'il arrive que l'un des deux
soit tué, l'autre le venge avec un acharnement incroyable. Il reconnaît le meurtrier au milieu de la foule la plus
nombreuse ; il le poursuit, s'attache à lui seul, surmonte
les obstacles, traverse les espaces ; il ne faut rien moins
qu'une rivière ou la course la plus rapide pour se dérober à sa rage. Il est impossible de décider si la nature a
plus prodigué les maux que les remèdes. D'abord elle a
donné à ce reptile malfaisant une vue très mauvaise. Ses

reliquo corpore occultato, sollicitent ad se aves. Geminum caput am-
phisbænæ, hoc est, et   cauda, tamquam parum esset uno ore fundi
venenum. Aliis squamas esse, aliis picturas ; omnibus exitiale virus.
Jaculum ex arborum ramis vibrari ; nec pedibus tantum pavendas
serpentes, sed et missili volare tormento. Colla aspidum intumescere,
nullo ictus remedio, præterquam si confestim partes contactæ amputentur. Unus huic tam pestifero animali sensus, vel potius affectus est.
Conjugia feræ vagantur ; nec nisi cum pari vita est ; itaque alterutra
interempta, incredibilis alteri ultionis cura. Persequitur interfectorem,
unumque eum in quantolibet populi agmine notitia quadam infestat,
perrumpit omnes difficultates, permeat spatia, nec nisi amnibus arcetur,
aut proceleri fuga. Non est fateri, rerum natura largius mala, an reme-

yeux placés, non pas au front, mais aux deux côtés des tempes, empêchent qu'il ne voie devant lui. Aussi est-il souvent foulé par les pieds de l'homme avant qu'il l'ait aperçu.

D'ailleurs, l'ichneumon (*Viverra ichneumon*, mangouste), lui fait une guerre mortelle.

L'ichneumon.

Connu surtout par ce genre de gloire, l'ichneumon appartient aussi à l'Égypte. Cet animal se plonge à plusieurs reprises dans le limon, puis il va se sécher au soleil. Après qu'il s'est ainsi cuirassé de plusieurs couches, il marche au combat. Dans l'action, il dresse sa queue, tourne le dos à l'aspic, et, pendant qu'il se livre à ses morsures impuissantes, il épie de côté le moment où il pourra le saisir à la gorge. Ce succès n'est pas assez pour lui ; il triomphe d'un autre animal non moins féroce.

Du crocodile.

Le Nil nourrit le crocodile, quadrupède malfaisant, également redoutable sur la terre et dans le fleuve. C'est le seul animal terrestre qui soit privé de l'usage de sa langue (31) ; le seul dont la mâchoire supérieure soit mobile (32). Il imprime une morsure terrible, parceque ses

dia genuerit. Jam primum hebetes oculos huic malo dedit ; eosque non in fronte ex adverso cernere, sed in temporibus ; itaque excitatur pede sæpius quam visu.

24. Deinde internecinum bellum cum ichneumone.

XXXVI. Notum est animal hac gloria maxime, in eadem natum Ægypto. Mergit se limo sæpius, siccatque sole. Mox ubi pluribus eodem modo se coriis loricavit, in dimicationem pergit. In ea caudam attollens, ictus irritos aversus excipit, donec obliquo capite speculatus invadat in fauces. Nec hoc contentus, aliud haud mitius debellat animal.

XXXVII. 25. Crocodilum habet Nilus, quadrupes malum, et terra pariter ac flumine infestum. Unum hoc animal terrestre linguæ usu caret. Unum superiore mobili maxilla imprimit morsum, alias terribilem, pectinatim stipante se dentium serie. Magnitudine excedit plerumque

dents s'engrènent les unes dans les autres. Sa longueur excède ordinairement dix-huit coudées (33). Ses œufs sont de la même grosseur que ceux des oies; et, par une sorte de divination, il les couve toujours au delà du terme où le Nil doit s'arrêter, chaque année, dans sa plus haute crue. Nul autre animal ne parvient d'une origine plus petite à un plus grand accroissement. De plus, il est armé de griffes, et sa peau est impénétrable; il passe les jours sur la terre, et les nuits dans l'eau, parcequ'il cherche la chaleur.

Lorsqu'il est repu de poisson, il s'endort sur le rivage; comme il lui reste toujours quelques parcelles dans les dents, un petit oiseau que les Égyptiens nomment trochilos, et que nous appelons roitelet, vient y chercher son repas : et pour l'inviter à ouvrir la gueule, il lui en nettoie d'abord les dehors en sautillant, puis les dents, enfin la gorge même, que le crocodile ouvre le plus qu'il peut, délicieusement affecté par les picotements de l'oiseau (34). Tandis qu'il est ainsi plongé dans un sommeil voluptueux, l'ichneumon qui l'observe s'élance comme un trait, entre dans son corps, et lui ronge les intestins.

Du scinque.

Le scinque (*ouaran de terre*) habite aussi le Nil (35).

duodevigenti cubita. Parit ova quanta anseres; eaque extra eum locum semper incubat, prædivinatione quadam, ad quem summo auctu eo anno accessurus est Nilus. Nec aliud animal ex minori origine in majorem crescit magnitudinem. Et unguibus hic armatus est, contra omnes ictus cute invicta. Dies in terra agit, noctes in aqua, teporis utrumque ratione.

Hunc saturum cibo piscium, et semper esculento ore, in litore somno datum, parva avis, quæ trochilos ibi vocatur, rex avium in Italia, invitat ad blandum pabuli sui gratia, os primum ejus adsultim repurgans, mox dentes, et intus fauces quoque ad hanc scabendi dulcedinem quam maxime hiantes; in qua voluptate somno pressum conspicatus ichneumon, per easdem fauces, ut telum aliquod, immissus, erodit alvum.

XXXVIII. Similis crocodilo, sed minor etiam ichneumone, est in

Il ressemble au crocodile, mais il est encore plus petit que l'ichneumon. Sa chair est un des plus sûrs antidotes contre les poisons. Elle a de plus la propriété d'exciter l'homme à l'amour.

Le crocodile était un fléau trop pernicieux pour que la nature ne lui opposât qu'un seul ennemi. Elle semble avoir destiné les dauphins à lui faire la guerre, au moyen des épines saillantes dont leur dos est armé (16). Lorsqu'ils remontent le Nil, les crocodiles les empêchent d'y chasser. Ce fleuve est leur seul domaine. Ils y veulent régner sans partage. Les dauphins, bien inférieurs en force, triomphent par la ruse. Car tel est, en cette partie, l'instinct admirable de tous les animaux. Ils n'ignorent ni leurs avantages ni les désavantages de leurs ennemis; ils connaissent leurs armes, les occasions favorables, et la partie faible de ceux qu'ils combattent. Le crocodile a la peau du ventre mince et tendre : ils plongent donc sous l'eau, comme s'ils avaient peur, et lui fendent le ventre avec leur épine.

Ce monstre trouve encore un ennemi dans un peuple même du Nil; ce sont les Tentyrites, ainsi nommés d'une île qu'ils habitent. Ils sont de petite taille, mais leur intrépidité dans une guerre aussi périlleuse est admirable.

Nilo natus scincos, contra venena præcipuis antidotis; item ad inflammandam virorum Venerem.

Verum in crocodilo major erat pestis, quam ut uno esset ejus hosti natura contenta. Itaque et delphini immeantes Nilo, quorum dorso tanquam ad hunc usum cultellata inest spina, abigentes eos præda, ac velut in suo tantum amne regnantes, alioquin impares viribus ipsi, astu interimunt; callent enim in hoc cuncta animalia, sciuntque non sua modo commoda, verum et hostium adversa; norunt sua tela, norunt occasiones, partesque dissidentium imbelles. In ventre mollis est tenuisque cutis crocodilo; ideose, ut territi, mergunt delphini, subeuntesque alvum illa secant spina.

Quin et gens hominum est huic belluæ adversa in ipso Nilo, Tentyritæ, ab insula in qua habitat appellata. Mensura eorum parva, sed præsentia animi in hoc tantum usu mira. Terribilis hæc contra fugaces bel-

Terrible pour ceux qui fuient, le crocodile fuit lâchement quand on le poursuit ; mais les Tentyrites seuls osent l'attaquer de front ; ils le chassent même à la nage, se mettent à cheval sur son dos, et lorsqu'il renverse la tête pour les mordre, ils lui passent dans la gueule une massue dont ils saisissent les deux bouts, et s'en servent comme d'un mors, pour le conduire à terre, sans qu'il puisse se délivrer ; et là, par la seule terreur de leur voix, ils le forcent à rendre les corps qu'il vient de dévorer, afin de leur donner la sépulture. Aussi les crocodiles se gardent-ils d'approcher de cette île : l'odeur des Tentyrites les fait fuir, comme celle des psylles fait fuir les serpents.

On dit que cet animal a la vue mauvaise dans l'eau, mais excellente sur terre, et qu'il passe dans une caverne quatre mois de l'hiver, sans manger. Quelques auteurs prétendent que c'est le seul des animaux qui prenne de l'accroissement pendant toute sa vie ; et il vit long-temps.

De l'hippopotame.

Le Nil produit un autre amphibie d'une taille plus haute que le crocodile ; c'est l'hippopotame. Il a le pied fendu comme le bœuf, le dos, la crinière et le hennissement du cheval, le museau relevé, la queue et les dents

tus est, fugax contra insequentes ; sed adversum ire soli hi audent. Quin etiam flumini innatant ; dorsoque equitantium modo impositi, hiantibus resupino capite ad morsum, addita in os clava, dextra ac laeva tenentes extrema ejus utrimque, ut frenis in terram agunt captivos ; ac voce etiam sola territos cogunt evomere recentia corpora ad sepulturam. Itaque uni ei insulae crocodili non adnatant ; olfactuque ejus generis hominum, ut psyllorum serpentes fugantur.

Hebetes oculos hoc animal dicitur habere in aqua, extra acerrimi visus ; quatuorque menses hiemis media semper transmittere in specu. Quidam hoc unum quamdiu vivat, crescere arbitrantur ; vivit autem longo tempore.

XXXIX. Major altitudine in eodem Nilo bellua hippopotamus editur ; ungulis binis, quales bubus, dorso equi, et juba, et hinnitu, rostro

saillantes du sanglier; mais ses dents sont moins nuisibles; son cuir, impénétrable à moins qu'il n'ait trempé dans l'eau, sert à faire des boucliers et des cuirasses. Cet animal dévaste les moissons. On prétend qu'il marque d'avance, pour chaque jour, les lieux où il doit pâturer, et qu'il y entre à reculons, afin de mettre en défaut ceux qui voudraient lui tendre des embûches à son retour.

De la première apparition à Rome d'un hippopotame et de crocodiles.

M. Scaurus fit voir le premier à Rome un hippopotame et cinq crocodiles, dans une pièce d'eau creusée pour les jeux de son édilité. La médecine doit une de ses opérations à l'hippopotame. Lorsqu'il se sent surchargé de son embonpoint continuel, il va sur le rivage examiner les roseaux récemment coupés. Après avoir choisi le plus aigu, il s'appuie dessus, se perce une veine de la cuisse, et, par le sang qu'il perd, décharge son corps, qui, sans cela, resterait dans un état de malaise; ensuite il bouche la plaie avec du limon.

Remèdes empruntés aux animaux.

Dans cette même Égypte, l'oiseau qu'on nomme ibis nous a enseigné quelque chose de semblable. Il se lave l'intérieur du corps en insinuant de l'eau avec son bec

resimo, cauda et dentibus aprorum aduncis, sed minus noxiis; tergoris ad scuta galeasque impenetrabilis, præterquam si humore madeat. Depascitur segetes, destinatione ante (ut ferunt) determinatas in diem, et ex agro ferentibus vestigiis, ne quæ revertenti insidiæ comparentur.

XL. 26. Primus eum, et quinque crocodilos Romæ, ædilitatis suæ ludis, M. Scaurus temporario euripo ostendit. Hippopotamus in quadam medendi parte etiam magister extitit. Assidua namque satietate obesus exit in litus, recentes arundinum cæsuras speculatum; atque ubi acutissimam videt stirpem, imprimens corpus, venam quamdam in crure vulnerat, atque ita profluvio sanguinis morbidum alias corpus exonerat, et plagam limo rursus obducit.

XLI. 27. Simile quiddam et voluctris in eadem Ægypto monstravit quæ vocatur ibis: rostri aduncitate per eam partem se perluens, qua

dans la partie par laquelle l'estomac se dégage de la manière la plus salutaire. Et ce ne sont pas les seules instructions utiles que l'homme ait reçues des animaux. Les cerfs ont montré la vertu du dictame pour extraire les flèches d'une plaie : quand ils ont été percés d'une flèche, ils la font sortir en broutant cette plante. Lorsqu'ils ont été piqués par l'araignée qu'on nomme phalange, ou par quelque autre insecte venimeux, ils se guérissent en mangeant des cancres. Il y a aussi une herbe excellente contre la piqûre des serpents ; c'est celle qui ranime les lézards qui ont été blessés en combattant contre eux. Les hirondelles, en guérissant avec la chélidoine les yeux malades de leurs petits, ont fait connaître que cette herbe est salutaire à la vue.

La tortue reprend des forces contre les serpents en mangeant l'herbe qu'on nomme *cohile aux bœufs*. La belette mange de la rue, lorsqu'en chassant aux rats, elle dispute sa proie aux serpents. La cicogne, dans ses maladies, se guérit avec l'origan, le sanglier avec le lierre, ou bien en mangeant des crabes, particulièrement ceux que la mer a rejetés. Le serpent dont l'hiver a flétri la peau, se dépouille au printemps avec le secours du fenouil, et reparaît avec l'éclat et la fraîcheur de la jeunesse.

reddi ciborum onera maxime salubre est. Nec hæc sola a multis animalibus reperta sunt, usui futura et homini. Dictamnum herbam extrahendis sagittis cervi monstravere, percussi eo telo, pastuque ejus herbæ ejecto. Iidem percussi a phalangio, quod est aranei genus, aut aliquo simili, cancros edendo sibi medentur. Est et ad serpentium ictus præcipua, qua se lacerti, quoties cum his conseruere pugnam, vulnerati refovent. Chelidoniam visui saluberrimam hirundines monstravere, vexatis pullorum oculis illa medentes.

Testudo cunila, quam bubulam vocant, pastu, vires contra serpentes refovet ; mustela ruta, in murium venatu cum iis dimicatione conserta ; ciconia origano, edera apri in morbis sibi medeantur, et cancros vescendo, maxime mari ejectos. Anguis hiberno situ membrana corporis adducta, feniculi succo impedimentum illud exuit, nitidusque vernat.

12

Il dégage d'abord sa tête, puis il se replie dans tous les sens, afin que sa vieille enveloppe se retourne à l'envers d'un bout à l'autre. Il ne lui faut pas moins d'un jour et d'une nuit pour cette opération (47). Sa vue s'étant affaiblie pendant sa retraite, il lui donne du ton en frottant ses yeux contre le marathrum ; il se fait à lui-même l'opération de la cataracte, en les froissant contre les épines du genévrier. Il se purge avec le suc de la laitue sauvage.

Les barbares font la chasse aux panthères, en leur jetant pour appât des chairs frottées d'aconit. Sitôt qu'elles en ont goûté, leur gorge se serre ; elles étouffent. Aussi plusieurs ont-ils nommé ce poison pardalianchès. Mais la panthère trouve un contre-poison dans les excréments de l'homme. Au surplus, elle en est extrêmement avide. Quelquefois les bergers en suspendent dans un vase qu'ils ont soin de placer hors de sa portée. Elle s'élance et réitère ses efforts pour y atteindre, jusqu'à ce qu'elle se soit épuisée et qu'elle expire de fatigue, quoique d'ailleurs elle soit si vivace que, même les intestins hors du corps, elle se débat encore longtemps.

Lorsque l'éléphant, trompé par la couleur, a mangé un caméléon, dont la chair est un poison pour lui, il a re-

Exuit autem a capite primum, nec celerius quam uno die ac nocte replicans, ut extra fiat membranæ, quod fuerat intus. Idem hiberna latebra visu obscurato, marathro herbæ sese adfricans, oculos inungit ac refovet ; at vero squamæ obtorpuere, spinis juniperi se scabit. Draco vomitam nauseam silvestris lactucæ succo restinguit.

Pantheras perfricata carne aconito (venenum id est) barbari venantur. Occupat illico fauces earum angor : quare pardalianches id venenum appellavere quidam. At fera contra hoc excrementis hominis sibi medetur ; et alias tam avida eorum, ut a pastoribus ex industria in aliquo vase suspensa altius, quam ut queat saltu attingere, jaculando se appetendoque deficiat, et postremo expiret ; alioqui vivacitatis adeo lentæ, ut ejectis interaneis diu pugnet.

Elephas, chamæleone concolori frondi devorato, occurrit oleastro huic

cours à l'olivier sauvage. Les ours qui ont goûté des fruits de la mandragore lèchent les fourmilières. Le cerf résiste à l'effet des plantes vénéneuses en broutant la cinare. Les ramiers, les choucas, les merles, les perdrix, se purgent tous les ans avec la feuille du laurier ; les colombes, les tourterelles, les poules, avec la pariétaire ; les canards, les oies et les autres oiseaux aquatiques, avec la crapaudine ; les grues et les autres oiseaux de ce genre, avec le jonc de marais. Le corbeau, après avoir tué le caméléon, qui devient funeste même à son vainqueur, détruit l'effet du poison avec le laurier.

Pronostics funestes fournis par les animaux.

Je pourrais citer mille autres faits ; la nature a même donné à la plupart des animaux le don d'observer le ciel, de pronostiquer les vents, les pluies et les tempêtes. Il serait impossible d'entrer dans tous les détails, non plus que de faire voir sous combien de rapports les animaux sont liés avec chaque espèce de présages. Ils annoncent les dangers, non-seulement par leurs fibres et par leurs entrailles, où tant de mortels s'occupent à lire l'avenir, mais aussi par des avertissements d'un autre genre. Lorsqu'un édifice menace ruine, les rats délogent à l'avance, les araignées tombent avec leurs toiles. La divination par les oi-

veneno suo. Ursi, quum mandragorae mala gustavere, formicas lambunt. Cervus herba cinare venenatis pabulis resistit. Palumbes, graculi, merulae, perdices, lauri folio annuum fastidium purgant ; columbae, turtures, et gallinacei, herba quae vocatur helxine ; anates, anseres, ceteraeque aquaticae herba sideritæ ; grues et similes, junco palustri. Corvus occiso chamaeleone, qui etiam victori nocet, lauro infectum virus extinguit.

XLII. 28. Millia praeterea, ut pote quum plurimis animalibus eadem natura rerum, coeli quoque observationem et ventorum, imbrium, tempestatum praesagia, aliis alia dederit, quod persequi immensum est, aeque scilicet quam reliquam cum singulis hominum societatem. Siquidem et pericula praemonent, non fibris modo extisque, circa quod magna mortalium portio haeret, sed alia quadam significatione. Ruinis imminentibus musculi praemigrant, aranei cum telis primi cadunt. Augu-

seaux est devenue un art chez les Romains, et le collége des augures jouit de la plus haute considération. Dans les froides contrées de la Thrace, le renard, animal qui d'ailleurs n'a d'industrie que pour le mal, donne d'excellents avis aux habitants. Ce n'est qu'après avoir vu le renard aller et revenir sur les rivières et les étangs glacés, qu'ils osent les traverser eux-mêmes. On a observé qu'en appliquant son oreille contre la glace, il conjecture quelle en est l'épaisseur.

Destruction de peuples par des animaux.

L'histoire nous présente des exemples non moins fameux de destructions opérées même par des animaux méprisables. Varron écrit qu'une ville en Espagne, et une ville en Thessalie, furent minées, la première par les lapins, la seconde par les taupes; qu'une peuplade de la Gaule fut expulsée de son pays par les grenouilles, une autre de l'Afrique par les sauterelles; que les habitants de Giaros, l'une des Cyclades, se virent obligés d'abandonner leur île aux rats; qu'Amicle, en Italie, fut détruite par les serpents. En deçà des Éthiopiens Cinamolges est une grande région toute déserte dont les habitants ont été exterminés par les scorpions et les solipuges. Théophraste rapporte que les Rhétiens furent chassés de leur pays par

rîa quidem artem fecere apud Romanos, et sacerdotum collegium vel maxime sollenne est. In Thracia locis rigentibus et vulpes, animal alioqui solertia dirum, amnes gelatos, lacusque non nisi ad ejus ituro reditumque transeunt. Observatum eam, aure ad glaciem apposita, conjectare crassitudinem gelu.

XLIII. 29. Nec minus clara exitii documenta sunt etiam ex contemnendis animalibus. M. Varro auctor est, a cuniculis suffossum in Hispania oppidum, a talpis in Thessalia; ab ranis civitatem in Gallia pulsam, ab locustis in Africa; ex Gyaro Cycladum insula incolas a muribus fugatos, in Italia Amyclas a serpentibus deletas. Citra Cynamolgos Æthiopas late deserta regio est, a scorpionibus et solipugis gente sublata; et a scolopendris abactos Rhæthienses, auctor est Theophrastus. Sed ad reliqua ferarum genera redeamus.

les scolopendres. Mais reprenons l'histoire des animaux sauvages.

De l'hyène.

Le vulgaire pense que l'hyène est hermaphrodite, qu'elle devient alternativement mâle et femelle pendant une année, et qu'elle conçoit sans le secours du mâle. Aristote a combattu ce préjugé. Chez cet animal, l'épine du dos se prolonge jusque dans le cou (38), ce qui fait qu'il ne peut retourner la tête sans se tourner lui-même tout entier. On a fait sur l'hyène mille et mille histoires merveilleuses. On a dit qu'elle imite la voix humaine, qu'elle retient le nom d'un berger, et qu'elle l'appelle pour le dévorer aussitôt qu'il sort ; qu'afin d'attirer les chiens, elle contrefait les sanglots d'un homme qui vomit avec effort ; que c'est le seul animal qui fouille les tombeaux pour déterrer les corps ; que rarement on prend une femelle ; que les couleurs de ses yeux varient de mille manières ; que les chiens deviennent muets par le seul contact de son ombre ; qu'enfin, par une vertu magique, elle rend immobile tout animal autour duquel elle a tourné trois fois.

Des corocotes, des mantichores.

Du mélange de l'hyène avec la lionne d'Éthiopie, provient la corocote, qui sait pareillement imiter la voix de

*

XLIV. 30. Hyænis utramque esse naturam, et alternis annis mares, alternis feminas fieri, parere sine mare, vulgus credit, Aristoteles negat. Collum et juba continuitate spinæ porrigitur, flectique, nisi circumactu totius corporis, nequit. Multa præterea mira traduntur. Sed maxime sermonem humanum inter pastorum stabula adsimulare, nomenque alicujus, addiscere, quem evocatum foras laceret. Item vomitionem hominis imitari ad sollicitandos canes, quos invadat. Ab uno animali sepulcra erui, inquisitione corporum. Feminam raro capi. Oculis mille esse varietates, colorumque mutationes. Præterea umbræ ejus contactu canes obmutescere. Et quibusdam magicis artibus omne animal, quod ter lustraverit, in vestigio hærere.

XLV. Hujus generis coitu leæna Æthiopica parit corocottam, simili-

l'homme et les cris des bestiaux. Ses yeux sont fixes. Elle
est absolument dépourvue de gencives ; ses dents ne sont
qu'un seul os sans intervalle : elles sont enchâssées dans
la mâchoire qui forme une espèce de bourrelet, afin qu'elles ne s'émoussent pas en se froissant les unes contre les
autres. Juba écrit que, dans l'Éthiopie, la mantichore imite
aussi la parole de l'homme (fable).

Des onagres.

Les hyènes sont nombreuses en Afrique ; ce pays produit aussi beaucoup d'ânes sauvages. Dans cette dernière
espèce, chaque mâle règne sur un troupeau de femelles.
Ils ne veulent point de rivaux, et par cette raison ils sur-
veillent les femelles qui sont pleines, et châtrent avec les
dents les mâles nouveau-nés (fable). Les femelles, par
un intérêt contraire, se cachent dès qu'elles ont conçu.
Elles desirent mettre bas en secret, dans l'espoir de mul-
tiplier leurs jouissances.

Des castors et du castoréum.

Les castors du Pont, pressés par les chasseurs, se
coupent eux-mêmes les testicules, pour satisfaire à l'avidité de ceux qui les poursuivent. C'est là ce qu'en médecine on nomme *castoréum* (39). Leur morsure est redoutable ; leurs dents coupent, comme le fer, les arbres qui

***

ter voces imitantem hominum pecorumque. Acies ei perpetua : in utraque parte oris nullis gingivis, dente continuo ; qui ne contrario occursu
hebetetur, capsarum modo includitur. Hominum sermones imitari et
mantichoram in Æthiopia, auctor est Juba.

XLVI. Hyænæ plurimæ gignuntur in Africa, quæ et asinorum silvestrium multitudinem fundit. Mares in eo genere singuli feminarum
gregibus imperitant. Timent libidinis æmulos, et ideo gravidas custodiunt, morsuque natos mares castrant. Contra gravidæ latebras petunt,
et parere furto cupiunt, gaudentque copia libidinis.

XLVII. Easdem partes sibi ipsi Pontici amputant fibri, periculo ur-
ente, ob hoc se peti gnari : castoreum id vocant medici ; alias anima
horrendi morsus, arbores juxta flumina, ut ferro, cædit ; hominis parte

sont le long des fleuves. S'ils saisissent un homme par quelque membre, ils ne desserrent point la gueule que les os n'aient été brisés. Ils ont une queue de poisson. Dans le reste du corps, ils ressemblent à la loutre. L'un et l'autre sont aquatiques; ils ont l'un et l'autre le poil plus doux que la plume.

Des grenouilles buissonnières.

On dit que les grenouilles buissonnières qui vivent sur la terre et dans les lieux humides contiennent aussi beaucoup de propriétés médicinales, qu'elles les déposent continuellement, et en reprennent de nouvelles dans leurs aliments, se réservant toujours le seul venin pour elles.

Du veau marin; des stellions.

Le veau marin vit également dans la mer et sur la terre; il a la même sagacité que le castor. Comme il sait pourquoi l'homme lui fait la chasse, il vomit son fiel, que la médecine emploie pour plusieurs usages; de même sa présure (quatrième estomac) est un remède contre le haut mal (épilepsie). Théophraste écrit que les stellions quittent leur vieille peau, comme les serpents, et qu'ils la dévorent à l'instant, pour nous ravir un remède contre le mal caduc. Il ajoute que leur morsure est mortelle dans la Grèce, mais nullement dangereuse dans la Sicile.

comprehensa, non antequam fracta concrepuerint ossa, morsus resolvit. Cauda piscium iis, cetera species lutræ. Utrumque aquaticum; utrique mollior pluma pilus.

XLVIII. 31. Ranæ quoque rubetæ, quarum et in terra, et in humore vita, plurimis refertæ medicaminibus, deponere ea assidue ac resumere a pastu dicuntur, venena tantum semper sibi reservantes.

XLIX. Similis et vitulo marino victus, in mari ac terra; simile fibris et ingenium. Evomit fel suum, ad multa medicamenta utile; item coagulum, ad comitiales morbos, ob ea se peti prudens. Theophrastus auctor est, anguis modo et stelliones senectutem exuere, eamque protinus devorare, præripientes comitiali morbo remedia. Eosdem mortiferi in Græcia morsus, innoxios esse in Sicilia.

Des cerfs.

Le même instinct de malice se trouve dans le cerf, quoique le plus paisible des animaux. Le cerf, pressé par les chiens, se réfugie vers l'homme ; et les biches, prêtes à mettre bas, se défient moins des sentiers frayés par les hommes que des lieux retirés et accessibles aux seuls animaux sauvages. Elles conçoivent après le lever de l'arcture. Elles portent huit mois, et produisent quelque-fois deux faons. Du moment qu'elles ont conçu, elles se séparent des mâles ; ceux-ci, privés de leurs jouissances, deviennent furieux et semblent transportés de rage ; ils grattent la terre ; leur museau se noircit jusqu'à ce que les pluies viennent le laver. Les biches, avant de mettre bas, se purgent avec l'herbe nommée séséli ; elles se rendent par là le ventre plus libre. Après avoir mis bas, elles broutent cette même séséli, et une autre herbe qu'on nomme aros (*pied de veau*), puis elles retournent à leurs faons. Quelle qu'en soit la cause, elles veulent que le premier lait qu'elles lui donnent soit imbu du suc de ces herbes. A peine le faon est-il né, que la mère l'exerce à la course, et lui enseigne l'art de la fuite ; elle le mène à des endroits escarpés, et lui montre à sauter.

Les mâles ne ressentant plus les impressions du rut retournent avidement aux pâturages, et quand ils sentent

L. 32. Cervis quoque est sua malignitas quamquam placidissimo animalium. Urgente vi canum, ultro confugiunt ad hominem. Et in pariendo semitas minus cavent humanis vestigiis tritas, quam secreta ac feris opportuna. Conceptus earum post arcturi sidus. Octonis mensibus ferunt partus, interdum et geminos. A conceptu separant se. At mares relicti rabie libidinis sæviunt ; fodiunt scrobes. Tunc rostra eorum nigrescunt, donec aliqui abluant imbres. Feminæ autem ante partum purgantur herba quadam, quæ seselis dicitur, faciliore ita utentes utero. A partu duas, quæ aros et seselis appellantur, pastæ, redeunt ad fœtum ; illis imbui lactis primos volunt succos, quacumque de causa. Editos partus exercent cursu, et fugam meditari docent ; ad prærupta ducunt, saltumque demonstrant.

Jam mares soluti desiderio libidinis avide petunt pabula. Ubi se

qu'ils ont pris trop de venaison, ils cherchent la retraite, reconnaissant l'incommodité de leur embonpoint. Au surplus, le cerf se repose toujours dans sa fuite; il s'arrête et regarde derrière lui, et lorsque l'ennemi est tout près, il se remet à courir. Ce qui le force à s'arrêter, c'est une douleur qu'il ressent à l'intestin, partie si faible chez lui que le coup le plus léger suffit pour la rompre.

Les cerfs poursuivis par les abois des chiens suivent toujours le vent, afin d'emporter avec eux l'odeur de leurs traces. Ils écoutent avec plaisir le flageolet et le chant des bergers; lorsqu'ils dressent l'oreille, ils entendent de fort loin; lorsqu'ils la baissent, ils n'entendent plus. Au reste, c'est un animal d'un naturel simple, et qui regarde tout avec une espèce d'admiration, au point que si un cheval ou une génisse s'approche de lui, il ne voit pas le chasseur qui va le joindre, ou s'il le voit, il contemple son arc et ses flèches.

Ils traversent les mers par troupes et sur une seule file; chacun pose sa tête sur la croupe de celui qui le précède; ils vont tour à tour se placer à la queue. C'est ce qu'on remarque surtout dans la mer qui sépare la Cilicie de l'île de Chypre. Ce n'est pas qu'ils voient la terre; ils sont dirigés par le seul odorat. Les mâles ont

praepingues sensere, latebras quaerunt, fatentes incommodum pondus. Et alias semper in fuga adquiescunt stantesque respiciunt; quum prope ventum est, rursus fugae praesidia repetentes. Hoc fit intestini dolore, tam infirmi, ut tetu levi rumpatur intus.

Fugiunt autem, latratu canum audito, secunda semper aura, ut vestigia cum ipsis abeant. Mulcentur fistula pastorali et cantu; quum erexere aures, acerrimi auditus; quum remisere, surdi. Cetero animal simplex, et omnium rerum miraculo stupens in tantum, ut, equo aut bucula accedente propius, hominem juxta venantem non cernant; aut si cernant, arcum ipsum sagittasque mirentur.

Maria tranant gregatim nantes porrecto ordine, et capita imponentes praecedentium clunibus, vicibusque ad terga redeuntes. Hoc maxime notatur a Cilicia Cyprum trajicientibus. Nec vident terras, sed in odore earum natant. Cornua mares habent, solique animalium omnibus annis

des cornes, et, seuls des animaux, ils les perdent tous les ans à une époque déterminée du printemps ; aussi, vers le jour où leur bois doit se détacher, ils gagnent les lieux les plus inaccessibles. Jusqu'à ce que leur tête soit refaite, ils se cachent comme s'ils étaient désarmés. Mais ils nous envient aussi le bien qu'ils pourraient nous procurer. C'est par cette cause, dit-on, que leur corne droite, étant douée de propriétés médicinales, ne se trouve jamais ; fait d'autant plus étonnant que tous les ans la tête du cerf mue dans les parcs comme dans les forêts. On pense qu'ils l'enfouissent. L'odeur de l'une ou l'autre corne fait connaître les personnes sujettes au mal caduc. Leur bois indique leur âge ; tous les ans, jusqu'à la sixième année, le mérain se charge d'un andouiller de plus. Après quoi, le bois se renouvelle toujours dans le même état. Il n'est plus possible de discerner leur âge. Mais la vieillesse est indiquée par les dents. Car alors ils en ont peu, ou même ils n'en ont point du tout ; et l'on ne voit plus à la racine du mérain certaines dagues qui, d'ordinaire, s'avancent sur le front des jeunes cerfs. La castration empêche la chute et la renaissance du bois. Quand il commence à renaître, on voit paraître d'abord deux espèces de bosses couvertes d'une peau sèche pendant qu'elles croissent ; l'extrémité supérieure est tendre et cotonneuse comme le

stato veris tempore amittunt ; ideo sub ipsa die quam maxime invia petunt. Latent amissis velut inermes ; sed et hi bono suo invident. Dextrum cornu negant inveniri, ceu medicamento aliquo praeditum ; idque mirabilius fatendum est, quum et in vivariis mutent omnibus annis ; defodi ab iis putant. Accensi autem utriuslibet odore comitiales morbi deprehenduntur. Indicia quoque aetatis in illis gerunt, singulos annis adjicientibus ramos usque ad sexennes. Ab eo tempore similia revivescunt ; nec potest aetas discerni, sed dentibus senecta declaratur. Aut enim paucos, aut nullos habent ; nec in cornibus imis ramos, alioquin ante frontem promittere solitos junioribus. Non decidunt castratis cornua, nec nascuntur. Erumpunt autem renascentibus tuberibus primo aridae cutis similia. Eadem teneris increscunt ferulis, arundineae

panache des roseaux. Tant qu'ils ont la tête nue, ils vont
la nuit aux pâturages ; à mesure que leur bois prend de
l'accroissement, ils l'endurcissent au soleil, et le frottent
de temps en temps contre les arbres. Dès qu'ils le trouvent solide, ils quittent la retraite. On a pris des cerfs
dont le bois portait un lierre verdoyant ; cette plante s'y
était enracinée comme dans tout autre bois lorsque, tendre encore, ils le frottaient contre les arbres pour l'é-
prouver.

Il se trouve quelquefois des cerfs blancs ; telle était la
biche que Sertorius avait érigée en prophétesse chez les
peuples de l'Espagne. Cet animal fait la guerre aux serpents ; il cherche leurs trous, et par la force de son souffle il les contraint d'en sortir. Aussi, la corne de cerf
brûlée est-elle un spécifique excellent pour chasser les
serpents. Le meilleur remède contre leur morsure est la
présure d'un faon tué dans le ventre de sa mère. La longue vie du cerf est avouée de tous. Plus d'un siècle après
Alexandre (40), on en a pris quelques uns que ce prince
avait décorés de colliers d'or. Comme ils avaient acquis
de l'embonpoint, la peau avait recouvert ces colliers. Le
cerf ne ressent jamais la fièvre ; sa chair même en est le

in paniculas molli plumata lanugine. Quamdiu carent iis, noctibus procedunt ad pabula : increscentia solis vapore durant, ad arbores subinde
experientes ; ubi placuit robur, in aperta prodeunt. Captique jam sunt,
edera in cornibus viridante ex attritu arborum, ut in aliquo ligno, teneris, dum experiuntur, innata.

Fiunt aliquando et candido colore, qualem fuisse tradunt Q. Sertorii
cervam, quam esse fatidicam Hispaniæ gentibus persuaserat. Et iis est
cum serpente pugna. Vestigant cavernas, nariumque spiritu extrahunt
renitentes. Ideo singulare abigendis serpentibus, odor adusto cervino
cornu. Contra morsus vero præcipuum remedium ex coagulo hinnulei
in matris utero occisi. Vita cervis in confesso longa, post centum annos
aliquibus captis cum torquibus aureis, quos Alexander Magnus addi-
derat, adopertis jam cute in magna obesitate. Febrium morbos non sentit hoc animal, quin et medetur huic timori. Quasdam modo principes

préservatif. Nous savons que plusieurs impératrices en mangeaient tous les matins, et qu'elles sont parvenues à une longue vieillesse sans éprouver de fièvre. Mais on pense qu'elle n'a cette vertu que lorsqu'il a été tué d'un seul coup.

De l'espèce du cerf est un animal qui n'en diffère que par la barbe et le poil qu'il a sur les épaules. On le nomme tragélaphe (44); on ne le trouve qu'aux environs du Phase.

Des caméléons.

L'Afrique est à peu près le seul pays qui ne produise point de cerfs; mais elle produit le caméléon, dont l'espèce est cependant plus nombreuse dans l'Inde. Sa figure et sa grandeur seraient celles du lézard, si ce n'était qu'il a les jambes droites et plus hautes. Ses côtes se joignent sous le ventre, comme celles des poissons. Il a de même l'épine du dos saillante. Son museau est en petit le groin du porc. Sa queue, très longue, va toujours en diminuant de grosseur jusqu'à l'extrémité; elle se replie comme celle de la vipère; ses ongles sont crochus, sa marche est lente comme celle de la tortue, la surface de sa peau rude comme celle du crocodile, ses yeux enfoncés, très grands, séparés par un petit intervalle et de la même couleur que son corps, il ne les ferme jamais. Ce

feminas scimus omnibus diebus matutinis carnem eam degustare solitas, et longo ævo caruisse febribus; quod ita demum existimant ratum, si vulnere uno interierit.

33. Eadem est specie, barba tantum et armorum villo distans, quem τραγέλαφον vocant, non alibi, quam juxta Phasin amnem, nascens.

LI. Cervos Africa propemodum sola non gignit; at chamæleonem et ipsa, quamquam frequentiorem Indiæ. Figura et magnitudo erat lacerti, nisi crura essent recta et excelsiora. Latera ventri junguntur, ut piscibus, et spina simili modo eminet. Rostrum, ut in parvo, haud absimile suillo; cauda prælonga in tenuitatem desinens, et implicans se viperinis orbibus; ungues adunci; motus tardior, ut testudini; corpus asperum, ceu crocodilo; oculi in recessu cavo, tenui discrimine prægran-

n'est point par le mouvement de sa prunelle, mais en tournant l'œil tout entier, qu'il regarde autour de lui (42), toujours la tête haute et la gueule ouverte. C'est le seul animal qui vive sans manger et sans boire; l'air est son seul aliment (43). Vers la fin des jours caniculaires, il est venimeux; en tout autre temps il ne fait point de mal.

Ce qu'il y a de plus merveilleux en lui, c'est la nature de sa couleur; il en change souvent. Ses yeux, sa queue et tout son corps prennent celles des objets qu'il touche, excepté le rouge et le blanc. Après sa mort, il blanchit. Il a un peu de chair à la tête, aux mâchoires, à la racine de la queue; dans le reste du corps il n'en a point. Il n'a du sang que dans le cœur et autour des yeux. Il manque de rate. Cet animal se cache pendant l'hiver comme les lézards.

Des autres animaux qui changent de couleur.

Le tarandus des Scythes change aussi de couleur (44 De tous les animaux qui sont vêtus de poil, c'est le seul qui ait cette propriété, si l'on excepte le lycaon de l'Inde (*felis jubata*, guépard?), dont le cou est, dit-on, paré d'une crinière. Quant aux thos (*canis aureus*, chacal) (espèce de loup dont le corps est plus long et les jambes plus courtes, agile au saut, vivant de chasse et n'atta-

des, et corpori concolores; numquam eos operit; nec pupillæ motu, sed totius oculi versatione circumaspicit. Ipse celsus, hianti semper ore, solus animalium nec cibo nec potu alitur, nec alio quam aeris alimento; circa caprificos ferus, innoxius alioqui.

Et coloris natura mirabilior: mutat namque eum subinde, et oculis, et cauda, et toto corpore, redditque semper quemcumque proxime attingit, præter rubrum candidumque. Defuncto pallor est. Caro in capite et maxillis, et ad commissuram caudæ admodum exigua, nec alibi toto corpore; sanguis in corde, et circa oculos tantum; viscera sine spleue. Hibernis mensibus latet, ut lacerta.

LII. 54. Mutat colores et Scytharum tarandus, nec aliud ex iis quæ pilo vestiuntur, nisi in Indiis lycaon, cui jubata traditur cervix. Nam thoes (luporum id genus est procerius longitudine, brevitate crurum dis-

quant jamais l'homme), ils changent de fourrure et non de couleur ; couverts d'un long poil pendant l'hiver, ils sont nus pendant l'été. Le renne a la taille du bœuf, la tête semblable à celle du cerf, mais plus grande, le bois divisé en un grand nombre de rameaux, le pied fendu, le poil aussi long que celui des ours. Sa couleur naturelle est celle du poil de l'âne. Sa peau est si dure qu'on en fait des cuirasses. Il contracte la couleur des arbres, des broussailles, des fleurs et des lieux où il se cache lorsqu'il a peur ; aussi le prend-on rarement. Déjà c'était une merveille que le corps d'un animal pût ainsi prendre, quitter, reprendre tant de couleurs diverses ; mais que le poil lui-même ait cette propriété, c'est ce qui doit redoubler encore notre admiration.

De l'hystrix ou porc-épic.

L'Inde et l'Afrique produisent le porc-épic, dont le corps est armé de piquants. Il est du genre du hérisson, mais ses piquants sont plus longs, et il les décoche en gonflant sa peau (fable). Il perce la gueule des chiens qui le pressent, et darde ses traits à quelque distance. Il se cache pendant l'hiver ; ce qui lui est commun avec plusieurs animaux, et d'abord avec l'ours.

simile, velox saltu, venatu vivens, innocuum homini: habitum, non colorem mutant, per hiemes hirti, aestate nudi. Tarando magnitudo, quae bovi : caput majus cervino, nec absimile ; cornua ramosa, ungulae bifidae, villus magnitudine ursorum. Sed quum libuit sui coloris esse, asini similis est. Tergori tanta duritia, ut thoraces ex eo faciant. Colorem omnium arborum, fruticum, florum, locorumque reddit, in quibus latet metuens, ideoque raro capitur. Mirum esset habitum corpori tam multiplicem dari, mirabilius et villo.

LIII. 35. Hystrices generat India et Africa spina contectas, herinaceorum genere ; sed hystrici longiores aculei, et quum intendit cutem, missiles. Ora urgentium figit canum, et paulo longius jaculatur. Hiemis autem se mensibus condit ; quae natura multis, et ante omnia ursis.

Des ours.

Les ours se recherchent au commencement de l'hiver. Après la conception, la femelle se retire dans une caverne séparée, où elle met bas le trentième jour (45). Elle ne produit jamais plus de cinq petits. Ceux-ci ne sont d'abord qu'une masse de chair blanche, informe, un peu plus grosse qu'un rat, sans yeux, sans poil; seulement les ongles sont saillants. C'est en léchant cette masse que la mère lui donne une forme. Rien de plus rare que de voir une ourse mettre bas. Les mâles restent renfermés quarante jours; les femelles occupées de leurs petits ne sortent qu'au bout de quatre mois. S'ils n'ont point de caverne pour se gîter, ils ramassent des branches et des broussailles, se construisent une loge impénétrable à la pluie, et jonchée de feuillages. Les quatorze premiers jours, ils sont accablés d'un sommeil si profond, que les blessures même ne peuvent les réveiller. Ils sont alors excessivement gras. C'est cette graisse qu'on emploie dans plusieurs médicaments, et qui empêche la chute des cheveux. Après ces jours de sommeil, ils se tiennent assis, et vivent en suçant leurs pieds de devant. Ils réchauffent leurs petits en les pressant contre leur poitrine, de la même manière que les oiseaux couvent leurs œufs. Une chose qui tient du prodige, c'est ce que dit Théo-

LIV. 54. Eorum coitus hiemis initio. Deinde secessus in specus separatim, in quibus pariunt trigesimo die, plurimum quinos. Hi sunt candida informisque caro, paulo muribus major, sine oculis, sine pilo, ungues tantum prominent; hanc lambendo paulatim figurant. Nec quidquam rarius, quam parientem videre ursam. Ideo mares quadragenis diebus latent, feminæ quaternis mensibus. Specus si non habuere, ramorum fruticumque congerie ædificant, impenetrabiles imbribus, mollique fronde constratos. Primis diebus bis septenis tam gravi somno premuntur, ut ne vulneribus quidem excitari queant. Tunc mirum in modum veterno pinguescunt. Illi sunt adipes medicaminibus apti, contraque capilli defluvium tenaces. Ab iis diebus resident, ac priorum pedum suctu vivunt. Fœtus rigentes adprimendo pectori fovent, non alio incubitu, quam ad ova volucres. Mirum dictu, credit Theophrastus, per id tem—

phraste, que, pendant le temps de leur retraite, si l'on garde de la chair d'ours, elle prend de l'accroissement, même étant cuite. Suivant lui, on ne trouve alors en eux aucun vestige de nourriture : on ne découvre qu'un peu de liqueur dans leur estomac ; il y a quelques gouttes de sang auprès du cœur, mais il n'y en a point dans le reste du corps.

Les ours sortent de leur retraite au printemps. Les mâles sont très gras. On n'en voit pas la cause ; car si le sommeil les engraisse, ce sommeil, comme je l'ai dit, ne dure pas plus de quatorze jours. Dès qu'ils sortent, ils dévorent une herbe qu'on nomme aros, pour élargir leurs intestins resserrés par l'abstinence ; ils aiguisent leurs dents contre les nouvelles pousses des arbres. Leurs yeux sont affaiblis. C'est par cette raison surtout qu'ils recherchent les ruches à miel, afin que les abeilles les piquent à la gueule, et que le sang qu'ils perdent les délivre de leur engourdissement (2). La tête, qui est une partie très forte dans le lion, est dans l'ours d'une extrême faiblesse. Aussi, lorsque les ours, pressés par le danger, veulent se précipiter de quelque roche, ils se jettent en se couvrant le front avec les pattes. Souvent on a vu, dans l'arène, des ours tués d'un coup de poing sur la tête. Les peuples de l'Espagne croient que la cervelle de l'ours est propre aux

pus coctas quoque ursorum carnes, si adserventur, increscere ; cibi nulla tunc argumenta ; nec nisi humoris minimum in alvo inveniri ; sanguinis exiguas circa corda tantum guttas, reliquo corpori nihil inesse.

Procedunt vere, sed mares præpingues ; cujus rei causa non prompta est ; quippe nec somno quidem saginatis, præter quatuordecim dies, ut diximus. Exeuntes herbam quamdam aron nomine, laxandis intestinis alioqui coneretis, devorant, circaque surculos dentium prædomantes ora. Oculi eorum hebetantur ; qua maxime causa favos expetunt, ut convulneratum ab apibus os levet sanguine gravedinem illam. Invalidissimum urso caput, quod leoni fortissimum ; ideo urgente vi, præcipitaturi se ex aliqua rupe, manibus eo operto jaciuntur ; ac sæpe in arena colapho infracto exanimantur. Cerebro veneficium inesse Hispaniæ cre-

maléfices (fable); ils brûlent les têtes de ceux qui ont été tués dans les spectacles : l'expérience leur a fait connaître que la cervelle, prise en breuvage, donne la rage d'ours. Ces animaux marchent à deux pieds, et descendent d'un arbre à reculons. Ils se suspendent par les quatre pattes au mufle et aux cornes des taureaux, et les réduisent en les fatiguant de leur poids. Dans nulle autre espèce, la stupidité n'est plus rusée pour faire du mal. Les annales attestent que, sous le consulat de Pison et de Messala, le quatorzième jour avant les calendes d'octobre, Domitius Ahénobarbus, édile curule, fit combattre dans le cirque cent ours de Numidie contre un égal nombre de chasseurs éthiopiens. Je suis étonné qu'on les ai dits de Numidie, puisqu'il est constant que l'Afrique ne produit point cette sorte d'animaux (46).

Des rats du Pont et des Alpes.

Les rats du Pont (bobac ou souslic?) se cachent aussi pendant l'hiver; tous sans exception sont blancs. Des auteurs prétendent qu'ils ont le sens du goût exquis ; je ne conçois pas comment ils ont pu s'en assurer. Les rats des Alpes (la marmotte), qui sont de la grandeur du blaireau, se cachent également, mais ils ont soin d'amasser des provisions. Si l'on en croit quelques auteurs, le mâle et la femelle s'associent pour cette opération : l'un des deux

dunt, occisorumque in spectaculis capita cremant, testato, quoniam potum in ursinam rabiem agat. Ingrediuntur et bipedes. Arborem aversi derepunt. Tauros, ex ore cornibusque eorum pedibus omnibus suspensi, pondere fatigant. Nec alteri animalium in maleficio stultitia solertior. Annalibus notatum est, M. Pisone, M. Messala coss., a. d. xiv. kalendas octobr., Domitium Ahenobarbum ædilem curulem ursos numidicos centum, et totidem venatores æthiopas in circo dedisse. Miror adjectum Numidicos fuisse, quum in Africa ursum non gigni constet.

LV. 57. Conduntur hieme et Pontici mures, hi dumtaxat albi ; quorum palatum in gustu sagacissimum, auctores quonam modo intellexerint, miror. Conduntur et Alpini, quibus magnitudo mellium est : sed hi pabulo ante in specus convecto, quum quidam narrent alternos marem ac

alternativement se renverse sur le dos, tenant entre ses
pattes un faisceau d'herbes ; l'autre lui saisit la queue
avec les dents, et le traîne au terrier. Voilà pourquoi leur
dos est dégarni de poil dans cette saison. On voit en
Égypte des rats pareils (47), ils s'asseyent également sur
le derrière ; ils marchent à deux pieds, et se servent des
pattes de devant comme d'une main.

Des hérissons.

Les hérissons préparent aussi des provisions pour l'hiver ; ils se roulent sur les fruits tombés à terre, les percent de leurs piquants, en saisissent encore un avec la
gueule, et portent le tout dans le creux d'un arbre. Quand
ils se cachent dans leur trou, ils annoncent que le vent
va changer du nord au midi. Dès qu'ils sentent le chasseur près d'eux, ils resserrent leur tête, leurs pieds et
toute la partie inférieure du corps qui n'est garnie que
d'un duvet léger et tendre ; ils se mettent en boule, afin
qu'on ne puisse saisir que leurs piquants ; a la dernière
extrémité, ils lâchent une urine infecte, dont l'effet est de
corrompre leur peau et leurs piquants, sachant bien que
c'est pour leur ravir cette dépouille qu'on leur fait la
guerre. L'art est donc de chasser le hérisson après qu'il
s'est vidé. C'est alors que sa peau a tout son prix. Sans
cela elle est gâtée ; elle n'a plus de consistance ; les pi-

femiuam, supra se complexo fasce herbæ, supinos, cauda mordicus adprehensa, invicem detrahi ad specum, ideoque illo tempore detrito esse
dorso. Sunt his pares et in Ægypto ; similiterque resident in clunes,
et binis pedibus gradiuntur, prioribusque, ut manibus, utuntur.

LVI. Præparant hiemi et herinacei cibos ; ac volutati supra jacentia
poma adfixa spinis, unum amplius tenentes ore, portant in cavas arbores. Iidem mutationem aquilonis in austrum, condentes se in cubile
præsagiunt. Ubi vero sensere venantem, contracto ore pedibusque, ac
parte omni inferiore, qua raram et innocuam habent lanuginem, convol-
vuntur in formam pilæ ne quid comprehendi possit præter aculeos. In
desperatione vero, urinam ex se reddunt tabificam, tergori suo spinisque
noxiam, propter hos se capi gnari. Quamobrem ex nanita prius urina

quants se pourrissent et se détachent, quand même l'animal vivrait encore après s'être dérobé par la fuite. Aussi ne s'inonde-t-il de cette liqueur funeste que lorsqu'il n'a plus d'espoir ; il a horreur de son propre poison, et, se ménageant lui-même, il attend la derni°re extrémité, et souvent il est pris avant qu'il en ait fait usage. On verse de l'eau chaude pour le forcer à s'étendre. On le suspend par une patte de derrière, et on le laisse ainsi mourir de faim. C'est le seul moyen de le tuer sans endommager sa peau.

Cet animal n'est pas, comme on le pense en général, absolument inutile à l'homme. Sans les piquants dont il est armé, vainement les troupeaux nous donneraient le duvet moelleux de leurs toisons. La peau du hérisson nous sert à laîner les étoffes (18). La fraude s'est créé même un gain énorme par le monopole de cette marchandise. Il n'est point d'objet sur lequel le sénat ait porté plus de décrets ; il n'est point d'empereur à qui les provinces n'aient adressé des plaintes à ce sujet.

Du léontophone. — Du lynx.

On cite encore deux autres animaux dont l'urine a une propriété merveilleuse. Nous lisons qu'on nomme léonto-

venari, ars est. Et tum præcipua dos tergori, alias corrupto, fragili, putribus spinis atque deciduis, etiam si vivat subtractus fuga ; ob id non nisi in novissima spe maleficio eo perfunditur ; quippe et ipsi odere suum veneficium, ita parcentes sibi, terminumque supremum opperientes, ut ferme ante captivitas occupet. Calidæ postea aquæ adspersu resolvitur pila ; adprehensusque pede altero e posterioribus, suspendio ac fame necatur ; aliter non est occidere, et tergori parcere.

Ipsum animal, non ut remur plerique, vitæ hominum supervacuum est : si non sint illi aculei, frustra vellerum mollitie in pecude mortalibus data ; hac cute exciduntur vestes. Magnum fraus et ibi lucrum monopolio invenit, de nulla re crebrioribus senatusconsultis, nulloque non principe adito querimoniis provincialibus.

LVII. 38. Urinæ et e duobus aliis animalibus ratio mira est. Leontophonon accipimus vocari parvum, nec alibi nascens, quam ubi leo gi-

phone un petit animal qui n'existe que dans les pays qu'habite le lion. Dès que celui-ci en a mangé, cet animal formidable, ce souverain de tous les autres quadrupèdes, expire à l'instant même. Aussi les chasseurs qui lui tendent des piéges jettent pour appât des viandes saupoudrées de chair de léontophone réduite en cendre. Cette cendre suffit pour lui donner la mort. La haine que lui porte le lion est donc bien fondée. Sitôt qu'il le voit, il le met en pièces, et le tue sans le mordre. Celui-ci lui lance son urine, sachant qu'elle est fatale à son vainqueur (fable).

Dans les pays où naît le lynx (49), son urine se durcit; elle devient un corps solide, une pierre précieuse, semblable à l'escarboucle, et qui a l'éclat du feu ; on la nomme *lapis lyncurius*. Plusieurs pensent que le succin se forme de la même manière. Les lynx connaissent cette propriété, et, pour nous enlever la possession de cette pierre, ils recouvrent leur urine de terre, mais elle ne fait que se consolider plus promptement.

Des blaireaux. — Des écureuils.

Les blaireaux, dans leurs dangers, ont recours à un autre expédient. Par la tension de leur peau gonflée, ils bravent et les coups des hommes et les morsures des

gitur ; quo gustato tanta illa vis, ac ceteris quadrupedum imperitans, illico exspiret. Ergo corpus ejus adustum adspergunt aliis carnibus polentæ modo, insidiantes feræ, necantque etiam cinere. Tam contraria est pestis. Haud immerito igitur odit leo, visumque frangit, et citra morsum exanimat. Ille contra urinam spargit, prudens hanc quoque leoni exitialem.

Lyncum humor ita redditus, ubi gignuntur, glaciatur arescitæ in gemmas carbunculis similes, et igneo colore fulgentes, lyncurium vocatas, atque ob id succino a plerisque ita generari prodito. Novere hoc, sciuntque lynces, et invidentes urinam terra operiunt, eoque celerius solidatur illa.

LVIII. Alia solertia in metu melibus : sufflatæ cutis distentu ictus hominum et morsus canum arcent. Provident tempestatem et sciuri)

chiens. L'écureuil prévoit les tempêtes ; il bouche sa bauge du côté où le vent doit souffler, et l'ouvre du côté opposé (fable). Au surplus, sa queue, garnie d'un long poil, abrite tout son corps. Parmi les animaux que je viens de nommer, les uns font des provisions pour l'hiver ; le sommeil tient lieu de nourriture aux autres.

Des vipères. — Des limaçons.

On dit que la vipère est le seul des serpents qui se cache dans la terre. Les autres se retirent dans des creux d'arbres ou des trous de rocher : ils y peuvent vivre une année entière sans manger, pourvu qu'ils n'y soient pas saisis par le froid. Tout le temps qu'ils dorment dans leur retraite, ils sont sans venin.

Les limaçons restent également engourdis pendant l'hiver. Ils dorment encore pendant une partie de l'été, s'attachant fortement aux rochers ; ou du moins, lorsque la violence les en arrache, ils ne sortent pas de leurs coquilles. Dans les îles Baléares, ceux qu'on nomme cavatices ne sortent point des cavités de la terre ; ils ne vivent point d'herbe, mais ils tiennent les uns aux autres en forme de grappe. Il est une autre espèce moins commune, qui se renferme sous un opercule de la même matière que leur coquille. Ceux-ci vivent toujours dans la terre ;

---

obturatisque, qua spiraturus est ventus, caverois, ex alia parte aperiunt fores ; de cetero ipsis villosior cauda pro tegumento est. Ergo in hiemes aliis provisum pabulum, aliis pro cibo somnus.

LIX. 39. Serpentium vipera sola terra dicitur condi ; ceteræ arborum aut saxorum cavis. Et alias vel annua fame durant, algore modo dempto. Omnia, accessus tempore, veneno orba dormiunt.

Simili modo et cochleæ. Illæ quidem iterum et æstatibus, adhærentes maxime saxis ; aut etiam injuria resupinatæ avulsæque, non tamen exeuntes. In Balearibus vero insulis cavaticæ appellatæ, non procreant e cavis terræ ; neque herba vivunt, sed uvæ modo inter se cohærent. Est et aliud genus minus vulgare, adhærente operculo ejusdem testæ se operiens ; obrutæ terra semper hæ, et circa maritimas tantum Alpes quon-

on ne les trouvait autrefois qu'aux environs des Alpes maritimes. Depuis quelque temps on en tire de la campagne de Vélitres. Les plus estimés sont ceux de l'île d'Astypalée.

Des lézards.

On dit que le lézard, qui fait une guerre acharnée à l'escargot, ne vit pas plus de six mois. Les lézards de l'Arabie ont une coudée de long. Sur le Nisa, montagne de l'Inde, ils ont vingt-quatre pieds neuf pouces de longueur (exagération). Leur couleur est ou fauve, ou pourpre, ou bleue.

Du chien.

Les animaux qui vivent avec nous offrent aussi beaucoup de traits qui méritent d'être connus. Les plus fidèles à l'homme sont le chien et le cheval. On rapporte qu'un chien combattit pour son maître contre une troupe de brigands, et que, percé de coups, il demeura près du corps, empêchant les oiseaux et les bêtes féroces d'en approcher. En Épire, un chien reconnut dans une assemblée le meurtrier de son maître, et par ses morsures et ses aboiements, il lui arracha l'aveu du crime. Deux cents chiens ramenèrent le roi des Garamantes de son exil, et terrassèrent ceux qui s'opposaient à son retour. Les Colophoniens et les Castabales menaient des cohortes

dum effossæ, cœpere jam erui et in Veliterno. Omnium tamen laudatissimæ in Astypalæa insula.

LX. Lacertæ, infinicissimum genus cochleis, negantur semestrem vitam excedere. Lacerti Arabiæ cubitales, in Indiæ vero Nysa monte, xxiv. in longitudinem pedum, colore fulvi, aut punicei, aut cærulei.

LXI. 40. Ex his quoque animalibus, quæ nobiscum degunt, multa sunt cognitu digna; fidelissimusque ante omnia homini canis, atque equus. Pugnasse adversus latrones canem pro domino accepimus, confectumque plagis a corpore non recessisse, volucres et feras abigentem. Ab alio in Epiro agnitum in conventu percussorem domini, laniatuque et latratu coactum fateri scelus. Garamantum regem canes ducenti ab exilio reduxere, præliati contra resistentes. Propter bella Colophonii,

de chiens à la guerre : ces animaux combattaient au premier rang, sans jamais reculer ; c'étaient des auxiliaires très fidèles, et qui ne coûtaient point de solde. Après la défaite des Cimbres, les chariots qui portaient leurs maisons ambulantes furent défendus par les chiens. Jason de Lycie ayant été tué, son chien refusa de manger, et se laissa mourir de faim. Un chien que Duris nomme Hyrcan, ayant vu allumer le bûcher du roi Lysimaque, se jeta dans les flammes. Celui du roi Hiéron fit la même chose. Philiste cite aussi Pyrrhus, chien du roi Gélon. Le chien de Nicomède, roi de Bithynie, mit en pièces Consingis, femme de ce prince, parcequ'elle folàtrait trop vivement avec son mari. Parmi nous, Volcatius, qui enseigna le droit civil à Cascellius, revenant à cheval de la campagne, fut attaqué le soir par un voleur ; il dut la vie à son chien. Le sénateur Célius, malade à Plaisance, fut assailli par plusieurs hommes armés : ils ne parvinrent à le blesser qu'après avoir tué son chien. Mais ce qui passe tout ce que je viens de dire, c'est un fait arrivé de nos jours, et consigné dans les actes publics. Lorsque, sous le consulat d'Appius Junius et de P. Silius, Titius Sabinus fut mis à mort avec ses esclaves, à cause de son at-

itemque Castabalenses, cohortes canum habuere ; hæ primæ dimicabant in acie numquam detrectantes ; hæc erant fidelissima auxilia, nec stipendiorum indiga. Canes defendere, Cimbris cæsis, domus eorum plaustris impositas. Canis, Iasone Lycio interfecto, cibum capere noluit, inediaque consumptus est. Is vero cui nomen Hyrcani reddidit Duris, accenso regis Lysimachi rogo, injecit se flammæ ; similiterque Hieronis regis. Memorat et Pyrrhum, Gelonis tyranni canem, Philistus. Memoratur et Nicomedis, Bithyniæ regis, uxore ejus Consingi lacerata, propter lasciviorem cum marito jocum. Apud nos Volcatium nobilem, qui Cascellium jus civile docuit, asturcone e suburbano redeuntem, quum advesperavisset, canis a grassatore defendit. Item Cælium senatorem ægrum Placentiæ ab armatis oppressum ; nec prius ille vulneratus est, quam cane interempto. Sed super omnia in nostro ævo actis populi romani testatum, Appio Junio et P. Silio coss., quum animadverteretur ex

tachement à Néron, fils de Germanicus, il ne fut pas possible de chasser de la prison le chien d'un de ces malheureux. L'esclave ayant été traîné aux gémonies, l'animal demeura auprès du corps, poussant des hurlements lamentables, en présence d'une foule de citoyens. On lui jeta un morceau de pain qu'il porta à la bouche de son maître; et quand le cadavre eut été précipité dans le Tibre, il s'y élança lui-même, s'efforçant de le soutenir sur l'eau. Une multitude de peuple était accourue pour être témoin de la fidélité d'un animal.

Les chiens seuls connaissent leur maître, et même, dès qu'il survient un inconnu, ils s'en aperçoivent; seuls ils entendent leur nom; seuls ils reconnaissent la voix domestique. Après le plus long voyage, ils retrouvent leur route (50). Nul animal, excepté l'homme, n'a la mémoire plus sûre. En s'asseyant à terre, on arrête l'impétuosité du chien le plus furieux.

L'homme a trouvé en eux mille autres qualités utiles; mais c'est à la chasse surtout qu'on remarque leur intelligence et leur sagacité. Ils découvrent la piste et la suivent, traînant par la laisse le chasseur qui les accompagne. Dès que le chien aperçoit le gibier, quel silence! quelle discrétion! et en même temps quelle expression

causa Neronis Germanici filii, in Titium Sabinum, et servitia ejus, unius ex his canem nec a carcere abigi potuisse, nec a corpore recessisse abjecti in gradibus Gemitoriis, mæstos edentem ululatus, magna populi romani corona; ex qua quum quidam ei cibum objecisset, ad os defuncti tulisse. Innatavit idem cadaver in Tiberim abjecti sustentare conatus, effusa multitudine ad spectandum animalis fidem.

Soli dominum novere; et ignotum quoque, si repente veniat, intelligunt. Soli nomina sua, soli vocem domesticam agnoscunt. Itinera, quamvis longa, meminere. Nec ulli præter hominem memoria major. Impetus eorum et sævitia mitigatur ab homine considente humi.

Plurima alia in his quoque vita invenit. Sed in venatu solertia et sagacitas præcipua est. Scrutatur vestigia atque persequitur, comitantem ad ferum inquisitorem loro trahens; qua visa quam silens et occulta,

dans les mouvements de sa queue et de son museau !
Aussi, lors même qu'ils sont vieux, aveugles, perclus, on
les porte dans les bras ; ils éventent le gibier, et indiquent sa retraite par les mouvements de leur museau. Les
Indiens font couvrir leurs chiennes par des tigres ; pour
cet effet, ils les attachent dans les forêts, lorsqu'elles sont
en chaleur. La première et la seconde portée sont trop
féroces : ils n'élèvent que la troisième. Les Gaulois se
procurent de même des chiens qui proviennent du loup (51).
Leurs meutes ont chacune un de ces chiens, qui leur sert
de guide et de chef. Elles l'accompagnent dans les chasses,
elles lui obéissent. Car ces animaux, entre eux, connaissent aussi la subordination. C'est une vérité certaine que,
le long du Nil, les chiens boivent en courant, pour ne
pas se livrer à l'avidité des crocodiles.

Alexandre, marchant vers l'Inde, avait reçu du roi
d'Albanie un chien d'une grandeur extraordinaire (52).
Charmé de sa beauté, il fit lâcher devant lui des ours,
puis des sangliers, ensuite des daims ; le chien ne daigna
pas se déplacer pour de pareils adversaires. Tant d'indo-
lence dans un si grand corps irrita la fierté généreuse du
conquérant ; il le fit tuer. La nouvelle en parvint au roi

quam significans demonstratio est, cauda primum, deinde rostro ! Ergo
etiam enecta fessos, cæcosque, ac debiles sinu ferunt, ventos et odorem
captantes, prodentesque rostro cubilia. E tigribus eos Indi volunt concipi ; et ob id in silvis, coitus tempore, alligant feminas. Primo et secundo fœtu nimis feroces putant gigni ; tertio demum educant. Hoc idem
e lupis Galli, quorum greges suum quisque ductorem e canibus et ducem habent. Illum in venatu comitantur, illi parent. Namque inter se
exercent etiam magisteria. Certum est juxta Nilum amnem currentes
lambere, ne crocodilorum aviditati occasionem præbeant.

Indiam petenti Alexandro Magno, rex Albaniæ dono dederat inusi-
tatæ magnitudinis unum ; cujus specie delectatus jussit ursos, mox
apros, et deinde damas emitti, contemptu immobili jacente eo. Qua se-
gnitie tanti corporis offensus imperator generosi spiritus, eum interimi
jussit. Nuntiavit hoc fama regi. Itaque alterum mittens addidit man-

d'Albanie. Il en envoya un second, recommandant de ne pas l'éprouver contre de faibles animaux, mais contre un lion ou un éléphant. Il ajoutait qu'il avait eu deux chiens de cette espèce ; que si on tuait encore celui-ci, la race en serait perdue. Alexandre ne différa pas. A l'instant même un lion fut terrassé. Il fit amener un éléphant, et jamais spectacle ne lui donna autant de plaisir. Le chien, hérissant tout son poil, fait d'abord retentir les airs de terribles abois : bientôt il s'allonge en bondissant autour de son ennemi, se dresse contre lui à droite, à gauche, l'attaque, l'évite avec l'adresse nécessaire dans un tel combat, jusqu'à ce que l'éléphant, étourdi à force de tourner, tombe en faisant trembler la terre sous le poids de sa chute.

Des petits chiens.

La chienne porte deux fois l'an. Elle est en état de produire dès la première année. La gestation est de soixante jours. Les petits naissent les yeux fermés ; et plus la mère donne de lait, plus ils sont de temps sans jouir du bienfait de la vue. Au surplus, leurs yeux ne s'ouvrent jamais plus tard que le vingtième jour, ni plus tôt que le septième. Quelques auteurs écrivent que si la portée est d'un seul, il voit au bout de neuf jours ; que si elle est de deux, ils

data, ne in parvis experiri vellet, sed in leone, elephantove. Duos sibi fuisse ; hoc interempto, præterea nullam fore. Nec distulit Alexander, leonemque fractum protinus vidit. Postea elephantum jussit induci, haud alio magis spectaculo lætatus. Horrentibus quippe per totum corpus villis, ingenti primum latratu intonuit ; moxque increvit adsultans, contraque belluam exsurgens hinc et illinc, artifici dimicatione, quâ maxime opus esset, infestans atque evitans, donec assidua rotatam vertigine adflixit, ad casum ejus tellure concussa.

LXII. Canum generi bis anno partus. Justa ad pariendum annua ætas. Gerunt uterum sexagenis diebus. Gignunt cæcos ; et quo largiore aluntur lacte, eo tardiorem visum accipiunt ; non tamen unquam ultra vicesimum primum diem, nec ante septimum. Quidam tradunt, si unus gignatur, nono die cernere ; si gemini, decimo ; idemque in singulos ad-

voient au bout de dix, et que le nombre des jours de re-
tard est égal à celui des petits. Ils disent encore que les
femelles de la première portée sont sujettes aux rêves.
Dans toute portée, le meilleur est celui qui a les yeux ouverts le dernier, ou celui que la mère emporte le premier
dans sa niche.

Remèdes contre la rage.

La rage des chiens est mortelle pour l'homme, pendant
les ardeurs de la canicule. Quiconque a été mordu par un
chien enragé a pour l'eau une horreur qui le conduit à
la mort. On préserve les chiens de la rage en mêlant, pendant les trente jours caniculaires, de la fiente de coq avec
leur nourriture. Si déjà ils en sont attaqués, on leur fait
prendre de l'ellébore.

Nous n'avons contre leur morsure qu'un seul remède,
indiqué dans ces derniers temps, comme par un oracle;
c'est la racine de la rose sauvage, qu'on nomme églan-
tier. Columelle écrit que, si le quarantième jour après
la naissance d'un chien on lui coupe avec la dent le dernier nœud de la queue, le nerf étant enlevé, la queue ne
prendra point d'accroissement, et l'animal sera garanti de
la rage. Je trouve dans les auteurs qu'un chien a parlé;
ce fait, s'il existe, doit être mis au nombre des prodiges.

---

j'ci, totidemque esse tarditatis ad lucem dies ; et ab ea, quæ femina sit
ex primipara genita, faunos cerni. Optimus in fœtu qui novissimus cernere incipit, aut quem primum fert in cubile fæta.

LXIII. Rabies canum Sirio ardente homini pestifera, ut diximus, ita
morsis lethali aquæ metu. Quapropter obviam itur per xxx eos dies, gal-
linaceo maxime fimo immixto canum cibis; aut si prævenerit morbus,
veratro.

LI. A morsu vero unicum remedium oraculo quodam nuper repertum, radix silvestris rosæ, quæ cynorrhodos appellatur. Columella auctor est, si quadragesimo die, quam sit natus, castretur morsu cauda,
summusque ejus articulus auferatur, sequenti nervo exempto, nec caudam crescere, nec canes rabidos fieri. Canem locutum, in prodigiis

On rapporte de même qu'un serpent aboya lorsque Tarquin fut renversé du trône.

Du cheval.

Alexandre eut aussi un cheval bien extraordinaire. On le nomma Bucéphale, soit à cause de son regard menaçant, soit parcequ'il avait une tête de taureau empreinte sur l'épaule. On dit qu'il sortait des haras de Philonicus le Pharsalien, et que le prince, encore enfant, étant épris de sa beauté, il fut acheté treize talents (70,200 fr.) Lorsqu'il était paré du harnais royal, il ne souffrait point d'autre cavalier qu'Alexandre. En toute autre occasion, chacun pouvait le monter. On parle surtout de son ardeur à servir son maître à l'attaque de Thèbes. Quoique blessé, jamais il ne permit qu'Alexandre passât sur un autre cheval. Mille traits de cette espèce lui valurent, après sa mort, des funérailles que le prince honora de sa présence. Il bâtit, autour de son tombeau, une ville qu'il nomma Bucéphalie. On rapporte que le cheval de César ne se laissait monter que par ce dictateur, et qu'il avait les pieds de devant semblables à ceux de l'homme : c'est ainsi qu'il est représenté devant le temple de Vénus Génitrix. Auguste éleva aussi un tombeau à son cheval, et nous avons encore

(quod equidem adnotaverim) accepimus ; et serpentem latrasse, quum pulsus est regno Tarquinius.

LXIV. 42. Eidem Alexandro et equi magna raritas contigit : Bucephalon eum vocarunt, sive ab aspectu torvo, sive ab insigni taurini capitis, armo impressi. Tredecim talentis ferunt ex Philonici Pharsalii grege emptum, etiam tum puero capto ejus decore. Neminem hic alium quam Alexandrum, regio instratus ornatu, recepit in sedem, alios passim recipiens. Idem in prœliis memoratæ cujusdam perhibetur operæ. Thebarum oppugnatione vulneratus in alium transire Alexandrum non passus ; multa præterea ejusdem modi, propter quæ rex defuncto et duxit exsequias, urbemque tumulo circumdedit nomine ejus. Nec Cæsaris dictatoris quemquam alium recepisse dorso equus traditur ; idemque humanis similes pedes priores habuisse, hac effigie locatus ante Veneris Genetricis ædem. Fecit et divus Augustus equo tumulum, de

des vers que Germanicus fit à ce sujet. Dans Agrigente, les tombeaux d'un grand nombre de coursiers sont ornés de pyramides. Juba rapporte que Sémiramis se passionna pour un cheval, au point de s'abandonner à ses caresses. Les cavaliers scythes racontent mille faits glorieux de leurs chevaux. Ils disent qu'un de leurs rois ayant été tué dans un combat singulier, son cheval écrasa sous ses pieds, et déchira, avec ses dents, le vainqueur qui s'était approché pour le dépouiller; et qu'un autre, ayant reconnu, après qu'on lui eût ôté son voile, qu'il venait de s'accoupler avec sa mère, courut se jeter dans un précipice. Nous lisons que pour une cause semblable, un chef de haras fut mis en pièces par une cavale, dans la campagne Réatine. Car la force du sang se fait sentir à ces animaux, et dans les pâturages, la pouliche de l'année précédente accompagne sa jeune sœur plus soigneusement encore que ne le fait la mère. Telle est leur docilité que, suivant le récit des historiens, la cavalerie entière des Sybarites exécutait une danse au son des instruments. Ils pressentent le combat, et s'affligent de la mort de leur maître. Quelquefois ils expriment leur douleur par des larmes. Le roi Nicomède ayant perdu la vie, son cheval se

quo Germanici Cæsaris carmen est. Agrigenti complurium equorum tumuli pyramides habent. Equum adamatum a Semiramide usque in coitum, Juba auctor est. Scythici quidem equitatus equorum gloria strepunt. Occiso regulo ex provocatione dimicante, hostem quum victor ad spoliandum venisset, ab equo ejus ictibus morsuque confectum. Alium detracto oculorum operimento, et cognito cum matre coitu, petiisse prærupta, atque exanimatum. Equæ eadem ex causa in Reatino agro laceratum prorigam invenimus. Namque et cognationum intellectus in iis est; atque in grege prioris anni sorore libentius etiam, quam matre, equa comitatur. Docilitas tanta est, ut universus Sybaritani exercitus equitatus ad symphoniæ cantum saltatione quadam moveri solitus inveniatur. Iidem præsagiunt pugnam, et amissos lugent dominos, lacrymasque interdum desiderio fundunt. Interfecto Nicomede rege equus ejus inedia vitam finivit. Phylarchus refert Centaretum e Galatis, in

laissa mourir de faim. Philarque rapporte qu'un Galate, nommé Centarète, après avoir tué Antiochus dans un combat, saisit son cheval et le monta d'un air triomphant ; mais que l'animal indigné prit le mors aux dents, et se jeta dans des précipices, où ils périrent tous deux. Philiste écrit que Denys ayant abandonné son cheval dans un marais, l'animal parvint à se dégager, et suivit les traces de son maître, rapportant avec lui un essaim d'abeilles qui s'était attaché à sa crinière, et que Denys, averti par ce présage, s'empara de la souveraineté dans Syracuse.

Instinct du cheval.

Leur intelligence est au-dessus de toute expression. Ceux qui lancent le javelot éprouvent avec quelle souplesse ils les secondent dans les coups difficiles. On en voit même ramasser les javelots à terre et les présenter au cavalier. Assurément les chevaux du cirque se montrent sensibles à l'émulation et à la gloire. Aux jeux séculaires célébrés par l'empereur Claude, un cocher de la faction blanche, nommé Corax, avait été renversé dans la carrière ; ses chevaux devancèrent tous leurs concurrents, et gardèrent cet avantage, s'opposant aux autres chars, les renversant, faisant contre eux tout ce qu'ils auraient dû faire, s'ils eussent été guidés par le conducteur le plus ha-

prælio occiso Antiocho, potitum equo ejus conscendisse ovantem. At illum indignatione accensum domitis frenis, ne regi posset, præcipitem in abrupta isse, exanimatumque una. Philistus a Dionysio relictum in cœno hærentem, ut sese evellisset, secutum vestigia domini, examine apum jubæ inhærente ; eoque ostento tyrannidem a Dionysio occupatam.

LXV. Ingenia eorum inenarrabilia : jaculantes obsequia experiantur, difficiles conatus corpore ipso nisuque invitantium. Jam tela humi collecta equiti porrigunt. Nam in circo ad currus juncti, non dubie intellectum adhortationis et gloriæ fatentur. Claudii Cæsaris secularium ludorum circensibus, excusso in carceribus auriga albato Coraco, occupavere prima ; tum obtinuere, opponentes, effundentes, omniaque contra æmulos, quæ debuissent peritissimo auriga insistente, facientes ;

bde. On rougissait de voir des chevaux l'emporter sur
l'adresse des hommes. La course achevée, ils s'arrêtèrent
d'eux-mêmes à la raie. On regarda comme un grand présage chez nos ancêtres, qu'un cocher ayant été renversé de
son char aux jeux plébéiens, ses chevaux courussent au
Capitole, comme s'il les eût conduits encore, et qu'ils fissent trois fois le tour du temple. Mais voici quel fut jamais le plus grand de tous les présages. Ratuména, qui
avait remporté le prix à Véies, étant tombé de son char,
ses chevaux vinrent de cette ville au Capitole, apportant
avec eux la palme et la couronne. Depuis cette époque, la
porte par laquelle ils entrèrent a été nommée Ratuména.

Les Sarmates qui doivent faire de longs voyages y préparent leurs chevaux par une diète de vingt-quatre heures ; seulement ils leur donnent un peu d'eau à boire. Ensuite ils leur font faire cent cinquante milles (45 lieues)
sans s'arrêter. Les chevaux vivent quelquefois cinquante
ans ; les femelles vivent moins longtemps. Elles ont pris
tout leur accroissement à la cinquième année, et les mâles à la sixième. Virgile a décrit en très beaux vers la
forme la plus parfaite qu'on doit rechercher dans les chevaux (53). J'en ai parlé moi-même dans mon Traité sur
l'art de lancer le javelot à cheval ; et je vois qu'on est gé-

quum puderet hominum artem ab equis vinci, peracto legitimo cursu ad
cretam stetere. Major augurium apud priscos, plebeis circensibus excusso auriga, ita ut si staret, in Capitolium cucurrisse equos, aedemque
ter lustrasse ; maximum vero eodem pervenisse ab Veiis cum palma et
corona, effuso Ratumena, qui ibi vicerat ; unde postea nomen portæ
est.

Sarmatæ longinqua itinera acturi, inedia pridie præparant eos, potum
exiguum impertientes ; atque ita per centena millia et quinquaginta
continuo cursu euntibus insident. Vivunt annis quædam quinquagenis,
feminæ minore spatio ; eædem quinquennio finem crescendi capiunt,
mares anno addito. Forma equorum, quales maxime legi oporteat, pul-
cherrime quidem Virgilio vate absoluta est. Sed et nos diximus in
libro de Jaculatione equestri condito ; et fere inter omnes constare

néralement d'accord sur ce sujet. Toutefois on adopte pour
le cirque quelques principes différents. Aussi, quoiqu'on
les soumette aux autres travaux dès l'âge de deux ans,
les chevaux ne sont admis pour les courses qu'à leur cinquième année.

Génération des chevaux.

La jument porte onze mois, et met bas au douzième.
L'accouplement a lieu à l'équinoxe du printemps, et communément à la deuxième année, tant pour le mâle que
pour la femelle. Mais le poulain est mieux étoffé si l'on attend à la troisième. Le cheval engendre jusqu'à trente-
trois ans : en effet, on retire les chevaux du cirque, après
vingt ans de service, pour les employer comme étalons. On
cite un étalon opuntien qui a servi jusques à quarante
ans ; seulement on le secondait en soulevant la partie antérieure du corps. Mais il est peu d'animaux chez qui la
faculté générative soit plus bornée. C'est pourquoi on ne
lui permet l'accouplement que par intervalles ; encore ne
peut-il féconder quinze femelles dans une année. On
apaise l'ardeur des cavales en leur tondant la crinière. Elles produisent chaque année jusques à la quarantième.
Nous lisons qu'un cheval a vécu soixante et quinze ans.
Dans cette espèce la femelle accouche debout. Elle a une

video. Diversa autem circo ratio quæritur. Itaque cum bimi in alio su-
bigantur imperio, non ante quinquennes ibi certamen accipit.

LXVI. Partum in eo genere undenis mensibus ferunt, duodecimo
gignunt. Coitus verno æquinoctio, bimo utrimque, vulgaris ; sed a trimatu firmior partus. Generat mas ad annos triginta tres, ut pote quum
a circo post vicesimum annum mittantur ad sobolem. Opunte et ad quadraginta durasse tradunt, adjutum modo in attollenda priore parte
corporis. Sed ad generandum paucis animalium minor fertilitas ; qua
de causa per intervalla admissuræ dantur, nec tamen quindecim ini-
tus ejusdem anni valet tolerare. Equarum libido exstinguitur juba tonsa.
Gignunt annis omnibus ad quadragesimum. Vixisse equum septuaginta
quinque annos proditur. In hoc genere gravida stans parit, præterque

affection singulière pour sa progéniture. Ces animaux apportent en naissant le philtre qu'on nomme hippomanès (54); c'est un morceau de chair attaché au front, de la grosseur d'une figue, et de couleur noire. La mère le dévore aussitôt que le poulain est né, sans quoi elle refuse de le nourrir. Quiconque a su le soustraire à son avidité peut rendre frénétiques d'amour toutes les juments auxquelles il en fera respirer l'odeur. Quand un poulain a perdu sa mère, les autres cavales remplissent envers lui les devoirs de la maternité. On assure que cet animal ne peut toucher la terre avec sa bouche, que trois jours après sa naissance. Plus un cheval a d'ardeur, plus il enfonce ses naseaux dans l'eau pour boire. Les Scythes préfèrent les juments pour la guerre, parcequ'elles rendent leur urine sans cesser de courir.

De quelques cavales qui ont été fécondées par le vent.

On s'accorde à dire que dans la Lusitanie (55), aux environs de Lisbonne et du Tage, les cavales se tournant vers le zéphyr sont fécondées par les vents, et que les chevaux qu'elles produisent ainsi sont d'une vitesse extrême; mais qu'ils ne vivent pas au delà de trois ans. Dans la même Espagne, la Galice et l'Asturie produisent l'espèce de chevaux que nous appelons tieldons; les plus petits

ceteras fœtum diligit. Et sane equis amoris innasci veneficium, hippomanes appellatum, in fronte, caricæ magnitudine, colore nigro; quod statim, edito partu, devorat fœta, aut partum ad ubera non admittit. Si quis præreptum habeat, olfactu in rabiem id genus agitur. Amissa parente in grege armenti, reliquæ fœtæ educant orbum. Terram attingere ore triduo proximo, quam sit genitus, negant posse. Quo quis acrior, in bibendo profundius nares mergit. Scythæ per bella feminis uti malunt, quoniam urinam cursu non impedito reddant.

LXVII. Constat in Lusitania circa Olisiponem oppidum et Tagum amnem equas, favonio flante, obversas animalem concipere spiritum, idque partum fieri, et gigni pernicissimum ita; sed triennium vitæ non excedere. In eadem Hispania Gallaica gens est et Asturica: equini generis (hi sunt quos thieldones vocamus, minori forma appellatos astur-

d'entre eux sont connus sous le nom d'asturcons (56).
Ces animaux ont une allure particulière : elle est douce
pour le voyageur, et consiste dans le mouvement simul-
tané des deux jambes du même côté. C'est de là qu'on a
dressé des chevaux à prendre l'allure qu'on appelle l'amble. Les chevaux ont à peu près les mêmes maladies que
l'homme ; de plus, ils sont sujets au renversement de la
vessie, comme toutes les autres bêtes de charge et de
trait (57).

Des ânes.

Varron écrit que le sénateur Axius paya un âne quatre cent mille sesterces (90,000 fr.) (58). Nul animal
peut-être n'a jamais été mis à si haut prix. On ne peut
nier que cette espèce ne soit d'une utilité merveilleuse,
même pour le labourage ; mais elle est précieuse surtout
par la production des mules. On considère même en eux
le pays qui les a produits. On vante ceux d'Arcadie dans
l'Achaïe, et ceux de Réate en Italie. Cet animal ne peut
supporter le froid : c'est par cette raison qu'il ne se reproduit pas dans le Pont. L'accouplement n'a pas lieu,
comme pour tout autre bétail, à l'équinoxe du printemps,
mais au solstice d'été. Les mâles qu'on ne fait point travailler sont moins propres à la génération. Les plus précoces produisent dès le trentième mois, mais l'époque ré-

cones) gignunt, quibus non vulgaris in cursu gradus, sed mollis alterno
crurum explicatu glomeratio : unde equis tolutim carpere incursus traditur arte. Equo fere, qui homini morbi, præterque, vesicæ conversio,
sicut omnibus in genere veterino.

LXVIII, 43. Asinum cccc. millibus nummum emptum Q. Axio sena-
tori, auctor est M. Varro; haud scio an omnium pretio animalium victo.
Opera sine dubio generi mirifica, arando quoque, sed mularum maxime
pro generatione. Patria etiam spectatur in his, Arcadicis in Achaia, in
Italia Reatinis. Ipsum animal frigoris maxime impatiens : ideo non ge-
neratur in Ponto ; nec æquinoctio verno, ut cetera pecua, admittitur,
sed solstitio. Mares in remissione operis deteriores. Partus a tricesimo
mense ocissimus, sed a trimatu legitimus ; totidem quot equæ, et ele-

gulière est à la troisième année. Le nombre des portées, la durée de la gestation sont les mêmes que pour la cavale ; mais l'ânesse ne retient pas la liqueur séminale, à moins qu'on ne la frappe pour la forcer à courir après l'accouplement. Rarement elle enfante deux petits. Prête à mettre bas, elle fuit la lumière, et cherche les ténèbres pour se soustraire aux regards de l'homme. Elle produit pendant toute sa vie, qui se prolonge jusqu'à la trentième année.

Les ânesses ont le plus fort attachement pour leur progéniture, cependant leur aversion pour l'eau est encore plus forte : elles passent à travers les flammes pour rejoindre leurs petits ; mais qu'elles en soient séparées par le moindre ruisseau, elles s'arrêtent avec horreur, craignant sur toute chose de se mouiller les pieds. Dans les pâturages, elles ne vont jamais boire qu'aux sources accoutumées, et prennent toujours un chemin sec pour y arriver. Jamais elles ne passent sur un pont lorsque l'eau se laisse entrevoir par les fentes. Encore qu'elles aient soif, il faut, si on les change d'abreuvoir, employer la force ou les caresses pour les faire boire. On les fait coucher dans des endroits spacieux ; car, sujettes à rêver, elles ruent fréquemment pendant leur sommeil, et si elles n'étaient au large, elles s'estropieraient contre les

dem mensibus, et simili modo ; sed incontinens uterus urinam genitalem reddit, ni cogatur in cursum verberibus a coïtu. Raro geminos parit : paritura lucem fugit, et tenebras quærit, ne conspiciatur ab homine. Gignit tota vita, quæ est ei ad tricesimum annum.

Partus caritas summa, sed aquarum tædium majus. Per ignes ad fœtus tendunt : eædem si rivus minimus intersit, horrent ita, ut pedes omnino caveant tingere. Nec nisi assuetos potant fontes, quæ sunt in pecuariis, atque ita ut sicco tramite ad potum eant ; nec pontes transeunt, per raritatem eorum translucentibus fluviis. Mirumque dictu, sitiunt ; et si inmutentur aquæ, ut bibant cogendæ exorandæve sunt. Nec nisi spatiosa incubitant laxitate : varia namque somno visa concipiunt, ictu pedum crebro ; qui nisi per inane emicuerit, repulsu durio-

murailles. Le gain qu'on en retire surpasse le produit
des meilleures terres. On sait que, dans la Celtibérie,
chaque ânesse nourrice rapporte quatre cent mille sesterces. Lorsqu'on les destine à produire des mulets, il importe, dit-on, de considérer le poil de leurs oreilles et de
leurs paupières. Quoique le reste du corps soit d'une couleur uniforme, le mulet réunira toutes les couleurs qui se
trouvent à ces parties. Mécène fit le premier servir de l'â-
non sur sa table. De son temps, on préférait cette chair à
celle de l'onagre. Après lui, ce goût passa de mode. Un
âne qui en voit mourir un autre ne lui survit pas longtemps.

Des mules et autres bêtes de somme.

L'union de l'âne et de la jument produit au treizième
mois la mule, animal d'une force merveilleuse pour le travail. On choisit pour cette destination une jument qui
n'ait ni moins de quatre ans, ni plus de dix. Des auteurs
prétendent que les deux espèces refusent de s'unir, à
moins que, dans son enfance, le mâle n'ait été allaité par
une femelle de l'autre espèce. Voilà pourquoi on transporte,
pendant la nuit, l'ânon sous une jument, et le poulain
sous une ânesse. Du cheval et de l'ânesse provient aussi
une mule, mais indocile au frein, et d'une paresse incor-

ris materiæ clauditatem illico affert. Quæstus ex iis opima prædia exsuperant. Notum est, in Celtiberia singulas quadringentena millia num-
morum enixas. Ad mularum maxime partus aurium referre in his et
palpebrarum pilos aiunt. Quamvis enim unicolor reliquo corpore, totidem tamen colores, quot ibi fuere, reddit. Pullos earum epulari Mæcenas instituit, multum eo tempore prælatos onagris; post eum interiit
auctoritas saporis. Asino moriente viso, celerrime id genus deficit.

LXIX. 44. Ex asino et equa mula gignitur mense tertiodecimo, animal viribus in labores eximium. Ad tales partus equas neque quadrimas
minores, neque decennibus majores legunt; arcerique utrumque genus
ab altero narrant, nisi in infantia ejus generis, quod ineat, lacte hausto.
Quapropter subreptos pullos in tenebris equarum uberi, vel nocturnæ
e pullos admovent. Gignitur autem mula ex equo et asina, sed effre-

rigible. Tout est lent en elle, comme dans les animaux usés de vieillesse. Si l'on donne à la femelle le cheval avant l'âne, la génération de l'âne détruit celle du cheval ; mais le cheval ne détruit jamais la génération de l'âne. On a observé que le moment où l'ânesse est le mieux en état de recevoir le mâle est le septième jour après l'accouchement, et que les mâles fatigués par le travail sont plus propres à la fécondation. On juge stérile l'ânesse qui n'a pas conçu avant qu'elle ait perdu ses dents de lait, et qui ne produit rien après le premier accouplement. Les anciens appelaient *hinnulus* le mulet qui provient du cheval et de l'ânesse, et *mulus* celui qui provient de l'âne et de la jument.

On a observé que les animaux qui sont le produit de deux espèces différentes forment une troisième espèce ; qu'ils ne ressemblent ni au père ni à la mère ; que, sans en excepter une seule classe, ils sont tous inféconds (59) ; et que c'est par cette raison que les mules ne produisent pas. Nos annales parlent de plusieurs mules qui sont devenues mères ; mais ces faits ont été mis au nombre des prodiges. Théophraste écrit que les mules produisent communément dans la Cappadoce (60), mais que ces animaux y forment une espèce particulière. On empêche les mules de ruer en leur faisant fréquemment boire du vin. Plusieurs auteurs grecs

<hr>

nis, et tarditatis indomitæ ; lenta omnia eis, ut vetulis. Conceptum ex equo, secutus asini coitus, abortu perimit ; non item ex asino equi. Feminas a partu optime septimo die impleri, observatum est ; mares fatigatos melius implere. Quæ non pr.us, quam dentes, quos pullinos appellant, jaciat, conceperit, sterilis intelligitur, et quæ non primo initu generare cœperit. Equo et asina genitos mares, hinnulos antiqui vocabant ; contraque mulos quos asini, et equæ generarent.

Observatum, è duobus diversis generibus nata, tertii generis fieri, et neutri parentum esse similia ; eaque ipsa, quæ sunt ita nata, non gignere, in omni animalium genere ; idcirco mulas non parere. Est in animalibus nostris, peperisse sæpe ; verum prodigii loco habitum. Theophrastus vulgo parere in Cappadocia tradit, sed esse id animal ibi sui generis. Mulæ calcitratus inhibetur vini crebriore potu. In plurium Græcorum

attestent que de l'accouplement d'un mulet avec une jument il est né un mulet-nain, qu'ils ont nommé *ginnus*. De la jument et de l'onagre apprivoisé proviennent des mules, légères à la course, dont le pied est d'une extrême dureté, mais dont le corps est maigre et le caractère indomptable. L'étalon qui provient de l'onagre et de l'ânesse l'emporte sur tous les autres. Les plus beaux onagres sont ceux de la Phrygie et de la Lycaonie. L'Afrique vante la chair de ses petits onagres comme un mets délicieux. On les appelle lalisions (61). Les livres des Athéniens font foi qu'un mulet a vécu quatre-vingts ans. Pendant qu'on bâtissait le temple de la citadelle, ce mulet, qui avait été réformé à cause de son grand âge, venait tous les jours rejoindre les autres bêtes de somme, les excitant par sa présence et par ses efforts. Le peuple y prit tant de plaisir qu'il fit une loi pour défendre aux marchands de blé de l'écarter lorsqu'il viendrait manger dans leurs cribles.

Des bœufs.

On dit que les bœufs indiens ont la taille des chameaux, et que les extrémités de leurs cornes s'écartent de la distance de quatre pieds. En Europe, les bœufs les plus beaux sont ceux d'Épire. Nous les devons aux soins du

est monumentis, cum equa muli coitu natum, quem vocaverint ginnum, id est, parvum mulum. Generantur ex equa et onagris mansuefactis mulæ veloces in cursu, duritia eximia pedum, verum strigoso corpore, indomito animo. Sed generator, onagro et asina genitus, omnes antecellit. Onagri in Phrygia et Lycaonia præcipui. Pullis eorum, ceu præstantibus sapore, Africa gloriatur, quos lalisiones appellant. Mulam lxxx annis vixisse, Atheniensium monumentis apparet. Et gavisi namque, quum templum in arce facerent, quod derelictus senecta scandentia jumenta comitatu nisuque exhortaretur, decretum fecere, « ne frumen « tarii negotiatores ab incerniculis eum arcerent. »

LXX. 45. Bubus Indicis camelorum altitudo traditur, cornua in latitudinem quaternorum pedum. In nostro orbe Epiroticis laus maxima, a Pyrrhi (ut ferunt) jam inde regis cura. Id consecutus est, non ante

roi Pyrrhus. Ce prince réussit à en perfectionner l'espèce
en ne leur permettant pas de s'accoupler avant la quatrième année. Par ce moyen, il obtint des bœufs de la
plus riche taille ; la race en est encore subsistante. Mais
on veut aujourd'hui que les génisses soient fécondes dès
la première année, ou tout au moins dès la seconde. On
fait servir les taureaux à la quatrième. C'est une vieille
tradition que si, après l'accouplement, le taureau s'éloigne
en prenant la droite, le produit sera un mâle ; que s'il
prend la gauche, ce sera une femelle. La vache retient
dès la première fois ; sinon, elle recherche le taureau
vingt jours après. Elle met bas au dixième mois ; tout ce
qui naît avant ce temps périt. Quelques auteurs prétendent qu'elle met bas le jour même qui complète le
dixième mois. Rarement elle donne deux veaux à la fois.
L'époque où elle entre en chaleur commence au lever du
dauphin, la veille des nones de janvier, et dure trente
jours. Quelques unes reçoivent le taureau en automne.
La nature a pourvu, par cette disposition, à ce que les
nations qui vivent de lait trouvent cet aliment dans toutes
les saisons de l'année. Les taureaux ne s'accouplent jamais plus de deux fois en un jour. Seuls de tous les animaux, les bœufs paissent même en rétrogradant ; chez

quadrimatum ad partus vocando. Praegrandes itaque fuere, et hodieque
reliquiae stirpium durant. At nunc anniculae fecunditatem poscuntur,
tolerantius tamen bimae ; tauri generationem, quadrimi. Implent singuli
denas eodem anno. Tradunt autem, si post coitum ad dextram partem
abeant tauri generatos mares esse ; si in laevam, feminas. Conceptio
uno initu peragitur ; quae si forte pererravit, vigesimum post diem marem femina repetit. Pariunt mense decimo ; quidquid ante genitum,
inutile est. Sunt auctores, ipso complente decimum mensem die, parere. Gignunt raro geminos. Coitus a delphini exortu a. d. pridie nonas
januarias, diebus triginta : aliquibus et autumno ; gentibus quidem,
quae lacte vivunt, ita dispensatus, ut omni tempore anni supersit id ali-
mentum. Tauri non saepius, quam bis die, ineunt. Boves animalium soli,
et retro ambulantes pascuntur ; apud Garamantas quidem haud aliter.

les Garamantes, ils ne paissent pas autrement. Les femelles vivent au plus quinze ans et les mâles vingt. Les uns et les autres sont dans toute leur force à la cinquième année. On prétend qu'on les engraisse en les baignant dans l'eau chaude, et en leur soufflant dans le corps au moyen d'un roseau qu'on introduit à travers la peau.

Il ne faut pas croire qu'une espèce soit dégénérée parcequ'elle a moins d'apparence. Les vaches des Alpes, quoique très petites, donnent beaucoup de lait, et les bœufs y sont très bons pour le travail. On les attelle par les cornes et non par le cou. Les bœufs syriens n'ont point de fanon, mais une bosse sur le dos. Dans une autre contrée de l'Asie, dans la Carie, ils sont d'un aspect hideux. Ils ont une loupe sur les épaules, au défaut du cou. Leurs cornes sont mobiles. On les dit excellents pour le travail. Au surplus, les noirs et les blancs sont d'un mauvais service. Les cornes du taureau sont plus courtes et plus minces que celles du bœuf.

Celui-ci doit être dompté à sa troisième année. Après cette époque, il est trop tard ; avant, il est trop tôt. On l'instruit aisément en l'attachant avec un autre bœuf déja dressé. Cet animal est notre compagnon de travail et

Vita feminis, quindenis annis longissima ; maribus, vicenis. Robur in quinquennatu. Lavatione calidæ aquæ traduntur pinguescere, et si quis incisa cute spiritum arundine in viscera adigat.

Non degeneres existimandi etiam minus laudato aspectu. Plurimum lactis Alpinis, quibus minimum corporis, plurimum laboris, capite, non cervice, junctis. Syriacis non sunt palearia, sed gibber in dorso. Cariei quoque in parte Asiæ fœdi visu, tubere super armos a cervicibus eminente, luxatis cornibus, excellentes in opere narrantur ; cetero nigri coloris candidive, ad laborem damnantur. Tauris minora, quam bubus cornua tenuioraque.

Domitura boum in trimatu ; postea sera, ante præmatura. Optime cum domito juvencus imbuitur. Socium enim laboris agrique cultura habemus hoc animal, tantæ apud priores curæ, ut sit inter exempla

de labourage. Il était si précieux chez nos ancêtres qu'on cite l'exemple d'un citoyen accusé devant le peuple et condamné parcequ'il avait tué un de ses bœufs pour satisfaire la fantaisie d'un jeune libertin qui lui disait n'avoir jamais mangé de tripes. Il fut banni comme s'il eût tué son métayer (62).

Le taureau a le regard fier, le front menaçant, les oreilles velues; ses cornes dressées appellent le combat. Mais l'annonce de sa colère est toute dans les deux pieds antérieurs. Quand il s'irrite, il demeure en place, repliant alternativement les jambes et se jetant du sable contre le ventre. C'est le seul animal qui s'excite de cette manière. J'en ai vu qui combattaient à l'ordre d'un maître. Ils savaient faire la roue, se renverser en s'appuyant sur les cornes, puis se relever; d'autres fois ils restaient étendus et se laissaient enlever dans cette position; ils se tenaient encore, comme des cochers, sur des chars qui couraient avec la plus grande vitesse. Les Thessaliens ont inventé une manière de les tuer. Ils s'en approchent en galopant, les saisissent par les cornes, et leur tordent le cou. César est le premier qui en ait donné le spectacle à Rome (63).

Les taureaux sont au premier rang des victimes ma-

damnatus a populo romano, die dicta, qui concubino procaci rure omasum edisse se negante, occiderat bovem, actusque in exsilium, tamquam colono suo interempto.

Tauris in aspectu generositas, torva fronte, auribus setosis, cornibus in procinctu dimicationem poscentibus. Sed tota comminatio prioribus in pedibus. Stat ira gliscente alternos replicans, spargensque in alvum arenam, et solus animalium eo stimulo ardescens. Vidimus ex imperio dimicantes, et ideo monstratos rotari, cornibus cadentes excipi, iterumque resurgere, modo jacentes ex humo tolli, bigarumque etiam curru citato, velut aurigas, insistere. Thessalorum gentis inventum est, equo juxta quadrupedante cornu intorta cervice tauros necare; primus id spectaculum dedit Romæ Cæsar dictator.

Hinc victimæ opimæ, et lautissima deorum placatio. Huic tantum

jeures ; ce sont eux qu'on offre dans les sacrifices solennels. De tous les animaux à longue queue, ce sont les seuls chez qui cette partie n'ait point toutes ses proportions au moment de la naissance. Elle ne cesse de croître jusqu'à ce qu'elle touche la terre ; aussi la condition exigée dans le veau qu'on présente pour le sacrifice est-elle que sa queue descende jusqu'au jarret, sans quoi la victime n'est pas agréée par le ciel. On a observé encore que le veau apporté aux autels sur les épaules de l'homme n'est pas agréable aux dieux, et qu'ils rejettent aussi l'offrande d'une victime boiteuse ou étrangère à leur culte, ou qui refuse d'approcher de l'autel. On trouve fréquemment dans les prodiges anciens qu'un bœuf a parlé. A l'annonce d'un tel prodige, le sénat s'assemblait en plein air.

Du bœuf Apis.

Un bœuf reçoit même les honneurs divins chez les Égyptiens. Ils le nomment Apis. Sa marque distinctive est une tache blanche en forme de croissant sur le côté droit. Sous sa langue est un nœud qu'ils appellent scarabée. Les lois sacrées ne permettent pas qu'il vive au delà d'un nombre d'années déterminé. On le fait mourir en le noyant dans la fontaine des prêtres. Ensuite on

animali omnium, quibus procerior cauda, non statim nato consummatæ, ut ceteris, mensuræ : crescit uni, donec ad vestigia ima perveniat. Quamobrem victimarum probatio in vitulo, ut articulum suffraginis contingat ; breviore non litant. Hoc quoque notatum, vitulos ad aras humeris hominis allatos non fere litare, sicut nec claudicante, nec aliena hostia deos placari, nec trahente se ab aris. Est frequens in prodigiis priscorum, bovem locutum : quo nuntiato, senatum sub dio haberi solitum.

LXXI. 46. Bos in Ægypto etiam numinis vice colitur : Apim vocant. Insigne ei, in dextro latere candicans macula, cornibus lunæ crescere incipientis. Nodus sub lingua, quem cantharum appellant. Non est fas eum certos vitæ excedere annos, mersumque in sacerdotum fonte ene-

prend le deuil jusqu'à ce qu'on lui ait trouvé un successeur. Ils se rasent même la tête en signe de tristesse. Au surplus, on ne le cherche pas longtemps. Dès qu'il a été trouvé, les prêtres le conduisent à Memphis. Il a deux temples sous le nom de couches. Selon qu'il entre dans l'un ou dans l'autre, il annonce à la nation des événements heureux ou malheureux. Il rend ses oracles aux particuliers en acceptant de la nourriture de la main de ceux qui le consultent. Il se détourna de celle de Germanicus, et ce prince mourut bientôt après. En général, il vit retiré; lorsqu'il se montre en public, des licteurs écartent la foule devant lui. Une troupe d'enfants l'accompagne en chantant des hymnes en son honneur. Il paraît sentir ces hommages et vouloir être adoré. Ces enfants, subitement inspirés, prédisent l'avenir. Une fois l'année, on lui présente une génisse qui a, comme lui, ses marques distinctives, mais différentes. On dit qu'on la fait mourir le jour même où elle a été trouvée. Près de Memphis est un endroit du Nil auquel sa forme a fait donner le nom de Phiala (phiole). Chaque année, on y jette une coupe d'argent pendant les jours où l'on célèbre la naissance d'Apis. Ces jours sont au nombre de sept.

cant, quæsituri luctu alium, quem substituant; et donec invenerint, mærent, derasis etiam capitibus; nec tamen unquam diu quæritur. Inventus deducitur Memphim a sacerdotibus. Delubra ei gemina, quæ vocant thalamos, auguria populorum. Alterum intrasse lætum est, in altero dira portendit. Responsa privis dat, e manu consulentium cibum capiendo. Germanici Cæsaris manum aversatus est, haud multo postea extincti. Cetero secretus, quum se proripuit in cœtus, incedit submotu lictorum, grexque puerorum comitatur, carmen honori ejus canentium; intelligere videtur, et adorari velle. Hi greges repente lymphati futura præcinunt. Femina hos semel ei anno ostenditur, suis et ipsa insignibus, quamquam aliis; semperque eodem die et inveniri eam, et extingui tradunt. Memphi est locus in Nilo, quem a figura vocant Phialam. Omnibus annis ibi auream pateram argenteamque mergunt iis diebus quos habet natales Apis: septem hi sunt, mirumque neminem per eos

Une chose merveilleuse, c'est que, pendant ces fêtes, les crocodiles ne font de mal à personne, et que le huitième jour, après la sixième heure, ils reprennent leur férocité.

Du menu bétail, et en particulier des moutons.

Le menu bétail est encore une ressource précieuse soit pour apaiser les dieux, soit pour nous défendre des outrages de l'air. Si le bœuf nourrit l'homme par son travail, l'homme doit à la brebis les toisons dont il s'habille. Le bélier et la brebis produisent depuis deux ans jusqu'à neuf, quelquefois même jusqu'à dix. Les agneaux de la première portée sont plus petits. La saison de la chaleur commence pour toute l'espèce au coucher de l'arcture, c'est-à-dire trois jours avant les ides de mai, et dure jusqu'au coucher de l'aigle, dix jours avant les calendes d'août. Les brebis portent cent cinquante jours. Ceux qui naissent plus tard sont faibles. Les anciens nommaient ces agneaux tardifs *cordi* (64). Plusieurs personnes préfèrent les agneaux d'hiver à ceux du printemps, parceque ces animaux ont plus besoin de forces pour l'été que pour l'hiver ; ce sont les seuls auxquels il soit utile de naître dans la saison rigoureuse.

Le bélier dédaigne les jeunes brebis, et s'attache de préférence aux plus vieilles. Lui-même est plus propre à

---

a crocodilis attingi : octavo, post horam diei sextam, redire belluæ feritatem.

LXXII. 47. Magna et pecori gratia, vel in placamentis deorum, vel in usu vellerum. Ut boves victum hominum excolunt, ita corporum tutela pecori debetur. Generatio binis utrimque ad novenos annos : quibusdam et ad decimum. Primiparis minores foetus. Coitus omnibus ad arcturi occasum, id est a tertio idus maias, ad aquilæ occasum in x kal. aug. Gerunt partum diebus centum quinquaginta : postea concepti invalidi. Cordos vocabant antiqui post id tempus natos. Multi hibernos agnos præferunt vernis, quoniam magis intersit ante solstitium quam ante brumam firmos esse, solumque hoc animal utiliter bruma nasci.

Arieti naturale agnas fastidire, senectam ovium consectari ; et ipse

la génération lorsqu'il devient vieux ; celui qui n'a pas
de cornes est aussi d'un meilleur service. On apaise la
pétulance du bélier en lui perçant la corne près de l'o-
reille. Si on lui lie le testicule droit, il engendre des femelles, et des mâles, si c'est le testicule gauche. Le tonnerre fait avorter les brebis isolées. Le préservatif est de
les rassembler, afin qu'elles se prêtent de l'appui en se
serrant les unes contre les autres. On prétend que par un
vent du nord elles conçoivent des mâles, et des femelles
par un vent du midi. On examine avec la plus grande attention la bouche du bélier, parceque, quelles que soient
les couleurs des veines qu'il a sous la langue, ces couleurs se retrouveront dans la laine des agneaux ; si ces
veines sont de plusieurs couleurs, la laine sera mêlée ; le
changement des eaux où ces bestiaux s'abreuvent et se
baignent opère aussi des variétés.

On distingue deux principales espèces de brebis (65), la
brebis à housses et la brebis de pacage. La première a la
chair mollasse ; elle est nourrie de ronces et de broussailles. La seconde, qui vit dans les pâturages, est plus
délicate. Les meilleures couvertures pour les brebis viennent de l'Arabie.

Des laines.

La laine la plus estimée est celle de la Pouille, puis

senecta melior, mutilus quoque utilior. Ferocia ejus cohibetur, cornu
juxta aurem terebrato. Dextro teste præligato feminas generat ; lævo
mares. Tonitrua solitariis ovibus abortus inferunt. Remedium est con-
gregare eas, ut cœtu juventur. Aquilonis flatu mares concipi dicunt,
austri feminas ; atque in eo genere arietum maxime spectantur ora :
quia cujus coloris sub lingua habuere venas, ejus et lanicium est in
fœtu, variumque, si plures fuere ; et mutatio aquarum potusque va-
riat.

Ovium summa genera duo, tectum et colonicum : illud mollius, hoc
in pascuo delicatius, quippe quum tectum rubis vescatur. Operimenta ei
ex Arabicis præcipua.

LXXIII 48. Lana autem laudatissima Apula, et quæ in Italia Græci

celle qu'en Italie on nomme grecque, et que partout ailleurs on appelle italique. Les toisons de Milet sont au troisième rang. La laine apulienne est courte ; on la réserve exclusivement pour les habits qu'on nomme pænula (66). Celle de Tarente et de Canusium est la plus parfaite. Laodicée, dans l'Asie, en produit de la même qualité. Nulle n'efface par sa blancheur celles des bords du Pô ; et, jusqu'ici, la livre n'a jamais excédé le prix de cent sesterces (22 f. 50 c.)

La tonte des brebis n'est pas d'un usage universel. Il est encore des pays où l'on arrache la laine. Les couleurs des toisons sont infiniment variées. Les noms même nous manquent pour les désigner. L'Espagne en produit de plusieurs sortes qu'on emploie dans leur état naturel. Pollentia, au pied des Alpes, est renommée par ses toisons noires. On distingue les toisons rouges de l'Asie et de la Bétique, les fauves de Canusium, et les brunes de Tarente. Les laines qui conservent leur suint ont toutes des propriétés médicinales.

Les toisons de l'Istrie et de la Liburnie ressemblent plus au poil qu'à la laine, et ne peuvent servir pour les étoffes à long poil (67). Salacie, au pays des Lusitaniens, les emploie avec succès pour ses ouvrages à réseaux. On

pecoris appellatur, alibi Italica. Tertium locum Milesiæ oves obtinent. Apulæ breves villo ; nec nisi pænulis celebres. Circa Tarentum Canusiumque summam nobilitatem habent. In Asia vero eodem genere Laodiceæ. Alba Circumpadanis nulla præfertur, nec libra centenos nummos ad hoc ævi excessit ulla.

Oves non ubique tondentur ; durat quibusdam in locis vellendi mos : colorum plura genera ; quippe quum desint etiam nomina eis. Quas nativas appellant, aliquot modis Hispania ; nigri velleris præcipuas habet Pollentia juxta Alpes ; jam Asia rutili, quas Erythræas vocant, item Bætica ; Canusium fulvi ; Tarentum et suæ pulliginis. Succidis omnibus medicata vis.

Istriæ Liburniæque pilo propior, quam lanæ, pexis aliena vestibus, et quam Salacia scutulato textu commendat in Lusitania. Similis circa

en trouve de pareilles à Pézenas dans la province Narbonnaise et en Égypte. Quand l'étoffe est devenue rase à force de servir, on la brode, et de cette manière elle dure encore très longtemps. La bourre de laine a été employée, dans les temps les plus antiques, à fabriquer des tapis ; du moins Homère fait voir que l'usage de ces tapis est bien antérieur à son siècle. La manière de les broder n'est pas chez les Gaulois la même que chez les Parthes.

Le feutre n'est que la laine pressée et foulée, et cette laine, trempée dans le vinaigre, résiste au fer, que dis-je ? elle défie même le feu dans le dernier apprêt, puisqu'elle passe par les chaudières bouillantes des dégraisseurs, avant que de servir pour les matelas, dont l'invention, je pense, nous vient des Gaules. Ce qu'il y a de certain, c'est que les diverses espèces de matelas sont désignées par des noms gaulois. Il ne me serait pas facile de déterminer l'époque de cette invention, car nos anciens couchaient sur la paille, comme on le fait encore aujourd'hui dans les camps. Mon père a vu s'introduire l'usage des gausapes ; les amphimalles, ainsi que les ceintures à long poil, ont commencé de mon temps (68). Quant à la tunique laticlave, tissue à la manière des gausapes, c'est une mode qui ne fait que de naître. Les laines noires ne

Piscenas provinciæ Narbonensis : similis et in Ægypto, ex qua vestis detrita usu pingitur, rursusque ævo durat. Est et hirtæ pilo crasso in tapetis antiquissima gratia : jam certe priscos iis usos, Homerus auctor est. Aliter hæc Galli pingunt, aliter Parthorum gentes.

Lanæ et per se coactam vestem faciunt : et si addatur acetum, etiam ferro resistunt ; immo vero etiam ignibus novissimo sui purgamento, quippe ahenis pollentium extractæ, in tomenti usum veniunt, Galliarum, ut arbitror, invento : certe Gallicis hodie nominibus discernitur ; nec facile dixerim, qua id ætate cœperit. Antiquis enim torus e stramento erat, qualiter etiam nunc in castris. Gausapa patris mei memoria cœpere ; amphimalla, nostra ; sicut villosa etiam ventralia, nam tunica lati clavi, in modum gausapæ texi nunc primum incipit. Lana-

prennent aucune autre couleur. Je parlerai de la teinture des autres laines quand je traiterai des coquillages de mer et de la nature des plantes.

Étoffes diverses.

Varron assure, comme témoin oculaire, que, de son temps, on voyait dans le temple d'Hercule la laine qui s'était conservée à la quenouille et au fuseau de Tanaquil, la même qu'on a aussi nommée *caia cecilia*. Il ajoute que la toge royale ondée, dont Servius Tullius a fait usage, et qui existe dans le temple de la Fortune, a été faite par cette princesse ; que c'est de là qu'est venue la coutume de porter à la suite des jeunes filles qui se marient une quenouille garnie et un fuseau rempli. Tanaquil trouva, la première, l'art de tisser une tunique droite, telle que les nouvelles mariées et les jeunes citoyens la portent avec la toge sans bordure. Les étoffes ondées furent d'abord les plus estimées. Vinrent ensuite les étoffes rayées. Fenestella écrit que les toges à poil ras et à poil frisé commencèrent sur la fin du règne d'Auguste. Celles à graines de pavot très serrées ont une origine plus ancienne. Déjà le poëte Lucile les reprochait à Torquatus.

La prétexte nous vient des Étrusques (69). Les rois portèrent la trabée (70) : Homère fait déjà mention des étoffes

rum nigræ nullum colorem bibunt. De reliquarum infecta suis locis dicemus, in conchyliis marinis, aut herbarum natura.

LXXIV. Lanam in colo et fuso Tanaquilis, quæ eadem Caia Cæcilia vocata est, in templo Sanci durasse, prodente se, auctor est M. Varro; factamque ab ea togam regiam undulatam in æde Fortunæ, qua Ser. Tullius fuerat usus. Inde factum, ut nubentes virgines comitaretur colus compta, et fusus cum stamine. Ea prima texuit rectam tunicam, quales cum toga pura tirones induuntur, novæque nuptæ. Undulata vestis prima e laudat asimis fuit : inde sororiculata defluxit. Togas rasas Phryxianasque, divi Augusti novissimis temporibus, cœpisse scribit Fenestella. Crebræ papaveratæ antiquiorem habent originem, jam sub Lucilio poeta in Torquato notatæ.

Prætextæ apud Etruscos originem invenere. Trabeis usos accipio re-

brodées (74) : c'est à leur imitation que nous avons fait nos robes triomphales. La broderie est une invention des Phrygiens ; ce qui a fait nommer ces sortes d'ouvrages *phrygioniens*. L'art d'y mêler des fils d'or nous vient aussi de l'Asie ; ces étoffes s'appellent attaliques, du nom d'Attale, qui en fut l'inventeur. C'est à Babylone qu'on a réussi le mieux à diversifier les couleurs de la broderie ; et ces étoffes en ont pris le nom. Alexandrie, en faisant jouer plusieurs rangs de lisses, a fabriqué, la première, les étoffes qu'on appelle *polymita* (brocarts) ; et nous devons à la Gaule les étoffes à réseau. Métellus Scipion, dans ses invectives contre Caton, articule que déjà des tapis babyloniques, à l'usage des lits de table, s'étaient vendus huit cent mille sesterces (180,000 fr.) ; et, de nos jours, Néron en a payé quatre millions de sesterces (900,000 fr.) Les prétextes dont Servius Tullius avait revêtu la statue de la Fortune ont duré jusqu'à la mort de Séjan. Il est étonnant que pendant cinq cent soixante ans les couleurs ne se soient pas altérées, et que l'étoffe n'ait pas été rongée par les vers. J'ai vu des brebis vivantes dont les toisons avaient été peintes en pourpre, en écarlate et en violet, comme si le luxe voulait forcer la nature à les parer elle-même de ces brillantes couleurs ; on avait employé une livre de peinture pour chaque demi-pied de toison.

ges : pictas vestes jam apud Homerum fuisse, unde triumphales natæ. Acu facere id Phryges invenerunt, ideoque Phrygioniæ appellatæ sunt. Aurum intexere in eadem Asia invenit Attalus rex, unde nomen Attalicis. Colores diversos picturæ intexere Babylon maxime celebravit, et nomen imposuit. Plurimis vero liciis texere, quæ polymita appellant, Alexandria instituit ; scutulis dividere, Gallia. Metellus Scipio triclinaria Babylonica sestertium octingentis millibus venisse jam tunc, posuit in Catonis criminibus, quæ Neroni principi quadragies sestertio nuper stetere. Servii Tullii prætextæ, quibus signum Fortunæ ab eo dicatæ coopertum erat, duravere ad Sejani exitum. Mirumque fuit nec defluxisse eas, nec teredinum injurias sensisse annis DLX. Vidimus jam et viventium vellera, purpura, cocco, conchylio, sesquipedalibus libris infecta, velut illa sic nasci cogente luxuria.

De la beauté de la brebis; du mouflon.

Mais que la brebis ait les jambes courtes et le ventre chargé de laine, cette beauté lui suffit. Les anciens nommaient *apica* et réprouvaient celles dont le ventre est dégarni. Les brebis de la Syrie ont la queue d'une coudée de long, et fournie d'une laine touffue. La castration des agneaux ne doit pas se faire avant l'âge de cinq mois.

On trouve en Espagne, et surtout dans la Corse, le mouflon (72), espèce qui ne diffère pas beaucoup de la brebis. Sa toison ressemble plutôt au poil de la chèvre qu'à la laine du mouton. Les anciens appelaient *umbri* (métis) les produits du mouflon avec la brebis. Le mouton a la tête très faible : c'est pourquoi il faut le faire paître le dos tourné au soleil. Les bêtes à laine sont les plus stupides des animaux. Si elles craignent d'entrer quelque part, traînez-en une par la corne, le reste suivra. La vie la plus longue pour les brebis est de dix ans. Elles vivent jusqu'à treize en Éthiopie. Les chèvres y vivent onze ans, et communément huit dans les autres pays. Il n'est pas besoin de faire couvrir l'une et l'autre espèce plus de quatre fois.

Des chèvres.

Les chèvres produisent jusques à quatre petits à la

LXXV. In ipsa ove satis generositatis ostenditur brevitate crurum, ventris vestitu; quibus nudus esset, apicas vocabant, damnabantque. Syriæ cubitales ovium caudæ, plurimumque in ea parte lanicii. Castrari agnos, nisi quinquemestres, præmaturum existimatur.

49. Est et in Hispania, sed maxime Corsica, non maxime absimile pecori, genus musmonum, caprino villo, quam pecoris velleri, proplus. Quorum e genere et ovibus natos prisci umbros vocarunt. Infirmissimum pecori caput, quamobrem aversum a sole pasci cogendum. Quam stultissima animalium lanata. Qua timue e ingredi, unum cornu raptum sequuntur. Vita longissima anni x, in Æthiopia xiii. Capris eodem loco xi, in reliquo orbe plurimum octoni. Utrumque genus intra quartum coitum impletur.

LXXVI. 50. Capræ pariunt et quaternos, sed raro admodum. Fe-

fois : mais cela est très rare. Elles portent cinq mois, comme les brebis. L'excès d'embonpoint les rend stériles. Avant leur troisième année, leurs produits sont faibles, ainsi qu'après la quatrième, où elles commencent à vieillir. Ces animaux sont en état de produire dès le septième mois, même lorsqu'ils tettent encore. Mâles et femelles, les meilleurs sont ceux qui n'ont point de cornes. Le premier accouplement ne suffit pas pour féconder la femelle ; le second et les suivants réussissent mieux. Quelquefois les chèvres d'un an, et toujours celles de deux ans, conçoivent en novembre, et mettent bas en mars, lorsque les arbrisseaux commencent à bourgeonner : mais après la troisième année, ces portées ne réussissent pas. Elles produisent pendant huit ans. Le froid les fait avorter. Pour s'éclaircir la vue, la chèvre se saigne en s'appuyant contre la pointe d'un jonc, et le bouc contre une épine.

Mucien rapporte, comme témoin oculaire, un fait qui prouve l'intelligence de cet animal. Deux chèvres se rencontrèrent sur un pont fort étroit : l'espace ne leur permettait pas de se retourner, la planche était trop longue pour qu'elles pussent rétrograder sans voir où elles poseraient leurs pieds. Cependant un torrent qui roulait au-dessous d'elles menaçait de les engloutir. L'une des deux se

runt quinque mensibus, ut oves. Capræ pinguitudine sterilescunt. Ante trimas minus utiliter generant, et in senecta ultra quadriennium. Incipiunt septimo mense, adhuc lactentes. Mutilum in utroque sexu utilius. Primus in die coitus non implet ; sequens efficacior, ac deinde. Concipiunt novembri mense, ut martio pariant turgescentibus virgultis, aliquando anniculæ, semper bimæ, in trimatu inutiles. Pariunt octonis annis. Abortus frigori obnoxius. Oculos suffusos capra junci puncto sanguine exonerat, caper rubi.

Solertiam ejus animalis Mucianus visam sibi prodidit in ponte prætenui, duabus obviis e diverso : quam circumactum angustiæ non caperent, nec reciprocationem longitudo in exilitate cæca, torrente rapido

coucha sur le ventre ; l'autre alors passa sur son corps.

On préfère les boucs qui ont le nez court, les oreilles longues et pendantes, les épaules très garnies de poil. Les meilleures chèvres sont celles qui ont deux franges pendantes sous le cou. Toutes n'ont pas de cornes ; mais dans celles qui en ont, le nombre des années est indiqué par le nombre des nœuds. Celles qui sont sans cornes donnent une plus grande quantité de lait. Archélaüs prétend qu'elles respirent par les oreilles et non par les narines, et qu'elles ne sont jamais sans fièvre ; c'est par cette raison peut-être qu'elles sont plus ardentes et plus chaudes que les brebis. On dit qu'elles ne voient pas moins la nuit que le jour, et que, par cette raison, en se nourrissant de foie de chèvres, ceux qu'on appelle nyctalopes parviennent à discerner les objets le soir. Dans la Cilicie et aux environs des Syrtes, ont fait la tonte des chèvres. On dit qu'au coucher du soleil, elles se couchent dans les pâturages, en se tournant le dos les unes aux autres ; mais que, dans le reste de la journée, elles se regardent et se réunissent par familles. Elles ont toutes au menton une barbe pendante qu'on appelle *aruncus* ; si quelqu'un traîne l'une d'elles en la saisissant par cette

minaciter subterfluente, alteram decubuisse, atque ita alteram proculcatæ supergressam.

Mares quam maxime simos, longis auribus infractisque, armis quam villosissimis probant. Feminarum generositatis insigne laciniæ corporibus a cervice binæ dependentes. Non omnibus cornua ; sed quibus sunt, in his et indicia annorum per incrementa nodorum. Mutilis lactis major ubertas. Auribus eas spirare, non naribus, nec umquam febri carere, Archelaus auctor est ; ideo fortassis anima his, quam ovibus, ardentior, calidioresque concubitus. Tradunt et noctu non minus cernere, quam interdiu : ideo si caprinum jecur vescantur, restitui vespertinam aciem his, quos nyctalopas vocant. In Cilicia, circaque Syrtes villo tonsili vestiuntur. Capras, in occasum declivi sole, in pascuis negant contueri inter sese, sed aversas jacere ; reliquis autem horis adversas, et inter cognationes. Dependet omnium mento villus, quem aruncum vocant : hoc si quis adprehensam ex grege unam trahat, ceteræ stupentes

barbe, le reste du troupeau regarde avec un air de stupeur ; la même chose arrive lorsque quelqu'une a goûté d'une certaine herbe. Leur morsure est pernicieuse aux arbres ; et même en léchant l'olivier, elles le rendent stérile. C'est pourquoi on ne les immole pas à Minerve.

Du porc.

La saison de la chaleur pour les porcs dure depuis le retour du zéphyr jusqu'à l'équinoxe du printemps ; ils sont en état de se reproduire au huitième mois et même, en quelques pays, au quatrième, jusqu'à la huitième année. La truie porte deux fois l'an ; le temps de la gestation est de quatre mois ; elle donne jusqu'à vingt petits, mais elle ne peut en nourrir un aussi grand nombre. Nigidius écrit que ceux qui naissent dans les dix jours qui suivent ou précèdent le solstice d'hiver, ont déja des dents. Un seul accouplement suffit pour féconder la femelle ; mais on la fait couvrir deux fois, parcequ'elle avorte facilement. On prévient cet accident en ne lui permettant pas de s'accoupler dès qu'elle entre en chaleur, ni avant que ses oreilles soient devenues pendantes. Le mâle n'engendre plus après la troisième année. Les femelles fatiguées par la vieillesse se couchent pour recevoir le mâle. Elles mangent quelquefois leurs petits ; et cet événement n'est pas regardé comme un prodige.

xpectant. Id etiam evenire, quum quamdam herbam aliqua ex eis momorderit. Morsus earum arbori exitialis. Oli am lambendo quoque sterilem faciunt, eaque ex causa Minervæ non immolantur.

LXXVII. 51. Suilli pecoris admissura a favonio ad æquinoctium vernum ; ætas octavo mense ; quibusdam in locis etiam quarto, usque ad octavum annum. Partus bis anno ; tempus utero quatuor mensium ; numerus fecunditatis ad vicenos ; sed educare tam multos nequeunt. Diebus decem circa brumam statim dentatos nasci, Nigidius tradit. Implentur uno coitu, qui et geminatur propter facilitatem aboriendi. Remedium, ne prima subatione, neque ante flaccidas aures coitus fiat. Mares non ultra trimatum generant. Feminæ senectute fessæ, cubantes coeunt. Comesse fœtus his non est prodigium.

Le cochon de lait est pur pour les sacrifices au bout
de cinq jours, l'agneau et le chevreau au bout de huit,
et le veau le trentième jour. Coruncanus décide que les
animaux ruminants ne peuvent être présentés aux autels,
avant qu'ils aient deux dents. C'est une opinion vulgaire
qu'un porc qui a perdu un œil meurt bientôt. Ces animaux vivent quinze et quelquefois vingt ans. Mais ils
sont sujets aux maladies, et surtout à l'esquinancie et aux
écrouelles. On reconnaît qu'ils sont malades, lorsqu'en
arrachant la soie du dos, on aperçoit du sang à la racine
de cette soie, et lorsqu'ils portent la tête de côté. Les
truies trop grasses manquent de lait; les premières portées sont toujours moins nombreuses. Tous ces animaux
aiment à se rouler dans la boue. Ils ont la queue torse;
on a observé que ceux dont la queue se replie à droite
sont une offrande plus agréable aux dieux. Les porcs deviennent gras en soixante jours, surtout si on les prépare
par une diète de trois jours.

C'est le plus brut des animaux. On a dit plaisamment
qu'une âme lui a été donnée en guise de sel, pour conserver sa chair (73). Cependant des porcs emmenés par des
pirates reconnurent la voix de leur maître, et revinrent
au rivage, après avoir fait chavirer le bateau, en se jetant

Suis fœtus sacrificio die quinta purus est, pecoris die octavo, bovis
tricesimo. Coruncanus ruminales hostias, donec bidentes fierent, puras
negavit. Suem oculo amisso putant cito extingui; alioqui vita ad quindecim annos, quibusdam et vicenos. Verum efferantur, et alias ob-
noxium genus morbis, anginæ maxime, et strumæ. Index suis invalidæ, cruor in radice setæ dorso evulsæ, caput obliquum in incessu. Penuriam lactis præpingues sentiunt, et primo fetu minus sunt numerosæ.
In luto volutatio generi grata. Intorta cauda: Id etiam notatum, facilius litare in dexteram quam in lævum detorta. Pinguescunt lx. diebus, sed magis tridui inedia saginatione orsa.

Animalium hoc maxime brutum, animamque ei pro sale datam non
illepide existimabatur. Compertum agnitam vocem suarii furto abactis,
mersoque navigio inclinatione lateris unius remeasse. Quin et duces in

tous du même côté. On instruit même les chefs du troupeau à conduire les autres au marché et à la maison. Les sangliers ont l'instinct de se rendre plus légers pour la fuite, et de dérober leurs fumées au chasseur, en lâchant leur urine dans un marais. On châtre les femelles, comme celles des chameaux. Après une diète de deux jours, on les suspend par les pieds de derrière, et l'on ampute l'orifice de la matrice ; par ce moyen, elles engraissent plus vite.

L'art sait donner au foie des truies, comme à celui des oies, une grosseur extraordinaire. Cette invention est due à Marcus Apicius (74). On engraisse ces truies avec des figues sèches, et quand elles sont grasses, on les tue, après leur avoir fait boire du vin miellé. Nul autre animal n'offre une matière plus féconde au talent des cuisiniers. Chacune des autres viandes a son goût propre et particulier. Dans celle du porc, vous trouvez la variété d'à peu près cinquante goûts différents. De là cette foule de lois censoriales pour prohiber dans les festins les mamelles, les glandes, les rognons, les matrices, les hures : en dépit de toutes ces lois, on dit que, du moment où il cessa d'être esclave, le comique Publius ne donna aucun repas sans qu'on y servît une mamelle de truie, et même ce fut qui lui inventa le mot latin *sumen* (75).

urbe forum nundinarium domosque petere discunt ; et feri sapiunt pavide confundere urinam, fugam levare. Castrantur feminæ quoque, sicuti cameli, post bidui inediam suspensæ pernis prioribus, vulva recisa ; celerius ita pinguescunt.

Adhibetur et ars jecori feminarum, sicut anserum, inventum M. Apicii, fico arida saginatis ac satietate necatis repente mulsi potu dato. Neque alio ex animali numerosior materia ganeæ : quinquaginta prope sapores, quum ceteris singuli. Hinc censoriarum legum paginæ, interdictaque cenis abdomina, glandia, testiculi, vulvæ, sincipitta verrina, ut tamen Publii mimorum poetæ cena, postquam servitutem exuerat, nulla memoretur sine abdomine, etiam vocabulo suminis ab eo imposito.

Du sanglier.

Les sangliers aussi ont été recherchés pour la table. Déjà, dans un de ses discours, Caton le censeur reproche à ses contemporains les échinées de sanglier. Toutefois l'animal se divisait en trois parts; on ne servait que celle du milieu, qu'on nommait râble de sanglier. Le premier des Romains qui ait fait servir un sanglier entier est Servilius Rullus, père de ce Rullus qui proposa la loi agraire sous le consulat de Cicéron. Tant est moderne l'origine d'un luxe aujourd'hui si commun! Les annales en ont marqué l'époque, sans doute pour faire honte à notre siècle, où l'on place sur nos tables deux et trois sangliers à la fois, non pour tout le repas, mais seulement pour le premier service.

Fulvius Lupinus est le premier Romain qui ait imaginé les parcs pour les sangliers et les autres habitants des forêts. Il forma des troupeaux d'animaux sauvages dans les environs de Tarquinies. Lucullus et Hortensius ne tardèrent pas à l'imiter.

La laie ne produit qu'une fois l'an. Dans le temps du rut, les sangliers sont plus féroces que jamais. Ils se battent entre eux, après s'être endurcis les flancs en se frottant contre un arbre, et s'être cuirasses de boue. Les fe-

---

LXXVIII. Placuere autem et feri sues. Jam Catonis censoris orationes aprugnum exprobrant callum. In tres tamen partes diviso, media ponebatur, lumbus aprugnus appellata. Solidum aprum Romanorum primus in epulis adposuit P. Servilius Rullus, pater ejus Rulli, qui Ciceronis consulatu legem agrariam promulgavit. Tam propinqua origo nunc quotidianæ rei est. Et hoc annales notarunt, horum scilicet ad emendationem morum, quibus non tota quidem cena, sed in principio, bini ternique pariter manduntur apri.

52. Vivaria horum, ceterorumque silvestrium, primus togati generis invenit Fulvius Lupinus, qui in Tarquiniensi feras pascere instituit. Nec diu imitatores defuere L. Lucullus, et Q. Hortensius.

Sues feræ semel anno gignunt. Maribus in coitu plurima asperitas. Tunc inter se dimicant, indurantes attritu arborum costas, lutoque se

melles, comme dans presque toutes les autres espèces, deviennent plus furieuses lorsqu'elles ont mis bas. Les mâles ne sont propres à la génération qu'à l'âge d'un an. Dans l'Inde, les défenses qui sortent de leur mâchoire ont une coudée de long et se recourbent en cercle ; ils en ont deux autres sur le front, semblables aux cornes d'un jeune taureau (76). Le poil des sangliers est de la couleur du cuivre. Les porcs domestiques sont noirs. Ces animaux ne vivent pas dans l'Arabie.

Des animaux à demi sauvages.

Nulle autre espèce ne s'allie plus facilement avec les races sauvages. Les anciens nommaient *hybridæ*, c'est-à-dire *demi-sauvages*, les animaux qui provenaient de ces mélanges. Ce nom même fut transporté aux hommes. On l'avait donné à C. Antonius, collègue de Cicéron dans le consulat. Au surplus, on peut dire non-seulement du porc, mais de tous les animaux, qu'il n'est point d'espèces domestiques qui ne se retrouvent aussi dans l'état de sauvages. L'homme lui-même ne fait pas exception. Combien n'ai-je pas cité de peuplades qui vivent dans les forêts ! Mais nulle espèce ne se subdivise en un plus grand nombre de variétés que celle de la chèvre. On compte le chevreuil (*cervus capreolus*), le chamois (*antilope rupicapra*), le

tergorantes. Feminæ in partu asperiores , et fere similiter in omni genere bestiarum. Apris maribus , nonnisi anniculis generatio. In India cubitales dentium flexus gemini ex rostro, totidem a fronte, ceu vituli cornua, exeunt. Pilus æreo similis agrestibus, ceteris, niger. At in Arabia suillum genus non vivit.

LXXIX. 53. In nullo genere æque facilis mixtura cum fero, qualiter natos antiqui hybridas vocabant, ceu semiferos ; ad homines quoque, ut in C. Antonium Ciceronis in consulatu collegam, appellatione translata. Non in suibus autem tantum, sed in omnibus quoque animalibus, cujuscumque generis ullum est placidum, ejusdem invenitur et ferum ut pote quum hominum etiam silvestrium tot genera prædicta sint. Capræ tamen in plurimas similitudines transfigurantur. Sunt capreæ, sunt rupicapræ , sunt ibices pernicitatis mirandæ, quamquam onerato

bouquetin (*capra ibex*) dont l'agilité est prodigieuse, quoique sa tête soit surchargée d'une énorme ramure ; quand
il veut sauter d'un rocher à l'autre, il se balance sur ses
cornes, et comme s'il était jeté par une baliste, il se lance
en un clin d'œil dans l'endroit où il veut aller. On compte
encore les origes (*antilope oryx ?*), seuls animaux qui,
selon quelques auteurs, aient le poil à contre-sens, et
tourné vers la tête ; les damas (*dama ?*) ; les pygarges (espèces de gazelles ; *pygargi* signifie *fesses blanches*), les strep-
siceros (cornes tordues ; espèce de gazelle de Nubie), et
beaucoup d'autres qui leur ressemblent ; mais ceux-ci
viennent des pays d'outre-mer ; le bouquetin, le chamois
et le chevreuil vivent sur les Alpes.

Des singes.

Les diverses espèces de singes, animaux qui par leur
conformation ressemblent le plus à l'homme, sont distinguées entre elles par leurs queues. Le singe est d'une
adresse merveilleuse. On prétend qu'en voulant imiter les
chasseurs, et se chausser comme eux, il s'enduit de glu et
s'entrave les pieds dans des filets. Mucien écrit que des
singes ont même joué aux échecs ; l'usage leur avait appris à distinguer les pièces de l'échiquier. Il dit aussi que
tous les singes à queue sont tristes au décours de la lune,
et qu'ils célèbrent l'apparition de la nouvelle lune par des
sauts de joie ; quant à l'effroi que leur inspirent les éclip-

capite vastis cornibus gladiorumque vaginis : in hæc se librant, ut tormento aliquo rotati in petras, potissimum e monte aliquo in altum tran-
silire quærentes, atque recessu pernicius, quo libuerit, exsultant. Sunt
et oryges, soli quibusdam dicti contrario pilo vestiri, et ad caput verso.
Sunt et damæ, et pygargi, et strepsicerotes, multaque alia haud dissi-
milia. Sed illa Alpes, hæc transmarini situs mittunt.

LXXX. 54. Simiarum quoque genera hominis figuræ proxima, caudis inter se distinguuntur. Mira solertia : visco inungi, laqueosque cal-
ceari imitatione venantium tradunt. Mucianus et latrunculis lusisse,
fictas cera icones usu distinguente. Luna cava tristes esse, quibus in eo
genere cauda sit, novam exsultatione adorare ; nam defectum siderum

ses, il leur est commun avec les autres quadrupèdes. Ils ont
la plus grande affection pour leur progéniture. Les femelles apprivoisées, qui sont devenues mères dans nos
maisons, portent leurs petits dans leurs bras, les présentent à tout le monde, aiment qu'on les flatte, et semblent
recevoir ces caresses comme autant de félicitations. Aussi,
pour l'ordinaire, elles les étouffent en les embrassant.

Les cynocéphales, ainsi que les satyres, sont d'un naturel plus farouche. Les callitriches (*simia hamadrias* ou
s. silenus) diffèrent presque entièrement des autres par
la forme. Ils ont de la barbe, et une queue fort large à sa
naissance. On assure que cette espèce ne peut vivre ailleurs que dans l'Éthiopie, son pays natal.

Des lièvres.

Les lièvres forment aussi plusieurs espèces. Ils sont
blancs dans les Alpes (*lepus variabilis*) (77). On prétend
qu'ils s'y nourrissent de neige pendant les mois de l'hiver. Tous les ans, à la fonte des neiges, ils prennent une
couleur fauve. C'est d'ailleurs un animal qui vit dans les
climats les plus rigoureux. Du genre des lièvres sont d'autres animaux que l'Espagne appelle *cuniculi* (lapins) (78);
ils multiplient prodigieusement, et causent la famine dans
les îles Baléares, en ravageant les moissons. Les petits, ar-

et ceteræ pavent quadrupedes. Simiarum generi præcipua erga fœtum
adfectio. Gestant catulos, quæ mansuefactæ intra domos peperere, omnibus demonstrant, tractarique gaudent, gratulationem intelligentibus
similes. Itaque magna ex parte complectendo necant.

Efferatior cynocephalis natura, sicut satyris. Callitriches toto pœne
aspectu differunt : barba est in facie, cauda late fusa priori parte. Hoc
animal negatur vivere in alio quam Æthiopiæ, quo gignitur, cœlo.

LXXXI. 55. Et leporum plura sunt genera : in Alpibus candidi,
quibus hibernis mensibus pro cibatu nivem credunt esse ; certe lique-
scente ea rutilescunt annis omnibus ; et est alioqui animal intolerandi
rigoris alumnum. Leporum generis sunt et quos Hispania cuniculos appellat, fecunditatis innumeræ, famemque Balearibus insulis, populatis

rachés du ventre de la mère, ou pris à la mamelle, sont vantés comme un excellent manger; c'est ce qu'on nomme *laurices*. On les apprête sans les vider. Il est certain que les habitants des îles Baléares demandèrent à l'empereur Auguste un secours de troupes contre ces animaux devenus trop nombreux (79). Le furet (*mustela furo*) est d'une grande ressource pour cette chasse. On l'introduit dans les terriers qui ont plusieurs ouvertures. Il déloge les lapins qu'on saisit à leur sortie. Archélaüs prétend que, chez le lièvre, le nombre des années est égal à celui des poches ou réceptacles de ses excréments. Il est certain que le nombre de ces poches n'est pas toujours le même. Cet auteur ajoute que le lièvre est hermaphrodite, et qu'il produit sans le secours du mâle.

C'est encore un bienfait de la nature d'avoir rendu fécondes les espèces qui ne sont point nuisibles à l'homme, et qui servent à le nourrir. Le lièvre, la proie de tous les animaux, est le seul, avec le dasipode, en qui la superfétation ait lieu (80). En même temps que la mère allaite un petit, elle en porte un autre prêt à naître, un autre qui n'a pas encore de poil, et un autre encore qui commence à se former.

On a essayé aussi de faire des étoffes avec le poil du

messibus afferentes. Fœtus ventri exsectos, vel uberibus ablatos, non repurgatis interaneis, gratissimo in cibatu habent; laurices vocant. Certum est, Baleáricos adversus proventum eorum auxilium militare a divo Augusto petiisse. Magna propter venatum eum viverris gratia est. Injiciunt eas in specus, qui sunt multifores in terra, unde et nomen animali; atque ita ejectos superne capiunt. Archelaus auctor est, quot sint corporis cavernæ ad excrementa lepori, totidem annos esse ætatis. Varius certe numerus reperitur. Idem utramque vim singulis inesse, ac sine mare æque gignere.

Benigna circa hoc natura, innocua et esculenta animalia fecunda generavit. Lepus omnium prædæ nascens, solus præter dasypodem superfœtat, aliud educans, aliud in utero pilis vestitum, aliud implume, aliud inchoatum gerens pariter.

lièvre; mais elles ne sont pas aussi douces au toucher que la fourrure de l'animal, et le poil est trop court pour qu'elles aient aucune consistance.

Des animaux difficiles à apprivoiser.

Les lièvres s'apprivoisent rarement; toutefois on ne peut pas dire qu'ils soient absolument sauvages. Il est en effet un grand nombre d'espèces qui ne sont ni privées ni sauvages, mais qui forment une classe mitoyenne. Telles sont dans l'air les hirondelles et les abeilles, et dans la mer les dauphins.

Plusieurs ont placé dans cette classe les rats, ces habitants de nos maisons, qui ne sont pas d'une légère importance pour les présages, même publics. Ils annoncèrent la guerre des Marses, en rongeant les boucliers d'argent de Lanuvium. Ils présagèrent à Clusium la mort du général Carbon, en rongeant les courroies de sa chaussure. On en trouve plusieurs espèces dans la contrée de Cyrène. Les uns ont le front large (souris et rats), d'autres l'ont aigu (grandes musaraignes): d'autres ont le poil piquant comme le hérisson (espèce de souris particulière à l'Égypte et peut-être à la Barbarie, *mus cohirinus*). Théophraste rapporte qu'après avoir fait fuir les habitants de l'île Gyaros, ils y rongèrent tout jusqu'au fer, ce qu'ils

Nec non et vestes leporino pilo facere tentatum est, tactu non perinde molli, ut in cute, propter brevitatem pili dilabidas.

LXXXII. 56. Hi mansuescunt raro, quum feri dici jure non possint; complura namque sunt nec placida, nec fera, sed mediæ inter utromque naturæ, ut in volucribus, hirundines, apes; in mari, delphini.

57. Quo in genere multi et hos incolas domuum posuere mures, haud spernendum in ostentis etiam publicis animal. Adrosis Lanuvii clypeis argenteis, Marsicum portendere bellum; Carboni Imperatori, apud Clusium fasciis quibus in calceatu utebatur, exitium. Plura eorum genera in Cyrenaica regione; alii lata fronte, alii acuta, alii herinaceorum genere pungentibuspilis. Theophrastus auctor est in Gyaro insula, quum incolas fu_assent, ferrum quoque rosisse eos, id quod natura quadam

font tous les jours dans les forges de Chalybes. Ils n'épargnent pas même les mines d'or. Aussi les ouvriers leur ouvrent-ils le ventre, et toujours ils y retrouvent ce larcin. Tant le pillage a de charmes pour ces animaux! On lit dans les annales qu'au siége de Casilinum par Annibal un rat fut vendu deux cents deniers (180 f.), que le vendeur mourut de faim, et que l'acheteur vécut. La rencontre d'un rac blanc est d'un heureux augure. Le cri d'une souris interrompt les auspices; c'est ce que les annales attestent par une foule d'exemples. Nigidius prétend que les souris se cachent pendant l'hiver; il en dit autant des loirs (*myoxus glis*), que les lois censoriales et le consul Scaurus n'ont pas moins prohibés dans les repas, que les coquillages et les oiseaux apportés d'un monde étranger. Le loir est du nombre des animaux demi-sauvages. On en forme des espèces de garennes dans de grandes caisses. Cet art est dû à l'inventeur des parcs de sangliers. L'expérience a fait connaître qu'on n'y peut rassembler que des loirs originaires de la même forêt, et que si on en mêle qui soient nés dans des lieux séparés par un fleuve ou par une montagne, ils se battent et se détruisent. Vrais modèles de piété filiale, ces animaux nourrissent leurs pères accablés de vieillesse. Cette vieil-

et ad Chalybas facere in ferrariis officinis. Aurariis quidem in metallis, ob hoc alvos eorum excidi, semperque furtum id deprehendi ; tantam esse dulcedinem forandi. Venisse murem cc. denariis, Casilinum obsidente Annibale, eumque qui vendiderat fame interiisse, emptorem vixisse, annales tradunt. Quum candidi provenere, laetum faciunt ostentum. Nam soricum occentu dirimi auspicia, annales relertos habemus. Sorices et ipsos hieme condi, auctor est Nigidius; sicut glires, quos censoriæ leges, princepsque M. Scaurus in consulatu, non alio modo cenis ademere, quam conchylia, aut ex alio orbe convectas aves. Semiferum et ipsum animal, cui vivaria in doliis idem, qui apris, instituit. Qua in re notatum, non congregari, nisi populares ejusdem silvæ ; et si misceantur alienigenæ, amne vel monte discreti, interire dimicando. Genitores suos fessos senecta alunt insigni pietate. Senium finitur hiberna quiete. Con-

lesse a pour terme le repos de l'hiver, car alors ils se tiennent renfermés et couchés. L'été les rajeunit. Les mulots (*myoxus nitela*) dorment aussi pendant l'hiver.

Que certains animaux n'existent pas dans certaines localités.

Un fait merveilleux, c'est que non-seulement la nature ait assigné divers animaux aux diverses régions, mais qu'en même temps elle ne permette pas que les mêmes espèces habitent toutes les parties du même climat. Les loirs dont je viens de parler ne se trouvent que dans une certaine portion de la forêt Mésienne en Italie. Dans la Lycie, les chevreuils ne passent jamais les montagnes voisines des Syriens, ni les onagres la montagne qui sépare la Cappadoce de la Cilicie. Les cerfs ne traversent point le détroit de l'Hellespont, ils ne vont jamais au delà du mont Élaphe auprès d'Arginuse. Ceux même de cette montagne ont les oreilles fendues. Dans l'île de Poroselène est un chemin que les belettes ne traversent jamais. Les taupes transportées à Lébadie en Béotie refusent même de fouiller le sol; et près de là, dans le pays d'Orchomène, elles bouleversent toutes les campagnes. J'ai vu des couvertures de lits faites de peaux de taupes. Tant il est vrai que, dans ses jouissances, le luxe brave même les prodiges.

diu enim et hi cubant; rursus æstate juvenescunt; simili et nitelis quiete.

LXXXIII. 58. Mirum rerum naturam non solum alia aliis dedisse terris animalia, sed in eodem quoque situ quædam aliquibus locis negasse. In Mæsia silva Italiæ, non nisi in parte reperiuntur hi glires. In Lycia dorcades non transeunt montes Syriæ vicinos; onagri montem, qui Cappadociam a Cilicia dividit. In Hellesponto in alienos fines non commeant cervi; et circa Arginusam Elapham montem non excedunt, auribus etiam in monte fissis. In Poroselene insula viam mustelæ non transeunt; in Bœotiæ Lebadia illatæ solum ipsum fugiunt, quæ juxta in Orchomeno tota arva subruunt, talpæ, quarum e pellibus cubicular a sidimus stragula; adeo ne religio quidem a portentis submovet delicias.

Les lièvres transportés en Ithaque expirent sur le rivage même. Ébuse n'est pas moins funeste aux lapins; et vis-à-vis de cette île, en Espagne et dans les Baléares, ils fourmillent par milliers. A Cyrènes, les grenouilles étaient muettes. L'espèce subsiste toujours, quoiqu'on y ait transporté du continent des grenouilles coassantes. Aujourd'hui encore les grenouilles sont muettes dans l'île de Sériphe (81). Transportées ailleurs, elles cessent de l'être. Pareil phénomène s'observe dans le Sicendus, lac de Thessalie. En Italie, la morsure de la musaraigne est venimeuse. Cet animal ne se trouve pas au delà de l'Apennin. Au reste, en quelque pays qu'il soit, il meurt dès qu'il a traversé une ornière (82). Il n'y a point de loups sur l'Olympe, montagne de la Macédoine, ni dans l'île de Crète. On n'y trouve ni renards, ni ours, ni aucune autre espèce malfaisante, excepté les phalanges, sorte d'araignées dont je parlerai en son lieu. Un fait plus merveilleux, c'est que, dans cette île, il n'existe de cerfs que dans le canton des Cydoniates; il en est de même des sangliers et des hérissons. L'Afrique ne produit ni sangliers, ni cerfs, ni chevreuils, ni ours.

In Ithaca lepores illati moriuntur extremis quidem in litoribus; in Ebuso, in litoribus, caniculi; scatent juxta in Hispania, Balearibusque. Cyrenis mutæ fuere ranæ, illatis e continente vocalibus, durat genus earum. Mutæ sunt etiam nunc in Seripho insu'a. Eædem alio translatæ canunt; quod accidere et in lacu Thessaliæ Sicendo tradunt. In Italia muribus araneis venenatus est morsus; eosdem ulterior Apennino regio non habet. Iidem ubicunque sint, orbitam si transiere, moriuntur. In Olympo, Macedoniæ monte, non sunt lupi, nec in Creta insula. Ibi quidem non vulpes, ursive, atque omnino nullum maleficum animal, præter phalangium; aranei id genus, de quo dicimus suo loco. Mirabilius, in eadem insula cervos, præterquam in Cydoniatarum regione, non esse; itera apros, et herinaceos. In Africa autem nec apros, nec cervos, nec capreas, nec ursos.

*Que certains animaux ne nuisent qu'aux naturels; que
certains autres ne nuisent qu'aux étrangers.*

Certains animaux ne font point de mal aux naturels
du pays et tuent les étrangers. Tels sont à Térynthe de
petits serpents qui, dit-on, naissent de la terre. En Syrie,
et particulièrement sur les bords de l'Euphrate, les serpents n'attaquent pas les Syriens endormis ; et si quelquefois ils mordent ceux qui les foulent aux pieds, leur
morsure n'est point venimeuse ; mais acharnés contre
tous les étrangers, ils les poursuivent avidement et les
font périr dans les douleurs les plus cruelles. C'est pourquoi les Syriens ne les tuent pas. Aristote raconte que,
tout au contraire, sur le Latmus, montagne de Carie, les
scorpions ne blessent point les étrangers, mais qu'ils
tuent les naturels du pays.

Je passe aux autres animaux, pour traiter ensuite des
productions de la terre.

LXXXIV. 59. Jam quædam animalia indigenis innoxia advenas interimunt; sicut serpentes parvi in Tirynthe, quos terra nasci proditur.
Item in Syria angues, circa Euphratis maxime ripas, dormientes Syros
non attingunt ; aut etiamsi calcati momordere, non sentiuntur maleficia ;
aliis cujuscumque gentis infesti, avide et cum cruciatu exanimantes ;
quamobrem et Syri non necant eos. Contra in Latmo Cariæ monte Ari-
toteles tradit a scorpionibus hospites non lædi, indigenas interimi.

Sed reliquorum quoque animalium, et præterea terrestrium, dicemus
genera.

LIVRE NEUVIÈME.

———

DES ANIMAUX QUI VIVENT DANS L'EAU.

Pourquoi la mer nourrit les plus grands animaux.

J'ai décrit les animaux que nous avons appelés terrestres, et qui vivent dans une sorte de société avec l'homme. Parmi les autres, les plus petits, sans contredit, sont les volatiles. Je vais donc passer d'abord aux animaux qui peuplent les mers, les rivières et les étangs.

Plusieurs d'entre eux sont plus grands même que les animaux terrestres. L'humide qui surabonde dans leur élément en est évidemment la cause. C'est tout le contraire pour les oiseaux, qui passent leur vie dans l'air. La mer recevant dans l'immensité de son étendue les germes que la nature, toujours active et féconde, répand du haut du ciel, leur fournit une nourriture douce et propre à faciliter leurs développements ; et même c'est là

AQUATILIUM ANIMALIUM GENERA ET NATURÆ.

I. 1. Animalium, quæ terrestria appellavimus, hominum quadam consortione degentia, indicata natura est. Ex reliquis minimas esse volucres convenit. Quamobrem prius æquorum, amnium, stagnorumque dicentur.

2. Sunt autem complura in iis, majora etiam terrestribus. Causa evidens, humoris luxuria. Alia sors alitum, quibus vita pendentibus. In mari autem tam late supino, mollique ac fertili nutrimento accipiente causas genitales e sublimi semperque parente natura, pleraque etiam monstrifica reperiuntur, perplexis et in semet aliter atque aliter nunc flato,

que se forment la plupart des monstres, parceque ces
germes se mêlent et se confondent ensemble, agités en
tous sens et par les vents et par les flots; en sorte que
l'opinion du vulgaire s'accorde avec la vérité, quand il
croit que tout ce qui naît dans chacun d.s autres éléments est aussi dans la mer, et qu'on y voit de plus une
infinité de productions qui n'existent nulle part ailleurs.
Du moins on peut se convaincre que non-seulement les
êtres vivants, mais les choses même inanimées, ont leurs
ressemblances dans cette partie de la nature, lorsqu'on y
considère la grappe (œufs de sèche), l'épée (*xiphias gladius*), la scie (*squalus pristis*), les holothurces ou priapes
de mer, avec la couleur et l'odeur du concombre terrestre. Ne soyons donc plus étonnés de reconnaître la tête
du cheval dans de faibles coquillages (hippocampe ou
cheval marin), monstres de l'océan Indien.

La mer Indienne, plus abondante qu'aucune autre, produit aussi les plus grands animaux, des baleines de neuf
cents pieds (1), des scies de deux cents coudées, des langoustes de quatre coudées ; on trouve dans le Gange des
anguilles de trente pieds (exagération). Mais c'est au temps
des solstices qu'on voit surtout apparaître ces êtres monstrueux. Alors les vents, les orages, les tempêtes, se pré-
cipitant du sommet des montagnes, agitent ces mers dans

nunc fluctu convolutis seminibus atque principiis; vera ut fiat vulgi
opinio quidquid nascatur in parte naturæ ulla, et in mari esse, præterque multa quæ nusquam alibi. Rerum quidem, non solum animalium
simulacra esse licet intelligere intuentibus uvam, gladium, serras, cu-
cumim vero et colore et odore similem; quo minus miremur equorum
capita in tam parvis eminere cochleis.

II. 2. Plurima autem et maxima in Indico mari animalia, e quibus
balænæ quaternum jugerum, pristes ducenum cubitorum: quippe ubi
locustæ quaterna cubita impleant; anguillæ quoque in Gange amne
tricenos pedes. Sed in mari belluæ circa solstitia maxime visuntur.
Tunc illic ruunt turbines, tunc imbres, tunc dejecta montium juga
procellæ ab imo vertunt maria, pulsatasque ex profundo belluas cum

toute leur profondeur, et roulent avec les vagues ces animaux énormes qu'ils enlèvent du fond des abîmes. Les
thons d'ailleurs y sont en si prodigieuse quantité, que
la flotte d'Alexandre se rangea contre eux en ordre de
bataille, comme si une armée ennemie fût venue à sa
rencontre. Les vaisseaux séparés n'auraient pu s'ouvrir
un passage. Les cris, le bruit, les coups ne les épouvan-
tent pas. Ils ne sont effrayés que par un fracas éclatant.
Pour les disperser, il faut qu'on les accable.

Dans la mer Rouge est une grande péninsule, qu'on
nomme Cadara. Elle ferme, en se prolongeant dans les
eaux, un golfe d'une vaste étendue. Le roi Ptolémée employa douze jours et douze nuits pour le traverser à
la rame, parcequ'il est absolument à l'abri de tous les
vents. Dans ce séjour calme et tranquille, les poissons
grossissent au point de n'être plus qu'une masse immobile. Ceux qui commandaient les flottes d'Alexandre
rapportèrent que les Gédroses, situés sur les bords de
l'Arabis, faisaient des portes pour leurs maisons avec des
mâchoires de poissons, et des solives avec les os, dont
plusieurs avaient quarante coudées de long. En ce pays,
des troupeaux marins (de lamantins et de dugongs) viennent sur la terre, et retournent à la mer après s'être

fluctibus volvunt; et aliàs tanta thynnorum multitudine, ut Magni
Alexandri classis haud alio modo, quam hostium acie obvia, contrarium agmen adversa fronte direxerit; aliter sparsis non erat evadere;
non voce, non sonitu, non ictu, sed fragore terrentur, nec nisi ru na tur-
bantur.

Cadara appellatur Rubri maris peninsula ingens. Hujus objectu vas-
tus efficitur sinus, duodecim dierum et noctium remigio enavigatus
Ptolemæo regi, quando nullus auræ recipit afflatum. Hujus loci quiete
præcipua ad immobilem magnitudinem belluæ adolescunt. Gedrosi,
qui Arabin amnem accolunt, Alexandri Magni classium præfecti prodidere, in domibus fores maxillis belluarum facere, ossibus tecta con-
tignare, ex quibus multa quadragenum cubitorum longitudinis reperta.
Exeunt et pecori similes belluæ ibi in terram, pastæque radices fruti-

nourria de racines d'arbrisseaux. Quelques uns ont la tête du cheval, de l'âne ou du taureau, et broutent les champs ensemencés.

Des animaux les plus grands dans chaque mer.

Les plus grands animaux, dans la mer de l'Inde, sont la scie et la baleine. Dans l'océan des Gaules, c'est le souffleur (*grande baleine*), qui, s'élevant comme une haute colonne, au-dessus même des voiles des vaisseaux, jette une énorme quantité d'eau. Dans l'océan de Cadix est l'arbre (2), qui prolonge ses branches à une telle distance que l'on croit que c'est par cette raison qu'il n'est jamais entré dans le détroit. On y voit aussi paraître ceux à qui leur forme a fait donner le nom de roues. Ils ont quatre rayons; les yeux sont placés aux deux extrémités du moyeu (*méduses*).

Tritons. — Néréides. — Éléphants marins.

Une députation de Lisbonne fut envoyée à Tibère, pour lui annoncer qu'on avait vu et entendu, dans une grotte, un triton qui jouait des airs avec une conque (3). La forme des néréides n'est pas une vaine fiction. Seulement elles sont hérissées d'écailles, même dans la partie qui ressemble au corps humain. On en vit une qui vint mourir sur

cum romeant ; et quædam equorum, asinorum, taurorum capitibus, quæ depascuntur sata.

III. 4. Maximum animal in Indico mari pristis, et balæna est ; in Gallico oceano physeter, ingentis columnæ modo se attollens, altiorque navium velis diluviem quamdam eructans. In Gaditano oceano arbor in tantum vastis dispansa ramis, ut ex ea causa fretum numquam intrasse credatur. Apparent et rotæ appellatæ a similitudine, quaternis distinctæ radiis, modiolos earum oculis duobus utrimque claudentibus.

IV. 5. Tiberio principi nuntiavit Olisiponensium legatio ob id missa, visum auditumque in quodam speu concha canentem tritonem, qua noscitur forma ; et nereidum falsa non est, squamis modo hispido corpore, etiam qua humanam effigiem habent. Namque hæc in eodem

ce même rivage, et les habitants entendirent au loin ses glapissements plaintifs (1). Le commandant de la Gaule écrivit à Auguste qu'on apercevait sur le rivage un très grand nombre de néréides mortes. Des chevaliers romains de la plus haute considération m'ont assuré avoir vu, dans la mer de Cadix, un homme marin, parfaitement conformé. Ils m'ont dit qu'il montait la nuit sur des barques, qu'il faisait pencher la partie où il se posait, qu'il la submergeait même, s'il y restait un peu longtemps. Sous Tibère, la mer, en se retirant, laissa sur le rivage de la province Lyonnaise plus de trois cents animaux, d'une variété et d'une grosseur prodigieuse. La même chose arriva sur les côtes des Santoniens. C'étaient entre autres des éléphants (le morse ?) et des béliers marins : la place des cornes était seulement indiquée par une marque blanche. Il s'y trouvait aussi plusieurs néréides. Turranius écrit que la mer jeta sur les rivages de Cadix un poisson (cachalot) dont la queue avait à son extrémité seize coudées de largeur ; les plus grosses dents, au nombre de cent vingt, avaient trois quarts de pied de longueur, et les plus petites un demi-pied. Entre les autres merveilles que Scaurus exposa dans son édilité, il fit voir le sque-

spectata litore est, cujus morientis etiam gannitum tristem accolæ audivere longe. Et divo Augusto legatus Galliæ complures in litore apparere examines nereidas scripsit. Auctores habeo in equestri ordine splendentes, visum ab his in Gaditano oceano marinum hominem, toto corpore absoluta similitudine ; ascendere navigia nocturnis temporibus, statimque degravari, quas insederit, partes ; et si diutius permaneat, etiam mergi. Tiberio principe, contra Lugdunensis provinciæ situs simul trecentas amplius belluas reciprocans destituit oceanus, miræ varietatis et magnitudinis ; nec pauciores in Santonum litore : interque reliquas elephantos, et arietes, candore tantum cornibus adsimulatis, nereidas vero multas. Turranius prodidit expulsam belluam in Gaditana litora, cujus inter duas pinnas ultimæ caudæ cubita sexdecim fuissent, dentes ejusdem cxx. maximi dodrantium mensura, minimi semipedum. Belluæ, cui dicebatur exposita fuisse Andromeda, ossa Romæ, apportata ex oppido

lette du monstre auquel on disait qu'Andromède avait été
exposée (sans doute os et mâchoires de baleines). On l'avait
apporté de Joppé, ville de Judée. Sa longueur était de
quarante pieds. Les côtes étaient plus hautes qu'un éléphant indien. L'épine avait un pied et demi de grosseur.

Baleines. — Ourques.

Les baleines pénètrent jusque dans nos mers (5) ; on
dit qu'elles ne paraissent pas avant l'hiver dans l'océan de
Cadix, et que, pendant un temps réglé, elles se cachent
dans un golfe spacieux et tranquille, où elles se plaisent
à faire leurs petits. C'est ce que savent les ourques (grand
dauphin épaulard), qui leur font la guerre avec acharnement (6), et qu'on ne peut mieux se représenter que
comme une masse de chair armée de dents terribles. Ils
vont donc les chercher dans leurs retraites, et mettent en
pièces les baleineaux et même les mères, soit qu'elles
aient mis bas ou qu'elles soient encore pleines, et fondant
sur elles, ils les percent comme ferait l'éperon d'une ga-
lère. Les baleines, sans flexibilité pour se retourner, sans
courage pour se défendre, accablées de leur propre poids,
et alors encore surchargées par le fardeau qu'elles portent, ou affaiblies par les souffrances de l'enfantement, ne
connaissent qu'une seule ressource, c'est de fuir en pleine

Judææ Joppe, ostendit inter reliqua miranda in ædilitate sua M. Scaurus, longitudine pedum xl., altitudine costarum Indicos elephantos excedente, spinæ crassitudine sesquipedali.

V. 6. Balænæ et in nostra maria penetrant. In Gaditano oceano non
ante brumam conspici eas tradunt, condi autem statis temporibus in
quodam sinu placido et capaci, mire gaudentes ibi parere ; hoc scire
orcas, infestam his belluam, et cujus imago nulla repræsentatione ex-
primi possit alia, quam carnis immensæ dentibus truculentæ. Irrum-
punt ergo in secreta, ac vitulos earum, aut fœtus, vel etiamnum gravidas lancinant morsu, incursuque, ceu Liburnicarum rostris, fodiunt.
Illæ ad flexum immobiles, ad repugnandum inertes et pondere suo one-
ratæ, tunc quidem et utero graves, pariendive pœnis invalidæ, solum

mer, et de mettre l'océan tout entier entre elles et leur ennemi. Celui-ci fait ses efforts pour les arrêter, il s'oppose à leur passage, il les déchire après les avoir acculées dans des anses d'où elles ne peuvent s'échapper; il les pousse sur les bas-fonds, il les froisse contre les rochers. Ce combat est vraiment un spectacle; il semble que la mer soit furieuse contre elle-même. Sans que nul vent se fasse sentir, les flots poussés par le souffle et par le choc des combattants s'agitent et se soulèvent avec plus de force que dans la plus violente tempête.

On a vu jusque dans le port d'Ostie un ourque auquel l'empereur Claude livra combat. Il y était entré dans le temps qu'on travaillait au port, attiré par le naufrage d'un vaisseau qui apportait des cuirs de la Gaule. Il s'en reput pendant plusieurs jours, et se creusa sous les eaux une espèce de canal, en sorte que les sables amoncelés autour de lui ne lui laissaient plus la faculté de se retourner. Un jour qu'il poursuivait sa proie, les flots le poussèrent sur le rivage, de manière que son dos s'élevait au-dessus de la mer comme une carène renversée. L'empereur fit tendre une multitude de filets à l'entrée du port, et lui-même, à la tête des cohortes prétoriennes, il donna au peuple romain le spectacle de ce combat. L'assaut fut

auxilium novere in altum profugere, et se toto defendere oceano. Contra, orcæ occurrere laborant, seseque opponere et caveatas angustiis trucidare, in vada urgere, saxis illidere. Spectantur ea prælia, ceu mari ipsi sibi irato, nullis in sinu ventis, fluctibus vero ad anhelitus ictusque, quantos nulli turbines volvant.

Orca et in portu Ostiensi visa est, oppugnata a Claudio principe. Venerat tunc exædificante eo portum, invitata naufragiis tergorum advectorum e Gallia, satiansque se per complures dies, alveum in vado sulcaverat, adtumulata fluctibus in tantum, ut circumagi nullo modo posset, et dum saginam persequitur, in litus fluctibus propulsa, emineret dorso multum supra aquas, carinæ vice inversæ. Prætendi jussit Cæsar plagas multiplices inter ora portus; profectusque ipse cum prætorianis cohortibus populo romano spectaculum præbuit, lanceas congerente

livré par des barques d'où les soldats faisaient pleuvoir
une nuée de lances. J'ai vu moi-même une ces barques
submergée par l'eau dont le souffle de l'ourque l'avait
remplie.

Si les animaux marins respirent et dorment.

Les baleines ont sur la tête des évents qui, lorsqu'elles
nagent à la surface de la mer, leur servent à lancer en
forme de jet l'eau qu'elles ont avalée (7).

Tous les auteurs conviennent que ces animaux ne sont
pas les seuls qui respirent dans la mer ; ils reconnaissent
cette faculté dans quelques autres en petit nombre, qui
ont un poumon, car ils pensent que sans ce viscère nul
animal ne peut respirer. Mais ils refusent le mouvement
alternatif de la respiration aux poissons qui ont des branchies (8), et même à beaucoup d'espèces qui n'en ont pas.
Je vois que ce sentiment a été celui d'Aristote, et que ce
philosophe a cité à son appui une foule d'observations
savantes. J'avoue franchement que je ne suis pas de son
avis, parceque la nature a pu donner à certains animaux
d'autres organes qui fassent l'office du poumon, comme
elle a donné à plusieurs un autre fluide au lieu de sang.
Doit-on s'étonner que l'air respirable pénètre dans l'eau,
quand on voit qu'il en sort? Et les animaux qui vivent

milite e navigiis assultantibus, quorum unum mergi vidimus, reflatu
belluæ oppletum unda.

VI. Ora balænæ habent in frontibus ; ideoque summa aqua natantes,
in sublime nimbos efflant.

7. Spirant autem confessione omnium et paucissima alia in mari,
quæ internorum viscerum pulmonem habent, quoniam sine eo nullum
animal putatur spirare ; nec piscium branchias habentes, anhelitum
reddere, ac per vices recipere existimant, quorum hæc opinio est : nec
multa alia genera etiam branchiis carentia ; in qua sententia fuisse
Aristotelem video, et multis persuasisse doctrinæ indaginibus. Nec me
protinus huic opinioni eorum accedere haud dissimulo : quoniam et
pulmonum vice aliis possunt alia spirabilia inesse viscera, ita volente
natura ; sicut et pro sanguine est multis alius humor. In aquas quidem

ensevelis sous la terre, comme la taupe, ne prouvent-ils pas que l'air pénètre dans cet élément beaucoup plus compacte que l'eau?

D'autres raisons me déterminent à croire que tous les poissons respirent naturellement dans l'eau. D'abord on remarque en eux une certaine anhélation pendant les chaleurs de l'été, et une espèce de bâillement quand l'eau est tranquille. Ceux-mêmes qui sont d'un sentiment contraire conviennent que les poissons dorment. Or, point de sommeil sans respiration. Je pourrais alléguer encore l'élévation de ces petites bulles qui se forment sur l'eau, et l'accroissement des coquillages produit par l'influence de la lune. Mais ce qui est le plus décisif, c'est qu'on ne peut nier que les poissons n'aient le sens de l'ouïe et de l'odorat, qui ne peuvent être affectés l'un et l'autre que par les impressions de l'air. L'odeur en effet n'est que l'air chargé d'une matière étrangère. Au surplus, chacun peut adopter l'opinion qui lui plaira. La baleine et le dauphin n'ont point de branchies. Tous les deux respirent par un canal qui aboutit au poumon; dans les baleines, il est placé au front, et dans les dauphins sur le dos. Les veaux marins, qu'on nomme phoques, respirent

penetrare vitalem hunc halitum quis miretur, qui etiam reddi ab his eum cernat; et in terras quoque, tanto spissiorem naturæ partem, penetrare, argumento animalium quæ semper defossa vivunt, ceu talpæ?

Accedunt apud me certe efficacia, ut credam etiam omnia in aquis spirare naturæ suæ sorte: primum sæpe adnotata piscium æstivo calore quædam anhelatio, et alia tranquillo velut oscitatio; ipsorum quoque, qui sunt in adversa opinione, de somno piscium confessis; quis enim sine respiratione somno locus! Præterea bullantium aquarum sufflatio, lunæque effectu concharum quoque corpora augescentia. Super omnia est, quod esse auditum et odoratum piscibus non erit dubium; ex aeris utrumque materia. Odorem quidem non aliud, quam infectum aera, intelligi possit. Quamobrem de his opinetur, ut cuique libitum erit. Branchiæ non sunt balænis, nec delphinis. Hæc duo genera fistulis spirant, quæ ad pulmonem pertinent, balænis a fronte, del-

et dorment sur la terre. Il en est de même des tortues,
dont je parlerai bientôt plus au long.

Des dauphins.

Le dauphin surpasse en vitesse tous les poissons (9) et
même tous les animaux. L'oiseau est moins prompt, la
flèche moins rapide, et s'il n'avait la bouche placée beaucoup au-dessous du museau, presque au milieu du ventre,
nul poisson n'échapperait à sa poursuite. Mais la nature
prévoyante a mis un frein à son impétuosité, puisqu'il ne
peut saisir sa proie que renversé et tourné sur le dos. Et
c'est même ce qui montre surtout son incroyable agilité.
Car, lorsque pressé par la faim, et poursuivant le poisson
qui fuit au fond des abîmes, il a longtemps retenu son
haleine, il s'élance comme un trait, afin de respirer hors
de l'eau, et bondit d'une telle force que souvent il passe
au-dessus des voiles des vaisseaux. Les dauphins ordinairement vont par couples. Les femelles mettent bas au
dixième mois, pendant l'été ; quelquefois elles donnent
deux petits. Elle les allaitent comme la baleine, et même
elles les portent sur leur dos tant qu'ils ne sont pas en
état de nager ; bien plus, elles les accompagnent longtemps
après qu'ils sont devenus adultes. Ces animaux ont une
grande affection pour leurs petits. Ils croissent prompte-

phinis a dorso. Et vituli marini, quos vocant phocas, spirant ac dormiunt
in terra. Item testudines, de quibus mox plura.

VII. 8. Velocissimum omnium animalium, non solum marinorum,
est delphinus, ocior volucre, acrior telo ; ac nisi multum infra rostrum
os illi foret, medio pene in ventre, nullus piscium celeritatem ejus eva-
deret. Sed adfert moram providentia naturæ, quia nisi resupini atque
conversi non corripiunt : quæ causa præcipue velocitatem eorum ostendit. Nam quum fame conciti, fugientem in vada ima persecuti piscem,
diutius spiritum continuere, ut arcu emissi, ad respirandum emicant,
tantaque vi exsiliunt, ut plerumque vela navium transvolent. Vagantur
fere conjugia ; pariunt catulos decimo mense, æstivo tempore, interim
et binos ; nutriunt uberibus, sicut balæna ; atque etiam gestant fœtus
infantia infirmos. Quin et adultos diu comitantur, magna erga partum

ment. On dit qu'ils ont acquis toute leur grandeur à la dixième année. Ils vivent trente ans, comme on s'en est assuré en coupant la queue à de jeunes dauphins. Ils disparaissent pendant trente jours vers le lever de la canicule ; on ignore de quelle manière ils se cachent. Mais la chose devient plus difficile à concevoir, s'il est vrai qu'ils ne puissent respirer dans l'eau.

Ils se jettent assez souvent sur le rivage, sans qu'on en connaisse la cause (10). Ils ne meurent pas aussitôt qu'ils ont touché la terre ; mais ils expirent bien plus vite si le conduit de la respiration est fermé. Leur langue, contre l'ordinaire des animaux aquatiques, est mobile, courte, large, semblable à celle du porc. Leur voix peut se comparer au gémissement humain. Leur dos est voûté, et leur museau relevé. Ils répondent volontiers au nom de *Simo* (11).

Que le dauphin est ami de l'homme.

Le dauphin n'est pas seulement ami de l'homme (12), il aime aussi la musique. La symphonie lui plaît beaucoup, surtout celle des instruments hydrauliques. L'homme ne lui est pas étranger ; il n'en a point peur. Il vient au-devant des vaisseaux, se joue en sautant à l'entour, lutte

<hr>

caritate. Adolescunt celeriter, decem annis putantur ad summam magnitudinem pervenire : vivunt et tricenis ; quod cognitum præcisa cauda in experimentum. Abduntur tricenis diebus circa canis ortum , occultanturque incognito modo ; quod eo magis mirum est, si spirare in aqua non queunt.

Solent in terram erumpere incerta de causa ; nec statim tellure tacta moriuntur, multoque ocius fistula clausa. Lingua est his contra naturam aquatilium mobilis , brevis atque lata, haud differens suillæ. Pro voce gemitus humano similis, dorsum repandum, rostrum simum. Qua de causa nomen Simonis omnes miro modo agnoscunt , maluntque ita appellari.

VIII. Delphinus non homini tantum amicum animal, verum et musicæ arti, mulcetur symphoniæ cantu, et præcipue hydrauli sono. Ho-

avec eux de vitesse, et les devance, quoiqu'ils voguent à pleines voiles.

Sous l'empire d'Auguste, un dauphin qui était entré dans le lac Lucrin, conçut la plus vive affection pour l'enfant d'un homme du peuple. Cet enfant faisait souvent le voyage de Baies à Pouzzoles pour se rendre aux écoles. En se reposant à l'heure de midi, il avait accoutumé le dauphin à venir à sa voix, en lui jetant quelques morceaux de pain qu'il apportait pour lui donner. Je n'oserais rapporter ce fait s'il n'était consigné dans les écrits de Mécène, de Fabianus, de Flavius Alphius et de beaucoup d'autres. A quelque heure du jour que l'enfant l'appelât, fût-il caché au fond des eaux, il accourait, et, après avoir reçu de sa main la portion qui lui était destinée, il présentait son dos, en cachant ses pointes comme dans un fourreau; puis il le portait à Pouzzoles à travers la mer, et le ramenait de la même manière. L'enfant mourut de maladie : le dauphin continua de venir au rendez-vous, mais il avait l'air triste et chagrin. Il mourut bientôt lui-même, et personne ne douta que ce ne fût du regret de ne plus voir son jeune ami.

Dans ces dernières années, près du rivage d'Hippone

minem non expavescit, ut alienum : obviam navigiis venit, adludit exsultans, certat etiam, et quamvis plena præterit vela.

Divo Augusto principe, Lucrinum lacum invectus, pauperis cujusdam puerum, ex Baiano Puteolos in ludum literarium itantem, quum meridiano immorans appellatum eum Simonis nomine sæpius fragmentis panis, quem ob id ferebat, adlexisset, miro amore dilexit. Pigeret referre, ni res Mæcenatis, et Fabiani, et Flavii Alfii, multorumque esset literis mandata. Quocumque diei tempore inclamatus a puero, quamvis occultus atque abditus, ex imo advolabat; pastusque e manu præbebat ascensuro dorsum, pinnæ aculeos velut vagina condens; receptumque Puteolos per magnum æquor in ludum ferebat, simili modo revehens pluribus annis : donec morbo extincto puero, subinde ad consuetum locum ventitans, tristis et mœrenti similis, ipse quoque (quod nemo dubitaret) desiderio exspiravit.

Alius intra hos annos in Africo litore Hipponis Diarrhyti, simili

en Afrique, un autre dauphin recevait de même sa nourriture de la main des hommes. Il se laissait manier, jouait avec les nageurs, les portait sur son dos. Flavinius, proconsul d'Afrique, le frotta d'essences. Assoupi probablement par cette odeur nouvelle pour lui, on le vit quelque temps flotter sur l'eau sans donner aucun signe de vie. Il s'abstint plusieurs mois de la société des hommes, comme s'il en eût été repoussé par un outrage. Il revint dans la suite et présenta le spectacle des mêmes merveilles. Les vexations des hommes puissants, que la curiosité attirait de toutes parts, déterminèrent les habitants à le tuer.

On cite des faits semblables arrivés dans Iassus avant cette époque. Un dauphin s'était arrêté longtemps à considérer un enfant pour lequel il avait conçu de l'amour. Le voyant s'éloigner du rivage, il le suivit avec trop d'ardeur, et s'étant lancé sur le sable, il y expira. Alexandre fit cet enfant grand prêtre de Neptune à Babylone. L'affection de l'animal lui sembla le gage de la bienveillance du dieu. Hégésidème écrit que, dans la même ville d'Iassus, un enfant nommé Hermias, traversant la mer sur un dauphin, périt par une tempête imprévue ; il fut rapporté par le dauphin, qui, s'avouant coupable de sa mort,

modo ex hominum manu vescens, præbensque se tractandum, et adludens natantibus, impositosque portans, unguento perunctus a Flaviano, proconsule Africæ, et sopitus (ut apparuit) odoris novitate, fluctuatusque similis exanimi, caruit hominum conversatione, ut injuria fugatus, per aliquot menses ; mox reversus in eodem miraculo fuit. Injuriæ potestatum in hospitales, ad visendum venientium, Hipponenses in necem ejus compulerunt.

Ante hæc similia de puero in Iasso urbe memorantur, cujus amore spectatus longo tempore, dum abeuntem in litus avide sequitur, in arenam invectus exspiravit. Puerum Alexander Magnus Babylone Neptuni sacerdotio præfecit, amorem illum numinis propitii fuisse interpretatus. In eadem urbe Iasso Hegesidemus scribit et alium puerum, Hermiam nomine, similiter maria perequitantem, quum repentina procella fluctibus exanimatus esset, relatum ; delphinumque causam lethi

ne retourna point à la mer et mourut sur le rivage. Théophraste dit que la même chose est arrivée à Naupacte. Je ne finirais pas de citer des exemples. Les habitants d'Amphiloque et de Tarente racontent des faits pareils, ce qui rend vraisemblable ce qu'on rapporte du musicien Arion. Il était en pleine mer. Les matelots s'apprêtaient à le massacrer, pour s'emparer des richesses qu'il avait acquises par son talent. A force de sollicitations, il obtint de chanter encore une fois en s'accompagnant de sa lyre ; les dauphins étant accourus à ses doux accents, il se jeta dans les flots ; un d'eux le reçut, et le porta jusqu'au rivage de Ténare.

Dans quels lieux les dauphins aident les hommes à pêcher.

Dans la province Narbonnaise, près de Nîmes, est un étang nommé Latéra, où les dauphins s'associent avec l'homme pour la pêche (13). A une certaine époque de l'année, une prodigieuse quantité de muges s'élance vers la mer par l'étroite embouchure de l'étang. Ils choisissent le moment du reflux, ce qui empêche qu'on ne puisse tendre les filets, qui d'ailleurs ne seraient pas capables de soutenir une masse aussi énorme. Par l'effet du même instinct ils se dirigent de suite vers la haute mer, et se hâ-

latentem non reversum in maria, atque in sicco exspirasse. Hoc idem et Naupacti accidisse Theophrastus tradit. Nec modus exemplorum. Eadem Amphilochi et Tarentini de pueris delphinisque narrant. Quæ faciunt ut credatur Arionem quoque citharœdicæ artis, interficere nautis in mari parantibus, ad intercipiendos ejus quæstus, eblanditum ut prius caneret cithara; congregatis cantu delphinis, quum se jecisset in mare, exceptum ab uno Tænarium in litus pervectum.

IX. Est provinciæ Narbonensis et in Nemausiensi agro stagnum Latera appellatum, ubi cum homine delphini societate piscantur. Innumera vis mugilum stato tempore angustis faucibus stagni in mare erumpit, observata æstus reciprocatione. Qua de causa prætendi non queant retia, æque molem ponderis nullo modo toleratura, etiamsi non solertia insidietur tempori. Simili ratione in altum protinus tendunt, quod vicino gurgite efficitur, locamque solum pandendis retibus habilem effugere

tent de fuir le seul lieu propre à tendre les filets. Les habitants, qui connaissent l'époque de cette émigration,
attirés d'ailleurs par le plaisir de cette pêche, s'assemblent sur le rivage. Spectateurs et pêcheurs, tous font retentir au loin les cris, *Simo*, *Simo*. Les dauphins entendent bientôt qu'on a besoin d'eux. Le vent du nord leur
porte la voix. Le vent du midi est contraire. Mais en
quelque temps que ce soit, ces fidèles auxiliaires ne tardent pas à paraître. On croirait voir accourir une armée,
qui, à l'instant même, prend ses positions dans le lieu où
l'action va s'engager. Ils ferment la mer aux muges qui,
dans leur épouvante, se rejettent vers les bas-fonds. Alors
les pêcheurs étendent leurs filets tout à l'entour, et les
soulèvent avec des fourches. Les muges néanmoins les
franchissent d'un saut agile. Les dauphins fondent sur
eux, et contents, pour l'instant, de les avoir tués, ils attendent pour les manger que la victoire soit achevée.
L'action se soutient, et pressant l'ennemi avec ardeur, ils
se laissent volontiers enfermer avec lui; et afin que leur
présence ne le fasse pas fuir, ils se glissent insensiblement
entre les barques, les filets et les nageurs, de manière
qu'ils ne lui laissent aucun passage. Quoique naturelle-

festinant. Quod ubi animadvertere piscantes (concurrit autem multitudo
temporis gnara, et magis etiam voluptatis hujus avida), totusque populus e litore quanto potest clamore conciet Simonem ad spectaculi eventum. Celeriter delphini exaudiunt desideria, aquilonum flatu vocem
prosequente, austro vero tardius ex adverso referente. Sed tum quoque
improviso in auxilium advolant. Properare apparet acies, quæ protinus
disponitur in loco, ubi conjectus est pugnæ : opponunt sese ab alto,
trepidosque in vada urgent. Tum piscatores circumdant retia, furcis-
que sublevant ; mugilum nihilominus velocitas transilit. At illos excipiunt delphini, et occidisse ad præsens contenti, cibos in victoriam differunt. Opere prælium fervet, includique retibus se fortiss me urgentes
gaudent : ac ne idipsum fugam hostium stimulet, inter navigia et retia
nitantesve homines ita sensim elabuntur, ut exitum non aperiant. Saltu,
quod es alias blandissimum his, nullus conatur evadere, ni summis-

ment ils se plaisent à sauter, nul n'essaie de s'évader, à moins qu'on n'abaisse le filet. Sortis de l'enceinte, ils recommencent le combat. Quand tout est pris, ils dévorent ceux qu'ils ont tués. Mais sachant qu'ils ont trop bien travaillé pour ne recevoir que le salaire d'un jour, ils se présentent encore le lendemain, et se rassasient non-seulement de poisson, mais encore de pain trempé dans du vin.

Autres merveilles concernant les dauphins.

Le récit que fait Mucien d'une semblable pêche dans le golfe d'Iassus, diffère en ce que, selon lui, les dauphins viennent d'eux-mêmes, et sans qu'on les ait appelés : ils reçoivent leur part de la main des hommes ; et chaque barque a le sien qui l'accompagne, quoique la pêche se fasse de nuit et aux flambeaux. Ils forment aussi entre eux une société politique. Un dauphin ayant été pris par le roi de Carie et enchaîné dans le port, les autres vinrent en grand nombre, et cherchèrent, par des signes non équivoques de tristesse, à exciter la commisération, jusqu'à ce que le roi lui eût rendu la liberté. Les petits sont même accompagnés d'un plus grand qui est comme leur gardien. On en a vu qui portaient le corps d'un autre dauphin, pour qu'il ne fût pas dévoré par les monstres marins.

tantur sibi retia. Egressus protinus ante vallum praeliatur. Ita peracta captura, quos interemere, diripiunt. Sed enixioris operae, quam in unius diei praemium, conscii sibi, opperiuntur in posterum ; nec piscibus tantum, sed intrita panis e vino satiantur.

X. Quae de eodem genere piscandi in Iassio sinu Mucianus tradit hoc differunt, quod ultro neque inclamati praesto sint, partesque e manibus accipiant, et suum quaeque cymba e delphinis socium habeat, quamvis noctu, et ad faces. Ipsis quoque inter se publica est societas. Capto a rege Cariae, alligatoque in portu, ingens reliquorum convenit multitudo, moestitia quadam quae posset intelligi miserationem petens, donec dimitti rex eum jussit. Quin et parvos semper aliquis grandior comitatur, ut custos. Conspectique sunt jam defunctum portantes, ne laceraretur a belluis.

Des tursions ou marsouins.

Les marsouins ont quelque ressemblance avec les dauphins (14). Ils en diffèrent par leur air morne et triste; car ils n'ont pas la gaieté pétulante du dauphin, et leur gueule est aussi malfaisante que celle du milandre.

Des tortues.

La mer Indienne produit des tortues d'une telle grandeur (15) que les habitants couvrent leurs cabanes avec une seule carapace; ils s'en servent comme de nacelles pour passer aux îles de la mer Rouge (exagération). On pêche les tortues de plusieurs manières, mais surtout en les surprenant lorsque, au milieu du jour, attirées par la chaleur, elles flottent à la surface de la mer. Leur dos tout entier s'élève alors au-dessus des eaux tranquilles. Ce plaisir de respirer en liberté fait qu'elles s'oublient elles-mêmes. Bientôt leur écaille séchée par l'ardeur du soleil ne permet plus qu'elles s'enfoncent; elles flottent malgré elles, et deviennent la proie de qui veut les saisir. On dit encore que, la nuit, elles sortent de la mer pour pâturer, et qu'après s'être rassasiées avec avidité, elles y retournent le matin, très fatiguées du voyage. Elles s'endorment sur l'eau. Le bruit qu'elles font en ronflant les trahit. Alors trois hommes nagent doucement vers cha-

XI. 9. Delphinorum similitudinem habent, qui vocantur tursiones. Distant et tristitia quidem aspectus : abest enim illa lascivia, maxime tamen rostris canicularum maleficentiæ adsimulati.

XII. 10. Testudines tantæ magnitudinis Indicum mare emittit, ut singularum superficie habitabiles casas integant, atque insulas Rubri præcipue maris his navigent cymbis. Capiuntur multis quidem modis, sed maxime evectæ in summa pelagi antemeridiano tempore blanditiæ, eminente toto dorso per tranquilla fluitantes : quæ voluptas libere spirandi in tantum fallit oblitas sui ut, solis vapore siccato cortice, non queant mergi, invitæque fluitent, opportunæ venantium prædæ. Ferunt et pastum egressas noctu, avideque saturatas lassari : atque ut remeaverint matutino, summa in aqua obdormiscere ; id prodi stertentium sonitu. Tum adnatare, leviterque, singulis ternos : a duobus in dorsum

cune d'elles ; deux la renversent sur le dos, le troisième
lui passe une corde, et d'autres hommes sur le rivage la
tirent à terre. Dans la mer Phénicienne on les prend
sans difficulté ; chaque année, à une certaine époque,
elles se rendent en nombre prodigieux dans le fleuve
Éleuthère. La tortue n'a point de dents ; mais les bords
de la bouche sont garnis de pointes. La mâchoire supérieure ferme la mâchoire inférieure, comme le couvercle
d'une boîte. Dans la mer, elles vivent de coquillages ;
telle est la dureté de leurs mâchoires qu'elles brisent les
pierres. Lorsqu'elles vont à terre, elles se nourrissent
d'herbes. Elles pondent des œufs semblables à ceux des
oiseaux ; elles en font jusqu'à cent. Elles les déposent
hors de l'eau dans un creux qu'elles recouvrent de terre,
elles battent et aplanissent cette terre avec leur poitrine
et couvent pendant la nuit (16). Les œufs n'éclosent
qu'au bout d'un an. Quelques auteurs pensent qu'elles
les échauffent de leurs regards, et que la femelle se refuse à l'accouplement jusqu'à ce que le mâle lui mette
une paille sur le dos.

On voit chez les Troglodytes des tortues qui ont des
cornes semblables à celles d'une lyre ; ces cornes sont
larges, mais mobiles. Elles s'en aident comme de rames

vertit, a tertio laqueum injici supinæ, atque ita e terra a pluribus trahi.
In Phœnicio mari haud ulla difficultate capiuntur, ultroque veniunt
stato tempore anni in amnem Eleutherum effusa multitudine. Dentes
non sunt testudini, sed rostri margines acuti, superna parte inferiorem
claudente pyxidum modo. In mari conchyliis vivunt, tanta oris duritia,
ut lapides comminuant ; in terram egressæ, herbis. Pariunt ova, avium
ovis similia, ad centena numero ; eaque defossa extra aquas, et cooperta terra, ac pavita pectore et complanata, incubant noctibus. Educunt fœtus annuo spatio. Quidam oculis, spectandoque ova foveri ab iis
putant ; feminas coitum fugere, donec mas festucam aliquam imponat
aversæ.

Troglodytæ cornigeras habent, ut in lyra, adnexis cornibus latis, sed
mobilibus, quorum in natando remigio se adjuvant : chelyon id voca-

pour nager. Cette espèce se nomme *chelyon*. L'écaille en est très belle, mais elle est rare. Les rochers aigus où il faut la chercher effraient les Chélonophages. Les Troglodytes, chez qui elles abordent, les révèrent comme sacrées. Il y a aussi des tortues de terre, dont l'écaille s'emploie pour plusieurs ouvrages ; on les nomme chersines. Elles se trouvent dans la partie la plus desséchée des déserts de l'Afrique. On croit qu'elles y vivent de la rosée du ciel. C'est la seule espèce d'animaux qu'on y rencontre.

Qui a façonné le premier les écailles de tortues.

Carvilius Pollion, homme prodigue par caractère et d'une rare sagacité pour tous les raffinements du luxe, imagina, le premier, de couper en lames les écailles de tortue, et d'en revêtir les plateaux et les lits de table.

Différences des animaux aquatiques.

Tous les animaux aquatiques n'ont pas les mêmes téguments. Les uns sont couverts de cuir et de poil, comme le veau marin et l'hippopotame, les autres ont seulement un cuir, comme le dauphin ; une écaille, comme la tortue ; une coquille aussi dure que le caillou, comme l'huître et la conque ; une croûte, comme la langouste ; une croûte et des piquants, comme l'oursin ; un tissu de lames

tur, eximiæ testudinis, sed raræ ; namque scopuli præacuti Chelonophagos terrent. Troglodytæ autem, ad quos adnatant, ut sacras, adorant. Sunt et terrestres, quæ ob id in operibus chersinæ vocantur, in Africæ desertis, qua parte maxime sitientibus arenis squalent, roscido, ut creditur, humore viventes. Neque aliud ibi animal provenit.

XIII. 11. Testudinum putamina secare in laminas, lectosque et repositoria his vestire, Carvilius Pollio instituit, prodigi et sagacis ad luxuriæ instrumenta ingenii.

XIV. 12. Aquatilium tegumenta plura sunt. Alia corio et pilis integuntur, ut vituli, et hippopotami. Alia corio tantum, ut delphini ; cortice, ut testudines ; silicum duritia, ut ostreæ et conchæ ; crustis, ut

écailleuses, comme les poissons ; une peau rude et iné-
gale, comme l'ange, dont la dépouille est employée à
polir le bois et l'ivoire ; une peau molle, comme la murène ; d'autres n'ont pas même de peau, tels sont les
polypes.

De ceux qui ont des poils et de ceux qui n'en ont point.

Ceux qui sont vêtus de poil, comme la scie, la baleine
(faux) et le veau marin, sont vivipares. La femelle du
veau marin fait ses petits à terre. L'enfantement est suivi
d'un arrière-faix, comme chez les quadrupèdes. Dans
l'accouplement, elle reste attachée au mâle à la manière
des chiens. Elle a quelquefois plus de deux petits. Elle
les allaite jusqu'au douzième jour dans l'endroit où ils
sont nés. Ce n'est qu'à cette époque qu'elle les mène à la
mer, les accoutumant peu à peu à vivre dans l'eau. Ces
animaux sont très vivaces. Il est difficile de les tuer à
moins qu'on ne leur brise la tête. Leur cri est une espèce
de mugissement, qui leur a fait donner le nom de veau.
Ils sont susceptibles d'éducation. On les instruit à saluer
de la voix et de la tête. Lorsqu'ils s'entendent appeler,
ils répondent par un murmure confus. Nul animal ne
dort d'un plus profond sommeil. Leurs nageoires leur
tiennent lieu de pieds pour se traîner sur la terre.

locustæ ; crustis et spinis, ut echini ; squamis, ut pisces ; aspera cute,
ut squatina, qua lignum et ebora poliuntur ; molli, ut murænæ ; alia
nulla, ut polypi.

XV. 15. Quæ pilo vestiuntur animal pariunt, ut pristis, balæna,
vitulus. Hic parit in terra : pecudum more secundas partus reddit.
Initu canum modo cohæret ; parit nonnumquam geminis plures ; educat
mammis fœtum. Non ante duodecimum diem deducit in mare, ex eo
subinde assuefaciens. Interficiuntur difficulter nisi capite eliso. Ipsis in
sono mugitus : unde nomen vituli. Accipiunt tamen disciplinam, voce-
que pariter et visu populum salutant ; incondito fremitu, nomine
vocati, respondent. Nullum animal graviore somno premitur. Pinnis,
quibus in mari utuntur, humi quoque vice pedum serpunt.

On prétend que les peaux, même après avoir été enlevées et détachées de l'animal, conservent une sorte de sympathie avec les mouvements de la mer, et que le poil se redresse toutes les fois que la marée baisse (17). On dit encore que leur nageoire droite a une vertu soporifique, et que, placée sous la tête, elle provoque au sommeil.

Parmi les aquatiques dénués de poil, deux seulement sont vivipares : le dauphin et la vipère (18).

Des diverses espèces de poissons.

On compte soixante et quatorze espèces de poissons (19), outre les crustacées, qui en forment trente. Je parlerai dans la suite de chacune en particulier ; je m'occupe ici des plus remarquables.

Des poissons *les plus grands*.

Les plus grands sont les thons. On a vu un thon qui pesait quinze talents (20). Sa queue avait de largeur deux coudées et un palme. Il y a dans quelques fleuves des poissons non moins grands, tels que le silure (*silurus* des modernes et non l'esturgeon) dans le Nil, l'ésox (?) dans le Rhin, l'esturgeon dans le Pô ; celui-ci s'engraisse par l'inaction. Il pèse quelquefois jusqu'à mille livres. On le prend avec un hameçon attaché à une chaîne. Il faut un

Pelles eorum etiam, detractas corpori, sensum aquorum retinere tradunt, semperque æstu maris recedente inhorrescere ; præterea dextræ vim soporiferam inesse, somnosque allicere subditam capiti.

14. Pilo carentium duo omnino animal pariunt, delphinus ac vipera.

XVI. Piscium sunt species septuaginta quatuor, præter crusta intecta, quæ sunt triginta. De singulis alias dicemus. Nunc enim naturæ tractantur insignium.

XVII. 15. Præcipua magnitudine thynni ; invenimus talenta quindecim pependisse. Ejusdem caudæ latitudinem duo cubita et palmum. Sunt et in quibusdam amnibus haud minores ; silurus in Nilo, esox in Rheno, attilus in Pado, inertia pinguescens, ad mille aliquando libras, catenato captus hamo, nec nisi boum jugis extractus. Atqui hunc mi-

attelage de bœufs pour le tirer à terre. Cependant un très petit poisson qu'on nomme clupée le fait périr, en lui rongeant dans la gorge une veine dont il est très avide. Le silure exerce ses ravages partout où il se trouve; il attaque tous les animaux, et souvent entraîne au fond de l'eau les chevaux qui nagent. C'est surtout dans le Mein, rivière de la Germanie, et dans le Danube, qu'on emploie la force des bœufs et des crampons de fer pour tirer à terre le huso. Il devient énorme dans le Borysthène (21). Ce poisson n'a point d'os ni d'arêtes; sa chair est très délicate (espèce d'esturgeon). Les Indiens nomment plataniste (*delphinus gangeticus*) un poisson du Gange, qui a le museau et la queue du dauphin. Sa grandeur est de quinze coudées. Statius Sébosus rapporte qu'on trouve dans le même fleuve des vers prodigieux; ils ont deux branchies et six coudées de longueur. Ils sont bleus. Leur forme leur a fait donner le nom de vers. Telle est leur force que lorsqu'un éléphant vient boire, ils lui saisissent la trompe et l'entraînent dans l'eau.

Des thons et d'autres poissons.

Les thons mâles n'ont point de nageoires sous le ventre (faux). Au printemps, ils passent en troupes de la

nimus piscis appellatus clupea, venam quamdam ejus in faucibus mira cupidine appetens, morsu exanimat. Silurus grassatur, ubicumque est, omne animal appetens, equos natantes saepe demergens. Praecipue in Mœno Germaniæ amne protelis boum et in Danubio marris extrahitur periculo marino simillimus; et in Borysthene memoratur praecipua magnitudo, nullis ossibus spinisve intersitis, carne praedulci. In Gange Indiæ platanistas vocant, rostro delphini et cauda, magnitudine autem xv, cubitorum. In eodem esse Statius Sebosus haud modico miraculo affert, vermes branchiis binis, sexaginta cubitorum, cæruleos, qui nomen a facie traxerunt. His tantas esse vires, ut elephantos ad potum venientes, mordicus comprehensa manu eorum, abstrahant.

XVIII. Thynni mares sub ventre non habent pinnam. Intrant e magno

grande mer dans le Pont-Euxin. Ils ne fraient pas ailleurs. Les petits qui accompagnent les mères à leur retour sont appelés *cordyles*. Au printemps suivant, on les
nomme *pélamides*, parcequ'ils se cachent dans la vase ;
et lorsqu'ils ont plus d'un an, on les nomme thons. On
les coupe par tranches, et ce qu'on estime le plus, c'est
le cou, le ventre et la gorge, mais il faut les manger tout
frais, encore alors causent-ils des nausées. Le reste se
conserve mariné. On appelle *mélandryes* les tranches qui
ont la forme de copeaux de chêne. Les morceaux les plus
voisins de la queue sont les moins estimés, parcequ'ils
sont secs et maigres. Ceux qui sont près de la gorge sont
les plus délicats. Dans les autres poissons, ce sont les
parties les plus voisines de la queue qu'on recherche le
plus. On coupe les pélamides en morceaux carrés pour
les garder marinés.

Amias ; scombres.

Toutes les espèces de poissons croissent très vite, surtout dans la mer du Pont. La cause en est dans le grand
nombre de rivières qui viennent y porter des eaux douces. On nomme amia (*scomber sarda*) un poisson qui,
chaque jour, prend un accroissement sensible. L'amia
entre par troupes dans le Pont avec les pélamides et les

mari Pontum verno tempore gregatim, nec alibi fœtificant. Cordyla appellantur partus, qui fœtas redeuntes in mare autumno comitantur ;
limosæ vere, aut e luto pelamides incipiunt vocari ; et quum annuum
excessere tempus, thynni. Hi membratim cæsi, cervice et abdomine
commendantur, atque e elidio, recenti duntaxat, et tum quoque gravi
ructu ; cetera parte plenis pulpamentis sale adservantur. Melandrya
vocantur, cæsis quercus assulis simillima. Vilissima ex his, quæ caudæ
proxima, quia pingui carent ; probatissima, quæ faucibus ; at in alio
pisce circa caudam exercitatissima. Pelamides in apolectos particulatim-
que consectæ, in genera cybiorum dispartiuntur.

XIX. Piscium genus omne præcipua celeritate adolescit, maxime in
Ponto. Causa, multitudo amnium dulces inferentium aquas. Amiam
vocant, cujus incrementum singulis diebus intelligitur. Cum thynnis

thons, pour y trouver une nourriture plus douce. Chaque troupe a son chef. Mais ceux de tous les poissons qui entrent les premiers sont les maquereaux. Leur couleur dans l'eau est celle du soufre : hors de l'eau, c'est celle des autres poissons. Les réservoirs d'Espagne en sont remplis. Les thons ne viennent point jusque-là.

Des poissons dans le Pont.

Si l'on excepte les veaux marins et les petits dauphins, il ne pénètre dans le Pont aucun animal nuisible aux poissons. Les thons suivent la rive droite, lorsqu'ils entrent ; à leur retour, ils suivent la gauche. Ce qu'on attribue à ce que ces animaux, qui ont naturellement la vue faible, voient pourtant un peu mieux de l'œil droit que de l'œil gauche. Dans le Bosphore de Thrace, qui réunit la Propontide à l'Euxin, à l'endroit même où le canal plus resserré sépare l'Europe de l'Asie, est un rocher d'une blancheur éblouissante, qui se fait voir depuis sa racine jusqu'à la surface de l'eau. Il est auprès de Chalcédoine, sur la côte d'Asie. A l'aspect de cette roche éclatante, les thons effrayés se jettent en foule vers le cap de Byzance, qui est à l'opposite, et qu'on a, par cette raison, nommé le cap de la Corne-d'Or. Aussi toute la pêche se fait-elle à Byzance, tandis qu'on n'en prend pas un seul à Chal-

hæ et pelamides in Pontum ad dulciora pabula intrant gregatim cum suis quæque ducibus, et primi omnium scombri, quibus est in aqua sulphureus color, extra qui ceteris. Hispaniæ cetarias hi replent, thynnis non commeantibus.

XX. Sed in Pontum nulla intrat bestia piscibus malefica, præter vitulos et parvos delphinos. Thynni dextra ripa intrant, exeunt læva. Id accidere existimatur, quia dextro oculo plus cernant, utroque natura hebete. Est in euripo Thracii Bosphori, quo Propontis Euxino jungitur, in ipsis Europam Asiamque separantis freti angustiis, saxum miri candoris, a vado ad summa perlucens, juxta Calchedonem in latere Asiæ. Hujus aspectu repente territi, semper adversum Byzantii promonterium, ex ea causa appellatum Aurei Cornus, præcipiti petunt agmine. Itaque omnis captura Byzantii est, magna Calchedonis penuria

cédoine, qui n'en est séparée que par un détroit de mille pas. Ils attendent le souffle de l'aquilon pour sortir du Pont avec un flot favorable, et la pêche n'a lieu que lorsqu'ils entrent dans le port de Byzance. Pendant l'hiver, ils ne voyagent point. En quelque endroit que cette saison les surprenne, ils y séjournent jusqu'à l'équinoxe. Souvent ils accompagnent les vaisseaux qui vont à la voile. C'est un spectacle fort agréable que de les voir du haut de la poupe suivre ainsi pendant quelques heures et l'espace de plusieurs milles, sans que le trident, lancé sur eux à plusieurs reprises, leur cause aucune épouvante. Quelques auteurs nomment ces thoas *pompiles* (*gasterostus ductor*).

Beaucoup de poissons passent l'été dans la Propontide, et n'entrent pas dans le Pont. Telles sont les soles : les turbots y entrent. On y voit le calmar (*sepia loligo*); mais la sèche ne s'y rencontre jamais. Parmi les saxatiles, le tourd et le merle (labres) ne s'y trouvent pas (22), non plus que les poissons à coquilles, au lieu que les huîtres y abondent. Tous passent l'hiver dans la mer Égée. Mais de ceux qui entrent dans Pont, les seuls qui n'en reviennent pas sont les trichias (23). J'observe ici que je suis obligé de me servir des noms grecs, chaque pays ayant

mille passibus medii interfluentis euripi. Opperiuntur autem aquilonis flatum, ut secundo fluctu exeant e Ponto, nec nisi intrantes portum Byzantium capiuntur. Bruma non vagantur : ubicumque deprehensi, usque ad æquinoctium, ibi hibernant. Iidem sæpe navigia velis euntia comitantes, mira quadam dulcedine per aliquot horarum spatia et passuum millia a gubernaculis spectantur, ne tridente quidem in eos sæpius jacto territi. Quidam eos, qui hoc a thynnis faciant, pompilos vocant.

Multi in Propontide æstivant ; Pontum non intrant. Item soleæ, quum rhombi intrent : nec sepia est, quum loligo reperiatur. Saxatilium, turdus et merula desunt : sicut conchylia, cum ostreæ abundent. Omnia autem hibernant in Ægeo. Intrantium Pontum soli non remeant trichiæ. Græcis enim in plerisque nominibus uti par erit, quando aliis atque aliis eosdem diversi appellavere tractus. Sed hi soli Istrum amnem

donné aux mêmes espèces des noms différents. Les trichias sont les seuls qui entrent dans le Danube. De là ils
descendent à la mer Adriatique par des conduits souterrains; mais on ne les voit jamais remonter de cette mer.
La pêche des thons se fait depuis le lever des pléiades
jusqu'au coucher de l'arcture. Le reste du temps, ils demeurent cachés au fond des abîmes, à moins qu'ils n'en
sortent dans un temps doux, ou à la pleine lune. Ils s'engraissent au point de se fendre. Leur vie la plus longue
est de deux ans.

Pourquoi les poissons sautent hors de l'eau.

Un petit animal de la forme du scorpion et de la grandeur de l'araignée s'attache sous la nageoire du thon et
d'un autre poisson qu'on nomme épée (*x. gladius*), et
qui souvent est plus grand que le dauphin; en les piquant de son aiguillon, il leur cause une douleur si atroce
qu'ils se jettent dans les vaisseaux. C'est aussi ce qui
arrive à beaucoup d'autres, lorsqu'ils fuient des ennemis
redoutables, et surtout aux muges, dont la légèreté est si
prodigieuse, qu'ils sautent quelquefois par-dessus les
vaisseaux.

Augures tirés des poissons.

Les augures se retrouvent aussi dans cette partie de la

subeunt; ex eo subterraneis ejus venis in Adriaticum mare defluunt;
itaque et illic descendentes, nec unquam subeuntes e mari visuntur.
Thynnorum captura est a vergiliarum exortu ad arcturi occasum: reliquo tempore hiberno latent in gurgitibus imis, nisi tepore aliquo evo-
cati, aut pleniluniis. Pinguescunt et in tantum, ut dehiscant. Vita longissima his biennio.

XXI. Animal est parvum, scorpionis effigie, aranei magnitudine.
Hoc se, et thynno, et ei qui gladius vocatur, crebro delphini magnitudinem excedenti, sub pinna adfigit aculeo, tantoque infestat dolore, ut
in naves sæpenumero exsiliant. Quod et alias faciunt aliorum vim timen-
tes, mugiles maxime, tam præcipuæ velocitatis, ut transversa navigia
interim superjactent.

XXII. 16. Sunt et in hac parte naturæ auguria, sunt et piscibus

nature, et les poissons eux-mêmes ont la prescience de
l'avenir. Pendant la guerre de Sicile, Auguste se promenant sur le rivage, un poisson s'élança de la mer et vint
tomber à ses pieds. C'était le temps où Sextus Pompée,
fier de ses victoires navales, adoptait Neptune pour père.
Les augures consultés répondirent que ceux qui tenaient
alors l'empire des mers seraient mis aux pieds de César.

Poissons qui n'ont point de mâles.

Parmi les poissons, les femelles sont plus grandes
que les mâles. Dans certaines espèces, il n'y a point
de mâles; tels sont les rougets et les chanes; car tous
ceux que l'on prend sont remplis d'œufs. Les poissons à écailles vont presque toujours en troupes. On les
prend avant le lever du soleil; c'est le moment où ils
voient le moins. Ils reposent la nuit, et lorsqu'elle est
claire, ils discernent les objets aussi bien que pendant le
jour. On prétend que si on agite le fond de l'eau, la pêche
sera plus abondante, et que par cette raison on en prend
un plus grand nombre au second coup de filet. Ils aiment
singulièrement l'huile; les pluies modérées les réjouis-
sent et les font croître. Les roseaux eux-mêmes, quoiqu'ils naissent dans les marais, ne croissent point sans
pluie. Les poissons qui demeurent constamment dans la

praescita. Siculo bello ambulante in litore Augusto, piscis e mari ad
pedes ejus exsiluit : quo argumento vates respondere, Neptunum patrem
adoptante tum sibi Sex. Pompeio (tanta erat navalis rei gloria) : « sub
« pedibus Caesaris futuros, qui maria tempore illo tenerent. »

XXIII. Piscium feminae majores quam mares. In quodam genere
omnino non sunt mares, sicut in erythinis et chanis. Omnes enim ovis
gravidae capiuntur. Vagantur gregatim fere cujusque generis squamosi.
Capiuntur ante solis ortum : tum maxime piscium fallitur visus. Noctibus, quies; et illustribus aeque, quam die, cernunt. Aiunt et si teratur
gurges, interesse capturae; itaque plures secundo tractu capi quam primo.
Gustu olet maxime, dein modicis imbribus gaudent, aluuturque. Quippe
et arundines, quamvis in palude prognatae, non tamen sine imbre ado-

même eau périssent, s'il n'y entre pas une eau nouvelle.

Particularités sur certains poissons.

Tous les poissons se ressentent de l'âpreté des hivers, surtout ceux qu'on dit avoir une pierre dans la tête, comme les loups (*perca labrax*), les chromis (*maigre ; sciœna umbra*), les ombres et les pagres (*sparus erythrinus*). Après les hivers rigoureux, on en prend beaucoup qui sont aveugles. Aussi, pendant cette saison, restent-ils cachés dans leurs retraites, comme je l'ai dit de quelques animaux terrestres. L'hippure (*coryphœna hippurus*) et le coracin ne se pêchent jamais l'hiver (24), si ce n'est pendant un petit nombre de jours déterminés, qui sont toujours les mêmes. On ne prend pas non plus la murène (*m. hœlene*), l'orphe, le congre (*m. conger*), la perche marine (*perca scribo*), ni aucun saxatile. On dit que pendant l'hiver, la torpille, la barbue (*pleuronectes rhumbus*) et la sole se cachent dans la terre, c'est-à-dire dans la vase, où ils se font des trous.

D'autres, au contraire, ne peuvent supporter les chaleurs. Ils se cachent soixante jours pendant les ardeurs de l'été, comme le glauque (*sciœna aquila ?*), l'ânon (lote de mer ? *gadus triurrhatus*) et la dorade (*sparus aurata*). Parmi les poissons de rivière, le silure est en quelque sorte asphyxié par le lever de la canicule ; et d'ailleurs le

lescunt ; et alias ubicumque pisces in eadem aqua assidui, si non adfluat, exanimantur.

XXIV. Praegelidam hiemem omnes sentiunt, sed maxime qui lapidem in capite habere existimantur, ut lupi, chromes, sciaene, pagri. Quum asperae h'emes fuere, multi caeci capiuntur. Itaque his mensibus jacent speluncis conditi, sicut in terrestrium genere retulimus. Maxime hippurus et coracinus h'eme non capti, praeterquam statis diebus paucis, et iisdem semper ; muraena et orphus, conger, percae, et saxatiles omnes. Terra quidem, hoc est, vado maris excavato condi per hiemes torpedinem, psettam, soleamque tradunt.

XXV. Quidam rursus aestus impatientia, mediis fervoribus sexagenis diebus latent, ut glaucus, aselli, auratae. Fluviatilium silurus canicu'ae

tonnerre l'assoupit toujours. On croit qu'il en est de même pour la carpe de mer. Au surplus, la mer entière ressent l'impression de la canicule au lever de cet astre; ce qu'on observe surtout dans le Bosphore. Les poissons et les herbes marines y sont portés à la surface des eaux, et tout est bouleversé de fond en comble.

Du muge.

L'instinct des muges (ou mulets) a quelque chose de risible. Quand ils ont peur, ils se cachent la tête, croyant qu'on ne les aperçoit plus. Toutefois ils sont si ardents en amour que, dans la Phénicie et la province Narbonnaise, lorsqu'au temps de l'accouplement on lâche à la mer un mâle attaché à une longue ficelle qui passe de la gueule aux branchies, et qu'on le retire par la même ficelle, les femelles le suivent jusqu'au rivage. Dans la saison du frai, la femelle est pareillement suivie par les mâles.

De l'esturgeon ou asipenser.

L'esturgeon, regardé chez les anciens comme le premier des poissons, et le seul dont les écailles soient tournées vers la tête, ne jouit plus aujourd'hui d'aucune estime. J'en suis étonné, car il est rare. Quelques uns le nomment élops.

exortu sideratur, et alias semper fulgure sopitur. Hoc et in mare accidere cyprino putant. Et alioqui totum mare sentit exortum ejus sideris, quod maxime in Bosphoro apparet. Alga enim et pisces superferuntur, omniaque ab imo versa.

XXVI. 17. Mugilum natura ridetur, in metu capite abscondito, totos se occultari credentium. Iisdem tamen tanta salacitas, ut in Phœnice, et Narbonensi provincia, coitus tempore, e vivariis marem linea longinqua per os ad branchias religata emissum in mare, eademque linea retractum, feminæ sequantur ad litus, rursusque feminam mares partus tempore.

XXVII. Apud antiquos piscium nobilissimus habitus acipenser, unus omnium squamis ad os versis, contra quam in nando meant, nullo nunc in honore est : quod quidem miror, quum sit rarus inventu. Quidam eum elopem vocant.

Du loup et de l'ânon.

Cornélius Népos et Labérius, poëte comique, nous ont transmis que le loup (*perca labrax*) et l'ânon (*lote de mer*) furent ensuite les poissons les plus recherchés. Les loups les plus vantés sont ceux qu'on nomme *lanati*, à cause de leur chair blanche et tendre. Il y a deux espèces d'ânons : le *callarias*, plus petit, et le *bacchus*, qui ne se prend qu'en pleine mer, et que par cette raison l'on préfère au premier. Mais on donne la préférence aux loups pêchés dans les rivières.

Du scare ; de la mustelle.

Aujourd'hui le scare (*sc. cretensis* d'Aldrov) tient le premier rang. On dit que c'est le seul poisson qui rumine (25), qu'il se nourrit d'herbes, et ne mange point les autres poissons. Il abonde surtout dans la mer Carpathienne. Jamais il ne passe de lui-même au delà du promontoire de Lecte en Troade. Sous Claude, Optatus Elipertius, commandant de la flotte, en fit apporter de cette mer, et les répandit le long des côtes (26), depuis Ostie jusques à la Campanie. Pendant cinq ans, on eut soin que ceux qui étaient pris fussent rendus à la mer. Depuis ce temps on en trouve beaucoup sur les rivages de l'Italie, où l'on n'en voyait pas auparavant. La gourmandise s'est mé-

XXVIII. Postea præcipuam auctoritatem fuisse lupo, et asellis, Cornelius Nepos, et Laberius poeta mimorum, tradidere. Luporum laudatissimi, qui appellantur lanati, a candore mollitiaque carnis. Asellorum duo genera : callariæ, minores, et bacchi, qui non nisi in alto capiuntur, ideo prælati prioribus. At in lupis, in amne capti præferuntur.

XXIX. Nunc scaro datur principatus, qui solus piscium dicitur ruminare, herbisque vesci, non aliis piscibus, mari Carpathio maxime frequens. Promontorium Troadis Lecton sponte numquam transit. Inde advectos, Tiberio Claudio principe, Optatus Elipertius, præfectus classis, inter Ostiensem et Campaniæ oram sparsos disseminavit. Quinquennio fere cura est adhibita, ut capti redderentur mari. Postea frequentes inveniantur Italiæ in litore, non antea ibi capti. Admovitque

nagé des jouissances en semant des poissons; elle a donné à une mer des habitants nouveaux. Faut-il s'étonner que les oiseaux étrangers se reproduisent dans Rome?

Le mets le plus délicat après la scare est le foie de mustelle (lote); on n'en estime que cette partie. Un fait remarquable, c'est que le lac de Constance, au milieu des Alpes, produit des mustelles qui ne le cèdent pas à celles de la mer.

Des diverses espèces de mulles.

Des autres poissons recherchés pour la table, le meilleur et le plus commun est le mulle (27). Sa grandeur est médiocre; rarement il pèse plus de deux livres. Il ne croît ni dans les viviers ni dans les réservoirs. On ne le trouve que dans l'Océan septentrional et dans la partie qui est le plus à l'occident. Au surplus, il y en a plusieurs espèces. Les uns vivent d'algue, d'autres de limon; d'autres se nourrissent d'huîtres, d'autres enfin de la chair des autres poissons. Ce qui les caractérise, c'est un double barbillon à la lèvre inférieure. Celui qu'on nomme barboteux est le moins estimé de tous. Il est toujours accompagné d'un autre poisson nommé sarge, qui, tandis que ce mulle fouille la vase, dévore toute la nourriture qu'il en a fait sortir. On n'estime pas les mulles qu'on

sibi gula sapores piscibus satis, et novum incolam mari dedit, ne quis peregrinas aves Romæ parere miretur.

Proxima est mensa jecori dumtaxat mustelarum, quas (mirum dictu) inter Alpes quoque lacus Rætiæ Brigantinus æmulas marinis generat.

XXX. Ex reliqua nobilitate, et gratia maxima est et copia mullis, sicut magnitudo modica : binasque libras ponderis raro admodum exsuperant, nec in vivariis piscinisque crescunt. Septemtrionalis tantum hos, et proxima occidentis parte gignit oceanus. Cetero eorum genera plura. Nam et alga vescuntur, et ostreis, et limo, et aliorum piscium carne; barba gemina insigniuntur inferiori labro. Lutarium ex iis vilissimi generis appellant. Hunc semper comitatur, sargus nomine, alius piscis, et cœnum fodiente eo, excitatum devorat pabulum.

pêche le long des côtes. Les plus vantés ont le goût du
coquillage. Fenestella pense que le nom de *mullus* leur
est venu de la couleur de la chaussure nommée chez nous
mulleus. Ils fraient trois fois l'an; du moins voit-on paraître leurs petits à trois époques. Nos gourmands raffi-
nés prétendent qu'un mulle expirant se nuance en mille
manières différentes (28), et que si on le place dans un
bocal, on voit le rouge éclatant de ses écailles pâlir et s'é-
teindre par une infinité de dégradations successives.
Apicius, homme d'une fécondité admirable pour tous les
raffinements du luxe, a pensé que la meilleure manière
d'apprêter le mulle est de le faire mourir dans la saumure, qu'on appelle *garum sociorum* (29); car cette
chose même a obtenu un surnom. Il proposa un prix à
celui qui inventerait une nouvelle saumure avec le foie
de ce poisson. Le nom du vainqueur n'est point parvenu
jusqu'à nous.

Prix énormes de certains poissons.

Asinius Céler, consulaire, a donné, sous Caligula, un
exemple de prodigalité, en payant un mulle huit mille
sesterces (1,800 fr.). Cette somme énorme reporte notre
imagination étonnée vers ceux qui, dans leurs déclama-
tions contre le luxe, se plaignaient de ce qu'on achetait

Nec litoralibus gratia. Laudatissimi conchilium sapiunt. Nomen his
Fenestella a colore mulleorum calciamentorum datum putat. Pariunt
ter anno. His certe toties foetura apparet. Mullum exspirantem versi-
colori quadam et numerosa varietate spectari, proceres gulæ narrant,
rubentium squamarum mutiplici mutatione pallescentem, utique si
vitro spectetur inclusus. M. Apicius, ad omne luxus ingenium mirus,
in sociorum garo (nam ea quoque res cognomen invenit) necari eos
præcellens putavit, atque e jecore eorum alecem excogitare provoca-
vit; id enim est facilius dixisse, quam quis vicerit.

XXXI. Asinius Celer e consularibus, hoc pisce prodigus, Caio principe, unum mercatus octo millibus nummum : quæ reputatio aufert
transversam animum ad contemplationem eorum qui, in compuestione
luxus, coquos emi singulos pluris quam equos quiritabant. At nunc

les cuisiniers aussi cher que les chevaux. Aujourd'hui
un cuisinier coûte autant qu'un triomphe, un poisson autant qu'un cuisinier; et déja nul mortel ne semble d'un
plus haut prix que l'esclave qui a le mieux approfondi
l'art de ruiner son maître.

Mucien écrit qu'on pêcha dans la mer Rouge un mulle
du poids de quatre-vingts livres. Qu'il eût été pris sur
nos rivages, combien le luxe l'aurait payé (30)!

Variété de saveur des poissons.

Il arrive aussi que certaines espèces soient meilleures
dans un pays que dans un autre, comme le coracin (*bo-
tly*) en Égypte, le zéus (?), qu'on nomme aussi faber, à
Gades (31); et près d'Ébuse la saupe (*sparus salpa*),
poisson immonde ailleurs, et que nulle part on ne peut
faire cuire, à moins qu'on ne l'ait frappé à coups de ba-
guettes. Dans l'Aquitanie, le saumon de rivière est préféré à tous les poissons de mer.

Des branchies; des écailles.

Parmi les poissons, les uns ont les branchies formées
de plusieurs lames; chez d'autres, elles sont simples, et
chez d'autres elles sont doubles. C'est par les ouvertures
branchiales qu'ils rejettent l'eau qui est entrée par la bouche. La dureté des écailles est l'indice de la vieillesse.

coci triumphorum pretiis parantur, et coquorum pisces. Nullusque
prope jam mortalis æstimatur pluris, quam qui peritissime censum domini mergit.

18. Mullum LXXX. librarum in mari Rubro captum Licinius Mucianus prodidit. Quanti mercatura eum luxuria, suburbanis litoribus
inventum!

XXXII. Est et hæc natura ut alii alibi pisces principatum obtineant;
coracinus in Ægypto; zeus, idem faber appellatus, Gadibus; circa
Ebusum salpa, obscenus alibi, et qui nusquam percoqui possit, nisi
ferula verberatus; in Aquitania salmo fluviatilis marinis omnibus
præfertur.

XXXIII. Piscium alii branchias multiplices habent, alii simplices,
alii duplices. His aquam emittunt acceptam ore. Senectutis indicium

Elles ne sont pas semblables dans tous. Au pied des Alpes, en Italie, sont deux lacs, le lac de Côme et le lac Majeur, où chaque année, au lever des pléiades, paraissent des poissons revêtus d'écailles serrées et très pointues, qui ressemblent à des clous de bottines (*cyprius*). Ils ne se montrent jamais qu'à cette époque.

Poissons doués de la voix et sans branchies.

L'Arcadie aussi admire son exocet (*blennius et gobius*), ainsi nommé de ce qu'il sort de l'eau pour dormir. On prétend que vers le fleuve Clitorius, ce poisson a de la voix, mais qu'il n'a point de branchies (faux). Quelques-uns le nomment adonis.

Poissons qui viennent à terre.

Les tortues franches (*fusco praro*), les poulpes et les murènes viennent aussi à terre. Dans les fleuves de l'Inde est un poisson qui vit alternativement sur la terre et dans l'eau. La plupart des poissons ne passent dans les étangs et les rivières que pour y frayer en sûreté, parce-qu'il ne s'y trouve pas d'animaux malfaisants, et que les flots y sont moins agités. On sera plus frappé de cette intelligence et de leur exactitude à saisir certaines époques, si l'on pense combien peu d'hommes savent que la pêche

squamarum duritia, quae non sunt omnibus similes. Duo lacus Italiae in radicibus Alpium, Larius et Verbanus appellantur, in quibus pisces omnibus annis vergiliarum ortu existunt, squamis conspicui crebris atque praeacutis, clavorum caligarium effigie; nec amplius, quam circa eum mensem, visuntur.

XXXIV, 19. Miratur et Arcadia suum exocœtum, appellatum ab eo, quod in siccum somni causa exeat. Circa Clitorium vocalis hic traditur, et sine branchiis; idem aliquibus adonis dictus.

XXXV. Exeunt in terram, et qui marini mures vocantur, et polypi, et murænæ. Quin et in Indiæ fluminibus certum genus piscium, ac deinde resilit : nam in stagna et amnes transeundi plerisque evidens ratio est, ut tutos fœtus edant, quia non sint ibi qui devorent partus, fluctusque minus sæviant. Has intelligi ab iis causas, servarique tem-

la plus abondante se fait lorsque le soleil passe au signe des poissons.

Classification des poissons.

Parmi les poissons de mer, les uns sont plats, comme le turbot, la sole et la plie qui diffère du turbot par la position latérale de son corps. Celui-ci se couche sur le côté droit et la plie sur le côté gauche. Les autres sont longs, comme la murène et le congre.

Des nageoires.

De là aussi une différence dans les nageoires que la nature a données aux poissons au lieu de pieds (32). Nul n'en a plus de quatre; quelques uns en ont deux, et d'autres en sont absolument dépourvus. Le seul lac Fucin nourrit un poisson qui en a huit. Les poissons longs et glissants n'en ont que deux, comme l'anguille et le congre. Quelques uns n'en ont point du tout; telles sont les murènes, qui même sont dénuées de branchies (33). Tous ces poissons se traînent dans la mer comme les serpents sur la terre, par des ondulations successives. Ils rampent de même étant à sec. Aussi ces animaux sont-ils plus vivaces. Quelques uns des poissons plats manquent de nageoires (34), telles sont les pastenaques; leur seule largeur les soutient sur l'eau. Les mollusques, comme les

porum vices, magis miretur, si quis reputet quoto cuique hominum nosci uberrimam esse capturam sole transeunte piscium signum.

XXXVI. 20. Marinorum alii sunt plani, ut rhombi, solea, ac passeres, qui a rhombis situ tantum corporum differunt. Dexter resupinatus est illis, passeri lævus. Alii longi, ut muræna, conger.

XXXVII. Ideo pinnarum quoque fiunt discrimina, quæ pedum vice sunt datæ piscibus : nullis suprà quaternas; quibusdam binæ, aliquibus nullæ. In Fucino tantum lacu piscis est, qui octonis pinnis natat. Binæ omnino, longis et lubricis, ut anguillis et congris. Nullæ, ut murænis, quibus nec branchiæ. Hæ omnia flexuoso corporum impulsu ita mari utuntur, ut serpentes terra. In sicco quoque repant, ideo etiam vivaciora talia. Et e planis aliqua non habent pinnas, ut pastinacæ: ipsa

polypes (poulpes), n'en ont pas plus; leurs pieds (tentacules) leur en tiennent lieu.

Des anguilles.

Les anguilles vivent huit ans (35). Elles peuvent rester six jours hors de l'eau par un vent du nord ; mais moins longtemps par un vent du midi. Elles ne supportent pas l'hiver, si elles ne sont dans une eau abondante et claire. Aussi les prend-on surtout vers le lever des pléiades ; c'est alors que l'eau des rivières est plus trouble. Elles vont la nuit chercher leur nourriture. C'est le seul poisson qui ne flotte pas étant mort.

Près de Vérone, en Italie, est le lac Bénaco, que traverse le Mincio (36). Chaque année, au mois d'octobre dans le temps où ce lac ressent l'impression de l'astre automnal, les anguilles sont roulées en tas vers l'endroit par où sort le Mincio. Leur nombre est si prodigieux qu'on les ramasse amoncelées par milliers dans les enceintes formées à ce dessein dans le fleuve.

Des murènes.

Les autres poissons fraient à une certaine époque de l'année ; les murènes produisent tous les mois. Leurs œufs prennent un accroissement rapide. Le vulgaire pense

enim latitudine natant ; et quæ mollia appellantur, ut polypi, quoniam pedes illis pinnarum vicem præstant.

XXXVIII. 21. Anguillæ octonis vivunt annis. Durant et sine aqua senis diebus, aquilone spirante ; austro, paucioribus. At hiemem eadem in exigua aqua non tolerant, nec in turbida : ideo circa vergilias maxime capiuntur, fluminibus tum præcipue turbidis. Pascuntur noctibus. Exanimes piscium solæ non fluitant.

22. Lacus est Italiæ Benacus in Veronensi agro Mencium amnem transmittens, ad cujus emersus annuo tempore, octobri fere mense, autumnali sidere, ut palam est, hiemato lacu, fluctibus glomeratæ volvuntur, in tantum mirabili multitudine, ut in excipulis ejus fluminis ob hoc ipsum fabricatis, singulorum millium globi reperiantur.

XXXIX. 23. Muræna quocumque mense parit, quum ceteri pisces stato pariant. Ova ejus citissime crescunt. In sicco litore lapsas vulgus

qu'elles viennent sur le rivage s'accoupler avec les serpents. Aristote donne le nom de myre au mâle. Il dit que le mâle et la femelle diffèrent en ce que celle-ci est faible et de couleurs variées, et que le mâle est vigoureux et d'une seule couleur et qu'il a les dents saillantes. Dans la Gaule septentrionale, elles ont toutes à la mâchoire supérieure sept taches d'or qui représentent la constellation du chariot. Ces taches sont très éclatantes, mais elles s'effacent à la mort de la murène. La voracité de cet animal enseigna un nouveau genre de cruauté à Védius Pollion, chevalier romain, et l'un des favoris d'Auguste. Il faisait jeter dans un vivier de murènes les esclaves qu'il avait condamnés. Ce n'est pas que la férocité des animaux terrestres ne pût servir sa colère; mais nul autre élément ne pouvait offrir à ses regards le spectacle d'un homme déchiré tout à la fois dans toutes les parties de son corps. On dit que le vinaigre les met en fureur. La murène a la peau très mince; celle de l'anguille est plus épaisse. Verrius écrit qu'on se servait de peau d'anguilles pour châtier les enfants des citoyens, et que c'est par cette raison que la loi n'a point prononcé d'amende contre eux.

coitu serpentium impleri putat. Aristoteles smyrum vocat marem, qui generat. Discrimen esse, quod muræna varia et infirma sit, smyrus unicolor et robustus, dentesque extra os habeat. In Gallia septentrionali murænis omnibus dextra in maxilla septenæ maculæ, ad formam septentrionis, aureo colore fulgent, dumtaxat viventibus, pariterque cum anima extinguuntur. Invenit in hoc animali documenta sævitiæ Vedius Pollio eques romanus, ex amicis divi Augusti, vivariis earum immergens damnata mancipia, non tamquam ad hoc feris terrarum non sufficientibus, sed quia in alio genere totum pariter hominem distrahi spectare non poterat. Ferunt aceti gustu præcipue eas in rabiem agi. Tenuissimum his tergus; contra anguillis crassius, eoque verberari solitos tradit Verrius prætextatos, et ob id muletam his dici non institutam.

Poissons plats.

Il est une espèce de poissons plats qui ont des cartilages au lieu d'arêtes : tels sont les raies, les pastenaques (*raia pastinaca*), l'ange (*squalus squatina*), la torpille, et ceux que les Grecs ont nommés bœuf (raie cornue; céphaloptère), lamia (mylobate), aigle (baudroie), grenouille. Il faut mettre dans ce nombre les squales, quoiqu'ils n'aient pas la forme plate. Aristote les a tous compris sous la dénomination générale de sélaques (37). Je crois ne pouvoir mieux les désigner que par le nom de cartilagineux. Ils sont tous carnivores, et se renversent comme le dauphin, pour saisir leur nourriture. Parmi tous les poissons, c'est le seul genre qui soit vivipare (38) comme les cétacées; il faut pourtant excepter la grenouille de mer, qui est ovipare.

Échénéis.

Il existe un poisson très petit, accoutumé à vivre dans les rochers, et qu'on nomme échénéis (*l. remora*). On croit que lorsqu'il s'attache à la carène des vaisseaux, il retarde leur course (39). De là vient le nom qu'on lui a donné. Par cette même raison, on l'emploie pour composer des poisons capables d'éteindre l'amour, de prolonger les procès et de ralentir l'action de la justice. Il expie

XL. 24. Pinnorum piscium alterum est genus, quod pro spina cartilaginem habet, ut raiæ, pastinacæ, squatinæ, torpedo; et quos bovis, lamiæ, aquilæ, ranæ nominibus Græci appellant. Quo in numero sunt squali quoque, quamvis non plani. Hæc Græce in universum σελάχη appellavit Aristoteles primus, hoc nomine eis imposito; nos distinguere non possumus, nisi cartilaginea appellare libeat. Omnia autem carnivora sunt talia, et supina vescuntur, ut in delphinis diximus. Et quum ceteri pisces ova pariant, hoc genus solum, ut ea quæ cete appellant, animal parit, exceptæ quam ranam vocant.

XLI. 25. Est parvus admodum piscis adsuetus petris, echeneis appellatus; hoc carinis adhærente naves tardius ire creduntur, inde nomine imposito; quam ob causam amatoriis quoque veneficiis infamis est, et judiciorum ac litium mora; quæ crimina una laude pensat,

tous ces torts par l'heureuse propriété qu'il a d'arrêter les pertes des femmes enceintes, et de conduire l'enfant à terme. Toutefois on ne l'a pas admis au nombre des aliments. Aristote, trompé par la forme de ses nageoires, a dit qu'il avait des pieds. Mucien parle d'un murex (espèce du genre *cypræa*) plus large que la pourpre, dont la tête n'est ni raboteuse ni ronde, dont le bec n'est point anguleux ; sa coquille est unie, et les deux côtés se replient en dedans. Il dit que ce murex s'étant attaché à un vaisseau qui portait les ordres de Périandre pour faire eunuques plusieurs enfants d'une naissance distinguée, le vaisseau qui voguait à pleines voiles demeura tout à coup immobile ; il ajoute que les coquilles qui rendirent ce bon office à l'humanité sont honorées dans le temple de Vénus à Cnide. Trébius Niger dit que ce murex a un pied de long, et cinq doigts d'épaisseur, qu'il retarde les vaisseaux, et que, gardé dans le sel, il a encore la vertu d'attirer l'or qui est tombé dans les puits les plus profonds.

Poissons changeant de couleurs.

Le ména (*sparus mæna*) quitte sa couleur blanche, et devient noir pendant l'été. Le phycis, blanc tout le reste de l'année, se nuance de plusieurs couleurs au printemps.

fluxus gravidarum utero sistens, partusque continens ad puerperium. In cibos tamen non admittitur. Pedes eum habere arbitratur Aristoteles, ita posita pinnarum similitudine. Mucianus muricem esse, latiorem purpura, neque aspero, neque rotundo ore, neque in angulos prodeunte rostro, sed simplice concha, utroque latere sese colligente ; quibus inhærentibus, plenam ventis stetisse navem, portantem a Periandro, ut castrarentur nobiles pueri ; conchasque quæ id præstiterint, apud Gnidiorum Venerem coli. Trebius Niger pedalem esse, et crassitudine quinque digitorum ; naves morari ; præterea hanc esse vim ejus adservati in sale, ut aurum, quod deciderit in altissimos puteos, admotus extrahat.

XLII. 26. Mutant colorem candidum mænæ, et fiunt æstate nigriores. Mutat et phycis, reliquo tempore candida, vere varia. Eadem piscium sola nidificat ex alga, atque in nido parit.

C'est le seul poisson qui se fasse un nid dans l'algue, où il dépose ses œufs.

Poissons volants, et autres poissons singuliers.

L'hirondelle (*dactyloptère* et *exocet*) poisson, qui a beaucoup de ressemblance avec l'hirondelle oiseau, vole ainsi que le milan de mer (*trigla hirundo*) (40).

On voit s'élever à la surface des eaux un poisson qu'on nomme lanterne (*pyrosoma?*) (41), parceque, tirant sa langue enflammée, il brille dans les nuits tranquilles. Un autre poisson (raie cornue) élève au-dessus de la mer ses cornes longues d'un pied et demi, ce qui l'a fait nommer cornu. La vive (*trachinus draco*), prise et jetée sur le sable, se creuse un trou en terre avec une vitesse incroyable.

Poissons qui n'ont point de sang.

Je vais parler de quelques poissons qui n'ont point de sang. Ils forment trois classes. La première est composée de ceux qu'on appelle mollusques, la seconde des crustacées ; les testacées forment la troisième. Les mollusques sont le calmar, la sèche, le poulpe et les autres de ce genre. Ils ont la tête entre les pieds et le ventre. Tous ont huit pieds. La sèche et le calmar ont deux de leurs pieds très longs et raboteux, qui leur servent de main pour

XLIII. Volat hirundo, sane perquam similis volucri hirundini ; item milvus.

27. Subit in summa maria piscis ex argumento appellatus lucerna, linguaque ignea per os exerta, tranquillis noctibus relucet. Attollit e mari sesquipedanea fere cornua, quæ ab his nomen traxit. Rursus draco marinus captus, atque immissus in arenam, cavernam sibi rostro mira celeritate excavat.

XLIV. 28. Piscium quidam sanguine carent, de quibus dicemus. Sunt autem tria genera ; In primis quæ mollia appellantur, deinde contecta crustis tenuibus, postremo testis conclusa duris. Mollia sunt, loligo, sepia, polypus, et cetera ejus generis. His caput inter pedes et ventrem ; pediculi octoni omnibus. Sepiæ et loligini pedes duo ex his

porter la nourriture à leur bouche, et d'ancre pour s'affermir dans la tempête. Les autres pieds leur tiennent lieu de filets pour pêcher.

Sèche, calmar, pétoncle.

Le calmar voltige s'élançant hors de l'eau avec la rapidité d'une flèche. Il en est de même du pétoncle. Parmi les sèches, le mâle est d'une couleur variée et plus foncée. Il a aussi plus de courage. Quand sa femelle a été frappée du trident, il vient à son secours ; si c'est le mâle qui a été blessé, la femelle s'enfuit. Tous deux, quand ils se sentent saisir, répandent une liqueur noire, qui leur tient lieu de sang (42), et l'eau qu'ils ont obscurcie les dérobe à la vue.

Des polypes.

Il y a plusieurs sortes de polypes. Ceux de terre sont plus grands que ceux de mer. Leurs bras leur servent à tous de pieds et de mains. Ils ont sur le dos un conduit, par lequel ils rejettent l'eau de la mer ; ils le font passer tantôt à droite, tantôt à gauche. Ils nagent obliquement en ramenant leurs pieds vers leur tête ; et tant qu'ils vivent, ils ont cette dernière partie très dure et gonflée. Au surplus, ils ont le long des bras certaines cavités par lesquelles ils s'attachent à tous les corps en les suçant (43).

---

longissimi et asperi, quibus ad ora admovent cibos, et in fluctibus se, velut ancoris, stabiliunt ; cetera, cirri, quibus venantur.

XLV. 29. Loligo etiam volitat, extra aquam se efferens, quod et pectunculi faciunt sagittæ modo. Sepiarum generis mares varii et nigriores, constantiaque majoris. Percussæ tridente femina auxiliantur ; at femina icto mare fugit. Ambo autem, ubi sensere se apprehendi, effuso atramento, quod pro sanguine his est, infuscata aqua absconduntur.

XLVI. Polyporum multa genera : terreni majores quam pelagii ; omnes brachiis, ut pedibus ac manibus, utuntur. Est polypis fistula in dorso, qua transmittunt mare ; eamque modo in dextram partem, modo in sinistram transferunt. Natant obliqui in caput, quod prædurum est sufflatione viventibus. Cetero per brachia velut acetabulis dispersis,

Ils les saisissent en dessous avec tant de force que rien ne saurait les en arracher. Ils ne s'attachent point au fond de la mer, et les plus grands y tiennent encore moins que les autres. Seuls de tous les poissons mous, ils viennent sur le rivage ; mais il leur faut un terrain rude et raboteux ; ils évitent tout ce qui est lisse et doux.

Ils se nourrissent de la chair des coquillages dont ils brisent les enveloppes en les pressant entre leurs bras. Aussi leur retraite est-elle indiquée par les écailles qui sont étendues à l'entrée. Cet animal, d'ailleurs stupide au point qu'il nage vers la main de l'homme, est très intelligent pour tout ce qui concerne ses besoins. Il porte toute sa proie dans sa demeure, et, lorsqu'il a rongé la chair, il jette les débris au dehors, et saisit les petits poissons qui s'en approchent. Il prend la couleur des lieux où il est, surtout lorsqu'il a peur. On croit sans fondement qu'il se ronge les bras. Ce sont les congres qui les lui mangent. Ce qui est vrai, c'est que ses bras repoussent, de même qu'il revient une autre queue aux stellions (*géko des murailles*) et aux lézards.

Polype navigateur.

Le polype nautile ou pompile (*argonauta argo*) est une des principales merveilles de la nature. Il monte à la sur-

---

Icausta quodam adhærescunt ; tenent supini, ut avelli non queant. Vada non apprehendunt ; et grandibus minor tenacitas. Soli mollium in siccum exeunt, duntaxat asperum ; lævitatem odere.

Vescuntur conchyliorum carne, quorum conchas complexu crinium frangunt : itaque præjacentibus testis cubile eorum deprehenditur. Et quum alioqui brutum habeatur animal, ut quod ad manum hominis adnatat, in re quodammodo familiari callet. Omnia in domum comportat : dein putamina erosa carne egerit, adnatantesque pisciculos ad ea venatur. Colorem mutat ad similitudinem loci, et maxime in metu. Ipsum brachia sua rodere falsa opinio est. Id enim a congris evenit et ; sed renasci, sicut colotis et lacertis caudas, haud falsum.

XLVII. Inter præcipua autem miracula est qui vocatur nautilos, ab aliis pompilos. Supinus in summa æquorum pervenit, ita se paulatim,

face de la mer, renversé sur le dos, et, dans cette position, il se dresse peu à peu pour verser au dehors l'eau qu'il contient. Il s'allége afin de voguer à l'aise. Puis, écartant ses deux premiers bras, il étend une membrane d'une finesse admirable. Pendant que cette voile reçoit le vent, il rame par dessous avec ses autres bras, et sa queue lui sert de gouvernail. Il s'avance et joue sur les eaux, comme une chaloupe légère. Au moindre danger, il se remplit d'eau et coule à fond.

Diverses espèces de polypes.

Dans la classe des polypes est l'ozéna, ainsi nommé de l'odeur forte de sa tête. C'est cette odeur principalement qui le fait suivre par les murènes. Les polypes se cachent pendant deux mois. Ils ne vivent pas au delà de deux ans. Ils périssent toujours par dissolution, les femelles plus vite que les mâles, et le plus souvent après avoir produit.

Je ne dois pas omettre les observations qui ont été faites sur les polypes, pendant que L. Lucullus était proconsul dans la Bétique. Elles nous ont été transmises par Trébius Niger, un des Romains de sa suite. Les polypes recherchent les huîtres avec avidité. Celles-ci se referment au moindre attouchement; et, leur coupant les bras, elles

subrigens, ut emissa omni per fistulam aqua, velut exoneratus sentina, facile naviget. Postea prima duo brachia retorquens, membranam inter illa miræ tenuitatis extendit. Qua velificante in aura, ceteris subremigans brachiis, media cauda, ut gubernaculo, se regit. Ita vadit alto, Liburnicarum ludens imagine, et, si quid pavoris interveniat, hausta se mergens aqua.

XLVIII. 30. Polyporum generis est ozæna, dicta a gravi capitis odore, ob hoc maxime murænis eam consectantibus. Polypi binis mensibus conduntur. Ultra bimatum non vivunt. Pereunt autem tabe semper, femina celerius, et fere a partu.

Non sunt prætereunda et L. Lucullo proconsule Bæticæ comperta de polypis, quæ Trebius Niger, e comitibus ejus, prodidit: avidissimos esse concharum; illas ad tactum comprimi, præcidentes brachia eo-

font leur repas de celui-même qui les voulait manger. Les huîtres ne voient point ; elles n'ont que deux sens, le goût et le toucher. Les polypes cherchent donc à les surprendre lorsqu'elles sont ouvertes. Ils posent une petite pierre dans l'écaille, mais sans toucher le corps, de peur qu'elles ne la repoussent au dehors. Alors ils s'approchent sans rien craindre, et tirent la chair. L'huître veut se refermer, mais en vain, puisque la pierre est comme un coin qui la force à rester ouverte. Telle est l'intelligence des êtres même les plus stupides !

Trébius dit encore qu'il n'y a point d'animal qui fasse périr un homme dans l'eau d'une manière plus atroce. Lorsqu'il saisit un nageur ou un plongeur, il le lie et le serre dans ses bras, et l'entraînant avec lui, il exprime tout le sang par cette multitude de suçoirs dont ses bras sont garnis. Le polype renversé sur le dos perd sa force. Dans cette position, ses bras s'étendent et ne serrent plus. Ce qu'ajoute le même auteur semble tenir du prodige.

A Cartéia, un polype accoutumé à sortir de la mer, venait dans les réservoirs dévorer les salaisons. L'odeur des salaisons attire tous les animaux marins ; aussi les pêcheurs ont-ils soin d'en frotter leurs nasses. La continuité de ses larcins donna beaucoup d'humeur aux gar-

rum, ultroque escam ex prædante capere. Carent conchæ visu, omnique sensu alio quam cibi et periculi. Insidiantur ergo polypi apertis : impositoque lapillo extra corpus, ne palpitatu ejiciatur, ita securi grassantur, extrahuntque carnes ; illæ se contrahunt, sed frustra, discuneatæ. Tanta solertia animalium hebetissimis quoque est.

Præterea negat ullum esse atrocius animal ad conficiendum hominem in aqua. Luctatur enim complexu, et sorbet acetabulis, ac numeroso suctu, dum trahit, quam in naufragos urinantesve impetum cepit. Sed si invertatur, elanguescit vis ; exporrigunt enim se resupinati. Cetera, quæ idem retulit, monstro propiora possunt videri.

Carteiæ in cetariis adsuetus exire e mari in lacus eorum apertos, atque ibi salsamenta populari (mire omnibus marinis expetentibus odorem quoque eorum : qua de causa et nassis illinuntur), convertit in se

diens. Ils formèrent des palissades extrêmement hautes.
Le polype les franchissait à l'aide d'un arbre. Il ne put
être découvert que par la sagacité des chiens. Ils l'even-
tèrent une nuit pendant qu'il retournait à la mer. Les
gardiens accoururent. Mais la nouveauté du spectacle les
pénétra d'effroi. Sa grandeur était extraordinaire. La saumure dont il était tout trempé avait changé sa couleur.
Il répandait une odeur horrible. Un polype en ces lieux!
qui l'aurait attendu? et comment le reconnaître en cet
état? Ils croyaient combattre contre un monstre. Son
souffle affreux repoussait les chiens : tantôt il les flagel-
lait avec l'extrémité de ses bras, tantôt il les assommait
de ses deux bras majeurs, dont il se servait comme d'une
massue. Plusieurs hommes eurent beaucoup de peine à le
tuer avec des tridents.

On apporta sa tête à Lucullus. Elle avait la grandeur
d'un baril de quinze amphores; et, pour citer les propres
expressions de Trébius, les barbes furent aussi présentées
à ce général. A peine un homme pouvait-il les embrasser.
Elles étaient noueuses comme des massues. Leur longueur
était de trente pieds. Les cavités ressemblaient à des bassins, et contenaient une urne. Les dents répondaient à la
grandeur de l'animal. Ce qui fut conservé du corps pesait

custodum indign tionem assiduitate furti. Immodicæ his sepes erant
objectæ; sed has transcendebat per arborem; nec deprehendi potuit,
nisi canum sagacitate. Hi redeuntem circumvasere noctu, concitique
custodes expavere novitatem. Primum omnium magnitudo inaudita
erat; deinde color muria obliti, odore diri. Quis ibi polypum expec-
tasset, aut ita cognosceret? eum menstro dimicare sibi videbantur.
Namque et afflatu terribili canes agebat, nunc extremis crinibus fla-
gellatos, nunc robustioribus brachiis clavarum modo incussos, ægreque
multis tridentibus confici potuit.

Ostendere Lucullo caput ejus, dolii magnitudine amphorarum quindecim cap x, atque (ut ipsius Trebii verbis utar) « barbas, quas vix
« utroque brachio complecti esset, clavarum modo torosas, longas pe-
« dum tricenum, acetabulis, sive caliculis urnalibus, pelvium modo,
« dentes magnitudini respondentes. » Reliquiæ adservatæ miraculo pe-

sept cents livres. Le même auteur rapporte que des sèches et des calmars de la même grandeur ont été jetés sur ce rivage. Dans notre mer, on prend des sèches de deux coudées et des calmars de cinq. Ils ne vivent pas plus de deux ans.

Du nauplie navigateur.

Mucien atteste avoir vu dans la Propontide encore un autre exemple de ces vaisseaux vivants dont j'ai parlé ci-dessus. Il existe, selon lui, une conque dont la forme est celle d'un petit navire, avec sa poupe recourbée et sa proue garnie d'un éperon. Le nauplie, espèce de sèche, se renferme dans cette conque, n'y cherchant autre chose qu'une société de plaisir. Si l'air est calme, le nouveau nautonier frappe la mer de ses bras qui lui servent de rames. Si le vent est favorable, il les étend en manière de gouvernail, et ouvre sa bouche tout entière pour recevoir le vent : l'un se plaît à porter, l'autre à gouverner ; et deux êtres insensibles d'ailleurs, ne le sont pas pour cette sorte de plaisir. Peut-être aussi ne verra-t-on là qu'un malheur pour l'humanité : car l'expérience a prouvé que c'était un présage funeste pour les navigateurs.

Des crustacés.

Parmi les animaux qui n'ont point de sang, les lan-

pendere pondo nec. Sepiæ quoque et loligines ejusdem magnitudinis expulsas in litus illud, idem auctor est. In nostro mari loligines quinum cubitorum capiuntur, sepiæ binum. Neque his bimatu longior vita.

XLIX. Navigeram similitudinem et aliam in Propontide visam sibi prodidit Mucianus ; concham esse acatii modo carinatam, inflexa puppe, prora rostrata : in hac condi nauplium, animal sepiæ simile, ludendi societate sola. Duobus hoc fieri generibus : tranquillo enim vectorem demissis palmulis ferire, ut remis. Si vero flatus invitet, easdem in usu gubernaculi porrigi, pandique buccarum sinus auræ. Hujus voluptatem esse, ut ferat, illius, ut regat ; simulque eam descendere in duo sensu carentia : nisi forte tristi (id enim constat) omine navigantium, humana calamitas in causa est.

L. Locustæ crusta fragili muniuntur, in eo genere quod caret san-

goustes sont revêtues d'une écaille fragile. Elles se tiennent cachées pendant cinq mois. Il en est de même des
cancres. Tous deux au retour du printemps se rajeunis-
sent, ainsi que les serpents, par le renouvellement de leur
écaille. Les autres poissons nagent à toute profondeur. La
langouste flotte à la surface de l'eau, et glisse comme les
reptiles. Si nul danger ne la menace, elle s'avance en
droite ligne, étendant des deux côtés ses cornes, qui sont
terminées par un bouton. Elle les redresse quand elle a
peur, et s'avance obliquement. C'est avec leurs cornes
qu'elles se battent entre elles. Seules de tous les animaux,
elles n'ont qu'une chair molle et fluide, à moins qu'on ne
les cuise toutes vives dans l'eau bouillante.

Les langoustes préfèrent les fonds inégaux et pierreux,
et les cancres les endroits lisses et mous. L'hiver, ils cherchent les rivages exposés au soleil ; l'été, ils se retirent
au fond des abîmes. Tous les animaux de ce genre souffrent de l'hiver. Ils s'engraissent au printemps, et en automne, surtout à la pleine lune, parceque la douce chaleur de cet astre rend les nuits plus tempérées.

Des cancres, etc.

Les différentes sortes de cancres sont les crabes, les
écrevisses de mer (homard), les araignées de mer (*cancer*

guine. Latent mensibus quinis. Similiter cancri, qui eodem tempore
occultantur; et ambo veris principio senectutem, anguium more, exeunt renovatione tergorum. Cetera in undis natant ; locustæ reptan-
tium modo fluitant : si nullus ingruat metus, recto meatu ; cornibus,
quæ sunt propria rotunditate præpilata, ad latera porrectis ; iisdem
erectis in pavore, oblique in latera procedunt. Cornibus inter se dimicant. Unum hoc animalium, nisi vivum ferventi aqua incoquatur, fluidæ
carne non habet cibum.

31. Vivunt petrosis locis ; cancri, mollibus. Hieme aprica litora sec-
tantur : æstate in opaca gurgitum recedunt. Omnia ejus generis hieme
læduntur, autumno et vere pinguescunt, et plenilunio magis, quia noc-
tem sidus tepido fulgore mitificat.

LI. Cancrorum genera, carabi, astaci, malæ, paguri, heracleotici,

pagurus), les pagures (*cancer mœnas?*) les héracléoti-
ques (it.), les lions (?), et d'autres moins connus. Les
crabes diffèrent des autres cancres par leur queue. Les
Phéniciens les nomment ἱππεῖς (*cavaliers*, crabes à longues jambes), parcequ'ils courent d'une telle vitesse qu'on
ne peut les atteindre. Les cancres vivent longtemps. Ils
ont huit jambes qui sont toutes fléchies sur le côté. Le
premier pied de la femelle est double, celui du mâle est
simple. Ils ont de plus les deux bras en forme de te-
nailles dentelées. La partie supérieure seule est mobile.
Ils ont tous le bras droit plus long que l'autre. Quelquefois
ils se réunissent en troupes ; mais, ne pouvant forcer l'entrée du Pont-Euxin, ils reviennent sur leurs pas et font
un circuit par terre. La trace de leur passage se montre
d'une manière très sensible.

On nomme pinnothère (c. bernhardus) le plus petit de
tous les cancres, et par conséquent le plus exposé à tous
les dangers. Il a l'industrie de se loger dans les écailles
d'huîtres qu'il trouve vides ; à mesure qu'il grandit, il
passe dans une écaille plus spacieuse.

Les cancres, lorsqu'ils ont peur, marchent en arrière
aussi vite qu'en avant. Ils se battent entre eux comme
les béliers, en se heurtant de leurs cornes. Ils sont un

leones, et alia ignobiliora. Carabi cauda a ceteris cancris distant. In
Phœnice ἱππεῖς vocantur, tantæ velocitatis, ut consequi non sit. Cancris vita longa, pedes octoni, omnes in obliquum flexi. Feminæ primus
pes duplex, mari simplex. Præterea bina brachia denticulatis forcipibus. Superior pars in primoribus his movetur, inferiore immobili. Dextrum brachium omnibus majus. Universi aliquando congregantur : os
Ponti evincere non valent. Quamobrem regressi circumeunt, apparet-
que tritum iter.

Pinnotheres autem vocatur minimus ex omni genere, ideo opportunus injuriæ. Huic solertia est inanium ostrearum testis se condere, et
quum adcreverit, migrare in capaciores.

Cancri in pavore etiam retrorsum pari velocitate redeunt. Dimicant
inter se, ut arietes, adversis cornibus incursantes. Contra serpentium

spécifique contre la morsure des serpents. On prétend
que, lorsque le soleil passe dans le signe du cancer, le
corps du cancre mort se change en scorpion.

Les oursins (*hérissons de mer, echinus*) appartiennent
aussi à la classe des crustacés. Leurs piquants leur tiennent lieu de pieds. Pour eux, marcher, c'est rouler comme
une boule. Aussi en trouve-t-on souvent dont les piquants
sont usés. On nomme ekinomètres ceux dont les épines
sont les plus longues et dont le coffre est le plus petit.
Ils ne sont pas tous de couleur verdâtre. Près de Torone,
ils naissent blancs, et leur épine est petite. Leurs œufs,
au nombre de cinq, sont d'un goût amer. Ils ont la bouche
placée au milieu du corps, et tournée vers la terre. On
dit qu'ils présagent les fureurs de la mer, et qu'ils attendent la tempête en se cramponnant à de petits cailloux
pour s'affermir. Leurs piquants se briseraient s'ils se laissaient rouler par les vagues. Les nautoniers s'empressent
de jeter plusieurs ancres dès qu'ils les voient prendre
cette précaution.

Il faut encore mettre dans cette classe les limaçons
aquatiques et terrestres qui s'avancent hors de leurs coquilles, en allongeant et raccourcissant deux espèces de

ictus medentur. Sole cancri signum transeunte, et ipsorum, quum exani-
mati sint, corpus transfigurari in scorpiones narratur in sicco.

Ex eodem genere sunt echini, quibus spinæ pro pedibus. Ingredi est
his, in orbem volvi; itaque detritis sæpe aculeis inveniuntur. Ex his
echinometræ appellantur, quorum longissimæ spinæ, calices minimi.
Nec omnibus idem vitreus color. Circa Toronem candidi nascuntur,
spina parva. Ova omnium amara, quina numero. Ora in medio corpore
in terram versa. Tradunt sævitiam maris præsagire eos, correptisque
opperiri lapillis, mobilitatem pondere stabilientes. Nolunt volutatione
spinas atterere; quod ubi videre nautici, statim pluribus ancoris navigia infrenant.

32. In eodem genere cochleæ aquatiles terrestresque, exserentes se
domicillo, binaque ceu cornua protendentes contrahentesque, oculis
carent; itaque corniculis prætentant iter.

cornes. Ils n'ont point d'yeux; avec ces cornes, ils tâtonnent et soudent leur chemin.

On y comprend aussi les pétoncles (*peignes*), qui se tiennent cachés pendant les grands froids et les grandes chaleurs; et les dails, qui brillent la nuit comme un feu, même dans la bouche de ceux qui les mangent.

Des coquillages.

Viennent à présent les murex (univalves épineuses et à coquilles épaisses; patelles); dont l'enveloppe est plus dure, et les diverses espèces de conques. C'est ici qu'on admire la variété des jeux de la nature. Quelle profusion de couleurs! quelle diversité dans les formes! plates, concaves (*héliolithes*), longues (cérites), échancrées en croissant, arrondies en globe, coupées en demi-globe (nérites), cintrées, unies, ridées, frangées, striées; leur sommet se contourne en spirale, leur bord s'allonge en pointe, se renverse en dehors, se replie en dedans; chaque espèce enfin a sa différence, rayée, chevelue, crispée, cannelée, dentelée, ondée comme les tuiles rondes de nos toits, croisée comme les filets d'un réseau, étendue en ligne droite ou oblique, serrée, prolongée, tortueuse. Les coquilles attachées tantôt par un simple nœud, tantôt par un côté tout entier. Les unes s'ouvrant et se refermant; les autres se recourbant en forme de cor. Celles qu'on

33. Pectines in mari ex eodem genere habentur, reconditi et ipsi in magnis frigoribus, ac magnis æstibus; unguesque velut igne lucentes in tenebris, etiam in oro mandentium.

LII. Firmioris jam testæ murices, et concharum genera : in quibus magna ludentis naturæ varietas, tot colorum differentiæ, tot figuræ, planis, concavis, longis, lunatis, in orbem circumactis, dimidio orbe cavis, in dorsum elatis, lævibus, rugatis, denticulatis, striatis : vertice muricatim intorto, margine in mucronem emisso, foris effuso, intus replicato. Jam distinctione virgulata, crinita, crispa, cuniculatim, pectinatim divisa; imbricatim undata, cancellatim reticulata; in obliquum in rectum expansa; densata, porrecta, sinuata; brevi nodo ligatis, toto latere connexis, ad plausum apertis, ad buccinum recurvis. Navigant

nomme *conques de Vénus* voguent sur la surface de la mer, en présentant à l'action du vent leur partie concave, qui leur sert de voile. Les pétoncles sautent et voltigent au-dessus de l'eau, et se servent aussi à eux-mêmes de vaisseau.

Que la mer fournit des éléments au luxe.

Mais pourquoi m'arrêter à ces observations frivoles, lorsque ces mêmes coquillages sont une des causes les plus actives du luxe et de la corruption des mœurs ? La mer est déjà de tous les éléments le plus nuisible à la santé de l'homme, par tous ces poissons dont on compose tant de mets, tant de ragoûts et de services, qui doivent leur prix aux dangers qu'ils coûtent.

Mais que ces maux sont peu de chose, si l'on réfléchit aux perles et à la pourpre ! Ce n'était pas assez que la mer assouvît notre voracité, il fallait aussi que les femmes et même les hommes chargeassent de ses dépouilles leurs mains, leurs oreilles, leur tête, leur corps tout entier. Quel rapport entre la mer et nos vêtements? entre les flots et les toisons? Ne quitte-t-on pas ses habits pour entrer dans cet élément? Mais je veux qu'il y ait une telle intimité entre la mer et l'estomac : qu'a-t-elle de commun avec le dos? Ainsi que nos mets, il faut que

ex his Veneriæ, præbentes concavam sui partem, et auræ opponentes, per summa æquorum velificant. Saliunt pectines, et extra volitant, seque et ipsi carinant.

LIII. 34. Sed quid hæc tam parva commemoro, quum populatio morum atque luxuria non aliunde major, quam e concharum genere proveniat? Jam quidem ex tota rerum natura damnosissimum ventri mare est, tot modis, tot mensis, tot piscium saporibus, quibus pretia capientium periculo fiunt.

35. Sed quota hæc portio est reputantibus purpuras, conchylia, margaritas! Parum scilicet fuerat in gulas condi maria, nisi manibus, auribus, capite, totoque corpore a feminis juxta virisque gestarentur. Quid mari cum vestibus? Quid undis fluctibusque cum vellere? Non recte recipit hæc nos rerum natura, nisi nudos. Esto, sit tanta ventri cum eo societas; quid tergori? Parum est, nisi qui vescimur periculis, etiam ves-

nos vêtements soient le prix des dangers. Tant nous préférons pour l'entretien de notre corps tout ce qui a pu coûter la vie à nos semblables!

Des perles.

Les perles tiennent donc le premier rang parmi les choses précieuses. Elles viennent surtout dans l'océan Indien (du *mytilus margaritiferus*). C'est à travers cette multitude d'animaux monstrueux dont j'ai parlé, c'est en franchissant l'immensité de tant de mers et de tant de terres, qu'elles nous arrivent des régions brûlées par les feux du soleil; encore les Indiens vont-ils les chercher dans des îles qui sont elles-mêmes en très petit nombre. Taprobane et Stoïs sont les plus fertiles, ainsi que Périmula, promontoire de l'Inde. Mais les plus belles se pêchent vers l'Arabie, dans le golfe Persique.

La nacre où se forment les perles diffère assez peu des écailles d'huître. On dit (fable) que, stimulées par l'influence de la saison nouvelle, les nacres s'ouvrent par une sorte de bâillement, et se remplissent d'une rosée qui les rend fécondes; qu'elles deviennent mères, et que les perles sont leur fruit. Différentes selon la qualité de la rosée reçue par la nacre, les perles sont d'une couleur éclatante,

tiamur; adeo per totum corpus, anima hominis quæsita maxime placent.

LIV. Principium ergo culmenque omnium rerum pretii, margaritæ tenent. Indicas maxime has mittit oceanus, inter illas belluas tales tantasque, quas diximus, per tot maria venientes, tam longo terrarum tractu, e tantis solis ardoribus; atque Indis quoque in insulas petuntur, et admodum paucas. Fertilissima est Taprobane et Stoidis, ut diximus in circuitu mundi: item Perimula promontorium Indiæ. Præcipue autem laudantur circa Arabiam in Persico sinu maris Rubri.

Origo atque genitura conchæ est haud multum ostrearum conchis differens. Has ubi genitalis anni stimulaverit hora, pandentes sese quadam oscitatione, impleri roscido conceptu tradunt, gravidas postea enixi, partumque concharum esse margaritas, pro qualitate roris accepti: si purus influxerit, candorem conspici; si vero turbidus, et fœtum

si la rosée a été pure; d'une couleur sale, si elle a été trouble. Elles sont pâles, lorsqu'elles ont été conçues sous un ciel orageux; car elles tirent leur origine du ciel, et tiennent plus de lui que de la mer. Aussi leur couleur est-elle obscure ou claire, en raison de l'état du ciel pendant les matinées. Si les nacres sont bien nourries, la perle prend de l'accroissement. Elles se referment quand il fait des éclairs, et le jeûne les maigrit. Si le tonnerre gronde, effrayées et se resserrant aussitôt, elles ne produisent qu'une apparence de perle, qu'une bulle remplie d'air et sans corps. C'est ce qu'on pourrait nommer l'avortement des nacres. Celles qui viennent heureusement à terme sont composées de plusieurs peaux, en sorte qu'on peut les regarder comme une callosité de la nacre. Des mains habiles savent les nettoyer. Ce qui m'étonne, c'est que les perles, tellement amies du ciel, rougissent pourtant au soleil et y perdent leur blancheur, comme la peau de l'homme. Celles qui vivent assez enfoncées dans la mer pour que les rayons ne les atteignent pas, conservent leur blancheur primitive. Toutefois elles jaunissent elles-mêmes en vieillissant, elles se rident, et ce n'est que dans la jeunesse qu'elles ont cette vigueur, qui fait leur prix. Les perles s'épaississent aussi dans la vieillesse; elles s'attachent à la nacre, et on

---

sordescere; eumdem pallere, cœlo minante conceptum: ex eo quippe constare, cœlique eis majorem societatem esse, quam mari; sindo nubilum trahi colorem, aut pro claritate matutina serenum. Si tempestive satientur, grandescere et partus. Si fulguret, comprimi conchas, ac pro jejunii modo minui. Si vero etiam tonuerit, pavidas ac repente compressas, quæ vocant physemata, efficere, speciem modo inani inflatam sine corpore: hos esse concharum abortus. Sani quidem partus multiplici constant cute, non improprie callum ut existimari corporis possit; itaque et purgantur a peritis. Miror ipso tantum eas cœlo gaudere, sole rubescere, candoremque perdere, ut corpus humanum. Quare præcipuum custodiunt pelagiæ, altius mersæ, quam ut penetrent radii. Flavescunt tamen et illæ senecta, rugisque torpescunt; nec nisi in juventa constat ille, qui quæritur, vigor. Crassescunt etiam in senecta, conchisque ad-

ne peut les en séparer qu'avec la lime. On nomme timbales celles qui ont une face ronde, et l'autre plate. J'ai vu de ces perles adhérentes à leurs nacres ; aussi en avait-on fait des boîtes à essences. Au surplus, la perle est molle tant qu'elle demeure dans l'eau ; elle durcit dès qu'elle en est tirée.

Pêche des perles.

Lorsque la nacre voit la main de l'homme, elle se ferme et cache son trésor, sachant bien qu'on ne la recherche que pour le ravir. Si elle est surprise par l'homme, elle lui coupe la main avec son tranchant, juste punition, mais non la seule qu'elle prépare au ravisseur ; car la plupart des nacres se trouvent entre des écueils : en pleine mer, les chiens marins sont leurs satellites ; et cependant rien n'en peut écarter les oreilles des femmes. Si l'on en croit quelques auteurs, chaque troupe de nacres, ainsi que chaque essaim d'abeilles, a son chef, remarquable par sa grandeur et sa beauté, et d'une adresse merveilleuse pour se garantir des dangers. Les plongeurs mettent tout leur soin à saisir ce chef. Une fois pris, les autres nacres dispersées sont aisément enfermées dans le filet. Ensuite on les couvre de sel dans des vases d'argile, et quand la chair

hærescunt, nec his avelli queunt, nisi lima. Quibus una tantum est facies, et ab ea rotunditas, aversis planities ; ob id tympania nominantur. Cohærentes vidimus in conchis, hac dote unguenta circumferentibus. Cetero in aqua mollis unio, exemptus protinus durescit.

LV. Concha ipsa quum manum videt, comprimit sese, operitque opes suas, gnara propter illas se peti : manumque, si præveniat, acie sua abscindit, nulla justiore pœna, et aliis munita suppliciis, quippe inter scopulos major pars invenitur ; sed in alto quoque comitantur marinis canibus, nec tamen aures feminarum arcentur. Quidam tradunt, sicut apibus, ita concharum examinibus singulas magnitudine et vetustate præcipuas esse veluti duces, miræ ad cavendum solertiæ ; has urinantium cura peti : illis captis, facile ceteras palantes retibus includi ; multo deinde obrutis sale in vasis fictilibus, erosa carne omni, nucleos quosdam corporum, hoc est, uniones decidere in ima.

est corrodée, le noyau, c'est-à-dire la perle, tombe au fond du vase.

Diverses espèces de perles.

Nul doute qu'elles ne s'usent à force de servir, et que, faute de soin, leur couleur ne s'altère. Tout leur mérite consiste dans la blancheur, la grosseur, la rondeur, le poli et la pesanteur; qualités qui se trouvent si rarement ensemble, qu'on ne voit jamais deux perles parfaitement semblables. Aussi notre luxe les a-t-il nommées *uniones* (sans pair, spondyle?) (44). Ce nom n'existe pas chez les Grecs : les Barbares mêmes, à qui nous les devons, n'ont pas d'autre mot que celui de *margaritæ*. Il y a une grande différence dans la blancheur elle-même. Celles de la mer Rouge ont une eau plus claire. L'écaille de la pierre spéculaire imite assez les perles indiennes, qui d'ailleurs l'emportent en grandeur. Dire qu'elles ressemblent à l'alun de roche, c'est faire l'éloge complet de leur couleur. Les plus longues aussi ont leur mérite distinctif. On appelle *élenchi* celles qui, prolongées en poires, se terminent en élargissant leur contour, comme nos vases à essences. La gloire des femmes est de les suspendre à leurs doigts, d'en attacher deux et même trois à chacune de leurs oreilles (45). On a donné à ce luxe des noms dont la recherche atteste l'excès de notre dépravation. Cette sorte

LVI. Usu atteri non dubium est, coloremque indiligentia mutare. Dos omnis in candore, magnitudine, orbe, lævore, pondere, haud promptis rebus, in tantum ut nulli duo reperiantur indiscreti : unde nomen unionum romanæ scilicet imposuere deliciæ. Nam id apud Græcos non est, ne apud Barbaros quidem inventores ejus aliud, quam margaritæ. Et in candore ipso magna differentia : clarior in Rubro mari repertis; Indicos specularium lapidum squama adsimulat, alias magnitudine præcellentes. Summa laus coloris est exaluminatos vocari. Et procerioribus sua gratia est, elenchos appellant fastigata longitudine, alabastrorum figura in pleniorem orbem desinentes. Hos digitis suspendere, et binos ac ternos auribus, feminarum gloria est. Subeunt luxuriæ ejus nomina, et tædia, exquisita perdito nepotatu : siquidem

de parure, elles l'appellent *crotalia* (grelots), comme si le son et le cliquetis des perles étaient une jouissance pour elles (46). Déjà même les moins riches affectent ces fastueux ornements. Nos perles sont nos licteurs, disent-elles. Bien plus, elles les portent à leurs pieds, elles en garnissent non-seulement les cordons de la chaussure, mais la chaussure tout entière ; car aujourd'hui c'est trop peu de porter sur soi ces objets précieux, il faut qu'on les foule aux pieds, qu'on marche sur les perles.

On trouvait autrefois dans notre mer, surtout vers le Bosphore de Thrace, de petites perles rousses dans certaines nacres appelées mya. En Acarnanie, la nacre qu'on nomme *pinne* produit des perles ; ce qui prouve qu'elles ne naissent pas d'une seule espèce de coquille. Juba rapporte qu'on voit en Arabie une nacre semblable à un pétoncle cannelé, et garni de pointes, comme l'oursin ; que la perle est dans la chair de la grosseur d'un grêlon. Ces sortes de nacres n'ont pas encore été apportées à Rome. Les perles de l'Acarnanie ne sont pas estimées : elles sont irrégulières, brutes et marbrées, ainsi que celles de la Mauritanie. Alexandre Polyhistor et Sudinès pensent que leur couleur s'altère en vieillissant.

quum id fecere, crotalia appellant, ceu sono quoque gaudeant, et collisu ipso margaritarum. Cupiuntque jam et pauperes, « lictorem feminæ « in publico unionem esse » dictitantes. Quin et pedibus, nec crepidarum tantum obstragulis sed totis socculis addunt. Neque enim gestare jam margaritas, nisi calcent ac per uniones etiam ambulent, satis est.

In nostro mari reperiri solebant, crebrius circa Bosphorum Thracium, rufi ac parvi in conchis, quas myas appellant. At in Acarnania quæ vocatur pinna gignit. Quo apparet non uno conchæ genere nasci. Namque et Juba tradit, Arabicis concham esse similem pectini insecto, hirsutam echinorum modo, ipsum unionem in carne, grandini similem. Conchæ non tales ad nos afferuntur. Nec in Acarnania autem laudati reperiuntur, enormes, et feri, colorisque marmorei. Meliores circa Actium, sed et hi parvi, et in Mauritaniæ maritimis. Alexander Polyhistor et Sudines senescere eos putant, coloremque exspirare.

Caractères distinctifs des perles.

Ce qui démontre la solidité des perles, c'est qu'elles ne se cassent jamais en tombant. Elles ne se trouvent pas toujours au milieu de l'huître. J'en ai vu qui étaient placées à l'extrémité du bord, comme si elles sortaient de la nacre ; et dans quelques nacres, j'ai vu quatre et même cinq perles. On en compte très peu, jusqu'à présent, qui pèsent plus d'un scrupule au delà d'une demi-once. Il est certain que la mer Britannique en produit qui sont petites et ternes. Jules César fit connaître au public que celles qu'il dédiait à Vénus *Génitrix* avaient été pêchées sur les côtes de la Grande-Bretagne.

J'ai vu, et ce n'était pas dans une cérémonie publique, dans une de ces fêtes où l'on étale tout le faste de l'opulence ; j'ai vu, à un souper de fiançailles très ordinaires, Lollia Paulina, qui depuis est devenue la femme de Caligula, toute couverte d'émeraudes et de perles, que leur mélange rendait encore plus brillantes. Sa tête, ses cheveux, sa gorge, ses oreilles, son cou, ses bras, ses doigts, en étaient chargés. Il y en avait pour quarante millions de sesterces (9,000,000 fr.). Elle était en état de produire les quittances. Et ces richesses, elle ne les devait pas à la

LVII. Eorum corpus solidum esse manifestum est , quod nullo lapsu franguntur. Non autem semper in media carne reperiuntur, sed aliis atque aliis locis. Vidimusque jam in extremis etiam marginibus velut concha exeuntes : et in quibusdam quaternos quinosque. Pondus ad hoc ævi semunciæ pauci singulis scrupulis excessere. In Britannia parvos atque decolores nasci certum est : quoniam divus Julius thoracem, quem Veneri Genetrici in templo ejus dicavit, ex Britannicis margaritis factum voluerit intelligi.

LVIII. Lolliam Paulinam, quæ fuit Caii principis matrona, ne serio quidem , aut solenni cærimoniarum aliquo apparatu, sed mediocrium etiam sponsalium cena, vidi smaragdis margaritisque opertam , alterno textu fulgentibus, toto capite, crinibus, spira, auribus, collo, monilibus, digitisque, quæ summa quadringenties sestertium colligebat ; ipsa confestim parata mancupationem tabulis probare. Nec dona prodigi prin-

prodigalité de l'empereur : c'était le bien de son aïeul,
c'est-à-dire la dépouille des provinces. Voilà le fruit des
concussions ; voilà pourquoi Lollius, diffamé dans tout
l'Orient pour les présents extorqués aux rois, avala du
poison, après avoir perdu les bonnes graces de Caius César, fils d'Auguste ; c'était afin que sa petite-fille se fît
voir aux flambeaux avec une parure de quarante millions
de sesterces. A présent calculez d'un côté ce que portèrent Curius et Fabricius dans leurs triomphes ; figurez-
vous les brancards chargés du fruit de leurs exploits, et
de l'autre, voyez à table une Lollia, une simple particulière ; ne voudriez-vous pas qu'ils eussent été arrachés
du char triomphal, plutôt que d'avoir, par leurs victoires,
préparé de tels scandales ?

Il est des exemples de luxe plus monstrueux encore.
Deux perles sont citées comme les plus grosses qui aient
jamais existé. Cléopâtre, dernière reine d'Égypte, les pos-
séda l'une et l'autre. Elles lui étaient venues par héritage
des rois de l'Orient. Dans le temps qu'Antoine, épuisant
chaque jour tous les excès de la gourmandise, faisoit
charger sa table des mets les plus recherchés, cette princesse, avec l'orgueil et l'impudence d'une courtisane cou-
ronnée, plaisantait sur l'appareil et la somptuosité de

cipis fuerant, sed avitæ opes, provinciarum scilicet spoliis partæ. Hic
est rapinarum exitus ; hoc fuit quare M. Lollius infamatus regum mu-
neribus in toto Oriente, interdicta amicitia a Caio Cæsare Augusti filio,
venenum biberet, ut neptis ejus quadringenties sestertio operta spec-
taretur ad lucernas. Computet nunc aliquis ex altera parte, quantum
Curius aut Fabricius in triumphis tulerint : imaginetur illorum ferenla,
et ex altera parte Lolliam, unam imperii mulierculam accubantem ;
non illos curru detractos, quam in hoc vicisse malit !

Nec hæc summa luxuriæ exempla sunt. Duo fuere maximi uniones
per omne ævum : utrumque possedit Cleopatra, Ægypti reginarum
novissima, per manus Orientis regum sibi traditos. Hæc, quum exquisitis
quotidie Antonius saginaretur epulis, superbo simul ac procaci fastu,
ut regina meretrix, lautitiam ejus omnem apparatumque obtrectans,

ses festins. Antoine lui demanda ce qu'on pouvait ajouter
à la magnificence de sa table : elle répondit qu'elle dé-
penserait en un seul repas dix millions de sesterces
(2,250,000 fr.). Il desirait d'apprendre par quel moyen,
mais il ne croyait pas que la chose fût possible. Ils font
un pari. Le lendemain, jour de la décision, elle servit un
souper magnifique ; car, après tout, il ne fallait pas que
ce jour fût perdu ; mais ce n'était qu'un des soupers ordinaires. Antoine demandait d'un ton railleur qu'on
produisît le compte. Ceci n'est qu'un accessoire, dit-elle,
le souper coûtera la somme convenue, et seule je mange-
rai les dix millions de sesterces. Elle ordonne qu'on apporte le second service. Les officiers, qui étaient prévenus, ne placèrent devant elle qu'un vase plein de vinaigre : on sait que cette liqueur possède la vertu de dissoudre
les perles. Elle avait alors à ses oreilles ces deux perles,
merveille incomparable, chef-d'œuvre vraiment unique
de la nature. Tandis qu'Antoine impatient observe tous
ses mouvements, elle en détache une qu'elle jette dans le
vinaigre, et sitôt qu'elle est dissoute, elle l'avale. Déjà
elle porte la main sur l'autre : Plancus, juge du pari, la
saisit et prononce qu'Antoine est vaincu ; présage trop
malheureusement accompli. Celle qui fut sauvée n'a rien

quærente eo quid adstrui magnificentiæ posset, respondit, « una se cena
« centies sestertium absumpturam. » Cupiebat discere Antonius, sed
fieri posse non arbitrabatur. Ergo sponsionibus factis, postero die quo
judicium agebatur, magnificam alias cenam, ne dies periret, sed quoti-
dianam Antonio apposuit, irridenti, computationemque expostulanti.
At illa corollarium id esse, et consumpturam eam cenata taxationem
confirmans, solamque se centies sestertium cenaturam, inferri mensam
secundam jussit. Ex præcepto ministri unum tantum vas ante eam posuere aceti, cujus asperitas visque in tabem margaritas resolvit. Gereba-
bat auribus tum maxime singulare illud, et vere unicum naturæ opus.
Itaque exspectante Antonio quidnam esset actura, detractum alterum
mersit, ac liquefactum obsorbuit. Injecit alteri manum L. Plancus,
judex sponsionis ejus, cum quoque paranti simili modo absumere, vic-
tumque Antonium pronuntiavit, omine rato. Comitatur fama unionis

perdu de sa célébrité. Après que cette reine, fameuse par un triomphe si glorieux, fut tombée au pouvoir du vainqueur, on scia cette seconde perle pour former deux pendants d'oreilles à la Vénus du Panthéon ; et la moitié d'un de leurs soupers fait la parure d'une déesse.

Origine de l'usage des perles à Rome.

Toutefois ils ne remporteront point la palme du luxe ; ils seront dépouillés même de cette gloire. Déja le fils du tragédien Ésopus, Clodius, à qui son père laissa des richesses immenses, avait donné à Rome l'exemple de ce magnifique scandale. Qu'Antoine ne soit pas si fier de son triumvirat ; à peine a-t-il égalé un histrion, dont l'action même a plus de grandeur ; car il ne fut point provoqué par un défi : il prétendait à l'honneur d'éprouver, le premier, quel goût avaient les perles ; il le trouva merveilleux, et pour ne pas le savoir seul, il en fit servir une à chacun des convives. Fenestella écrit que les perles dévinrent d'un usage commun et fréquent dans Rome, après la prise d'Alexandrie ; qu'elles commencèrent à être connues vers le temps de Sylla, mais qu'elles étaient petites et de peu de valeur. Il se trompe évidemment, car Élius Stilon nous apprend que ce fut pendant la

ejus parem, capta illa tantæ quæstionis victrice regina dissectum, ut esset in utrisque Veneris auribus Romæ, in Pantheo dimidia eorum cena.

LIV. Non ferent tamen hanc palmam, spoliabunturque etiam luxuriæ gloria. Prior id fecerat Romæ in unionibus magnæ taxationis Clodius tragœdi Æsopi filius, relictus ab eo in amplis opibus heres, ne triumviratu suo nimis superbiat Antonius, pene histrioni comparatus et quidem nulla sponsione ad hoc producto, quo magis regium fiat : sed ut experiretur in gloria palati, quid saperent margaritæ ; atque ut mire placuere, ne solus hoc sciret, singulos uniones convivis quoque absorbendos dedit. Romæ in promiscuum ac frequentem usum venisse, Alexandria in ditionem redacta ; primum autem cœpisse circa Sullana tempora minutas et viles, Fenestella tradit manifesto errore, quum Æ-

guerre de Jugurtha que les plus grosses perles furent désignées par le mot *uniones*.

Des murex et des pourpres.

Les perles sont du moins un bien solide et durable : elles passent à un héritier, on peut les aliéner comme un fonds de terre ; mais la pourpre, également fille du luxe, à qui ce même luxe assigne une valeur presque égale à celle des perles, la pourpre s'use à tous les instants.

Les pourpres vivent ordinairement sept ans. Ainsi que le murex, elles restent cachées trente jours, vers le lever de la canicule. Elles s'assemblent au printemps, et se frottant les unes contre les autres, elles jettent une espèce de cire gluante. Le murex en fait autant. Mais cette fleur de pourpre, si recherchée pour la teinture, se trouve au milieu du gosier. C'est une petite goutte de liqueur contenue dans une veine blanche, et dont la couleur est celle d'une rose foncée. Le reste du corps est inutile. On tâche de prendre les pourpres vivantes, parce qu'elles jettent cette liqueur en mourant. On l'extrait des plus grandes, après les avoir arrachées de leurs coquilles. Les plus petites sont écrasées vivantes avec les coquilles mêmes.

lius Stilo Jugurthino bello unionum nomen impositum maxime grandibus margaritis prodat.

LX. Et hoc tamen æternæ prope possessionis est ; sequitur heredem, in mancipatum venit, ut prædium aliquod. Conchylia et purpuras omnis hora atterit, quibus eadem mater luxuria paria pene etiam margaritis pretia fecit.

36. Purpuræ vivunt annis plurimum septenis. Latent, sicut murices, circa canis ortum tricenis diebus. Congregantur verno tempore, mutuoque attritu lentorem cujusdam ceræ salivant. Simili modo et murices. Sed purpuræ florem illum tinguendis expetitum vestibus, in media habent faucibus. Liquoris hic minimi est in candida vena, unde pretiosus ille bibitur nigrantis rosæ colore sublucens. Reliquum corpus sterile. Vivas capere contendunt, quia cum vita succum eum evomunt. Et majoribus quidem purpuris detracta concha auferunt ; minores cum testa vivas frangunt, ita demum rorem cum exspuentes.

Tyr en Asie, Méninx et les côtes de Gétulie en Afrique, la Laconie en Europe, sont les lieux qui produisent la plus belle pourpre. C'est devant cette couleur précieuse que les faisceaux et les haches romaines écartent la foule. Elle est la majesté de l'enfance. Elle distingue le sénateur du chevalier. Au pied des autels, elle fléchit les dieux; son éclat rehausse tous nos vêtements; elle se mêle à l'or dans la robe triomphale. Excusons donc la passion qu'elle inspire. Mais les teintures conchyliennes d'où tirent-elles leur prix? leur odeur est infecte, elles contristent la vue par leur aspect verdâtre et leur couleur de tempête.

La langue de la pourpre est de la longueur du doigt. La pointe en est si dure qu'elle perce les autres coquillages dont elle se nourrit. Les pourpres meurent dans l'eau douce et partout où quelque rivière vient se jeter à la mer. Du reste, celles qu'on a pêchées vivent cinquante jours de cette bave qu'on nomme leur cire. Les pourpres croissent encore plus promptement que les autres coquillages; elles ont acquis toute leur grandeur au bout d'un an.

Des diverses espèces de pourpres

Si je passais de suite à d'autres objets, le luxe réclamerait ses droits, et m'accuserait de négligence. Je vais

Tyri præcipuus hic Asiæ; in Meninge, Africæ, et Gætulo litore oceani; in Laconica, Europæ. Huic fasces securesque Romanæ viam faciunt; idemque pro majestate pueritiæ est. Distinguit ab equite curiam, diis advocatur placandis, omnemque vestem illuminat; in triumphali, miscetur auro. Quapropter excusata et purpuræ sit insania. Sed unde conchyliis pretia, queis virus grave in fuco, color austerus in glauco, et irascenti similis mari?

Lingua purpuræ longitudine digitali, qua pascitur perforando reliqua conchylia, tanta duritia aculeo est. Aquæ dulcedine necantur, et sicubi flumen immergitur: alioqui captæ, diebus quinquagenis vivunt, saliva sua. Conchæ omnes celerrime crescunt, præcipue purpuræ; anno magnitudinem implent.

LXI. Quod si hactenus transcurrat expositio, fraudatam profecto se

donc entrer dans les ateliers; et de même que, pour les besoins de la vie, nous connaissons tout ce qui est relatif aux grains dont nous faisons notre nourriture; de même aussi les hommes qui se passionnent pour ces frivolités pourront connaître à fond les éléments et les moyens de leurs jouissances. Deux sortes de coquillages nous donnent la pourpre et la couleur conchylienne (47); car pour l'une et pour l'autre la matière est la même. Toute la différence est dans la combinaison. De ces deux coquillages, le plus petit est le buccin. Il a la forme d'un cor. Son ouverture est ronde, les bords en sont échancrés. L'autre se nomme pourpre. Son bec se prolonge contourné en volute et creusé en gouttière, afin de donner passage à la langue. De plus, la coquille est couverte de tubercules jusqu'au sommet. Des pointes sont disposées en rond, et, pour l'ordinaire, au nombre de sept (*murex brandoris*, et *triburis*). Elles manquent au buccin. Mais chez tous les deux, le nombre des spirales indique celui des années. Le buccin ne s'attache jamais qu'aux pierres : on le prend autour des rochers.

Les pourpres se nomment aussi pélagiennes. Elles se divisent en plusieurs variétés qui diffèrent entre elles par leur nourriture et par la nature des lieux qu'elles habi-

luxuria credat, nosque indiligentiæ damnet. Quamobrem persequemur etiam officinas; ut tanquam in vita frugum noscitur ratio, sic omnes qui istis gaudent præmia vitæ suæ calleant. Concharum ad purpuras et conchylia (eadem enim est materia, sed distat temperamento) duo sunt genera. Buccinum minor concha, ad similitudinem ejus qua buccini sonus editur; unde et causa nomini, rotunditate oris in margine incisa. Alterum purpura vocatur, cuniculatim procurrente rostro, et cuniculi latere introrsus tubulato, qua proferatur lingua. Præterea clavatim est ad turbinem usque, aculeis in orbem septenis fere, qui non sunt buccino; sed utrisque orbes totidem, quod habeant annos. Buccinum nonnisi petris adhæret, circaque scopulos legitur.

37. Purpuræ, nomine alio, pelagiæ vocantur. Earum genera plura, pabulo et solo discreta. Lutense putri limo, et algense enutritum alga,

tent. Il en est qui vivent de limon, d'autres se nourrissent d'algue. Ces deux espèces sont les moins estimées. On prise davantage celles qu'on pêche sur certains bancs de rochers ; encore donnent-elles une couleur trop légère et trop claire. L'espèce qui se trouve sur le sable de la mer est excellente pour la couleur conchylienne ; et la meilleure pour la pourpre est celle qui ne se fixe dans aucun lieu en particulier. On prend les pourpres en jetant dans la mer de petites nasses à claire-voie. On y met pour appât des coquillages qui s'ouvrent et se ferment, tels que les moules. Ces coquillages à demi morts se raniment et s'ouvrent lorsqu'ils ont été rendus à la mer. Les pourpres les attaquent et avancent la langue pour les percer. Ceux-ci, excités par la douleur, se referment. Les pourpres se trouvent prises, et, victimes de leur avidité, on les enlève suspendues par la langue.

Teinture des laines en pourpre.

La meilleure pêche se fait après le lever de la canicule, ou avant le printemps. Lorsque les pourpres ont jeté leur liqueur gluante et visqueuse, elles donnent un suc trop fluide. C'est ce qu'on ignore dans les ateliers, et cependant ce point est essentiel. On commence par ôter aux pourpres cette veine dont j'ai parlé. Il est nécessaire d'y

vilissimum utrumque ; melius tæniense, in tæniis maris collectum ; hoc quoque tamen etiamnum levius atque dilutius ; calculense appellatur a calculo maris, mire aptum conchyliis ; et longe optimum purpuris dilutense, id est, vario soli genere pastum. Capiuntur autem purpuræ parvulis rarisque textu veluti nassis in alto jactis. Inest iis esca, clusiles mordacesque conchæ, ceu mitulos videmus ; has semineces, sed redditas mari avido hiatu revivescentes appetunt purpuræ, porrectisque linguis infestant ; at illæ aculeo exstimulatæ claudunt sese, comprimuntque mordentia ; ita pendentes aviditate sua purpuræ tolluntur.

LXII. 38. Capi eas post canis ortum, aut ante vernum tempus utilissimum ; quoniam quum cerificavere, fluxos habent succos. Sed id tinguentium officinæ ignorant, quum summa vertatur in eo. Eximitur postea vena, quam diximus ; cui addi salem necessarium, sextarios ferme in li-

mêler du sel dans la proportion de vingt onces par quintal. On laisse la liqueur se macérer trois jours au plus ; car elle a d'autant plus de force qu'elle est plus nouvelle. On la fait bouillir dans des cuves de plomb. Cent amphores doivent se réduire à cinq cents livres. Il faut une chaleur modérée qu'on se procure au moyen d'un tuyau qui correspond à une fournaise éloignée. Après que les chairs adhérentes aux veines ont été enlevées avec l'écume, et lorsque la fusion est parfaite, le dixième jour, on trempe pour échantillon un morceau de laine bien débouillie, et la cuisson continue jusqu'à ce qu'on ait atteint le point désiré. Le rouge éclatant et vif vaut moins qu'un rouge sombre et foncé. La laine trempe cinq heures : on la carde pour la replonger encore, jusqu'à ce qu'elle ait bu toute la liqueur. Le buccin ne s'emploie jamais seul ; la couleur ne tiendrait pas. On l'amalgame avec la pourpre. Il donne à celle-ci, dont la nuance est trop noire et trop ombrée, cette vivacité, ce brillant de l'écarlate, qui est le chef-d'œuvre de l'art. De cette alliance il résulte que chacun anime ou amortit ce que l'autre a de trop sombre ou de trop éclatant.

La combinaison la plus parfaite est celle où, pour cinquante livres de laine, on emploie deux cents livres de

bras centenas ; macerari triduo justum ; quippe tanto major vis, quanto recentior. Fervere in plumbo, singulasque amphoras centenas ad quingentenas medicaminis libras æquari, ac modico vapore torreri, et ideo longinquæ fornacis cuniculo. Ita despumatis subinde carnibus, quas adhæsisse venis necesse est, decimo ferme die liquata cortina, vellus elutriatum mergitur in experimentum ; et donec spei satis fiat, uritur liquor. Rubens color nigrante deterior. Quinis lana potat horis, rursusque mergitur carminata, donec omnem ebibat saniem. Buccinum per se damnatur, quoniam fucum remittit. Pelagio admodum alligatur, nimiæque ejus nigritiæ dat austeritatem illam nitoremque, qui quæritur, cocci. Ita permixtis viribus alterum altero excitatur, aut adstringitur.

Summa medicaminum in L. libras vellerum, buccini ducentas ; pelagii,

buccin et cent onze livres de pourpre. C'est par ce procédé qu'on obtient cette superbe couleur d'améthyste. Les Tyriens commencent par tremper la laine dans la pourpre, sans attendre que la cuisson soit parfaite ; ensuite ils la plongent dans le buccin. La plus belle pourpre tyrienne (48) est celle qui a la couleur de sang figé, et qui paraît noirâtre quand on la voit de face, et brillante lorsqu'on la regarde de bas en haut. Aussi Homère donne-t-il au sang l'épithète de pourpré.

Usage de la pourpre, du laticlave, de la prétexte, dans Rome.

Je vois que de tout temps la pourpre a été en usage dans Rome, mais que Romulus ne l'employait que pour la trabée ; car il est assez constant que Tullus Hostilius est le premier roi qui ait porté la prétexte et le laticlave, et que ce fut après la défaite des Étrusques. Voici comme s'exprime Cornélius Népos, qui mourut sous l'empire d'Auguste : « Pendant ma jeunesse, dit-il, la pourpre violette était à la mode : elle se vendait cent deniers (90 fr.) la livre. Bientôt après on préféra la pourpre rouge de Tarente, et ensuite la double pourpre de Tyr, dont la livre coûtait plus de mille deniers. On blâmait Lentulus Spinther, édile curule, qui, le premier, en fit usage pour

CXI. Ita fit amethysti color eximius ille. At Tyrius pelagio primum satiatur, immatura viridique cortina; mox permutatur in buccino. Laus ei summa, in colore sanguinis concreti, nigricans aspectu, idemque suspectu refulgens. Unde et Homero purpureus dicitur sanguis.

LXIII. 59. Purpuræ usum Romæ semper fuisse video, sed Romulo in trabea. Nam toga prætexta, et latiore clavo Tullum Hostilium e regibus primum usum, Etruscis devictis, satis constat. Nepos Cornelius, qui divi Augusti principatu obiit : « Me, inquit, juvene violacea purpura « vigebat, cujus libra denariis centum venibat ; nec multo post rubra « Tarentina. Huic successit dibapha Tyria, quæ in libras denariis mille « non poterat emi. Hac P. Lentulus Spinther ædilis curulis primus in

sa prétexte. Aujourd'hui, continue le même auteur, est-il une salle à manger où l'on ne voie des tapis de pourpre tyrienne? » Spinther fut édile l'an de Rome 694, sous le consulat de Cicéron. On appelait *dibapha* celle qui, par une dépense magnifique alors, avait été teinte deux fois, comme le sont aujourd'hui presque toutes les belles pourpres.

Des étoffes dites conchyliennes.

On suit le même procédé pour la couleur conchylienne (49), si ce n'est qu'on ne fait pas usage du buccin. En outre, on verse dans la teinture de l'eau et de l'urine en parties égales, et on ajoute une moitié de plus en suc de pourpre. C'est ainsi qu'au moyen d'une saturation incomplète, on obtient cette couleur pâle tant vantée, et d'autant plus claire que la laine est moins rassasiée.

Le suc de la pourpre et du buccin est plus ou moins cher en raison de la fertilité des rivages. Toutefois celui de la pourpre ne coûte nulle part plus de cinquante sesterces (11 fr.25 c.), et celui du buccin plus de cent sesterces le quintal. Ils ne s'en doutent pas ces hommes qui, pour de tels objets, prodiguent des sommes énormes.

De la teinture améthyste, et autres.

Mais où finit un abus, un autre abus commence. On se

« prætexta usus improbabatur; qua purpura quis non jam, inquit, tri-
« cliniaria facit? » Spinther ædilis fuit Urbis conditæ anno DCXCI. Ci-
cerone consule. Dibapha tunc dicebatur, quæ bis tincta esset, veluti
magnifico impendio, qualiter nunc omnes pene commodiores purpuræ
tinguuntur.

LXIV. In conchyliata veste cetera eadem, sine buccino; præterque
jus temperatur aqua, et pro indiviso, humani potus excremento; dimidia et medicamina adduntur. Sic gignitur laudatus ille pallor saturitate
fraudata, tantoque dilutior, quanto magis vellera esuriunt.

40. Pretia medicamento sunt quidem pro fertilitate litorum viliora;
non tamen usquam pelagii centenas libras quinquagenos nummos excedere, et buccini centenos, sciant qui ista mercantur immenso.

LXV. Sed alia e fine initia; juvatque ludere impendio, et lusus ge-

fait un jeu de dépenser. On s'étudie à doubler les frais en mêlant les combinaisons, à falsifier encore ce qui n'était déjà qu'une falsification de la nature. Ainsi l'on a imaginé de peindre l'écaille, de mêler l'argent à l'or pour faire le vermeil, et d'y ajouter l'airain pour composer le métal de Corinthe.

Ce n'était pas assez qu'on eût enlevé à une pierre le nom d'améthyste : afin d'imaginer un nom bizarre (tyria-methystus) qui tienne de l'un et de l'autre, et de créer la jouissance d'un double luxe, on retrempe cette couleur dans la pourpre de Tyr. La couleur conchylienne n'est plus qu'une préparation pour que l'étoffe prenne mieux la teinture tyrienne. Cette invention est due sans doute au repentir d'un ouvrier mécontent de son ouvrage. De là un nouveau procédé : et ce qui fut d'abord l'effet de la mal-adresse, des esprits contre nature l'érigèrent en chef-d'œuvre de l'art. On découvrit un double moyen de luxe en chargeant une couleur avec une autre couleur : elle en devient, dit-on, plus agréable et plus douce. Que dis-je? on mêle les productions de la terre à celles de la mer ; et pour obtenir le ponceau, on reteint dans la pourpre ce qu'on avait teint dans l'écarlate.

La plus belle graine d'écarlate, comme je le dirai en parlant des végétaux, se tire de la Galatie, ou des envi-

ominare miscendo, iterumque et ipsa adulterare adulteria naturæ ; sicut testudines tinguere, argentum auro confundere, ut electra fiant ; addere his æra, ut Corinthia.

41. Non est satis abstulisse gemmæ nomen amethystum ; rursum absolutum inebriatur Tyrio, ut sit ex utroque nomen improbum, simulque luxuria duplex ; et quum confecere conchylia, transire melius in Tyrium putant. Pœnitentia hoc primum debet invenisse, artifice mutante quod damnabat ; inde ratio nata, votum quoque factum e vitio portentosis ingeniis, et gemina demonstrata via luxuriæ, ut color alius operiretur alio, suavior ita fieri leniorque dictus. Quin et terrena miscere, coccoque tinctum Tyrio tinguere, ut fieret hysginum.

Coccum Galatiæ rubens granum, ut dicemus in terrestribus, aut circa

rons d'Émérita en Lusitanie (Espagne) (50). Mais pour compléter mes observations sur les teintures précieuses, je remarquerai que la graine ne doit être ni trop nouvelle ni trop vieille. Si elle n'a qu'un an, elle donne une couleur blafarde ; si elle a plus de quatre ans, elle est sans force et sans vigueur. J'ai décrit amplement les procédés d'un art auquel et les hommes et les femmes croient devoir leur plus majestueuse parure.

De la pinne et de la pinnotère.

Parmi les coquillages se trouve aussi la nacre qu'on nomme pinne (coq. bivalve). Elle naît dans les fonds de vase, toujours droite, et jamais sans un compagnon, qu'on appelle pinnotère, et, selon d'autres, pinnophylax. C'est une petite squille, ou un cancre qui s'associe avec elle pour trouver sa nourriture. La nacre, qui est aveugle, s'ouvre, offrant son corps aux petits poissons qui viennent jouer autour d'elle. Bientôt enhardis par la licence, ils remplissent la coquille. Le pinnotère, qui est aux aguets, avertit la nacre par une morsure légère : celle-ci se referme, écrase tout ce qui se trouve pris entre ses écailles, et partage sa proie avec son associé.

Sensibilité des animaux aquatiques.

D'après de tels faits, je ne conçois pas comment des

Emeritam Lusitaniæ, in maxima laude est. Verum ut simul peragantur nobilia pigmenta, anniculo grano languidus succus; idem a quadrimo evanidus. Ita nec recenti vires, neque senescenti. Abunde tracta est ratio, qua se virorum juxta feminarumque forma credit amplissimam fieri.

LXVI. 42. Concharum generis et pinna est. Nascitur in limosis stabrecta semper, nec umquam sine comite, quem pinnoterem vocant, alii pinnophylacem. Is est squilla parva; alibi cancer dapis adsectator. Pandit se pinna, luminibus orbum corpus intus minutis piscibus præbens. Adsultant illi protinus, et ubi licentia audacia crevit, implent eam. Hoc tempus speculatus index, morsu levi significat. Illa compressu, quidquid inclusit, exanimat, partemque socio tribuit.

LXVII. Quo magis miror quosdam existimasse aquatilibus nullum

auteurs refusent toute espèce de sentiment aux animaux aquatiques. La torpille (*raia torpedo*) connaît sa force, et n'éprouve pas elle-même cette torpeur qu'elle communique aux autres. Plongée dans la vase, elle se cache et saisit les poissons qui, nageant sans défiance au-dessus d'elle, se trouvent subitement engourdis. Nul mets n'est plus tendre que le foie de cet animal. La grenouille de mer (la baudroie), qu'on nomme pêcheuse, n'a pas moins d'adresse. Après avoir troublé la vase, elle avance les cornes qui sont placées au-dessous de ses yeux, attirant les petits poissons qui s'ébattent à l'entour, jusqu'à ce qu'ils soient assez près pour qu'elle se lance sur eux. L'ange (*r. squatina*) et le turbot, pareillement cachés, remuent leurs nageoires, qui semblent autant de vermisseaux. Les raies emploient le même artifice. La pastenaque (*r. pastinaca*) attaque son ennemi du fond d'une embuscade. Son arme est le dard de sa queue, dont elle perce les poissons qui passent devant elle. Une preuve de l'industrie de ces animaux, c'est qu'étant les plus lents de tous, on trouve dans leur estomac le muge, qui de tous est le plus agile.

La scolopendre marine ressemble à la scolopendre terrestre, qu'on appelle mille-pieds. Quand elle a dévoré un hameçon, elle vomit tous ses intestins, jusqu'à ce qu'elle

---

inesse sensum. Novit torpedo vim suam, ipsa non torpens; mersaque in limo se occultat, piscium qui securi supernatantes obtorpuere, corripiens. Hujus jecori teneritas nulla præfertur. Nec minor solertia ranæ, quæ in mari piscatrix vocatur. Eminentia sub oculis cornicula turbato limo exserit, adsultantes pisciculos pertrahens, donec tam prope accedant, ut adsiliat. Simili modo squatina et rhombus abditi pinnas exsertas movent, specie vermiculorum; itemque quæ vocantur raiæ. Nam pastinaca latrocinatur ex occulto, transeuntes radio (quod telum est ei) figens. Argumenta solertiæ hujus, quod tardissimi piscium hi, mugilem velocissimum omnium habentes in ventre reperiuntur.

45. Scolopendræ terrestribus similes, quas centipedes vocant, hamo devorato omnia interanea evomunt, donec hamum egerant, deinde re-

se soit débarrassée du fer funeste, et les ravale ensuite.
Dans un danger semblable, les renards marins (*squales*)
avalent tout ce qu'ils peuvent de la ligne, jusqu'à ce qu'ils
trouvent un endroit faible qu'ils puissent ronger aisément.
Le glanis est encore plus rusé. Au lieu de dévorer l'hameçon, il le mord en sens contraire, et le dépouille de
l'amorce.

Le bélier (*delphinus orca*) agit en brigand, à force ouverte. Tantôt, à l'abri des grands vaisseaux qui sont à
l'ancre, il épie ceux qui veulent prendre le plaisir du
bain; d'autres fois, élevant la tête hors de l'eau, il observe les barques des pêcheurs, et s'approchant sans être
vu, il les entraîne au fond de la mer.

Des zoophytes.

Quant à ces êtres qui ne sont ni animaux ni végétaux (51), mais qui forment comme une troisième classe,
laquelle participe des uns et des autres, je parle des orties
et des éponges, je suis persuadé qu'eux-mêmes ne sont
pas dépourvus de sentiment. Les orties (*méduses*) se dé-
placent et voyagent pendant la nuit. On pourrait les définir un feuillage de chair (52). Elles vivent même de
poisson. Ainsi que les orties de terre, elles causent une
vive démangeaison. Quelquefois elles se contractent avec
force, et lorsque les petits poissons s'approchent, elles

sorbent. At vulpes marinæ, simili in periculo glutiunt amplius usque
ad infirma lineæ, quæ facile prærodant. Cautius qui glanis vocatur:
aversos mordet hamos, nec devorat, sed esca spoliat.

44. Grassatur aries, ut latro. Et nunc grandiorum navium in salo
stantium occultatus umbra, si quem nandi voluptas invitet, exspectat;
nunc elato extra aquam capite, piscantium cymbas speculatur, occultus-
que adnatans mergit.

LXVIII. 45. Equidem et his inesse sensum arbitror, quæ neque animalium, neque fruticum, sed tertiam quamdam ex utroque naturam
habent; urticis dico, et spongiis. Urticæ noctu vagantur, noctuque mutant. Carnosæ frondis his natura; et carne vescuntur. Vis pruritu mor-
dax, eamdemque quæ terrestris urticæ. Contrahit ergo se quam maxime

étendent leur feuillage, les enveloppent et les dévorent.
D'autres fois, elles semblent flétries, et se laissent ballotter par les flots (*méduses* et *physales*), ainsi que l'algue,
et tandis que les poissons qu'elles ont touchés se frottent
contre une pierre pour apaiser leur démangeaison, elles
les saisissent.

Pendant la nuit, elles vont à la chasse des pétoncles et
des oursins. Dès qu'elles sentent la main de l'homme s'approcher, elles changent de couleur et se contractent. Si
on les touche, elles causent une démangeaison brûlante,
et se cachent pour peu qu'on tarde à les saisir. On prétend qu'elles ont la bouche au bas du corps (*rhizostomes*), et qu'elles jettent les excréments par un conduit
étroit, placé à la partie supérieure.

Des éponges.

Il y a trois espèces d'éponges (53). La première, épaisse,
rude et très dure, s'appelle *tragos*; la seconde, épaisse et
molle, se nomme *mane*; la troisième, fine et serrée, dont
on fait les pinceaux, se nomme éponge d'Achille. Elles naissent toutes sur les rochers et se nourrissent de coquillages, de poissons et de vase. Ce qui prouve qu'elles ont
de l'intelligence, c'est que, dès qu'elles sentent qu'on
veut les prendre, elles se contractent, ce qui les rend

rigens, ac prænatante pisciculo frondem suam spargit, complectensque
devorat. Alias marcenti similis, et jactari se passa fluctu, algæ vice,
contactos pisces, attrituque petræ scalpentes pruritum, invadit.

Eadem noctu pectines et echiros perquirit; dum admoveri sibi manum sentit, colorem mutat et contrahitur. Tacta uredinem mittit, pauloque si fuit intervalli, absconditur. Ora ei in radice esse traduntur;
excrementa per summa tenui fistula reddi.

LXIX. Spongiarum tria genera accepimus: spissum ac prædurum et
asperum, tragos id vocatur; spissum et mollius, manon; tenue densumque, ex quo penicilli, Achilleum. Nascuntur omnes in petris; aluntur conchis, pisce, limo. Intellectum inesse his apparet, quia, ubi avulsorem sensere, contractæ multo difficilius abstrahuntur. Hoc idem
fluctu pulsante faciunt.

plus difficiles à détacher. Elles en font de même lorsqu'elles sont frappées par les flots.

Les petites coquilles qu'on trouve dans leurs corps prouvent indubitablement qu'elles mangent. On dit que près de Torone elles se nourrissent de coquillages, même après avoir été arrachées des rochers, et que d'autres éponges repoussent sur les racines. Elles laissent aussi une couleur de sang sur les rochers dont on les détache, surtout celles des Syrtes en Afrique. Celles dont la substance est lâche deviennent les plus grandes; les plus douces se trouvent aux environs de la Lycie. Elles acquièrent plus de mollesse dans les lieux profonds, et à l'abri des vents. Elles sont rudes dans l'Hellespont, et compactes auprès de Malée. Elles se corrompent dans les lieux exposés au soleil : aussi les meilleures se trouvent-elles au fond de la mer. Vivantes, elles sont d'une couleur noirâtre, comme lorsqu'elles sont mouillées. Elles ne sont adhérentes ni par toutes les parties à la fois, ni par une partie seulement; mais elles sont percées de quatre ou cinq tuyaux vides, par où l'on croit qu'elles tirent leur nourriture. Elles en ont d'autres encore, mais fermés par le bout. On remarque une espèce de membrane sous leur partie inférieure. Il est constant qu'elles vivent longtemps. Les pires de toutes sont celles qu'on nomme aplysies (*éponges* ou

<hr>

Vivere esca, manifesto conchæ minutæ in his repertæ ostendunt. Circa Toronem vesci illis avulsas etiam alunt, et ex relictis radicibus recrescere. In petris cruoris quoque inhæret color, Africis præcipue, quæ generantur in Syrtibus. Maximæ fiunt manæ, sec mollissimæ, circa Lyciam. In profundo autem, nec ventoso, molliores. In Hellesponto asperæ, et densæ circa Maleam. Putrescunt in apricis locis; ideo optimæ in gurgitibus. Viventibus idem, qui madentibus, nigricans color. Adhærent nec parte, nec totæ; intersunt enim fistulæ quædam inanes, quaternæ fere aut quinæ, per quas pasci existimantur. Sunt et aliæ, sed superne concretæ. Et subesse membrana quædam radicibus earum intelligitur. Vivere constat longo tempore. Pessimum omnium ge-

alcyons), parcequ'on ne peut les nettoyer en les lavant. Les canaux dont elles sont percées sont larges. Le reste du corps est épais et massif.

Des canicules.

Les mers où se trouvent les éponges sont infestées de milandres, et les plongeurs courent les plus affreux dangers. S'il faut les en croire, une espèce de nuage, semblable à un poisson plat, s'épaissit sur leur tête, les presse et les empêche de remonter. C'est pour cela qu'ils portent des stylets fort aigus, attachés à une ficelle : s'ils ne perçaient ce nuage avec cette arme, ils ne pourraient, disent-ils, sortir de l'eau. Tout ceci n'est, selon moi, que l'effet de l'éblouissement et de la peur. Le poisson nuage (peut-être la grande raie), c'est ainsi qu'ils l'appellent, ne fut jamais compté au nombre des animaux. Ce qui est vrai, c'est le combat cruel qu'ils ont à soutenir contre les milandres. Ceux-ci en veulent surtout aux aines, aux talons et à toutes les parties du corps remarquables par leur blancheur. Le seul moyen de salut est d'aller droit à eux, et de les effrayer ; car ils n'ont pas moins peur de l'homme que l'homme n'a peur d'eux. Au fond de la mer l'avantage est égal. Mais une fois arrivés à la surface de l'eau, tout le péril est pour le plongeur ; le mouvement

---

...nus est earum, quæ aplysiæ vocantur, quia elui non possunt, in quibus magnæ sunt fistulæ, et reliqua densitas spissa.

LXX. 46. Canicularum maxime multitudo circa eas urinantes gravi periculo infestat. Ipsi ferunt et nubem quamdam crassescere super capita, animalium planorum piscium similem, prementem eos, arcentemque a reciprocando; et ob id stilos præacutos lineis adnexos habere esse; quia nisi perfossæ ita, non recedant; caliginis et pavoris, ut arbitror, opere. Nubem enim et nebulam (cujus nomine id malum appellant) inter animalia haud ullam comperit quisquam. At cum caniculis atrox dimicatio. Inguina, et calces, omnemque candorem corporum appetunt. Salus una in adversas eundi, ultroque terrendi. Pavet enim hominem æque ac terret. Et sors æqua in gurgite; ut ad summa aquæ ventum est, ibi periculum anceps, adempta ratione contra eundi, dum

qu'il fait pour en sortir ne lui permet plus d'avancer contre son ennemi. Toute sa ressource est dans ses compagnons : ils tirent la corde qui le tient attaché par dessous les bras. De la main gauche il agite cette corde, en signe de détresse, et la droite armée du fer ne cesse de combattre. On le tire d'abord très-doucement. Enfin il arrive au vaisseau ; mais s'ils ne l'enlèvent avec la plus grande rapidité, ils le voient dévorer par le monstre. Souvent même, lorsqu'il est déja hors de l'eau, il est arraché de leurs mains, à moins qu'il ne seconde leurs efforts en ramassant son corps comme une boule. Il est vrai que, pendant ce temps, d'autres présentent le trident au monstre. Mais il a l'instinct de se placer sous le vaisseau : de là il combat en sûreté. On met donc le plus grand soin à observer ces animaux.

De tous les motifs de sécurité, le plus infaillible est la rencontre des poissons plats. On ne les voit jamais dans les mers où vivent les poissons malfaisants. C'est pourquoi les plongeurs les appellent sacrés.

Des animaux qui ont un test pierreux.

Il faut convenir que les testacées, tels que les huîtres, sont dénués de sentiment. Plusieurs n'ont que la vie des-

conetur emergere ; et salus omnis in sociis ; funem illi religatum ab humeris ejus trahunt ; hunc dimicans, ut sit periculi signum, læva quatit ; dextra adprehenso stilo in pugna est ; modicus alias tractus. Ut prope carinam ventum est, nisi præceleri vi repente rapiat, absumi spectant. Ac sæpe jam subducti e manibus auferuntur, si non trahentium opem, conglobato corpore in pilæ modum, ipsi adjuvere. Protendunt quidem tridentes alii ; sed monstro solertia est navigium subeundi, atque ita e tuto præliandi. Omnis ergo cura ad speculandum hoc malum insumitur.

47. Certissima est securitas vidisse planos [pisces, quia nunquam sunt, ubi maleficæ bestiæ ; qua de causa urinantes sacros appellant eos.

LXXI. Silicea testa inclusis fatendum est nullum esse sensum, ut ostreis. Multis eadem natura, quæ fructici, ut holothuriis, pulmonibus,

végétaux, par exemple, les holothuries, les poumons (alcyons?), les étoiles. Il n'est aucune espèce d'animal qui ne s'engendre dans la mer. On y trouve même ces insectes sautillants qui, pendant l'été, se rendent si incommodes dans les tavernes, et ces autres insectes qui se cachent surtout dans les cheveux. Souvent les pêcheurs les retirent amoncelés autour de leurs amorces. On croit que ce sont eux qui troublent le sommeil des poissons pendant la nuit. Ils s'engendrent même dans quelques poissons, au nombre desquels on compte la chalcis (*clupea ficta*) (54).

Animaux marins venimeux.

Cet élément a aussi ses poisons. Tel est le lièvre (*aphysia*) qui, dans la mer de l'Inde, provoque par son seul contact le vomissement et la dissolution de l'estomac. Dans nos mers, c'est une masse informe qui n'a de rapport avec le lièvre que par sa couleur. Dans l'Inde, il lui ressemble encore par la grandeur et par le poil, qui seulement est plus dur. On ne l'y prend jamais vivant. L'araignée (*la vive*), nuisible par la pointe dont l'épine de son dos est armée, n'est pas moins funeste (55). Mais rien de plus terrible que le dard qui s'élève sur la queue du trigon, que les latins appellent *pastinaca*. Ce dard a cinq

stellis. Adeoque nihil non gignitur in mari, ut cauponarum etiam æstiva animalia, pernici molesta saltu, et quæ capillus maxime celat, existant, et circumglobata escæ sæpe extrahantur; quæ causa somnum piscium in mari noctibus infestare existimatur. Quibusdam vero ipsis innascuntur, quo in numero chalcis accipitur.

LXXII. 48. Nec venena cessant dira, ut in lepore : qui in Indico mari etiam tactu pestilens, vomitum dissolutionemque stomachi protinus creat; in nostro offa informis, colore tantum lepori similis; in Indis, et magnitudine, et pilo, duriore tantum; nec vivus ibi capitur. Æque pestiferum animal araneus, spinæ in dorso aculeo noxius. Sed nullum usquam exsecrabilius, quam radius super caudam eminens trygonis, quam nostri pastinacam appellant, quincunciali magnitudine.

pouces de long. Enfoncé dans une racine, il tue les arbres ; il perce les boucliers comme un trait. A la force du fer, il joint l'activité du poison (56).

Maladies des poissons.

Rien ne fait connaître s'il y a des maladies affectées aux diverses espèces de poissons comme à celles des animaux terrestres, même sauvages. Mais ce qui démontre que les individus sont sujets aux maladies, c'est la maigreur de quelques poissons, lorsqu'on en prend d'autres de la même espèce qui sont très gras.

Reproduction des poissons.

La curiosité et l'admiration me font également la loi de ne pas remettre plus longtemps à parler de la génération des poissons. Ils s'accouplent en se frottant ventre contre ventre, avec une telle célérité qu'ils trompent l'œil le plus attentif. Les dauphins et les autres cétacées procédent de la même manière, mais ils emploient plus de temps. Dans la saison de l'accouplement, les femelles suivent les mâles en leur pressant le ventre de leur museau. Les mâles suivent les femelles au moment où elles jettent leurs œufs qu'ils dévorent. L'accouplement ne suffit pas pour la génération : il faut que le mâle, se promenant parmi les œufs que la femelle a laissés couler, y répande

Arbores infixus radici necat ; arma, ut telum, perforat ; vi ferri, et veneni malo.

LXXIII. 49. Morbos universa genera piscium, ut cetera animalia etiam fera, non accipimus sentire. Verum ægrotare singulos manifestum facit aliquorum macies, quum in eodem genere præpingues alii capiantur.

LXXIV. 50. Quonam modo generent, desiderium et admiratio hominum differri non patitur. Pisces attritu ventrium coeunt, tanta celeritate ut visum fallant ; delphini, et reliqua cete, simili modo, et paulo diutius. Femina piscis coitus tempore marem sequitur, ventrem ejus rostro pulsans ; sub partum mares feminas similiter, ova vescentes earum. Nec satis est generationi per se coitus, nisi editis ovis interven-

sa liqueur séminale. Tous, dans une si grande multitude, ne sont pas également fécondés ; sans quoi la mer et les étangs seraient comblés de poissons, la quantité d'œufs que contient une femelle étant innombrable (57).

Les œufs des poissons grossissent dans la mer, quelques uns avec une extrême vitesse, comme ceux des murènes ; les autres avec plus de lenteur.

Les tortues et ceux des poissons plats à qui leur queue et leurs piquants ne font point d'obstacle, s'accouplent en se mettant les uns sur les autres : les polypes en attachant un de leurs bras aux narines de leur femelle ; les sèches et les calmars par la langue, entremêlant leurs bras et nageant en sens contraire. Ils jettent leur frai par la bouche. Les polypes se joignent la tête en bas. Les autres mollusques, ainsi que le milandre, les langoustes et les squilles, s'accouplent par la partie inférieure, et les cancres par la bouche. Les grenouilles se mettent les unes sur les autres : le mâle saisit avec ses pieds antérieurs les aisselles de sa femelle, il lui serre les cuisses avec les pieds de derrière. Elles produisent de petites chairs noires, qu'on appelle têtards, où l'on ne distingue que les yeux et la queue. Bientôt les pieds se figurent ; la queue se fend pour former ceux de derrière (58). Chose mer-

---

sando mares vitale adsperserint virus. Non omnibus id contingit ovis in tanta multitudine ; alioqui replerentur maria et stagna, quum singuli uteri innumerabilia concipiant.

57. Piscium ova in mari crescunt, quædam summa celeritate, ut murænarum, quædam paulo tardius.

Plani piscium quibus cauda non obest aculeique, et testudines in coitu superveniunt : polypi crine uno feminæ naribus adnexo ; sepiæ et loligines linguis, componentes inter se brachia, et in contrarium nantes ; ore et pariunt. Sed polypi in terram verso capite coeunt. Reliqua mollium tergis, ut canes ; item locustæ, et squillæ ; cancri, ore. Ranæ superveniunt, prioribus pedibus alas feminæ mare adprehendente, posterioribus clunes. Pariunt minimas carnes nigras, quas gyrinos vocant, oculis tantum et cauda insignes : mox pedes figurantur, cauda findente

veilleuse ! après avoir vécu six mois, elles se résolvent en limon, sans qu'on s'en aperçoive ; au printemps elles renaissent et redeviennent ce qu'elles étaient. Quoique cette transformation ait lieu tous les ans, le procédé de la nature demeure toujours inconnu.

Les moules et les pétoncles naissent d'eux-mêmes dans les endroits sablonneux. Les testacées dont l'enveloppe est plus dure, tels que les murex et les pourpres, proviennent d'une liqueur salivaire et gluante, de la même manière que les cousins proviennent de l'eau croupissante, et les anchois de l'écume de la mer mise en fermentation par l'eau des pluies. Ceux qui sont couverts d'un test pierreux, comme les huîtres, naissent du limon qui se corrompt, ou de l'écume formée autour des vaisseaux longtemps en station, ou des pieux enfoncés dans la mer, et généralement autour du bois. On a reconnu récemment dans les parcs d'huîtres que ces coquillages jettent une liqueur séminale, semblable au lait.

Les anguilles se frottent contre les rochers (59). Les fragments détachés du corps s'animent. Il n'est point pour elles d'autre moyen de génération. Les poissons de différente espèce ne s'allient pas ensemble, excepté l'ange et la raie. Le produit de leur mélange est un animal qui, par sa partie antérieure, ressemble à la raie (60) : les

se in posteriores. Mirumque, semestri vita resolvuntur in limum nullo cernente, et rursus vernis aquis renascuntur quæ fuere ; naturæ perinde occulta ratione, quum omnibus annis id eveniat.

Et mituli et pectines sponte naturæ in arenosis proveniunt. Quæ durioris testæ sunt, ut murices, purpuræ, salivario lentore ; sicut acescente humore culices ; apuæ, spuma maris incalescente, quum admissus est imber. Quæ vero siliceo tegmine operiuntur, ut ostrea, putrescente limo, aut spuma circa navigia diutius stantia, defixosque palos, et lignum maxime. Nuper compertum in ostreariis, humorem iis fœtificum lactis modo effluere.

Anguillæ atterunt se scopulis ; ea strigmenta vivescunt ; nec alia est earum procreatio. Piscium diversa genera non coeunt, præter squa-

Grecs lui ont donné un nom (ρινοβάτος), composé des noms de ces deux poissons.

Dans l'eau comme sur la terre, quelques animaux naissent à certaines époques de l'année. Les peignes, les limaces, les sangsues, naissent au printemps, et disparaissent aussi à des époques réglées. Le loup (ou *loubine*), la sardine et tous les saxatiles produisent deux fois l'an ; le mulet, ainsi que la chalcis, produit trois fois ; la carpe (?), six ; le scorpion, deux ; le sarge, au printemps et en automne. Parmi les poissons plats, l'ange fraye deux fois : seule, elle produit en automne, au coucher des pléiades. La plupart des poissons frayent pendant les trois mois d'avril, de mai et de juin : la salpe, en automne ; le sarge, la torpille et les squales, vers l'équinoxe ; les mollusques, au printemps ; la sèche, tous les mois. Ses œufs font la grappe, collés les uns aux autres par une liqueur gluante et noire. Le mâle les poursuit en soufflant sur eux : sans quoi ils sont inféconds.

Les polypes s'accouplent l'hiver ; au printemps, ils jettent leurs œufs tortillés ensemble comme un pampre. Telle est leur fécondité que si l'on tue un de ces animaux, il est impossible de replacer dans son corps cette immense quantité d'œufs qu'il avait contenus (64). Ils éclosent le

tinam et raiam : ex quibus nascitur priori parte raiæ similis, et nomen ex utroque compositum apud Græcos trahit.

Quædam tempore anni gignuntur, et in humore, ut in terra : vere pectines, limaces, hirudines ; eadem, tempore evanescunt. Piscium lupus et trichias bis anno parit, et saxatiles omnes. Mulli ter, ut chalcis ; cyprinus sexies, scorpiones bis, ac sargi vere et autumno. Ex planis squatina bis ; sola autumno, occasu vergiliarum. Plurimi piscium tribus mensibus, aprili, maio, junio. Salpæ autumno ; sargi, torpedo, squali, circa æquinoctium ; molles vere ; sepia omnibus mensibus. Ova ejus glutino atramenti ad speciem uvæ cohærentia, masculus prosequitur adflatu, alias sterilescunt.

Polypi hieme coeunt, pariunt vere ova tortili vibrata pampino, tanta fecunditate, ut multitudinem ovorum occisi non recipiant cavo capitis, quæ prægnantes tulere. Ea excludunt quinquagesimo die, e quibus

cinquantième jour ; mais sur ce grand nombre, il en périt beaucoup. Les langoustes et les autres qui ont une écaille mince déposent leurs œufs les uns sur les autres, et les couvent en cet état. Le polype femelle tantôt se tient sur les siens, et tantôt ferme sa retraite en entrelaçant ses bras en forme de treillage. La sèche fait ses œufs à terre parmi les roseaux ou sur l'algue. Ils éclosent le quinzième jour. Le calmar fait les siens en pleine mer ; ils sont adhérents les uns aux autres, comme ceux de la sèche. La pourpre, le murex et ceux du même genre frayent au printemps. Les oursins font leurs œufs l'hiver, dans la pleine lune. Les escargots naissent l'hiver.

Poissons à la fois vivipares et ovipares.

On trouve dans la torpille jusqu'à quatre-vingts petits. Elle produit en elle-même des œufs qu'elle fait passer dans une autre partie de son ventre : c'est là qu'ils éclosent. Il en est de même de tous les poissons que nous avons appelés cartilagineux. Ils sont, par cette raison, les seuls qui soient tout à la fois ovipares et vivipares. Le silure mâle est le seul qui garde les œufs de sa femelle, même pendant cinquante jours, afin qu'ils ne soient pas dévorés. Les œufs des autres espèces éclosent le troisième jour, pourvu que le mâle les ait touchés.

multa propter numerum intercidunt. Locustæ et reliqua tennioris crustæ ponunt ova super ova, atque ita incubant. Polypus femina modo in ovis sedet modo cavernam cancellato brachiorum implexu claudit. Sepia in terreno parit inter arundines, aut sicubi enata alga ; excludit quintodecimo die. Loligines in alto conserta ova edunt, ut sepiæ. Purpuræ, murices, ejusdemque generis, vere pariunt. Echini ova pleniluniis habent hieme ; et cochleæ hiberno tempore nascuntur.

LXXV. Torpedo octogenos fœtus habens invenitur : eaque intra se parit ova præmollia, in alium locum uteri transferens, atque ibi excludens. Simili modo omnia, quæ cartilaginea appellavimus. Ita fit, ut sola piscium et animal pariant et ova concipiant. Silurus mas solus omnium edita custodit ova, sæpe et quinquagenis diebus, ne absumantur ab aliis. Cæteræ feminæ in triduo excludunt, si mas attigit.

Des poissons dont le ventre se fend pendant le frai.

L'aiguille ou la belone (*syngnathus acus*) est le seul poisson dont le ventre se fende, à cause de la multitude de ses œufs (62) : ensuite la plaie se referme. On dit la même chose du serpent aveugle (63). La tortue de mer creuse un trou sur le rivage pour y déposer ses œufs, puis elle les couvre de terre (64). Le trentième jour elle les découvre, et conduit ses petits à la mer.

Des poissons qui ont une matrice.

On dit que les rougets et les serrants ont une matrice, et que le poisson que les Grecs ont nommé trochos, se reproduit tout seul. Les petits de tous les animaux aquatiques ne commencent à voir qu'après un certain temps.

De la plus longue vie accordée aux poissons.

On nous a fait connaître depuis peu un exemple remarquable de la longévité des poissons (65). Dans la Campanie, aux portes de Naples, est une maison de plaisance, nommée Pausilippe, où étaient les réservoirs de César. Sénèque écrit qu'un poisson, placé dans ces réservoirs par Védius Pollion, y est mort après la soixantième année ; il ajoute que deux autres poissons de la même espèce et du même âge vivaient encore au moment où il écrivait. Puisque j'ai parlé des réservoirs de poissons, je

LXXVI. Acus, sive belone, unus piscium debiscente propter multitudinem utero parit. A partu coalescit vulnus : quod et in cæcis serpentibus tradant. Mus marinus in terra scrobe effosso parit ova , et rursus obruit terra ; tricesimo die refossa aperit, fœtumque in aquam ducit.

LXXVII. 52. Erythini et chanæ vulvas habere traduntur ; qui trochos appellatur a Græcis, ipse se inire. Fœtus omnium aquatilium intervallia visu carent.

LXXVIII. 53. Ævi piscium memorandum nuper exemplum accepimus. Pausilypum villa est Campaniæ, haud procul Neapoli : in ea in Cæsaris piscinis a Pollione Vedio conjectum piscem, sexagesimum post annum exspirasse scribit Annæus Seneca, duobus aliis æqualibus ejus ex eodem genere etiam tunc viventibus. Quæ mentio piscinarum admo-

crois devoir entrer dans quelques détails à ce sujet, avant
que de quitter les animaux aquatiques.

Inventeur des parcs d'huîtres.

Les premiers réservoirs pour les huîtres furent établis
à Baies par Sergius Orata, du temps de l'orateur Crassus,
 vant la guerre des Marses. Il ne le fit point par gourmandise, mais pour gagner de l'argent. Son industrie en
ce genre lui produisait de grands revenus. Les bains suspendus sont aussi de son invention. Il vendait de temps en
temps des maisons de campagne, après y avoir disposé ces
nouvelles commodités du luxe. Ce fut lui qui, le premier,
adjugea la prééminence aux huîtres du Lucrin. En effet,
les poissons de la même espèce sont plus délicats dans un
pays que dans un autre : par exemple, on préfère le loup
pêché dans le Tibre entre les deux ponts, le turbot de
Ravenne ,la murène de Sicile, l'esturgeon de Rhodes, et
ainsi des autres, car je ne veux pas donner ici une table
raisonnée de tout ce qu'on apprête dans nos cuisines. Les
rives de la Bretagne n'étaient pas encore esclaves, lorsque Sergius ennoblissait les bords du Lucrin. Les huîtres
parurent mériter dans la suite qu'on les allât chercher à
 rindes, à l'extrémité de l'Italie; et, pour éviter toute
contestation sur l'excellence des unes et des autres, on a

net, ut paulo plura dicamus hac de re, priusquam digrediamur ab aquatilibus.

LXXIX. 54. Ostrearum vivaria primus omnium Sergius Orata invenit in Baiano, ætate L. Crassi oratoris, ante Marsicum bellum; nec
gulæ causa, sed avaritiæ, magna vectigalia tali ex ingenio suo perci-
piens, ut qui primus pensiles invenerit balineas, ita mangonizatas villas
subinde vendendo. Is primus optimum saporem ostreis Lucrinis adjudi-
cavit, quando eadem aquatilium genera aliubi atque aliubi meliora,
sicut lupi pisces in Tiberi amne inter duos pontes, rhombus Ravennæ,
muræna in Sicilia, elops Rhodi; et alia genera similiter, ne culinarum
censura peragatur. Nondum Britannica serviebant littora, quum Orata
Lucrina nobilitabat; postea visum tanti in extremam Italiam petere

imaginé depuis peu de leur faire reprendre, dans le lac
Lucrin, l'embonpoint qu'elles avaient perdu, affamées
par un si long voyage (66).

Inventeurs des réservoirs pour les autres poissons.

Dans le même siècle, Licinius Muréna inventa les réservoirs pour les autres poissons. Les Philippes, les Hortensius et toute la noblesse suivirent son exemple. Lucullus ouvrit même un canal aux eaux de la mer, faisant
creuser une montagne auprès de Naples, à plus de frais
qu'il n'avait bâti sa maison de campagne. Pompée l'appelait à ce sujet le Xerxès romain. Les poissons de son
réservoir furent vendus, après sa mort, quatre millions
de sesterces (850,000 fr.).

Inventeur des réservoirs pour les murènes.

Hirrius imagina le premier un réservoir pour les murènes seulement. Lorsque César donna des festins au
peuple, à l'occasion de ses triomphes, Hirrius lui fournit
six mille murènes qu'il lui prêta au poids : il ne voulut
en recevoir le prix ni en argent, ni en aucune autre valeur. Très peu de temps après, ses réservoirs firent vendre
sa maison quatre millions de sesterces. Ensuite on se passionna pour telle ou telle murène en particulier. A Baules,

Brundisium ostreas; ac ne iis esset later duos sapores, nuper excogita-
tum, famem longæ advectionis a Brundisio compascere in Lucrino.

LXXX. Eadem ætate prior Licinius Muræna, reliquorum piscium
vivaria invenit; cujus deinde exemplum nobilitas secuta est, Philippi,
Hortensii; Lucullus exciso etiam monte juxta Neapolim majore impendio, quam villam exædificaverat, euripum et maria admisit; qua de
causa Magnus Pompeius Xerxen togatum eum appellabat. Quadragies
ii-s. piscinæ a defuncto illo veniere pisces.

LXXXI. 55. Murænarum vivarium privatim excogitavit C. Hirrius
ante alios, qui cœnis triumphalibus Cæsaris dictatoris, sex millia numero murænarum mutua appendit. Nam permutare quidem pretio noluit, aliave merce. Hujus villam intra quam modicum quadragies piscinæ vendiderunt. Invasit deinde singulorum piscium amor. Apud Baulos

du côté de Baies, l'orateur Hortensius en nourrissait une qu'il aimait à l'excès. On dit même qu'il la pleura quand elle mourut. Dans la même maison de campagne, Antonia, femme de Drusus, mit des pendants d'oreilles à une murène qu'elle aimait éperdument : singularité qui attira des curieux à Baules.

Des réservoirs pour les coquillages.

Un peu avant la guerre civile entre César et Pompée, Fulvius Hirpinus établit, auprès de Tarquinies, des réservoirs pour les limaçons (67) : il les distinguait par classes, mettant séparément les blancs qui naissent dans le territoire de Réati, ceux d'Illyrie qui sont les plus grands, ceux d'Afrique qui sont les plus féconds, ceux de Solite auxquels on donne la prééminence. Il imagina même de les engraisser avec du vin cuit, de la farine et d'autres choses, afin que les limaçons gras offrissent eux-mêmes une jouissance de plus à la gourmandise. Cet art a été conduit à une telle perfection que, si l'on en croit Varron, une seule coquille contenait vingt livres de liqueur.

Poissons terrestres.

Théophraste parle encore de certains genres de pois-

in parte Baiana piscinam habuit Hortensius orator, in qua murænam adeo dilexit, ut exanimatam flesse credatur. In eadem villa, Antonia Drusi, murænæ, quam diligebat, inaures addidit ; cujus propter famam nonnulli Baulos videre concupiverunt.

LXXXII. 56. Cochlearum vivaria instituit Fulvius Hirpinus in Tarquiniensi, paulo ante civile bellum, quod cum Pompeio Magno gestum est, distinctis quidem generibus earum, separatim ut essent albæ, quæ in Reatino agro nascuntur ; separatim Illyricæ, quibus magnitudo præcipua ; Africanæ, quibus fecunditas ; Solitanæ, quibus nobilitas. Quin et saginam earum commentus est, sapa et farre, aliisque generibus, ut cochleæ quoque altiles ganeam implerent : cujus artis g'oria in eam magnitudinem perducta sit, ut octoginta quadrantes caperent singularum calices. Auctor est M. Varro.

LXXXIII. 57. Piscium genera etiamnum a Theophrasto mira præ-

sons merveilleux. Il dit qu'aux environs de Babylone ,
lorsque les fleuves se retirent, ces poissons demeurent
dans des trous où il reste de l'eau ; que quelques uns
sortent pour chercher leur nourriture dans la campagne ;
qu'ils s'y traînent en s'aidant de leurs nageoires et de leur
queue ; que lorsqu'on les poursuit , ils s'enfuient dans
leurs trous , et s'y défendent contre ceux qui veulent les
prendre ; qu'ils ressemblent par la tête à la grenouille de
mer, par les autres parties du corps au boulerot, et qu'ils
ont des branchies comme les autres poissons. Il ajoute
qu'aux environs d'Héraclée, de Cromna et du Licus, et
en beaucoup d'endroits du Pont, il existe un genre de
poisson qui recherche le bord des fleuves, s'y creuse des
trous dans la terre, et continue d'y vivre, lors même que
les eaux en se retirant ont laissé le rivage à sec (*cobitis
fossilis*). On les tire donc de terre , et on reconnaît qu'ils
sont vivants au mouvement de leur corps. Selon le même
auteur, près de la même ville d'Héraclée, lorsque le Licus
se retire , les œufs laissés dans le limon produisent des
poissons qui vont chercher leur nourriture , en agitant
leurs petites branchies : c'est la petitesse de ces branchies
qui fait qu'ils n'ont pas besoin d'eau ; et c'est par la
même raison que les anguilles vivent longtemps hors de

duntur : circa Babylonis rigua, decedentibus fluviis, in cavernis aquas
habentibus remanère. Quosdam inde exire ad pabula pinnulis gradien-
tes, crebro caudæ motu, contraque venantes refugere in suas cavernas,
et in iis adversos stare : capita eorum esse ranæ marinæ similia, reliquas partes gobionum, branchias ut ceteris piscibus. Circa Heracleam,
et Cromnam, et Lycum, et multifariam in Ponto unum genus esse, quod
extremas fluminum aquas sectetur, cavernasque faciat sibi in terra, atque in his vivat, etiam reciprocis amnibus siccato litore. Effodi ergo :
motu denum corporum vivere eos adprobant. Circa Heracleam eamdem, eodemque Lyco amne decedente, ovis relictis, in limo generari
pisces, qui ad pabula petenda palpitent exiguis branchiis, quo fieri non
indigeat humor : propter quod et anguillas diutius vivere exemptas
aquis. Ova autem in sicco maturari, ut testudinum. Eadem in Ponti re-

cet élément. Leurs œufs se mûrissent à terre, comme ceux des tortues. Dans cette même contrée du Pont, les boulérots surtout sont saisis par la glace, et ne reprennent le mouvement que dans les vases où on les fait cuire. Ces phénomènes, quelque merveilleux qu'ils soient, peuvent toutefois s'expliquer.

Le même Théophraste écrit que dans la Paphlagonie on creuse des fosses profondes où l'on ne trouve point d'eau, et qu'on en tire des poissons terrestres d'un goût exquis (68); et cet auteur, étonné que ces poissons naissent sans accouplement, pense que l'humeur souterraine a des propriétés différentes de celles des puits, ce qui supposerait qu'on ne trouve jamais de poissons dans les puits. Quoi qu'il en soit, ces faits rendent moins étonnante l'existence des taupes qui vivent sous terre, à moins qu'on ne suppose à ces poissons la même nature qu'aux vers de terre.

Rats du Nil.

Mais l'inondation du Nil rend tous ces faits croyables, par une merveille qui surpasse tout ce qu'on peut imaginer. Lorsque ce fleuve se retire, on trouve de petits rats, ouvrage ébauché de l'eau et de la terre : la partie antérieure est vivante, et le reste du corps n'est encore que du limon.

gione adprehendi glacie piscium maxime goblones, non nisi patinarum calore vitalem motum fatentes. Est in his quidem, tametsi mirabilis, tamen aliqua ratio.

Idem tradit in Paphlagonia effodi pisces gratissimos cibos, terrenos, altis scrobibus, in his locis ubi nullæ restagnent aquæ, miratusque et ipse gigni sine coitu, humoris quidem vim aliam inesse, quam puteis, arbitratur, ceu vero in nullis reperiantur pisces. Quidquid est hoc, certe minus admirabilem talparum facit vitam, subterranei animalis, nisi forte vermium terrenorum et his piscibus natura inest.

LXXXIV. 68. Verum omnibus his fidem Nili inundatio adfert, omnia excedente miraculo : quippe, detegente eo, musculi reperiuntur inchoato opere genitalis aquæ terræque, jam parte corporis viventes, novissima effigie etiamnum terrena.

Pêche des anthias.

Je ne dois pas omettre, au sujet du poisson anthias, certaines particularités auxquelles je vois que la plupart des auteurs ont ajouté foi. J'ai dit que les Iles Chélidoniennes en Asie sont situées en face d'un promontoire, sur une mer remplie d'écueils. On y pêche une grande quantité d'anthias en fort peu de temps; et voici la seule manière de les prendre. Plusieurs jours de suite, à la même heure, un pêcheur, dont le vêtement est de la même couleur que la nacelle qui le porte, s'avance à une distance déterminée, et jette un appât. Tout ce qui vient de sa main est suspect; le poisson se méfie et s'écarte. Mais après que cette action a été plusieurs fois répétée, un d'eux, rassuré par l'habitude, vient saisir l'appât. On le remarque avec une grande attention; car sa confiance est la promesse et même la garantie d'une pêche abondante. Il n'est pas difficile de le reconnaître, parceque, pendant plusieurs jours, lui seul ose s'approcher. Au bout de quelque temps il trouve des compagnons; peu à peu le cortége augmente; enfin il amène des troupes innombrables. A cette époque, les premiers sont habitués déjà à reconnaître le pêcheur et à recevoir leur nourriture de sa main. Alors celui-ci, jetant à quelque distance de ses doigts

LXXXV. 69. Nec de anthia pisce silari convenit, quæ plerosque adverto credidisse. Chelidonias insulas diximus Asiæ, scopulosi maris, ante promontorium sitas: ibi frequens hic piscis et celeriter capitur uno genere. Parvo navigio, et concolori veste, eademque hora per aliquot dies continuos piscator enavigat certo spatio, escamque projicit. Quidquid ex eo mittitur, suspecta fraus prædæ est; cavensque quod timuit, quum id sæpe factum est, unus aliquando consuetudine invitatus anthias, escam adpetit. Notatur hic intentione diligenti, ut auctor spei, conciliatorque capturæ. Neque enim est difficile, quum per aliquot dies solus accedere audeat. Tandem et aliquos invenit, paulatimque comitatior, postremo greges adducit innumeros, jam vetustissimis quibusque adsuetis piscatorem agnoscere, et e manu cibum rapere. Tum ille paulum ultra digitos in esca jaculatus hamum, singulos involat verius quam ca-

un hameçon caché dans l'amorce, les prend, ou pour mieux dire, les escamote les uns après les autres. Il les enlève d'un tour de main, du côté où porte l'ombre de la nacelle, de manière que les autres ne s'en aperçoivent pas. Un second pêcheur les reçoit sur des morceaux d'étoffe, afin que le bruit qu'ils font en se débattant ne donne pas l'alarme au reste. Il importe de connaître le poisson entremetteur, pour qu'il ne soit pas pris; car toute la troupe fuirait sans retour.

On rapporte qu'un pêcheur, dans l'intention de nuire à son camarade, jeta l'hameçon à l'anthias embaucheur, et réussit à le prendre. Le poisson fut reconnu au marché par celui à qui cette action portait préjudice. Mucien ajoute que ce dernier se pourvut en dommages et intérêts, et que l'autre fut condamné. On dit que lorsqu'un anthias est pris à l'hameçon, les autres qui le voient coupent la ligne avec l'épine en forme de scie dont leur dos est armé. Celui qui est pris roidit la ligne pour qu'elle puisse être coupée. Les sarges, lorsqu'ils sont pris, usent la ligne en la frottant contre les rochers.

Des étoiles marines.

L'étoile de mer, ainsi nommée à cause de sa forme, n'a pas moins excité l'admiration des auteurs les plus sa-

pit, ab umbra navis brevi conatu rapiens, ita ne ceteri sentiant, alio intus excipiente centonibus raptum, ne palpitatio ulla aut sonus ceteros abigat. Conciliatorem nosse ad hoc prodest, ne capiatur, fugituro in reliquum grege.

Ferunt discordem socium duci insidiatum pulchre noto, cepisseque malefica voluntate: agnitum in macello a socio, cujus injuria erat; et damni formulam editam, condemnatumque addidit Mucianus æstimata lite. Iidem anthiæ, quum unum hamo teneri viderint, spinis, quas in dorso serratas habent, lineam secare traduntur; eo qui tenetur extendente, ut præcidi possit. At inter sargos, ipse qui tenetur, ad scopulos lineam terit.

LXXXVI. 60. Præter hæc claros sapientia auctores video mirari stel-

vants (69). Elle a très peu de chair au dedans ; au dehors,
elle est revêtue d'un cuir calleux très dur. On dit qu'elle
est d'une nature si chaude qu'elle brûle tout ce qu'elle
touche dans la mer, et qu'elle digère à l'instant tout ce
qu'elle mange. Par quels moyens a-t-on vérifié ce fait?
c'est ce qu'il ne me serait pas aisé de dire. J'en vais citer
un autre beaucoup plus merveilleux, dont on peut tous
les jours s'assurer par l'expérience.

Merveilles concernant les dactyles.

Au nombre des coquillages sont les dails, nommés *dactyli*, à cause de leur ressemblance avec l'ongle de
l'homme (70). Leur propriété est de reluire dans les ténèbres : plus ils ont de suc, plus ils brillent dans la bouche
de ceux qui les mangent ; les gouttes qui tombent sur les
mains, sur la terre ou sur les étoffes jettent le même
éclat ; en sorte qu'on trouve dans un corps liquide une
propriété qui serait admirable même dans un corps solide.

Amitiés et haines mutuelles des animaux aquatiques.

Il existe aussi entre les poissons des antipathies et des
sympathies merveilleuses. Le muge et le loup se portent
une haine réciproque ; il en est ainsi du congre et de la
murène, qui se rongent mutuellement la queue. La lan-

lam in mari : ea figura est ; parva admodum caro intus, extra duriore
callo. Huic tam igneum fervorem esse tradunt, ut omnia in mari contacta adurat, omnem cibum statim peragat. Quibus sit hoc cognitum
experimentis, haud facile dixerim ; multo memorabilius dixerim id cujus experiendi quotidie occasio est.

LXXXVII. 61. Concharum e genere sunt dactyli ab humanorum unguium similitudine appellati. His natura in tenebris remoto lumine,
alio fulgere claro, quanto magis humorem habeant, lucere in ore mandentium, lucere in manibus, atque etiam in solo ac veste, decidentibus
guttis ; ut procul dubio pateat, succi illam naturam esse, quam miraremur etiam in corpore.

LXXXVIII. 62. Sunt et inimicitiarum atque concordiæ miracula.
Mugil et lupus mutuo odio flagrant ; conger et muræna, caudas inter
se prærodentes. Polypum in tantum locusta pavet, ut si juxta vidit,

gouste a tant de peur du polype qu'elle meurt sitôt qu'elle le voit auprès d'elle. Le congre a peur de la langouste, mais à son tour il dévore le polype. Nigidius écrit que le loup ronge la queue du congre, et qu'en certains mois de l'année ils vivent en bonne intelligence. Il ajoute que ceux qui ont ainsi perdu leur queue n'en continuent pas moins de vivre. Il y a aussi des exemples d'amitié. J'ai déjà parlé des poissons qui vivent en société. On peut citer encore le muscule et la baleine (71). Comme celle-ci a les yeux appesantis par le poids énorme de ses sourcils, le muscule nageant devant elle l'avertit des bas-fonds qui pourraient incommoder sa vaste corpulence. Il est l'œil de la baleine.

Je vais passer aux oiseaux.

omnino moriatur. Locustam conger, rursus polypum congri lacerant. Nigidius auctor est, prærodere caudam mugili lupum, eosdemque statis mensibus concordes esse. Omnes autem vivere, quibus caudæ sic amputentur. At e contrario amicitiæ exempla sunt (præter illos, de quorum diximus societate), balæna et musculus : quando prægravi superciliorum pondere obrutis ejus oculis, infestantia magnitudinem vada prænatans demonstrat, oculorumque vice fungitur.

Hinc volucrum naturæ dicentur.

LIVRE DIXIÈME.

DES OISEAUX.

L'autruche.

L'autruche est presque du genre des quadrupèdes (1). C'est le plus grand de tous les oiseaux. On la trouve en Afrique et dans l'Éthiopie. Elle surpasse en hauteur un homme à cheval, et le devance à la course. Ses ailes ne lui ont été données que pour l'aider à courir. Jamais elle ne vole et ne quitte la terre. Ses pieds, qui n'ont que deux doigts, ont de grands rapports avec les pieds du cerf. Elle s'en sert pour combattre et saisir des pierres que, dans sa fuite, elle lance contre ceux qui la poursuivent. Les autruches dévorent sans discernement, et digèrent tout avec une étonnante facilité. Mais ce qui n'est pas moins étonnant, c'est la stupidité avec laquelle cet animal, d'une si haute taille, croit n'être plus aperçu lorsqu'il a caché sa tête dans un feuillage. Les profits qu'on en retire sont

VOLUCRUM NATURA.

I. 1. Sequitur natura avium, quarum grandissimi et pene bestiarum generis struthiocameli Africi vel Æthiopici, altitudinem equitis insidentis equo excedunt, celeritatem vincunt : ad hoc demum datis pennis, ut currentem adjuvent ; cetero non sunt volucres, nec a terra tolluntur. Ungulæ iis cervinis similes, quibus dimicant, bisulcæ, et comprehendendis lapidibus utiles, quos in fuga contra sequentes ingerunt pedibus. Concoquendi sine delectu devorata mira natura ; sed non minus stoliditas in tanta reliqui corporis altitudine, quum colla frutice occultaverunt, latere sese existimantium. Præmia ex iis ova, propter amplitudi-

leurs œufs, dont la grosseur est telle qu'on en fait des vases, et leurs plumes qui parent les cimiers et les casques
des guerriers.

Le phénix.

L'Inde et l'Éthiopie, plus que les autres régions, produisent des oiseaux brillants de diverses couleurs, et d'une
beauté inexprimable. Mais l'Arabie possède le plus merveilleux de tous, si toutefois son existence n'est pas fabuleuse. C'est le phénix, unique dans l'univers, et que peu
de personnes ont vu (2). On le dit de la grandeur de
l'aigle ; son cou a l'éclat rayonnant de l'or ; le reste du
plumage est pourpre. Quelques pennes incarnates se déploient sur sa queue d'azur. Une crête flotte sous sa gorge,
et sa tête est surmontée d'une touffe de plumes.

Manilius, sénateur célèbre par ses vastes connaissances
qu'il n'a dues qu'à lui seul, est le premier Romain qui
nous ait donné quelques détails sur le phénix. Ce laborieux observateur dit qu'on ne l'a jamais vu manger ; que
c'est un oiseau de l'Arabie consacré au soleil ; qu'il vit
560 ans ; que, parvenu à la vieillesse, il construit un nid
avec des branches de cannelle et d'encens : il le remplit
de parfums ; c'est là qu'il meurt. De ses os et de sa moelle
se forme une espèce de ver, qui bientôt devient un petit

nem pro quibusdam habita vasis, conosque bellicos et galeas adornantes pennæ.

II. 2. Æthiopes atque Indi, discolores maxime et inenarrabiles ferunt
aves et ante omnes nobilem Arabia phœnicem, haud scio an fabulose,
unum in toto orbe, nec visum magnopere. Aquilæ narratur magnitudine,
auri fulgore circa colla, cetero purpureus, cæruleam roseis caudam
pennis distinguentibus, cristis fauces, căputque plumeo apice honestante.

Primus atque diligentissimus togatorum de eo prodidit Manilius, senator ille maximis nobilis doctrinis, doctore nullo, neminem exstitisse
qui viderit vescentem ; sacrum in Arabia soli esse, vivere annis quingentis sexaginta, senescentem casiæ thurisque surculis construere nidum, replere odoribus, et superemori. Ex ossibus deinde et medullis

oiseau. Le premier soin de ce nouveau phénix est de
rendre les devoirs funèbres à son prédécesseur, et de porter
le nid tout entier dans la ville du Soleil, près de la Panchaïe. Là il le dépose sur un autel.

Le même Manilius écrit que la révolution de la grande
année (3) se coordonne avec la vie du phénix, et que,
lorsqu'elle s'achève, les saisons et les constellations se retrouvent au même point. Il fixe l'époque de ce renouvellement vers l'heure de midi, le jour même où le soleil
entre au signe du bélier. Il ajoute que l'année où il écrit
ces observations, sous le consulat de P. Licinius et de
Cn. Cornélius, l'an de Rome 655, est la 215e de la révolution. Cornélius Valérianus écrit que le phénix passa en
Égypte sous le consulat de Q. Plautius et de Sex. Papi-
nius. Cet oiseau a été apporté jusque dans nos murs, sous
la censure de l'empereur Claude, l'an de Rome 800. On
le fit voir au peuple dans le comice. Le fait est attesté par
les actes. Mais personne ne doutait que ce ne fût un phénix
supposé.

Des aigles.

Parmi les oiseaux qui nous sont connus, l'aigle est le
plus noble et le plus fort. On compte six espèces d'aigles :
4° l'aigle nommé par les Grecs *melanaëtos* (4), et par les

ejus nasci primo ceu vermiculum ; inde fieri pullum ; principioque justa
funera priori reddere, et totum deferre nidum prope Panchaïam in
Solis urbem, et in ara ibi deponere.

Cum hujus alitis vita magni conversionem anni fieri prodidit idem
Manilius, iterumque significationes tempestatum et siderum easdem reverti. Hoc autem circa meridiem incipere, quo die signum arietis sol
intraverit. Et fuisse ejus conversionis annum, prodente se, P. Licinio,
Cn. Cornelio coss, ducentesimum quintumdecimum. Cornelius Valeria-
nus phœnicem devolavisse in Ægyptum tradidit, Q. Plautio, Sex. Papi-
nio coss. Allatus est et in Urbem, Claudii principis censura, anno Urbis
DCCC. et in comitio propositus, quod actis testatum est, sed quem falsum esse nemo dubitaret.

III. 5. Ex his quas novimus, aquilæ maximus honos, maxima et vis.
Sex earum genera : melanaëtos a Græcis dicta, eademque valeria, mi-

Latins *valeria*, le plus petit de tous, mais le premier par la force : sa couleur est noirâtre. C'est le seul qui nourrisse ses petits : les autres, comme nous le dirons, chassent leurs petits du nid. C'est le seul qui ne fasse entendre ni cri ni murmure. Son séjour est dans les hautes montagnes. 2° Le pygargue (aigle commun). Il se tient à portée des plaines et des lieux habités : sa queue est blanchâtre. 3° L'aigle brun qu'Homère appelle aussi περκνός (balbusard?) : quelques uns le nomment l'aigle criard, l'aigle aux canards. Il est le second pour la grandeur et la force. Il vit autour des lacs. Phémonoë, qu'on a dite fille d'Apollon, prétend que cet aigle a des dents ; qu'au surplus il est muet et sans langue (5) ; que c'est aussi le plus noir de tous, et celui dont la queue a le plus d'étendue. Bœus est de la même opinion. L'aigle dont nous parlons enlève les tortues. Il a l'instinct de les briser en les jetant du haut des airs. Ce fut ce qui causa la mort du poète Eschyle. L'oracle avait prédit qu'il périrait ce jour-là par la chute d'une maison : afin d'échapper à ce malheur, il se tenait en pleine campagne, se confiant à la solidité des cieux. 4° Le percnoptère, autrement l'oripélarge, tient du vautour (6). Il a les ailes courtes, mais le reste du corps plus long en proportion. Il est lâche et comme abâtardi, car il se laisse battre par le corbeau.

aima magnitudine, viribus præcipua, colore nigricans ; sola aquilarum fœtus suos alit : ceteræ, ut dicemus, fugant ; sola sine clangore, sine murmuratione. Conversatur autem in montibus. Secundi generis pygargus, in oppidis mansitat et in campis, albicante cauda. Tertii morphnos, quam Homerus et percnon vocat, aliqui et clangam, et anatariam, secunda magnitudine et vi ; huicque vita circa lacus. Phemonoe, Apollinis dicta filia, dentes ei esse prodidit, mutæ alias carentique lingua ; eamdem aquilarum nigerrimam, prominentiore cauda. Consentit et Bœus. Ingenium est ei, testudines raptas frangere e sublimi jaciendo. Quæ sors interemit poetam Æschylum, prædictam fatis (ut ferunt) ejus diei ruinam secura cœli fide caventem. Quarti generis est percnopterus, eadem oripelargus, vulturina specie, alis minimis, reliqua magnitudine antecellens, sed imbellis et degener, ut quam verberet corvus.

Cet aigle est insatiable et fait toujours entendre un murmure plaintif. C'est le seul qui emporte les corps morts : les autres se posent à terre quand ils ont tué leur proie. C'est par opposition à cet aigle ignoble que l'on nomme γνήσιος l'aigle de la cinquième espèce, comme étant le seul d'espèce franche et de race pure. Il est de grandeur moyenne, sa couleur tire sur le fauve ; on l'aperçoit rarement. Enfin, le grand aigle de mer forme la sixième espèce : il a la vue très-perçante. Il se balance au haut des airs ; dès qu'il voit un poisson dans la mer, il fond sur lui et l'enlève après avoir écarté l'eau avec sa poitrine. L'aigle de la troisième espèce se précipite le long des étangs sur les oiseaux aquatiques. Ceux-ci se plongent mille et mille fois ; mais, vaincus enfin par la fatigue et le sommeil, ils deviennent sa proie. Cette chasse est amusante pour le spectateur. L'oiseau poursuivi se réfugie dans les roseaux qui couvrent le rivage. L'aigle le chasse de cet asile en frappant des ailes, et tombe lui-même dans l'étang lorsqu'il veut le saisir. L'oiseau qui nage sous l'eau, apercevant l'ombre de l'aigle, se détourne et va sortir dans l'endroit où il se croit le moins attendu. Les oiseaux aquatiques nagent en troupe, parceque réunis ensemble ils n'ont rien à craindre. L'eau qu'ils font jaillir

Eadem jejunæ semper aviditatis, et querulæ murmurationis. Sola aquilarum exanima fert corpora : ceteræ, quum occidere, considunt. Hæc facit, ut quintum genus γνήσιον vocetur, velut verum, solumque incorruptæ originis, media magnitudine, colore subrutilo, rarum conspectu. Superest haliæctos, clarissima oculorum acie, librans ex alto sese ; visoque in mari pisce, præceps in eum ruens, et discussis pectore aquis rapiens. Illa, quam tertiam fecimus, circa stagna aquaticas aves adpetit mergentes se subinde, donec sopitas lassatasque rapiat. Spectanda dimicatio, ave ad perfugia litorum tendente, maxime si condensa arundo sit : aquila inde ictu abigente alæ, et quum adpetit, in lacus cadente ; umbramque suam nanti sub aqua a litore ostendente ; rursus ave in diverso, et ubi minime se credat exspectari, emergente. Hæc causa gregatim avibus natandi, quia plures simul non infestantur, res-

avec leurs ailes aveugle leur ennemi. Souvent les aigles eux-mêmes, ne pouvant soutenir le poids de l'oiseau qu'ils saisissent, sont entraînés avec lui au fond de l'étang.

L'aigle de mer, avant que ses petits soient couverts de plumes, les frappe pour les forcer à regarder le soleil : s'il en voit un qui ferme les yeux, ou dont les paupières deviennent humides, il le précipite du nid, comme bâtard et dégénéré. Il nourrit celui dont l'œil soutient l'éclat des rayons. Ces oiseaux ne forment point une espèce : ils proviennent du mélange des diverses espèces d'aigles. Leurs petits sont du genre des orfraies (7). De ceux-ci naissent des petits vautours, lesquels produisent des grands vautours qui sont inféconds (fable). Quelques auteurs ajoutent encore une septième espèce qu'ils nomment aigle barbu (*lemmer-geyer*). Les Toscans l'appellent orfraie.

Caractères distinctifs des aigles.

Les aigles des trois premières espèces et ceux de la cinquième font entrer dans la construction de leur aire la pierre *étite*, que quelques uns ont nommée *gangite*. Elle s'emploie pour plusieurs remèdes, et ne perd rien au feu (fable). Elle renferme en elle une autre pierre qu'on entend résonner lorsqu'on la secoue ; mais elle n'a de vertu

---

præsæ pennarum hostem obcæcantes. Sæpe et aquilæ ipsæ non tolerantes pondus adprehensum, una merguntur.

Haliæetus tantum implumes etiamnum pullos suos percutiens, subinde cogit adversos intueri solis radios, et si conniventem humectantemque animadvertit, præcipitat e nido, velut adulterinum atque degenerem ; illum cujus acies firma contra stetit, educat. Haliæeti suum genus non habet, sed ex diverso aquilarum coitu nascuntur. Id quidem, quod ex iis natum est, in ossifragis genus habet, e quibus vultures progenerantur minores ; et ex iis magni, qui omnino non generant. Quidam adjiciunt genus aquilæ, quam barbatam vocant : Tusci vero ossifragam.

IV. Tribus primis et quinto aquilarum generi inædificatur nido lapis ætites, quem aliqui dixere gangitem : ad multa remedia utilis, nihil igne deperdens. Est autem lapis iste prægnans, intus, quum quatias, alio

médicale qu'autant qu'on l'a prise dans l'aire même. Les
aigles font leur nid sur les rochers et sur les arbres. Ils
pondent trois œufs : deux seulement sont féconds ; quelquefois on a vu trois aiglons dans une seule aire. Ils en
chassent un faute de vivres. Car dans cette saison la nature leur refuse à eux-mêmes les moyens de subsistance :
elle a pourvu dans sa sagesse à ce que, pour nourrir leurs
petits, ils n'enlevassent pas ceux de tous les autres animaux. À cette époque leurs ongles se renversent ; la disette qu'ils éprouvent fait blanchir leur plumage ; c'est
donc le besoin qui produit chez eux ce sentiment déna-
turé. Les orfraies, en bons parents, reçoivent ces aiglons
rejetés, et les élèvent avec leurs propres petits. Mais la
mère les poursuit alors même qu'ils ont pris leur croissance. Elle les chasse au loin, pour qu'ils ne viennent
point partager sa proie. Au surplus, chaque paire d'aigles a besoin, pour se rassasier, de pouvoir chasser dans
une grande étendue de pays. Ils se réservent donc un
vaste espace et ne giboient qu'à de longues distances.
Lorsqu'ils ont saisi leur proie, ils ne l'emportent pas à
l'instant ; ils la posent à terre, et après en avoir éprouvé
le poids, ils l'enlèvent. Ils ne meurent point de vieillesse
ni de maladie : ils périssent de faim, parceque leur bec

velut in utero sonante. Sed vis illa medica non nisi nido direptis. Nidificant in petris et arboribus ; pariunt et ova terna ; excludunt pullos
binos ; visi sunt et tres aliquando. Alterum expellunt tædio nutriendi.
Quippe eo tempore ipsis cibum negavit natura, prospiciens ne omnium
ferarum fœtus raperentur. Ungues quoque earum invertantur diebus
iis, albescunt inedia pennæ, ut merito partus suos oderint. Sed ejectos
alitis cognatum genus ossifragi excipiunt, et educant cum suis. Verum
adultos quoque persequitur parens, et longe fugat, æmulos scilicet rapinæ. Et alioqui unum par aquilarum magno ad populandum tractu,
ut satietur, indiget. Determinant ergo spatia, nec in proximo prædantur. Rapta non protinus ferunt, sed primo deponunt ; expertæque pondus, tunc demum abeunt. Oppetunt non senio, nec ægritudine, sed
fame, in tantum superiore adcrescente rostro, ut aduncitas aperiri non
queat.

se recourbe si fort avec l'âge qu'ils ne peuvent plus l'ouvrir.

Ils ne se mettent au travail et ne parcourent les airs qu'au milieu du jour. Le matin, ils restent oisifs jusqu'à l'heure où les hommes se rassemblent dans les marchés. Leurs plumes mêlées à celles des autres oiseaux les usent et les détruisent par le frottement. On dit que cet oiseau est le seul que la foudre n'ait jamais frappé. C'est par cette raison qu'on en a fait le porte-tonnerre de Jupiter.

Quand l'aigle est-il devenu l'enseigne de la légion.

Sous le second consulat de Marius, l'aigle devint l'enseigne spéciale des légions romaines (8). Jusqu'alors il avait partagé cet honneur avec quatre autres animaux : le loup, le minotaure, le cheval et le sanglier précédaient les différents corps. Depuis quelques années, l'aigle seul était porté dans les combats; les autres restaient dans le camp. Marius les supprima tout à fait. Depuis cette époque, on n'a presque jamais vu de lieux réservés à une légion pour ses quartiers d'hiver, où il ne se trouvât une paire d'aigles.

L'aigle de la première et de la seconde espèce ne se contente pas d'enlever les petits quadrupèdes, il attaque même les cerfs. Après s'être roulé dans la poussière, il se

A meridiano autem tempore operantur, et volant; prioribus horis diei, donec impleantur hominum conventu fora, ignaviæ sedent. Aquilarum pennæ mixtæ reliquarum alitum pennas devorant. Negant umquam solam hanc alitem fulmine examinatam : ideo armigeram Jovis consuetudo judicavit.

V. 4. Romanis eam legionibus C. Marius in secundo consulatu suo proprie dicavit. Erat et antea prima cum quatuor aliis : lupi, minotauri, equi, aprique singulos ordines anteibant. Paucis ante annis sola in aciem portari cœpta erat, reliqua in castris relinquebantur. Marius in totum ea abdicavit. Ex eo notatum, non fere legionis umquam hiberna esse castra, ubi aquilarum non sit jugum

Primo et secundo generi non minorum tantum quadrupedum rapina, sed etiam cum cervis prælia. Multum pulverem volutatu collectum in-

perche sur le bois du cerf, lui secoue cette poussière dans les yeux, et lui frappe la face avec ses ailes jusqu'à ce qu'il le précipite dans les rochers. Un seul ennemi ne lui suffit pas. Il combat le serpent avec plus d'ardeur, et avec bien plus de danger, quoiqu'au milieu de l'air (9). Le serpent cherche les œufs de l'aigle pour les détruire. L'aigle, pour se venger, l'enlève partout où il l'aperçoit. Celui-ci lui lie les ailes par ses replis multipliés, et s'enlace tellement avec lui qu'ils tombent tous deux à la fois.

D'un aigle qui se précipita sur le bûcher d'une jeune fille.

Un aigle s'est acquis un grand renom dans la ville de Sestos. Élevé par une jeune fille, il prouva sa reconnaissance en lui apportant d'abord des oiseaux, puis de la venaison de toute espèce. Quand elle fut morte, il se jeta dans les flammes du bûcher, et se laissa brûler avec elle. Les habitants élevèrent dans ce lieu un monument sous le nom de Jupiter et de la jeune fille, parceque cet oiseau est consacré à Jupiter.

Du vautour.

Parmi les vautours, les noirs sont les plus vigoureux (grand vautour d'Europe). Personne n'est jamais parvenu jusqu'à leurs nids; ce qui a fait penser à quelques au-

---

sidens cornibus excutit in oculos, pennis ora verberans, donec præcipitet in rupes. Nec unus hostis illi satis est : acrior est cum dracone pugna multoque magis anceps, etiamsi in aere. Ova hic consectatur aquilæ aviditate malefica ; at illa ob hoc rapit ubicumque visum. Ille multiplici nexu alas ligat, ita se implicans, ut simul decidat.

VI. 5. Est percelebris apud Seston urbem aquilæ gloria : educatam a virgine retulisse gratiam, aves primo, mox deinde venatus adgerentem. Defuncta postremo, in rogum accensum ejus injecisse sese, et simul conflagrasse. Quam ob causam incolæ, quod vocant Heroum, in eo loco fecere, appellatum Jovis et virginis, quoniam illi deo ales adscribatur.

VII. 6. Vulturum prævalent nigri. Nidos nemo attigit ; ideo etiam fuere, qui putarent illos ex adverso orbe advolare, falso : nidificant enim

leurs qu'ils viennent des pays d'outre-mer. Ils se trompent. Ces oiseaux font leurs nids sur les rochers les plus
hauts. On aperçoit assez souvent leurs petits, presque
toujours au nombre de deux. Umbricius, le plus habile
des aruspices de notre siècle (10), dit qu'ils pondent trois
œufs, qu'ils en emploient un pour purifier les deux autres et le nid lui-même, qu'ensuite ils le jettent. Il ajoute
que partout où il doit y avoir des cadavres, ils y volent
trois jours à l'avance.

Le sanquale, l'immussule.

Le sanqualis et l'immussulus sont le sujet d'un grand
débat entre les augures romains. Quelques uns pensent
que l'immussulus est le petit du vautour, et le sanqualis
celui de l'orfraie. Masurius dit que le sanqualis est l'orfraie même, et qu'on donne à l'aiglon le nom d'immussulus jusqu'à ce que sa queue blanchisse. Quelques auteurs ont assuré que ces oiseaux n'ont point été vus à
Rome depuis l'augure Mucius; et moi je crois, avec plus
de vraisemblance, que, dans ce siècle paresseux et apa-
thique, ils n'ont point été reconnus.

Des éperviers, du buteo.

Nous trouvons seize espèces d'éperviers. Les plus remarquables sont l'égithe, qui est boiteux et du plus heureux présage pour les mariages et les bestiaux. Le trior-

in excelsissimis rupibus. Fœtus quidem sæpe cernuntur, fere bini. Umbricius, aruspicum in nostro ævo peritissimus, parere tradit ova tria;
uno ex iis reliqua ova nidumque lustrare, mox abjicere. Triduo autem
ante advolare eos, ubi cadavera futura sunt.

VIII. 7. Sanqualem avem, atque immussulum, augures romani in
magna quæstione habent. Immussulum aliqui vulturis pullum arbitrantur esse, et sanqualem ossifragæ. Masurius sanqualem ossifragum esse
dicit, immussulum autem pullum aquilæ, priusquam albicet cauda.
Quidam post Mucium augurem visos non esse Romæ confirmavere; ego
(quod veri similius) in desidia rerum omnium non arbitror agnitos.

IX. 8. Accipitrum genera sedecim invenimus: ex iis ægithum clau-
dum altero pede prosperrimi augurii nuptialibus negotiis et pecuariis

chès, ainsi nommé du nombre de ses testicules. Phémonoë
lui a donné le premier rang parmi les augures favorables. Les Romains l'appellent *buteo* (buse). Une famille
en a même tiré son surnom, lorsque, par un auspice heureux, il fut venu se poser sur le vaisseau du général.
Les Grecs nomment *epileos* l'espèce qui seule se montre
toute l'année ; les autres disparaissent pendant l'hiver.
On distingue les différentes sortes d'éperviers par leur
manière de chasser. Les uns ne saisissent l'oiseau qu'à
terre ; d'autres l'enlèvent seulement quand il voltige autour des arbres ; d'autres, lorsqu'il est perché sur une
branche élevée ; quelques uns enfin lorsqu'il vole en
plein air. Aussi les pigeons, qui savent ce qu'ils ont à
craindre de cet ennemi, s'arrêtent ou s'envolent dès qu'ils
l'ont aperçu, s'aidant de son instinct contre lui-même.
Les éperviers de toute la Massésylie font leurs nids à terre
dans l'île de Cerné, située sur l'Océan, le long de l'Afrique ; et ceux de ces contrées ne produisent point ailleurs.

Où les éperviers et les hommes se réunissent pour chasser.

Dans la partie de la Thrace qui est au-dessus d'Am-
phipolis, les hommes et les éperviers s'associent pour la
chasse (fauconnerie). Les premiers font lever les oiseaux

ei. Triorchem a numero testium, cui principatum in auguriis Phémo-
noe dedit : buteonem hunc appellant Romani, familia etiam ex eo co-
gnominata, quum prospero auspicio in ducis navi sedisset. Epileum
Græci vocant, qui solus omni tempore apparet : ceteri hieme abeunt.
Distinctio generum ex aviditate. Alii non nisi ex terra rapiunt avem ;
alii non nisi circa arbores volitantem ; alii sedentem in sublimi ; aliqui
volantem in aperto. Itaque et columbæ novere ex iis pericula, visoque
considunt, vel subvolant, contra naturam ejus auxiliantes sibi. In insula
Africæ Cerne in Oceano accipitres totius Massæsyliæ humi fœtificant :
nec alibi nascuntur, illis adsueti gentibus.

X. In Thraciæ parte super Amphipolim homines atque accipitres societate quadam aucupantur. Hi ex silvis et arundinetis excitant aves ;

des forêts et des roseaux ; les autres rabattent ceux qui volent dans les airs. Le butin se partage avec égalité. On dit que les éperviers saisissent en l'air le gibier qu'on leur jette, et que lorsque le temps de la chasse arrive, ils invitent par un cri et par un vol particulier à profiter de l'occasion. Les loups marins font quelque chose de semblable auprès du lac Méotis. S'ils ne reçoivent pas leur part, ils déchirent les filets des pêcheurs. Les éperviers ne mangent point le cœur des oiseaux. On appelle cymindis un épervier nocturne (chouette-épervier), qui est rare même dans les forêts, et qui voit mal pendant le jour. Il fait à l'aigle une guerre implacable. Souvent on les prend accrochés l'un à l'autre.

Du coucou.

Le coucou ne paraît être qu'un épervier, qui change de forme en un certain temps de l'année (faux) ; car à cette époque les autres ne se montrent pas, si ce n'est pendant un très petit nombre de jours. Le coucou lui-même, après s'être fait voir quelque temps de l'été, disparaît absolument. C'est le seul des éperviers qui n'ait pas les ongles crochus : il n'a pas la tête de l'épervier, il n'en a que la couleur ; le haut de son bec est comme celui du pigeon. L'épervier même en fait sa proie, lorsqu'il arrive qu'ils se

illi supervolantes deprimunt. Rursus captas aucupes dividunt cum iis. Traditum est missas in sublime sibi excipere eos, et quum tempus sit capturæ, clangore ac volatus genere invitare ad occasionem. Simile quiddam lupi ad Mæotim paludem faciunt. Nam nisi partem à piscantibus suam accepere, expansa eorum retia lacerant. Accipitres avium non edunt corda. Nocturnus accipiter cymindis vocatur, rarus etiam in silvis, interdiu minus cernens. Bellum internecinum gerit cum aquila, cohærentesque sæpe prehenduntur.

XI. 9. Coccyx ex accipitre videtur fieri, tempore anni figuram mutans, quoniam tunc non apparent reliqui, nisi perquam paucis diebus; ipse quoque modico tempore æstatis visus non cernitur postea. Est autem neque aduncis unguibus solus accipitrum, nec capite similis illis, neque alio quam colore, ac rictu columbi potius. Quin et sumitur ab

rencontrent. C'est le seul oiseau qui périsse par sa propre espèce. Il change aussi de voix. Il paraît au printemps, et se cache au lever de la canicule. Toujours il pond dans le nid des autres, surtout dans celui des pigeons ramiers (faux). Ordinairement il ne fait qu'un œuf, ce qui n'arrive à nul autre oiseau ; rarement il en fait deux. On pense que ce qui l'engage à placer ses petits dans une famille étrangère, c'est qu'il sait la haine que lui portent tous les oiseaux ; car les plus petits même lui font la guerre. Il croit que ce n'est qu'en les trompant qu'il peut garantir sa progéniture. Ainsi donc cet animal, d'ailleurs craintif, ne construit jamais de nid. La couveuse qui fait éclore l'œuf adultère élève cet enfant supposé ; celui-ci, naturellement avide, enlève la nourriture à ses jeunes compagnons. Il devient gras, et, brillant d'embonpoint, il attire à lui toute l'affection de sa nourrice. Elle se complaît, elle s'admire dans son ouvrage. Ses propres enfants perdent tout à la comparaison, ils lui deviennent étrangers ; elle souffre même qu'ils soient mangés en sa présence ; mais lorsqu'il est en état de voler, il finit par la dévorer elle-même. Alors il n'est point d'oiseau dont la chair soit plus délicate.

accipitre, si quando una apparuere : sola omnium avis a suo genere interempta. Mutat autem et vocem ; procedit vere, occultatur caniculæ ortu, semperque parit in alienis nidis, maxime palumbium, majori ex parte singula ova, quod nulla alia avis ; raro bina. Causa subjiciendi alios putatur, quod sciat se invisam cunctis avibus, nam minutæ quoque infestant ; ita non fore tutam generi suo stirpem opinatur, ni fefellerit ; quare nullum facit nidum, alioqui trepidum animal. Educat ergo subditum adulterato fœta nido. Ille avidus ex natura, præripit cibos reliquis pullis, itaque pinguescit, et nitidus in se nutricem convertit ; illa gaudet ejus specie, miraturque sese ipsam, quod talem pepererit ; suos comparatione ejus damnat, ut alienos, absumique etiam se inspectante patitur, donec corripiat ipsam quoque jam volandi potens. Nulla tunc avium suavitate carnis comparatur illi.

Milans.

Les milans, qui sont aussi de l'espèce des éperviers, en diffèrent par la grandeur. On a observé que cet oiseau, quoique vorace et toujours affamé, n'enlève point les viandes offertes dans les funérailles, ou consacrées sur l'autel d'Olympie ; et que s'il les ravit quelquefois des mains des prêtres, c'est toujours un présage funeste aux villes qui offrent le sacrifice. Ces mêmes oiseaux semblent avoir enseigné, par le mouvement de leur queue, l'art de manier le gouvernail : ainsi la nature nous montre dans le ciel ce qu'il est à propos de faire dans la mer. Les milans eux-mêmes disparaissent pendant l'hiver ; cependant ils ne partent pas avant les hirondelles. On dit qu'au solstice, ils sont attaqués de la goutte.

Classification des oiseaux.

La forme des pieds sert de caractère principal pour la classification des oiseaux. Les uns ont les ongles crochus, les autres ont les doigts simples ; d'autres enfin sont palmipèdes, comme les oies et presque tous les oiseaux aquatiques. Ceux qui ont les doigts crochus ne vivent pour la plupart que de chair.

Des corneilles.

La corneille se nourrit encore d'autres aliments. Comme

XII 10. Milvi ex eodem accipitrum genere, magnitudine differunt. Notatum in his, rapacissimam et famelicam semper alitem nihil esculenti rapere unquam ex funerum ferculis, nec Olympiæ ex ara. Ac ne ferentium quidem manibus, nisi lugubri municipiorum immolantium ostento, iidem videntur artem gubernandi docuisse caudæ flexibus, in cœlo monstrante natura, quod opus esset in profundo. Milvi et ipsi hibernis mensibus latent, non tamen ante hirundinem abeuntes. Traduntur autem et a solstitiis affici podagra.

XIII. 11. Volucrum prima distinctio pedibus maxime constat. Aut enim aduncos ungues habent, aut digitos, aut palmipedum in genere sunt, uti anseres et aquaticæ fere aves. Aduncos ungues habentia, carne tantum vescuntur ex parte magna.

XIV. 12. Cornices et alio pabulo : ut quæ duritiam nucis rostro re-

elle n'a pas le bec assez fort pour briser les noix, elle s'élève, et du haut des airs elle les jette à plusieurs reprises sur des rochers ou sur des toits, jusqu'à ce qu'elles soient cassées. Le gazouillement de cet oiseau est d'un augure sinistre ; cependant quelques personnes le vantent comme un heureux présage. On observe que depuis le lever de l'arcture jusqu'au retour des hirondelles, la corneille se montre rarement dans les bois et dans les temples de Minerve, et qu'il est des lieux, tels qu'Athènes, où elle ne se montre pas du tout. De plus, c'est le seul oiseau qui continue quelque temps de nourrir ses petits, même lorsqu'ils sont en état de voler. Elle est d'un très sinistre présage dans le temps de la couvaison, c'est-à-dire après le solstice.

Des corbeaux.

Tous les autres oiseaux de ce genre chassent leurs petits et les forcent à quitter le nid. Les corbeaux, quoiqu'ils ne vivent pas seulement de chair, font la même chose : ils ne souffrent pas même que leurs petits, devenus adultes, demeurent dans leur voisinage. Aussi n'en voit-on pas plus de deux paires dans les cantons peu étendus (il s'agit du *corvus corax*). Il n'y en a jamais qu'une seule dans les environs de Conon en Thessalie. Le père et la mère cèdent la place à leurs enfants. Il y a

pugnantem, volantes in altum in saxa tegulasve jaciunt iterum ac sæpius, donec quassatam perfringere queant. Ipsa ales est inauspicata garrulitatis, a quibusdam tamen laudata. Ab arcturi sidere ad hirundinum adventum notatur eam in Minervæ lucis templisque raro, alicubi omnino non aspici, sicut Athenis. Præterea sola hæc etiam volantes pullos aliquamdiu pascit ; inauspicatissima fœtus tempore, hoc est, post solstitium.

XV. Ceteræ omnes ex eodem genere pellunt nidis pullos, ac volare cogunt, sicut et corvi ; qui et ipsi non carne tantum aluntur, sed robustos quoque fœtus suos fugant longius. Itaque parvis in vicis non plus bina conjugia sunt : circa Cranonem quidem Thessaliæ singula perpetuæ ; genitores soboli loco cedunt. Diversa in hac, ac supradicta alite

quelques différences entre les corbeaux et les corneilles. Les premiers produisent avant le solstice. Ils sont malades soixante jours, et souffrent surtout de la soif avant la maturité des figues d'automne. A cette époque, la corneille commence à éprouver la même maladie. Les corbeaux ont ordinairement cinq œufs. Le vulgaire croit qu'ils pondent et qu'ils s'accouplent par le bec ; que, par cette raison, si une femme enceinte avale un œuf de corbeau, elle rendra son enfant par la bouche, et qu'en général elle accouchera difficilement, si on porte un œuf de corbeau dans la maison. Aristote nie que le corbeau, non plus que l'ibis d'Égypte (11), s'accouplent de cette manière. Il dit que ces oiseaux se donnent des baisers comme les pigeons (inexact). Les corbeaux seuls dans les auspices paraissent avoir l'intelligence des malheurs qu'ils annoncent. Lorsque les hôtes de Médias furent assassinés, tous les corbeaux s'envolèrent du Péloponnèse et de l'Attique. Leur plus sinistre présage est quand ils étouffent leur voix, comme si on les étranglait (12).

Hibou.

Les oiseaux nocturnes, comme la chevèche ou duc à oreilles courtes, le grand-duc et la hulotte, ont aussi les ongles crochus. Ils ont tous la vue faible pendant

quædam. Corvi ante solstitium generant, iidem ægrescunt sexagenis diebus, siti maxime, antequam fici coquantur autumno. Cornix ab eo tempore corripitur morbo. Corvi pariunt, quum plurimum, quinos. Ore eos parere aut coire vulgus arbitratur : ideoque gravidas, si ederint corvinum ovum, per os partum reddere ; atque, in totum, difficulter parere, si tecto inferantur. Aristoteles negat, non hercule magis, quam in Ægypto ibim ; sed illam exosculationem, quæ sæpe cernitur, qualem in columbis, esse. Corvi in auspiciis soli videntur intellectum habere significationum suarum. Nam quum Mediæ hospites occisi sunt, omnes e Peloponneso et Attica regione volaverunt. Pessima eorum significatio, quum glutiunt vocem velut strangulati.

XVI. Uncos ungues et nocturnæ aves habent, ut noctua, bubo, ululæ. Omnium horum hebetes interdiu oculi. Bubo funebris et maxime

le jour. Le duc, oiseau funèbre, présage abhorré, surtout dans les auspices publics, vit dans la solitude ;
il choisit les lieux abandonnés, affreux même et inaccessibles. C'est le monstre de la nuit : sa voix n'a point
de chant, il ne fait que gémir. Aussi quand il est vu
dans les villes, ou aperçu pendant le jour, en quelque
lieu que ce soit, il est d'un augure sinistre. Je sais pourtant que souvent il s'est posé sur les maisons des particuliers sans y porter la mort. Il ne va jamais en droite
ligne ; il vole de travers, comme emporté par le vent.
Sous le consulat de Palpélius Hister et de Pédianus, un
duc entra jusque dans le sanctuaire du Capitole, et à ce
sujet Rome fut purifiée cette année, aux nones de mars.

Oiseaux que l'on ne connaît plus.

L'oiseau qu'on nomme *incendiaria* est aussi d'un mauvais augure (13). Nous trouvons dans les annales que
Rome a été souvent purifiée à l'occasion de cet oiseau,
comme il arriva sous le consulat de L. Cassius et de C.
Marius, pendant lequel elle fut purifiée une seconde fois
à cause de l'apparition d'un hibou. Mais ni les livres ni
la tradition ne nous apprennent quel oiseau ce peut être.
Quelques uns comprennent sous ce nom tout oiseau qu'on
aperçoit enlevant du feu des autels des dieux. D'autres le

abominatus, publicis præcipue auspiciis, deserta incolit, nec tantum
desolata, sed dira etiam et inaccessa ; noctis monstrum, nec cantu aliquo vocalis, sed gemitu. Itaque in urbibus aut omnino in luce visus, dirum ostentum est. Privatorum domibus insidentem plurimum scio non
fuisse feralem. Volat numquam quo libuit, sed transversus aufertur. Ca-
pitolii cellam ipsam intravit Sex. Palpelio Histro, L. Pedanio coss.,
propter quod nonis martiis Urbs lustrata est eo anno.

XVII. 13. Inauspicata et est incendiaria avis, propter quam sæpenumero lustratam Urbem in annalibus invenimus, sicut L. Cassio, C.
Mario coss., quo anno et bubone viso lustrata est. Quæ sit avis ea, nec
reperitur, nec traditur. Quidam ita interpretantur, incendiariam esse
quæcumque apparuerit carbonem ferens ex aris vel altaribus. Alii spin-

nomment *spinturnix* : mais je n'ai encore trouvé personne qui ait pu me le définir.

J'observe que celui que les anciens ont nommé *clivia* est également inconnu. Quelques uns lui donnent le nom de *clamatoria* : Labéon l'appelle *prohibitoria*. Nigidius parle du *subis* qui brise les œufs de l'aigle.

Beaucoup d'autres espèces encore ont été décrites dans les rituels étrusques; mais personne ne les a vues. Il est étonnant que ces espèces manquent aujourd'hui, tandis que celles dont la gourmandise de l'homme fait sa proie se trouvent même en abondance.

Oiseaux dont la queue sort la première.

Hilas est regardé comme celui des étrangers qui a le plus approfondi la science augurale. Il dit que le chat-huant, le hibou, le pique-bois, la tourterelle et la corneille sortent de l'œuf par la queue, parceque le poids de la tête faisant renverser l'œuf, la partie postérieure du corps se trouve immédiatement échauffée par la mère qui les couve.

Oiseaux de nuit.

Le chat-huant se bat avec adresse contre les oiseaux. Quand il est assailli par une multitude trop nombreuse,

turnicem eam vocant; sed hæc ipsa quæ esset inter aves, qui se scirè diceret, non inveni.

14. Cliviam quoque avem ab antiquis nominatam, animadverto ignorari. Quidam clamatoriam dicunt, Labeo prohibitoriam. Et apud Nigidium subis appellatur avis, quæ aquilarum ova frangat.

15. Sunt præterea complura genera depicta in Etrusca disciplina, sed ulli non visa; quæ nunc defecisse mirum est, quum abundent etiam quæ gula humana populatur.

XVIII. 16. Externorum de auguriis peritissime scripsisse Hylas nomine putatur. Is tradit noctuam, bubonem, picum arbores cavantem, trigonem, cornicem, a cauda de ovo exire : quoniam pondere capitum perversa ova posteriorem partem corporum fovendam matri applicent.

XIX. 17. Noctuarum contra aves solers dimicatio. Majore circum-

il se renverse sur le dos pour se défendre, et ramassant son corps, il se couvre tout entier de son bec et de ses griffes. L'épervier, par l'effet d'une certaine sympathie, vient à son secours et partage le combat. Nigidius écrit que le chat-huant couve soixante jours pendant l'hiver, et qu'il a neuf sortes de voix.

Le pic de Mars.

Il y a aussi de petits oiseaux qui ont les ongles crochus. Tel est le pic, consacré à Mars, et d'une haute importance dans les auspices. Certains pics creusent les arbres, et y grimpent à la manière des chats : ils le font même le corps renversé. Ils frappent l'écorce, et connaissent au son qu'elle rend si elle recèle quelque nourriture. Seuls des oiseaux, ils élèvent leurs petits dans des creux d'arbres. On croit vulgairement que lorsqu'un berger en a bouché l'entrée avec un coin, ils font tomber ce coin en y appliquant une certaine herbe. Trébius écrit qu'un clou ou un coin enfoncé avec quelque force que ce soit, dans un arbre qui renferme un nid de pics, s'échappe en faisant éclater l'arbre, dès que l'oiseau s'est posé sur ce coin ou sur ce clou. Dans le Latium, ils tiennent le premier rang pour les augures, depuis que le roi Picus leur a donné son nom. Je ne puis passer sous silence un de leurs

datæ multitudine, resupinæ pedibus repugnant, collectæque in arctum, rostro et unguibus totæ teguntur. Auxiliatur accipiter collegio quodam naturæ, bellumque partitur. Noctuas sexagenis diebus hiemis cubare, et novem voces habere tradit Nigidius.

XX. 18. Sunt et parvæ aves uncorum unguium, ut pici, Martio cognomine insignes, et in auspiciis magni. Quo in genere arborum cavatores scandentes in subreptum felium modo; illi vero et supini, percussi corticis sono, pabulum subesse intelligunt. Pullos in cavis educant avium soli. Adactos cavernis eorum a pastore cuneos, admota quadam ab his herba, elabi creditur vulgo. Trebius auctor est, clavum cuneumve adactum, quanta libeat vi, arbori in qua nidum habeat, statim exsilire cum crepitu arboris, quum insederit clavo aut cuneo. Ipsi principales Latio sunt in auguriis, a rege qui nomen huic avi dedit.

présages. Ælius Tubéron, préteur civil, rendait la justice dans le Forum, lorsqu'un pic se posa sur sa tête si familièrement qu'il se laissa prendre avec la main. Les augures répondirent que, si l'oiseau était mis en liberté, Rome était menacée de sa destruction ; que si on le tuait, le préteur mourrait. A l'instant Tubéron le mit en pièces, et peu après le présage fut accompli.

Des oiseaux qui ont des serres.

Quoique les oiseaux de ce genre ne se nourrissent guère que de chair, beaucoup d'entre eux mangent aussi des glands et des fruits. Il faut excepter le milan, qui est d'un présage très sinistre, quand il use de cette nourriture. Les oiseaux qui ont les ongles crochus ne vont jamais en troupes ; chacun chasse pour soi. Ils s'élèvent presque tous fort haut, excepté les oiseaux nocturnes. Les plus grands s'élèvent plus que les autres. Ils ont tous les ailes longues et le corps très court. Ils marchent difficilement. Ils se posent rarement sur les rochers, la courbure de leurs ongles les en empêche.

Paons.

Parlons à présent des oiseaux du second genre, qui se divisent en deux espèces, savoir : les oiseaux dont on consulte le chant, et ceux dont on consulte le vol. La na-

---

Unum eorum præscitum transire non queo. In capite prætoris urbani Ælii Tuberonis, in foro jura pro tribunali reddentis, sedit ita placide, ut manu prehenderetur. Respondere vates, « exitium imperio portendi, « si dimitteretur ; at si exanimaretur, prætori. » Et ille avem protinus concerpsit ; nec multo post implevit prodigium.

XXI. 19. Vescuntur et glande in hoc genere pomisque multæ, sed quæ carne tantum non vivunt, excepto milvo ; quod ipsum in auguriis dirum est. Uncos ungues habentes omnino non congregantur, et sibi quæque prædantur. Sunt autem omnes fere altivolæ, præter nocturnas ; et magis, majores. Omnibus alæ grandes, corpus exiguum. Ambulant difficulter. In petris raro consistunt, curvatura unguium prohibente.

XXII. 20. Nunc de secundo genere dicamus, quod in duas dividitur

tore du chant chez les uns, et la grandeur du corps chez
les autres, constitue leur différence. Je commencerai par
ces derniers. Le paon précédera tous les autres, tant parcequ'il est le plus beau, que parcequ'il a le sentiment et
l'orgueil de sa beauté.

Lorsqu'on lui donne des louanges, il déploie ses couleurs éblouissantes, surtout en face du soleil, parcequ'a-
lors les reflets en sont plus étincelants. Il cherche, en formant la roue, à tirer de nouveaux effets de lumière de
leur mélange avec des nuances plus sombres. Il rassem-
ble en une seule gerbe tous les yeux de ses plumes qu'il
étale complaisamment à l'admiration des spectateurs.
Mais tous les ans, ces plumes si belles tombent avec les
feuilles des arbres. Honteux et triste, il se cache, et craint
de se faire voir jusqu'à ce que la saison des fleurs lui
rende sa parure. La durée de sa vie est de vingt-cinq
ans. C'est à la troisième année qu'il commence à étaler
ses riches couleurs. Des auteurs ont écrit que cet animal
joint la malice à l'orgueil : supposition non moins gratuite,
selon moi, que celle qui fait de l'oie le symbole de la pudeur.

Qui le premier servit un paon à sa table.

L'orateur Hortensius fut le premier Romain qui fit tuer

species, oscines, et alites ; illarum generi cantus oris, his magnitudo
differentiam dedit : itaque præcedent et ordine ; omnesque reliquas in
his pavonum genus, cum forma, tum intellectu ejus et gloria.

Gemmantes laudatus expandit colores, adverso maxime sole, quia sic
fulgentius radiant. Simul umbræ quosdam repercussus ceteris qui et in
opaco clarius micant, conchata quærit cauda ; omnesque in acervum
contrahit pennarum, quos spectari gaudet, oculos. Idem cauda annuis
vicibus amissa cum foliis arborum, donec renascatur iterum cum flore,
pudibundus ac mœrens quærit latebram. Vivit annis xxv. Colores incipit fundere in trimatu. Ab auctoribus non gloriosum tantum animal
hoc traditur, sed et malevolum, sicut anser verecundum ; quoniam
has quoque quidam addiderunt notas in his, haud probatas mihi.

XXIII. Pavonem cibi gratia Romæ primus occidit orator Horten-

un paon pour sa table, lorsqu'il donna son repas de réception au collège des pontifes; et le premier qui ait engraissé des paons est Aufidius Lurcon, vers le temps de la dernière guerre des pirates. Il se procura par ce moyen un revenu de soixante mille sesterces (13,500 fr.)

Des coqs.

Après le paon, les oiseaux les plus sensibles à la gloire sont ces actives sentinelles que la nature a produites pour arracher l'homme au sommeil et le renvoyer à ses occupations. Ils connaissent les astres, et de trois en trois heures ils marquent par leur chant les diverses époques du jour; ils se couchent avec le soleil, et dès la quatrième veille militaire, ils nous rappellent aux soins et aux travaux. Ils ne souffrent pas que cet astre vienne nous surprendre sans que nous soyons prévenus. Leur chant annonce l'arrivée du jour, et ce chant lui-même est annoncé par le battement de leurs ailes. Chaque basse-cour a son roi, et chez eux aussi l'empire est le prix de la victoire. Ils semblent comprendre la destination des armes qu'ils portent à leurs pieds. Souvent les deux rivaux meurent en combattant. Si l'un d'eux est vainqueur, aussitôt il chante son triomphe, et lui-même se proclame souverain. L'autre disparaît honteux de sa

sius, aditiali cena sacerdotii. Saginare primus instituit circa novissimum piraticum bellum M. Aufidius Lurco, exque eo quæstu reditus sestertium sexagena millia habuit.

XXIV. 21. Proxime gloriam sentiunt et hi nostri vigiles nocturni, quos excitandis in opera mortalibus, rumpendoque somno natura genuit. Norunt sidera, et ternas distinguunt horas interdiu cantu. Cum sole eunt cubitum, quartaque castrensi vigilia ad curas laboremque revocant. Nec solis ortum incautis patiuntur obrepere, diemque venientem nuntiant cantu, ipsum vero cantum plausu laterum. Imperitant suo generi, et regnum, in quacumque sunt domo, exercent. Dimicatione paritur hoc quoque inter ipsos, velut ideo tela agnata cruribus suis intelligentes; nec finis sæpe commorientibus. Quod si palma contingit, statim in victoria canunt, seque ipsi principes testantur. Victus occul-

défaite. Non moins superbe, le peuple marche la tête
haute et la crête levée. Seuls de tous les oiseaux, ils regardent habituellement le ciel, dressant en même temps
leur queue recourbée en faucille; aussi inspirent-ils de
la terreur au lion même, le plus intrépide des animaux.
Quelques uns d'eux semblent naître uniquement pour la
guerre et les combats. Ceux-là ont illustré les pays qui
les produisent, tels que Rhodes et Tanagre. On assigne
le second rang à ceux de Mélos et de Chalcis. Oiseaux dignes en effet des hommages que leur rend la pourpre romaine! Leurs repas sont des présages solennels; ce sont
eux qui, chaque jour, règlent la conduite de nos magistrats, et leur ouvrent ou leur ferment leurs propres maisons. Ce sont eux qui prescrivent le repos ou le mouvement aux faisceaux romains, qui ordonnent ou défendent
les batailles. Ils ont annoncé toutes les victoires rempor-
tées dans tout l'univers. En un mot, ils commandent aux
maîtres du monde. Leurs entrailles même et leurs fibres
ne sont pas moins agréables aux dieux que les plus riches victimes. Leurs chants entendus le soir et à des
heures extraordinaires forment des présages. En chantant
toute la nuit, ils annoncèrent aux Béotiens cette fameuse

tatur silens, ægreque servitium patitur. Et plebs tamen æque superba,
graditur ardua cervice, cristis celsa; cœlumque sola volucrum aspicit
crebro, in sublime caudam quoque falcatam erigens; itaque terrori sunt
etiam leonibus ferarum generosissimis. Jam ex his quidam ad bella
tantum et prælia assidua nascuntur, quibus etiam patrias nobilitarunt,
Rhodum, ac Tanagram. Secundus est honos habitus Melicis, et Chal-
cidicis, ut plane dignæ aliti tantum honoris præbeat romana purpura.
Horum sunt tripudia solistima. Hi magistratus nostros quotidie regunt,
domosque ipsis suas claudunt aut reserant; hi fasces romanos impellunt aut retinent, jubent acies aut prohibent, victoriarum omnium toto
orbe partarum auspices; hi maxime terrarum imperio imperant, extis
etiam fibrisque haud aliter quam opimæ victimæ diis grati. Habent ostenta et præposteri eorum vespertinique cantus. Namque totis noctibus
canendo, Bœotiis nobilem illam adversus Lacedæmonios præsagivere

victoire remportée sur les Lacédémoniens. Les devins l'interprétèrent ainsi, parceque cet oiseau ne chante point quand il est vaincu.

Castration des coqs; d'un coq qui a parlé.

La castration leur ôte le chant. On fait cette opération en leur brûlant ou les lombes ou le bas des jambes avec un fer chaud, et en couvrant la plaie avec de la terre à potier ; alors ils engraissent plus facilement. A Pergame, on donne chaque année des combats publics de coqs (14), ainsi que chez nous on donne des combats de gladiateurs. Nous lisons dans les annales que, sous le consulat de M. Lépidus et de Q. Catulus, un coq parla dans la métairie de Galérius, au territoire de Rimini. C'est, que je sache, le seul exemple qu'on ait cité en ce genre.

De l'oie.

L'oie aussi est une sentinelle vigilante. Le Capitole sauvé dans un moment où la chose publique était trahie par le silence des chiens, en est l'éternel témoignage. C'est en mémoire de cet événement que la première fonction des censeurs est de passer le bail pour la nourriture des oies. Cet oiseau conçoit même de l'amour pour l'homme. On dit qu'une oie se passionna pour Égius d'Olénie, enfant d'une rare beauté, et pour Glaucé, l'une des

victoriam, ita conjecta interpretatione, quoniam victa ales illa non caneret.

XXV. Desinunt canere castrati; quod duobus fit modis : lumbis adustis candente ferro, aut imis cruribus ; mox ulcere oblito figlina creta ; facilius ita pinguescunt. Pergami omnibus annis spectaculum gallorum publice editur, ceu gladiatorum. Invenitur in annalibus, in Ariminensi agro, M. Lepido, Q. Catulo coss., in villa Galerii locutum gallinaceum, semel, quod equidem sciam.

XXVI. 22. Et anseri vigil cura, Capitolio testata defenso, per id tempus canum silentio proditis rebus. Quam ob causam cibaria anserum censores in primis locant. Quin et fama amoris, Ægii dilecta forma pueri Olenii, et Glauces Ptolemæo regi cithara canentis, quam eodem tempore et aries adamasse proditur. Potest et sapientiæ videri intellec-

musiciennes du roi Ptolémée, qu'on prétend avoir été aimée dans le même temps par un bélier. On pourrait
ajouter qu'elle a l'intelligence de la sagesse. Les auteurs
parlent d'une oie qui s'était attachée au philosophe Lacide ; elle le suivait constamment dans les rues, aux bains,
sans jamais le quitter ni le jour ni la nuit.

Des foies d'oies.

Plus philosophes que Lacide , nos Romains distinguent
cet animal par la bonté de son foie. Cette partie devient
prodigieusement grosse dans les oies qu'on engraisse. On
l'augmente encore en la faisant tremper dans du lait
miellé ; et ce n'est pas sans raison qu'on cherche quel est
l'auteur d'une si belle découverte ; s'il faut en faire honneur à Scipion Métellus , personnage consulaire, ou à
Séius, chevalier romain qui vécut dans le même temps?
Mais du moins on ne conteste pas à Messalinus Cotta, fils
de l'orateur Messala, d'avoir trouvé le secret de rôtir les
pattes d'oie et d'en composer un ragoût avec des crêtes
de poulets; car chacun des inventeurs recevra de moi la
palme qui lui est due. Une chose étonnante dans cet oiseau, c'est que du pays des Morins il vienne à pied jusqu'à Rome. On porte à la tête du troupeau celles qui sont
fatiguées ; les autres les poussent devant elles, par l'effet

tus his esse. Ita comes perpetuo adhæsisse Lacydi philosopho dicitur,
nusquam ab eo, non in publico, non in balneis, non noctu, non interdiu
digressus.

XXVII. Nostri sapientiores, qui eos jecoris bonitate novere. Fartili-
bus in magnam amplitudinem crescit ; exemptum quoque lacte mulso
augetur. Nec sine causa in quæstione est, quis primus tantum bonum
invenerit, Scipio ne Metellus vir consularis, an M. Seius eadem ætate
eques Rom. Sed (quod constat) Messalinus Cotta, Messalæ oratoris
filius, palmas pedum ex his torrere, atque patinis cum gallinaceorum
cristis condire reperit. Tribuetur enim a me culinis cujusque palma cum
fide. Mirum in hac alite, a Morinis usque Romam pedibus venire. Fessi
proferuntur ad primos; ita ceteri stipatione naturali propellunt eos.

de cet instinct qui les porte à se serrer en marchant. On retire un autre revenu des oies blanches. En certains pays, on les dépouille deux fois l'an, et elles se couvrent encore de nouvelles plumes. Le duvet le plus doux est celui qui est le plus près du corps. Le plus estimé vient de la Germanie. Les oies de ce pays sont blanches, mais plus petites. On les y nomme gans. Leur plume se vend cinq deniers la livre (4 fr. 50 c.). Telle est la cause des désordres reprochés aux commandants des auxiliaires, qui envoient des cohortes entières à la chasse des oies, au lieu de les tenir dans leurs postes. Et nous en sommes venus à cet excès de mollesse, que déjà les hommes eux-mêmes ne peuvent plus dormir si leur tête ne repose sur le duvet.

Du commagène.

La partie de la Syrie qu'on nomme Commagène a trouvé encore un autre secret : c'est de renfermer dans un vase d'airain de la graisse d'oie mêlée de cannelle ; on la couvre d'une couche épaisse de neige, et on la laisse macérer par un froid rigoureux. C'est là ce précieux médicament qu'on appelle *commagenum*, du nom du pays où il se prépare.

Des chénalopèces, etc.

Les chénalopèces (15) sont du genre de l'oie, ainsi que

Candidorum alterum vectigal in pluma. Velluntur quibusdam locis bis anno. Rursus plumigeri vestiuntur; mollior quæ corpori proxima, et e Germania laudatissima. Candidi ibi, verum minores, gantæ vocantur. Pretium plumæ eorum, in libras denarii quini. Et inde crimina plerumque auxiliorum præfectis, a vigili statione ad hæc aucupia dimissis cohortibus totis. Eoque deliciæ processere, ut sine hoc instrumento durare jam ne virorum quidem cervices possint.

XXVIII. Aliud reperit Syriæ pars, quæ Commagene vocatur : adipem eorum in vase æreo cum cinnamo nive multa obrutum, ac rigore gelido maceratum, ad usum præclari medicaminis, quod ab gente dicitur Commagenum.

XXIX. Anserini generis sunt chenalopeces : et quibus lautiores

les chénerottes (*souchet*) ; celles-ci sont un peu plus petites ; la Bretagne ne connaît pas de mets plus exquis. Les tétras (coqs de bruyère) sont remarquables par le lustre et le beau noir de leur plumage, et par le vif écarlate de leurs sourcils. Il y a une espèce de tétras (grands coqs de bruyère), qui surpassent en grosseur les vautours, auxquels ils ressemblent par la couleur. Si l'on excepte l'autruche, il n'est point d'oiseaux plus pesants. Ils deviennent si gros qu'ils se laissent prendre à la main sans remuer. Ils naissent sur les Alpes et dans les pays septentrionaux. Renfermés dans une volière, ils perdent toute leur qualité ; ils se font mourir en retenant leur respiration. Après le tétras, les plus gros sont ceux que l'Espagne appelle oiseaux lourds (outarde), et les Grecs *otis*. C'est un mauvais manger (16). La moelle qu'on tire de leurs os exhale une odeur désagréable.

Des grues.

Les Pygmées jouissent d'une trêve au départ des grues qui leur font la guerre. La traversée que font les grues est immense, si l'on songe qu'elles viennent de la mer Orientale (17). Elles conviennent d'un jour pour le départ ; elles s'élèvent fort haut pour découvrir de loin. Un chef choisi par elles dirige la marche. Quelques unes sont tour

epulas non novit Britannia, chenerotes, fere ansere minores. Decet tetraonas suus nitor, absolutaque nigritia, in superciliis coci rubor. Alterum eorum genus vulturum magnitudinem excedit, quorum et colorem reddit. Nec ulla ales, excepto struthiocamelo, majus corpore implens pondus, in tantum aucta, ut in terra quoque immobilis prehendatur. Gignunt eos Alpes, et septemtrionalis regio. In aviariis saporem perdunt. Moriuntur contumacia spiritu revocato. Proximae eis sunt, quas Hispania aves tardas appellat, Graecia otidas, damnatas in cibis. Emissa enim ossibus medulla, odoris taedium extemplo sequitur.

XXX. 23. Inducias habet gens Pygmaea abscessu gruum (ut diximus) cum iis dimicantium. Immensus est tractus, quo veniunt, si quis reputet a mari Eoo. Quando proficiscantur consentiunt ; volant ad prospiciendum alte ; ducem, quem sequantur, eligunt ; in extremo ag-

à tour disposées à la queue de la troupe, afin de rappeler par leurs cris celles qui s'écarteraient. Des sentinelles veillent pendant la nuit, tenant dans une de leurs pattes une petite pierre qui, leur échappant lorsqu'elles s'endorment, dénonce leur invigilance. Le reste de la troupe dort, la tête cachée sous l'aile, se soutenant alternativement sur un pied et sur l'autre. Le chef, la tête dressée, le cou tendu, observe et avertit. Ces mêmes oiseaux apprivoisés sont folâtres, et même en courant seuls, ils décrivent des cercles avec des mouvements bouffons et ridicules. Il est certain que lorsque les grues s'apprêtent à traverser le Pont-Euxin, elles s'approchent du détroit entre les promontoires Criumétopos et Carambis : là elles avalent du sable pour se lester ; au milieu du passage, elles laissent tomber les petites pierres qu'elles portent à leurs pieds ; arrivées à terre, elles rejettent le sable qu'elles ont dans la gorge. Cornélius Népos, qui mourut sous Auguste, parlant de l'usage récent d'engraisser les grives, ajoute qu'on préfère la cicogne à la grue. Aujourd'hui la grue est recherchée comme un mets exquis : personne ne voudrait goûter de la cicogne.

Des cicognes.

De quel lieu viennent les cicognes, en quel lieu se re-

mine per vices, qui acclament, dispositos habent, et qui gregem voce contineant. Excubias habent nocturnis temporibus, lapillum pede sustinentes, qui laxatus somno et decidens indiligentiam coarguat. Ceteræ dormiunt capite subter alam condito, alternis pedibus insistentes. Dux erecto providet collo, ac prædicit. Eædem mansuefactæ lasciviunt, gyrosque quosdam indecoro cursu vel singulæ peragunt. Certum est, Pontum transvolaturas, primum omnium angustias petere, inter duo promontoria Criumetopon, et Carambin ; mox saburra stabiliri. Quum medium transierint, abjici lapillos e pedibus ; quum attigerint continentem, et e gutture arenam. Cornelius Nepos, qui divi Augusti principatu obiit, quum scriberet turdos paulo ante cœptos saginari, addidit, ciconias magis placere, quam grues ; quum hæc nunc ales inter primas expetatur, illam nemo velit attigisse.

XXXI. Ciconiæ quonam e loco veniant, aut quo se referant, incom-

tirent-elles ? C'est encore un problème. Nul doute qu'elles
ne viennent de loin, de la même manière que les grues.
Celles-ci voyagent l'été, les cicognes l'hiver. Avant que
de partir, elles se réunissent dans un lieu déterminé. Nulle
ne manque au rendez-vous, à moins qu'elle ne soit esclave et prisonnière : elles s'éloignent toutes à la fois,
comme si le jour était fixé par une loi. Jamais personne
ne les a vues partir, quoique pourtant elles annoncent
leur départ d'une manière sensible. Nous apercevons bien
qu'elles sont venues, mais jamais nous ne les voyons venir.
Le départ et l'arrivée ont toujours lieu la nuit. Qu'elles
s'arrêtent en deçà, qu'elles passent au delà, c'est toujours
la nuit qu'elles arrivent. Rassemblées dans de vastes
plaines de l'Asie, qu'on nomme le pays du Serpent (18),
elles jasent entre elles, mettent en pièces celle qui arrive
la dernière, et partent après cette exécution. On a observé qu'on ne les voit guère dans ce pays après les ides
d'août. Quelques auteurs assurent qu'elles n'ont point de
langue (19). Elles ont été honorées parcequ'elles détruisent les serpents. Tuer une cicogne était un crime capital
chez les Thessaliens : la peine était la même que pour
l'homicide.

pertum adhuc est. E longinquo venire non dubium, eodem quo grues
modo : illas hiemis, has æstatis advenas. Abituræ congregantur in loco
certo ; comitatæque sic, ut nulla sui generis relinquatur, nisi captiva et
serva, ceu lege prædicta die recedunt. Nemo vidit agmen discedentium,
quum discessurum appareat ; nec venire, sed venisse cernimus : utrumque nocturnis fit temporibus. Et quamvis ultra citrave pervolent, numquam tamen advenisse usquam, nisi noctu, existimantur. Pythonos
nomen vocant in Asia patentibus campis, ubi congregatæ inter se com-
murmurant, eamque quæ novissima advenit, lacerant, atque ita abeunt.
Notatum, post idus augustas non temere visas ibi. Sunt qui ciconiis
non inesse linguas confirment. Honos iis serpentium exitio tantus, ut in
Thessalia capitale fuerit occidisse, eademque legibus pœna, quæ in
homicidam.

Des cygnes.

Les oies et les cygnes sont aussi des oiseaux voyageurs; mais on aperçoit leur vol. Ils s'avancent en pointe : dans cet ordre, ils fendent l'air plus aisément que s'ils le poussaient tous de front. Les rangs de la troupe vont toujours en s'élargissant par un accroissement progressif, et présentent une plus grande surface au vent qui la pousse. Les derniers posent leur cou sur ceux qui les précèdent : à mesure que les premiers se lassent, ils vont prendre place au dernier rang. Les cicognes retournent aux mêmes nids. Les jeunes, à leur tour, nourrissent les mères devenues vieilles. On prétend que les cygnes, en mourant, font entendre un chant lugubre; mais les faits sur lesquels on s'appuie me paraissent faussement allégués (20). Ces oiseaux se mangent entre eux.

Oiseaux étrangers qu'on voit en nos climats.

Les voyages des oiseaux qui traversent les mers et les terres ne permettent pas que je diffère de parler d'oiseaux plus petits qui ont aussi l'instinct des migrations; instinct bien moins étonnant dans les premiers, puisqu'enfin leur grandeur et leur force semblent les inviter à ces entreprises difficiles. Les cailles arrivent même toujours avant les grues. Cet oiseau est petit, et dès qu'il est

XXXII. Simili anseres quoque et olores ratione commeant; sed horum volatus cernitur : liburnicarum modo, rostrato impetu feruntur, facilius ita findentes aera, quam si recta fronte impellerent; a tergo sensim dilatante se cuneo porrigitur agmen, largeque impellenti præbetur auræ. Colla imponunt præcedentibus; fessos duces ad terga recipiunt. Ciconiæ nidos eosdem repetunt; genitricum senectam invicem educant. Olorum morte narratur flebilis cantus (falso, ut arbitror), aliquot experimentis. Iidem mutua carne vescuntur inter se.

XXXIII. Verum hæc commeantium per maria terrasque peregrinatio non patitur differri minores quoque, quibus est natura similis; utcumque enim supradictas magnitudo et vires corporum invitare videri possint. Coturnices ante etiam semper adveniunt, quam grues; parva avis, et quam ad nos venit, terrestris potius, quam sublimis.

arrivé, il se tient à terre bien plus qu'il ne s'élève dans l'air.

Elles volent par troupes, comme les grues, non sans danger pour les navigateurs, lorsqu'elles approchent des rivages; car souvent la volée entière s'abat sur les voiles, toujours pendant la nuit, et submerge le vaisseau. Elles ont dans leurs voyages des stations réglées. Elles ne volent point par le vent du midi, parcequ'il est humide et lourd. Cependant elles ont besoin que le vent les soutienne, à cause de leur pesanteur et de leur faiblesse. Aussi expriment-elles la peine et l'effort par le cri qu'elles font entendre en volant. Elles voyagent donc surtout par un vent du nord, ayant à leur tête l'ortygomètre, le roi des cailles (21). L'épervier enlève la première qui arrive à terre. Quand elles repartent, elles sollicitent d'autres oiseaux pour les accompagner. Le glottis, le hibou, le cychrame, cédant à leurs instances, partent avec elles.

Le glottis a été ainsi nommé à cause de l'extrême longueur de sa langue. Gagné par leurs sollicitations, il part avec ardeur; mais bientôt la fatigue amène le repentir : il est quelque temps partagé entre le desir de les quitter et la honte de revenir seul; jamais il ne les accompagne plus d'un jour. Au premier gîte, il les abandonne. Mais elles y trouvent un autre glottis qu'elles y avaient laissé

Advolant et hæ simili modo, non sine periculo navigantium, quum adpropinquavere terris. Quippe velis sæpe incidunt, et hoc semper noctu, merguntque navigia. Iter est his per hospitia certa. Austro non volant, humido scilicet et graviore vento. Aura tamen vehi volunt, propter pondus corporum, viresque parvas. Hinc volantium illa conquestio labore expressa. Aquilone ergo maxime volant ortygometra duce. Primam earum terræ adpropinquantem accipiter rapit. Semper hinc remeantes comitatum sollicitant; abeuntque una persuasæ glottis, et otus, et cychramus.

Glottis prælongam exserit linguam; unde ei nomen. Hanc initio blandita peregrinatione avide profectam pœnitentia in volatu, cum labore scilicet, subit : reverti incomitatam piget, et sequi; nec umquam plus una die pergit : in proximo hospitio deserit. Verum invenitur alia,

l'année précédente ; et la même chose arrive tous les jours. Le cychrame a plus de persévérance. Impatient même d'arriver au terme, il les éveille pendant la nuit et presse le départ. Le hibou est plus petit que le grand-duc et plus grand que le chat-huant. Ses oreilles sont surmontées d'une aigrette de plumes relevées. C'est d'où lui vient son nom *otus* : quelques uns l'appellent en latin *asio*. Au surplus, c'est un oiseau imitateur, bouffon et danseur (22). On le prend sans peine, comme le chat-huant. Pendant qu'il regarde un des chasseurs, un autre chasseur le saisit par derrière. Si les cailles se sentent arrêtées par un souffle contraire, elles enlèvent de petits cailloux, et se remplissent le gosier de sable pour s'affermir contre le vent. Elles sont très avides de la graine d'ellébore ; ce qui les a fait bannir des tables. Une autre raison de cette répugnance pour leur chair, c'est qu'elles sont avec l'homme le seul animal sujet à l'épilepsie.

Hirondelles.

Les hirondelles nous quittent aussi pendant l'hiver. De tous les oiseaux qui n'ont pas les ongles crochus, c'est le seul qui vive de chair. Elles passent dans des contrées voisines, cherchant l'abri des montagnes exposées au so-

antecedente anno relicta : simili modo in singulos dies. Cychramus perseverantior festinat etiam pervenire ad expetitas sibi terras. Itaque noctu is eas excitat, admonetque itineris. Otus bubone minor est, noctuis major, auribus plumeis eminentibus : unde et nomen illi ; quidam latine asionem vocant ; imitatrix alias avis ac parasita, et quodam genere saltatrix. Capitur haud difficulter, ut noctuæ, intenta in aliquo, circumeunte alio. Quod si ventus agmen adverso flatu cœperit inhibere, pondusculis lapidum adprehensis, aut gutture arena repleto, stabilitæ volant. Coturnicibus veneni semen gratissimus cibus : quam ob causam eas damnavere mensæ, simulque comitialem propter morbum despui suetum, quem solæ animalium sentiunt, præter hominem.

XXXIV. 24. Abeunt et hirundines hibernis mensibus, sola carne vescens avis ex iis quæ aduncos ungues non habent ; sed in vicina abeunt, apricos secutæ montium recessus ; inventæque jam sunt ibi

leil. On y en a trouvé qui étaient nues et sans plumes. On dit qu'elles n'entrent point dans les maisons de Thèbes, parceque cette ville a été prise plusieurs fois, non plus que dans Bisya en Thrace, à cause des crimes de Térée. Cécina de Volaterre, entrepreneur de chars pour la course, emportait des hirondelles à Rome, et les renvoyait pour annoncer à ses amis le succès des courses : elles revenaient à leurs nids, et la couleur dont il les avait fait peindre indiquait la faction victorieuse. Fabius Pictor écrit dans ses annales que des troupes romaines étant assiégées par les Liguriens, on lui apporta une hirondelle prise sur son nid, afin qu'en lui attachant une ficelle au pied, il fît connaître aux assiégés, par le nombre des nœuds, dans combien de jours ils seraient secourus, et quand ils devraient faire une sortie.

Oiseaux voyageurs de notre climat.

Les merles, les grives et les étourneaux passent de même dans des pays voisins; mais ils ne quittent point leurs plumes et ne se tiennent pas cachés. Souvent on les a vus dans les régions où ils vont chercher leur nourriture pendant l'hiver. Et c'est surtout dans cette saison que les grives se montrent en Germanie. On peut assurer que la tourterelle se cache et perd ses plumes. Les ramiers chan-

---

nudæ atque deplumes. Thebarum tecta subire negantur, quoniam urbs illa sæpius capta sit ; nec Bizyæ in Thracia, propter scelera Terei. Cæcina Volaterranus equestris ordinis, quadrigarum dominus, comprehensas in Urbem secum auferens, victoriæ nuntias amicis mittebat, in eumdem nidum remeantes, illito victoriæ colore. Tradit et Fabius Pictor in annalibus suis, quum obsideretur præsidium romanum a Ligustinis, hirundinem a pullis ad se adlatam, ut lino ad pedem ejus adligato nodis significaret, quoto die adveniente auxilio eruptio fieri deberet.

XXXV. Abeunt et merulæ, turdique, et sturni simili modo in vicina. Sed hi plumam non amittunt, nec occultantur, visi sæpe ibi quo hibernum pabulum petunt : itaque in Germania hieme maxime turdi cernuntur. Verius turtur occultatur, pennasque amittit. Abeunt et palum-

gent de pays, mais on ne sait où ils vont. Les étourneaux
ont une manière de voler qui leur est propre. Ils volent
par troupes, et forment une espèce de tourbillon roulant
sur lui-même, et où chacun cherche toujours à se rapprocher du centre. L'hirondelle est le seul oiseau qui ait
la rapidité d'un vol oblique et tortueux, ce qui la sauve
des serres de l'oiseau de proie. Elle est aussi le seul oiseau
qui ne se nourrisse qu'en volant.

Oiseaux sédentaires.

Quant à la durée du séjour des oiseaux, la différence
est grande. Les uns restent toute l'année, comme les colombes ; d'autres six mois, comme les hirondelles, ou
trois mois, comme les grives et les tourterelles ; d'autres,
tels que les loriots et les huppes, partent après avoir élevé
leurs petits.

Memnonides.

Selon quelques auteurs, des oiseaux (*combattants, tringa
pugnax*) viennent tous les ans de l'Éthiopie à Ilium : ils y
combattent auprès du tombeau de Memnon ; ce qui les a
fait nommer memnonides. Crémutius dit avoir vérifié
que, tous les cinq ans, ces oiseaux font la même chose
auprès du palais de Memnon.

Méléagrides.

Les méléagrides (pintades) combattent pareillement dans

bes, quonam et in iis incertum. Sturnorum generi proprium catervatim
volare, et quodam pilæ orbe circumagi, omnibus in medium agmen ten-
dentibus. Volucrum soli hirundini flexuosi volatus velox celeritas :
quibus ex causis neque rapinæ ceterarum alitum obnoxia est. Ea demum sola avium nonnisi in volatu pascitur.

XXXVI. 25. Temporum magna differentia avibus. Perennes, ut columbæ, semestres, ut hirundines ; trimestres, ut turdi et turtures ; et
quæ, quùm fœtum eduxere, abeunt, ut galguli, upupæ.

XXXVII. 26. Auctores sunt, omnibus annis advolare Ilium ex
Æthiopia aves, et confligere ad Memnonis tumulum, quas ob id mem-
nonidas vocant. Hoc idem quinto quoque anno facere eas in Æthiopia
circa regiam Memnonis, exploratum sibi Cremutius tradit.

XXXVIII. Simili modo pugnant meleagrides in Bœotia. Africæ hoc

la Béotie. C'est une sorte de poule d'Afrique, bossue et
d'un plumage varié. De tous les oiseaux étrangers, elles
sont les dernières qu'on ait admises sur les tables, à cause
de leur goût désagréable. Mais le tombeau de Méléagre
les a rendues célèbres.

Séleucides.

On nomme séleucides (merle rose?) certains oiseaux qu'à
la prière des habitants du mont Casius, Jupiter envoie
contre les sauterelles qui ravagent leurs moissons. On n'a
pas encore découvert d'où ils viennent, ni en quels lieux
ils vont. On ne les voit jamais que lorsqu'on a besoin de
leurs secours.

Ibis.

Les Egyptiens invoquent aussi leurs ibis contre l'incur-
sion des serpents, et les Éléens le dieu Myiagre, lorsque
la multitude des mouches produit des maladies pestilen-
tielles. Ces insectes meurent dès qu'on a sacrifié à ce dieu.

Lieux où ne se trouvent jamais certains oiseaux.

On dit que le chat-huant, qui a aussi l'instinct des
migrations, se cache pendant un petit nombre de jours.
Il ne s'en trouve aucun dans l'île de Crète : ceux-mêmes
qu'on y transporte périssent. Étrange variété de la nature (23)! Il est des productions qu'elle refuse à certains

est gallinarum genus, gibberum, variis sparsum plumis; quæ novissimæ sunt peregrinarum avium in mensas receptæ propter ingratum
virus. Verum Meleagri tumulus nobiles eas fecit.

XXXIX. 27. Seleucides aves vocantur, quarum adventum ab Jove
precibus impetrant Casii montis incolæ, fruges eorum locustis vastanti-
bus. Nec unde veniant, quove abeant, compertum, numquam conspec-
tis, nisi quum præsidio earum indigetur.

XL. 28. Invocant et Ægyptii ibes suas contra serpentium adventum;
et Elei Myiagron deum, muscarum multitudine pestilentiam adferente:
quæ protinus intereunt, quam litatum est ei deo.

XLI. 29. Sed, in secessu avium, et noctuæ paucis diebus latere traduntur; quarum genus in Creta insula non est; etiam si qua invecta
sit emoritur. Nam hæc quoque mira naturæ differentia : alia aliis loci-

pays. Nous voyons sans surprise que parmi les animaux comme parmi les grains et les arbustes, il y en ait qui ne naissent pas en certaines contrées ; mais que, transportés dans ces lieux, ces animaux y périssent, voilà ce qui est merveilleux. Quelle est donc cette vertu secrète qui n'est funeste que pour une seule espèce ? Quelle est cette intolérance de la nature ? ou quelles sont enfin sur la terre les limites assignées aux oiseaux ? Rhodes n'a point d'aigles.

Dans l'Italie Transpadane, près des Alpes, est le lac de Côme, bordé de campagnes peuplées d'arbres : les cicognes ne viennent jamais jusque-là. Et même dans le rayon de dix milles tout à l'entour, on n'aperçoit ni le geai, ni le choucas, seul oiseau qui ait l'étrange manie de dérober l'or et l'argent ; tandis qu'on en voit des troupes immenses dans le pays des Insubriens, qui en est limitrophe. On dit qu'il n'existe point de pivert dans le canton de Tarente. On a commencé dans ces derniers temps à voir, depuis l'Apennin jusqu'à Rome, cette espèce de pie qui, remarquable par sa longue queue, a été nommée *variée*. Elle y est encore très rare. Un de ses caractères distinctifs, c'est de devenir chauve tous les ans, dans la saison où l'on sème les raves (24). Les perdrix de l'Attique ne franchissent jamais les frontières de la Béotie. Dans celle des îles

negat : tamquam genera frugum fructicumve, sic et animalium, non nasci, translatitium : invecta emori, mirum. Quid est illud unius generis saluti adversum ? quæve ista naturæ invidia ? aut qui terrarum dicti avibus termini ? Rhodus aquilam non habet.

Transpadana Italia juxta Alpes Larium lacum appellat, amœnum arbusto agro, ad quem ciconiæ non permeant ; sicuti nec octavum citra lapidem ab eo, immensa alioqui finitimo Insubrium tractu, examina graculorum monedularumque, cui soli avi furacitas argenti aurique præcipue mira est. Picus martius in Tarentino agro negatur esse. Nuper, et adhuc tamen rara, ab Apennino ad Urbem versus cerni cœpere picarum genera, quæ longa insignes cauda variæ appellantur. Proprium his calvescere omnibus annis, quum serantur rapa. Perdices non transvolant Bœotiæ fines in Attica ; nec ulla avis in Ponto, insula qua se-

du Pont où repose la cendre d'Achille, nul oiseau ne passe
au delà du temple consacré à ce héros. Les cicognes ne
font point leurs nids aux environs de Fidènes; et tous les
ans une multitude de ramiers vient de la mer dans les
campagnes de Volaterre. A Rome, il n'entre ni mouches,
ni chiens dans le temple d'Hercule, bâti dans le marché
aux bœufs. Je pourrais citer de chaque espèce une foule
de traits semblables : je les passe sous silence, pour ne
pas fatiguer mes lecteurs. Théophraste va même jusqu'à
dire que les pigeons, les paons et les corbeaux ont été
portés en Asie, ainsi que les grenouilles coassantes l'ont
été dans la Cyrénaïque.

Oiseaux chanteurs.

Les oiseaux dont on consulte le chant nous offrent d'autres sujets d'admiration. La plupart changent de couleur
et de voix en un certain temps de l'année, et deviennent
tout à coup différents d'eux-mêmes. Les grues seules,
parmi les grands oiseaux, éprouvent ce changement. Elles
noircissent en vieillissant. Le merle, naturellement noir,
devient roussâtre. Il chante l'été; l'hiver, il n'a qu'un
cri enroué; il se tait au solstice. A l'âge d'un an, le bec
des mâles prend la couleur de l'ivoire. Les étourneaux
ont, pendant l'été, un collier moucheté; pendant l'hiver,
ils sont d'une seule couleur.

pultus est Achilles, sacratam ei ædem. In Fidenate agro juxta urbem
ciconiæ nec pullos nec nidum faciunt. At in agrum Volaterranum palumbium vis e mari quotannis advolat. Romæ in ædem Herculis in foro
Boario nec muscæ, nec canes intrant. Multa præterea similia, quæ prudens subinde omitto in singulis generibus, fastidio parcens : quippe
quum Theophrastus tradat invectitias esse in Asia etiam columbas, et
pavones, et corvos, et in Cyrenaica vocales ranas.

XLII. Alia admiratio circa oscines : fere mutant colorem vocemque
tempore anni, ac repente fiunt aliæ ; quod in grandiore alitum genere
grues tantum : hæ enim senectute nigrescunt. Merula ex nigra rufescit,
canit æstate, hieme balbutit, circa solstitium muta. Rostrum quoque
anniculis in ebur transfiguratur dumtaxat maribus. Turdis color æstate
circa cervicem varius, hieme concolor.

Rossignols.

Le ramage du rossignol dure quinze jours et quinze
nuits sans interruption, dans le temps où le feuillage des
arbres commence à s'épaissir. Cet oiseau n'est pas celui
qui a le moins de droits à notre admiration. D'abord
cette force de voix dans un si petit corps, cette continuité
de respiration, se peuvent à peine concevoir. Les modulations de son chant semblent le fruit de l'étude la plus
approfondie de la science musicale : c'est la réunion complète de tous les genres de perfection. Coups de gosier
éclatants et prolongés, cadences variées, batteries vives et
légères, roulades précipitées, reprises soutenues, demi-
silences inattendus ; quelquefois un simple gazouillement ;
le rossignol cause alors avec lui-même. Sa voix est tour à
tour pleine, grave, aiguë, perlée, étendue ; et telle est la
souplesse de son gosier, qu'il chante à son gré le dessus, la
haute-contre, la taille et la basse. En un mot, un si faible organe produit tous les sons que l'art de l'homme a
su tirer des instruments les plus parfaits, en sorte qu'on
ne peut douter que celui qui chanta sur la bouche de
Stésichore enfant, n'ait annoncé par un infaillible présage
la douceur de sa poésie. Et ne croyez pas que l'art soit
étranger à ces oiseaux. Chaque rossignol chante plusieurs

XLIII. Lusciniis diebus ac noctibus continuis quindecim garrulus
sine intermissu cantus, densante se frondium germine, non in novissimum digna miratu ave. Primum tanta vox tam parvo in corpusculo,
tam pertinax spiritus. Deinde in una perfecta musicæ scientia modula-
tus editur sonus : et nunc continuo spiritu trahitur in longum, nunc va-
riatur inflexo, nunc distinguitur conciso, copulatur intorto, promittitur
revocato, infuscatur ex inopinato ; interdum et secum ipse mururat ;
plenus, gravis, acutus, creber, extentus : ubi visum est, vibrans, summus, medius, imus. Breviterque omnia tam parvulis in faucibus, quæ
exquisitis tibiarum tormentis ars hominum excogitavit, ut non sit dubium hanc suavitatem præmonstratam efficaci auspicio, quum in ore
Stesichori cecinit infantis. Ac ne quis dubitet artis esse, plures singulis
sunt cantus, nec iidem omnibus, sed sui cuique. Certant inter se, pa-

airs, et ces airs ne sont pas les mêmes pour tous : chacun a les siens. Ils se disputent le prix du chant avec une opiniâtreté bien marquée. Souvent il en coûte la vie au vaincu, qui ne cesse de chanter que lorsqu'il a cessé de respirer. D'autres plus jeunes étudient et reçoivent les airs qu'ils doivent imiter. Le disciple écoute avec une attention extrême. Il répète la leçon, et se tait pour écouter encore. Il est aisé de reconnaître que le maître reprend et que l'élève se corrige. Aussi les rossignols s'achètent-ils aussi cher qu'un esclave, et même plus cher qu'autrefois un écuyer. Je sais qu'un de ces oiseaux a été vendu six mille sesterces (1,350 fr.); il est vrai qu'il était blanc, circonstance infiniment rare. C'était un présent pour Agrippine, femme de l'empereur Claude.

On en a vu souvent qui chantaient au commandement, ou tour à tour avec un chœur de musiciens. On a vu de même des hommes qui, soufflant dans un chalumeau rempli d'eau et garni d'une languette, imitaient le rossignol de manière à faire illusion. Au reste, ces sons enchanteurs, ces modulations si savantes cessent peu à peu au bout de quinze jours, sans qu'on puisse dire que ce soit lassitude ou dégoût de leur part. Quand les chaleurs arrivent, leur voix devient tout autre, ce n'est plus qu'un

tamque animosa contentio est. Victa morte finit sæpe vitam, spiritu prius deficiente, quam cantu. Meditantur aliæ juveniores, versusque quos imitentur accipiunt. Audit discipula intentione magna, et reddit, vicibusque reticens. Intelligitur emendatæ correptio, et in docente quædam reprehensio. Ergo servorum illis pretia sunt, et quidem ampliora, quam quibus olim armigeri parabantur. Scio sestertiis sex, candidam alioquin, quod est prope invisitatum, venisse, quæ Agrippinæ Claudii principis conjugi dono daretur.

Visum jam sæpe, jussas canere cœpisse, et cum symphonia alternasse; sicut homines repertos, qui sonum earum, addita in transversas arundines aqua, foramen inspirantes, linguæque parva aliqua opposita mora, indiscreta redderent similitudine. Sed eæ tantæ tamque artifices argutiæ a quindecim diebus paulatim desinunt, nec ut fatigatas possis

croassement sans modulation et sans variété. Les rossignols changent aussi de couleur. Enfin, pendant l'hiver ils disparaissent. Leur langue n'est pas pointue comme celle des autres oiseaux. Ils pondent au commencement du printemps. Leurs œufs sont le plus souvent au nombre de six.

Mélancoryphes, etc.

Les ficédules (*gobe-mouches à collier*) diffèrent du rossignol en ce qu'ils changent tout à la fois et de forme et de couleur : ils perdent jusqu'à leur nom (25). En automne, on les appelle mélancoryphes. C'est ainsi que l'oiseau nommé érithaque (rouge-gorge) en hiver, s'appelle phénicure (rouge-queue, rossignol de murailles) en été. La huppe, si l'on en croit le poëte Eschyle, subit aussi un changement : elle se nourrit des aliments les plus sales. Elle est remarquable par son aigrette flexible, qu'elle abaisse et qu'elle dresse à son gré le long de sa tête.

Énanthe, etc.

L'énanthe disparaît aussi pendant un certain nombre de jours; il se cache au lever du sirius et se montre à son coucher, et cela, chose étonnante, les jours mêmes du lever et du coucher de cet astre. Le loriot, qui est entièrement jaune, caché pendant tout l'hiver, reparaît vers le solstice d'été.

dicere, aut satiatas. Mox æstu aucto in totum alia vox fit, nec modulata, aut varia. Mutatur et color. Postremo hieme ipsa non cernitur. Linguis earum tenuitas illa prima non est, quæ ceteris avibus. Pariunt vere primo quam plurimum sena ova.

XLIV. Alia ratio ficedulis : nam formam simul coloremque mutant ; hoc nomen autumno; non habent postea : melancoryphi vocantur. Sic et erithacus hieme, idem phœnicurus æstate. Mutat et upupa, ut tradit Æschylus poeta, obscena alias pastu avis, crista visenda plicatili, contrahens eam subrigensque per longitudinem capitis.

XLV. Oenanthe quidem etiam statos latebræ dies habet, exoriente sirio occultata, ab occasu ejusdem prodit : quod miremur, ipsis diebus utrumque. Chlorion quoque, qui totus est luteus, hieme non visus, circa solstitia procedit.

Les merles sont blancs auprès du mont Cillène en Arcadie, et nulle part ailleurs (26). L'ibis est noir, seulement aux environs de Pélusium. Il est blanc dans tous les autres pays.

Époque de la reproduction chez les oiseaux.

Si l'on excepte le rossignol, les oiseaux dont on consulte le chant ne couvent guère avant l'équinoxe du printemps ni après celui de l'automne. Les pontes qui se font avant le solstice d'été courent bien des risques ; celles qu se font après réussissent.

Alcyons.

C'est surtout par rapport à leur ponte que les alcyons sont remarquables. Les mers et les navigateurs connaissent les jours où ces oiseaux font leur couvée. L'alcyon est un peu plus gros que le passereau. La plus grande partie de son plumage est bleuâtre, entremêlée seulement de quelques plumes pourpres et blanches. Il a le cou mince et long. Il y en a une autre espèce qui diffère de la première par la grandeur et le chant. Ceux qui chantent parmi les roseaux sont de la petite espèce. Rien de plus rare que de voir un alcyon. Ils ne se montrent qu'au coucher des pléiades et vers les deux solstices. Après avoir volé quelques jours autour des vaisseaux, ils dispa-

30. Merulæ circa Cyllenen Arcadiæ, nec usquam aliubi, candidæ nascuntur. Ibis circa Pelusium tantum nigra est, ceteris omnibus locis candida.

XLVI. 31. Oscines, præter exceptas, non temere fœtus faciunt ante æquinoctium vernum, aut post autumnale ; ante solstitium autem dubios, post solstitium vitales.

XLVII. 32. Eo maxime sunt insignes halcyones. Dies earum partus, maria, quique navigant, novere. Ipsa avis paulo amplior passere, colore cyaneo ex parte majore, tantum purpureis et candidis admixta pennis, colo gracili ac procero. Alterum genus earum magnitudine distinguitur et cantu. Minores in arundinetis canunt. Halcyonem videre rarissimum est, nec nisi vergiliarum occasu, et circa solstitia brumamve, nave aliquando circumvolata statim in latebras abeuntem. Fœtificant

raissent. Ils couvent au solstice d'hiver, et pendant ces
jours, qu'on nomme alcyonides (27), la mer est calme et
navigable, surtout auprès de la Sicile. Ils construisent leurs
nids pendant les sept jours qui précèdent le solstice, et la
ponte se fait les sept jours suivants. Leur nid est admirable : sa forme est celle d'une boule un peu prolongée
par le haut. L'entrée en est fort étroite. Il ressemble aux
grandes éponges. On ne peut le couper avec le fer. Il faut
le briser par un coup violent, comme l'écume sèche de la
mer. On n'a pas encore découvert quelle en est la matière : on croit qu'il est composé d'arêtes, vu que les alcyons vivent de poisson. Ces oiseaux entrent aussi dans
les rivières. Ils pondent cinq œufs.

D'autres oiseaux aquatiques.

Les mouettes et les plongeons font leurs nids sur les
rochers, mais les plongeons nichent aussi sur les arbres.
Les uns et les autres font ordinairement trois œufs ; les
mouettes pendant l'été, les plongeons au commencement
du printemps.

Adresse des oiseaux dans la construction de leurs nids.

Cet art des alcyons, cette combinaison qu'ils mettent
dans la construction de leurs nids, rappellent à ma pensée l'adresse des autres oiseaux, et certes il n'est rien où

bruma, qui dies halcyonides vocantur, placido mari per eos et navigabili, Siculo maxime. Faciunt autem septem ante brumam diebus nidos,
et totidem sequentibus pariunt. Nidi earum admirationem habent pilæ
figura, paulum eminenti, ore perquam augusto, grandium spongiarum
similitudine ; ferro intercidi non queunt, franguntur ictu valido, ut spuma arida maris. Nec unde confingantur, invenitur. Putant ex spinis
aculeatis : piscibus enim vivunt. Subeunt et in amnes. Pariunt ova
quina.

XLVIII. Gaviæ in petris nidificant ; mergi et in arboribus. Pariunt
plurimum terna ; sed gaviæ æstate, mergi incipiente vere.

XLIX. 33. Halcyonum nidi figura, reliquarum quoque solertia ad-
monet : neque alia parte ingenia avium magis admiranda sunt. Hirun-

leur industrie se montre plus admirable. Les hirondelles (de cheminée) construisent leurs nids avec de la boue, et les consolident avec de la paille. Si la boue leur manque, elles se mouillent tout le corps, et secouent l'eau de leurs ailes sur la poussière. Elles tapissent de duvet et de flocons l'intérieur du nid, afin que les œufs se tiennent chauds, et que les nouveau-nés reposent mollement. Elles donnent la becquée à chacun tour à tour avec une parfaite égalité. Par un instinct de propreté bien remarquable, elles jettent hors du nid les ordures de leurs petits, et quand ils deviennent un peu plus forts, elles les instruisent à se tourner pour se vider au dehors.

Il est une seconde espèce d'hirondelles (de fenêtres, ou peut-être le martinet) rustiques et champêtres qui font rarement leurs nids dans nos maisons : elles les composent de la même matière, mais en leur donnant une forme différente. Ils sont tout en pente. L'entrée se prolonge en se rétrécissant : l'intérieur est spacieux. C'est tout à la fois pour leurs petits un asile sûr, et un lit tendre et délicat.

A l'embouchure Héracléotique du Nil elles forment, par le rassemblement de leurs nids, une digue qui résiste aux débordements du fleuve. Cette digue n'a guère moins d'un stade de longueur. Un tel ouvrage serait le désespoir de

dines luto construunt, stramento roborant. Si quando inopia est luti, madefactæ multa aqua pennis pulverem spargunt. Ipsum vero nidum mollibus plumis floccisque consternunt tepefaciendis ovis, simul ne durus sit infantibus pullis. In fœtu summa æquitate alternant cibum. Notabili munditia egerunt excrementa pullorum ; adultioresque circumagi docent, et foris saturitatem emittere.

Alterum genus hirundinum est rusticarum et agrestium, quæ raro in domibus, diversos figura, sed eadem materia, confingunt nidos, totos supinos, faucibus porrectis in angustum, utero capaci : mirum qua peritia et occultandis habiles pullis, et substernendis molles.

In Ægypti Heracleotico ostio molem continuatione nidorum evaganti Nilo inexpugnabilem opponunt stadii fere unius spatio : quod humano

l'industrie humaine. Dans le même pays, près de la ville
de Coptos, est une île consacrée à Isis. Pour que le fleuve
ne l'entame pas, elles y construisent de nouveaux ouvrages au commencement de chaque printemps. Elles forti-
fient la pointe de l'île avec de la paille et du chaume, et
travaillent pendant trois jours et trois nuits de suite avec
une telle ardeur, qu'un très grand nombre meurent de
fatigue. Cette corvée revient pour elles tous les ans. Une
troisième espèce d'hirondelles (de rivage) creuse des trous
sur le bord de la mer, et y dépose ses œufs. Leurs petits,
réduits en cendre, sont un remède pour l'esquinancie et
d'autres maladies qui affectent le corps humain. Celles-là
ne construisent point de nids. Si les eaux du fleuve doivent les atteindre, elles s'éloignent plusieurs jours à l'a-
vance.

Acanthyllis, etc.

Dans le genre des oiseaux qu'on nomme vitiparra (28),
il est une espèce qui compose son nid de mousse sèche.
Ce nid est rond et si bien fermé qu'on n'en saurait trouver l'entrée. L'acanthyllis façonne le sien de la même manière ; il le construit avec du lin. Quelques pics donnent
à leurs nids la forme d'une coupe, et les suspendent aux
premières branches des arbres, afin que nul quadrupède

opere perfici non posset. In eadem juxta oppidum Copton insula est sacra Isidi, quam, ne laceret amnis idem, muniunt opere, incipientibus
vernis diebus, palea et stramento rostrum ejus firmantes, continuatis
per triduum noctibus tanto labore, ut multas in opere emori constet.
Eaque militia illis cum anno redit semper. Tertium est earum genus,
quæ ripas excavant, atque ita internidificant. Harum pulli ad cinerem
ambusti, mortifero faucium malo, multisque aliis morbis humani corporis medentur. Non faciunt hæ nidos, migrantque multis diebus ante,
si futurum est ut auctus amnis attingat.

L. In genere vitiparrarum est, cui nidus ex musco arido ita absoluta
perficitur pila, ut inveniri non possit aditus. Acanthyllis appellatur, eadem figura ex lino intexens. Picorum alicui suspenditur surculo primis
in ramis cyathi modo, ut nulla quadrupes possit accedere. Galgulos

ne puisse les atteindre. On assure que les loriots dorment suspendus par les pieds, se croyant ainsi plus en sûreté. Ce qui est avoué de tous, c'est qu'ils choisissent avec soin une branche large pour soutenir leurs nids ; qu'ils les couvrent d'une voûte pour les garantir de la pluie, ou qu'ils les abritent sous un épais feuillage. En Arabie, l'oiseau nommé cannellier construit son nid de brins de cannelle. Les habitants abattent ces oiseaux avec des flèches garnies de plomb ; ils en font un objet de commerce. Il y a dans la Scythie un oiseau de la grandeur de l'outarde. Il pond deux œufs dans une peau de lièvre suspendue à la cime d'un arbre. Lorsque les pies s'aperçoivent que leur nid a été observé attentivement par un homme, elles transportent leurs œufs dans un autre endroit. Ces oiseaux, n'ayant pas les doigts propres à embrasser et à transporter ces œufs, emploient, dit-on, un moyen admirable. Avec une matière glutineuse tirée de leur ventre, ils attachent un œuf à chaque bout d'un léger rameau ; puis posant le cou sous le milieu du rameau, et faisant le balancier égal, ils les transportent où ils veulent.

Mérops ; perdrix.

L'industrie n'est pas moins admirable dans les oiseaux qui font leurs nids à terre, parcequ'ils sont trop pesants

quidem ipsos dependentes pedibus somnum capere confirmant, quia tutiores ita se sperent. Jam publicum quidem omnium est tabulata ramorum sustinendo nido provide eligere, camerare ab imbri, aut fronde protegere densa. In Arabia cinnamolgus avis appellatur : cinnami surculis nidificat. Plumbatis eos sagittis decutiunt indigenæ, mercis gratia. In Scythis, avis magnitudine otidis binos parit in leporina pelle semper in cacuminibus ramorum suspensa. Picæ quum diligentius visum ab homine nidum sensere, ova transgerunt alio. Hoc in his avibus, quarum digiti non sunt accommodati complectendis transferendisque ovis, miro traditur modo. Namque surculo super bina ova imposito ac ferruminato alvi glutino, subdita cervice medio, æqua utrimque libra deportant alio.

LI. Nec vero iis minor solertia, quæ cunabula in terra faciunt, cor-

pour s'élever dans les airs. Le guêpier, qui nourrit ses père et mère dans leur retraite, a le plumage pâle en dessous, bleuâtre sur le corps, et d'un roux ardent à l'extrémité des ailes. Il fait son nid six pieds en terre.

Les perdrix (rouges) mettent leurs nids en sûreté contre les bêtes de proie, en les munissant d'épines et de broussailles (29). Elles forment un lit de poussière pour y déposer mollement leurs œufs. L'incubation ne se fait pas au même endroit que la ponte. Elles les transportent ailleurs, de peur qu'un séjour trop fréquent dans le même lieu ne devienne suspect. Elles se cachent même de leurs mâles, parceque, tourmentés du besoin de jouir, ils cassent les œufs. Tout le temps de l'incubation est perdu pour leurs plaisirs. Alors, privés de femelles, ils se battent entre eux ; et le vainqueur, dit-on, se sert du vaincu pour se satisfaire. Trogus écrit que les cailles en usent de même, et quelquefois aussi les coqs ; il ajoute que les mâles apprivoisés cochent les mâles sauvages, nouvellement amenés ou vaincus.

Cette fureur de combattre que leur inspire la saison des amours devient funeste à leur liberté. Le chef de la compagnie se détache pour fondre sur le mâle que lui présente l'oiseleur. Il est bientôt pris : alors un second

poris gravitate prohibitæ sublime petere. Merops vocatur, genitores suos reconditos pascens, pallido intus colore pennarum, superne cyaneo, primari subrutilo. Nidificat in specu sex pedum defossa altitudine.

Perdices spina et frutice sic muniunt receptaculum, ut contra feras abunde vallentur. Ovis, stragulum molle pulvere contumulant, nec in quo loco peperere incubant : neve cui frequentior conversatio sit suspecta, transferunt alio. Illæ quidem et maritos suos fallunt, quoniam intemperantia libidinis frangunt earum ova, ne incubando detineantur. Tunc inter se dimicant mares desiderio feminarum ; victum aiunt Venerem pati. Id quidem et coturnices Trogus, gallinaceos aliquando ; perdices vero a domitis feros, et novos, aut victos, iniri promiscue.

Capiuntur quoque pugnacitate ejusdem libidinis, contra aucupis indicem exeunte in prælium duce totius gregis. Capto eo procedit alter, ac

lui succède, et tous viennent ainsi l'un après l'autre. Dans la saison où les femelles deviennent fécondes, on les prend lorsqu'elles courent vers la chanterelle du chasseur, pour lui chercher querelle et la forcer à quitter la place.

Dans nul autre animal, l'œuvre de la fécondation ne s'opère d'une manière semblable : si les femelles se trouvent au-dessous du vent (30), l'air qui vient du côté du mâle les rend fécondes ; et, pendant ce temps, on les voit tout enflammées de passion, ouvrant le bec et tirant la langue. Elles conçoivent lorsque les mâles passent au-dessus d'elles en volant ; souvent il suffit qu'elles aient entendu leur voix. L'ardeur du plaisir l'emporte même sur la tendresse maternelle, au point que cette perdrix, qui couve furtivement et dans un lieu caché, voyant la chanterelle s'approcher de son mâle, le rappelle par ses cris et va s'offrir elle-même à ses desirs. Elles sont transportées d'une passion si furieuse que souvent, dans leur délire, elles vont se poser sur la tête de l'oiseleur. Si le chasseur s'approche de leur nid, la mère se présente à lui, fuit pesamment et traînant l'aile : après avoir couru ou volé quelques pas, elle tombe tout à coup, comme si elle avait l'aile ou la cuisse cassée ; puis se remet à fuir, s'échappant des mains du chasseur qui croit la saisir, et

subinde singuli. Rursus circa conceptum feminæ capiuntur, contra aucupum feminam exeuntes, ut rixando abigant eam.

Neque in alio animali par opus libidinis. Si contra mares steterint feminæ, aura ab his flante prægnantes fiunt ; hiantes autem exserta lingua per id tempus æstuant. Concipiunt et supervolantium adflatu, sæpe voce tantum audita masculi. Adeoque vincit libido etiam fœtus caritatem, ut illa furtim et in occulto incubans, quum sensit feminam aucupis accedentem ad marem, recanat revocetque, et ultro præbeat se libidini. Rabie quidem tanta feruntur, ut in capite aucupantium, sæpe cæcæ metu sedeant. Si ad nidum is cœpit accedere, procurrit ad pedes ejus facta, prægravem aut delumbem sese simulans, subitoque in procursu aut brevi aliquo volatu cadit, ut fracta aut ala aut pedibus ; procurrit iterum, jamjam prehensurum effugiens, spemque frustrans, donec

trompant son espérance jusqu'à ce qu'elle l'ait éloigné de sa couvée. Lorsqu'elle est délivrée de toute crainte , et que l'amour maternel est rassuré, elle se couche dans un sillon et se couvre d'une motte de terre qu'elle tient dans ses pieds. On croit que la perdrix peut vivre seize ans.

Des pigeons.

Après les perdrix, c'est dans les pigeons qu'on remarque surtout cette ardeur pour les plaisirs de l'amour (34). Mais la première de leurs qualités est la chasteté : l'adultère est inconnu chez eux. Fidèle au lien conjugal , chaque couple habite une maison commune : nul ne quitte son nid s'il n'est veuf ou célibataire. La femelle trouve dans son mâle un maître impérieux , quelquefois même injuste ; car il la soupçonne d'une infidélité qui répugne à son caractère. Alors sa gorge s'enfle, il gronde et donne de cruels coups de bec. Mais bientôt il répare ses torts par de tendres baisers ; il tourne cent fois autour de sa compagne, et la cajole pour obtenir ses faveurs. Tous deux chérissent également leur progéniture , et souvent la femelle est châtiée quand elle est trop paresseuse à rejoindre ses petits. Le mâle la console tandis qu'elle pond, et partage les soins maternels. Pour préparer leurs petits

in diversum abducat a nidis. Eadem pavore libera ac materna vacans cura, in sulco resupina, gleba se terræ pedibus adprehensa operit. Perdicum vita ad sedecim annos durare existimatur.

LII. 34. Ab his columbarum maxime spectantur simili ratione mores iidem ; sed pudicitia illis prima, et neutri nota adulteria. Conjugii fidem non violant, communemque servant domum. Nisi cælebs aut vidua, nidum non relinquit. Et imperiosos mares, subinde etiam iniquos ferunt : quippe suspicio est adulterii, quamvis natura non sit. Tunc plenum querela guttur, sævique rostro ictus, mox in satisfactione exosculatio, et circa Veneris preces crebris pedum orbibus adulatio. Amor utrique sobolis æqualis ; sæpe et ex hac causa castigatio, pigrius intrante femina ad pullos. Parturienti solatia et ministeria ex mare. Pullis primo salsiorem terram collectam gutture in ora inspuunt, præparantes

à recevoir les aliments, ils leur soufflent dans le bec une terre salée qu'ils tiennent en réserve dans leur gosier. Un des caractères de ces oiseaux, ainsi que des tourterelles, c'est de boire sans renverser la tête : ils avalent de suite, comme les bœufs et les chevaux.

Des auteurs assurent que les ramiers vivent trente ans, et quelquefois quarante. Ils n'éprouvent d'autre incommodité que l'accroissement de leurs ongles, qui est aussi l'indice de leur vieillesse. On peut leur couper ces ongles sans danger. Tous ont constamment le même chant ; il est composé de trois notes, et se termine par un gémissement. Ils se taisent l'hiver, et reprennent leur voix au printemps. Nigidius dit que lorsqu'un ramier couve, son nom prononcé sous le même toit suffit pour lui faire abandonner son nid. Ils pondent après le solstice d'été. Les pigeons et les tourterelles vivent huit ans.

Le passereau, qui n'est pas moins ardent en amour, vit très peu de temps. On prétend que les mâles ne passent point l'année. On se fonde sur ce qu'au retour du printemps on n'aperçoit à leur bec aucune apparence de noir, quoiqu'il ait commencé à noircir dès l'été. Les femelles vivent un peu davantage.

Mais ce qui distingue les pigeons, c'est qu'ils ont le

tempestivitatem cibo. Proprium generis ejus et turturum, quum bibant, colla non resupinare, largeque bibere jumentorum modo.

35. Vivere palumbes ad XXX annum, aliquos ad XL. habemus auctores, uno tantum incommodo unguium, eodem et argumento senectæ, qui citra perniciem reciduntur. Cantus omnibus similis atque idem trino conficitur versu, præterque in clausula gemitu : hieme mutis, à vere vocalibus. Nigidius putat, quum ova incubet, sub tecto nominatam palumbem relinquere nidos. Pariunt autem post solstitium. Columbæ et turtures octonis annis vivunt.

36. Contra passeri minimum vitæ, cui salacitas par. Mares negantur anno diutius durare, argumento quia nulla veris initio appareat nigritudo in rostro, quæ ab æstate incipit. Feminis longiusculum spatium.

Verum columbis inest quidam et gloriæ intellectus. Nosse credas suos

sentiment de la gloire. Il semble qu'ils connaissent l'éclat et les nuances de leurs couleurs. En volant au haut des cieux, ils cherchent même à s'applaudir de leurs ailes, à varier leurs évolutions. Cette vaine prétention les livre comme enchaînés à l'épervier, car ce bruit qu'ils font, n'étant produit que par le choc de leurs ailes, entrave et arrête leur marche. Leur vol de lui-même est infiniment plus prompt que celui de l'épervier. Le brigand les épie, caché dans un feuillage, et les saisit au sein même de leur gloire.

C'est pourquoi il faut tenir avec eux l'oiseau qu'on nomme cresserelle (32). Il les défend, et, par une vertu qui lui est naturelle, il épouvante les éperviers au point qu'ils n'osent soutenir ni sa vue ni son cri. Aussi les pigeons ont-ils pour lui la plus tendre affection. On prétend que si l'on enterre des cresserelles aux quatre coins du colombier, dans des pots neufs et bien lutés, les pigeons ne changeront point de demeure. Quelques-uns ont cherché à les fixer en leur coupant l'articulation des ailes avec un instrument d'or ; autrement l'opération serait dangereuse. Au surplus, les pigeons sont des oiseaux volages et coureurs. Ils ont l'art de séduire et de corrompre les étrangers ; souvent ils reviennent ramenant avec eux beaucoup de compagnons qu'ils ont débauchés.

colores, varietatemque dispositam ; quin etiam ex volatu quæritur plaudere in cœlo, varieque sulcare. Qua in ostentatione, ut vinctæ, præbentur accipitri, implicatis strepitu pennis, qui non nisi ipsis alarum humeris eliditur : alioqui soluto volatu in multum velociores. Speculatur occultus fronde latro, et gaudentem in ipsa gloria rapit.

37. Ob id cum iis habenda est avis, quæ tinnunculus vocatur. Defendit enim illas, terretque accipitres naturali potentia, in tantum ut visum vocemque ejus fugiant. Hac de causa præcipuus columbis amor eorum. Feruntque, si in quatuor angulis defodiantur in ollis novis oblitis, non mutare sedem columbas (quod auro insectis alarum articulis quassiere aliqui, non aliter innoxiis vulneribus) : multivaga alioqui ave. Est enim ars illis inter se blandiri et corrumpere alias, furtoque comitatiores reverti.

Travaux merveilleux des pigeons.

Ils ont servi de messagers pour des affaires importantes. Pendant le siége de Modène, Décimus Brutus envoyait au camp des consuls des lettres qu'il attachait aux pieds des pigeons. Que servaient à Antoine la profondeur des retranchements, la vigilance des soldats, les filets tendus dans toute la largeur du fleuve, quand le courrier prenait sa route par le ciel? Bien des gens se passionnent même pour ces oiseaux. Ils leur bâtissent des tours au-dessus de leurs maisons. Ils racontent la généalogie et la noblesse de chacun d'eux. On en cite un exemple déja bien ancien. Varron écrit qu'avant la guerre civile de Pompée, Axius, chevalier romain, vendait ses pigeons quatre cents deniers la paire (360 fr.). La Campanie s'honore même du renom qu'elle a de produire les pigeons de la plus grande espèce.

Différence de vol et de progression chez les oiseaux.

Je vais, par occasion, parler aussi du vol des autres oiseaux.

Tous les autres animaux ont, chacun dans leur genre, une manière de marcher constante et uniforme. Les oiseaux seuls ont une manière différente de se mouvoir sur

LIII. Quin et internuntiæ in rebus magnis fuere, epistolas adnexas earum pedibus, obsidione Mutinensi, in castra consulum Decimo Bruto mittente. Quid vallum, et vigil obsidio, atque etiam retia amne prætenta profuere Antonio, per cœlum eunte nuntio? Et harum amore insaniunt multi : super tecta exædificant turres iis, nobilitatemque singularum et origines narrant, vetere jam exemplo. L. Axius eques romanus ante bellum civile Pompeianum denariis quadringentis singula paria vendjavit, ut M. Varro tradit. Quin et patriam nobilitavere, in Campania grandissimæ provenire existimatæ.

LIV. Harum volatus in reputationem ceterarum quoque volucrum nos impellit.

39. Omnibus animalibus reliquis certus et uniusmodi, et in suo cujusque genere incessus est; aves solæ vario meatu feruntur et in terra, et

la terre et dans l'air. Quelques uns marchent, comme les corneilles ; d'autres sautent, comme les moineaux et les merles ; courent, comme les perdrix et les bécasses ; jettent un pied en avant, comme les cicognes et les grues : plusieurs étendent leurs ailes, et les tiennent presque immobiles en volant ; d'autres les agitent plus fréquemment, mais seulement aux extrémités ; quelques uns découvrent leurs flancs tout entiers ; d'autres, après avoir frappé l'air une fois, et quelques uns deux fois, nagent dans le fluide, resserrant leurs ailes comme pour comprimer l'air qu'elles enferment, et se jettent à leur gré dans une direction verticale, horizontale ou inclinée. Quelques uns sont comme lancés par une machine ; d'autres paraissent tomber du ciel ; d'autres semblent bondir. Les canards seuls et ceux de leur espèce s'élèvent en droite ligne du lieu d'où ils partent. Ils le font même en sortant de l'eau. Aussi sont-ils les seuls qui s'échappent des fosses où nous prenons les animaux sauvages. Le vautour et les oiseaux pesants ne s'enlèvent qu'après avoir couru ou s'être jetés de quelque hauteur. Leur queue dirige toutes leurs évolutions. Il en est qui voient tout autour d'eux ; d'autres tournent le cou pour regarder. Quelques uns mangent en l'air la proie qu'ils tiennent dans leurs serres. Plusieurs

---

in aere. Ambulant aliquæ, ut cornices ; saliunt aliæ, ut passeres, merulæ ; currunt, ut perdices, rusticulæ ; ante se pedes jaciunt, ut ciconiæ, grues ; expandunt alas, pendentesque raro intervallo quatiunt, aliæ crebrius, sed et primas dumtaxat pennas ; aliæ et tota latera pandunt ; quædam vero majore ex parte compressis volant, percussoque semel, aliquæ et gemino ictu aere feruntur, velut inclusum eum prementes, ejaculantur sese in sublime, in rectum, in pronum. Impingi putes aliquas, aut rursus ab alto cadere has, illas salire. Anates solæ, quæque sunt ejusdem generis, in sublime protinus sese tollunt, atque e vestigio cœlum petunt, et hoc etiam ex aqua. Itaque in foveas, quibus feras venamur, delapsæ solæ evadunt. Vultur, et feræ graviores, nisi ex procursu, aut altiore cumulo immissæ, non evolant ; cauda reguntur. Aliæ circumspectant, aliæ flectunt colla. Nonnullæ vescuntur ea quæ

ne volent jamais sans crier ; d'autres, au contraire, se taisent en volant. Les uns volent debout, d'autres penchés en avant, d'autres de travers ou sur le côté, ou la tête en bas, quelques uns même sur le dos ; en sorte que si l'on observe plusieurs espèces à la fois, elles ne sembleront pas se mouvoir dans le même élément.

Apodes.

Le vol est l'état habituel des apodes (*martinet*), ainsi nommés parcequ'ils n'ont pas l'usage de leurs pieds (33) ; d'autres les nomment cypsèles. C'est une espèce d'hirondelles. Ils font leurs nids dans les rochers. Ce sont eux qu'on aperçoit partout en mer. Quelles que soient la longueur et la continuité de la course, jamais les vaisseaux ne s'éloignent assez des rivages pour qu'on ne les voie pas voltiger à l'entour. Les autres oiseaux se posent à terre et marchent. Pour ceux-ci, nul repos que dans le nid : toujours ils volent ou ils couvent.

De la nourriture des oiseaux.

La même diversité se montre dans le caractère des oiseaux, surtout pour ce qui concerne la manière de se nourrir.

On nomme tette-chèvres (engoulevents) certains oiseaux qui ressemblent à un gros merle. Ce sont des voleurs de

rapuere pedibus. Sine voce non volant multæ ; aut e contrario semper in volatu silent. Subrectæ, pronæ, obliquæ, in latera, in ora, quædam et resupinæ feruntur ; ut si pariter cernantur plura genera, non in eadem natura meare videantur.

LV. 39. Plurimum volant, quæ apodes, quia careant usu pedum ; ab aliis cypselli appellantur, hirundinum specie. Nidificant in scopulis. Hæ sunt, quæ toto mari cernuntur; nec umquam tam longo naves, tamque continuo cursu recedunt a terra, ut non circumvolitent eas apodes. Cetera genera residunt et insistunt ; his quies , nisi in nido, nulla ; aut pendent, aut jacent.

LVI. Et ingenia æque varia, ad pastum maxime.

40. Caprimulgi appellantur grandioris merulæ aspectu, fures noc-

nuit; car le jour ils ne voient point. Ils entrent dans les étables et s'attachent aux mamelles des chèvres pour en sucer le lait. Cette manière de les traire leur fait le plus grand tort; outre que leur mamelle se dessèche, elles deviennent aveugles. La spatule attaque les oiseaux qui plongent dans la mer, et leur mord la tête jusqu'à ce qu'elle leur ait arraché leur proie. Ce même oiseau se remplit de coquillages, et quand ils ont été amollis par la chaleur de son estomac, il les rejette; et séparant alors les écailles, il mange la chair.

Instinct des oiseaux.

Les poules ont même un sentiment de religion. Elles se hérissent après avoir pondu, elles se secouent et se purifient elles et leurs œufs, en tournant tout autour avec un brin de paille.

Les chardonnerets, oiseaux de la plus petite espèce, exécutent ce qu'on leur commande, non-seulement avec leur voix, mais encore avec leurs pieds et leur bec qui leur tiennent lieu de mains. Au territoire d'Arles, un petit oiseau qu'on nomme *taurus* (cormarin) imite le mugissement du bœuf. Un autre, qu'on appelle *anthus*, (bruant) contrefait le hennissement des chevaux; c'est

turni; interdiu enim visu carent. Intrant pastorum stabula, caprarumque uberibus advolant suctum propter lactis: qua injuria uber emoritur, caprisque cæcitas, quas ita mulsere, oboritur. Platea nominatur, advolans ad eas quæ se in mari mergunt, et capita illarum morsu corripiens, donec capturam extorqueat. Eadem quum devoratis se implevit conchis, calore ventris coctas evomit, atque ita ex iis esculenta legit, testas excernens.

LVII. 41. Villaribus gallinis et religio inest. Inhorrescunt edito ovo, excutiuntque sese, et circumactæ purificant, ac festuca aliqua sese et ova lustrant.

42. Minimæ avium cardueles imperata faciunt, nec voce tantum, sed pedibus et ore pro manibus. Est quæ boum mugitus imitetur, in Arelatensi agro taurus appellata, alioqui parva. Est quæ equorum quoque hinnitus, anthus nomine, herbæ pabulo adventu eorum pulsa imitatur, ad hunc modum se ulciscens.

ainsi qu'il se venge lorsque ceux-ci, par leur approche,
le forcent à quitter le pâturage.

Oiseaux qui parlent.

Le perroquet fait plus (34) : il imite la parole de l'homme, et suit même une conversation. L'Inde nous l'envoie;
elle le nomme sittacé (*perruche verte à collier*). Tout son
plumage est vert ; seulement un collier rouge brille autour de son cou. Il salue les empereurs, et répète les mots
qu'il entend. Le vin surtout le met en gaieté. Sa tête est
aussi dure que son bec. Quand on lui apprend à parler,
on le frappe sur cette dernière partie avec une petite verge
de fer ; autrement la correction est perdue. Lorsqu'il s'a-
bat, il s'appuie sur le bec, et supplée ainsi à la faiblesse
de ses pieds.

De la pie.

La pie est moins distinguée, parcequ'elle ne vient pas
des pays lointains ; mais elle jase davantage et prononce
plus nettement. Les pies aiment à parler : elles apprennent facilement, et se plaisent même à ce genre d'imitation. Elles étudient les mots, et montrent, par leur application, qu'elles s'attachent à bien articuler. On en a vu
mourir des efforts que leur coûtait un mot difficile. Elles
oublient, à moins qu'on ne leur répète de temps en temps

LVIII. Super omnia humanas voces reddunt psittaci quidem etiam
sermocinantes. India hanc avem mittit, sittacem vocat, viridem toto
corpore, torque tantum miniato in cervice distinctam. Imperatores sa-
lutat, et quæ accipit verba pronuntiat ; in vino præcipue lasciva. Capiti
ejus duritia eadem, quæ rostro. Hoc, quum loqui discit, ferreo verberatur
radio ; non sentit aliter ictus. Quum devolat, rostro se excipit, illi inniti-
tur, levioremque se ita pedum infirmitati facit.

LIX. Minor nobilitas, quia non ex longinquo venit, sed expressior
loquacitas, generi picarum est. Adamant verba quæ loquantur. Nec discunt tantum, sed diligunt ; meditantesque intra semet, cura atque co-
gitatione intentionem non occultant. Constat emori victas difficultate
verbi, se nisi subinde eadem audiant, memoria falli ; quærentesque mi-

les mêmes choses. Leur joie éclate dès qu'elles entendent le mot qu'elles cherchaient. Leur forme, sans avoir rien de frappant, n'est cependant pas commune. Eh! ne sont-elles pas assez belles de l'avantage qu'elles ont d'imiter la parole de l'homme? Au surplus, on assure que toutes les espèces de pies n'apprennent pas également à parler, mais seulement celles qui se nourrissent de glands (geais monstrueux); et que, parmi ces dernières, celles qui ont cinq doigts aux pieds apprennent avec plus de facilité; encore ne peut-on les instruire que dans les deux premières années. Elles ont la langue large, ainsi que, dans chaque espèce, tous les oiseaux qui imitent la parole humaine; et il n'est guère d'espèces où il ne s'en trouve. Agrippine, épouse de Claude, avait une grive qui parlait, ce qui ne s'était jamais vu. Dans le temps même où j'écris, les jeunes Césars ont un sansonnet et des rossignols qui prononcent des mots grecs et latins, étudiant chaque jour et répétant des mots nouveaux, et même des phrases assez longues. On les instruit dans un lieu retiré, d'où ils ne puissent entendre aucune autre voix. Le maître, assis auprès d'eux, redit plusieurs fois ce qu'il veut graver dans leur mémoire, et les caresse en leur donnant à manger.

rum in modum hilarari, si interim audierint id verbum. Nec vulgaris iis forma, quamvis non spectanda. Satis illis decoris in specie sermonis humani est. Verum addiscere alias negant posse, quam quæ ex genere earum sunt, quæ glande vescantur; et inter eas facilius, quibus quini sunt digiti in pedibus; ac ne eas quidem ipsas, nisi primis duobus vitæ annis. Latior iis est lingua, omnibusque in suo cuique genere, quæ sermonem imitantur humanum; quamquam id pene in omnibus contingit. Agrippina Claudii Cæsaris turdum habuit (quod numquam ante) imitantem sermones hominum. Quum hæc proderem, habebant et Cæsares juvenes sturnum, item luscinias, græco atque latino sermone dociles; præterea meditantes in diem, et assidue nova loquentes, longiore etiam contextu. Docentur secreto, et ubi nulla alia vox misceatur, adsidente qui crebro dicat ea quæ condita velit, ac cibis blandiente.

Sédition du peuple romain, causée par la mort d'un corbeau dressé.

Rendons aussi justice au mérite du corbeau, mérite senti par le peuple romain, attesté même par son indignation. Sous l'empire de Tibère, un jeune corbeau sortant d'un nid qui était placé sur le temple de Castor et de Pollux, vint tomber dans la boutique d'un cordonnier, adossée au temple. Le maître de la boutique en prit soin : il croyait en quelque sorte le tenir de la main des dieux. L'oiseau apprit de bonne heure à parler. Tous les matins il s'envolait sur la tribune : là, tourné vers le Forum, il saluait par leur nom Tibère, les deux jeunes Césars, Germanicus et Drusus, ensuite le peuple qui passait sur la place ; puis il retournait à la boutique. Il s'acquitta de ce devoir plusieurs années de suite, avec une exactitude admirable. Un cordonnier voisin le tua par jalousie, ou, comme il voulut le faire croire, dans un premier moment de colère, parcequ'il lui avait gâté quelque chaussure : la multitude furieuse commença par le pousser loin du temple, et le mit bientôt en pièces. On fit des funérailles solennelles au corbeau. Le lit funèbre était porté par deux Éthiopiens, et précédé d'un joueur de flûte et de couronnes de toute espèce. Une foule innombrable le sui-

LX. 43. Reddatur et corvis sua gratia, indignatione quoque populi romani testata, non solum conscientia. Tiberio principe, ex fœtu supra Castorum ædem genito, pullus in oppositam sutrinam devolavit, etiam religione commendatus officinæ domino. Is mature sermoni adsuefactus omnibus matutinis evolans in rostra, in forum versus, Tiberium, dein Germanicum et Drusum Cæsares nominatim, mox transeuntem populum Rom. salutabat, postea ad tabernam remeans, plurium annorum adsiduo officio m'rus. Hunc sive æmulatione vicinitatis, manceps proximæ sutrinæ, sive iracundia subita, ut voluit vid ri, excrementis ejus posita calceis macula, exanimavit ; tanta plebei consternatione, ut primo pulsus ex ea regione, mox et interemptus sit, funusque innumeris aliti celebratum exsequiis, constratum lectum super Æthiopum duorum humeros, præcedente tibicine, et coronis omnium generum, ad rogum us-

vit jusqu'au bûcher construit à la droite de la voie Appia, à deux milles de Rome, dans le champ nommé *Rédiculus*. Oui, le talent d'un oiseau parut d'un tel prix au peuple romain, que, pour le venger, il lui fit une pompe funèbre. Il punit de mort un citoyen dans une ville où plusieurs grands hommes avaient été portés au bûcher sans cortége, où la mort de Scipion Émilien, destructeur de Carthage et de Numance, était restée sans vengeur ! Ce fait arriva sous le consulat de M. Servilius et de C. Cestius, le cinquième jour avant les calendes d'avril. Au moment où j'écris, il existe à Rome une corneille apportée de la Bétique. Elle appartient à un chevalier romain. Outre qu'elle est d'un noir admirable, elle prononce des phrases entières, et en apprend chaque jour de nouvelles. On a parlé dernièrement d'un certain Cratérus, surnommé Monocéros, qui chassait avec des corbeaux dans la contrée d'Éricène en Asie. Il les portait dans les forêts, perchés sur ses épaules et sur les aigrettes de son casque. Ces corbeaux cherchaient et poursuivaient le gibier : il en avait tellement pris l'habitude que, lorsqu'il sortait pour chasser, les corbeaux sauvages eux-mêmes l'accompagnaient. Quelques auteurs ont cru devoir transmettre à la postérité qu'on a vu un corbeau,

que, qui constructus dextra viæ Appiæ ad secundum lapidem, in campo Rediculi appellato, fuit. Adeo satis justa causa populo romano visa est exsequiarum, ingenium avis, aut supplicii de cive romano, in ea urbe, in qua multorum principum nemo duxerat fumus; Scipionis vero Æmiliani, post Carthaginem Numantiamque deletas ab eo, nemo vindicaverat mortem. Hoc gestum M. Servilio, C. Cestio Coss., a. d. v. kalend. april. Nunc quoque erat in urbe Roma, hæc prodente me, equitis Rom. cornix e Bœtica, primum colore mira admodum nigro, deinde plura contexta verba exprimens, et alia crebro addiscens. Necnon et recens fama Crateri, Monocerotis cognomine, in Erizena regione Asiæ corvorum opera venantis, eo quod devehebat in silvas eos insidentes corniculis humerisque; illi vestigabant agebantque, eo perducta consuetudine ut exeuntem sic comitarentur et feri. Tradendum putavere memoriæ

pressé de la soif, jeter des cailloux dans une urne sépul-
crale où se conservait l'eau du ciel : comme il n'y pouvait atteindre et qu'il n'osait descendre au fond de l'urne,
il faisait ainsi monter l'eau jusqu'à ce qu'elle fût à sa
portée.

Oiseaux de Dioméde.

Je ne passerai pas sous silence les oiseaux de Dioméde
(tadorne?). Juba les nomme cataractes. Il dit qu'ils ont
des dents, les yeux de couleur de feu, et le plumage
blanc; qu'ils ont toujours deux chefs, dont l'un conduit
la troupe et l'autre ferme la marche; qu'ils creusent des
trous avec leur bec, et qu'ils les couvrent d'une espèce
de claie sur laquelle ils étendent la terre qu'ils en ont
tirée. C'est là qu'ils font leurs nids. Chaque trou a deux
ouvertures, l'une vers l'orient, par laquelle ils sortent
pour chercher leur nourriture, l'autre vers l'occident,
par laquelle ils rentrent. Pour se vider, ils s'élèvent toujours en l'air, volant contre le vent.

Ces oiseaux, qui ressemblent aux foulques, ne se voient
que dans un seul lieu de l'univers, dans une île située
vis-à-vis les côtes de l'Apulie, et que j'ai dit être célèbre
par le tombeau et par le temple de Dioméde. Ils fatiguent
de leurs cris les étrangers qui abordent dans l'île; et par
un discernement qui tient du prodige, ils ne témoignent

quidam, visum per sitim lapides congerentem in situlam monumenti,
in qua pluvia aqua durabat, sed quæ attingi non posset; ita descendere
paventem expressisse tali congerie, quantum poturo sufficeret.

LXI. 44. Nec Diomedeas præteribo aves; Juba cataractas vocat; eis
esse dentes, oculosque igneo colore, cetero candidis, tradens. Duos
semper iis duces; alterum ducere agmen, alterum cogere. Scrobes ex-
cavare rostro, inde crate consternere, et operire terrá, quæ ante fuerit
egesta; in his fœtificare. Fores binas omnium scrobibus; orientem spectare, quibus exeant in pascua; occasum quibus redeant. Alvum exone-
raturas subvolare semper, et contrario flatu.

Uno hæ in loco totius orbis visuntur, in insula, quam diximus nobilem Diomedis tumulo atque delubro, contra Apuliæ oram, fulicarum
similes. Advenas barbaros clangore infestant, Græcis tantum adulantur,

d'amitié qu'aux Grecs, comme s'ils rendaient hommage aux compatriotes de ce héros. Chaque jour ils arrosent son temple, et le purifient avec l'eau qu'ils repandent de leur bec et qu'ils secouent de leurs ailes trempées. C'est ce qui a donné lieu à la fable des compagnons de Diomède changés en oiseaux.

Animaux rebelles à l'éducation.

Puisque je parle ici de l'intelligence des animaux, il ne faut pas omettre que, parmi les oiseaux, les hirondelles, et, parmi les animaux terrestres, les rats sont indociles à toutes les leçons, tandis que les éléphants exécutent tous les ordres qu'on leur donne, que les lions se laissent atteler à des chars, que les veaux marins et tant d'autres poissons s'apprivoisent.

De la manière de boire chez les oiseaux.

Les oiseaux boivent en aspirant; ceux qui ont un long cou boivent à plusieurs reprises, et en renversant la tête comme s'ils versaient l'eau dans leurs corps. Le porphyrion seul (la poule sultane) boit comme en mordant. Il a aussi l'habitude de tremper dans l'eau tout ce qu'il veut manger, ensuite il le porte à son bec avec le pied, comme avec une main. Les plus vantés viennent de la Commagène. Ils ont le bec rouge, ainsi que les jambes, qui sont très longues.

miro discrimine, velut generi Diomedis hoc tribuentes; ædemque eam quotidie pleno gutture madentibus pennis perluunt atque purificant; unde origo fabulæ, Diomedis socios in earum effigies mutatos.

LXII. 45. Non omittendum est, quum de ingeniis disserimus, e volucribus hirundines esse indociles, e terrestribus mures; quum elephanti jussa faciant, leones jugum subeant, in mari vituli totque piscium genera mitescant.

LXIII. 46. Bibunt aves suctu; ex his, quibus longa colla, intermittentes, et capite resupinato velut infundentes sibi. Porphyrio solus morsu bibit. Idem est, proprio genere, omnem cibum aqua subinde tinge is, deinde pede ad rostrum, veluti manu, adferens. Laudatissimi n Commagene. Rostra iis et prælonga crura rubent.

Hématopodes.

Il en est de même de l'hématopode (*huîtrier ou pie de mer et l'échasse*), qui, beaucoup plus petit, n'est pas moins haut monté sur ses jambes. Il naît en Égypte. Il a trois doigts à chaque pied. Il se nourrit principalement de mouches. Transporté en Italie, il y meurt au bout de quelques jours.

Nourriture des oiseaux.

Les oiseaux pesants sont frugivores : ceux de haut vol ne vivent que de chair. Parmi les aquatiques, les plongeons dévorent ce que rendent les autres.

Des onocrotales.

Les onocrotales (pélican) ressemblent aux cygnes, ils n'en diffèrent qu'en ce qu'ils ont au bas du gosier une poche qui tient lieu d'un double estomac. Cette poche est d'une grande capacité : c'est là que cet animal insatiable amasse tout ce qu'il mange. Quand il ne trouve plus rien, il rapporte peu à peu dans son bec ce qu'il a mangé, et le fait passer dans le véritable estomac, à la manière des animaux ruminants. Ces oiseaux nous viennent de la Gaule voisine de l'océan Septentrional.

Oiseaux étrangers.

On dit que dans la forêt Hercynienne en Germanie, il existe une sorte d'oiseaux que nous n'avons point vus et

LXIV. 47. Hæc quidem et hæmatopodi, multo minori, quamquam eadem crurum altitudine. Nascitur in Ægypto. Insistit ternis digitis. Præcipue ei pabulum muscæ. Vita in Italia paucis diebus.

LXV. Graviores omnes fruge vescuntur, altivolæ carne tantum. Inter aquaticas, mergi soliti sunt devorare quæ ceteræ reddunt.

LXVI. Olorum similitudinem onocrotali habent ; nec distare existimarentur omnino, nisi faucibus ipsis inesset alterius uteri genus. Huc omnia inexplebile animal congerit, mira ut sit capacitas. Mox perfecta rapina, sensim inde in os reddita, in veram alvum ruminantis more refert. Gallia hos Septemtrionali proxima oceano mittit.

LXVII. In Hercynio Germaniæ saltu invisitata genera alitum acce-

dont les plumes brillent la nuit comme des feux (jaseur?).
Les autres n'ont de célébrité que par la distance où ils
sont de nous.

Dans la Séleucie, province des Parthes, et dans l'Asie,
sont les phalérides (les piettes?), les plus estimés des oiseaux aquatiques : dans la Colchide sont les faisans, qui
ont au-dessus de chaque oreille une touffe de plumes
qu'ils baissent et redressent à volonté. La Numidie, en
Afrique, produit les pintades, qui se trouvent aujourd'hui
dans toute l'Italie.

Phénicoptères.

Apicius, le plus raffiné de tous les gourmands, a enseigné que la langue du phénicoptère est un mets délicieux. On vante surtout l'attagas d'Ionie. (*gélinotte* commune ou plutôt *gélinotte à queue du Midi*). Celui-ci perd
la voix en perdant la liberté. On le comptait autrefois
parmi les oiseaux rares. Mais on le prend aujourd'hui dans
la Gaule, en Espagne, et même sur les Alpes, où se trouvent aussi le phalacrocorax (*cormoran*), oiseau particulier
aux îles Baléares, le choquard des Alpes, dont le bec est
jaune et le plumage noir, et le lagopède (perdrix de neige),
qui est un excellent manger ; ce nom lui vient de ce qu'il
a les pieds garnis d'un poil semblable à celui du lièvre.

pimus, quarum plumæ ignium modo colluceant noctibus. In ceteris nihil præter nobilitatem longinquitate factam, memorandum occurrit.

48. Phalerides in Seleucia Parthorum, et in Asia, aquaticarum laudatissimæ ; rursus phasianæ in Colchis geminas ex pluma aures submit-
tunt, subriguntque. Numidicæ in parte Africæ Numidia, ubique jam
in Italia.

LXVIII. Phœnicopteri linguam præcipui saporis esse, Apicius docuit, nepotum omnium altissimus gurges. Attagen maxime Ionius cele-
bratur, vocalis alias, captus vero obmutescens, quondam existimatus
inter raras aves. Jam et in Gallia Hispaniaque capitur, et per Alpes
etiam, ubi et phalacrocoraces, aves Balearium insularum peculiares :
sicut Alpium pyrrhocorax, luteo rostro, niger ; et præcipuo sapore lago-
pus : pedes leporino villo nomen et hoc dedere ; cetero candidæ, colum-

Son plumage est blanc, et sa grandeur est celle du pigeon.
Il n'est pas facile d'en manger hors de son pays natal,
parcequ'il ne s'apprivoise jamais, et que sa chair se corrompt promptement. Il est un autre oiseau du même
nom, qui ne diffère de la caille que par la grandeur : sa
chair, de couleur safranée, est très agréable. Egnatius
Corvinus, préfet des Alpes, dit avoir vu sur ces montagnes un ibis (*courlis vert*, *ibis noir* des anciens), quoique
cet oiseau soit propre à l'Egypte.

Nouveaux oiseaux.

Pendant la guerre civile de Bédriac, les oiseaux nouveaux (on les connaît encore aujourd'hui sous ce nom)
sont venus s'établir en Italie, au delà du Pô. Ils ressemblent aux grives, sont un peu moins grands que les pigeons, et d'un fort bon goût. Les îles Baléares nous envoient un porphyrion d'une espèce plus estimée que celui
dont j'ai parlé plus haut. Dans ce pays, la bondrée, oiseau du genre de l'épervier, est recherchée pour la table,
ainsi que les bibions : c'est le nom qu'on donne à la petite grue.

Oiseaux fabuleux.

Je mets au rang des fables les pégases à tête de cheval,
et les griffons aux oreilles saillantes, au bec crochu ; les

barum magnitudine. Non extra terram eam vesci facile, quando nec
viva mansuescit, et corpus occisæ statim marcescit. Est et alia nomine
eodem, a coturnicibus magnitudine tantum differens, croceo tinctu cibis
gratissima. Visam in Alpibus ab se peculiarem Ægypti et ibim Egnatius
Corvinus præfectus earum prodidit.

LXIX. 49. Venere in Italiam, Bebriacensibus bellis civilibus, trans
Padum et novæ aves (ita enim adhuc vocantur) turdorum specie, paulum infra columbas magnitudine, sapore gratæ. Baleares insulæ nobilio-
rem etiam supra dicto porphyrionem mittunt. Ibi et buteo accipitrum
generis in honore mensarum est ; item bibiones ; sic enim vocant minorem gruem.

LXX. Pegasos equino capite volucres, et gryphas aurita aduncitate

premiers dans la Scythie, les seconds dans l'Éthiopie. J'en
dis autant du tragopan (*napaul* ou *faisan cornu*), en dépit des auteurs qui assurent qu'il est plus grand que l'aigle, qu'il a sur les tempes deux cornes recourbées, que
son plumage est de la couleur de la rouille, et sa tête em-
pourprée. Je ne crois pas plus aux sirènes, quoique Di-
non, père de Cléarque, auteur célèbre, affirme qu'elles
existent dans l'Inde, et qu'elles séduisent les hommes par
leurs chants, afin de les mettre en pièces lorsqu'ils seront
endormis. Qui peut adopter de tels contes est digne aussi
de croire que des dragons donnèrent à Mélampe l'intelligence du langage des oiseaux, en lui léchant les oreilles;
il croira ce qu'a dit Démocrite, qu'en mêlant le sang de
quelques oiseaux qu'il nomme, il naîtra un serpent; que
quiconque mangera ce serpent, comprendra les entretiens
des oiseaux; il admettra de même les merveilles que cet
écrivain rapporte du cochevis en particulier. La science
augurale n'est-elle pas assez embrouillée sans l'embarras-
ser encore de toutes ces rêveries?

Homère parle de certains oiseaux qu'il nomme scopes.
Pour moi, j'ai peine à concevoir ce que la plupart des
auteurs racontent des mouvements grotesques que font
ces scopes, lorsqu'ils sont entourés par les chasseurs. Ces

rostri fabulosos reor; illos in Scythia, hos in Æthiopia. Equidem et
tragopana, de qua plures adfirmant, majorem aquila, cornua in temporibus curvata habentem, ferruginei coloris, tantum capite phœni-
ceo. Nec sirenes impetraverint fidem; licet adfirmet Dino, Clitarchi
celebrati auctoris pater, in India esse; mulcerique earum cantu, quos
gravatos somno lacerent. Qui credit ista, et Melampodi profecto, aures lambendo, dedisse intellectum avium sermonis dracones non ab-
nuet; vel quæ Democritus tradit, nominando aves, quarum confuso
sanguine serpens gignatur; quem quisquis ederit, intellecturus sit alitum colloquia; quæque de una ave galerita privatim commemorat,
etiam sine his immensa vitæ ambage circa auguria.

Nominantur ab Homero scopes, avium genus; neque harum satyricos
motus, quum insidentur, plerisque memoratos facile conceperim mente;

oiseaux même ne sont plus connus (35). Il vaut mieux donner quelques détails sur ceux dont l'existence n'est pas contestée.

De l'art d'engraisser les poules.

Les Déliens ont les premiers engraissé des poules. C'est d'eux que vient cette fureur de dévorer des oiseaux chargés d'embonpoint et arrosés de leur propre lard. La loi de C. Fannius, consul onze ans avant la troisième guerre punique, me fait voir que cet abus est le premier qui ait été interdit par les anciennes lois somptuaires (36). Elles défendaient qu'on servît d'autre volaille qu'une seule poule de basse-cour. Cette défense a été répétée depuis dans toutes les lois somptuaires. Pour les éluder, on a imaginé de nourrir de jeunes coqs avec de la pâte détrempée dans le lait. On prétend qu'ils en sont plus délicats. Au surplus, toutes les poules ne sont pas également bonnes pour l'engrais. On ne choisit que celles qui ont la peau du cou grasse. Après cela, s'exerce le talent du cuisinier (37) : il faut que les cuisses de la volaille aient une belle apparence ; qu'elle soit fendue le long du dos, et que, dès qu'on la soulève par un seul pied, les différentes parties s'étendent sur toute la capacité du plat, et dépassent même les bords. Les Parthes aussi ont donné leurs modes

neque ipsæ jam aves noscuntur. Quamobrem de confessis disseruisse præstiterit.

LXXI. 50. Gallinas saginare Deliaci cœpere ; unde pestis exorta opimas aves et suopte corpore unctas devorandi. Hoc primum antiquis cenarum interdictis exceptum invenio jam lege C. Fannii coss. XI. annis ante tertium Punicum bellum , « ne quid volucre poneretur, præter « unam gallinam, quæ non esset altilis » : quod deinde caput translatum per omnes leges ambulavit. Inventumque diverticulum est, in fraude earum, gallinaceos quoque pascendi lacte addito cibis : multo ita gratiores adprobantur. Feminæ quidem ad saginam non omnes eliguntur, nec nisi in cervice pingui cute. Postea culinarum artes, ut clunes spectentur, ut dividantur in tergora, ut a pede uno dilatatæ repositoria occupent. Dedere et Parthi cocis suos mores. Nec tamen in hoc

à nos cuisiniers (38). Et pourtant, malgré tout leur savoir-faire, nulle pièce ne plaît tout entière. Ici on ne vante que la cuisse, là on n'aime que l'estomac.

De l'inventeur des volières.

M. Lénius Strabon, de l'ordre des chevaliers, fit, le premier, construire à Brindes des volières où il renferma des oiseaux de toute espèce (39). C'est de ce moment que nous avons resserré dans une prison les animaux à qui la nature avait assigné le ciel pour domaine.

Mais ce qu'il y a de plus fameux en ce genre, c'est le plat qui fut servi au tragédien Clodius Ésopus. Il coûta cent mille sesterces (22,500 fr.). Il n'était composé que d'oiseaux qui chantent ou qui parlent. Ésopus les avait payés chacun six mille sesterces (1,350 fr.), sans y chercher d'autre plaisir que celui de manger en eux une imitation de l'homme. Il oubliait donc, ce mortel sans pudeur, que c'était à sa voix qu'il devait lui-même son immense fortune : digne père de ce Clodius qui dévora des perles, comme je l'ai rapporté plus haut. A dire vrai, il n'est pas aisé de prononcer lequel des deux a commis l'action la plus indigne. Peut-être cependant est-il moins horrible d'avoir mangé les chefs-d'œuvre les plus riches de la nature, que de s'être nourri de langues humaines.

mangonio quidquam totum placet ; hic clune, alibi pectore tantum laudatis.

LXXII. Aviaria primus instituit, inclusis omnium generum avibus, M. Lænius Strabo Brundisii equestris ordinis. Ex eo cœpimus carcere animalia coercere, quibus rerum natura cœlum adsignaverat.

51. Maxime tamen insignis est in hac memoria, Clodii Æsopi tragici histrionis patina, H-s. centum taxata ; in qua posuit aves cantu aliquo aut humano sermone vocales, H-s. senis singulas coemptas ; nulla alia inductus suavitate, nisi ut in his imitationem hominis manderet, ne quæstus quidem suos reveritus illos opimos et voce meritos ; dignus prorsus filio, a quo devoratas diximus margaritas. Non sit tamen (ut verum fatear) facile inter duos judicium turpitudinis ; nisi quod minus est summas rerum naturæ opes, quam hominum linguas, cchasse.

Reproduction des oiseaux.

La reproduction des oiseaux paraît simple dans ses moyens, quoiqu'elle ait elle-même ses merveilles, puisque des quadrupèdes aussi produisent des œufs. Tels sont les caméléons, les lézards et d'autres que nous avons nommés lorsque nous parlions des serpents. Les oiseaux qui ont les ongles crochus sont peu féconds : la cresserelle est la seule de ce genre qui produise au delà de quatre œufs. La nature a donné une plus grande fécondité aux oiseaux timides qu'aux oiseaux courageux : ceux qui font les pontes les plus nombreuses sont l'autruche, la poule et la perdrix. L'accouplement ne s'opère que de deux manières parmi les oiseaux : la femelle s'accroupit comme la poule, ou reste debout comme la grue.

Des diverses espèces d'œufs.

Les œufs ne sont pas tous de la même couleur. Les uns sont blancs, comme ceux du pigeon et de la perdrix ; d'autres sont pâles, comme ceux des oiseaux aquatiques ; variés et tachetés, comme ceux de la pintade : ceux du faisan et de la cresserelle sont rouges. Tous les œufs des oiseaux sont de deux couleurs en dedans. Ceux des oiseaux aquatiques ont plus de jaune que de blanc, et le jaune est plus pâle que dans les autres. Ceux des pois-

LXXIII. 52. Generatio avium simplex videtur esse, quum et ipsa sua habeat miracula, quoniam et quadrupedes ova gignunt, chamæleones, lacertæ, et quæ diximus inter serpentes. Pennatorum autem infecunda sunt, quæ aduncos habent ungues ; cenchris sola ex his supra quaterna edit ova. Tribuit hoc avium generi natura, ut fecundiores essent fugaces earum, quam fortes. Plurima pariunt struthiocameli, gallinæ, perdices. Soli coitus avibus duobus modis : femina humi considente, ut in gallinis ; aut stante, ut in gruibus.

LXXIV. Ovorum alia sunt candida, ut columbis, perdicibus ; alia pallida, ut aquaticis ; alia punctis distincta, ut meleagridi ; alia rubri coloris, ut phasiania, cenchridi. Intus autem omne ovum volucrum bicolor. Aquaticis lutei plus quam albi, idque ipsum magis luridum quam ceteris. Piscium unus color, in quo nil candidi.

sons n'ont point de blanc. Ils sont d'une seule couleur.

Les œufs des oiseaux sont friables et cassants, à cause de la chaleur de ces animaux ; par une raison contraire, ceux des serpents sont souples et flexibles ; ceux des poissons sont mous, à cause de l'humide dans lequel ils vivent. Les œufs des oiseaux aquatiques sont ronds ; les autres sont ordinairement allongés par le bout. Ils sortent de l'animal par le bout le plus gros. Au moment de la ponte, la coquille est molle ; mais elle se durcit aussitôt, à mesure que chaque partie se montre au jour. Horace pense que les œufs oblongs sont d'un goût plus délicat (40). Les plus ronds produisent des femelles, et les autres des mâles. Sous le sommet de l'œuf est le germe, comme une goutte de liqueur qui surnage dans la coque.

Certains oiseaux s'accouplent et pondent en tout temps, excepté pendant les deux mois qui tiennent au solstice d'hiver. Telles sont les poules. Les jeunes pondent plus souvent que les vieilles, mais leurs œufs sont moins gros. Dans une même ponte, les premiers et les derniers œufs sont les plus petits. Telle est la fécondité des poules, que quelques unes pondent soixante fois avant de couver, d'autres donnent un œuf par jour, d'autres en donnent deux : il en est qui pondent jusqu'à ce qu'elles meurent d'épuisement. Les plus estimées sont les poules d'Adria (41).

Avium ova ex calore fragilia, serpentium ex frigore lenta, piscium ex liquore mollia. Aquatilium, rotunda ; reliqua fere fastigio cacuminata. Exeunt a rotundissima sui parte, dum pariuntur, molli putamine, sed protinus durescente, quibuscumque emergunt portionibus. Quæ oblonga sint ova, gratioris saporis putat Horatius Flaccus. Feminam edunt, quæ rotundiora gignuntur, reliqua marem. Umbilicus ovis a cacumine inest, ceu gutta eminens in putamine.

53. Quædam omni tempore coeunt, ut gallinæ, et pariunt, præterquam duobus mensibus hiemis brumalibus. Ex iis juvencæ plura, quam veteres, sed minora, et in eodem fœtu prima ac novissima. Est autem tanta fecunditas, ut aliquæ et sexagena pariant, aliquæ quotidie, aliquæ bis die, aliquæ in tantum ut effœtæ moriantur. Adrianis laus maxima.

Les pigeons font dix et quelquefois onze pontes par an. En Égypte, ils pondent même au solstice d'hiver. Les hirondelles, les merles, les ramiers et les tourterelles font deux pontes chaque année : les autres n'en font ordinairement qu'une. Les grives font leur couvée avant leur départ ; elles construisent leurs nids avec de la boue au sommet des arbres, et si près les uns des autres qu'ils forment une espèce de chaîne. Après l'accouplement, les œufs sont dix jours à mûrir dans l'ovaire de la femelle. Les poules et les pigeons qui ont eu les plumes arrachées, ou qui ont été maltraités de quelque autre manière, tardent plus longtemps à pondre.

Tous les œufs ont, au milieu du jaune, comme une goutte de sang, que plusieurs croient être le cœur de l'oiseau, pensant que, chez tous les animaux, cette partie est celle qui se forme la première. Du moins est-il certain que cette goutte, dans l'œuf, saute et palpite. Le corps de l'animal se forme du blanc, et se nourrit du jaune. Dans tout embryon, la tête est plus grosse que le reste du corps ; les yeux sont fermés et plus grands que la tête. A mesure que le poulet prend de l'accroissement, le blanc passe au milieu, le jaune s'étend tout à l'entour. Le vingtième jour, si on remue l'œuf, on entend déjà piper le

Columbæ decies anno pariunt, quædam et undecies ; in Ægypto vero etiam brumali mense. Hirundines, et merulæ, et palumbi, et turtures bis anno pariunt ; ceteræ aves fere semel. Turdi in cacuminibus arborum luto nidificantes pene contextim, in secessu generant. A coitu diebus decem ova maturescunt in utero. Vexatæ autem gallinæ et columbæ penna evulsa, aliave simili injuria, diutius.

Omnibus ovis medio vitelli parva inest velut sanguinea gutta, quod esse cor avium existimant, primum in omni corpore id gigni opinantes ; in ovo certe gutta ea salit, palpitatque. Ipsum animal ex albo liquore ovi corporatur. Cibus in luteo est. Omnibus intus caput majus toto corpore ; oculi compressi capite majores. Increscente pullo, candor in medium vertitur, luteum circumfunditur. Vicesimo die, si moveatur ovum, jam viventia intra putamen vox auditur. Ab eodem tempore plumescit ; ita

poussin vivant. Dès lors il commence à se couvrir de plumes; sa situation est telle que la tête pose sur le pied droit, et l'aile droite sur la tête. Le jaune s'épuise peu à peu. Tous les oiseaux naissent par les pieds; c'est le contraire pour les autres animaux. Il y a des poules dont les œufs renferment toujours deux jaunes. Si l'on en croit Cornélius Celsus, il en éclôt quelquefois deux poussins, dont l'un est plus fort que l'autre. Quelques auteurs nient la naissance de ces poussins jumeaux. On prescrit de ne point donner aux poules plus de vingt-cinq œufs à couver. Elles commencent à pondre après le solstice d'hiver. Les meilleures couvées se font avant l'équinoxe du printemps. Les poussins éclos après le solstice d'été n'arrivent pas à leur juste grandeur, et ils y parviennent d'autant moins qu'ils sont nés plus tard après cette époque.

Défauts des couveuses.

Les œufs qui n'ont pas plus de dix jours sont les meilleurs à faire couver; plus anciens ou trop nouveaux, ils sont inféconds. On doit les mettre sous la poule en nombre impair. Si le quatrième jour après l'incubation commencée, vous prenez un œuf par les deux bouts, et qu'en l'approchant d'une lumière il vous paraisse clair et d'une seule couleur, il est stérile; il faut en substituer un au-

---

positus, ut caput supra dextrum pedem habeat, dextram vero alam supra caput. Vitellus paulatim deficit. Aves omnes in pedes nascuntur, contra quam reliqua animalia. Quaedam gallinae omnia gemina ova pariunt, et geminos interdum excludunt, ut Cornelius Celsus auctor est, alterum majorem. Aliqui negant omnino geminos excludi. Plus vigintiquinque incubanda subjici vetant. Parere a bruma incipiunt. Optima fetura ante vernum aequinoctium. Post solstitium nata non implent magnitudinem justam, tantoque minus, quanto serius provenere.

LXXV. 54. Ova incubari intra decem dies edita utilissimum; vetera ut recentiora infecunda. Subjici impari numero debent. Quarto die postquam coepere incubari, si contra lumen cacumina ovorum adprehenso una manu, purus et uniusmodi perluceat color, sterilia existimantur esse, praeque eis alia substituenda. Id in aqua est experiun-

tre. On les éprouve aussi dans l'eau. Les œufs clairs surnagent. On donnera donc à la poule ceux qui vont au fond : ceux-là sont fécondés. Les secouer pour les éprouver, est une mauvaise méthode ; car alors les principes de la génération étant brouillés et confondus, les œufs ne produiront rien.

L'incubation doit commencer après la nouvelle lune : avant, elle ne réussirait pas. Les œufs éclosent plus vite pendant les chaleurs. Dix-neuf jours suffisent l'été : l'hiver, il en faut vingt-cinq. Le tonnerre fait périr les œufs : la voix de l'épervier les gâte. Le remède contre les effets du tonnerre, c'est de placer sous la paille du nid un clou de fer ou de la terre détachée d'une charrue. Les œufs peuvent éclore naturellement sans le secours de l'incubation (42), comme on le voit dans les fumiers de l'Égypte. On connaît ce conte d'un Syracusain qui buvait sans discontinuer, jusqu'à ce que des œufs couverts de terre fussent éclos.

Augures tirés des œufs par une impératrice.

La chaleur humaine est même suffisante pour faire éclore les œufs. Dans sa première jeunesse, l'impératrice Livie, étant femme de Tibérius Néron, et enceinte de Tibère, désirait ardemment d'avoir un fils. Voulant augu-

---

tum : inane fluitat ; itaque sidentia, hoc est, plena, subjici volunt. Concuti vero experimento vetant, quoniam non gignant confusis vitalibus venis.

Incubationi datur initium post novam lunam, quia prius inchoata non proveniant. Celerius excluduntur calidis diebus. Ideo æstate undevicesimo educunt fœtum ; hieme, XXV. Si incubitu tonuit, ova pereunt ; et accipitris audita voce vitiantur. Remedium contra tonitrus, clavus ferreus sub stramine ovorum positus, aut terra ex aratro. Quædam autem et citra incubitum sponte naturæ gignunt, ut in Ægypti fimetis. Scitum de quodam reperitur, Syracusis tamdiu potare solitum, donec cooperta terra fœtum ederent ova.

LXXVI. 55. Quin et ab homine perficiuntur. Julia Augusta, prima sua juventa Tiberio Cæsare ex Nerone gravida, quum parere virilem

rer du sexe de son enfant par le sexe du poussin qui naîtrait, elle imagina de couver un œuf dans son sein; quand il fallait qu'elle le quittât, elle le remettait à sa nourrice pour en prendre le même soin, afin qu'il ne se refroidît pas. On rapporte qu'elle ne fut point trompée par le présage. C'est peut-être de là qu'est venue cette invention récente d'échauffer, par un feu modéré, des œufs placés sur la paille, dans un lieu sec et tempéré : un homme les retourne de temps en temps, et ils éclosent tous à la fois au jour marqué. On parle du talent d'un nourrisseur de volailles qui, à l'inspection d'un œuf, disait de quelle poule il était sorti (43). On raconte qu'une poule étant morte, des coqs prirent successivement sa place, et remplirent toutes les fonctions d'une bonne couveuse, s'abstenant même de chanter. Mais le spectacle le plus singulier, c'est de voir une poule à qui l'on a fait couver des œufs de cane, méconnaître d'abord les poussins qui en sont éclos, ensuite appeler avec inquiétude ces nouveau-nés dont elle ose à peine se croire la mère, enfin s'agiter et se lamenter sur le bord d'un étang lorsque, guidés par la nature, ils vont se plonger dans l'eau.

Des meilleures poules.

Une bonne poule doit avoir la crête droite, ou même

sexum admodum cuperet, hoc usa est puellari augurio, ovum in sinu fovendo, atque quum deponendum haberet, nutrici per sinum tradendo, ne intermitteretur tepor. Nec falso augurata proditur. Nuper inde fortasse inventum, ut ova in calido loco imposita paleis igne modico foverentur, homine versante, pariterque et stato die illic erumperet fœtus. Traditur quædam ars gallinarii cujusdam, dicentis quod ex quaque esset. Narrantur et mortua gallina mariti earum visi succedentes invicem, et reliqua fœtæ more facientes, abstinentesque se a cantu. Super omnia est anatum ovis subditis atque exclusis admiratio, primo non plane agnoscentis fœtum; mox incertos incubitus sollicite convocantis; postremo lamenta circa piscinæ stagna, mergentibus se pullis natura duce.

LXXVII. 56. Gallinarum generositas spectatur crista erecta, inter-

double, le bout de l'aile noir, le bec rouge, les doigts inégaux, quelquefois même un cinquième doigt placé transversalement ; celles qui ont le bec et les pieds jaunes ne
sont pas réputées pures pour les sacrifices. On choisit des
poules noires pour les mystères de la bonne déesse. Il y a
aussi une espèce naine qui n'est pas stérile : c'est ce qu'on
ne voit dans aucun autre genre d'oiseaux ; mais elles
pondent rarement, sans époque fixe, et leur incubation
ne produit rien.

Maladies des poules.

La maladie la plus dangereuse pour toute l'espèce est
la pepie, surtout entre la moisson et la vendange. Les
remèdes sont la diète et les fumigations de laurier et de
sabine. On leur passe aussi dans les narines une plume
qu'on retourne tous les jours. Il faut les nourrir avec de
la farine mêlée d'ail ou détrempée dans une eau où l'on
aura plongé un chat-huant, ou cuite avec de la graine
de couleuvrée sauvage. On indique encore d'autres recettes.

Époque des pontes.

Les pigeons préludent par des baisers à des caresses
plus intimes. Ils pondent ordinairement deux œufs. La
nature a voulu que la ponte fût plus fréquente dans cer-

dum gemina, pennis nigris, ore rubicando, digitis imparibus, aliquando
et super quatuor digitos transverso uno. Ad rem divinam, luteo rostro
pedibusque, puræ non videntur ; ad opertanea sacra, nigræ. Est et pu-
millonum genus non sterile in his, quod non in alio genere alitum, sed
quibus certa fecunditas rara, et incubatio ovis noxia.

LXXVIII. 57. Inimicissima autem omnium generi pituita, maximeque inter messis et vindemiæ tempus. Medicina in fame, et cubitus in
fumo, utique si ex lauro, aut herba sabina fiat ; penna per transversas
inserta nares, et per omnes dies mota ; cibus allium cum farre, aut
aqua perfusus, in qua maduerit noctua, aut cum semine vitis albæ coc-
tus ; et quædam alia.

LXXIX. 58. Columbæ proprio ritu osculantur ante coitum. Pariunt
fere bina ova ; ita natura moderante, ut aliis crebrior sit fœtus, aliis

taines espèces, et plus nombreuse dans d'autres. Les ramiers et les tourterelles donnent au plus trois œufs. Ils ne font que deux pontes au printemps, encore faut-il que la première couvée ait été détruite : lors même qu'ils ont pondu trois œufs, il n'en éclôt que deux ; le troisième, qui est infécond, se nomme *œuf du vent*. La femelle du ramier couve depuis midi jusqu'au lendemain matin, le mâle la remplace le reste du temps. Les pigeons produisent toujours un mâle et une femelle ; le mâle éclôt le premier, et la femelle le lendemain. Ils couvent tous les deux, le mâle pendant le jour, la femelle pendant la nuit. Leurs œufs éclosent le vingtième jour. La femelle pond cinq jours après l'approche du mâle. En été, ils font quelquefois trois couvées en deux mois ; car alors leurs œufs éclosent le dix-huitième jour, et les femelles se remettent de suite à pondre. Aussi trouve-t-on souvent des œufs parmi les petits, et voit-on des pigeonneaux qui s'envolent du nid, pendant que d'autres sortent de l'œuf. Les petits à leur tour produisent au bout de cinq mois. Les femelles elles-mêmes, lorsqu'elles sont privées de mâles, s'excitent entre elles, et pondent des œufs clairs qui ne produisent rien : les Grecs nomment ces œufs hypénémiens.

L'âge de la pleine fécondité pour le paon est à trois ans.

numeros ot. Palumbes et turtures plurimum terna; nec plus quam bis vere pariunt; atque ita, si prior fœtus corruptus est; et quamvis tria pepererint, numquam plus duobus educunt. Tertium quod irritum est, urinum vocant. Palumbis incubat femina post meridiana in matutinum, cetera mas. Columbæ marem semper et feminam pariunt, priorem marem, postridie feminam. Incubant in eo genere ambo, interdiu mas, noctu femina. Excludunt vicesimo die. Pariunt a coitu quinto. Æstate quidem interdum binis mensibus terna educunt paria; nam decimo-octavo die excludunt, statimque concipiunt. Quare inter pullos sæpe ova inveniuntur, et alii provolant, alii erumpunt. Ipsi deinde pulli quinquemestres sætificant. Et ipsæ autem inter se (si mas non sit) feminæ æque saliunt, pariuntque ova irrita, ex quibus nihil gignitur, quæ hypenemia Græci vocant.

59. Pavo a trimatu parit. Primo anno unum aut alterum ovum, se-

Il pond la première année un ou deux œufs ; la seconde quatre ou cinq, et les autres douze ; jamais plus. Il ne pond que de trois ou quatre jours l'un. Si on fait couver ses œufs par une poule, il fait trois pontes. Les mâles brisent les œufs afin de jouir de la couveuse. C'est pourquoi la femelle pond la nuit et dans un lieu retiré, ou sur le juchoir même où elle est perchée, et l'œuf se brise si on n'étend au-dessous de la paille pour le recevoir. Chaque mâle suffit à cinq femelles. Lorsqu'il n'en a qu'une ou deux, il trouble l'œuvre de la génération à force d'en répéter les actes. Les œufs éclosent le vingt-septième jour ou le trentième au plus tard.

Les oies se joignent dans l'eau. Elles pondent au printemps, ou quarante jours après le solstice, si elles se sont accouplées l'hiver. On obtient deux pontes lorsque l'on fait couver leurs premiers œufs par des poules ; autrement elles en pondent seize au plus, et sept au moins. Si on leur dérobe leurs œufs, elles continuent de pondre jusqu'à ce qu'elles soient épuisées. Elles ne font point éclore les œufs étrangers à leur espèce. Le mieux est de leur donner neuf ou onze œufs à couver. Les femelles seules couvent pendant trente jours, et pendant vingt-cinq si on les tient chaudement. Le contact de l'ortie est mortel pour

quenti quaterna quinave, ceteris duodena ; non amplius, intermittens binos dies ternosve parit, et ter anno, si gallinis subjiciantur incubanda. Mares ea frangunt desiderio incubantium. Quapropter noctu et in latebris pariunt, aut in excelso cubantes ; et nisi molli strato excepta, franguntur. Mares singuli quinis sufficiunt conjugibus. Quum singulæ aut binæ fuere, corrumpitur salacitate fecunditas. Partus excluditur diebus ter novenis, aut tardius tricesimo.

Anseres in aqua coeunt, pariunt vere ; aut si bruma coivere, post solstitium, quadraginta prope. Bis anno, si priorem fœtum gallinæ excludant ; alias plurima ova sedecim ; paucissima, septem. Si quis surripiat, pariunt donec rumpantur. Aliena non excludunt. Incubanda subjiciet utilissimum novem, aut undecim. Incubant feminæ tantum tricenis diebus ; si vero tepidiores sint, vigintiquinque. Pullis eorum urtica

leurs poussins. Leur propre avidité ne leur est pas moins
funeste, soit par l'excès de nourriture qu'ils prennent, soit
par les efforts qu'ils font. Souvent, en voulant arracher
une racine, ils se brisent les vertèbres du cou. Le remède
contre l'ortie est une racine de cette plante posée sous la
paille de leur nid.

Il y a trois sortes de hérons, le blanc, l'étoilé, le cendré.
Celui-ci éprouve de grandes douleurs dans l'accouplement. Le mâle jette des cris; le sang même lui sort par
les yeux. La femelle ne souffre pas moins lorsqu'elle pond.
L'aigle couve pendant trente jours, ainsi que les grands
oiseaux. Ceux qui sont moins grands, tels que le corbeau
et l'épervier, couvent vingt jours. L'aigle ne produit ordinairement qu'un seul aiglon, et jamais plus de trois.
L'oiseau qu'on nomme *ægolios* (la chouette aux yeux
jaunes) produit quatre petits, et le corbeau quelquefois
cinq. Ces deux derniers couvent un égal nombre de jours.
Lorsque la corneille couve, le mâle pourvoit à sa nourriture. La pie fait neuf œufs, et le bec-figue en pond plus
de vingt, toujours en nombre impair, tant la fécondité est
plus grande dans les petites espèces! Les petits des hirondelles ne voient pas dans les premiers jours; il en est

contactu mortifera ; nec minus aviditas, nunc satietate nimia, nunc
suamet vi : quando adprehensa radice, morsu sæpe conantes avellere,
ante colla sua abrumpunt. Contra urticam remedium est, stramento ab
incubitu subdita radix earum.

60. Ardeolarum tria genera : leucon, asterias, pellos. Hi in coitu
anguntur. Mares quidem cum vociferatu sanguinem etiam ex oculis
profundunt. Nec minus ægre pariunt gravidæ. Aquila tricenis diebus
incubat, et fere majores alites ; minores vicenis, ut milvus et accipiter.
Singulos fere parit, numquam plus ternos ; is qui ægolios vocatur, quaternos, corvus aliquando et quinos ; incubant totidem diebus. Corniceni
incubantem mas pascit. Pica novenos, melancoryphus supra vicenos
parit, semper numero impari ; nec alia plures ; tanto fecunditas major
parvis. Hirundini cæci primo pulli ; et fere omnibus quibus numerosior
fœtus.

ainsi de presque toutes les espèces dont les produits sont nombreux.

OEufs éventés, etc.

Les œufs clairs et sans germe (44), que nous avons nommés hypénémiens, sont le résultat d'une fécondité imparfaite que les femelles se procurent en s'excitant entre elles par un mutuel frottement, ou en se roulant dans la poussière : c'est ce qui arrive non-seulement chez les pigeons, mais chez les poules, les perdrix, les paons, les oies et les chénalopeces. Ces œufs sont stériles, plus petits, moins agréables au goût, plus humides. Quelques-uns les croient produits par le vent, et les ont nommés zéphyriens. Les œufs que d'autres ont nommés cynosures ne se trouvent qu'au printemps, lorsqu'une couvaison a été abandonnée.

Macérés dans le vinaigre, les œufs s'amollissent au point de pouvoir passer par un anneau. Le meilleur moyen de les conserver, c'est de les mettre dans de la farine de fèves ou sur la paille en hiver, et dans le son en été. On dit que dans le sel ils se vident entièrement.

De la chauve-souris.

De tous les oiseaux, la chauve-souris est le seul qui soit vivipare (45). C'est aussi le seul dont les ailes soient formées d'une membrane, le seul qui ait des mamelles et

LXXX. Irrita ova, quæ hypenemia diximus, aut mutua feminæ inter se libidinis imaginatione concipiunt, aut pulvere ; nec columbæ tantum, sed et gallinæ, perdices, pavones, anseres, chenalopeces. Sunt autem sterilia, et minora, ac minus jucundi saporis, et magis humida. Quidam et vento putant ea generari : qua de causa etiam zephyria appellantur. Hæc autem vere tantum fiunt, incubatione derelicta, quæ alii cynosura dixere.

Ova aceto macerata in tantum emolliuntur, ut per annulos transeant. Servari ea in lomento, aut hieme in paleis, æstate in furfuribus, utilissimum. Sale exinaniri creduntur.

LXXXI. 61. Volucrum animal parit vespertilio tantum, cui et membranaceæ pinnæ uni. Eadem sola volucrum lacte nutrit : ubera admo-

qui allaite ses petits. Ils sont toujours au nombre de deux. La mère voltige en les tenant embrassés, et les transporte avec elle. On dit qu'elle n'a qu'un os à la cuisse. Elle est très friande de moucherons.

Animaux terrestres ovipares.

Parmi les animaux terrestres, les serpents produisent des œufs. Je n'ai point encore parlé de leur génération. Ils s'accouplent en s'embrassant, repliés l'un autour de l'autre, et serrés de si près qu'on croirait voir un seul serpent à deux têtes. Le mâle de la vipère introduit sa tête dans la gueule de sa femelle qui la ronge dans le transport de sa fureur amoureuse (46). Seule de tous les animaux terrestres, elle produit en elle-même des œufs qui sont mous et d'une seule couleur, comme ceux des poissons. Le troisième jour ils éclosent dans son corps, puis elle en jette un par jour, jusqu'au nombre de vingt. Les derniers, impatients de sortir, percent les flancs de la mère, et lui donnent la mort. Les autres serpents couvent sur la terre leurs œufs, qui sont tous attachés ensemble (47). Ils éclosent l'année suivante. Dans l'espèce du crocodile, le mâle et la femelle couvent alternativement (48). Mais parlons aussi de la génération des autres animaux terrestres.

vet. Parens geminos volitat amplexa infantes, secumque portat. Eidem coxendix una traditur, et in cibatu culices gratissimi.

LXXXII. 62. Rursus in terrestribus ova pariunt serpentes; de quibus nondum dictum est. Coeunt complexu, adeo circumvolutæ sibi ipsæ, ut una existimari biceps possit. Viperæ mas caput inserit in os, quod illa abrodit voluptatis dulcedine. Terrestrium eadem sola intra se parit ova unius coloris et mollia, ut pisces. Tertia die intra uterum catulos excludit : deinde singulos singulis diebus parit, viginti fere numero. Itaque ceteræ tarditatis impatientes, perrumpunt latera, occisa parente. Ceteræ serpentes contexta ova in terra incubant, et fœtum sequente excludunt anno. Crocodili vicibus incubant, mas et femina. Sed reliquorum quoque terrestrium reddatur generatio.

Mode de reproduction de tous les animaux terrestres.

L'homme est le seul des bipèdes qui soit vivipare. Lui seul se repent la première fois qu'il a fait usage de la femme. Tel est donc le triste présage de notre existence, un repentir! Les autres animaux ont des saisons déterminées pour se perpétuer par l'union des sexes: l'homme peut, comme je l'ai déjà dit, se reproduire à toutes les heures du jour et de la nuit. Chez les autres la jouissance amène la satiété; l'homme en est presque insatiable. Messaline, femme de l'empereur Claude, jugeant une telle victoire digne de la maîtresse de l'empire, choisit dans les plus vils repaires de la débauche la plus fameuse de toutes les prostituées, et triompha de cette illustre rivale.

Il était réservé à la perversité humaine d'imaginer pour un sexe des unions qui outragent la nature, et pour l'autre l'art impie des avortements. Ah! combien nous sommes en ce genre plus coupables que les brutes! Hésiode a écrit que les hommes sont plus ardents l'hiver, et les femmes l'été.

Les éléphants, les chameaux, les tigres, les lynx, les rhinocéros, les lions, les dasypodes et les lapins, qui ont les parties de la génération dirigées en arrière, s'accouplent croupe à croupe. Les chameaux cherchent les soli-

LXXXIII. 63. Bipedum solus homo animal gignit. Homini tantum primi coitus poenitentia, augurium scilicet vitæ a poenitenda origine. Ceteris animalibus stati per tempora anni concubitus: homini (ut dictum est) omnibus horis dierum noctiumque. Ceteris satietas in coitu, homini prope nulla. Messalina, Claudii Cæsaris conjux, regalem existimans palmam, elegit in id certamen nobilissimam e prostitutis ancillam mercenariæ stipis, eamque superavit.

In hominum genere maribus diverticula Veneris excogitata, omnia scelere naturæ; feminis vero abortus. Quantum in hac parte multo nocentiores quam feræ sumus? Viros avidiores Veneris hieme, feminas æstate, Hesiodus prodidit.

Coitus aversis elephantis, camelis, tigribus, lyncibus, rhinoceroti, leoni, dasypodi, cuniculis, quibus aversa genitalia. Cameli etiam soli-

tudes ou du moins des lieux écartés : il y aurait beaucoup de danger à les troubler. Leur accouplement dure
un jour entier ; ce qui n'arrive qu'à eux parmi les solipèdes. Chez tous les quadrupèdes, l'odeur de la femelle
excite le mâle. Les chiens, les phoques et les loups se retournent au milieu de l'accouplement et restent attachés
ensemble, même malgré eux. Dans la plupart des espèces
que j'ai nommées, les femelles sautent les premières sur
les mâles. Les ours, ainsi que je l'ai dit, s'accouplent couchés à la manière de l'homme ; les hérissons, tous deux
debout et se tenant embrassés ; les chats, le mâle dressé
et la femelle étendue sous lui ; les renards couchés sur le
côté, la femelle embrassant le mâle. Les vaches et les
biches ne peuvent soutenir les attaques du mâle ; voilà
pourquoi elles marchent au moment de la conception.
Les cerfs passent successivement à différentes biches, puis
reviennent aux premières. Les lézards s'accouplent en
s'entortillant l'un à l'autre, comme font tous les animaux
sans pieds.

Tous les animaux sont d'autant moins féconds qu'ils
sont plus grands. L'éléphant, le chameau, le cheval, ne
produisent qu'un petit ; le chardonneret, très petit oiseau,
en produit jusqu'à douze. Ceux qui multiplient le plus

tudines, aut secreta certe petunt ; neque intervenire datur sine pernicie. Coitus tota die ; et his tantum ex omnibus quibus solida ungula. In
quadrupedum genere mares olfactus accendit. Avertuntur et canes,
phocæ, lupi, in medioque coitu, invitique etiam cohærent. Supradic-
torum plerisque feminæ priores superveniunt, reliquis mares. Ursi
autem, ut dictum est, humanitus strati ; herinacei stantes ambo inter
se complexi ; feles, mare stante, femina subjacente ; vulpes, in latera
projectæ, maremque femina amplexa. Taurorum cervorumque feminæ
vim non tolerant ; ea de causa ingrediuntur in conceptu. Cervi vicissim
ad alias transeunt, et ad priores redeunt. Lacertæ, ut ea quæ sine pedibus sunt, circumplexu Venerem novere.

Omnia animalia quo majora corpore, hoc minus fecunda sunt. Singulos gignunt elephanti, cameli, equi ; acanthis duodenos, avis minima.

enfantent aussi le plus vite. Plus un animal est grand, plus il est de temps à se former dans le corps de la mère. La gestation est d'une plus longue durée dans les espèces dont la vie est plus étendue. Les animaux ne sont en état d'engendrer que lorsqu'ils ont pris leur accroissement. Les solipèdes ne font qu'un petit ; les pieds-fourchus en font deux. Les portées des fissipèdes sont plus nombreuses. Les premiers produisent leurs petits parfaits ; les fissipèdes ne les produisent qu'ébauchés : de ce genre sont les lionnes et les ourses ; ceux du renard sont encore plus informes. Il est rare de surprendre la femelle du renard au moment où elle met bas. Ces animaux échauffent leurs petits et leur donnent une forme en les léchant. Ils en produisent au plus quatre.

Le chien, le loup, la panthère et le thos naissent avec les yeux fermés. Les chiens forment plusieurs espèces. Ceux de Laconie engendrent à huit mois. Les femelles portent soixante ou soixante-trois jours au plus. Celles des autres races reçoivent le mâle à six mois. Un seul accouplement suffit pour qu'elles conçoivent. Celles qui ont été couvertes avant cet âge gardent leurs petits plus longtemps aveugles, et tous ne le sont pas un égal nombre de jours. A six mois, les mâles lèvent la cuisse pour uriner ;

Ocissime pariunt, quæ plurimos gignunt. Quo majus est animal, tanto diutius formatur in utero. Diutius gestantur, quibus longiora sunt vitæ spatia. Neque crescentium tempestiva ad generandum ætas. Quæ solidas habent ungulas, singulos ; quæ bisulcas, et geminos pariunt. Quorum in digitos pedum fissura divisa est, ea numerosiora in fœtu. Sed superiora omnia perfectos edunt partus, hæc inchoatos ; in quo sunt genere leænæ, ursæ ; et vulpes informia etiam magis, quam supradicta, parit ; rarumque est videre parientem. Postea lambendo calefaciunt fœtus omnia ea, et figurant. Pariunt plurimum quaternos.

Cæcos autem gignunt canes, lupi, pantheræ, thoes. Canum plura genera. Laconicæ octavo mense utrimque generant. Ferunt sexaginta diebus, et plurimum tribus. Ceteræ canes et semestres coitum patiuntur. Implentur omnes uno coitu. Quæ ante justum tempus concepere, diutius cæcos habent catulos, nec omnes totidem diebus. Existimantur in urina

ce qui indique qu'ils ont pris tout leur accroissement. Les femelles s'accroupissent. Les portées les plus nombreuses sont de douze ; mais ordinairement elles sont de cinq, de six, quelquefois d'un seul, ce qui est regardé comme un prodige, de même que lorsque les petits sont tous mâles ou tous femelles. Les premières portées ne donnent que des mâles : dans les suivantes, les mâles et les femelles sont en nombre égal. Elles retournent au mâle six mois après avoir mis bas. Les chiennes de Laconie font huit petits (49). Ce qui est particulier à cette race, c'est que la fatigue rend les mâles plus ardents. Ces derniers vivent dix ans, et les femelles douze. Les autres vivent quinze et quelquefois vingt ans. Ils n'engendrent pas durant toute leur vie ; ils cessent à peu près à la douzième année. Le chat et l'ichneumon ont le même nombre de petits que le chien. Ils vivent six ans.

Les femelles des dasypodes produisent tous les mois, et sont sujettes à la superfétation, comme les lièvres. Elles redeviennent pleines aussitôt qu'elles ont mis bas, et conçoivent en même temps qu'elles nourrissent. Leurs petits naissent les yeux fermés. Les éléphants, comme je l'ai dit plus haut, ne produisent qu'un petit, de la grandeur d'un veau de trois mois. La femelle du chameau porte douze mois.

attollere crus fere semestres : id est signum consummati virium roboris; feminæ hoc idem sidentes. Partus duodeni, quibus numerosissima; cetera quini, seni, aliquando singuli, quod prodigiosum putant, sicut omnes mares, aut omnes feminas gigni. Primos quoque mares pariunt ; in ceteris alternant. Ineuntur a partu sexto mense. Octonos Laconicæ pariunt. Propria in eo genere maribus labore salacitas. Vivunt Laconici annis denis, feminæ duodenis ; cetera genera quindenos annos, aliquando et vicenos ; nec tota sua ætate generant, fere a duodecimo desinentes. Felium et ichneumonum reliqua, ut canum. Vivunt annis senis.

Dasypodes omni mense pariunt, et superfetant, sicut lepores. A partu statim implentur. Concipiunt, quamvis ubera siccante fœtu. Pariunt vero cæcos. Elephanti, ut diximus, pariunt singulos, magnitudine vituli trimestris. Cameli duodecim mensibus ferunt ; trimatu pariunt vere.

Elle conçoit à trois ans, se délivre au printemps, et reçoit le mâle au bout d'un an. Quelques uns pensent qu'il est utile de faire couvrir la jument trois jours, ou même un jour après qu'elle a pouliné, et la contraignent de recevoir le mâle. On croit que la femme elle-même devient facilement enceinte le septième jour après l'accouchement.

On recommande de couper le crin des juments pour qu'elles consentent à se mésallier avec l'âne : fières de leur parure, elles le rejetteraient avec mépris. Elles seules, de tous les animaux, après qu'elles ont été couvertes, courent vers le nord ou le midi, selon qu'elles ont conçu un mâle ou une femelle. Leur couleur change aussitôt. Le poil devient plus rouge, ou s'il est d'une autre couleur, il devient plus foncé; alors elles ne souffrent plus les approches du mâle, elles le refusent même avec obstination. Plusieurs nourrissent sans cesser de travailler, et quelquefois on ne s'aperçoit pas qu'elles sont pleines.

Nous lisons que la jument du Thessalien Echécratide était pleine lorsqu'elle remporta le prix aux courses d'Olympie. Des observateurs exacts disent que les chevaux, les porcs et les chiens recherchent les femelles le matin, et que l'après-midi ce sont les femelles qui cherchent les mâles; que les juments domptées entrent en chaleur soixante jours avant celles qu'on nourrit en trou-

---

ternisque post annum implentur a partu. Equas autem post tertium diem, aut post unum ab enixu utiliter admitti putant, coguntque invitas. Et mulier septimo die concipere facillime creditur.

Equarum jubas tondere præcipiunt, ut asinorum in coitu patiantur humilitatem : comantes enim gloria superbire. A coitu solæ animalium currunt ex adverso aquilone austrove, prout marem aut feminam conceperæ. Colorem illico mutant rubriore pilo, vel quicumque sit, pleniore; hoc argumento desinunt admittere, etiam nolentes. Nec impedit partus quasdam ab opere, falluntque gravidæ.

Vicies Olympiæ prægnantem Echecratidis Thessali invenimus. Equos et canes, et sues initum matutinum appetere, feminas autem post meridiem blandiri diligentiores tradunt. Equas domitas ex diebus equire,

peaux ; que les porcs seuls écument dans l'accouplement ;
qu'un porc qui entend la voix d'une truie en chaleur ne
mange plus, et maigrit s'il n'en jouit pas ; et que les
truies deviennent si furieuses qu'elles déchirent les
hommes, surtout ceux qui sont vêtus de blanc. On apaise
cette fureur en leur arrosant les parties génitales avec du
vinaigre.

On prétend que certains aliments provoquent à l'amour ;
que la roquette produit cet effet sur l'homme, et l'oignon
sur le bétail. Un fait étonnant, c'est que les oiseaux sauvages ne produisent pas dans l'état de servitude : les oies
en sont un exemple ; et que les sangliers et les cerfs, privés
de la liberté, n'engendrent que fort tard ; encore faut-il
qu'on les ait élevés tout jeunes. Chez les quadrupèdes,
les femelles pleines refusent le mâle, excepté la jument et
la truie. Mais la superfétation n'a lieu que pour le dasypode et le lièvre.

Position des animaux dans l'utérus.

Tous les animaux vivipares naissent la tête la première.
Le fœtus se retourne lorsque le terme approche : jusqu'alors il est étendu dans la matrice. Tant qu'ils sont
dans le corps de la mère, les quadrupèdes ont les jambes
prolongées et appliquées au ventre. L'homme est courbé

antequam gregales ; sues tantum coitu spumam ore fundere ; verrem
subantis audita voce, nisi admittatur, cibum non capere neque in ma-
ciem ; feminas autem in tantum efferari, ut hominem lacerent, candida
maxime veste indutum. Rabies ea aceto mitigatur naturæ asperso.

Aviditas coitus putatur et cibis fieri ; sicut viro eruca, pecori cæpa.
Quæ ex feris mitigentur, non concipere, ut anseres ; apros vero tarde, et
cervos, nec nisi ab infantia educatos, mirum est. Quadrupedum prægnantes Venerem arcent, præter equam et suem. Sed superfœtant dasy-
pus et lepus tantum.

LXXXIV. 64. Quæcumque animal pariunt in capita gignunt, circumacto sub enixum fœtu ; alias in utero porrecto. Quadrupedes gestantur extensis ad longitudinem cruribus, et ad alvum suam applicatis :

et replié, le nez entre les genoux. On croit que les moles, dont j'ai parlé plus haut, se forment lorsque la femme conçoit d'elle-même, sans communication avec l'homme; que ces moles ne s'animent point, parcequ'elles ne résultent pas du mélange des deux sexes; et qu'elles n'ont que la vie végétative des plantes et des arbres.

De tous les animaux dont les petits naissent parfaits, les truies seules donnent des portées nombreuses, et en donnent plusieurs dans l'année, ce qui est contre la nature des solipèdes et des pieds-fourchus.

Animaux d'une origine incertaine.

Mais ce qu'il y a de plus étonnant, c'est l'immense fécondité des rats, et ce n'est pas sans hésiter que j'en parlerai, quoique sur la foi d'Aristote et des soldats d'Alexandre. On dit que ces animaux se reproduisent en se léchant, et non par la voie de la copulation; qu'une seule mère a produit cent vingt petits; que chez les Perses, on a trouvé même dans le corps d'une mère des petits qui étaient prêts à produire; qu'elles conçoivent en léchant du sel. Ne soyons donc plus surpris de ce nombre prodigieux de mulots qui dévastent nos moissons. Aujourd'hui même on ignore encore comment cette multitude immense disparaît tout à coup; car on n'aperçoit point leurs corps,

homo in semet conglobatus, inter duo genua naribus sitis. Molas, de quibus ante diximus, gigni putant, ubi mulier non ex mare, verum ex semetipsa tantum conceperit; ideo nec animari, quia non sit ex duobus; altricemque habere per se vitam illam, quæ satis arboribusque contingat.

65. Ex omnibus, quæ perfectos fœtus, sues tantum et numerosos edunt; item plures, contra naturam solidipedum, aut bisulcorum.

LXXXV. Super cuncta est murium fœtus, haud sine cunctatione dicendus, quamquam sub auctore Aristotele et Alexandri Magni militibus. Generatio eorum lambendo constare, non coitu, dicitur; ex una genitos CXX. tradiderunt; apud Persas vero, prægnantes et in ventre parentis repertas. Et salis gustatu fieri prægnantes opinantur. Itaque desinit mirum esse, unde vis tanta messes populetur murium agrestium; in quibus illud quoque adhuc latet, quonam modo illa multitude

et en fouillant la terre l'hiver, personne n'a jamais trouvé
de mulots. Il en paraît quelquefois des quantités innombrables dans la Troade, et même ils en ont une fois chassé
les habitants. C'est dans les sécheresses qu'ils pullulent le
plus. On dit qu'il se forme dans leur tête un petit ver qui
les fait périr. Les rats d'Égypte ont le poil dur comme les
hérissons. Ils marchent à deux pieds (50), ainsi que ceux
des Alpes. Quand des animaux d'espèces différentes se
sont accouplés, ils ne produisent que lorsque la durée de
la gestation est la même pour toutes les deux. Aristote nie
que, parmi les quadrupèdes ovipares, les lézards pondent
par la gueule, comme le croit le vulgaire ; ces animaux
ne couvent pas leurs œufs, oubliant en quel lieu ils les
ont déposés ; car ils sont absolument sans mémoire. Leurs
petits éclosent tout seuls.

Des salamandres.

Plusieurs auteurs enseignent qu'il s'engendre un serpent
de la moelle épinière de l'homme. Certes la plupart des
générations s'opèrent d'une manière occulte et inconnue,
même dans l'espèce des quadrupèdes.

La salamandre en est un exemple. Sa forme est celle
du lézard ; son corps est étoilé ; elle ne se montre jamais

repente occidat. Nam nec exanimes reperiuntur, neque exstat qui
murem hieme in agro effoderit. Plurimi ita ad Troadem perveniunt ;
et jam inde fugaverunt incolas. Proventus eorum siccitatibus, tradunt
etiam obituris vermiculum in capite gigni. Ægyptiis muribus durus
pilus, sicut herinaceis. Iidem bipedes ambulant, ceu Alpini quoque.
Quum diversi generis coivere animalia, ita demum generant, si tempus
nascendi par habent. Quadrupedum ova gignentium lacertas ore parere
(ut creditur vulgo) Aristoteles negat ; neque incubant easdem, oblitæ
quo sint in loco enixæ, quoniam huic animali nulla memoria. Itaque
per se catuli erumpunt.

LXXXVI. 66. Anguem ex medulla hominis spinæ gigni, accipimus
a multis. Pleraque enim occulta et cæca origine proveniunt, etiam in
quadrupedum genere.

67. Sicut salamandra, animal lacerti figura, stellatum, numquam,

que dans les grandes pluies, et disparaît dans le beau temps. Elle est si froide que son contact éteint le feu, comme ferait la glace (51). Elle jette par la gueule une bave blanche qui fait tomber le poil de toutes les parties du corps humain qu'elle touche; et la partie touchée prend la couleur de la lèpre.

Des animaux produits par la matière inorganique.

Certains animaux sont produits par des êtres non engendrés : leur origine n'a rien de semblable à celle des espèces déjà nommées, et dont la naissance est affectée à certaines saisons. Quelques uns d'eux ne produisent rien ; les salamandres sont de ce nombre (52). Elles ne sont ni mâles ni femelles, non plus que les anguilles et tous les animaux qui ne se reproduisent ni comme vivipares, ni comme ovipares. Les huîtres et les autres coquillages qui vivent attachés au fond de la mer et aux rochers sont également dépourvus de sexes. Quant aux animaux qui s'engendrent sans le secours de la copulation, s'ils sont divisés en mâles et en femelles, ils produisent en s'accouplant, mais un être imparfait, d'une forme différente et infécond, comme les vers que produisent les mouches. C'est ce que démontrent, d'une manière plus sensible, l

---

nisi magnis imbribus, proveniens, et serenitate deficiens. Huic tantus rigor, ut ignem tactu restinguat, non alio modo, quam glacies. Ejusdem sanie, quæ lacteo ore vomitur, quacumque parte corporis humani contacta, toti defluunt pili ; idque quod contactum est, colorem in vitiliginem mutat.

LXXXVII. 68. Quædam vero gignuntur ex non genitis, et sine ulla simili origine, ut supra dicta, et quæcumque tempus anni generat. Ex iis quædam nihil gignunt, ut salamandræ. Neque est iis genus masculinum femininumve; sicut neque in anguillis, omnibusque quæ nec animal, nec ovum ex sese generant. Neutrum est et ostreis genus, et ceteris adhærentibus vado vel saxo. Quæ autem per se generantur, si in mares ac feminas descripta sunt, generant quidem aliquid coita, sed imperfectum et dissimile, et ex quo nihil amplius gignatur, ut vermiculos muscæ. Id magis declaravit natura eorum, quæ insecta dicuntur,

insectes, dont la nature est très difficile à expliquer, et dont je traiterai dans un livre particulier. Je vais continuer à parler des sens chez les autres animaux, et compléter ce qui me reste à dire à leur sujet.

Organes des sens.

Le toucher est le premier des sens dans l'homme (53); le goût est le second. Les autres sont plus parfaits dans beaucoup d'animaux. L'aigle a la vue plus perçante; le vautour, l'odorat plus exquis. L'ouïe est plus fine dans les taupes, quoiqu'elles vivent enfoncées sous la terre, le plus compact et le plus sourd des éléments. Encore que la voix monte, elles entendent ce qu'on dit; et si on parle d'elles, on prétend qu'elles le comprennent et qu'elles s'enfuient. L'homme à qui la nature a refusé le sens de l'ouïe, a été privé en même temps de l'usage de la parole. Quiconque est né sourd est nécessairement muet. Il n'est pas vraisemblable que les huîtres aient le sens de l'ouïe; on assure toutefois qu'au moindre bruit les dails se plongent; aussi le silence est-il nécessaire aux pêcheurs.

Quels poissons entendent le mieux.

Les poissons n'ont point les organes de l'ouïe, ils n'ont pas même d'ouverture extérieure (54). Cependant la preuve qu'ils entendent (55), c'est que dans quelques viviers on

arduæ explanationis omnia, et privatim dicato opere narranda. Quapropter ingenium prædictorum, et reliqua subtexetur edissertatio.

LXXXVIII. 69. Ex sensibus ante cetera homini tactus, dein gustatus; reliquis superatur a multis. Aquilæ clarius cernunt; vultures sagacius odorantur; liquidius audiunt talpæ obrutæ terra, tam denso atque surdo naturæ elemento. Præterea voce omnium in sublime tendente sermonem exaudiunt; et si de iis loquare, intelligere etiam dicuntur, et profugere. Auditus cui hominum primo negatus est, huic et sermonis usus ablatus; nec sunt naturaliter surdi, ut non fidem sint et muti. In marinis ostreis auditum esse, non est verisimile; sed ad sonum mergere se dicuntur solenes. Ideo et silentium in mari piscantibus.

LXXXIX. 70. Pisces quidem auditus nec membra habeat nec foramina; audire tamen eos palam est; ut patet, quum plausu congregari

les accoutume, en frappant des mains, à se rassembler
pour recevoir leur nourriture. Dans les réservoirs de César, tous les poissons d'une même espèce accourent lorsqu'on les appelle : il en est même qui viennent seuls à
leur nom. Aussi assure-t-on que le muge, le loup marin,
la salpe, le chromis, entendent très bien, et que c'est par
cette raison qu'ils vivent sur des bas-fonds.

Quels poissons ont l'odorat le plus fin.

Il est évident qu'ils ont l'odorat (56), car ils ne se prennent pas tous à la même amorce, et avant que de la saisir,
ils la flairent. Quant à ceux qui se cachent dans des trous,
le pêcheur les force à sortir en frottant l'entrée de leur
retraite avec du poisson salé ; ils s'enfuient comme s'ils
avaient horreur du cadavre de leurs semblables. On les
voit même accourir de la haute mer à certaines odeurs,
telles que celle de la sèche brûlée et du polype. C'est
pourquoi on met dans les nasses la chair du polype et de
la sèche pour servir d'appât. Ils fuient l'odeur de la sen-
tine des vaisseaux, et surtout le sang de poisson. Il n'est
pas possible d'arracher le polype des rochers ; mais l'odeur
de la sarriette lui fait quitter prise à l'instant. Les pourpres se prennent aussi à des amorces fétides. A l'égard
des autres animaux, le fait est incontestable. L'odeur de

feros ad cibum adsuetudine in quibusdam vivariis spectetur, et in piscinis Cæsaris genera piscium ad nomen venire, quosdamque singulos.
Itaque produntur etiam clarissime audire, mugil, lupus, salpa, chromis,
et ideo in vado vivere.

XC. Olfactum iis esse manifeste patet : quippe non omnes eadem
esca capiuntur; et prius quam adpetant, odorantur. Quosdam et speluncis latentes, salsamento illitis faucibus scopuli, piscator expellit,
veluti sui cadaveris agnitionem fugientes. Conveniuntque ex alto etiam
ad quosdam odores, ut sepiam ustam, et polypum; quæ ideo conji-
ciuntur in nassas. Sentinæ quidem navium odorem procul fugiunt ;
maxime tamen piscium sanguinem. Non potest petris avelli polypus;
idem, cunila admota, ab odore protinus resilit. Purpuræ quoque fœti-
dis capiuntur. Nam de reliquo animalium genere quis dubitet ! Cornus

la corne de cerf, et plus encore celle du styrax, met les serpents en fuite. L'odeur de l'origan, de la chaux vive et du soufre tue les fourmis. Les cousins cherchent les acides, et n'approchent point des choses qui sont douces.

Le sens du toucher est commun à tous les animaux, même à ceux qui sont privés de tous les autres; car il se trouve jusque dans les huîtres et dans les vers de terre.

Du goût.

Je croirais volontiers que le sens du goût appartient à tous; car enfin pourquoi toutes les espèces n'ont-elles pas les mêmes appétits? et c'est en quoi se montre surtout la puissance de la nature, génératrice des êtres. Les uns saisissent leur proie avec les dents, les autres avec les ongles; quelques uns, selon que leur bec est crochu, large ou pointu, déchirent, arrachent ou creusent; d'autres sucent, lèchent, hument, mâchent, dévorent. L'usage qu'ils font de leurs pieds n'offre pas moins de variétés: ils s'en servent pour saisir, déchirer, tenir, serrer, se suspendre et gratter continuellement la terre.

Des animaux qui vivent de poisons.

Les chèvres et les cailles, animaux du caractère le plus paisible, s'engraissent de plantes venimeuses. Les serpents

cervini odore serpentes fugantur, sed maxime styracis; origani, aut calcis, aut sulphuris formicæ necantur. Culices acida petunt, ad dulcia non advolant.

71. Tactus sensus omnibus est, etiam quibus nullus alius; nam et ostreis, et terrestrium, vermibus quoque.

XCI. Existimaverim omnibus sensum et gustatus esse; cur enim alios alia sapores adpetant? In quo vel præcipua naturæ architectæ vis. Alia dentibus prædantur, alia unguibus, alia rostri aduncitate carpunt, alia latitudine ruunt, alia acumine excavant, alia sugunt, alia lambunt, sorbent, mandunt, vorant. Nec minor varietas in pedum ministerio, ut rapiant, distrahant, teneant, premant, pendeant, tellurem scabere non cessent.

XCII. 72. Venenis capreæ et coturnices (ut diximus) pinguescunt,

mangent des œufs, et ils le font avec une adresse remarquable. En effet, si leur gosier est assez large, ils les avalent entiers ; puis se repliant sur eux-mêmes, ils les cassent dans leur estomac, et rejettent les coquilles. Les
jeunes, qui ne peuvent avaler l'œuf entier, s'entortillent
autour, le compriment peu à peu et avec tant de force
qu'ils en coupent le bout, comme pourrait faire un instrument tranchant ; ils avalent ce qui reste enfermé dans
leurs replis. De même après avoir dévoré des oiseaux entiers, ils font un effort et rejettent les plumes.

Des animaux qui vivent de terre, etc.

Les scorpions vivent de terre ; les serpents sont très
friands de vin lorsqu'ils trouvent l'occasion d'en boire ;
du reste ils boivent peu. Ils ne mangent presque rien
lorsqu'on les garde enfermés. Il en est de même des araignées, qui mangent en suçant. Aussi nul animal venimeux ne périt de faim ou de soif ; car ils n'ont point
la chaleur, le sang, la sueur qui, par leur sel naturel,
provoquent le besoin de manger et de boire. Tous ces
animaux sont plus dangereux lorsqu'avant que de mordre
ils ont mangé quelque bête de leur espèce. Les sphinx et
les satyres mettent leurs aliments en réserve dans les po-

placidissima animalia; at serpentes ovis, spectanda quidem draconum
arte; aut enim solida hauriunt, si jam fauces capiunt, quæ deinde in
semet convoluti frangunt intus, atque ita putamina extussiunt; aut si
tenerior est catulis adhuc ætas, orbe adprehensa spiræ ita sensim vehe-
menterque præstringunt, ut amputata parte, ceu ferro, reliquam quæ
amplexu tenetur sorbeant. Simili modo avibus devoratis solidis, con-
tentione plumam excitam revomunt.

XCIII. Scorpiones terra vivunt. Serpentes, quum occasio est, vinum
præcipue adpetunt, quum alioqui exiguo indigeant potu. Eædem minime et pene nullo cibo, quum adservantur inclusæ; sicuti aranei quoque, alioqui suctu viventes. Ideoque nullum interit fame aut siti vene-
natum. Nam neque calor his, neque sanguis, neque sudor, quæ aviditatem naturali sale augent. In quo genere omnia magis exitialia, si
suum genus edere, antequam noceant. Condit in thesauros maxillarum

ches de leurs joues ; ensuite il les tirent avec leurs pattes pour les manger : ils font pour chaque jour et pour chaque heure ce que les fourmis font pour l'année.

Le lièvre est le seul fissipède qui se nourrisse d'herbe. Les solipèdes se nourrissent d'herbe et de grain. Parmi les pieds-fourchus, le porc mange de tout, et même des racines. Les solipèdes sont naturellement pulvérateurs. Tous les animaux qui ont les dents en forme de scie sont carnivores. Les ours mangent des grains, des feuilles, des raisins, des fruits, des mouches à miel, des écrevisses même et des fourmis. J'ai déja dit que les loups mangent jusqu'à de la terre quand ils sont affamés. Le menu bétail s'engraisse en buvant ; c'est pourquoi le sel lui est très bon. Il en est de même des bêtes de somme, qui se nourrissent de grains et d'herbes : plus elles ont bu, plus elles mangent. Aux animaux ruminants dont j'ai déja parlé, il faut ajouter les cerfs ; ceux qu'on nourrit à la maison en sont la preuve. Ils ruminent plutôt couchés que debout, et plus l'hiver que l'été, pendant à peu près sept mois de l'année. Les rats pontiques ruminent aussi.

Diversité dans la manière de boire.

Quant à la manière de boire, les animaux qui ont les

cibum sphingiorum et satyrorum genus ; mox inde sensim ad mandendum manibus expromit ; et quod formicis in annum solemne est, his in dies vel horas.

73. Unum animal digitos habentium herba alitur, lepus ; sed et fruge solidipedes, et a bisulcis sues omni cibatu et radicibus. Solidipedum volutatio propria. Serratorum dentium carnivora sunt omnia. Ursi et fruge, fronde, vindemia, pomis vivunt, et apibus, cancris etiam, ac formicis. Lupi, ut diximus, et terra in fame. Pecus potu pinguescit ; ideo sal illis aptissimus ; item veterina, quamquam et fruge et herba ; sed ut bibere, sic edunt. Ruminant, præter jam dicta, silvestrium cervi, quam a nobis aluntur ; omnia autem jacentia potius quam stantia, et hieme magis quam æstate, septenis fere mensibus. Pontici quoque mures simili modo remandunt.

XCIV. In potu autem, quibus serrati dentes, lambunt ; et mures hi

dents en forme de scie boivent en lapant ; c'est ce que
font les rats ordinaires, quoique leurs dents soient autrement disposées. Les animaux qui les ont continues boivent en aspirant, comme les chevaux et les bœufs. Les
ours ont une manière toute différente : ils mordent l'eau.
En Afrique, la plus grande partie des bêtes sauvages ne
boit point pendant l'été, faute de pluies : qu'on fasse boire
un rat de Libye, il meurt (57).

Les déserts de l'Afrique produisent l'orix, qui ne boit
jamais dans ces lieux toujours arides, et qui lui-même est
un remède admirable contre la soif. Il est d'une grande ressource pour les voleurs Gétules, qui trouvent dans son corps
des poches remplies d'une liqueur très salubre. Dans cette
même Afrique, certains léopards grimpent sur un arbre
touffu, et se cachant dans le feuillage, ils se lancent, comme
des oiseaux de proie, sur les animaux qui passent. Avec
quel silence et quelle légèreté le chat se glisse vers les
oiseaux? comme il se tient en embuscade pour sauter sur
la souris qu'il guette? Cet animal cache ses ordures et
les recouvre de terre, parcequ'il sait que cette odeur le
trahit.

Des affections des animaux.

Il est aisé de reconnaître qu'il existe encore d'autres

vulgares, quamvis ex alio genere sint. Quibus continui dentes, sorbent ;
ut equi, boves. Neutrum ursi, sed aquam quoque morsu vorant. In
Africa major pars ferarum æstate non bibunt, inopia imbrium ; quam ob
causam capti mures Libyci, si bibere, moriuntur.

Orygem perpetuo sitientia Africæ generant, et natura loci potu carentem, et mirabili modo ad remedia sitientium. Namque Gætuli latrones eo durant auxilio, repertis in corpore eorum saluberrimi liquoris
vesicis. Insidunt in eadem Africa pardi condensa arbore, occultatique
eorum ramis, in prætereuntia desiliunt, atque e volucrum sede grassantur. Feles quidem quo silentio, quam levibus vestigiis obrepunt avibus !
quam occulte speculatæ in musculos exsiliunt ! Excrementa sua effossa
obruunt terra, intelligentes odorem illum indicem sui esse.

XCV. 74. Ergo et alios quosdam sensus esse, quam supra dictos,

instincts dans les animaux ; car il y a entre eux des haines
et des amitiés qui produisent beaucoup d'affections, indépendamment de celles que j'ai citées en traitant de
chaque espèce. Les cygnes et les aigles se font la guerre,
ainsi que le corbeau et le chloréus, qui, pendant la nuit,
cherchent les œufs l'un de l'autre. Cet état de guerre
subsiste pareillement entre le corbeau et le milan : le premier arrache à l'autre sa proie ; entre la corneille et le
chat-huant ; entre l'aigle et le roitelet : l'aigle, si la chose
est croyable, étant jaloux qu'on donne à un autre le nom
de roi ; entre le chat-huant et tous les petits oiseaux.

Certains animaux terrestres vivent en guerre avec les
volatiles : la belette avec la corneille ; le pyralis avec la
tourterelle ; la guêpe ichneumon avec l'araignée phalange ;
la petite bernache avec la mouette ; la harpaie avec la
buse ; le putois avec le héron, cherchant réciproquement
à surprendre leurs petits ; l'ægithe, oiseau de la plus petite espèce, avec l'âne. Celui-ci, se grattant contre les
épines, brise les nids de l'ægithe : cet oiseau en a une
telle frayeur que, dès qu'il entend braire un âne, il renverse ses œufs, et que les petits eux-mêmes tombent d'effroi. Pour se venger, il vole sur l'âne et lui déchire ses
ulcères. Le renard est en guerre avec le busard ; le ser-

hand difficulter apparet. Sunt enim quædam his bella amicitiæque,
unde et affectus, præter illa quæ de quibusque eorum suis diximus
locis. Dissident olores et aquilæ ; corvus et chloreus, noctu invicem ova
exquirentes. Simili modo corvus et milvus, ille præripiente huic cibos ;
cornices atque noctua ; aquilæ et trochilus (si credimus), quoniam rex
appellatur avium ; noctua, et ceteræ minores aves.

Rursus cum terrestribus, mustela et cornix ; turtur et pyralis, ichneumones vespæ et phalangia aranei. Aquaticæ, et gavis. Harpe et trior-
ches accipiter. Sorices et ardeolæ, invicem fœtibus insidiantes. Ægithus
avis minima cum asino. Spinetis enim se scabendi causa atterens, nidos
ejus dissipat ; quod adeo pavet, ut, voce omnino rudentis audita, ova
ejiciat, pulli ipsi metu cadant. Igitur advolans ulcera ejus rostro excavat. Vulpes et nisi ; angues, mustelæ, et sues. Æsalon vocatur parva

pent avec la belette et le porc. On nomme émerillon un petit oiseau qui brise les œufs du corbeau, et dont les petits sont poursuivis par le renard. L'émerillon, à son tour, fatigue à coups de bec les petits du renard et la mère elle-même ; à cette vue, les corbeaux viennent comme auxiliaires contre l'ennemi commun. Le chardonneret vit dans les buissons d'épine ; c'est pourquoi il hait les ânes qui dévorent les fleurs de l'épine. L'anthus a une telle antipathie pour l'ægithe, qu'on prétend que leur sang ne peut se mêler, et qu'on lui attribue, par cette raison, le honteux avantage de servir à beaucoup de maléfices.

Les thos et les lions se font la guerre. Cette même antipathie se remarque dans les plus petits comme dans les plus grands animaux. Les chenilles évitent tout arbre où il y a une fourmilière. L'araignée voyant un lézard étendu au pied de son arbre, s'abat sur sa tête, et lui mord le cerveau avec tant de force que, frémissant tout à coup, agité de convulsions, il ne peut ni fuir ni même rompre le fil de l'araignée suspendue au-dessus de lui : il meurt sur la place.

Affection des serpents.

D'un autre côté, il règne une grande amitié entre les paons et les pigeons, entre les tourterelles et les perro-

---

avis, ova corvi frangens, cujus pulli infestantur a vulpibus. Invicem hæc catulos ejus ipsamque vellit. Quod ubi viderunt corvi, contra auxiliantur, velut adversus communem hostem. Et acanthis in spinis vivit ; idcirco asinos et ipsa odit, flores spinæ devorantes. Ægithum vero anthos in tantum, ut sanguinem eorum credant non coire, multisque ob id veneficiis infament.

Dissident thoes ac leones. Et minimâ æque ac maxima. Formicosam arborem erucæ cavent. Librat araneus se filo in caput serpentis porrectæ sub umbra arboris suæ, tantaque vi morsu cerebrum adprehendit, ut stridens subinde, ac vertigine rotata, ne filum quidem desuper pendentis rumpere, adeo non fugere queat ; nec finis ante mortem est.

XCVI. Rursus amici pavones et columbæ ; turtures et psittaci ;

quets, entre les merles et les tourterelles. La corneille et le héron s'unissent par une haine commune contre le renard ; la harpaie et le milan, contre le triorchès. Les serpents eux-mêmes, les plus cruels de tous les animaux, n'ont-ils pas donné des preuves touchantes d'affection? J'ai cité ce que l'Arcadie raconte d'un jeune homme sauvé par un serpent qu'il avait nourri, et qui reconnut sa voix. Philarque rapporte un fait merveilleux d'un aspic. Il dit qu'en Égypte un de ces reptiles venait chaque jour à la table d'un homme recevoir sa nourriture. Un de ses petits donna la mort au fils de son hôte : l'aspic, venant à l'ordinaire prendre son repas, reconnut le crime, en fit justice, et ne reparut plus dans la maison.

Sommeil des animaux.

Le sommeil des animaux présente une question facile à résoudre. Il est évident que, parmi les animaux terrestres, ceux qui peuvent fermer leurs paupières, dorment. Les auteurs qui révoquent en doute le sommeil des autres animaux, conviennent cependant que les poissons dorment un peu. Ce n'est pas à leurs yeux qu'on le reconnaît, puisqu'ils n'ont pas de paupières. Mais dans le repos on les voit tranquilles, comme s'ils étaient assoupis, ils ne re-

merulæ et turtures; cornix et ardeolæ, contra vulpium genus communibus inimicitiis. Harpe et milvus contra triorchem. Quid, non et affectus indicia sunt etiam in serpentibus, immitissimo animalium genere! Dicta sunt quæ Arcadia narrat de domino a dracone servato, et agnito voce draconi. De aspide miraculum Phylarcho reddatur; is enim auctor est, quum ad mensam cujusdam veniens in Ægypto aleretur assidue, enixam catulos, quorum ab uno filium hospitis intercaptum; illam reversam ad consuetudinem cibi, intellexisse culpam, et necem intulisse catulo, nec postea in tectum id reversam.

XCVII. 75. Somni quæstio non obscuram conjectationem habet. In terrestribus, omnia quæ conniveant, dormire manifestum est. Aquatilia quoque exiguum quidem, etiam qui de ceteris dubitant, dormire tamen existimant; non oculorum argumento, quia non habent genas; verum ipsa quiete cernuntur placida, ceu soporata, neque aliud quam caudas

muent que la queue et s'agitent avec effroi au plus léger
bruit. On peut parler plus affirmativement des thons,
car ils dorment le long des rivages et des rochers. Les
poissons plats dorment sur le sable, au point qu'on les
prend à la main. Quant aux dauphins et aux baleines, on
les entend même ronfler. Les insectes dorment aussi ; on
le juge à leur silence : on peut alors approcher d'eux une
lumière, sans qu'ils fassent aucun mouvement.

Des animaux qui rêvent.

L'homme, pendant les premiers mois de sa vie, dort
presque continuellement (58) : ensuite il veille de jour en
jour davantage. L'enfant rêve dès les premiers temps; car
il se réveille effrayé, et suce ses lèvres, comme s'il tetait.
Il est des hommes qui ne rêvent jamais. S'il leur arrive
de rêver, contre leur usage, c'est pour eux un signe de
mort. On en a vu plusieurs exemples. L'ame, pendant
qu'elle repose, voit-elle l'avenir? Par quel moyen s'opère
cette prévision? n'est-elle qu'une chose fortuite, comme
bien d'autres? Ce serait ici le moment d'agiter cette question; elle donnerait lieu à de grandes discussions ; et si
l'on voulait se décider par les faits, on trouverait autant
d'exemples d'un côté que de l'autre. On convient presque
généralement qu'aussitôt après le repas, ou pendant le se-

moventiâ, et ad tumultum aliquem expavescentia. De thynnis confiden-
tius adfirmatur : juxta ripas enim aut petras dormiunt. Plani autem
piscium in vado, ut manu sæpe tollantur. Nam delphini balænæque
stertentes etiam audiuntur. Insecta quoque dormire silentio apparet,
quia ne luminibus quidem admotis excitentur.

XCVIII. Homo genitus premitur somno per aliquot menses; deinde
longior in dies vigilia. Somniat statim infans; nam et pavore exper-
giscitur, et suctum imitatur. Quidam vero numquam : quibus mortiferum fuisse signum contra consuetudinem somnium, invenimus exempla. Magnus hic invitat locus, et diversis refertus documentis, utrumne
sint aliqua præscita animi quiescentis; qua fiant ratione, an fortuita
res sit, ut pleraque. Et si exemplis agatur, profecto paria fiant. A vino
et a cibis proxima, atque in redormitatione, vana esse visa, prope con-

cond sommeil, les songes ne signifient rien. Le sommeil n'est autre chose que la retraite de l'ame qui se recueille en elle-même. Les chevaux, les chiens, les bœufs, les moutons et les chèvres rêvent ainsi que l'homme. On croit qu'il en est de même de tous les vivipares. Quant aux ovipares, la chose n'est pas certaine ; mais ce qui est incontestable, c'est qu'ils dorment.

Passons aux insectes.

venit. Est autem somnus nihil aliud, quam anima in medium sese recessus. Præter hominem somniare equos, canes, boves, pecora, capras, palam est. Ob hoc creditur et in omnibus quæ animal pariant. De iis quæ ova gignunt, incertum est ; sed dormire ea, certum.

Verum ad insecta transeamus.

LIVRE ONZIÈME.

DES INSECTES.

Extrême petitesse des insectes.

Il me reste à parler des insectes (1). Ces animaux, infiniment petits, forment une classe particulière, puisque des auteurs ont écrit que les insectes ne respirent pas, et qu'ils sont même privés de sang. Ils existent en grand nombre sur la terre et dans l'air, et leurs espèces varient à l'infini. Les uns sont ailés, comme les abeilles; d'autres ont des pieds et des ailes, comme les fourmis; quelques uns sont dénués à la fois et d'ailes et de pieds. On les a tous, avec raison, nommés insectes, à cause des incisions qui partagent leur corps, soit au cou, soit à la poitrine ou au ventre, en sorte que leurs membres ne sont attachés les uns aux autres que par un canal fort mince. Dans quelques uns, la séparation n'est pas entière, le vide étant recouvert d'une enveloppe plissée et ridée; mais cette enveloppe flexible, composée de verté-

INSECTORUM ANIMALIUM NATURA.

I. 1. Restant immensæ subtilitatis animalia; quando aliqui ea neque spirare, et sanguine etiam carere prodiderunt. Multa hæc et multigenera terrestrium volucrumque vita. Alia pennata, ut apes; alia utroque modo, ut formicæ; aliqua et pennis et pedibus carentia; et jure omnia insecta appellata ab incisuris quæ, nunc cervicum loco, nunc pectorum atque alvi, præcincta separant membra, tenui modo fistula cohærentia. Aliquibus vero non tota incisura, eam ambiente ruga; sed in alvo, aut

bres rangées en forme de tuiles, revêt seulement ou le ventre ou le dos. Nulle part l'industrie de la nature ne s'est montrée plus admirable.

Dans les grands corps, ou du moins dans ceux qui sont plus grands, la matière se prêtait à ses desseins ; elle les a façonnés sans peine. Mais pour ces êtres si petits, si voisins du néant, combien il a fallu d'intelligence! quelle force, quelle inconcevable perfection! Où la nature a-t-elle placé tant de sens dans le cousin (*culex pipiens*)? et bien d'autres sont plus petits encore. Mais dans le cousin enfin, où a-t-elle placé l'organe de la vue, fixé celui du goût, insinué celui de l'odorat? d'où fait-elle sortir cette voix terrible, prodigieuse en raison de la ténuité de l'animal? avec quelle dextérité a-t-elle attaché les ailes, allongé les pattes, disposé cette espèce d'estomac, cette cavité qui éprouve le besoin des aliments, allumé cette soif avide de sang, et surtout du sang humain? avec quelle adresse lui a-t-elle aiguisé un dard pour percer la peau? et ce dard, dont la finesse échappe à la vue, comment l'a-t-elle rendu, tout à la fois, par un double mécanisme, aigu pour percer, et creux pour pomper? quelle sorte de dents a-t-elle donnée au ver de bois (taret,

superne tantùm, imbricatis flexili vertebris , nusquam alibi spectatiore naturæ rerum artificio.

2. In magnis siquidem corporibus, aut certe majoribus , facilis officinas sequaci materia fuit. In his tam parvis, atque tam nullis, quæ ratio, quanta vis, quam inextricabilis perfectio! ubi tot sensus collocavit in culice! et sunt alia dictu minora. Sed ubi visum in eo pretendit? ubi gustatum adplicavit? ubi odoratum inseruit? ubi vero truculentam illam et portione maximam vocem ingeneravit? qua subtilitate pennas adnexuit? prælongavit pedum crura? disposuit jejunam caveam, uti alvum? avidam sanguinis, et potissimum humani, sitim accendit? Telum vero perfodiendo tergori, quo spiculavit ingenio? Atque ut in capaci, quum cerni non possit exilitas, ita reciproca generavit arte, ut fodiendo acuminatum pariter, sorbendoque fistulosum esset. Quos teredini ad perforanda robora cum sono teste dentes adfixit, potissimumque e ligno

teredo navalis, mollusque) pour qu'il rongeât avec tant
de bruit les chênes les plus durs, dont elle a voulu qu'il
se nourrît? Mais nous admirons les épaules des éléphants
chargés de tours, la vigueur et le cou nerveux des taureaux, la voracité des tigres, la crinière des lions, quoique pourtant la nature ne soit nulle part plus entière que
dans les êtres les plus petits. Je demande donc à mes lecteurs que le mépris qu'ils ont pour la plupart de ces animaux ne s'étende pas jusque sur les observations que
j'ai recueillies; car enfin rien ne peut paraître superflu
dans l'étude de la nature.

Les insectes respirent-ils? ont-ils du sang?

Plusieurs auteurs nient que les insectes respirent (2) :
la raison qu'ils en donnent, c'est qu'ils n'ont point de trachée-artère. Ils disent donc que ces animaux vivent
comme les plantes et les arbres, mais que vivre et respirer sont deux actions très différentes. D'après ce principe, ils soutiennent que les insectes n'ont point de sang,
ce liquide manquant à tous ceux qui sont privés du cœur
et du foie; et qu'ils ne respirent pas non plus, par la
raison qu'ils n'ont point de poumon. Ce système donne
lieu à des questions sans nombre; car, par exemple, les
mêmes auteurs prétendent que les insectes n'ont point de
voix, quoique pourtant nous entendions le bourdonne-

cibatum fecit? sed turrigeros elephantorum miramur humeros, taurorumque colla, et truces in sublime jactus, tigrium rapinas, leonum jubas, quum rerum natura nusquam magis, quam in minimis, tota sit.
Quapropter, quæso, ne nostra legentes, quoniam ex his spernunt multa,
etiam relata fastidio damnent, quum in contemplatione naturæ nihil possit videri supervacuum.

II. 3. Insecta multi negarunt spirare, idque ratione persuadentes,
quoniam in viscera interiora nexus spirabilis non inesset. Itaque vivere
ut fruges arboresque; sed plurimum interesse, spiret aliquid, an vivat.
Eadem de causa nec sanguinem iis esse, qui sit nullis carentibus corde
atque jecore; sic nec spirare ea, quibus pulmo desit. Unde numerosa
quæstionum series exoritur. Iidem enim et vocem esse his negant, in

ment des abeilles, le chant des cigales (3) et les sons de
plusieurs autres dont nous parlerons en leur lieu. Pour
moi, l'étude approfondie de la nature m'a convaincu que
rien ne lui est impossible; et je ne vois pas pourquoi les
animaux de ce genre pourraient plutôt vivre sans respirer qu'ils ne pourraient respirer sans poumons, comme le
font les animaux marins, quoique la densité et la profondeur de l'eau leur interdisent toute communication avec
l'air. Quoi donc! les insectes qui peuplent les airs sont
capables de se nourrir, de se reproduire, de suivre des
travaux, de pourvoir même à l'avenir; et quoique privés
des membres qui servent d'organes aux sens, ils ont l'ouïe,
l'odorat, le goût; je dis plus, ils possèdent l'adresse, le
courage, l'industrie, ces dons précieux de la nature; et
l'on veut qu'ils ne respirent pas cet air au sein duquel
ils vivent! Je conviens que ces insectes, que même tous
les insectes terrestres, n'ont point de sang; mais ils ont
quelque chose d'équivalent. De même que la sèche a son
encre (4), et les pourpres ce suc qu'on extrait pour la
teinture; de même aussi, quel que soit ce liquide vital
que contiennent les insectes, je le nommerai leur sang,
laissant à chacun le droit de le définir à son gré. Mon

tanto murmure apium, cicadarum sono, et aliis quæ suis est mabun-
tur locis. Nam mihi contuenti se persuasit rerum natura, nihil incredibile existimare de ea. Nec video, cur magis possint non trahere animan-
talia et vivere, quam spirare sine visceribus; quod etiam in marinis
docuimus, quamvis arcente spiratum densitate et altitudine humoris.
Volare quidem aliqua, et animatu carere in ipso spiritu viventia, habere sensum victus, generationis, operis, atque etiam de futuro curam;
et quamvis non sint membra, quæ, velut carina, sensus invehant, esse
tamen his auditum, olfactum, gustatum, eximia præterea natura dona,
solertiam, animum, artem, quis facile crediderit? Sanguinem non esse
his fateor, sicut ne terrestribus quidem cunctis, verum simile quiddam.
Ut sepiæ in mari sanguinis vicem atramentum obtinet, purpurarum
generi infector ille succus; sic et insectis quisquis est vitalis humor,
hic erit et sanguis, donec æstimatio sua cuique sit. Nobis proposi-

but ici est d'indiquer des faits constants, et non de prononcer sur des questions problématiques.

Du corps des insectes.

Autant qu'il est possible de s'en assurer, les insectes
paraissent dénués de nerfs, d'os, d'arêtes, de cartilages,
de graisse, de chair (5) ; ils n'ont pas même cette croûte
fragile qui revêt quelques animaux marins ; ils n'ont pas
une peau proprement dite. La nature de leur corps tient
en quelque sorte le milieu entre toutes ces matières : c'est
une substance aride, plus molle que le nerf, et plutôt sèche que dure dans les parties extérieures. Voilà tout ce
qu'ils ont ; rien de plus. Dans l'intérieur, nul viscère, si
ce n'est chez quelques uns, en petit nombre, un intestin
qui forme plusieurs replis (6). Aussi les insectes coupés
en morceaux vivent-ils encore longtemps ; chaque partie
remue fortement. La raison en est que, chez eux, la force
vitale, quelle qu'elle soit, n'est pas fixée dans tel ou tel
membre, mais répandue dans tout le corps, et toutefois
dans la tête moins que partout ailleurs. La tête séparée
n'a plus de mouvement, à moins qu'elle n'ait été arra-
chée avec le corselet. Nulle autre espèce d'animaux n'a
été pourvue d'un plus grand nombre de pieds ; et ceux
qui en ont le plus survivent le plus longtemps à la sépa-

tum est, naturas rerum manifestas indicare, non causas judicare du-
bias.

III. 4. Insecta, ut intelligi possit, non videntur nervos habere, nec
ossa, nec spinas, nec cartilaginem, nec pinguia, nec carnes, ne crustam
quidem fragilem, ut quaedam marina, nec quae jure dicatur cutis; sed
mediae cujusdam inter omnia haec naturae corpus, arenti simile, nervo
mollius, in reliquis partibus siccius vero, quam durius. Et hoc solum
his est, nec praeterea aliud. Nihil intus, nisi admodum paucis intesti-
num implicatum. Itaque divulsis praecipua vivacitas, et partium singularum palpitatio. Quia quaecumque est ratio vitalis, illa non certis
inest membris, sed toto in corpore; minime tamen capite; solumque
non movetur, nisi cum pectore avulsum. In nullo genere plures sunt

ration de leurs membres, comme on le voit dans les scolopendres. Les insectes ont des yeux. Ils ont aussi le toucher et le goût; quelques uns ont encore l'odorat; peu sont doués du sens de l'ouïe.

Des abeilles.

Parmi tous les insectes, les abeilles tiennent le premier rang. Plus que tous les autres, elles ont droit à notre admiration, puisqu'elles sont les seuls animaux de ce genre qui aient été créés pour l'homme. Elles composent le miel, le plus doux, le plus subtil, le plus salubre de tous les sucs. Elles fabriquent les rayons et la cire, qui servent pour une infinité d'usages. Elles supportent le travail, exécutent des ouvrages, forment des associations politiques; elles ont des conseils, des chefs, et, ce qui est le plus merveilleux, une morale et des principes. Encore qu'elles ne soient ni de la classe des animaux domestiques, ni de celle des animaux sauvages, telle est pourtant la puissance de la nature que d'un avorton, que de l'ombre d'un animal, elle a su former un chef-d'œuvre incomparable. Quels nerfs, quelles forces mettrez-vous de pair avec leur infatigable et féconde industrie? quel génie égale leur intelligence? Elles ont du moins sur nous cet avantage, que chez elles tout est commun. Ne disputons

pedes. Et quibus ex his plurimi, diutius vivunt divulsa, ut in scolopendris videmus. Habent autem oculos, præterque e sensibus tactum atque gustatum; aliqua et odoratum, pauca et auditum.

IV. 5. Sed inter omnia ea principatus apibus, et jure præcipua admiratio, solis ex eo genere hominum causa genitis. Mella contrahunt succumque dulcissimum atque subtilissimum, ac saluberrimum. Favos confingunt et ceras, mille ad usus vitæ; laborem tolerant, opera conficiunt, rempublicam habent, consilia privatim, ac duces gregatim; et quod maxime mirum sit, mores habent. Præterea, quum sint neque mansueti generis, neque feri, tamen tanta est natura rerum, ut prope ex umbra minimi animalis incomparabile effecerit quiddam. Quos efficaciæ industriæque tantæ comparemus nervos? quas vires! quos rationi medius fidius viros! hoc certe præstantioribus, quo nihil novere, nisi

point sur leur respiration, accordons même qu'elles ont
du sang : toutefois combien peut-il y en avoir dans de
si petits êtres? N'envisageons que leur art et leur talent.

Travaux des abeilles.

Elles se cachent pendant l'hiver. En effet, auraient-elles
la force de résister aux frimas, aux neiges, à la fougue des
aquilons? Je sais que tous les insectes se renferment,
mais jamais aussi longtemps : réfugiés dans les parois de
nos habitations, ils se réchauffent de bonne heure. Pour
ce qui concerne les abeilles, ou les lieux et les temps sont
changés, ou les anciens auteurs étaient dans l'erreur. Le
coucher cosmique des pléiades est l'époque de leur retraite (7). Mais elles restent cachées jusqu'après le lever
des pléiades; elles ne reparaissent donc pas au retour du
printemps, comme l'ont dit ces auteurs, dont, au surplus,
l'opinion n'est adoptée nulle part dans l'Italie. Elles sortent, pour reprendre leurs travaux, avant la floraison des
fèves; et tant que le ciel le permet, nul jour ne se passe
sans rien faire. Elles commencent par construire les
rayons et fabriquer la cire, c'est-à-dire qu'elles bâtissent
leurs maisons et leurs cellules; ensuite elles s'occupent de
la reproduction, et après cela du miel. La cire s'extrait des
fleurs; le mastic mielleux se tire du suc, de la gomme, de

commune. Non sit de anima quæstio; constet et de sanguine; quantu-
lum tamen esse in tantulis potest? Æstimemus postea ingenium.

V. 6. Hieme conduntur; unde enim ad pruinas nivesque, et aquilonum flatus perferendos vires? Sane et insecta omnia, sed minus diu;
quæ parietibus nostris occultata, mature tepefiunt. Circa apes aut temporum locorumve ratio mutata est, aut erraverunt priores. Conduntur
a vergiliarum occasu, sed latent ultra exortum; adeo non ad veris initium, ut dixere, nec quisquam in Italia de alvis existimat. Ante fabas
florentes exeunt ad opera et labores, nullusque, quum per cælum licuit,
otio perit dies. Primum favos construunt, ceram fingunt, hoc est, domos cellasque faciunt. Deinde sobolem, postea mella, ceram ex floribus,
mulsiginem e lacrymis arborum, quæ glutinum pariunt, salicis, ulmi,

la résine du saule, de l'orme, du roseau et de tous les arbres onctueux (3). C'est une espèce de vernis dont elles garnissent tout l'intérieur de la ruche. Elles emploient encore à cet usage d'autres sucs amers pour dégoûter les petits animaux; car elles savent que l'ouvrage qu'elles vont faire pourra exciter la cupidité. Ensuite, avec la même matière, elles rétrécissent aussi les portes de la ruche qui sont trop larges.

De la composition des rayons des abeilles.

Ceux qui s'occupent des travaux des abeilles appellent le premier fondement des rayons *commosis*, le second *pissocéros*, le troisième *propolis*; la propolis se trouve entre les autres couches et la cire; elle est d'un grand usage en médecine. La commosis forme la première couche; elle est d'un goût amer. La pissocéros s'étend par-dessus comme un vernis, et ressemble à une cire liquide. La propolis provient de la gomme douce des vignes et des peupliers; sa substance est plus épaisse, et le suc des fleurs entre dans sa composition. Toutefois ce n'est pas encore la cire, mais le soutien des rayons, ce qui les garantit du froid et de tout ce qui pourrait nuire. La propolis est en outre d'une odeur forte; on s'en sert communément au lieu de galbanum.

arundinis, succo, gummi, resina. His primum alveum ipsum intus totum, ut quodam tectorio, illinunt, et aliis amarioribus succis contra aliarum bestiolarum aviditates; id se facturas conscias, quod compisci possit. His deinde fores quoque latiores circumstruunt.

VI, 7. Prima fundamenta commosin vocant periti, secunda pissoceron, tertia propolin, inter coria cerasque; magni ad medicinam usus. Commosis crusta est prima, saporis amari. Pissoceros super eam venit, picantium modo, ceu dilutior cera. E vitium, populorumque mitiore gummi propolis, crassioris jam materiae, additis floribus, nondum tamen cera, sed favorum stabilimentum, qua omnes frigoris aut injuriae aditus obstruuntur, odore et ipsa etiamnum gravi, ut qua plerique pro galbano utantur.

Les abeilles transportent aussi dans leurs ruches l'érithaque, que quelques uns nomment sandaraque, et d'autres cérinthe. Ce sera leur nourriture pendant qu'elles
travailleront. On la trouve souvent mise en réserve dans
les cavités des rayons. Elle est amère au goût; elle se
forme de la rosée du printemps et du suc des arbres,
comme une gomme : en moindre quantité, lorsque le
vent d'Afrique domine; plus noire quand c'est le vent du
midi ; par le vent du nord, elle est rouge et d'une meilleure qualité. Elle est très abondante sur les noyers grecs
(les amandiers). Ménécrate en fait une fleur ; mais il est
seul de son avis.

Choix des fleurs pour le travail des abeilles.

La cire s'extrait des fleurs de tous les arbres et de toutes
les plantes, à l'exception du lapathum et de l'échinopode.
On excepte aussi le spart., mais à tort, puisque, dans les
contrées de l'Espagne qui produisent le spart, le miel en
contracte souvent le goût. Je pense que mal à propos encore on excepte l'olivier ; car il est certain que les essaims ne sont jamais plus nombreux que lorsque les olives
sont abondantes. Les abeilles ne nuisent point aux fruits.
Jamais elles ne se posent sur un corps mort, ni même sur
des fleurs desséchées. Elles travaillent dans une circonfé-

VII. Præter hæc convehitur erithace , quam aliqui sandaracam, alii
cerinthum vocant. Hic erit apibus, dum operantur, cibus, qui sæpe invenitur in favorum inanitatibus sepositus, et ipse amari saporis. Gignitur
autem rore verno, et arborum succo, gummium modo, affici minor,
austri flatu nigrior, aquilonibus melior et rubens, plurimus in Græcis
nucibus. Menecrates florem esse dicit , sed nemo præter eum.

VIII. 8. Ceras ex omnium arborum satorumque floribus confingunt,
excepta rumice et echinopode. Herbarum hæc genera. Falso excipitur
et spartum, quippe quum in Hispania multa in spartariis mella herbam
eam sapiant. Falso et oleas excipi arbitror, quippe olivæ proventu plurima examina gigni certum est. Fructibus nullis nocetur. Mortuis ne
floribus quidem, non modo corporibus insidunt. Operantur intra sexa-

rence de soixante pas. A mesure que les fleurs sont épuisées, elles envoient plus loin reconnaître de nouveaux pâturages. Si la nuit les surprend dehors, elles veillent couchées sur le dos, afin de garantir leurs ailes de la rosée.

De quelques hommes épris des abeilles.

Qu'on ne s'étonne pas que des hommes se soient passionnés pour elles. Aristomaque de Soles ne fit autre chose, pendant cinquante-huit ans, que de soigner des abeilles. Philisque de Thasos fut surnommé Agrius (le sauvage), parcequ'il vécut au milieu des déserts uniquement occupé du même soin. Tous deux ont écrit sur les abeilles.

Manière de travailler des abeilles.

Voici l'ordre du travail. Pendant le jour, les portes sont gardées comme celles des camps : la nuit, tout repose jusqu'au matin ; alors une d'elles avertit les autres par un ou deux bourdonnements : c'est la trompette qui sonne le réveil. Elles s'envolent toutes à la fois, si le jour doit être doux et serein : car elles pressentent les vents et les orages, et alors elles se tiennent dans la ruche. Lorsque, par une belle journée, qu'elles savent aussi prévoir, la troupe est sortie pour le travail, les unes ramas-

---

ginta passus ; et subinde consumptis in proximo floribus, speculatores ad pabula ulteriora mittunt. Noctu deprehensæ in expeditione excubant supinæ, ut alas a rore protegant.

IX. 9. Ne quis miretur amore earum captos, Aristomachum Solensem duodesexaginta annis nihil aliud egisse; Philiscum vero Thasium in desertis apes colentem Agrium cognominatum ; qui ambo scripsere de his.

X. 10. Ratio operis. Interdiu statio ad portas more castrorum, noctu quies in matutinum, donec una excitet gemino aut triplici bombo, ut buccino aliquo. Tunc universæ provolant, si dies mitis futurus est. Prædivinant enim ventos imbresque, et se continent tectis. Itaque temperie cœli (et hoc inter præscita habent), quum agmen ad opera pro-

sent avec leurs pieds la poussière des fleurs, les autres remplissent leur trompe d'eau, où elles en imbibent cette forêt de poils dont tout leur corps est couvert. Ce sont les jeunes qui vont au dehors et qui voiturent ces approvisionnements. Les vieilles travaillent dans l'intérieur. Celles qui apportent les fleurs se servent de leurs pieds antérieurs pour charger leurs cuisses que, dans cette vue, la nature a faites raboteuses. C'est avec leur trompe qu'elles chargent leurs pieds antérieurs. Le fardeau ainsi distribué sur toutes les parties du corps, elles reviennent ployant sous le faix.

A leur arrivée, trois ou quatre les reçoivent et les déchargent; car, dans l'intérieur aussi, chacune a sa fonction déterminée. Les unes bâtissent, les autres polissent, d'autres servent les ouvrières, d'autres enfin apprêtent pour le repas quelques unes des provisions qui ont été apportées. En effet, elles ne mangent pas séparément. Les heures du travail et du repas sont les mêmes pour toutes. Celles qui bâtissent commencent par établir la base de l'édifice à la voûte de la ruche, et conduisent de haut en bas la chaîne de leurs cellules, en ménageant deux sentiers autour de chaque rayon, l'un pour entrer, l'autre pour sortir. Attachés à la ruche par leur sommité, et même un peu par leurs côtés, les rayons tiennent ensem-

cessit, aliæ flores aggerunt pedibus, aliæ aquam ore, guttasque lanugine totius corporis. Quibus est earum adolescentia, ad opera exeunt, et supradicta convehunt; seniores intus operantur. Quæ flores comportant, prioribus pedibus femora onerant, propter id natura scabra, pedes priores rostro; totæque onustæ remeant sarcina pandatæ.

Excipiunt eas ternæ, quaternæque, et exonerant. Sunt enim intus quoque officia divisa. Aliæ struunt, aliæ poliunt, aliæ suggerunt, aliæ cibum comparant ex eo quod adlatum est. Neque enim separatim vescuntur, ne inæqualitas operis et cibi fiat et temporis. Struunt orsæ a concameratione alvei, textumque velut a summa tela deducunt, limitibus binis circa singulos actus, ut aliis intrent, aliis exeant. Favi superiore parte adfixi, et paulum etiam lateribus, simul hærent et pen-

ble et sont également suspendus. Ils ne touchent point le
sol. Ils sont anguleux ou ronds, selon la forme de la ruche : quelquefois il y en a de l'une et l'autre sorte, lorsque deux essaims demeurant ensemble ne procèdent pas
de la même manière. Les rayons qui menacent ruine sont
étayés par des massifs construits en arcades, afin de laisser un passage pour les réparations. Les deux ou trois
premiers rangs demeurent vides, pour ne laisser à la portée des voleurs rien qui excite leur cupidité. Les derniers
sont les plus remplis de miel. Aussi quand on veut tail-
ler la ruche, on l'ouvre par derrière.

Les abeilles qui apportent les fardeaux s'étudient à
prendre le vent. S'il survient un orage, elles saisissent de
petits graviers qui leur servent de contre-poids (9). Quelques auteurs prétendent qu'elles les posent sur leurs
épaules. Dans les vents contraires, elles volent terre à
terre, en évitant les buissons. Le travail est exactement
surveillé. Elles remarquent les paresseuses, les châtient
sur-le-champ, et même les punissent de mort. Leur propreté est admirable. Elles enlèvent de la ruche toutes les
immondices, et n'y souffrent rien d'étranger. Leurs ordures même qu'elles déposent dans un lieu commun, afin
que les ouvrières ne s'écartent point de leur ouvrage, sont

transportées au dehors dans les jours où le mauvais temps
ne permet pas de vaquer au travail. A la fin du jour, le
bruit diminue de moment en moment, jusqu'à ce que
l'une d'elles voltige autour de la ruche avec un bourdonnement pareil à celui du matin ; elle semble donner l'ordre du repos. C'est encore ce qui se fait dans les camps.
A ce signal, toutes se taisent à la fois.

Elles bâtissent des logements d'abord pour le peuple,
ensuite pour les rois (10). Si l'on espère une année abondante, on en ajoute pour les faux-bourdons. Ceux qu'on
leur destine sont les plus petits de tous, quoiqu'ils soient
eux-mêmes plus grands que les abeilles.

Des bourdons.

Les faux-bourdons n'ont point d'aiguillon. C'est une
espèce d'abeilles imparfaites, produit tardif, dernier effort de la vieillesse épuisée ; ce sont les esclaves des véritables abeilles. Aussi leur commandent-elles en despo-
tes ; elles les envoient les premiers à l'ouvrage, et leur
paresse est punie sans pitié. Les faux-bourdons ne les aident pas seulement dans le travail, ils sont encore utiles
pour la multiplication de l'espèce, parceque la grande
quantité des habitants sert beaucoup à échauffer la ruche. Ce qu'il y a de certain, c'est que plus ils sont nom-

cedant, unum congesta in locum, turbidis diebus et operæ otio egerunt.
Quum advesperascit, in alveo strepunt minus ac minus, donec una cir-
cumvolet eodem, quo excitavit, bombo, ceu quietem capere imperans ;
et hoc castrorum more. Tunc repente omnes conticescunt.

14. Domos primum plebei exædificant, deinde regibus. Si speratur
largior proventus, adjiciuntur contubernia et fuci. Hæ cellarum minores, sed ipsi majores apibus.

XI. Sunt autem fuci, sine aculeo, velut imperfectæ apes, novissi-
mæque, a fessis et jam emeritis inchoatæ, serotinus fœtus, et quasi servitia verarum apium ; quamobrem imperant iis, primosque in opera
expellunt, tardantes sine clementia puniunt. Neque in opere tantum,
sed in fœtu quoque adjuvant eas, multum ad calorem conferente turba.
Certe quo major eorum fuit multitudo, hoc major fiet examinum pro-

breux, plus aussi le produit des essaims sera considérable. Lorsque le miel commence à mûrir, les abeilles les
chassent, et, se mettant plusieurs sur un seul, elles les
mettent à mort. On ne les voit que pendant le printemps.
Un faux-bourdon qu'on a rejeté dans la ruche, après lui
avoir arraché les ailes, va lui-même les arracher aux
autres.

Du miel.

Dans la partie inférieure, les abeilles construisent, pour
les chefs qui doivent naître, des palais vastes, magnifiques,
séparés et surmontés d'une sorte de dôme; si on arrache
cette grosseur proéminente, leur naissance n'aura pas lieu.
Toutes les cellules sont hexagones (11), parcequ'elles y travaillent avec tous leurs pieds à la fois. Il n'y a point
d'époques déterminées pour aucun de ces ouvrages. Tous
les jours sereins sont mis à profit. En une ou deux journées au plus elles remplissent les cellules de miel.

Le miel vient de l'air (12). Il se forme généralement au
lever des astres, surtout sous la constellation du sirius,
jamais avant le lever des pléiades, vers l'aube du jour.
Aussi les feuilles des arbres sont-elles alors humectées de
miel à la naissance de l'aurore; et ceux qui se trouvent
le matin dans les champs sentent leurs habits et leurs
cheveux enduits d'une liqueur onctueuse. Au surplus,

ventus. Quum mella cœperunt maturescere, abigunt eos; multæque
singulos adgressæ trucidant. Nec id genus, nisi vere, conspicitur. Fucus
ademptis alis in alveum rejectus, ipse ceteris adimit.

XII. Regias imperatoribus futuris in ima parte alvei exstruunt am-
plas, magnificas, separatas, tuberculo eminentes; quod si exprimatur,
non gignuntur soboles. Sexangulæ omnes cellæ, singulorum ex pedum
opere. Nihil horum stato tempore, sed rapiunt diebus serenis munia.
Et melle uno alterove ad summum die cellas replent.

12. Venit hoc ex aere, et maxime siderum exortu, præcipueque ipso
sirio exsplendescente fit, nec omnino prius vergiliarum exortu, sublu-
canis temporibus. Itaque tum prima aurora folia arborum melle roscida
inveniuntur; ac si qui matutino sub dio fuere, unctas liquore vestes,

que le miel soit une rosée du ciel, une transpiration des astres, une épuration de l'air, plût aux dieux qu'il nous parvînt pur, liquide, naturel, tel qu'il a coulé d'abord ! Aujourd'hui même, tombant d'une si grande hauteur, contractant mille souillures dans sa route, infecté par les exhalaisons terrestres qu'il rencontre, ensuite recueilli sur les feuilles et les herbes, entassé dans l'estomac des abeilles, car c'est de là qu'elles le retirent pour le dégorger, corrompu par le suc des fleurs, macéré dans les ruches, tel qu'il est enfin après tant d'altérations, sa délicieuse saveur décèle encore une nature céleste.

Du meilleur miel.

Le meilleur miel est toujours celui des contrées où il se dépose dans le calice des fleurs les plus exquises. Les endroits les plus renommés sont les monts Hymette dans l'Attique, et Hybla en Sicile, ensuite l'île Calidna. Le miel est d'abord liquide comme l'eau ; les premiers jours, il fermente comme le moût, et s'épure. Le vingtième jour, il s'épaissit, et bientôt il se couvre d'une croûte légère, formée par l'écume du bouillonnement. Le miel le plus agréable au goût et le moins altéré par les feuilles, est celui que les mouches recueillent sur le chêne, le tilleul et le roseau.

capillumque concretum sentiunt. Sive ille est cœli sudor, sive quædam siderum saliva, sive purgantis se aeris succus, utinamque esset et purus ac liquidus, et suæ naturæ, qualis defluit primo ; nunc vero e tanta cadens altitudine, multumque, dum venit, sordescens, et obvio terræ halitu infectus, præterea e fronde ac pabulis potus, et in utriculo congestus apium (ore enim eum vomunt) : ad hæc succo florum corruptus, et alveis maceratus, totiesque mutatus, magnam tamen cœlestis naturæ voluptatem adfert.

XIII. 13. Ibi optimus semper, ubi optimorum doliolis florum conditur. Atticæ regionis hoc, et Siculæ, Hymetto, et Hybla, ab locis ; mox Calydna insula. Est autem initio mel, ut aqua, dilutum, et primis diebus fervet, ut musta, seque purgat ; vicesimo die crassescit, mox obducitur tenui membrana, quæ fervoris ipsius spuma concrescit. Sorbetur optimum et minime fronde infectum, e quercus, tiliæ, arundinum foliis.

Du miel suivant les localités.

La bonté du miel dépend, ainsi que je viens de l'observer, du pays qui le produit. L'abondance de la récolte n'est pas la même partout. En certains lieux, comme chez les Péligniens, et dans la Sicile, les rayons sont plus chargés de cire ; en d'autres pays, ils contiennent plus de miel, comme en Crète, en Chypre, en Afrique. Ailleurs, comme dans les régions septentrionales, ils sont remarquables par leur grandeur. On a vu en Germanie un rayon de huit pieds. Toute la partie creuse était noire.

Toutefois, en quelque pays que ce soit, il y a trois sortes de miel : la première est celui du printemps, formé de la substance des fleurs, et que, par cette raison, l'on appelle *anthinum*, miel de fleur. Quelques uns défendent qu'on y touche, afin qu'une nourriture copieuse rende les jeunes essaims plus vigoureux. D'autres, au contraire, n'en laissent presque rien aux abeilles ; ils comptent sur le produit abondant qui doit avoir lieu au lever des grandes constellations. Au reste, le temps où les ruches sont le mieux approvisionnées, est celui du solstice, lorsque le thym et la vigne commencent à fleurir. Mais une sage économie doit présider au dépouillement des ruches. Si vous ne laissez rien aux abeilles, elles se livrent au désespoir, elles meurent ou se dispersent. D'un autre côté,

XIV. 14. Summa quidem bonitatis natione constat (ut supra diximus), pluribus modis : aliubi enim favi cera spectabiles gignuntur, ut in Pelignis, Sicilia ; aliubi mellis copia, ut in Creta, Cypro, Africa ; aliubi magnitudine, ut in septemtrionalibus, viso jam in Germania octo pedum longitudinis favo, in cava parte nigro.

In quocumque tamen tractu terna sunt mellis genera. Vernum ex floribus constructo favo, quod ideo vocatur anthinum. Hoc quidam attingi vetant, ut largo alimento valida exeat soboles. Alii ex nullo minus apibus relinquunt, quoniam magna sequatur ubertas, magnorum siderum exortu. Præterea solstitio, quum thymum et uva florere incipiunt, præcipua cellarum materia. Est autem in eximendis favis necessaria dispensatio, quoniam inopia cibi desperant, moriunturque, aut

l'abondance amène la paresse, et dédaignant l'érithaque, elles mangent le miel pur. Un bon économe leur abandonne le douzième de cette récolte. Si l'on veut observer ou savoir précisément le jour où l'on doit la commencer, ce jour semble avoir été fixé par une loi de la nature : c'est le trentième après la sortie du jeune essaim. Elle se fait donc ordinairement dans le courant de mai.

La seconde sorte est le miel d'été, qu'on nomme ὡραῖον, parcequ'il se forme principalement dans la saison où le sirius brille de tout son éclat, environ trente jours après le solstice. Sans la perversité de l'homme, qui altère et corrompt tout, cette production de la nature serait le plus précieux de ses bienfaits. En effet, lorsque les astres, et surtout les astres majeurs se lèvent, ou que l'arc-en-ciel se montre, s'il ne survient point de pluie, et que la rosée soit échauffée par les rayons du soleil, ce qui tombe des airs n'est pas un miel ordinaire, mais un don céleste, un médicament souverain pour les yeux, pour les ulcères, pour toutes les parties internes. Si on le recueille au lever du sirius, et que, ce qui arrive souvent, le lever de Vénus, de Jupiter ou de Mercure coïncide avec cette époque, il n'est ni douceur ni force qui puisse, autant que ce di-

---

diffugiunt ; contra copia ignaviam adfert ; ac jam melle, non erithace pascuntur. Ergo diligentiores ex hac vendemia duodecimam partem apibus relinquunt. Dies status inchoandæ, ut quadam lege naturæ, si scire aut observare homines velint, tricesimus ab edacto examine ; fereque maio mense includitur hæc vindemia.

Alterum genus est mellis æstivi, quod ideo vocatur ὡραῖον, a tempestivitate præcipua, ipso sirio exsplendescente post solstitium diebus tricenis fere. Immensa circa hoc subtilitas naturæ mortalibus patefacta est, nisi fraus hominum cuncta pernicie corrumperet. Namque ab exortu sideris cujuscumque, sed nobilium maxime, aut cœlestis arcus, si non sequantur imbres, sed ros tepescat solis radiis, medicamenta, non mella, gignantur, oculis, ulceribus, internisque visceribus dona cœlestia. Quod si servetur hoc sirio exoriente, casuque congruat in eumdem diem, ut sæpe, Veneris aut Jovis, Mercuriive exortus, non

vin nectar, guérir les hommes et même les rappeler de
la mort.

Manière d'éprouver le miel.

La récolte est plus copieuse dans la pleine lune, et le
miel est plus gras dans un jour serein. Celui qui a coulé
de lui-même et sans pression, ainsi que la mère-goutte et
l'huile-vierge, est nommé ἄκαπνον (sans mélange). Le miel
rouge est d'une qualité supérieure ; c'est aussi le meilleur
pour les maux d'oreilles. On estime celui qui provient du
thym : il est de couleur d'or et d'un goût très agréable.
Celui que nous voyons se former dans les calices des
fleurs est gras ; celui que donne le romarin est épais. Le
miel qui se coagule est le moins estimé. Celui qui est tiré
du thym ne se fige pas ; si on le touche, il file très menu,
ce qui est le premier indice de sa pesanteur. Quand il se
détache sans filer, et que les gouttes rejaillissent, il est
réputé de très mauvaise qualité. Les autres conditions
qu'on exige, c'est qu'il soit odorant, aigrelet, gluant, transparent. Cassius Dionysius veut qu'on laisse aux abeilles
le dixième de la récolte d'été, lorsque les ruches sont
pleines, et une part proportionnée lorsqu'elles ne sont pas
entièrement remplies ; si elles sont presque vides, il prescrit de n'y pas toucher. Les habitants de l'Attique ont fixé

alia suavitas visque mortalium malis a morte vocandis, quam divini
nectaris fiat.

XV. 15. Mel plenilunio uberius capitur, serena die pinguius. In omni
melle quod per se fluxit, ut mustum oleumque, appellatur acetum.
Maxime laudabile est etiam omne rutilum, vel sic auribus aptissimum.
In æstimatu est e thymo, coloris aurei, saporis gratissimi. Quod fit
palam dioliolis, pingue ; marino e rore, spissum. Quod concrescit autem,
minime laudatur. Thymosum non coit, et tactu prætenuia fila mittit :
quod primum gravitatis argumentum est. Abrumpi statim et resilire
guttas, vilitatis indicium habetur. Sequens probatio, ut sit odoratum,
et ex dulci acre, glutinosum, perlucidum. Æstiva mellatione decimam
partem Cassio Dionysio apibus relinqui placet, si plenæ fuerint alvi ; si
minus, pro rata portione ; aut si inanes, omnino non attingi. Huic ven-

l'époque de cette récolte au temps de la caprification (13).
Les autres, à la fête de Vulcain (14).

La troisième espèce est un miel sauvage, qu'on nomme *éricée* (miel de bruyère), et dont on ne fait nul cas. Les abeilles le recueillent après les premières pluies de l'automne, lorsque la bruyère seule fleurit dans les forêts ; voilà pourquoi il semble rempli de gravier. Il se forme principalement au lever de l'arcture, deux jours avant les ides de septembre. Quelques uns diffèrent la récolte d'été jusqu'au lever de l'arcture, parceque de là il reste quatorze jours jusqu'à l'équinoxe de l'automne, et que les quarante-huit jours qui s'écoulent depuis l'équinoxe jusqu'au coucher des pléiades, sont le temps où il y a le plus de bruyères en fleur. Les Athéniens appellent cette plante *tétralice*, et les Eubéens *sisire*. Ils pensent qu'elle est très agréable aux abeilles, peut-être parcequ'alors il n'y a pas d'autres fleurs. Cette récolte se termine donc à la fin des vendanges, au coucher des pléiades, aux ides de novembre. L'expérience a démontré qu'il faut en laisser aux abeilles les deux tiers, indépendamment des rayons qui contiennent l'érithaque.

Depuis le solstice d'hiver jusqu'au lever de l'arcture,

demiæ Attici signum dedere initium caprifici ; alii diem Vulcano sacram.

16. Tertium genus mellis, minime probatum, silvestre, quod ericæum vocant. Convehitur post primos autumni imbres, quum erice sola floret in silvis, ob id arenoso simile. Gignitur id maxime arcturi exortu et ante pridie idus septembris. Quidam æstivam mellationem ad arcturi exortum proferunt, quoniam ad æquinoctium autumni ab eo supersint dies quatuordecim ; et ab æquinoctio ad vergiliarum occasum diebus XLVIII. plurima sit erice. Athenienses tetralicem appellant, Eubœa sisirum ; putantque apibus esse gratissimam, fortassis quia tunc nulla alia sit copia. Hæc ergo mellatio, fine vindemiæ et vergiliarum occasu, idibus novembris fere includitur. Relinqui ex ea duas partes apibus ratio persuadet, et semper eas partes favorum, quæ habeant erithacen.

A bruma ad arcturi exortum diebus LX. somno aluntur sine ullo cibo.

c'est-à-dire pendant soixante jours, elles dorment sans
prendre aucune nourriture. Depuis le lever de l'arcture
jusqu'à l'équinoxe du printemps, la saison étant plus
douce, leur sommeil cesse, mais elles ne sortent pas encore
de la ruche : elles vivent des provisions qu'elles ont réservées pour ce temps. En Italie, elles commencent à
manger au lever des pléiades ; elles dorment jusqu'à cette
époque.

Quelques-uns pèsent la récolte du miel, et règlent ainsi
la part qu'ils laissent aux abeilles ; car l'équité doit présider à la répartition, et l'on prétend qu'elles meurent si
on les frustre de leurs droits. On prescrit avant tout à
ceux qui font cette récolte de se baigner auparavant, et
d'être exempts de toute souillure. Les abeilles ont en
haine et les voleurs et les femmes qui sont dans leur
temps critique. Quand on dépouille les ruches, il est
très utile d'en chasser les mouches par le moyen de la
fumée, afin de se garantir de leur fureur, et d'empêcher
qu'elles ne dévorent le miel. Souvent on emploie les fumigations pour exciter leur activité ; car, à moins qu'elles
ne restent sur leurs gâteaux, ils deviennent livides. D'un
autre côté, une fumée trop forte les infecte, et le miel,
qui s'aigrit par le plus léger contact de la rosée, s'en ressent très promptement. Aussi distingue-t-on, parmi les

Ab arcturi exortu ad æquinoctium vernum, tepidiore tractu jam vigi-
lant; sed etiam tunc alveo se continent, servatosque in id tempus cibos
repetunt. In Italia vero hoc idem a vergiliarum exortu faciunt : in eum
dormiunt.

Alvos quidam in eximendo melle expendunt, ita dimetientes quantum relinquant. Æquitas siquidem etiam in eis obstringitur; ferturque
sociatate fraudata alvos mori. In primis ergo præcipitur ut loti puríque
eximant mella. Et furem mulieremque menses odere. Quum eximun-
tur mella, apes abigi fumo utilissimum, ne irascantur, aut ipsæ avidæ
vorent. Fumo crebriore etiam ignavia earum excitatur ad opera. Nam
nisi incubavere, favos lividos faciunt. Rursus nimio fumo inficiuntur;
quarum injuriam celerrime sentiunt mella, vel minimo contactu roris

différentes sortes de miel, celui qu'on nomme *acapnon*
(sans fumée).

Reproduction des abeilles.

La reproduction des abeilles est encore un problème
pour les savants, parceque jamais on ne les a vues s'accoupler (15). Plusieurs ont pensé qu'elles se forment de
fleurs disposées et combinées d'une manière convenable.
Quelques autres croient qu'elles proviennent de l'accouplement d'un seul individu, qui est le roi de chaque essaim (de la seule femelle au contraire). Ils disent que lui
seul est mâle, que la nature l'a fait plus grand, pour qu'il
soit plus fort ; ils en concluent que sans lui la reproduction n'a pas lieu, et que les autres abeilles l'accompagnent,
non comme leur chef, mais comme leur mâle. Cette opinion, d'ailleurs assez probable, est réfutée par la génération des faux-bourdons. En effet, par quelle raison le
même accouplement produirait-il les uns parfaits et les
autres imparfaits? Le premier système serait plus vraisemblable s'il ne s'y rencontrait une autre difficulté. C'est
que l'on voit naître quelquefois, au bord des ruches, des
abeilles plus grandes qui chassent les autres. Cette espèce
nuisible se nomme *œstrus* (16). Comment expliquer sa
naissance, si les abeilles forment elles-mêmes leurs semblables?

accentis. Et ob id inter genera servatur, quod acapnon vocant.

XVI. Fœtus quonam modo progenerarent, magna inter eruditos et
subtilis quæstio fuit. Apium enim coitus visus est numquam. Plures
existimavere oportere confici floribus compositis apte atque utiliter.
Aliqui coitu unius, qui rex in quoque appellatur examine. Hunc esse
solum marem, præcipua magnitudine, ne fatiscat. Ideo fœtum sine eo
non edi ; apesque reliquas, tamquam marem feminas comitari, non tamquam ducem ; quam probabilem alias sententiam fœtuum proventus
coarguit. Quæ enim ratio, ut idem coitus alios perfectos, imperfectos
generet alios? Propior vero prior existimatio fieret, si rursus alia difficultas occurreret. Quippe nascuntur aliquando in extremis favis apes
grandiores, quæ ceteras fugant. Oestrus vocatur hoc malum ; quonam
modo nascens, si ipsæ fingunt?

Un fait certain, c'est qu'elles couvent à la manière des poules. Ce qui éclôt présente d'abord l'apparence d'un ver blanchâtre, couché de travers, et tellement adhérent qu'il semble faire partie de la cire. Le roi, dès le premier instant, est de la couleur du miel, comme étant formé du choix de toutes les fleurs. Il ne passe point par l'état du ver, il se montre d'abord muni de ses ailes. Lorsque les autres abeilles commencent à prendre une forme, on les appelle nymphes, ainsi qu'on appelle les faux-bourdons sirènes ou céphènes. Si l'on arrache la tête aux uns et aux autres, avant qu'ils aient des ailes, le reste du corps est le mets le plus friand pour les mères. Au bout de quelque temps, elles leur versent la nourriture goutte à goutte; et sans doute afin de produire la chaleur nécessaire pour faire éclore leurs petits, elles les couvent en bourdonnant, jusqu'à ce que, rompant la pellicule dans laquelle ils sont enveloppés, comme le poussin dans l'œuf, tout l'essaim à la fois sorte à la lumière. Cette opération a été observée près de Rome, à la campagne d'un consulaire qui s'était fait construire des ruches de corne transparente. Les petits sont parfaits au quarante-cinquième jour. Il se forme dans quelques rayons un durillon de cire d'une saveur amère, et qu'on appelle *clou* : ce qui n'a

Quod certum est, gallinarum modo incubant. Id quod exclusum est, primum vermiculus videtur candidus, jacens transversus, adhærensque ita ut pars ceræ videatur. Rex statim mellei coloris, ut electo flore ex omni copia factus, neque vermiculus, sed statim penniger. Cetera turba quum formam capere cœpit, nymphæ vocantur; ut fuci, sirenes, aut cephenes. Si quis alterutris capita demat, priusquam pennas habeant, pro gratissimo sunt pabulo matribus. Tempore procedente instillant cibos, atque incubant, maxime murmurantes, caloris (ut putant) faciendi gratia, necessarii excludendis pullis, donec ruptis membranis, quæ singulos cingunt ovorum modo, universum agmen emergat. Spectatum hoc Romæ consularis cujusdam suburbano, alveis cornu laternæ translucido factis. Fœtus intra XLV. diem peragitur. Fit in favis quibusdam, qui vocatur clavus, amaræ duritia ceræ, quum fœtum inde non

lieu que lorsque les abeilles, soit par maladie, soit par paresse ou par infécondité naturelle, ne conduisent pas le couvain à son terme. C'est ce qu'on peut nommer l'avortement des abeilles. Les petits, à peine éclos, travaillent avec les mères, et s'instruisent à leur école. Le jeune essaim accompagne le jeune roi.

Elles élèvent plusieurs rois, dans la crainte d'en manquer. Lorsqu'ils sont adultes, elles font leur choix, et d'un commun accord elles tuent les autres, de peur qu'ils ne mettent la division dans l'État. Il y en a de deux espèces. Le meilleur est noir et tacheté. Tous sont d'une forme distinguée, et deux fois plus grands que le commun des abeilles. Ils ont les ailes plus courtes, les jambes droites, la démarche fière, et sur le front une tache blanchâtre, en forme de diadème. Ils sont aussi beaucoup plus éclatants que les autres.

Gouvernement des abeilles.

Qu'on recherche maintenant s'il a existé plus d'un Hercule, combien il faut compter de Bacchus, et tant d'autres choses effacées par la rouille des siècles! Voici un fait bien simple, que toutes nos campagnes offrent sans cesse à nos observations, et sur lequel les auteurs ne peuvent s'accorder. Le roi des abeilles est-il seul privé d'aiguil-

adduxere morbo aut ignavia, aut infecunditate naturali. Hic est abortus apium. Protinus autem educti operantur quadam disciplina cum matribus; regemque juvenem æqualis turba comitatur.

Reges plures inchoantur, ne desint. Postea ex his soboles quum adulta esse cœpit, concordi suffragio deterrimos necant, ne distrahant agmina. Duo autem genera eorum; melior niger variusque. Omnibus forma semper egregia, et duplo quam ceteris major, pennæ breviores, crura recta, ingressus celsior, in fronte macula quodam diademate candicans. Multum etiam nitore a vulgo differunt.

XVII. 47. Quærat nunc aliquis, unusne Hercules fuerit, et quot Liberi patres, et reliqua vetustatis situ obruta! Ecce in re parva, villisque nostris adnexa, cujus assidua copia est, non constat inter auctores; rex nullumne solus habeat aculeum, majestate tantum armatus; an

lon, sans autres armes que sa propre majesté? ou la nature, en lui donnant un aiguillon, en a-t-elle refuse l'usage
à lui seul? Ce qu'il y a de certain, c'est qu'il ne s'en sert
jamais. Son peuple est un parfait modèle d'obéissance.
Lorsqu'il sort, l'essaim entier l'accompagne, forme un
groupe autour de lui, l'enveloppe, le couvre et le cache à
tous les yeux. Dans les autres temps, lorsque le peuple
est à ses travaux, il parcourt les ouvrages de l'intérieur,
comme pour animer ses gens; seul il est exempt de travail (47). Des satellites, des licteurs rangés autour de lui
annoncent la présence du souverain. Il ne sort jamais que
lorsque l'essaim doit changer de demeure. On en est
averti plusieurs jours à l'avance. Un bourdonnement qui
se fait entendre dans la ruche annonce que les abeilles
font leurs apprêts, et qu'elles n'attendent qu'un jour favorable. Si l'on arrache une aile au roi, l'essaim ne se dé-
placera pas. Lorsqu'elles se sont mises en marche, chacune ambitionne d'être auprès du roi; leur gloire est d'en
être vues, remplissant leur devoir. S'il commence à se
lasser, elles le soutiennent avec leurs épaules; elles le
portent tout à fait s'il est trop fatigué. Celles qui sont
restées en arrière par lassitude, ou qui se sont égarées,
suivent la troupe, conduites par l'odorat. En quelque

dederit eum quidem natura, sed usum ejus illi tantum negaverit. Illud
constat, imperatorem aculeo non uti. Mira plebei circa eum obedientia. Quum procedit, una est totum examen, circaque eum globatur,
cingit, protegit, cerni non patitur. Reliquo tempore, quum populus in
labore est, ipse opera intus circuit, similis exhortanti, solus immunis.
Circa eum satellites quidam lictoresque, assidui custodes auctoritatis.
Procedit foras non nisi migraturo examine. Id multo intelligitur ante,
aliquot diebus murmure intus strepente, apparatus indice diem tem-
pestivum eligentium. Si quis alam ei detruncet, non fugiet examen.
Quum processere, se quæque proximam illi cupit esse, et in officio
conspici gaudet. Fessum humeris sublevant; validius fatigatum ex toto
portant. Si qua lassata deficit, aut forte aberravit, odore persequitur.
Ubicumque illa consedit, ibi cunctarum castra sunt.

lieu que le roi s'arrête, l'armée entière établit son camp.

Heureux présages tirés de la vue d'un essaim.

Alors, suspendues en grappes dans les maisons ou dans les temples, elles forment des présages privés et publics, souvent accomplis par de grands événements. Elles se posèrent sur la bouche de Platon encore enfant, annonçant la douceur de son éloquence enchanteresse. Elles se posèrent aussi dans le camp de Drusus, lorsqu'il combattit avec le plus heureux succès auprès d'Arbalon : ce qui met en défaut la doctrine des aruspices qui pensent qu'un tel présage est toujours sinistre. Le roi une fois pris, on est maître de tout l'essaim. A-t-il disparu, toute la troupe se disperse et va se joindre à d'autres chefs. Jamais les abeilles ne peuvent être sans roi. Lorsqu'il y en a plusieurs, elles les tuent, mais à regret ; et quand elles désespèrent d'une année abondante, elles préfèrent de détruire les cellules où ils doivent naître. Alors elles chassent aussi les faux-bourdons. Quant à ces derniers, je vois qu'on ne s'accorde pas sur leur nature. Quelques auteurs pensent qu'ils forment une espèce particulière, ainsi que ces grosses mouches noires, à large ventre, qui se rencontrent parmi les abeilles, et qu'on nomme bourdons-larrons, parcequ'elles dérobent et mangent le miel.

XVIII. Tunc ostenta faciunt privata ac publica, uva dependente in domibus templisve, sæpe expiata magnis eventibus. Sedere in ore infantis tum etiam Platonis, suavitatem illam prædulcis eloquii portendentes. Sedere in castris Drusi imperatoris, quum prosperrime pugnatum apud Arbalonem est, haud quaquam perpetua aruspicum conjectura, qui dirum id ostentum existimant semper. Duce prehenso totum tenetur agmen ; amisso dilabitur, migratque ad alios. Esse utique sine rege non possunt. Invitæ autem interimunt eos, quum plures fuere, potiusque nascentium domos diruunt, si proventus desperatur ; tunc et fucos abigunt. Quanquam de iis video dubitari, propriumque iis genus esse aliquos existimare, sicut furibus grandissimis inter illas, sed nigris lataque alvo ; ita appellatis, quia furtim devorant mella. Certum est

Il est constant que les abeilles tuent les faux-bourdons (18). Ceux-ci n'ont point de roi. Mais comment se fait-il qu'ils naissent sans aiguillon? C'est ce qu'on n'explique pas.

Quand le printemps est humide, les essaims multiplient davantage; quand il est sec, le miel est plus abondant. Si les vivres manquent dans quelques ruches, les abeilles se jettent sur les ruches voisines pour les piller. Celles qu'elles attaquent se défendent et livrent combat, et si l'homme chargé du soin des ruches est présent, le parti qui se le croit favorable ne lui fait aucun mal. Elles se font aussi la guerre pour d'autres sujets. Le transport des fleurs est la cause ordinaire des rixes. Chacune appelle ses compagnes à son secours. Alors chaque armée a son chef qui la range en bataille. Un peu de poussière ou de fumée sépare les combattants. Une légère aspersion de lait ou d'eau miellée réconcilie les deux partis.

Des diverses espèces d'abeilles.

Il y a aussi des abeilles champêtres et forestières, d'un aspect rude et sauvage, beaucoup plus irritables que les autres, mais plus laborieuses et meilleures ouvrières. Les abeilles domestiques sont de deux sortes: les unes, nuancées de plusieurs couleurs et ramassées dans leur courte

---

ab apibus fucos interfici. Utique regem non habent. Sed quomodo sine aculeo nascantur, in quæstione est.

Humido vere melior fœtus; sicco, mel copiosius. Quod si defecerit aliquas alvos cibus, impetum in proximas faciunt rapinæ proposito. At illæ contra dirigunt aciem; et si custos adsit, alterutra pars, quæ sibi favere sentit, non appetit eum. Ex aliis quoque sæpe dimicant causis, easque acies contrarias duo imperatores instruunt, maxime rixa in convehendis floribus exorta, et suos quibusque evocantibus; quæ dimicatio injectu pulveris, aut fumo tota discutitur. Reconciliatur vero lacte vel aqua mulsa.

XIX. 18. Apes sunt et rusticæ silvestresque, horridæ aspectu, multo iracundiores, sed opere ac labore præstantes. Urbanarum duo genera: optimæ breves, variæque, et in rotunditatem compactiles; deteriores

grosseur, sont les meilleures ; les autres, longues et semblables aux guêpes, sont d'une qualité inférieure ; et de
ces dernières, celles qui sont velues sont les pires de toutes.

Il y a dans le Pont des abeilles blanches qui font du
miel deux fois par mois. Aux environs du fleuve Ther-
modon se trouvent deux espèces d'abeilles : les unes font
leur miel dans les arbres ; les autres sous terre : elles
construisent un triple gâteau, et sont d'un très grand produit.

La nature a donné aux abeilles un aiguillon situé à
l'extrémité du ventre (19). Quelques auteurs pensent que
dès la première fois qu'elles en font usage, il reste dans
la piqûre, et qu'elles meurent aussitôt ; d'autres croient
qu'elles ne meurent que lorsqu'elles l'ont enfoncé assez
avant pour qu'il entraîne une portion de l'intestin ; qu'au
surplus, perdant leur force avec leur aiguillon, elles deviennent de simples bourdons, et ne font plus de miel,
désormais impuissantes pour le bien comme pour le
mal. On cite des exemples de chevaux tués par les
abeilles.

Elles détestent et fuient les mauvaises odeurs, et même
toutes les odeurs factices : aussi harcèlent-elles ceux qui
portent des parfums. Elles sont exposées aux attaques

longæ, et quibus similitudo vesparum ; etiamnum deterrimæ ex iis
pilosæ.

In Ponto sunt quædam albæ, quæ bis in mense mella faciunt. Circa
Thermodoontem autem fluvium duo genera : aliarum, quæ in arboribus
mellificant ; aliarum, quæ sub terra, triplici cerarum ordine, uberrimi
proventus.

Aculeum apibus natura dedit ventri consertum. Ad unum ictum hoc
infixo, quidam eas statim emori putant. Aliqui non nisi in tantum adac-
to, ut intestini quidpiam sequatur ; sed fucos postea esse, nec mella
facere, velut castratis viribus, pariterque et nocere et prodesse desinere. Est in exemplis, equos ab iis occisos.

Cætere fœdos odores proculque fugiunt, sed et fictos. Itaque unguenta
redolentes infestant, ipsæ plurimorum animalium injuriis obnoxiæ. Im-

d'un très grand nombre d'animaux. Les guêpes, qui ne sont que des abeilles abâtardies, les frelons et l'espèce de cousins qu'on nomme *mulions*, leur font la guerre. Les hirondelles et quelques autres oiseaux les ravagent. Lorsqu'elles vont chercher de l'eau, ce qui est leur plus grande occupation dans le temps où elles élèvent leurs petits, les grenouilles leur tendent des embuscades ; et je ne parle pas seulement de celles qui les attendent au bord des étangs et des ruisseaux ; mais les grenouilles buissonnières viennent aussi les chercher ; elles se glissent près des ruches, et soufflent par les portes. À ce bruit, les abeilles sortent et sont saisies à l'instant. On dit que leur aiguillon ne peut entamer la peau des grenouilles. Les moutons encore sont dangereux pour elles, par la peine qu'elles ont à se dégager de leurs toisons. Si l'on fait cuire des écrevisses dans leur voisinage, l'odeur les fait mourir.

Maladies des abeilles.

Elles ont même leurs maladies. Elles paraissent alors tristes et languissantes. On les voit présenter des aliments à celles qu'elles ont exposées devant les portes à la chaleur du soleil, transporter hors de la ruche celles qui sont mortes, accompagner leur scorps comme pour leur

pugnant eas natura ejusdem degeneres vespæ, atque crabrones, etiam e culicum genere qui vocantur muliones ; populantur hirundines, et quædam aliæ aves. Insidiantur aquantibus ranæ, quæ maxima earum est operatio tum, quum sobolem faciunt. Nec hæ tantum quæ stagna rivosque obsident, verum et rubetæ veniunt ultro, adrepentesque foribus per eas sufflant ; ad hoc provolant, confestimque abripiuntur. Nec sentire ictus apum ranæ traduntur. Inimicæ et oves difficile se a lanis earum explicantibus. Cancrorum etiam odore, et qui juxta coquat, examinantur.

XX. Quin et morbos suapte natura sentiunt. Index eorum tristitia torpens, et quum ante fores in teporem solis promotis aliæ cibos ministrant, quum defunctas progerunt, funerantiumque more comitantur

rendre les derniers devoirs. Si le roi succombe à la maladie, le peuple consterné s'abandonne à la douleur : les travaux cessent; personne ne sort. Elles s'attroupent toutes en bourdonnant tristement autour de sa froide dépouille. Il faut donc les écarter, et enlever le cadavre; sinon rien ne pourra les arracher à ce triste spectacle, et leur douleur n'aura point de terme. Même, si l'on n'a soin de leur fournir des vivres, elles se laissent mourir de faim. La gaieté et la fraîcheur sont donc, chez elles, les signes de la santé.

Leurs ouvrages eux-mêmes sont sujets à des maladies. Celle qu'on nomme *claros* a lieu lorsqu'elles ne remplissent pas leurs rayons; et celle qu'on appelle *blapsigonie,* lorsqu'elles n'amènent pas le couvain à sa perfection.

Ce qui est contraire aux abeilles.

L'écho leur est nuisible; ses sons répétés les fatiguent et les effraient. Le brouillard ne leur est pas moins contraire. Mais leur ennemi le plus terrible, c'est l'araignée. Elle détruit la ruche entière quand elle parvient à la fermer avec sa toile. Le papillon lui-même, cet insecte lâche et vil, qui voltige autour des flambeaux allumés, leur nuit sous plus d'un rapport. Il mange la cire, il laisse ses ordures où s'engendrent les teignes; et partout où il passe,

exequias. Rege ea peste consumpto, manet plebs ignavo dolore, non cibos convehens, non procedens, tristi tantum murmure glomeratur circa corpus ejus. Subtrahitur itaque diducta multitudine; alias spectantes examinera, luctum non minuunt. Tunc quoque si subveniatur, fame moriuntur. Hilaritate igitur et nitore sanitas æstimatur.

19. Sunt et operis morbi; quum favos non explent, claron vocant. Item blapsigoniam, si fetum non peragunt.

XXI. Inimica est et echo resultanti sono, qui pavidas alterno pulset ictu; inimica et nebula. Aranei quoque vel maxime hostiles, quum prævaluere ut intexant, enecant alvoos. Papilio etiam ignavus et inhonoratus, luminibus accensis advolitans, pestifer, nec uno modo. Nam et ipse ceras depascitur, et relinquit excrementa, quibus teredines gignun-

il masque les fils d'araignée qu'il couvre du duvet de ses ailes. Le bois produit encore des teignes qui attaquent particulièrement la cire. Les abeilles sont aussi victimes de leur propre intempérance : les fleurs qu'elles mangent avec excès, surtout au printemps, leur donnent le flux de ventre. L'huile les tue, ainsi que tous les autres insectes, surtout lorsqu'après leur en avoir humecté la tête, on les expose au soleil. Quelquefois elles deviennent elles-mêmes la cause de leur mort, en dévorant le miel, quand elles voient qu'on se dispose à dépouiller la ruche. En tout autre temps, elles sont très ménagères, et chassent les prodigues et les gourmandes avec autant de sévérité que les lâches et les paresseuses. Leur propre miel leur est funeste : quand on en frotte la partie antérieure de leur corps, elles meurent. A combien d'ennemis, à combien d'accidents, et je n'en cite ici qu'une faible partie, est exposé cet animal précieux par la munificence de ses dons ! J'indiquerai ailleurs les remèdes qui conviennent aux abeilles. Je ne m'occupe ici que de leur nature.

Moyen de contenir les abeilles.

Le tintement de l'airain leur fait plaisir. Elles se rallient à ce signal ; ce qui prouve qu'elles ont aussi le sens de l'ouïe. Après que les ouvrages sont achevés, que les

tur ; fila etiam araneosa, quacumque incessit, alarum maxime lanugine obtexit. Nascuntur et in ipso ligno teredines, quæ ceras præcipue appetunt. Infestat et aviditas pastus, nimia florum satietate, verno maxime tempore ; alvo cita. Oleo quidem non apes tantum, sed omnia insecta exanimantur, præcipue si capite uncto in sole ponantur. Aliquando et ipsæ contrahunt mortis sibi causas, quum sensere eximi mella, avide vorantes. Cetero præparcæ, et quæ alioqui prodigas atque edaces, non secus ac pigras atque ignavas, proturbent. Nocent et sua mella ipsis, illitæque ab adversa parte moriuntur. Tot hostibus, tot casibus (et quotam portionem eorum commemoro !), tam munificum animal expositum est. Remedia dicemus suis locis ; nunc enim sermo de natura est.

XXII. 20. Gaudent plausu atque tinnitu æris, eoque convocantur. Quo manifestum est, auditus quoque inesse sensum. Effecto opere,

petits sont éclos, et qu'elles ont rempli toutes leurs fonctions, des jeux et des exercices communs succèdent aux travaux. Répandues dans la plaine, lancées au haut des airs, elles tournoient en volant, jusqu'à ce que l'heure du repas les rappelle. En supposant qu'elles échappent à tous les ennemis, à tous les accidents, leur vie la plus longue est de sept années. On prétend que jamais ruche n'a duré plus de dix ans (20). Il est, selon quelques auteurs, un moyen de les rendre à la vie : c'est de garder leurs corps à la maison, de les exposer ensuite au soleil du printemps, et de les réchauffer pendant un jour entier dans de la cendre de figuier.

Comment on repeuple les ruches.

Si l'espèce entière est détruite, on peut la reproduire, selon ces auteurs, en enterrant dans le fumier le ventre d'un bœuf tué récemment. Virgile dit que le corps d'un jeune bœuf qu'on a fait expirer sous les coups produit des abeilles (21), comme le corps d'un cheval produit des guêpes et des frelons, et celui des ânes des scarabées, la nature changeant certains animaux en d'autres. Mais nous voyons ces trois dernières espèces d'insectes s'accoupler. Toutefois ils élèvent leurs petits presque de la même manière que les abeilles.

educto fœtu, functæ munere omni, exercitationem tum solemnem habent; spatiatæque in aperto, et in altum datæ, gyris volatu editis, tum demum ad cibum redeunt. Vita eis longissima, ut prospere inimica ac fortuita cedant, septenis annis universa. Alvos numquam ultra decem annos durasse proditur. Sunt qui mortuas, si intra tectum hieme serventur, deinde sole verno torreantur, ac ficulneo cinere toto die foveantur, putent revivescere.

XXIII. In totum vero amissas reparari ventribus bubulis recentibus cum fimo obrutis; Virgilius juvencorum corpore exanimato, sicut equorum vespas atque crabrones, sicut asinorum scarabæos, mutante natura ex aliis quædam in alia. Sed horum omnium coitus cernuntur. Et tamen in fœtu eadem prope natura, quæ apibus.

Des guêpes, des frelons.

Les guêpes font leurs nids avec de la boue et dans un
lieu élevé; elles y construisent des gâteaux. Les frelons
s'établissent dans des cavernes ou sous terre. Les alvéoles
des uns et des autres sont hexagones. Leur cire est une
matière qui tient de l'écorce (22) et de la toile d'araignée.
Leurs petits éclosent sans ordre et sans règle. Les uns
s'envolent tandis que les autres sont encore dans l'état
de nymphe ou de ver; et tout cela s'opère en automne
et non au printemps. C'est dans la pleine lune qu'ils
prennent leur plus grand accroissement. Les guêpes-ich-
neumons (*sphex*) (23) (elles sont plus petites que les autres) tuent une espèce d'araignée qu'on appelle phalange,
la portent dans leur nid, dont elles bouchent l'entrée, et
font ainsi éclore leurs œufs en les couvant. En outre,
toutes se nourrissent de chair, au lieu que les abeilles ne
touchent à aucun corps mort. Les guêpes font la chasse
aux grosses mouches; et après leur avoir ôté la tête, elles
emportent le reste.

Les frelons forestiers vivent dans des creux d'arbres.
Ils se renferment l'hiver comme les autres insectes; leur
vie n'excède pas deux ans. Leur piqûre cause ordinaire-

XXIV. 21. Vespæ in sublimi e luto nidos faciunt, et in his favos;
crabrones in cavernis, aut sub terra. Et horum omnium sexangulæ
cellæ. Cera autem corticea et araneosa. Fœtus ipse inæqualis, et bar-
barus, alius evolat, alius in nympha est, alius in vermiculo. Et autumno, non verno, omnia ea. Plenilunio maxime crescunt. Vespæ, quæ
ichneumones vocantur (sunt autem minores, quam aliæ), unum genus
ex araneis perimunt, phalangium appellatum, et in nidos suos ferunt,
deinde illinunt, et ex iis incubando suum genus procreant. Præterea
omnes carne vescuntur, contra quam apes, quæ nullum corpus attingunt. Sed vespæ muscas grandiores venantur; amputato iis capite,
reliquum corpus auferunt.

Crabronum silvestres in arborum cavernis degunt; hieme, ut cetera
insecta conduntur; vita bimatum non transit. Ictus eorum haud temere

ment la fièvre. Quelques uns prétendent que vingt-sept de ces piqûres suffisent pour tuer un homme. D'autres frelons qui semblent moins malfaisants se divisent en deux espèces, les frelons travailleurs qui sont plus petits et qui meurent l'hiver, et les frelons mères qui vivent deux ans; ces mères ne font point de mal. Au printemps, elles construisent des nids, qui d'ordinaire ont quatre ouvertures : c'est là qu'elles enfantent les frelons travailleurs. Lorsqu'elles les ont élevés, elles font d'autres nids plus grands, pour y produire celles qui doivent être mères. Dès ce moment, les travailleurs remplissent leur fonction et les nourrissent. Les mères sont d'une forme plus grande. On doute si elles ont un aiguillon, parcequ'elles ne le font jamais voir. Les frelons aussi ont leurs bourdons. L'opinion de quelques auteurs est que tous ces insectes perdent leur aiguillon à l'approche de l'hiver. Ni les frelons ni les guêpes n'ont de roi, et ne jettent d'essaim. L'espèce se renouvelle par des reproductions individuelles et successives.

Des bombyces.

Une quatrième espèce, dans ce même genre, est celle des bombyces (hyménoptères) qui appartiennent à l'Assyrie. Ces insectes sont plus grands que ceux dont j'ai parlé précédemment. Ils forment avec de la boue, des

sine febri est. Auctores aiunt, ter novenis punctis interfici hominem. Aliorum, qui mitiores videntur, duo genera : opifices, minores corpore, qui moriuntur hieme; matres, quæ biennio durant; iæ et clementes. Nidos vere faciunt, fere quadrifores, in quibus opifices generantur. Iis eductis, alios deinde nidos majores fingunt, in quibus matres futuras producant. Jam tum opifices funguntur munere, et pascunt eas. Latior matrum species; dubiumque an habeant aculeos, quia non egrediuntur. Et his sui faci. Quidam opinantur omnibus his ad hiemem decidere aculeos. Nec crabronum autem, nec vesparum generi reges, aut examina; sed subinde renovatur multitudo sobole.

XXV. 22. Quartum inter hæc genus est bombycum, in Assyria proveniens, majus quam supra dicta. Nidos luto fingunt, salis specie,

nids qui ressemblent à des grains de sel. Ils les appliquent à une pierre, et telle est leur dureté qu'à peine on
peut les percer avec un javelot. Ils font de la cire en plus
grande abondance que les abeilles, et le ver qu'ils produisent est aussi plus gros (*abeilles maçonnes*).

D'autres bombyces ont une origine différente (24). Ils
proviennent d'un gros ver armé de deux cornes de la
même substance que le reste du corps. Ce ver devient
d'abord chenille, puis bombyce, enfin necydale (25); et
cela dans l'espace de six mois. Les bombyces ourdissent,
à la manière des araignées, une toile qui, sous le nom de
bombycine, s'emploie pour l'habillement et la parure des
femmes. Pamphila, fille de Latoüs, inventa, dans l'île de
Céos, l'art de dévider cette toile et d'en faire des tissus.
Ne la frustrons pas de la gloire d'avoir trouvé pour les
femmes un vêtement qui les montre nues (26).

On dit que l'île de Cos produit aussi des bombyces.
S'il faut croire ce qu'on rapporte, la chaleur de la terre
anime et vivifie les fleurs que les pluies ont fait tomber
du cyprès, du térébinthe, du frêne et du chêne. Il se
forme d'abord de petits papillons tout nus; bientôt ils se
couvrent de poils qui les défendent du froid; ils se composent eux-mêmes des tuniques épaisses pour l'hiver; ils

adplicatos lapidi, tanta duritie, ut spiculis perforari vix possint. In his
ceras largius, quam apes, faciunt; deinde majorem vermiculum.

XXVI. Et alia horum origo; e grandiore vermiculo, gemina proten-
dente sui generis cornua, primum eruca fit; deinde quod vocatur bom-
bylis; ex ea necydalus; et hoc in sex mensibus. Bombyces telas ara-
nearum modo texunt ad vestem luxumque feminarum, quæ bombycina
appellatur. Prima eas redordiri, rursusque texere invenit in Ceo mulier
Pamphila, Latoi filia, non fraudanda gloria excogitatæ rationis, ut de-
nudet feminas vestis.

XXVII. 23. Bombycas et in Co insula nasci tradunt, cupressi, te-
rebinthi, fraxini, quercus florem imbribus decussum terræ halitu ani-
mante. Fieri autem primo papiliones parvos, nudosque; mox frigorum
impatientia villis inhorrescere, et adversum hiemem tunicas sibi instau-

arrachent le duvet des feuilles qu'ils grattent avec leurs pieds ; puis rassemblant ce duvet en un tas, ils le cardent avec leurs ongles, le traînent sur les branches, en forment une espèce de filasse ; après quoi ils saisissent les brins, les roulent autour d'eux, et s'enveloppent tout entiers. C'est dans cet état que les habitants les emportent. On les dépose dans des vases de terre où ils sont entretenus par une chaleur douce, et on les nourrit avec du son ; il leur pousse des ailes d'une espèce particulière, alors on leur rend la liberté pour qu'ils aillent commencer d'autres travaux. Leurs coques jetées dans l'eau s'amollissent, puis on les file avec un fuseau de jonc. Les hommes n'ont pas eu honte d'usurper ces étoffes, parcequ'elles sont légères pour l'été. Il n'est plus dans nos mœurs d'endosser la cuirasse ; nos vêtements eux-mêmes sont une charge incommode. Toutefois nous laissons encore aux femmes la bombyce assyrienne.

Des araignées.

Ici se place naturellement l'article de l'araignée, digne elle-même de toute notre admiration. On en compte plusieurs espèces. Elles sont trop connues pour qu'il soit nécessaire d'entrer dans les détails. On nomme phalanges celles dont la morsure est venimeuse, dont le corps est

rato densas, pedum asperitate radentes foliorum lanuginem vellere. Hanc ab his cogi unguium carminatione, mox trahi inter ramos, tenuari ceu pectine. Postea adprehensam corpori involvi nido volubili. Tum ab homine tolli, fictilibusque vasis tepore et furfurum esca nutriri ; atque ita subnasci sui generis plumas, quibus vestitos ad alia pensa dimitti. Quae vero coepta sint lanificia, humore lentescere ; mox in fila tenuari junceo fuso. Nec puduit has vestes usurpare etiam viros, levitatem propter æstivam. In tantum a lorica gerenda discessere mores, ut oneri sit etiam vestis. Assyria tamen bombyce adhuc feminis cedimus.

XXVIII. 24. Araneorum his non absurde jungatur natura, digna vel praecipue admiratione. Plura autem sunt genera, nec dictu necessaria in tanta notitia. Phalangia ex his appellantur, quorum noxii morsus,

court, effilé, varié de plusieurs couleurs. Elles marchent
en sautant. Il en est dans cette espèce qui sont noires, et
qui ont les jambes antérieures extrêmement longues. Les
unes et les autres ont trois articulations aux jambes. Les
araignées-loups de la petite espèce ne filent point. Les
grandes étendent à l'entrée de leurs trous de petites toiles
dont elles tapissent l'intérieur. Une troisième espèce est
remarquable par la savante combinaison de son travail.
Elle ourdit des toiles, et son ventre fournit lui seul la
matière d'un si grand ouvrage (27); soit qu'il faille croire,
avec Démocrite, que cette substance n'est que le dernier
produit de ses aliments, soit qu'elle se forme naturellement dans son corps; son propre poids lui tient lieu de
fuseau, et le fil que son ongle façonne est d'une régula-
rité, d'une finesse, d'une égalité parfaite. Elle commence
son tissu par le milieu, puis elle l'étend dans une forme
circulaire. Élargissant les mailles à intervalles égaux et
progressivement croissants, elle les assujettit par un nœud
indissoluble. Avec quel art elle cache les lacets que forment
ses réseaux! Qui dirait que cette toile garnie d'un long
duvet, que cette surface polie, que cette trame ferme et
solide, ne sont en effet qu'un piège trompeur? comme le
centre est souple et pliant, afin qu'il cède à l'action du

corpus exiguum, varium, acuminatum, adsultim ingredientium. Altera
eorum species, nigri, prioribus cruribus longissimis. Omnibus internodia
terna in cruribus. Luporum minimi non texunt. Majores interna et cavernis exigua vestibula prætendunt. Tertium eorumdem genus eruditæ
operationis conspicuum. Orditur telas, tantique operis materia uterus
ipsius sufficit ; sive ita corrupta alvi natura stato tempore, ut Democrito
placet ; sive est quædam intus lanigera fertilitas ; tam moderato ungue,
tam tereti filo, et tam æquali deducit stamina, ipso se pondere usus.
Texere a medio incipit, circinato orbe subtegmina adnectens ; maculas-
que paribus semper intervallis, sed subinde crescentibus, ex angusto
dilatans indissolubili nodo implicat. Quanta arte celat pedicas, a scutulato rete grassantes! quam non ad hoc videtur pertinere crebratæ pexi-
tæ telæ, et quadam polituræ arte, ipsa per se tenax ratio tramæ! quam

vent, et qu'il ne rejette pas les objets qui viendront à
lui ! On croirait que les fils qui sont tendus aux extrémités ont été abandonnés par l'ouvrière excédée de fatigue ; mais ces fils, difficilement aperçus, servent, comme
les cordons de nos toiles de chasse, à précipiter dans le
filet l'animal qui les rencontre.

La caverne elle-même est voûtée selon les lois de la
plus savante architecture. Elle est, plus que tout le reste,
garnie et rembourrée contre le froid. Combien l'araignée
se tient écartée du centre, paraissant occupée de tout au-
tre-soin, et tellement renfermée qu'il est impossible de
voir si le lieu est ou n'est pas habité ! Observez la fermeté de l'ouvrage : ni les vents ne le brisent, ni les amas
de poussière ne le rompent. Voyez sa largeur : souvent
la toile s'étend d'un arbre à l'autre, lorsque la jeune araignée s'exerce et fait l'apprentissage de son art. Parlerai-
je de sa longueur ? l'araignée attache le fil au haut de
l'arbre, et le conduit jusqu'à terre, remonte promptement
le long de ce fil, et tout en remontant, elle en ramène un
autre. Si quelque animal s'est pris au filet, comme elle
est vigilante et prête à courir ! cet animal fût-il arrêté à
l'une des extrémités, elle court toujours au centre ; car
c'est en agitant ainsi la toile dans toutes ses parties,
qu'elle parvient surtout à entraver sa proie. Si quelque

laxos ad flatus, ac non respuenda quæ veniant, sinus! Derelicta lasso
prætendi summa parte arbitrere licia ; at illa difficile cernuntur, atque
ut in plagis lineæ offensæ, præcipitant in sinum.

Specus ipse qua concameratur architectura ! et contra frigora quanto
villosior ! quam remotus a medio, aliudque agentis similis ! inclusus
vero sic, ut sit, nec ne, istus aliquis, cerni non possit. Age, firmitas ;
quando rumpentibus ventis ? qua pulverum mole degravante! Latitudo
telæ sæpe inter duas arbores, quum exercet artem et discit texere ; longitudo fili a culmine, ac rursus a terra per illud ipsum velox recipro-
catio ; subitque pariter ac fila deducit. Quum vero captura incidit,
quam vigilans et paratus ad cursum! licet extrema hæreat plaga, seu-

endroit s'est déchiré, elle le rajuste à l'instant, sans qu'il paraisse aucune reprise.

Les araignées prennent dans leurs toiles jusqu'à des petits lézards. Elles commencent par les museler en leur nouant la gueule avec leur fil, puis elles leur mordent et leur déchirent les lèvres : spectacle comparable à ceux du cirque, lorsqu'un heureux hasard l'offre à nos regards. Elles servent aussi pour les présages. Quand il doit survenir une crue d'eau, elles placent leur toile en un lieu plus élevé. Elles se reposent dans les temps sereins, et filent dans les temps nébuleux. Aussi le grand nombre de toiles d'araignées est-il un signe de pluie. On croit que c'est la femelle qui file et le mâle qui chasse (28). De cette manière, chacun contribue également au bien de la famille.

Mode de reproduction des araignées.

Je ne puis me dispenser de parler ici de la génération des araignées; celle des autres insectes n'a rien d'aussi remarquable. Elles s'accouplent par derrière, et produisent de petits vers semblables à des œufs. Elles les répandent sur leurs toiles; ils sont épars çà et là, parcequ'elles les jettent en sautant. Les phalanges seules en couvent un grand nombre dans leurs cavernes. Dès que

per in medium currit; quia sic maxime totum concutiendo implicat. Scissa protinus reficit, ad polituram sarciens.

Namque et lacertarum catulos venantur, os primum tela involventes, et tunc demum labra utraque morsu adprehendentes, amphitheatrali spectaculo, quum contigit. Sunt ex eo et auguria. Quippe, incremento amnium futuro, telas suas altius tollunt. Iidem sereno non texunt, nubilo texunt. Ideoque multa aranea imbrium signa sunt. Feminam putant esse quæ texat, marem qui venetur; ita paria fieri merita conjugio.

XXIX. Aranei conveniunt clunibus; pariunt vermiculos ovis si_ iles. Nam nec horum differri potest genitura, quoniam insectorum vi$\frac{m}{x}$ ulla alia narratio est. Pariunt autem ova ea in telas, sed sparsa, quia saliunt, atque ita emittunt. Phalangia tantum in ipso specu incubant magnum

les petits sont éclos, ils dévorent la mère et souvent
même le père; car il partage avec elle les fonctions de
l'incubation. Elles produisent jusqu'à trente petits; les
autres espèces en produisent moins. L'incubation dure
trois jours. Les araignées ont pris leur accroissement au
bout de vingt-huit jours.

Des scorpions.

Ainsi que les araignées, les scorpions terrestres produisent de petits vers semblables à des œufs (29). Ils périssent de la même manière; insectes malfaisants, ils ont
le venin du serpent, avec cette différence que, par un
supplice plus cruel, ils nous font endurer, pendant trois
jours, les angoisses d'une mort lente. La piqûre du scorpion est fatale aux filles, et presque toujours aux femmes; le matin, elle est mortelle aux hommes, lorsque
cet animal, sortant à jeun, les blesse avant que d'avoir
jeté son venin sur quelque autre objet (exagération). Sa
queue est toujours en action : jamais elle ne repose de
peur de manquer l'occasion. Elle frappe même de biais,
et en se repliant. Apollodore prétend que le venin de cet
insecte est blanc. Il décrit neuf espèces de scorpions qu'il
distingue surtout par leurs couleurs : détail assez inutile,
puisque nous ne savons pas lesquels il a indiqués comme

numerum; qui ut emersit, matrem consumit, sæpe et patrem; adjuvat
enim incubare. Pariunt autem et trecenos, ceteræ pauciores. Et incubant triduo. Consummantur aranei quater septenis diebus.

XXX. 25. Similiter his et scorpiones terrestres, vermiculos ovorum
specie pariunt, similiterque pereunt; pestis importuna, veneni serpentium, nisi quod graviore supplicio lenta per triduum morte conficiunt,
virginibus lethali semper ictu, et feminis fere in totum; viris autem matutino, exeuntes cavernis, priusquam aliquo fortuito ictu jejunum egerant venenum. Semper cauda in ictu est; nulloque momento meditari
cessat, ne quando desit occasioni. Ferit et obliquo ictu, et inflexu. Venenum ab iis candidum fundi Apollodorus auctor est, in novem genera
descriptis, per colores maxime; supervacuo, quoniam non est scire,
quæ minime exitiales prædixerit. Geminos quibusdam aculeos esse;

les moins nuisibles. S'il faut en croire cet auteur, quelques uns ont un double aiguillon. Les plus dangereux sont les mâles; car il reconnaît que ces insectes s'accouplent. Les mâles sont plus minces et plus longs que les femelles. Tous sont également venimeux à l'heure de midi, lorsqu'ils ont été échauffés par l'ardeur du soleil. Quand ils ont soif, ils ne peuvent se rassasier de boire. Il est certain que ceux qui ont sept nœuds à la queue sont les plus redoutables; la plupart n'en ont que six. Cette funeste production de l'Afrique s'élève quelquefois dans les airs, soutenue par le vent du midi. Ils étendent leurs jambes qu'ils agitent comme des rames.

Le même Apollodore écrit qu'il y a des scorpions vraiment ailés (*panorpes ou mouches scorpions?*) Les Psylles, qui font métier de transporter partout les poisons des autres contrées, et qui ont rempli l'Italie de fléaux étrangers, essayèrent souvent d'importer chez nous les scorpions volants. Mais jusqu'ici la Sicile a été le terme au delà duquel ils n'ont pu vivre. Cependant on en rencontre quelques uns en Italie, mais ceux-là ne font point de mal. On en voit en beaucoup d'autres lieux, comme aux environs de Pharos en Égypte. Dans la Scythie, ils tuent les porcs, animaux qui pourtant résistent le mieux à ces sortes de venin. Les porcs noirs périssent plus vite, s'ils

mareque sævissimos (nam coitum iis tribuit); intelligi autem gracilitate et longitudine. Venenum omnibus medio die, quum incanduere solis ardoribus; itemque quum sitiunt, inexplebiles potu. Constat et septena caudæ internodia sæviora esse; pluribus enim seta sunt. Hoc malum Africæ volucre etiam austri faciunt, pandentibus brachia, ut remigia, sublevantes.

Apollodorus idem plane quibusdam inesse pennas tradit. Sæpe Psylli, qui reliquarum venena terrarum invehentes quæstus sui causa peregrinis malis implevere Italiam, hos quoque importare conati sunt; sed vivere intra Siculi cœli regionem non potuere. Visuntur tamen aliquando in Italia, sed innocui, multisque aliis in locis, ut circa Pharum in Ægypto. In Scythia interimunt etiam sues, alioqui vivaciores contra

se plongent dans l'eau après avoir été piqués. On croit
que l'homme blessé trouve un remède dans les cendres
du scorpion avalées avec du vin; on prétend aussi que
l'huile est un poison mortel pour le scorpion, ainsi que
pour le stellion; celui-ci n'épargne que les animaux qui
sont eux-mêmes privés de sang; sa forme est celle du
lézard. En général, le scorpion ne fait point de mal aux
animaux qui n'ont point de sang. Quelques auteurs pensent que les scorpions dévorent leurs petits, et qu'il n'en
échappe qu'un seul assez adroit pour se placer sur la
croupe de la mère, position qui le garantit de sa piqûre
et de sa morsure. Celui-là est le vengeur de tous les autres; car il finit par tuer le père et la mère. Les scorpions font ordinairement onze petits (30).

Des stellions.

Les stellions (*gecko, tarentola*) tiennent de la nature
du caméléon: ils ne se nourrissent que de rosée et d'a-
raignées.

Des cigales.

Les cigales vivent pareillement de rosée (34); on en
distingue deux espèces. Les petites, qui naissent les premières et meurent les dernières. Elles sont muettes. L'autre
espèce vole rarement. Celles qui chantent sont nommées

venena talia; nigras quidem celerius, et in aquam se immerserint. Homini icto putatur esse remedio ipsorum cinis potus in vino. Magnam
adversitatem oleo mersis, et stellionibus putant esse, innocuis dumtaxat
iis, qui et ipsi carent sanguine, lacertarum figura. Atque scorpiones in
totum nullis nocere, quibus non sit sanguis. Quidam et ab ipsis fœtum
devorari arbitrantur. Unum modo relinqui solertissimum, et qui se ipsius
matris clunibus imponendo, tutus et a cauda et a morsu loco fiat. Hunc
esse reliquorum ultorem, qui postremo genitores superne conficiat. Pariuntur autem undeni.

XXXI. 26. Chamæleonum stelliones quodammodo naturam habent,
rore tantum viventes, præterque araneis.

XXXII. Similis cicadis vita; quarum duo genera: minores, quæ
primæ proveniunt, et novissimæ pereunt; sunt autem mutæ. Sequens

achetæ (chanteuses). Les plus petites de celles-ci se nomment *tettigoniæ* (cigalettes). Les autres ont plus de voix. Au surplus, les mâles sont les seuls qui chantent : les femelles sont muettes. Les peuples de l'Orient, et même les Parthes qui vivent au sein de l'abondance, mangent les cigales. Ils préfèrent les mâles avant l'accouplement, et les femelles après qu'elles ont reçu le mâle, et lorsqu'elles ont conçu leurs œufs, qui sont blancs. Elles s'accouplent ventre contre ventre. Elles ont au bas du dos une tarière avec laquelle elles creusent la terre pour y déposer leurs œufs. Il se forme d'abord un petit ver qui devient ce qu'on nomme *tettigometra* (mère de cigale); et vers le solstice, les petits s'envolent après avoir rompu leur enveloppe : ce qui arrive toujours la nuit. Elles sont d'abord noires et dures.

De tous les êtres vivants, c'est le seul qui soit sans bouche. Elles ont quelque chose qui ressemble à la langue des insectes armés d'aiguillon. C'est un suçoir placé dans la poitrine, avec lequel elles pompent la rosée. La poitrine elle-même n'est qu'un tuyau membraneux : c'est là que se forme la voix des cigales chanteuses ; du reste le ventre ne contient aucun viscère. Lorsqu'on leur fait prendre le vol, elles rendent une humeur qui prouve assez qu'elles se nourrissent de rosée. Elles sont aussi le

---

est volatu rara. Quæ canunt, vocantur achetæ ; et quæ minores ex his sunt, tettigoniæ ; sed illæ magis canoræ. Mares canunt in utroque genere ; feminæ silent ; gentes vescuntur iis ad Orientem, etiam Parthi opibus abundantibus. Ante coitum mares præferunt, a coitu feminas, ovis earum conceptis, quæ sunt candida. Coitus supinis. Asperitas præacuta in dorso, qua excavant fœturæ locum in terra. Fit primo vermiculus, dein ex eo, quæ vocatur tettigometra, cujus cortice rupto circa solstitia evolant, noctu semper ; primum nigræ atque duræ.

Unum hoc ex iis quæ vivunt, et sine ore est. Pro eo quiddam aculeatarum linguis simile, et hoc in pectore, quo rorem lambunt. Pectus ipsum fistulosum ; hoc canunt achetæ, ut diximus. De cetero in ventre nihil est. Excitatæ quum subvolant, humorem reddunt, quod solum argu-

seul animal qui n'ait pas d'ouverture pour jeter ses excréments. Leurs yeux sont si mauvais que si on leur présente un doigt en l'avançant et en le retirant, elles viennent s'y poser comme sur une feuille. Quelques auteurs en distinguent deux autres espèces. Ils nomment l'une surculaire, c'est la plus grande; l'autre fromentaire ou avénière, parcequ'elle paraît au moment où les froments jaunissent.

Les cigales ne naissent point dans les lieux dégarnis d'arbres. Aussi n'y en a-t-il pas aux environs de Ciréne, ni dans les pays de plaines, ni dans les bois épais ou froids. Elles affectionnent même certains cantons. Dans le pays de Milet, on n'en rencontre qu'en quelques endroits. Dans la Céphalonie est une rivière qui leur sert de limites: d'un côté, elles sont en très grand nombre; de l'autre il n'en paraît aucune. Elles sont toutes muettes dans le territoire de Rhéges : au delà du fleuve, dans la partie de Locres, elles chantent. Leurs ailes sont de la même nature que celles des abeilles, mais plus grandes à proportion de leur corps.

Ailes des insectes.

Parmi les insectes, les uns ont deux ailes, comme les mouches; les autres en ont quatre, comme les abeilles.

mentum est rore eas ali. Iisdem solis nullum ad excrementa corporis foramen. Oculi tam hebetes ut, si quis digitum contrahens ac remittens iis adpropinquet, transeant velut in folia. Quidam duo alia genera faciunt earum : surcularium, quæ sit grandior ; frumentariam, quam alii avenariam vocant. Apparet enim simul cum frumentis arescentibus.

27. Cicadæ non nascuntur in raritate arborum; idcirco non sunt Cyrenis circa oppidum; nec in campis, nec in frigidis aut umbrosis nemoribus. Est quædam et iis locorum differentia. In Milesia regione paucis sunt locis. Sed in Cephalenia amnis quidam penuriam earum et copiam dirimit. At in Rhegino agro silent omnes ; ultra flumen in Locrensi canunt. Pennarum illis natura quæ apibus, sed pro corpore amplior.

XXXIII. 28. Insectorum autem quædam binas gerunt pinnas, ut

Celles des cigales ne sont que des membranes. Les insectes qui ont l'aiguillon placé au ventre, ont quatre ailes. Nul de ceux dont l'aiguillon est placé dans la bouche n'a plus de deux ailes. Cet aiguillon sert aux premiers pour se défendre, aux seconds pour se nourrir. Les ailes une fois arrachées ne repoussent jamais. De tous les insectes dont l'aiguillon est placé au ventre, il n'en est point qui n'ait plus de deux ailes.

Des scarabées.

Chez quelques uns, les ailes sont garanties par une sorte d'étui qui les renferme (*coléoptères*); tels sont les scarabées, dont l'aile est très mince et très fragile. Ils n'ont point d'aiguillon. On distingue une sorte de grands scarabées qui ont des cornes très longues, dont les extrémités fourchues se ferment à volonté pour saisir les objets. On suspend ces cornes au cou des enfants comme remèdes contre certaines maladies. Nigidius nomme ces scarabées *lucaniens (cerfs-volants)*. Une autre espèce est celle qui, marchant à reculons, roule de grosses boules de fiente, dans lesquelles elle dépose les petits vers qui doivent perpétuer sa race (*scarabées bousiers*). C'est ainsi qu'elle les garantit de la rigueur de l'hiver. D'autres voltigent avec un fort bourdonnement; d'autres

muscæ; quædam quaternas, ut apes. Membranis et cicadæ volant. Quaternas habent, quæ aculeis in alvo armantur. Nullum, cui telum in ore, pluribus quam binis advolat pennis. Illis enim ultionis causa datum est, his aviditatis. Nullæ eorum pennæ revivescunt avulsæ. Nullum, cui aculeus in alvo, bipenne est.

XXXIV. Quibusdam pennarum tutelæ crusta supervenit, ut scarabæis, quorum tenuior fragiliorque penna. His negatus aculeus; sed in quodam genere eorum grandi, cornua praelonga, bisulcis dentata forcipibus in cacumine, quum libuit ad morsum coeuntibus, infantium etiam remediis ex cervice suspenduntur. Lucanos vocat hos Nigidius. Aliud rursus eorum genus, qui e fimo ingentes pilas aversi pedibus volutant, parvosque in iis contra rigorem hiemis vermiculos fœtus sui nidulantur. Volitant alii magno cum murmure ac mugitu. Alii focos et prata cre-

creusent une multitude de trous dans les foyers (*grillons domestiques*) et dans les prés (*taupes-grillons*), et font entendre pendant la nuit un bruit aigre et perçant. Les lampyrides (vers luisants) brillent la nuit, comme des feux, par la couleur éclatante de leurs flancs et de leur croupe, étincelants lorsqu'ils déploient leurs ailes, cachés dans l'ombre lorsqu'ils les ferment. On ne les voit ni avant que les fourrages soient mûrs, ni après qu'on les a fauchés. Les blattes (espèce de *coléoptères rongeurs*), au contraire, vivent dans les ténèbres et fuient la lumière; l'humidité les fait naître surtout dans les bains. D'autres scarabées (*sc. nasicornis? hanneton? scarabée doré?*) dorés et très grands creusent les terres arides; ils y construisent des rayons dans la forme d'une petite éponge très poreuse; leur miel est un poison. Près d'Olynthe, ville de Thrace, est un canton où ces insectes ne peuvent vivre; ce qui l'a fait nommer *Cantharolethrus* (mort des scarabées).

Chez tous les insectes, les ailes sont d'une seule pièce et sans jointure. Nul n'a une queue si ce n'est le scorpion (inexact). C'est aussi le seul qui ait tout à la fois et des bras (*palpes des mâchoires*) et un dard à la queue. Quelques-uns, tels que la mouche asile ou le taon, le cousin et certaines mouches, ont un aiguillon placé dans

bris foraminibus excavant, nocturno stridore vocales. Lucent, ignium modo, noctu, laterum et clunium colore lampyrides, nunc pennarum hiatu refulgentes, nunc vero compressu obumbratæ, non ante matura pabula, aut post desecta conspicuæ. E contrario tenebrarum alumna blattis vita, lucemque fugiunt, in balneis maxime humido vapore prognatæ. Fodiunt ex eodem genere rutili atque prægrandes scarabæi tellurim aridam, favosque parvas ac fistulosæ modo spongiæ, medicato melle fingunt. In Thracia juxta Olynthum locus est parvus, in quo unum hoc animal exanimatur, ob hoc Cantharolethrus appellatus.

Pennæ insectis omnibus sine scissura; nulli cauda nisi scorpioni. Hic eorum solus et brachia habet, et in cauda spiculum. Reliquorum quibusdam aculeus in ore, ut asilo, sive tabanum dici placet; item culici,

la bouche; il leur tient lieu de langue. Il en est dont l'aiguillon est sans pointe, et ne sert qu'à pomper, comme chez les mouches, dont la langue est évidemment une trompe. Tous les insectes de cette espèce n'ont point de dents. D'autres étendent au-devant des yeux de petites cornes tendres et molles; tels sont les papillons. Quelques autres, comme la scolopendre, sont sans ailes.

Des sauterelles.

Les insectes qui ont des pieds les meuvent obliquement. Il y en a dont les pieds de derrière, plus longs que les autres, se courbent en dehors; telles sont les sauterelles.

Celles-ci, enfonçant dans la terre la pointe de leur queue, y déposent, en automne, leurs œufs qu'elles rassemblent en un tas commun. Ils restent enterrés tout l'hiver. L'année suivante, à la fin du printemps, il en éclôt de petites sauterelles noires, sans jambes, et qui se traînent à l'aide de leurs ailes. Les pluies du printemps font périr les œufs: dans un printemps sec, le produit est très abondant. Quelques auteurs disent que l'espèce se renouvelle et se détruit deux fois chaque année; qu'elles se reproduisent au lever des pléiades; qu'ensuite au lever de la canicule, ou, selon quelques autres, au coucher de l'arcture, elles meurent, et d'autres renaissent. Il est cer-

et quibusdam muscis. Omnibus autem his in ore et pro lingua sunt aculei. Quibusdam hebetes, neque ad punctum, sed ad suctum, ut muscarum generi, in quo lingua evidens fistula est. Nec sunt talibus dentes. Aliis cornicula ante oculos prætenduntur ignava, ut papilionibus. Quædam insecta carent pennis, ut scolopendra.

XXXV. Insectorum pedes quibus sunt, in obliquum moventur. Quorumdam extremi longiores foris curvantur, ut locustis.

29. Hæ pariunt in terram demisso spinæ caule, ova condensa, autumni tempore. Ea durant hieme sub terra. Subsequente anno exitu veris emittunt parvas, nigrantes et sine cruribus, pennisque reptantes. Itaque vernis aquis intereunt ova; siccoque vere major proventus. Alii duplicem earum fœtum, geminum exitium tradunt; vergiliarum exortu parere, deinde ad canis ortum obire, et alias renasci. Quidam arcturi

tain que les femelles meurent après qu'elles ont jeté leurs
œufs : un petit ver qui leur vient à la gorge les étrangle.
Les mâles périssent à la même époque. Quoique leur vie
tienne à si peu de chose, une seule suffit pour tuer un
serpent, en le saisissant et le mordant au cou. Elles ne
naissent que dans les lieux crevassés. On prétend que dans
l'Inde elles ont jusqu'à trois pieds de long : leurs jambes
et leurs cuisses séchées servent de scies. Il est encore pour
elles une autre cause de destruction : enlevées en masse
par le vent, elles tombent dans la mer ou dans les étangs ;
ce qui arrive par des circonstances fortuites, et non,
comme l'ont pensé les anciens, parceque leurs ailes ont
été mouillées par l'humidité de la nuit. Ces mêmes anciens ont dit qu'elles ne volent pas la nuit à cause du
froid : ils ignoraient qu'elles traversent une vaste étendue
de mers, et même, ce qui est plus merveilleux, qu'elles
supportent la faim pendant plusieurs jours, dans le dessein de gagner des pâturages lointains. On les regarde
comme un fléau de la colère céleste. En effet, elles appa-
raissent quelquefois d'une grandeur démesurée : le bruit
de leurs ailes les fait prendre pour des oiseaux. Elles obs-
curcissent le soleil. Les peuples les suivent d'un œil in-

occasu renasci. Mori matres, quum pepererint, certum est, vermiculo
statim circa fauces enascente, qui eas strangulat. Eodem tempore
mares obeunt. Tam frivola ratione morientes serpentem, quum libuit,
necant singulæ, faucibus ejus apprehensis mordicus. Non nascuntur nisi
rimosis locis. In India ternum pedum longitudinis esse traduntur, cruribus et feminibus serrarum usum præbere, quum inaruerint. Est et
alius earum obitus. Gregatim sublatæ vento in maria aut stagna decidunt. Forte hoc casuque evenit, non (ut prisci existimavere) made-
factis nocturno humore alis. Iidem quippe nec volare eas noctibus propter frigora tradiderunt; ignari etiam longinqua maria ab iis transiri,
exstenuata plurium dierum (quod maxime miremur) fame quoque,
quam propter externa pabula petere sciunt. Deorum iræ pestis ea intelligitur. Namque et grandiores cernuntur, et tanto volant pennarum
stridore, ut aliæ alites credantur; solemque obumbrant, sollicitis sus-

quiet, tremblant que cette armée formidable ne s'abatte sur leur pays. Leur vol se soutient longtemps ; et, comme si c'était peu d'avoir franchi les mers, elles traversent des contrées immenses qu'elles couvrent d'un nuage épais, ravageant les moissons, brûlant tout ce qu'elles touchent, rongeant jusqu'aux portes des maisons. L'Italie est surtout infestée par celles qui viennent d'Afrique. Souvent le peuple romain, menacé de la famine, fut contraint de recourir aux remèdes sibyllins.

Dans la Cyrénaïque, une loi ordonne de leur faire la guerre trois fois l'année : la première, en écrasant leurs œufs ; la seconde, en tuant les petits ; la troisième, en exterminant les grandes. Quiconque néglige ce devoir est puni comme déserteur. Dans l'île de Lemnos, on a déterminé une mesure que chaque habitant est obligé d'apporter au magistrat, remplie de sauterelles tuées. C'est par cette raison que ces peuples révèrent les choucas, qui volent au-devant des sauterelles pour les détruire. En Syrie, on est obligé d'employer les troupes pour les exterminer, tant cette engeance funeste est répandue sur le globe. Les Parthes en font un de leurs mets.

La voix des sauterelles semble sortir du derrière de leur

<hr>

pectantibus populis, ne suas operiant terras. Sufficiunt quippe vires ; et tamquam parum sit maria transisse, immensos tractos permeant, diraque messibus contegunt nube, multa contactu adurantes ; omnia vero morsu erodentes, et fores quoque tectorum. Italiam ex Africa maxime coortæ infestant, sæpe populo ad Sibyllina coacto remedia confugere, inopiæ metu.

In Cyrenaica regione lex etiam est ter anno debellandi eas, primo ova obterendo, deinde fœtum, postremo adultas ; desertoris pœna in eum qui cessaverit. Et in Lemno insula certa mensura præfinita est, quam singuli enecatarum ad magistratus referant. Graculos quoque ob id colunt, adverso volatu occurrentes earum exitio. Necare et in Syria militari imperio coguntur. Tot orbis partibus vagatur id malum. Parthis et hæ in cibo gratæ.

Vox earum proficisci ab occipitio videtur. Eo loco in commissura sca-

tête. On prétend qu'à la jointure des épaules elles ont une espèce de dents, dont le frottement produit le son aigre et perçant qu'elles rendent. Elles se font entendre surtout aux deux équinoxes. La cigale ne chante qu'au solstice d'été. L'accouplement des sauterelles se fait comme celui de tous les insectes chez qui la copulation a lieu : la femelle porte le mâle, en repliant contre lui l'extrémité de sa queue. Elles demeurent longtemps accouplées. Dans toute cette espèce, les mâles sont plus petits que les femelles.

Des fourmis.

Le très grand nombre des insectes engendre de petits vers. Ceux des fourmis ont la forme d'un œuf ; elles les produisent au printemps. Ces animaux travaillent en commun, de même que les abeilles ; mais celles-ci composent leur nourriture : les fourmis ne font que ramasser des provisions. Si l'on compare leurs fardeaux avec le volume de leur corps, on conviendra que, proportion gardée, nul animal n'a plus de force. Elles portent les fardeaux à leur bouche ; si la charge est trop pesante, elles se retournent, et faisant effort avec les épaules contre quelque point d'appui, elles les poussent avec les pieds de derrière.

Comme chez les abeilles, vous trouvez chez elles l'organisation d'une république, la mémoire, la prévoyance. Avant que de serrer les grains, elles les rongent, de peur

pularum habere quasi dentes existimantur, eosque inter se terendo stridorem edere, circa duo æquinoctia maxime, sicut cicadæ circa solstitium. Coitus locustarum, qui et insectorum omnium quæ coeunt, marem portante femina, in eum feminarum ultimo caudæ reflexo, tardoque digressu. Minores autem in omni hoc genere feminis mares.

XXXVI. 30. Plurima insectorum vermiculum gignunt. Nam et formicæ similem ovis vere; et hæ communicantes laborem; sed apes utiles faciunt cibos, hæ condunt. Ac si quis comparet onera corporibus earum, fateatur nullis portione vires esse majores. Gerunt ea morsu. Majora aversæ postremis pedibus moliuntur, humeris obnixæ.

Et iis reipublicæ ratio, memoria, cura. Semina adrosa condunt, ne

qu'ils ne germent. Ceux qui sont trop grands, elles les divisent à la porte du magasin. S'ils viennent à être mouillés par la pluie, elles les tirent dehors et les font sécher. Pendant la pleine lune, elles travaillent même la nuit, et se reposent quand la lune est en conjonction. Mais aux moments du travail, quelle ardeur! quelle infatigable activité! Comme chacune de son côté apporte les provisions, sans que leurs opérations soient combinées, elles ont leurs jours de marché pour se reconnaître mutuellement; et ces jours-là, quel concours! quels nombreux rassemblements! On dirait qu'elles causent avec celles qu'elles rencontrent, qu'elles s'entre-demandent de leurs nouvelles. Nous voyons des cailloux usés par le frottement de leurs pieds. Le terrain qu'elles traversent pour aller à l'ouvrage devient un sentier battu : grand exemple de ce que peut en toute chose la continuité du plus petit effort. De tous les êtres vivants, elles seules, avec l'homme, donnent la sépulture à leurs morts. Il n'y a point en Sicile de fourmis ailées.

Les cornes d'une fourmi de l'Inde furent attachées, comme une merveille, dans le temple d'Hercule, à Érythre. Chez les Indiens septentrionaux, qu'on appelle Dardes, certaines fourmis tirent l'or des mines (fable); elles ont la couleur du chat (32) et la grandeur du loup d'É-

rureus in fruges exeant e terra. Majora ad introitum dividunt. Madefacta imbre proferunt atque siccant. Operantur et noctu plena luna; eædem interlunio cessant. Jam in opere qui labor! quæ sedulitas! Et quoniam ex diverso convehunt altera alterius ignara, certi dies ad recognitionem mutuam nundinis dantur. Quæ tunc earum concursatio! quam diligens cum obviis quædam collocutio atque percunctatio! Silices itinere earum adtritos videmus, et in opere semitam factam, ne quis dubitet qualibet in re quid possit quantulacumque assiduitas. Sepeliunt inter se viventium solæ, præter hominem. Non sunt in Sicilia pennatæ.

31. Indicæ formicæ cornua, Erythris in æde Herculis fixa, miraculo fuere. Aurum ex cavernis egerunt terræ, in regione septentrionalium Indorum, qui Dardæ vocantur. Ipsis color felium, magnitudo Ægypti

gypte. Ce métal qu'elles ont extrait pendant l'hiver, les Indiens le leur dérobent pendant les ardeurs de l'été : les fourmis sont alors retirées dans des souterrains, à cause de la chaleur. Toutefois, averties par l'odorat, elles sortent, volent après les ravisseurs, et souvent les mettent en pièces, sans que la légèreté de leurs chameaux puisse les sauver. Telles sont et la vitesse et la férocité qui se joignent en elles à la passion de l'or.

Des chrysalides.

Beaucoup d'insectes ont une origine différente ; et d'abord la rosée du printemps en produit plusieurs. Elle s'attache à la feuille du chou, et chaque goutte, condensée par le soleil, se réduit à la grosseur d'un grain de millet. Il s'y forme un petit ver qui, trois jours après, devient une chenille. Celle-ci prend de nouveaux accroissements pendant quelques jours ; puis elle demeure immobile, revêtue d'une pellicule dure. Elle ne remue que lorsqu'on la touche. Le tissu qui l'enveloppe ressemble à une toile d'araignée : alors on la nomme chrysalide. Enfin, de la pellicule rompue, s'envole un papillon (*papilio brassicæ*).

Des animaux qui naissent dans les bois.

De même la pluie engendre quelques insectes dans la terre ; quelques autres sont engendrés dans le bois pourri, comme le cosson ; ou naissent même du bois, comme le

juporum. Erutum hoc ab iis tempore hiberno, Indi furantur æstivo fervore, conditis propter vaporem in cuniculos formicis; quæ tamen odore sollicitatæ provolant, crebroque lacerant, quamvis prævelocibus camelis fugientes. Tanta pernicitas feritasque est cum amore auri.

| XXXVII. 32. Multa autem insecta et aliter nascuntur, atque in primis ex rore. Insidet hic raphani folio primo vere, et spissatus sole in magnitudinem milli cogitur. Inde porrigitur vermiculus parvus, et triduo eruca; quæ adjectis diebus adcrescit, immobilis, duro cortice; ad tactum tantum movetur, araneo adcreta, quam chrysallidem appellant; rupto deinde cortice volat papilio.

XXXVIII. 33. Sic quædam ex imbre generantur in terra; quædam et in ligno. Nec enim cossi tantum in eo, sed etiam tabani ex eo nas-

taon. D'autres naissent partout où l'humide est surabondant. Le ténia, long de trente pieds, et quelquefois davantage, se forme dans l'intérieur de l'homme.

Animaux parasites de l'homme.

Il s'engendre même des insectes dans la chair morte, et jusque dans la chevelure de l'homme vivant : vermine dégoûtante, par qui moururent consumés le dictateur Sylla et le poëte Alcman, l'un des plus beaux génies de la Grèce. Elle attaque aussi les oiseaux, et tue même les faisans, à moins qu'ils ne se roulent dans la poussière. On prétend que l'âne seul, parmi les animaux à poil, en est exempt, ainsi que le mouton. Cependant elle s'engendre dans quelques étoffes, surtout dans celles qui sont faites avec la laine de moutons tués par le loup. Je trouve aussi, chez les auteurs, que certaines eaux dans lesquelles nous nous baignons produisent cette espèce d'insectes. La cire elle-même en produit un que l'on croit être le plus petit des animaux. Le soleil enfante dans les ordures d'autres insectes qui, par la force de leurs jambes postérieures, sautent et bondissent comme des voltigeurs. D'autres s'engendrent de la poussière humide dans les cavernes ; ces derniers ont des ailes.

Animal sans conduit pour les excréments.

La même saison produit un insecte qui vit la tête toncuntur ; et alia, ubicumque humor est nimius ; sicut intra hominem tænia trecenum pedum, aliquando et plurima longitudine.

XXXIX. Jam in carne exanimi, et viventium quoque hominum capillo ; qua fœditate et Sylla dictator, et Alcman ex clarissimis Græciæ poetis, obiere. Hoc quidem et aves infestat ; phasianos vero interimit, nisi pulverantes sese. Pilos habentium asinum tantum immunem hoc malo credunt, et oves. Gignuntur autem et vestis genere, præcipue lanicio interemptarum a lupis ovium. Aquas quoque quasdam quibus lavamur, fertiliores ejus generis inventio apud auctores. Quippe quum etiam ceræ id gignant quod animalium minimum existimatur. Alia rursus generantur sordibus a radio solis, posteriorum lascivia crurum petauristæ. Alia pulvere humido in cavernis, velueria.

XL. 34. Est animal ejusdem temporis, infixe semper sanguini capite

jours plongée dans le sang, dont il se gorge sans changer
de position. Seul animal qui n'ait point d'ouverture pour
se vider, il crève de réplétion, et se donne la mort en se
nourrissant. Il ne s'attache jamais aux bêtes de somme,
mais souvent aux bœufs, quelquefois aux chiens (tique
des chiens, *acarus ricinus*), sujets à toute espèce de vermine. C'est le seul qui attaque les brebis et les chèvres.
Les sangsues qui vivent dans les marais ont une égale soif
du sang; car elles y plongent leur tête tout entière. Il est
une sorte de mouches (du genre des *cynips*) qui s'attachent spécialement aux chiens; elles leur déchirent surtout les oreilles, qu'ils ne peuvent défendre avec leur
gueule.

Teignes, cantharides, cousins, etc.

La poussière produit aussi les teignes dans la laine et
dans les étoffes, surtout si une araignée s'y trouve renfermée avec elles. Celle-ci, toujours altérée et absorbant
toute l'humidité, augmente la sécheresse. Les teignes s'engendrent encore dans les livres. Il en est une certaine espèce qui traînent leur tunique comme les limaçons trai-
nent leur coquille; mais on aperçoit leurs pieds. Dépouil-
lées de cette tunique, elles meurent (33). Parvenues à
leur entier accroissement, elles deviennent chrysalides.
Le figuier sauvage produit les moucherons que nous

---

vivens, atque ita intumescens, unum animalium cui cibi non sit exitus,
dehiscitque nimia satietate, alimento ipso moriens. Numquam hoc in
jumentis gignitur, in bubus frequens, in canibus aliquando, in quibus
omnia. In ovibus et in capris hoc solum. Æque mira sanguisugis et hiru-
dinum generi in palustri aqua sitis. Namque et hæ toto capite conduntur. Est et volucre canibus peculiare suum malum, aures maxime lan-
cinans, quæ defendi morsu non queunt.

XLI. 35. Idem pulvis in lanis et veste tineas creat, præcipue si araneus una includatur. Sitit enim, et omnem humorem absorbens aridi-
tatem ampliat. Hoc et in chartis nascitur. Est earum genus tunicas
suas trahentium, quo cochleæ modo. Sed harum pedes cernuntur. Spo-
liatæ exspirant. Si adcrevere, faciunt chrysallidem. Ficarios culices

voyons dans ses fruits (*cynips psenes*, du genre des *galles*). Les petits vers du figuier, du poirier, du pin, de la cinacanthe et de la rose produisent les cantharides (34). Les ailes des cantharides en sont le contre-poison. Si les ailes leur sont enlevées, leur poison est mortel. D'un autre côté, les acides produisent d'autres espèces de moucherons : on trouve jusque dans la neige ancienne de petits vers blancs. A une profondeur moyenne, ils sont rouges ; car la neige elle-même rougit en vieillissant (35). Ces vers sont velus, d'une grande taille, et presque immobiles.

L'animal qui se trouve dans les flammes.

L'élément destructeur de la nature produit lui-même quelques animaux. Dans les forges de Chypre on voit voler au milieu des flammes une grosse mouche à quatre pieds. On l'appelle pyrale ; d'autres la nomment pyrauste. Elle vit tant qu'elle reste dans le feu : si elle s'envole à quelque distance, elle meurt.

Hémérobion.

Vers le solstice d'été, l'Hypanis, fleuve du Pont, entraîne dans ses eaux de légères membranes qui ont la forme de pepins de raisin. Il en sort une mouche à quatre pieds, semblable à celle dont je viens de parler. Elle

caprificus generat. Cantharidas vermiculi ficorum et piri, et peuces, et cynacanthæ, et rosæ. Venenum hoc alæ medicantur ; quibus demptis, lethale est. Rursus alia genera culicum acescens natura gignit. Quippe quum et in nive candidi inveniantur, et vetustiore vermiculi ; in media quidem altitudine rutili (nam et ipsa nix vetustate rubescit), hirti pilis, grandiores, torpentesque.

XLII. 36. Gignit aliqua et contrarium naturæ elementum. Siquidem in Cypri ærariis fornacibus, et medio igni, majoris muscæ magnitudinis volat pennatum quadrupes ; appellatur pyralis, a quibusdam pyrausta. Quamdiu est in igne, vivit ; quum evasit longiore paulo volatu, emoritur.

XLIII. Hypanis, fluvius in Ponto, circa solstitium defert acinorum effigie tenues membranas ; quibus erumpit volucre quadrupes supradicti

ne vit qu'un jour ; ce qui l'a fait nommer éphémère (36).
Dans les animaux de ce genre, le temps nécessaire pour
la production est marqué par les nombres septénaires.
Pour le moucheron et le ver, il est de trois fois sept jours.
Il est de quatre fois sept jours pour les vivipares. Les métamorphoses se font en trois ou quatre jours. Les insectes
ailés périssent presque tous en automne. Les taons meurent quelquefois aveugles. Si on couvre de cendres les
mouches qui se sont noyées, on les rappelle à la vie.

HISTOIRE DES DIVERSES PARTIES DU CORPS.

A tout ce que j'ai dit , je vais joindre l'histoire détaillée de chacune des parties du corps.

Tous les animaux qui ont du sang ont une tête. Un
petit nombre d'entre eux, et seulement parmi les oiseaux,
ont la tête surmontée d'un panache de diverses espèces.
Le phénix (*faisan doré*) (37) porte sur la sienne un bou-
quet de plumes, du milieu duquel il s'en élève un autre ;
les paons, une aigrette garnie de filets rares et détachés ;
les oiseaux de stymphale, une huppe (38) ; les faisans, de
petites cornes. Nous pouvons citer encore le petit oiseau

modo , nec ultra unum diem vivit, unde hemerobion vocatur. Reliquis
talium ab initio ad finem septenarii sunt numeri ; culici et vermiculo
ter septeni ; corpus parientibus quater septeni. Mutationes et in alias
figuras transitus trinis aut quadrinis diebus. Cetera ex his pennata, autumno fere moriuntur ; tabani quidem etiam cæcitate. Muscis humore
exanimatis , si cinere condantur, redit vita.

XLIV. 37. Nunc per singulas corporis partes , præter jam dicta ,
membratim tractetur historia.

Caput habent cuncta , quæ sanguinem. In capite paucis animalium,
nec nisi volucribus, apices, diversi quidem generis : phœnici plumarum
serie , e medio eo exeunte alio ; pavonibus, crinitis arbusculis ; stym-
phalidi , cirro ; phasianæ corniculis. Præterea parvæ avi , quæ ab illo

que ce genre d'ornement a fait appeler autrefois *galerita*
(*cochevis, alauda cristata*), et qui depuis a donné à l'une
de nos légions son nom gaulois, *alauda* (alouette) (39).
J'ai parlé de celui qui a reçu de la nature une crête qui
se dresse et s'abaisse à volonté (la huppe). Les foulques
(sans aigrettes?) ont une bande qui s'étend depuis le bec
jusqu'au milieu de la tête. Le pivert aussi et la grue ba-
léarique (*Demoiselle de Numidie, ardea virgo*) ont une
huppe. Mais rien de plus remarquable en ce genre que la
crête charnue et festonnée qui distingue les coqs. On ne
peut pas dire que ce soit précisément une chair, ni un
cartilage, ni une callosité : c'est une substance particulière, et qui ne ressemble à rien de tout cela. Quant aux
crêtes des dragons, on ne trouve personne qui les ait
vues (40).

Des cornes.

Des cornes de différentes sortes ont été données à plusieurs des animaux, tant fluviatiles que marins et rampants. Mais les cornes proprement dites appartiennent exclusivement au genre des quadrupèdes; car je tiens pour
fabuleuse l'aventure d'Actéon, et même celle de Cipus
dont parlent les historiens latins (41). Nulle part la gaieté
de la nature ne s'est montrée plus folâtre. Les armes des
animaux sont un de ses jeux et de ses caprices : tantôt

galerita appellata quondam, postea gallico vocabulo etiam legioni nomen dederat alauda. Diximus et cui plicatilem cristam dedisset natura; per medium caput a rostro residentem et fulicarum generi dedit;
cirros pico quoque martio et grui balearicæ. Sed spectatissimum insigne gallinaceis, corporeum, serratum; nec carnem id esse, nec cartilaginem, nec callum jure dixerimus, verum peculiare. Draconum enim
cristas qui viderit, non reperitur.

XLV. Cornua multis quidem et aquatilium, et marinorum, et serpentum, variis data sunt modis; sed quæ jure cornua intelligantur, quadrupedum generi tantum. Actæonem enim et Cipum etiam in Latina
historia fabulosos reor. Nec alibi major naturæ lascivia. Lusit animalium armis. Sparsit hæc in ramos, ut cervorum. Aliis simplicia tribuit.

elle les a divisées en rameaux, comme celle des cerfs; tantôt elle les a faites simples et unies, comme les porte cette espèce de cerf qu'on a, par cette raison, nommé *subulon* (*daguet, ou cerf de seconde année*). D'autres fois elle les a aplaties en forme de main ; elle en a fait sortir des doigts : de là le nom du *platycéros* (le daim). Elle a donné au chevreuil des cornes branchues, mais petites et qui ne tombent jamais (42). Celles du bélier sont torses : il semble qu'elle l'ait armé de deux cestes; celles du taureau se présentent comme une lance en arrêt. Dans cette dernière espèce, les femelles ont des cornes ; dans le plus grand nombre, la nature n'en a donné qu'aux mâles. Les cornes du chamois sont courbées en arrière; celles du *dama* (le nanguer) le sont en avant. Le strepsicéros (*l'addax des Africains*, gazelle) a les siennes dressées, cannelées en vis et terminées en pointe. Ses deux cornes semblent représenter la forme d'une lyre (antilope).

Les bœufs de la Phrygie ont les cornes mobiles comme les oreilles ; ceux des Troglodytes les ont dirigées vers la terre : c'est pourquoi ils paissent obliquement. D'autres animaux n'en ont qu'une seule, placée au milieu de la tête ou sur le nez. Chez les uns, la force de ces armes est dans l'élan de l'animal ; chez les autres, dans le coup qu'il frappe. Tantôt la pointe se replie en avant, tantôt

ut in eodem genere subulonibus ex argumento dictis. Aliorum finxit in palmas, digitosque emisit ex iis; unde platycerotas vocant. Dedit ramosa capreis, sed parva ; nec fecit decidua. Convoluta in anfractum arietum generi, ceu cæstus daret ; infesta, tauris. In hoc quidem genere et feminis tribuit ; in multis, tantum maribus. Rupicapris in dorsum adunca, damis in adversum. Erecta autem rugarumque ambitu contorta, et in leve fastigium exacuta, ut liras diceres, strepsiceroti, quem addacem Africa appellat.

Mobilia eadem, ut aures, Phrygiæ armentis ; Troglodytarum, in terram directa ; qua de causa obliqua cervice pascuntur. Aliis singula, et hæc medio capite, aut naribus, ut diximus. Jam quidem aliis ad incursum robusta, aliis ad ictum ; aliis adunca, aliis redunca ; aliis ad jac-

elle retombe en arrière. Quelques uns enlèvent les objets et les jettent en l'air ; chez ces derniers aussi, elles ont des formes différentes : elles sont ou couchées sur le dos de l'animal, ou courbées en cercle, ou renversées en dehors, mais toujours terminées en pointe. Une certaine espèce s'aide de ses cornes comme de mains pour se gratter. Celles du limaçon lui servent à sonder son chemin. Les siennes sont charnues, comme celles des cérastes (vipères). Ces sortes de cornes sont uniques dans quelques animaux. Le limaçon en a toujours deux, qu'il étend ou retire à volonté. Les barbares du Nord boivent dans des cornes d'urus ; chaque paire contient une urne. D'autres en forment les pointes dont ils arment leurs traits. Chez nous, on les rend transparentes en les divisant par lames, et même alors elles répandent plus au loin la lumière qu'elles renferment. On les peint, on les vernit, on les burine pour différents usages du luxe. Chez tous les animaux elles sont creuses ; la pointe seule est massive.

Le bois du cerf est entièrement solide et tombe chaque année. Quand l'ongle du bœuf est usé, les cultivateurs y remédient en lui frottant les cornes avec du sain-doux ; telle est leur ductilité, qu'avec de la poix bouillante on les façonne à son gré, même sur l'animal vivant. En les

tum, pluribus modis : supina, convexa, conversa, omnia in mucronem migrantia. In quodam genere pro manibus ad scabendum corpus. Cochleis ad prætentandum iter ; corporea hæc, sicut cerastis ; aliquando et singula. Cochleis semper bina ; et ut protendantur, ac resiliant. Urorum cornibus barbari septemtrionales potant, urnaque bina capitis, unius cornua implent ; alii præfixa hastilia cuspidant. Apud nos in laminas secta translucent, atque etiam lumen inclusum latius fundunt ; multæque alias ad delicias conferuntur, nunc tincta, nunc sublita, nunc quæ cestrota picturæ genere dicuntur. Omnibus autem cava et in mucrone demum concreta sunt.

Cervis autem tota solida, et omnibus annis decidua. Boum attritis ungulis, cornua unguendo arvina, medentur agricolæ. Adeoque sequax natura est, ut in ipsis viventium corporibus ferventi cera flectantur, at-

coupant dans leur nouveauté, on les divise de manière que chaque tête en porte quatre. Celles des femelles sont pour l'ordinaire plus minces et plus courtes. Beaucoup de brebis n'ont pas de cornes, non plus que les biches, ni les digités, ni les solipèdes, dont il faut excepter l'âne indien (rhinocéros), qui n'en a qu'une. La nature a donné deux cornes aux pieds fourchus ; elle n'en a donné aucune aux animaux qui ont des dents incisives à la mâchoire supérieure. Les auteurs qui pensent que la matière des dents est employée à la formation des cornes sont facilement réfutés par l'exemple des biches qui n'ont point de cornes, quoiqu'elles manquent de ces dents supérieures, ainsi que leurs mâles. Les cornes des autres animaux sont adhérentes aux os ; le bois du cerf tient seulement à la peau (43).

Des têtes.

Les poissons ont la tête proportionnellement plus grosse que les autres animaux, peut-être afin qu'ils puissent plonger. Les huîtres, les éponges, et presque tous ceux qui n'ont que le sens du toucher, n'ont point de tête. Chez quelques uns, tels que les cancres, cette partie n'est pas distincte du reste du corps.

Chevelure.

L'homme, et par ce mot j'entends aussi la femme, est

que incisa nascentium in diversas partes torqueantur, ut singulis capitibus quaterna fiant. Tenuiora feminis plerumque sunt , ut in pecore; multis ovium nulla, nec cervarum, nec quibus multifidi pedes, nec solidipedum ulli, excepto asino Indico, qui uno armatus est cornu. Bisulcis bina tribuit natura ; nulla superne primores habenti dentes. Qui putant eos in cornua absumi, facile coarguuntur cervarum naturâ, quae neque dentes habent, ut neque mares , nec tamen cornua. Ceterorum ossibus adhaerent, cervorum tantum cutibus enascuntur.

XLVI. Capita piscibus portione corporum maxima , fortassis ut mergantur. Ostrearum generi nulla , nec spongiis, nec aliis fere, quibus solus ex sensibus tactus est. Quibusdam indiscretum caput est , ut cancris.

XLVII. In capite cunctorum animalium homini plurimus pilus, jam

celui de tous les animaux dont la tête est le plus garnie de poil, comme on le voit chez les nations qui laissent croître leurs cheveux. De là même le nom de Chevelus, donné aux habitants des Alpes, et la dénomination de Gaule Chevelue (44). Toutefois il y a sous ce rapport des différences locales. Les Miconiens naissent chauves, ainsi que les Cauniens naissent affectés de la rate. Certains animaux aussi sont naturellement chauves, comme l'autruche et le corbeau aquatique, auquel cette défectuosité a fait donner le nom φαλακροκόραξ, qu'il porte en grec. La femme perd rarement ses cheveux. L'eunuque ne les perd jamais, et nul homme ne devient chauve avant d'avoir fait usage des femmes. Les cheveux qui sont au-dessous du sommet de la tête, autour des tempes et des oreilles, ne tombent pas. Nul animal, excepté l'homme, ne devient chauve. L'homme est aussi le seul, avec le cheval, à qui le poil de la tête blanchisse. Mais chez l'homme, les cheveux de la partie antérieure de la tête blanchissent avant les autres.

Des os de la tête.

Quelques hommes seulement ont un double crâne. Les os du crâne sont plats, minces, sans moelle, et joints ensemble par des sutures dentelées. Ces os, une fois brisés,

quidem promiscue maribus ac feminis; apud intonsas utique gentes. Atque etiam nomina ex eo Capillatis Alpium incolis, Galliæ Comatæ; ut tamen sit aliqua in hoc terrarum differentia: quippe Myconii carentes eo gignuntur, sicut in Cauno lienosi. Et quædam animalium naturaliter calvent, sicut struthiocameli, et corvi aquatici quibus apud Græcos nomen est inde. Defluvium eorum in muliere rarum, in spadonibus non visum, nec in ullo ante Veneris usum. Nec infra cerebrum, aut infra verticem, aut circa tempora atque aures. Calvitium uni tantum animalium homini, præterquam innatum. Canities homini tantum et equis; sed homini semper a priori parte capitis; tum deinde ab aversa.

XLVIII. Vertices bini hominum tantum aliquibus. Capitis ossa plana, tenuia, sine medullis, serratis pectinatim structa compagibus.

ne peuvent se réunir, On peut en enlever une partie sans
que la mort suive, Une cicatrice charnue les remplace.
J'ai dit, en parlant de l'ours et du perroquet, que le premier a le crâne très-faible (inexact); que chez le second
cette partie est très-dure.

Du cerveau.

Tous les animaux qui ont du sang ont un cerveau; les
mollusques mêmes, tels que les polypes, en ont un, encore qu'ils n'aient point de sang. Mais celui de l'homme
est proportionnellement le plus grand de tous (45) et le
plus humide. C'est le plus froid des viscères. Il est enve-
loppé par-dessus et par-dessous de deux membranes qui
ne peuvent être rompues, ni l'une ni l'autre, sans causer
la mort. Au surplus, les hommes ont le cerveau plus grand
que les femmes. Dans l'homme, ainsi que dans les autres
animaux, le cerveau n'a point de sang ni de veines. Celui
du porc est gras. Les observateurs instruits enseignent
qu'il diffère de la moelle, parcequ'il se durcit au feu. Chez
tous les animaux, on trouve de petits os au milieu de la
cervelle.

L'homme est le seul à qui le cerveau palpite dans l'enfance. Cette partie ne se raffermit que lorsqu'il commence
à parler. C'est de tous les viscères le plus élevé, le plus

Perfracta non queunt solidari; sed exempta modice non sunt lethalia, in
vicem eorum succedente corporis cicatrice. Infirmissima esse ursis,
durissima psittacis, suo diximus loco.

XLIX. Cerebrum omnia habent animalia quæ sanguinem; etiam in
mari, quæ mollia appellavimus, quamvis careant sanguine, ut polypi.
Sed homo portione maximum et humidissimum, omniumque viscerum
frigidissimum, duabus supra subterque membranis velatum, quarum
alterutram rumpi mortiferum est. Cetero viri, quam feminæ, majus.
Hominibus hoc sine sanguine, sine venis et reliquis, sui pingue. Aliud
esse quam medullam eruditi docent, quoniam coquendo durescat. Omnium cerebro medio insunt ossicula parva.

Hoc homini in infantia palpitat, nec corroboratur ante primum sermonis exordium. Hoc est viscerum excelsissimum, proximumque cœlo

voisin de la voûte de la tête : on n'y trouve ni chair, ni sang, ni souillures. C'est le siége des sens, le point où aboutissent et se terminent les veines qui partent du cœur. C'est le principe, l'organe essentiel de toute sensibilité. Dans tous les animaux, il est placé à la partie antérieure, parceque les sens tendent en avant. Il est la cause du sommeil, et de cet assoupissement qui fait chanceler la tête. Les animaux qui n'ont pas de cerveau ne dorment point. On dit que les cerfs ont dans la tête vingt petits vers (*larves d'œstres*), tant sous la concavité de la langue qu'auprès de la vertèbre qui joint la tête au cou (46).

Des oreilles.

L'homme seul a les oreilles immobiles. C'est d'elles qu'est venu le surnom de *Flaccus*. Il n'est point de parties du corps pour lesquelles les femmes prodiguent plus de dépenses, par les perles qu'elles y attachent. Dans l'Orient, les hommes eux-mêmes font vanité de suspendre de l'or à leurs oreilles. Elles sont plus ou moins grandes dans les différentes espèces d'animaux. Les cerfs seulement les ont fendues et comme partagées (47). Celles des souris sont bordées de poil. Tous les vivipares ont des oreilles extérieures, excepté le veau marin, le dauphin, les cartilagineux et la vipère. La vipère et le veau marin ont, au

capitis, sine carne, sine cruore, sine sordibus. Hanc habent sensus arcem; huc venarum omnis a corde vis tendit, hic desinit; hic culmen altissimum, hic mentis est regimen. Omnium autem animalium in priora pronum, quia et sensus ante nos tendunt. Ab eo proficiscitur somnus; hinc capitis nutatio. Quæ cerebrum non habent, non dormiunt. Cervis in capite inesse vermiculi sub linguæ inanitate, et circâ articulum, qua caput jungitur, numero viginti produntur.

L. Aures homini tantum immobiles. Ab iis Flaccorum cognomina. Nec in aliâ parte feminis majus impendium, margaritis dependentibus. In Oriente quidem, et viris aurum gestare eo loci decus existimatur. Animalium aliis majores, aliis minores. Cervis tantum scissæ, ac velut divisæ; sorici pilosæ. Sed auriculæ omnibus animal dumtaxat generantibus, excepto vitulo marino, atque delphino, et quæ cartilaginea ap-

lieu d'oreilles, des trous auditifs. Les cartilagineux et le dauphin n'en ont pas (chez les dauphins ils sont très petits). Cependant il est démontré que le dauphin entend ; car la musique le charme, et il se laisse prendre étonné par le bruit. Comment entend-il? C'est ce que je ne puis expliquer. On n'aperçoit pas non plus chez lui l'organe de l'odorat, encore qu'il ait ce sens très subtil. Parmi les oiseaux, le duc et le hibou seuls ont des plumes qui tiennent la place des oreilles. Les autres ont des trous auditifs. Il en est de même des animaux à écailles et des serpents. Dans les chevaux et dans les bêtes de somme, les oreilles dénotent les affections intérieures. Selon qu'ils sont fatigués, effrayés, furieux ou malades, elles sont flasques, tressaillantes, dressées ou pendantes.

De la face.

L'homme seul a une face (48). Les autres animaux n'ont qu'un museau ou un bec. Plusieurs ont un front ; mais chez l'homme seul, le front indique la tristesse, la joie, la clémence, la sévérité. L'ame modifie ses mouvements. L'homme a deux sourcils qui se meuvent ensemble ou alternativement. Une partie de l'ame y réside aussi. C'est par eux surtout que s'expriment le refus et le con-

pellavimus, et viperis. Hæc cavernas tantum habent aurium loco, præter cartilaginea et delphinum, quem tamen audire manifestum est. Nam et cantu mulcentur, et capiuntur attoniti sono. Quanam audiant, mirum. Iidem nec olfactus vestigia habent, quum olfaciant sagacissime. Pennatorum animalium buboni tantum et oto plumæ, velut aures; ceteris cavernæ ad auditum. Simili modo squamigeris, atque serpentibus. In equis et omnium jumentorum genere indicia animi præferunt; fessis marcidæ, micantes pavidis, subrectæ furentibus, resolutæ ægris.

LI. Facies homini tantum, ceteris os aut rostra. Frons et aliis, sed homini tantum tristitiæ, hilaritatis, clementiæ, severitatis index. In animo sensus ejus. Supercilia homini, et pariter et alterne mobilia, et in iis pars animi. Negamus, an annuimus? Hæc maxime indicant fac-

senlement. Le germe de l'orgueil est ailleurs, mais son siège est là. Il naît dans le cœur; mais c'est aux sourcils qu'il gravit; c'est là qu'il s'attache. Dans tout le corps il n'a point trouvé une place plus éminente, plus escarpée, qu'il pût occuper sans partage.

Des yeux.

Au-dessous des sourcils sont les yeux, partie la plus précieuse du corps, et qui, par l'usage de la lumière, distinguent la vie de la mort. Cependant ils n'ont pas été donnés à tous. Les huîtres n'en ont pas. La chose est douteuse pour certains coquillages : car si l'on remue les doigts devant un pétoncle, il se referme comme s'il voyait. Les solènes fuient à l'approche d'un instrument de fer. Parmi les quadrupèdes, les taupes sont privées de la vue (faux); mais si on enlève une membrane qui couvre la place des yeux, on trouve l'apparence de cet organe. On dit que, parmi les oiseaux, les hérons blancs ne voient que d'un œil. Ils sont d'un très bon augure lorsqu'ils volent vers le midi ou vers le nord. Ils annoncent alors que les dangers et les alarmes se dissipent. Nigidius dit que les sauterelles et les cigales n'ont point d'yeux. Chez les limaçons, deux petites cornes suppléent à cet organe, en

tum. Superbia alibi conceptaculum, sed hic sedem habet. In corde nascitur, huc subit, hic pendet. Nihil altius simul abruptiusque invenit in corpore, ubi solitaria esset.

LII. Subjacent oculi, pars corporis pretiosissima, et qui lucis usu vitam distinguant a morte. Non omnibus animalium : ut, ostreis nulli; quibusdam concharum dubii. Pectines enim, si quis digitos adversum hiantes eos moveat, contrahuntur, ut videntes. Et solenes fugiunt admota ferramenta. Quadrupedum talpis visus non est; oculorum effigies inest, si quis praetentam detrahat membranam. Et inter aves ardeolarum genere, quos leucos vocant, altero oculo carere tradunt. Optimi augurii, quum ad austrum volant, septentrionemve; soluti enim pericula et metus narrant. Nigidius nec locustis nec cicadis esse dicit. Cochleis oculorum vicem cornicula bina praetentatu implent. Nec lumbricis ulli sunt, vermiumve generi.

sondant le chemin. Les vers de terre, et généralement tous les vers, n'ont point d'yeux.

De la diversité des yeux.

La variété dans la couleur des yeux est particulière à l'espèce humaine. Dans les autres espèces d'animaux, la couleur des yeux est la même chez tous les individus. Quelques chevaux les ont verdâtres. Mais, dans l'homme, leurs variétés et leurs différences sont incalculables : grands, moyens, petits, avancés hors de l'orbite ; ceux-ci ne voient pas d'aussi loin : enfoncés ; ceux-là sont les meilleurs, ainsi que les yeux qui, par la couleur, ressemblent à ceux de la chèvre.

Théorie de la vue.

De plus, il y a des hommes qui aperçoivent les objets de loin, d'autres ne les distinguent que de très près. Plusieurs ont besoin de la lumière éclatante du soleil ; ils ne distinguent rien dans un temps nébuleux, ni après le soleil couché. Quelques uns, qui ont la vue courte pendant le jour, voient pendant la nuit plus loin que les autres. J'ai parlé suffisamment des prunelles doubles, et de ceux dont le regard est nuisible. Les yeux bleus voient mieux dans l'obscurité.

On rapporte, et l'exemple est unique, que Tibère, lorsqu'il s'éveillait la nuit, voyait les objets aussi clairement

LIII. Ocul homini tantum diverso colore ; ceteris in suo cuique genere similes. Et equorum quibusdam glauci. Sed in homine numerosissimæ varietatis atque differentiæ ; grandiores, modici, parvi, prominentes, quos hebetiores putant ; conditi, quos clarissime cernere : sicut in colore caprinos.

LIV. Præterea alii contuentur longinqua, alii nisi prope admota non cernunt. Multorum visus fulgore solis constat, nubilo die non cernentium, nec post occasus. Alii interdiu hebetiores, noctu præter ceteros cernunt. De geminis pupillis, aut quibus noxii visus essent, satis diximus. Cæsii in tenebris clariores

Ferunt Tiberio Cæsari, nec alii genitorum mortalium, fuisse naturam

qu'en plein jour; peu à peu, tout rentrait dans les ténèbres. Les yeux d'Auguste étaient verdâtres, comme ceux des chevaux. Il avait le blanc des yeux d'une grandeur extraordinaire : aussi se mettait-il en colère quand on les regardait avec trop d'attention. Claude avait à l'angle de l'œil une blancheur charnue qui se couvrait quelquefois de veines sanguines. Les yeux de Caligula étaient fixes. Néron ne distinguait pas les objets les plus rapprochés de lui, à moins qu'il ne clignât les yeux. Caligula entretenait vingt paires de gladiateurs : deux seuls, parmi eux, bravaient les coups et les menaces sans jamais fermer les yeux ; ce qui est d'une extrême difficulté : aussi furent-ils invincibles. Beaucoup d'hommes au contraire clignent naturellement les yeux sans discontinuer. C'est, dit-on, un signe de timidité.

Nul n'a l'œil d'une seule couleur. La prunelle tranche toujours avec le blanc qui l'environne. Aucune autre partie du corps ne décèle mieux les sentiments, surtout dans l'homme. Les yeux expriment la modération, la clémence, la compassion, la haine, l'amour, la tristesse, la joie. Le regard aussi en varie le caractère. Ils sont tour à tour farouches, menaçants, étincelants, sévères, hagards,

ut expergefactus noctu paulisper haud alio modo, quam luce clara, contueretur omnia, paulatim tenebris sese obducentibus. Divo Augusto equorum modo glauci fuere, superque hominem albicantis magnitudinis. Quam ob causam diligentius spectari eos iracunde ferebat. Claudio Cæsari ab angulis candore carnoso sanguineis venis subinde suffusi : Caio principi rigentes. Neroni, nisi quum conniveret, ad prope admota hebetes. Viginti gladiatorum paria in Caii principis ludo fuere ; in iis duo omnino, qui contra comminationem aliquam non conniverent, et ob id invicti. Tantæ hoc difficultatis est homini. Plerisque vero naturale, ut nictari non cessent ; pavidiores accepimus. *

Oculus unicolor nulli ; cum candore omnibus medius color differens. Neque ulla ex parte majora animi indicia cunctis animalibus ; sed homini maxime, id est, moderationis, clementiæ, misericordiæ, odii, amoris, tristitiæ, lætitiæ. Contuitu quoque multiformes, truces, torvi, flagrantes, graves, transversi, limi, summissi, blandi. Profecto in oculis

soumis, caressants. Ils s'enflamment, se fixent, s'humec-
tent, se voilent. Ah! sans doute l'ame habite dans les
yeux. C'est d'eux que s'échappe cette larme que la pitié
accorde au malheur. Le baiser que nous leur donnons
semble pénétrer jusqu'à l'ame. C'est d'eux que coulent
ces pleurs et ces ruisseaux qui baignent notre visage.
Quelle est donc cette liqueur si abondante, et toujours
aux ordres de la douleur? où se tient-elle en réserve
quand elle ne coule pas? Au surplus, c'est par l'ame que
nous voyons, c'est par elle que nous discernons les objets.
Les yeux ne sont que les canaux qui reçoivent et trans-
mettent sa partie visuelle. Voilà pourquoi une méditation
profonde semble nous rendre aveugles ; alors la vue tout
entière se concentre dans l'intérieur. De même dans l'épilepsie, les yeux ouverts n'aperçoivent rien, l'ame étant
enveloppée d'un nuage épais. Et combien d'hommes,
ainsi que les lièvres, dorment les yeux ouverts! ce que
les Grecs expriment par le mot κορυβαντιᾶν.

La nature a composé les yeux de plusieurs membranes
minces, de tuniques calleuses à l'extérieur, pour résister
au froid et au chaud ; ces tuniques sont purifiées de temps
en temps par l'effusion de l'humeur lacrymale. Elle a fait
les yeux glissants et mobiles afin de les garantir de tout
ce qui pourrait les offenser.

animus habitat. Ardent, intenduntur, humectant, connivent. Hinc illa
misericordiæ lacryma. Hos quum osculamur, animum ipsum videmur
attingere. Hinc fletus et rigantes ora rivi. Quis ille humor est, in dolore
tam fecundus et paratus! aut ubi reliquo tempore! Animo autem videmus ; animo cernimus ; oculi, ceu vasa quædam, visibilem ejus partem
accipiunt, atque transmittunt. Sic magna cogitatio obcæcat, abducto
intus visu. Sic in morbo comitiali aperti nihil cernunt, animo caligante.

Quin et patentibus dormiunt lepores, multique hominum, quos κορυβαντιᾶν Græci dicunt.

Tenuibus multisque membranis eos natura composuit, callosis contra
frigora caloresque in extimo tunicis, quas subinde purificant lacryma-
tionum salivis, lubricos propter incursantia, et mobiles.

De la prunelle.

La prunelle, qu'on pourrait nommer la fenêtre de l'ame, occupe le centre. Ses limites étroites ne permettent pas que les rayons s'écartent. Elle sert comme de canal pour les diriger, et par un léger mouvement, elle évite le choc des corps étrangers. Elle est entourée de cercles de diverses couleurs : les uns noirs, les autres jaunes ou verts ; en sorte qu'à l'aide de cette heureuse combinaison des nuances, la cornée reçoit la lumière sans fatiguer l'œil par le reflet trop brusque des couleurs. La prunelle est un miroir parfait. Dans un si petit espace, l'image de l'homme est rendue tout entière. Et si les oiseaux que nous tenons dans nos mains cherchent surtout à nous becqueter les yeux, c'est qu'y voyant leur image, ils se portent vers les objets de leurs affections naturelles.

Quelques bêtes de somme éprouvent des maladies aux yeux dans les accroissements de la lune. Mais l'homme seul est délivré de la cécité par l'évacuation de l'humeur qui la causait. Plusieurs ont recouvré la vue au bout de vingt ans. Quelques uns naissent aveugles, sans que l'œil ait aucun vice. D'autres le sont devenus tout à coup, sans que rien eût annoncé ce malheur. Des auteurs très

LV. Media eorum cornua fenestravit pupilla, cujus angustiæ non sinunt vagari incertam aciem, et velut canali dirigunt, obiterque incidentia facile declinant; aliis nigri, aliis ravi, aliis glauci coloris orbibus circumdatis; ut habili mixtura et accipiatur circumjecto candore lux, et temperato repercussu non obstrepat. Adeoque iis absoluta vis speculi, ut tam parva illa pupilla totam imaginem reddat hominis. Ea causa est, ut pleræque alitum e manibus hominum oculos potissimum appetant, quod effigiem suam in iis cernentes, velut ad cognata desideria sua tendunt.

Veterina tantum quædam, ad crementa lunæ morbos sentiunt. Sed homo solus, emisso humore, cæcitate liberatur. Post vicesimum annum multis restitutus est visus. Quibusdam statim nascentibus negatus, nullo oculorum vitio; multis repente ablatus simili modo, nulla præcedente injuria. Venas ab iis pertinere ad cerebrum peritissimi auctores tra-

habiles écrivent que des veines se rendent des yeux au cerveau ; moi je crois qu'elles se rendent aussi à l'estomac ; du moins l'extraction de l'œil n'a jamais lieu sans être suivie de vomissements. Fermer les yeux des mourants, et les rouvrir sur le bûcher, est un usage sacré chez les Romains. Le dernier aspect en est interdit à l'homme, la religion le réserve pour le ciel. L'homme est le seul des animaux chez qui cet organe soit sujet à des difformités. De là les surnoms de *Strabon* et de *Pætus* (49). On nommait *Cocles* celui qui était borgne de naissance ; *Ocella*, celui qui avait les yeux petits ; *Luscinus* désignait un homme borgne par accident.

Les yeux des animaux nocturnes, tels que les chats, brillent dans les ténèbres au point qu'on ne peut en soutenir l'éclat. Les yeux de la chèvre et du loup étincellent. Ceux du veau marin et de l'hyène changent continuellement de couleur. Les yeux de beaucoup de poissons, étant desséchés, brillent dans l'obscurité, comme le chêne pourri de vétusté. J'ai dit que les animaux qui ne voient de côté qu'en tournant toute la tête, ne clignent point les yeux. On prétend que le caméléon tourne les siens tout entiers. Le cancre regarde obliquement. Les animaux

dunt ; ego et ad stomachum crediderim. Certe nulli sine redundatione ejus eruitur oculus. Morientibus operire, rursusque in rogo patefacere, Quiritium ritu sacrum est : ita more condito, ut neque ab homine supremum eos spectari fas sit, et cœlo non ostendi, nefas. Uni animalium homini depravantur ; unde cognomina Strabonum et Pœtorum. Ab iisdem qui altero lumine orbi nascerentur, Coclites vocabantur ; qui parvis utrisque, Ocellæ ; Luscini injuriæ cognomen habuerunt.

Nocturnorum animalium, veluti felium, in tenebris fulgent radiantque oculi, ut contueri non sit ; et capræ lupoque splendent, lucemque jaculantur. Vituli marini, et hyænæ, in mille colores transeunt subinde. Quin et in tenebris multorum piscium refulgent aridi, sicut robusti caudices vetustate putres. Non connivere diximus, quæ non obliquis oculis, sed circumacto capite cernerent. Chamæleonis oculos ipsos circumagi totos tradunt. Cancri in obliquum aspiciunt. Crusta fragili

renfermés dans une enveloppe fragile ont les yeux immobiles. Les langoustes et les squilles, dont la coque est presque toute de ce genre, les ont saillants et très durs. Les animaux qui ont les yeux durs voient moins bien que ceux qui les ont humides. On prétend que si on arrache les yeux aux petits des serpents et des hirondelles, il leur en revient d'autres. Les yeux de tous les insectes et des testacés sont mobiles comme les oreilles des quadrupèdes. Ceux dont l'enveloppe est fragile ont les yeux durs. Tous ces animaux, ainsi que les poissons et les insectes, n'ont point de paupières et ne ferment point les yeux. Ils les ont couverts d'une membrane transparente comme le verre.

Des paupières.

L'homme a des cils aux deux paupières. Les femmes même ne passent pas un jour sans les peindre. Étrange manie de la parure! peindre même les yeux. Telle n'avait pas été l'intention de la nature. Elle avait placé les cils comme une palissade, comme un ouvrage avancé pour en défendre l'accès aux insectes et aux corps étrangers qu'ils pourraient rencontrer. Des auteurs ont dit, avec raison, que les cils tombent à ceux qui abusent des plaisirs de l'amour. Parmi les autres animaux, nul n'a des cils que ceux dont tout le corps est garni de poil. Mais les qua-

inclusis, rigentes. Locustis squillisque magna ex parte sub eodem munimento præduri eminent. Quorum duri sunt, minus cernunt, quam quorum humidi. Serpentium catulis, et hirundinum pullis, si quis eruat, renasci tradunt. Insectorum omnium, et testacei operimenti, oculi moventur, sicut quadrupedum aures. Quibus fragilia operimenta, iis oculi duri. Omnia talia, et pisces, et insecta, non habent genas, nec integunt oculos. Omnibus membrana vitri modo translucida obtenditur.

LVI. Palpebræ in genis homini utrinque. Mulieribus vero etiam infectæ quotidiano. Tanta est decoris adfectatio, ut tinguantur oculi quoque. Alia de causa hoc natura dederat, ceu vallum quoddam visus, et prominens munimentum contra occursantia animalia, aut alia fortuitu incidentia. Defluere eas haud immerito Venere abundantibus tradunt. Ex ceteris nulli sunt, nisi quibus et in reliquo corpore pili,

drupèdes n'en ont qu'à la paupière supérieure, et les oiseaux à la paupière inférieure, ainsi que les animaux qui ont la peau molle comme les serpents, et les quadrupèdes ovipares, tels que les lézards (c'est le contraire). Seule des oiseaux, l'autruche a, de même que l'homme, des cils en haut et en bas.

Animaux sans paupières.

Les oiseaux n'ont pas tous des paupières. C'est par cette raison que ceux qui sont vivipares ne clignent jamais les yeux (50). Les oiseaux pesants ferment les yeux en élevant la paupière inférieure. Ils clignotent au moyen d'une membrane qui s'avance de l'angle de l'œil. Les pigeons et les autres espèces semblables élèvent et baissent les deux paupières. Mais dans les quadrupèdes ovipares, tels que les tortues et les crocodiles, la paupière inférieure est la seule qui ait du mouvement. Ils ne clignent point les yeux, parcequ'ils les ont extrêmement durs. Les anciens nommaient *cilium* (cil) le bord de la paupière supérieure; d'où est venu le mot *supercilia* (sourcils). Cette partie, une fois déchirée, ne se réunit point, non plus que quelques autres parties du corps humain.

Des joues.

Au-dessous des yeux sont les joues, qui appartiennent

Sed quadrupedibus in superiore tantum gena, volucribus in inferiore; et quibus molle tergus, ut serpentibus; et quadrupedum quæ ova pariunt, ut lacertæ. Struthiocamelus alitum sola, ut homo, utrimque palpebras habet.

LVII. Nec genæ quidem omnibus; ideo neque nictationes iis quæ animal generant. Graviores alitum inferiore gena connivent. Eædem nictantur, ab angulis membrana obeunte. Columbæ et similia utraque connivent. At quadrupedes quæ ova pariunt, ut testudines, crocodili, inferiore tantum, sine ulla nictatione, propter præduros oculos. Extremum ambitum genæ superioris antiqui cilium vocavere; unde et supercilia. Hoc vulnere aliquo diductum non coalescit, ut in paucis humani corporis membris.

LVIII. Infra oculos malæ homini tantum, quas prisci genas voca-

exclusivement à l'homme. Les anciens les nommaient *genæ*, comme on le voit dans la loi des Douze Tables, qui défendait aux femmes de se raser les joues. Elles sont le siége de la pudeur. C'est là surtout que la rougeur se montre.

Des narines.

Vers le milieu des joues se forme cette fossette qui indique le ris et la gaieté.

L'homme seul a le nez élevé et avancé : nous avons fait du nez le symbole du persiflage et de la moquerie. Chez nul autre animal, cette partie n'est saillante. Les oiseaux, les serpents, les poissons n'ont point de narines; ils ont seulement deux conduits pour l'odorat. C'est du nez que sont venus les surnoms *Simus* (camus) et *Silo* (nez retroussé). Souvent des enfants sont nés à sept mois, ayant les ouvertures des oreilles et des narines fermées.

De la bouche.

Les lèvres ont fait donner à la famille des Brocchus le surnom de Labéon. Les animaux vivipares ont une bouche ferme ou même très dure. Les oiseaux ont un bec de corne et aigu. Ce bec est recourbé dans les oiseaux de proie : il est droit dans ceux qui prennent la nourriture en becquetant; large chez ceux qui fouillent dans les her-

bant, XII Tabularum interdicto radi a feminis eas vetantes. Pudoris hæc sedes. Ibi maxime ostenditur rubor.

LIX. Intra eas hilaritatem risumque indicantes buccæ.

Et altior homini tantum, quem novi mores subdolæ irrisioni dicavere, nasus. Non alii animalium nares eminent : avibus, serpentibus, piscibus foramina tantum ad olfactus, sine naribus. Et hinc cognomina Simorum, Silonum. Septimo mense genitis sæpenumero foramina aurium et narium defuere.

LX. Labra, a quibus Brocchi, Labeones dicti. Et os probum duriusve, animal generantibus; pro iis cornea et acuta volucribus rostra. Eadem rapto viventibus adunca; collecto, recta; herbas eruentibus

bes et dans la vase, comme font les pourceaux. Les bêtes de somme se servent de leur bouche comme d'une main, pour ramasser leur pâture. Les animaux carnassiers ont la bouche plus fendue. Nul autre que l'homme n'a un menton et des joues. Chez le crocodile seul, la mâchoire supérieure est mobile (54). Les quadrupèdes terrestres ne remuent que la mâchoire inférieure, comme les autres animaux, mais ils la remuent aussi de biais.

Des dents.

Les dents sont de trois sortes, séparées, continues ou saillantes. Les dents séparées qui passent les unes entre les autres, pour ne point s'user par leur frottement mutuel, appartiennent aux serpents, aux poissons, aux chiens. Celles de l'homme et du cheval sont continues ; le sanglier, l'hippopotame, l'éléphant, ont des dents saillantes. Celles des dents continues qui divisent les aliments sont larges et tranchantes ; celles qui les broient sont doubles ; celles qui séparent ces deux sortes de dents se nomment canines. Ces dernières sont très longues dans les animaux qui ont les dents séparées. Quant aux dents continues, les uns les ont en bas et en haut, comme le cheval ; les autres manquent de dents incisives à la mâchoire supérieure, comme le bœuf, la brebis et tous les ruminants.

timumque, lata, ut suum generi. Jumentis vice manus ad colligenda pabula ora ; apertiora laniatu viventibus. Mentum nulli præter hominem, nec malæ. Maxillas crocodilus tantum superiores movet ; terrestres quadrupedes, eodem, quo cetera, more, præterque in obliquum.

LXI. Dentium tria genera : serrati, aut continui, aut exserti. Serrati pectinatim coeuntes, ne contrario occursu atterantur ; ut serpentibus, piscibus, canibus. Continui, ut homini, equo. Exserti, ut apro, hippopotamo, elephanto. Continuorum, qui digerunt cibum, lati et acuti ; qui conficiunt, duplices ; qui discriminant eos, canini appellantur. Hi sunt serratis longissimi. Continui, aut utraque parte oris sunt, ut equo ; aut superiore primores non sunt, ut bubus, avibus, omnibusque quæ ruminant. Capræ superiores non sunt, præter primores geminos.

La chèvre n'a point de dents supérieures, excepté les deux premières

Nul des animaux qui ont les dents séparées n'en a de saillantes. Les femelles en ont rarement, et n'en font jamais usage. Le sanglier frappe; sa femelle mord. Nul animal à cornes n'a les dents saillantes. Celles-ci sont toujours creuses; les autres sont solides. Tous les poissons, excepté le scare, ont les dents en forme de scie; lui seul de tous les aquatiques les a égales et unies (52). Au surplus, beaucoup de ces animaux ont des dents à la langue et dans toute la bouche, afin de cribler, par la multitude des blessures, ce qu'ils ne peuvent briser en broyant. Plusieurs même en ont au palais et à la queue. De plus, ces dents sont recourbées vers l'intérieur de la bouche, afin que les aliments ne s'échappent pas : ils n'ont d'autre moyen de les retenir.

Des dents et du venin des serpents.

Outre ces mêmes dents, l'aspic et les serpents en ont encore à la partie supérieure, tant à droite qu'à gauche, deux très longues, percées d'un petit trou, et qui répandent le venin, comme l'aiguillon des scorpions. Des observateurs très attentifs écrivent que ce venin n'est que le fiel des serpents (53), et qu'il est conduit à la bouche par des veines placées au-dessous de l'épine. Quelques uns

Nulli exserti, quibus serrati. Raro feminæ, et tamen sine usu. Itaque quum apri percutiant, feminæ sues mordent. Nulli, cui cornua, exserti; sed omnibus concavi; ceteris dentes solidi. Piscium omnibus serrati, præter scarum : huic uni aquatilium plani. Cetero multis eorum in lingua et toto ore; ut turba vulnerum molliant, quæ attritu subigere non queunt. Multis et in palato, atque etiam in cauda. Præterea in os vergentes, ne excidant cibi, nullum habentibus retinendi adminiculum.

LXII. Similes aspidi, et serpentibus; sed duo in supera parte, dextera lævaque longissimi, tenui fistula perforati, ut scorpionum aculei, venenum infundentes. Non aliud hoc esse quam fel serpentium, et inde venis sub spina ad os pervenire, diligentissimi auctores scribunt. Qui-

disent qu'il n'y a qu'une dent venimeuse, laquelle étant crochue, se renverse lorsque l'animal a mordu. D'autres prétendent qu'au moment de la morsure cette dent, facile à arracher, tombe; qu'une autre la remplace, et que cette dent manque aux serpents que l'on manie avec impunité. Ils ajoutent qu'elle se trouve à la queue des scorpions, et que la plupart en ont trois.

Les dents de la vipère sont enfoncées dans ses gencives (54). Toujours pleine de poison, elle injecte son venin dans les morsures par l'effet de la pression de ses alvéoles. Nul oiseau n'a de dents, si ce n'est la chauve-souris. De tous les animaux sans cornes, le chameau seul n'a point de dents incisives à la mâchoire supérieure. Nul cornigère n'a les dents séparées (faux). Les limaçons même ont des dents. Ce qui le prouve, c'est que les plus petits d'entre eux rongent la vigne. Je ne sais sur quel fondement on a dit que, parmi les animaux marins, les crustacées et les cartilagineux ont les dents de devant, et que l'oursin en a cinq (vrai pour l'*oursin*). Au lieu de dents, les insectes ont un aiguillon. Le singe a les dents comme l'homme. L'éléphant (de l'Inde) a dans l'intérieur quatre dents qui lui servent pour manger; en outre, il en a deux saillantes : elles sont recourbées chez le mâle,

dam unum esse eum ; et quia sit aduncus, resupinari, quum momorderit. Aliqui, tunc decidere eum, rursusque recrescere, facilem decussu; et sine eo esse, quas tractari cernamus. Scorpionis caudæ inesse eum, et plerisque ternos.

Viperæ dentes gingivis conduntur. Hæc eodem prægnans veneno, impresso dentium repulsu virus fundit in morsus. Volucrum nulli dentes, præter vespertilionem. Camelus, una ex iis quæ non sunt cornigera, in superiori maxilla primores non habet. Cornua habentium nulli serrati. Et cochleæ dentes habent; indicio est etiam a minimis earum derosa vitis. At in marinis crustata et cartilaginea primores habere, item echinis quinos esse, unde intelligi potuerit, miror. Dentium vice aculeus insectis. Simiæ dentes, ut homini. Elephanto intus ad mandendum quatuor; præterque eos, qui prominent, masculis reflexi, feminis recti

la femelle les a droites et inclinées en avant. Le muscule marin qui précède la baleine n'a point de dents ; mais il a l'intérieur de la bouche, la langue même et le palais hérissés de poils. Parmi les animaux terrestres, les petits quadrupèdes ont en haut et en bas les deux premières dents très longues.

Particularités sur la dentition.

Les autres animaux naissent avec leurs dents : celles de l'homme commencent à paraître sept mois (du quatrième au huitième mois) après sa naissance. L'homme, le lion, les bêtes de somme, le chien et les ruminants changent leurs dents. Mais le lion et le chien ne changent que les dents canines (faux). Les dents des autres animaux ne tombent point. La canine droite du loup s'emploie à des ouvrages importants. Les molaires qui sont après les canines ne tombent à aucun animal. Les dernières dents qui poussent à l'homme, et qu'on nomme dents de sagesse, sortent vers la vingtième année, et quelquefois à quatre-vingts ans, même aux femmes, mais seulement dans les individus chez qui elles n'avaient point paru pendant la jeunesse. Il est certain que des dents tombent quelquefois dans la vieillesse, et sont remplacées par d'autres. Mucien écrit qu'il a vu Zoclès de Samothrace à qui de nouvelles dents étaient revenues à plus de cent quatre

atque proni. Musculus marinus, qui balænam antecedit, nullos habet ; sed pro iis, setis intus os hirtum, et linguam etiam, ac palatum. Terrestrium minutis quadrupedibus, primores bini utrimque longissimi,

LXIII. Ceteris cum ipsis nascuntur ; homini, postquam natus est, septimo mense. Reliquis perpetuo manent. Mutantur homini, leoni, jumento, cani, et ruminantibus. Sed leoni et cani, non nisi canini appellati. Lupi dexter caninus in magnis habetur operibus. Maxillares qui sunt a caninis, nullum animal mutat. Homini novissimi, qui genuini vocantur, circiter vicesimum annum gignuntur ; multis et octogesimo, feminis quoque ; sed quibus in juventa non fuere nati. Decidere in senecta, et mox renasci certum est. Zoclen Samothracenum, cui re-

ans. Au reste, dans les hommes, les moutons, les chèvres
et les porcs, les mâles ont plus de dents que les femelles
(inexact). Timarque, fils de Nicoclès de Paphos, eut deux
rangs de molaires. Son frère avait un double rang de
dents incisives. Les premières n'étant point tombées, il
fut obligé de les limer. On a l'exemple d'un homme à
qui il poussa une dent au milieu du palais. Quand les
canines sont tombées par accident, elles ne repoussent
jamais. Dans les autres animaux, les dents jaunissent en
vieillissant : dans le cheval seul, elles blanchissent.

De l'âge des animaux d'après leurs dents.

L'âge des bêtes de somme (du cheval et de l'âne seulement) est indiqué par leurs dents. Le cheval en a quarante. Les deux premières incisives, soit en haut, soit en
bas, tombent au trentième mois. Quatre autres à la suite
des premières tombent l'année suivante ; c'est alors que
poussent celles qu'on nomme les crochets. Au commencement de la cinquième année, il en perd encore deux
en haut et deux en bas, qui repoussent l'année d'après.
A sept ans, il a toutes ses dents, tant celles qui ont été
remplacées que celles qui ne tombent pas. Un cheval qui
a été coupé avant ces époques ne change point de dents
(faux). L'âne perd de même ses premières dents au tren-

eat! essent post centum et quatuor annos, Mucianus visum a se prodidit. Cetero maribus plures, quam feminis, in homine, pecude, capris,
que. Timarchus Nicoclis filius Paphii duos ordines habuit maxillarum.
Frater ejus non mutavit primores, ideoque prætrivit. Est exemplum
dentis homini et in palato geniti. At canini amissi casu aliquo numquam renascuntur. Ceteris senecta rubescunt, equo tantum candidiores
fiunt.

LXIV. Ætas veterinorum dentibus indicatur. Equo sunt numero XL.
Amittit tricesimo mense primores utrimque binos ; sequenti anno totidem proximos, quum subeunt dicti columellares. Quinto anno incipiente
binos amittit, qui sexto anno renascuntur. Septimo omnes habet et re-
natos, et immutabiles. Equo castrato prius, non decidunt dentes. Asinorum genus tricesimo mense similiter amittit, deinde senis mensibus.

tième mois, et les autres de six mois en six mois. S'il n'a
point produit avant la chute des dernières dents, il demeure stérile (faux). Les bœufs refont leurs dents à la
deuxième année. Elles ne tombent jamais aux porcs (faux).
Lorsque les dents n'indiquent plus l'âge (elles l'indiquent
jusqu'à quatre-vingt-quatre ans et au delà), on reconnaît
la vieillesse dans les chevaux et les autres bêtes de somme,
au déchaussement des dents, à la blancheur des sourcils,

l'enfoncement des salières. L'animal est réputé alors
avoir seize ans. Les dents de l'homme portent avec elles
un poison (fable). Présentées à un miroir, elles en ternis-
sent l'éclat (faux). Elles font périr les pigeons qui n'ont
pas encore de plumes (fable). Lorsqu'elles commencent à
pousser, elles causent des maladies aux enfants. Les animaux qui ont les dents en forme de scie font les morsures
les plus cruelles.

De la langue.

La forme de la langue n'est pas la même chez tous.
Celle des serpents est très mince ; elle est à trois pointes (55), vibrante, noire et très longue ; celle des lézards
est partagée en deux et velue (faux) ; celle des veaux
marins est fendue de même (faux). Mais dans les serpents, la pointe est fine comme un cheveu ; les lézards et

Quod si non prius peperere, quam decidant postremi, sterilitas certa.
Boves bimi mutant. Suibus decidunt numquam. Absumpta hac observatione, senectus in equis, et ceteris veterinis, intelligitur dentium bra-
chitate, superciliorum canitie, et circa ea lacunis, quum fere sedecim
annorum existimantur. Hominum dentibus quoddam inest virus. Namque et speculi nitorem ex adverso nudati hebetant, et columbarum
fœtus implumes necant. Reliqua de iis in generatione hominum dicta
sunt. Erumpentibus, morbi corpora infantium accipiunt. Reliqua animalia, quæ serratos habent, sævissima dentibus.

LXV. Linguæ non omnibus eodem modo. Tenuissima serpentibus et
trisulca, vibrans, atri coloris, et si extrahas, prælonga ; lacertis bifida
et pilosa ; vitulis quoque marinis duplex : sed supra dictis capilla-
menti tenuitate ; ceteris ad circumlambenda ora. Piscibus paulo minus

les veaux marins se servent de leur langue pour se lécher
les dehors du museau. Celle des poissons est presque
toute adhérente ; celle des crocodiles l'est tout à fait. Les
animaux aquatiques ont le palais charnu : il est chez eux
l'organe du goût. Les lions, les pards et tous les animaux
de ce genre, même les chats, ont la langue rude, raboteuse, semblable à une lime : en léchant, elle atténue la
peau ; d'où il résulte que si la salive de ces animaux,
même apprivoisés, pénètre jusqu'aux veines, elle les excite à la fureur.

J'ai parlé de la langue des pourpres. Celle des grenouilles est adhérente par sa partie antérieure ; la partie
qui touche au gosier est détachée. C'est là que se forment les sons que font entendre les mâles lorsqu'on les
nomme *ololygons* (hurleurs) ; ce qui arrive régulière-
ment aux époques où ils appellent leurs femelles. Alors
abaissant la lèvre inférieure, ils rendent une sorte de
hurlement, en frappant de la langue une petite quantité
d'eau qu'ils ont fait entrer dans leur gosier (56). Pendant
ce temps, leur bouche est gonflée et luisante ; leurs yeux,
poussés au dehors par l'effort qu'ils font, étincellent. Les
animaux qui ont un aiguillon à la partie postérieure, ont
aussi des dents et une langue. Celle des abeilles est très
longue ; celle des cigales est même saillante. Les insectes

tota adhærens, crocodilis tota. Sed in gustatu, linguæ vice, carnosum
aquatilibus palatum. Leonibus, pardis, omnibusque generis ejus, etiam
felibus, imbricatæ asperitatis, ac limæ similis, attenuansque lambendo
cutem hominis. Quæ causa etiam mansuefacta, ubi ad vicinum sanguinem pervenit saliva, invitat ad rabiem.

De purpurarum linguis diximus. Ranis prima cohæret, intima absoluta a gutture, qua vocem mittunt mares, quum vocantur ololygones.
Stato in tempore evenit, cientibus ad coitum feminas. Tum siquidem
inferiore labro demisso ad libramentum modicæ aquæ receptæ in fau-
res, palpitante ibi lingua ululatus elicitur. Tunc extenti buccarum sinus
perlucent, oculi flagrant labore propulsi. Quibus in posteriori parte
arulei, et iis dentes et lingua. Apibus etiam prælonga, eminens et cica-

qui ont à la bouche un aiguillon creux n'ont ni dents ni langue. Quelques autres, tels que les fourmis, ont une langue dans l'intérieur de la bouche. Celle de l'éléphant est presque toute en largeur.

Les autres animaux ont toujours, chacun dans leur genre, la langue libre et dégagée; souvent celle de l'homme est liée par des filets au point qu'on est obligé de les couper. Nous lisons que le pontife Métellus avait la langue si embarrassée, qu'il se mit à la torture pendant plusieurs mois, s'étudiant à prononcer nettement pour la dédicace du temple de Tellus. D'ordinaire, l'homme prononce distinctement à la septième année; plusieurs ont l'art d'imiter parfaitement la voix des oiseaux et des animaux. Le sens du goût est à l'extrémité de la langue chez les autres animaux; chez l'homme, il est aussi dans le palais.

Des parties situées au fond de la bouche.

L'homme a des amygdales, le porc a des glandes. La luette suspendue entre les amygdales, à l'extrémité du palais, est particulière à l'espèce humaine. Au-dessous d'elle se trouve l'épiglotte, qui manque à tous les ovipares. Destinée à une double fonction, elle est placée entre

dis. Quibus aculeus in ore fistulosus, iis nec lingua, nec dentes. Quibusdam insectis intus lingua, ut formicis. Ceterum lata elephanto præcipue.

Reliquis in suo genere semper absoluta, homini tantum ita sæpe constricta venis, ut intercidi eas necesse sit. Metellum pontificem adeo inexplanatæ fuisse accepimus, ut multis mensibus tortus credatur, dum meditatur in dedicanda æde Opis vere dicere. Ceteris septimo ferme anno sermonem exprimit. Multis vero talis ejus ars contingit, ut avium et animalium vocis indiscrete edatur imitatio. Intellectus saporum est ceteris in prima lingua, homini et in palato.

LXVI. Tonsillæ in homine, in sue glandulæ. Quod inter eas, uvæ nomine, ultimo dependet palato, homini tantum est. Sub ea minor lingua, epiglossis appellata, nulli ova generantium. Opera ejus gemina, duabus interpositæ fistulis. Interior earum appellatur arteria, ad pul-

deux canaux : l'un intérieur, qu'on nomme trachée-artère, aboutit au poumon et au cœur ; l'épiglotte le couvre quand nous mangeons. Si alors le passage de la respiration et de la voix restait ouvert, la nourriture et la boisson, détournées de leur route naturelle, nous causeraient d'horribles souffrances. L'autre canal est l'œsophage, par où se précipitent les aliments ; il aboutit à l'orifice supérieur, et celui-ci à l'estomac. L'épiglotte le bouche à son tour lorsque la respiration et la voix seules se font passage ; c'est pour empêcher que les aliments ne viennent les troubler, en remontant mal à propos dans la bouche. La trachée-artère est composée de cartilages et de chair, et l'œsophage de chair et de nerfs.

Nuque, cou, rachis.

Les articulations du cou n'existent dans aucun animal, à moins qu'il n'ait ces deux canaux. Ceux qui n'ont que l'œsophage ont le cou tout d'une pièce. Chez les autres, le cou, composé de plusieurs vertèbres arrondies, se fléchit aisément, et leur donne, par le jeu de ses articulations, la faculté de regarder autour d'eux. Il faut excepter le lion, le loup et l'hyène, qui n'ont dans le cou qu'un seul os rigide et inflexible (57). Au surplus, le cou est joint à l'épine, et l'épine aux lombes. Celle-ci est osseuse, mais dans toute sa longueur, elle est percée pour donner

monem atque cor pertinens. Hanc operit in epulando, ne spiritu ac voce illac meante, si potus cibusve in alienum deerraverit tramitem, torqueat. Altera exterior appelletur sane gula, qua cibus atque potus devoratur. Tendit hæc ad stomachum, is ad ventrem. Hanc per vices operit, quum spiritus tantum aut vox commeat, ne restagnatio intempestiva alvi obstrepat. Ex cartilagine et carne arteria, gula nervo et carne constat.

LXVII. Cervix nulli, nisi quibus utraque hæc. Ceteris collum, quibus tantum gula. Sed quibus cervix, e multis vertebratisque orbiculatim ossibus flexilis ad circumspectum, articulorum nodis jungitur. Leoni tantum, et lupo, et hyænæ, ex singulis rectisque ossibus rigens. Cetero spinæ adnectitur; spina lumbis, ossea ; sed tereti structura, per

passage à la moëlle qui descend du cerveau. On juge que la moelle épinière est de la même nature que le cerveau, parceque la membrane très mince qui l'enveloppe, étant une fois entamée, la mort suit à l'instant. Les animaux qui ont les jambes longues ont un long cou ; les oiseaux aquatiques, encore qu'ils aient les jambes courtes, ont aussi le cou long, de même que ceux dont les ongles sont crochus.

Gosier, estomac.

L'homme et le porc sont les seuls animaux sujets au goître. Le vice des eaux qu'ils boivent en est le plus souvent la cause. La partie supérieure de l'œsophage se nomme le gosier ; la partie inférieure est l'orifice supérieur de l'estomac. Il faut entendre par ce mot une cavité charnue, placée sous la trachée-artère, attachée à l'épine dorsale, et qui s'étend en longueur et en largeur en forme de sac. Ceux qui sont dépourvus de gosier n'ont point l'orifice supérieur, ils n'ont point de cou, point de gorge ; tels sont les poissons, et chez eux la bouche se joint à l'estomac. La tortue marine n'a ni langue (faux) ni dents ; elle brise tout avec la pointe de son museau. Elle a une trachée-artère, un œsophage calleux, hérissé en forme de ronces, pour achever de broyer les aliments. Les rugosités vont sans cesse en décroissant ; la

media foramina a cerebro medulla descendente. Eamdem esse ei naturam, quam cerebro, colligunt ; quoniam prætenui ejus membrana modo incisa statim exspiretur. Quibus longa crura, iis longa et colla. Item aquaticis, quamvis brevia crura habentibus ; simili modo uncos ungues.

LXVIII. Guttur homini tantum et suibus intumescit, aquarum quæ potantur plerumque vitio. Summum gulæ fauces vocantur, extremum stomachus. Hoc nomine est sub arteria jam carnosa inanitas adnexa spinæ, et latitudine ac longitudine lacunæ modo fusa. Quibus fauces non sunt, ne stomachus quidem est, nec colla, nec guttur, ut piscibus, et ora ventribus junguntur. Testudini marinæ lingua nulla, nec dentes ; rostri acie comminuit omnia. Postea arteria et stomachus denticulatus callo, in modum rubi, ad conficiendos cibos, decrescentibus crenis ;

partie qui s'approche de l'estomac est rude comme une
lame.

Du cœur, du sang, de l'ame.

Les autres animaux ont le cœur placé au milieu de la
poitrine ; dans l'homme seulement , il est au-dessous du
mamelon gauche. Il se termine en pointe, et cette pointe
est dirigée en avant. Dans les poissons seuls, elle est tournée vers la bouche. On prétend que cette partie se forme
la première dans le fœtus, ensuite le cerveau, en dernier
lieu les yeux, mais que ceux-ci meurent les premiers, et
le cœur le dernier. C'est le plus chaud de tous les viscères. Il palpite, il a son mouvement propre ; on dirait un
autre animal renfermé dans l'animal même. Il est enve-
loppé d'une membrane forte, quoique très molle. Les
côtes et la poitrine forment un rempart autour de lui, et
le garantissent comme le principe et la cause de la vie.
Ses cavités tortueuses, triples dans les grands animaux,
doubles dans tous les autres, sont le premier foyer de la
chaleur et du sang. C'est là que l'ame réside. De cette
source partent deux grands vaisseaux qui se répandent
en avant et en arrière, et qui, se divisant en une multitude de ramifications, distribuent par d'autres vaisseaux
plus petits le sang vital dans tous les membres. Seul des

quidquid adpropinquat ventri, novissima asperitas, ut scobina fabris.
   LXIX. Cor animalibus ceteris in medio pectore est ; homini tantum
infra lævam papillam, turbinato mucrone in priora eminens. Piscibus
solis ad os spectat. Hoc primum nascentibus formari in utero tradunt ;
deinde cerebrum, sicut tardissime oculos. Sed hos primum emori, cor
novissime. Huic præcipuus calor. Palpitat certe, et quasi alterum movetur intra animal, præmolli firmoque opertum membranæ involucro,
munitum costarum et pectoris muro, ut par erat præcipuam vitæ causam et originem. Prima domicilia intra se animo et sanguini præbet, si-
nuoso specu, et in magnis animalibus triplici, in nullo non gemino ; ibi
mens habitat. Ex hoc fonte duæ grandes venæ in priora et terga discur-
runt, sparseque ramorum serie, per alias minores omnibus membris

viscères, le cœur n'est point altéré par les maladies ; il ne
prolonge point les supplices de la vie. Dès qu'il est blessé,
la mort suit aussitôt. Toutes les autres parties étant mortes,
la force vitale subsiste encore dans le cœur.

Particularités sur le cœur.

On répute stupides les animaux qui ont le cœur dur ;
courageux, les animaux qui ont le cœur petit ; craintifs,
ceux qui l'ont très grand. Les rats, le lièvre, l'âne, le cerf,
la panthère et tous les animaux timides ou malfaisants
par crainte, ont le cœur très grand en proportion de leur
corps. Dans la Paphlagonie, les perdrix ont deux cœurs.
On trouve quelquefois des os dans celui des chevaux et
des bœufs. S'il faut en croire les Égyptiens, qui sont dans
l'usage de conserver les corps embaumés, le cœur de
l'homme augmente chaque année du poids de deux drag-
mes jusqu'à cinquante ans ; et, depuis cette époque, il
décroît dans la même proportion. Et ce qui fait, suivant
eux, que l'homme ne vit pas au delà de cent ans, c'est
qu'alors il ne reste plus rien du cœur. On dit que quelques hommes naissent avec un cœur velu, et que ceux-là
ont plus de courage et d'intelligence que les autres. Tel
fut Aristomène le Messénien, qui tua trois cents Lacédé-

vitalem sanguinem rigant. Solum hoc viscerum vitiis non maceratur,
nec supplicia vitæ trahit ; læsumque mortem illico adfert. Ceteris cor-
ruptis, vitalitas in corde durat.

LXX. Bruta existimantur animalium quibus durum riget ; audacia,
quibus parvum est ; pavida, quibus prægrande. Maximum autem est
portione muribus, lepori, asino, cervo, pantheræ, mustelis, hyænis, et
omnibus timidis, aut propter metum maleficis. In Paphlagonia bina
perdicibus corda. In equorum corde et boum ossa reperiuntur interdum.
Augeri id per singulos annos in homine, ac binas drachmas ponderis
ad quinquagesimum accedere ; ab eo detrahi tantumdem, et ideo non
vivere hominem ultra centesimum annum defectu cordis, Ægyptii existimant, quibus mos est cadavera adservare medicata. Hirto corde gigni
quosdam homines proditur, neque alios fortiores esse industria, sicut
Aristomenem Messenium, qui ccc. occidit Lacedæmonios. Ipse con-

moniens. Blessé lui-même et fait prisonnier, il s'échappa cette première fois par des souterrains, ayant suivi les passages pratiqués par les renards. Pris une seconde fois, il profita du sommeil de ses gardes, et s'étant traîné vers le feu, il brûla ses liens en se brûlant lui-même une partie du corps. Il fut pris une troisième fois ; les Lacédémoniens l'ouvrirent vivant, et on lui trouva le cœur velu.

Depuis quand on examine le cœur dans l'inspection des entrailles.

Une certaine graisse se trouve à la sommité du cœur, lorsque les entrailles des victimes sont d'un heureux présage. Au surplus, le cœur n'a pas toujours été regardé comme faisant partie des entrailles. Les aruspices ont commencé à l'observer dans le temps où L. Postumius Albinus fut roi des sacrifices, après la vingt-sixième olympiade, et lorsque Pyrrhus se fut retiré de l'Italie. Le jour où César parut pour la première fois en robe de pourpre, assis sur un siége d'or, il arriva deux fois qu'on ne trouva point de cœur dans la victime. De là une grande question entre les aruspices : l'animal avait-il pu vivre sans ce viscère, ou l'avait-il perdu momentanément ? On assure que dans les hommes qui sont morts du mal cardiaque, le cœur ne peut être brûlé (58) ; on dit la même chose de

vulneratus et captus, semel per cavernam lautumiarum evasit, angustos vulpium aditus secutus. Iterum captus, sopitis custodibus somno, ad ignem advolutus lora cum corpore exussit. Tertio capto Lacedæmonii pectus dissecuere viventi, hirsutumque cor repertum est.

LXXI. In corde summo pinguitudo est quædam, lætis extis. Non semper autem in parte extorum habitum est. L. Postumio Albino, rege sacrorum, post centesimam vicesimam sextam olympiadem, quùm rex Pyrrhus ex Italia discessisset, cor in extis aruspices inspicere cœperunt. Cæsari dictatori, quo die primum veste purpurea processit, atque in sella aurea sedit, sacrificanti bis in extis defuit. Unde quæstio magna de divinatione argumentantibus, potueritne sine illo viscere hostia vivere, an ad tempus amiserit. Negatur cremari posse in iis qui cardiaco morbo

ceux qui ont péri par le poison. Du moins avons-nous encore le discours dans lequel Vitellius fit usage de ce raisonnement pour convaincre Pison. Il soutint publiquement que le cœur de Germanicus n'avait pu être brûlé à cause du poison. Les défenseurs de Pison le justifiaient en alléguant le genre de maladie dont Germanicus était mort.

Du poumon.

Au-dessous du cœur est le poumon, organe de la respiration ; il attire et renvoie l'air. Voilà pourquoi il est spongieux et criblé de tuyaux vides. Peu d'animaux aquatiques, comme je l'ai dit, sont pourvus de ce viscère. Les autres ovipares ont un poumon petit, fongueux, et qui ne contient point de sang ; c'est pourquoi ils n'éprouvent pas la soif. C'est aussi par cette raison que les grenouilles et les phoques demeurent longtemps sous l'eau. Le poumon de la tortue, quoiqu'il soit très grand et qu'il s'étende tout le long de son écaille, ne contient point de sang. Plus il est petit, plus l'animal est léger. Le caméléon est celui qui a le poumon proportionnellement plus grand. Il n'a point d'autre viscère.

Du foie.

Le foie est au côté droit ; ce qu'on appelle en lui la tête des entrailles est sujet à beaucoup de variétés. Cette partie

obierint ; negatur et veneno interemptis. Certe exstat oratio Vitellii, qua reum Pisonem ejus sceleris coarguit, hoc usus argumento ; palamque testatus non potuisse ob venenum cor Germanici Cæsaris cremari. Contra genere morbi defensus est Piso.

LXXII. Sub eo pulmo est, spirandique officina, attrahens ac reddens animam, idcirco spongiosus, ac fistulis inanibus cavus. Pauca eum (ut dictum est) habent aquatilia. Ac cetera ova parientia exiguum, spumosum, nec sanguineum ; ideo non sitiunt. Eadem est causa quare sub aqua diu ranæ et phocæ urinentur. Testudo quoque, quamvis prægrandem et sub toto tegumento habeat, sine sanguine tamen habet. Quanto minor hic corporibus, tanto velocitas major. Chamæleoni portione maximus, et nihil aliud intus.

LXXIII. Jecur in dextra parte est ; in eo quod caput exterum vo-

ne se trouva point dans la victime offerte par Marcellus le jour où il fut tué par Annibal. Le lendemain, elle fut trouvée double. Elle ne se trouva pas non plus lorsque C. Marius offrit un sacrifice dans Utique. La même chose arriva à l'empereur Caligula, aux calendes de janvier, quand il prit possession du consulat, l'année où il fut tué; et à Claude, son successeur, le mois où il périt empoisonné. Auguste sacrifiant à Spolète le premier jour de sa préture, les foies de six victimes se trouvèrent repliés sur eux-mêmes d'une extrémité à l'autre. Les aruspices répondirent que, dans l'année, son autorité croîtrait de moitié. La tête des entrailles, coupée par la maladresse du sacrificateur, est d'un sinistre augure, excepté lorsqu'on est livré à l'inquiétude et à la crainte, car alors elle emporte tous les soucis. Aux environs du Brilet et de la Tharne, et dans la Chersonnèse voisine de la Propontide, les lièvres ont deux foies. Chose merveilleuse! qu'on les transporte ailleurs, un de ces deux foies se détruit.

Du fiel.

Dans le foie est le fiel : il n'a pas été donné à tous les animaux. A Chalcis, en Eubée, les moutons et les chèvres n'en ont pas. A Naxos, ils ont un fiel très gros et double, et, sous ces deux rapports, il est un prodige pour les

cant, magnæ varietatis. M. Marcello circa mortem, quum periit ab Annibale, defuit in extis. Sequenti deinde die geminum repertum est. Defuit et C. Mario, quum immolaret Uticæ; item Caio principi kalend. januariis, quum iniret consulatum, quo anno interfectus est; Claudio successori ejus, quo mense interemptus est veneno. Divo Augusto Spoleti sacrificanti primo potestatis suæ die, sex victimarum jecinora replicata intrinsecus ab ima fibra reperta sunt; responsumque « duplicaturum intra annum imperium. » Caput extorum tristis ostenti cæsum quoque est, præterquam in sollicitudine ac metu; tunc enim perimit curas. Bina jecinora leporibus circa Briletum et Tharnen, et in Cherroneso ad Propontidem. Mirumque translatis alio interit alterum.

LXXIV. In eodem est fel, non omnibus datum animalibus. In Eubœæ Chalcide nullum pecori. In Naxo prægrande geminumque, ut pro-

étrangers. Les chevaux, les mulets, les ânes, les cerfs, les chevreuils, les sangliers, les chameaux, les dauphins n'ont pas la vésicule du fiel. Elle se trouve dans quelques rats. Des hommes, en petit nombre, en sont dépourvus, et ceux-là jouissent d'une santé plus forte, et vivent plus long-temps. Des auteurs pensent que le fiel du cheval est dans le ventre et non dans le foie, et celui du cerf dans la queue ou dans les intestins. Aussi ces intestins sont-ils amers au point que les chiens n'y touchent pas. Le fiel n'est autre chose qu'une sécrétion, et la partie la plus vicieuse du sang; et c'est ce qui le rend amer. Au moins est-il certain que le foie n'est que dans les animaux qui ont du sang. Ce viscère, attaché au cœur, en reçoit le sang, et le répand dans les veines.

Vertu du fiel.

La bile noire cause la folie à l'homme et même la mort, si elle est rendue tout entière. Dire qu'un homme a de la bile, c'est établir une prévention contre son caractère; tant sont terribles les effets de ce poison lorsqu'il se répand dans l'âme! Épanchée par tout le corps, elle change même la couleur des yeux; rejetée au dehors, elle flétrit l'airain. Tout ce qu'elle a touché se noircit. Ne soyons donc pas étonnés que le fiel des serpents soit leur venin. Ceux qui,

digii loco utrumque advena. Equi, muli, asini, cervi, capreæ, apri, cameli, delphini non habent. Murium aliqui habent. Hominum paucis non est, quorum valetudo firmior, et vita longior. Sunt qui equo non quidem in jecore esse, sed in alvo putent; et cervo in cauda, aut intestinis. Ideo tantam habent amaritudinem, ut a canibus non attingantur. Est autem nihil aliud, quam purgamentum pessimumque sanguinis, et ideo amarum est. Certe jecur nulli est nisi sanguinem habentibus. Accipit hoc a corde cui jungitur, funditque in venas.

LXXV. Sed in felle nigro insaniæ causa homini, morsque toto reddito. Hinc et in mores crimen, bilis nomine. Adeo magnum est in hac parte virus, quum se fundit in animum. Quin et toto corpore vagum, colorem quoque oculis aufert; illud quidem redditum, etiam ahenis; nigrescuntque contacta eo; ne quis miretur id venenum esse serpen-

dans le Pont, se nourrissent d'absinthe, n'en ont pas. Dans le corbeau, la caille et le faisan, le fiel est attaché aux reins, et tient seulement par un côté à l'intestin. Peu d'oiseaux ont le fiel dans le foie. Celui des serpents et des poissons est très grand en proportion de leurs corps. Dans la plupart des oiseaux, comme dans l'épervier et le milan, il s'étend tout le long de l'intestin. Tous les cétacés ont le fiel dans le foie. Celui du veau marin est vanté pour plusieurs usages. On emploie le fiel de taureau pour peindre en couleur d'or. Les aruspices ont consacré le fiel à Neptune, comme au souverain de l'humide élément. Le jour où Auguste fut vainqueur à Actium, le foie se trouva double dans la victime.

Particularités sur le foie.

On dit que dans le foie des rats, le nombre des lobes suit le mois de la lune, et qu'il y en a autant que la lune a de jours; on ajoute qu'ils sont plus gros au solstice d'hiver. Souvent on trouve deux lobes au foie des lapins de la Bétique. Les fourmis ne touchent jamais au second lobe des grenouilles venimeuses, parceque c'est là, dit-on, qu'est leur poison. Le foie se conserve longtemps. Les re-

---

tium. Carent eo, qui absinthium vescuntur in Ponto. Sed renibus et parte tantum altera intestino jungitur, ut corvis, coturnicibus, phasianis; quibusdam intestino tantum, ut columbis, accipitri, muraenis. Paucis avium in jecore. Serpentibus portione maxime copiosum et piscibus. Est autem plerisque toto intestino, sicut accipitri, milvo. Praeterea in jecore est et cetis omnibus; vitulis quidem marinis ad multa quoque nobile. Taurorum felle aureus ducitur color. Aruspices id Neptuno et humoris potentiae dicavere; geminumque fuit divo Augusto, quo die apud Actium vicit.

LXXVI. Murium jecusculis fibrae ad numerum lunae in mense congruere dicuntur, totidemque inveniri, quotum lumen ejus sit; praeterea bruma increscere. Cuniculorum in Baetica saepe geminae reperiuntur. Ranarum rubetarum altera fibra a formicis non attingitur, propter venenum, ut arbitrantur. Jecur maxime vetustatis patiens centenis durare annis obsidiorum exempla prodidere.

cueils de siéges nous ont appris que des foies se sont conservés cent ans.

Diaphragme; du rire.

Les viscéres des serpents et des lézards sont très longs. On rapporte que, par un prodige heureux, dans un sacrifice offert par Cécina de Volaterre, des serpents sortirent des entrailles des victimes; et certes le fait n'aura rien d'incroyable pour ceux qui admettent que le jour où perit le roi Pyrrhus, les têtes des victimes, séparées du corps, se traînèrent en léchant leur propre sang. L'intérieur de l'homme est divisé en deux parties par le diaphragme, que les Latins appellent *præcordia*, parceque cette membrane s'étend au devant du cœur. Les Grecs la nomment φρένες. La nature prévoyante a renfermé chacun des principaux viscères dans des membranes qui leur servent comme d'étuis. Elle l'a fait pour celui-ci particulièrement, à cause du voisinage du ventre, afin que la respiration ne fût pas interceptée par les aliments. Le diaphragme est regardé comme le principe et le centre du sentiment. Voilà pourquoi il est sans chair, mais nerveux et mince. Il est aussi le siége principal de la gaieté; ce qui est prouvé surtout par l'effet que produit le chatouillement des aisselles, au-dessous desquelles il s'avance. Comme nulle part ailleurs la peau de l'homme n'a plus de finesse, c'est par la que

LXXVII. Exta serpentibus et lacertis longa. Cæcinæ Volaterrano dracones emicuisse de extis læto prodigio traditur; et profecto nihil incredibile sit existimantibus Pyrrho regi, quo die periit, præcisa hostiarum capita repsisse, sanguinem suum lambentia. Exta homini ab inferiore viscerum parte separantur membrana, quæ præcordia appellant, quia cordi prætenditur, quod Græci appellaverunt φρένας. Omnia quidem principalia viscera, membranis propriis, ac velut vaginis inclusit providens natura; in hac fuit et peculiaris causa vicinitas alvi, ne cibo supprimeretur animus. Huic certe refertur accepta subtilitas mentis; ideo nulla est ei caro, sed nervosa exilitas. In eadem præcipua hilaritatis sedes, quod titillatu maxime intelligitur alarum, ad quas subit,

la douce impression d'un léger frottement se fait sentir de plus près. C'est par la même raison que dans les batailles ou dans les combats de gladiateurs, des hommes dont le diaphragme avait été traversé sont morts en riant.

De l'estomac.

Au-dessous du diaphragme est l'estomac dans les animaux qui ont l'orifice supérieur. Il est double dans les ruminants, simple dans les autres. Il manque à ceux qui n'ont point de sang ; car, chez eux, le canal intestinal part de la bouche, et chez quelques uns, tels que la sèche et le polype, il y revient aboutir par son autre extrémité. Dans l'homme, l'estomac est attaché à l'orifice inférieur de l'œsophage, et ressemble à celui du chien. L'homme et le chien sont les seuls qui l'aient plus étroit dans la partie inférieure, et les seuls aussi qui soient sujets au vomissement, parceque lorsqu'il est rempli, cette extrémité plus étroite arrête les aliments ; ce qui ne peut avoir lieu dans ceux chez qui ce viscère plus large laisse un libre passage à la nourriture.

Des intestins.

Après l'estomac sont les intestins grêles par lesquels passent les aliments ; viennent ensuite les gros intestins qui aboutissent à l'anus, et qui forment dans l'homme une

non alibi tenuiore cute humana, idee scabendi dulcedine ibi proxima. Ob hoc in præliis gladiatorumque spectaculis mortem cum risu trajecta præcordia attulerunt.

LXXVIII. Subest venter stomachum habentibus, ceteris simplex, ruminantibus geminus ; sanguine carentibus nullus. Intestinus enim ab ore incipit, et quibusdam eodem reflectitur, ut sepiæ, polypo. In homine adnexus infimo stomacho, similis canino. His solis animalium inferiori parte angustior ; itaque et sola vomunt, quia repleto propter angustias supprimitur cibus ; quod accidere non potest iis, quorum spatiosa laxitas eum in inferiora transmittit.

LXXIX. Ab hoc ventriculo lactes in homine et ove, per quas labitur cibus, in ceteris hillæ ; a quibus capaciora intestina ad alvum, ho-

infinité de contours. Ceux en qui ces intestins sont plus longs, sont aussi plus grands mangeurs, et les hommes qui ont le ventre chargé d'embonpoint ont l'esprit moins subtil. Quelques oiseaux ont deux poches : l'une est le jabot, où passent les aliments qu'ils viennent d'avaler; l'autre, le gésier, où descendent ces aliments décomposés par la digestion : tels sont les poules, les ramiers, les pigeons, les perdrix. La plupart des autres, comme les choucas, les corbeaux, les corneilles, n'ont point cette seconde poche, mais leur œsophage est plus large. Quelques uns, qui ont le cou étroit et très long, comme le porphyrion, n'ont ni l'une ni l'autre. Mais leur estomac est très voisin de l'œsophage. Celui des solipèdes est raboteux et dur. Plusieurs des animaux terrestres ont les parois de l'estomac hérissées de pointes; dans les autres, elles sont rudes comme une lime.

Chez tous les animaux qui n'ont de dents qu'à l'une des mâchoires, et qui ne ruminent pas, la nourriture est digérée dans l'estomac, et de là elle passe dans le ventre; celui-ci, au milieu duquel se trouve toujours le nœud ombilical, est dans sa partie inférieure absolument conformé chez l'homme comme chez le porc. Les Grecs nomment colon un intestin qui est le siége de grandes dou-

minique flexuosissimis orbibus. Idcirco magis avidi ciborum, quibus ab alvo longius spatium. Iidem minus solertes, quibus obesissimus venter. Aves quoque geminos sinus habent quasdam; unum, quo merguntur recentia, ut guttur; alterum, in quem ex eo demittunt concoctione maturata, ut gallinæ, palumbes, columbæ, perdices. Cetera fere carent eo; sed gula patentiore utuntur, ut graculi, corvi, cornices. Quædam neutro modo, sed ventrem proximum habent, quibus prælonga colla angusta; ut porphyrion. Venter solidipedum asper et durus. Terrestrium aliis denticulatæ asperitatis, aliis cancellatim mordacis.

Quibus neque dentes utrimque, nec ruminatio, hic conficiuntur sibi; hinc in alvum delabuntur. Media hæc umbilico adnexa in omnibus, in homine suillæ infima parte similis, a Græcis appellatur colon, ubi do-

leurs. Il est très étroit dans les chiens ; ce qui fait qu'ils ne peuvent se vider qu'avec effort et douleur. Les animaux chez qui les aliments passent immédiatement de l'estomac dans l'intestin droit, sont insatiables ; tels sont les loups-cerviers et les plongeons. L'éléphant a quatre estomacs ; ses autres viscères sont semblables à ceux du porc. Son poumon est quatre fois plus grand que celui du bœuf. L'estomac des oiseaux est charnu et nerveux. On trouve dans celui des jeunes hirondelles de petites pierres blanches ou rouges qu'on nomme chélidoines, très vantées pour les opérations magiques. Quelquefois aussi le second estomac des génisses contient un tuf noirâtre (égagraphile), en forme de pelote ronde, d'une extrême légèreté ; c'est, dit-on, un remède excellent dans les accouchements difficiles, mais il faut qu'il n'ait point touché la terre.

De l'épiploon ; de la rate.

L'estomac et les intestins sont recouverts d'une membrane grasse et mince (grand épiploon), excepté dans les ovipares. A cette membrane est attachée la rate, placée au côté gauche, à l'opposite du foie ; quelquefois cette situation est changée en sens contraire, mais alors c'est un prodige. Quelques auteurs pensent que les ovi-

lorum magna causa est. Angustissima canibus, qua de causa vehementi nisu, nec sine cruciatu, levant eam. Insatiabilia animalium, quibus a ventre protinus recto intestino transeunt cibi, ut lupis cervariis, et inter aves mergis. Ventres elephanto quatuor, cetera suibus similia ; pulmo quadruplo major bubulo. Avibus venter carnosus callosusque. In ventre hirundinum pullis lapilli candido aut rubenti colore, qui chelidonii vocantur, magicis narrati artibus, reperiuntur. Et in juvencarum secundo ventre pilæ rotunditate nigricans tofus, nullo pondere, singulare, ut putant, remedium ægre parientibus, si tellurem non attigerit.

LXXX. Ventriculus atque intestina pingui ac tenui omento integuntur, præterquam ova gignentibus. Huic adnectitur lien in sinistra parte adversus jecori, cum quo locum aliquando permutat, sed prodigiose.

pares et tous les serpents ont la rate extrêmement petite.
Du moins on la trouve telle dans la tortue, le crocodile,
le lézard et la grenouille. Il est certain que l'oiseau ægo-
céphale (59) et tous les animaux privés de sang, n'ont
point de rate. Elle est quelquefois un empêchement à la
course. C'est pourquoi on la brûle aux coureurs qui en
sont incommodés. On prétend que les animaux vivent
après même qu'elle a été enlevée par incision. Quelques-
uns pensent que l'homme perd en même temps la faculté
de rire, et que l'intempérance du ris a pour cause la grandeur de la rate. On nomme Scepsis une région de l'Asie
où, dit-on, le menu bétail a la rate très petite, et d'où
viennent les remèdes qui guérissent ce viscère.

Des reins.

Les cerfs du Brilet et de la Tharne ont quatre reins.
Les oiseaux et les animaux à écailles n'en ont pas. Les
reins sont attachés à l'extrémité des lombes. Le droit est
plus élevé, moins gras et plus sec. Du milieu des deux
reins sort un peloton de graisse, excepté dans le veau
marin. C'est aux reins que les animaux ont le plus de
graisse. Souvent celle qui s'amasse autour de cette partie
fait périr les moutons. On trouve quelquefois de petites

Quidam eum putant inesse ova parientibus, item serpentibus admodum
exiguum; ita certe apparet in testudine, et crocodilo, et lacertis, et
ranis. Ægocephalo avi non esse constat, neque iis quæ careant sanguine. Peculiare cursus impedimentum aliquando in eo; quamobrem
inuritur cursorum laborantibus. Et per vulnus etiam exempto, vivere
animalia tradunt. Sunt qui putent adimi simul risum homini; intempe-
rantiamque ejus constare lienis magnitudine. Asiæ regio Scepsis appellatur, in qua minimos esse pecori tradunt, et inde ad lienem inventa
remedia.

LXXXI. At in Brileto et Tharne quaterni renes cervis; contra pen-
natis squamosisque nulli. Cetero summis adhærent lumbis. Dexter omnibus elatior, et minus pinguis sicciorque. Utrique autem pinguitudo e
medio exit, præterquam in vitulo marino. Animalia in renibus pingui-
sima; oves quidem lethaliter circum eos concreto pingui. Aliquando in

pierres dans les reins. Tous les quadrupèdes vivipares ont
des reins. La tortue est le seul des ovipares qui en soit
pourvu. Elle a aussi tous les autres viscères; mais, ainsi
que l'homme, elle a les reins semblables à ceux du bœuf;
on les dirait formés de plusieurs reins agglomérés.

Poitrine, côtes.

La nature a placé la poitrine, c'est-à-dire une charpente osseuse autour du diaphragme et des organes vitaux.
Elle ne l'a point fait pour l'estomac, parceque la faculté
de se dilater lui est nécessaire. Nul animal n'a des os autour de l'estomac. L'homme seul a la poitrine large et
plate; elle est arquée dans les autres, surtout dans les
oiseaux, encore plus dans les oiseaux aquatiques. L'homme
n'a que huit côtes de chaque côté (60); le porc en a dix,
les bêtes à cornes treize, et les serpents trente (61).

Vessie.

Dans la région hypogastrique, à la partie antérieure,
est la vessie, qui manque à tous les ovipares, excepté à
la tortue; elle manque aussi à tous les animaux qui n'ont
point le poumon sanguin, ou qui n'ont point de pieds.
Entre la vessie et le bas-ventre, sont des artères qui aboutissent au pubis; on les nomme iliaques. La pierre syrite
se trouve dans la vessie du loup. Quelquefois il se forme

sis inveniuntur lapilli. Renes habent omnia quadrupedum, quæ animal
generant; ova parientium testudo sola, quæ et alia omnia viscera; sed
ut homo, bubulis similes, velut e multis renibus compositos.

LXXXII. Pectus, hoc est, ossa, præcordiis et vitalibus natura circumdedit; at ventri, quem necesse erat increscere, ademit. Nulli animalium circa ventrem ossa. Pectus homini tantum latum, reliquis
carinatum, volucribus magis, et inter eas aquaticis maxima. Costæ homini tantum octonæ, suibus denæ, cornigeris tredecim, serpentibus
triginta.

LXXXIII. Infra alvum est a priore parte vesica, quæ nulli ova gignentium, præter testudinem; nulli nisi sanguineum pulmonem habenti; nulli pedibus carentium. Inter eam et alvum arteriæ, ad pubem
tendentes, quæ ilia appellantur. In vesica lupi lapillus qui syrites vo-

dans celle de l'homme des pierres et des filaments qui causent d'horribles douleurs. La vessie est formée d'une membrane qui, une fois déchirée, ne se cicatrise jamais, non plus que celles qui enveloppent le cerveau ou le cœur.

Organes de la reproduction.

Les parties internes sont absolument les mêmes dans les femmes, si ce n'est qu'elles ont de plus un viscère joint à la vessie, et qu'on nomme la matrice; dans les autres animaux, on l'appelle vulve. Cette partie est double dans la vipère (62) et dans les animaux qui enfantent au dedans d'eux-mêmes. Celle des ovipares est attachée au diaphragme. Dans la femme, la matrice a deux sinus, l'un à droite, l'autre à gauche. Elle cause la mort toutes les fois que, s'étant renversée, elle arrête la respiration. On dit que les vaches ne portent que du côté droit de la vulve, même lorsqu'elles portent deux veaux.

La vulve des truies est plus délicate lorsqu'elles ont avorté que lorsqu'elles ont été délivrées naturellement. Dans le premier cas, on l'appelle *ejectitia*; dans le second, *porcaria*. Celle d'une truie qui est à sa première portée est très bonne. C'est tout le contraire dans une truie épuisée. Après que l'animal a fait ses petits, sa

catur. Sed in hominum quibusdam diro cruciatu subinde nascentes calculi, et setarum capillamenta. Vesica membrana constat, quæ vulnerata cicatrice non solidescit; neque qua cerebrum, aut cor involvitur; plura enim membranarum genera.

LXXXIV. Feminis eadem omnia; præterque vesicæ junctus utriculus, unde dictus uterus; quod alio nomine locos appellant; hoc in reliquis animalibus vulvam. Hæc viperæ et intra se parientibus, duplex; ova generantium adnexa præcordiis; et in muliere geminos sinus ab utraque parte laterum habet; funebris, quoties versa spiritum inclusit. Boves gravidas negant præterquam dextero vulvæ sinu ferre, etiam quum geminos ferant.

Vulva ejecto partu melior, quam edito. Ejectitia vocatur illa, hæc porcaria; primipara suis optima; contra effetis. A partu, præterquam eodem die suis occisæ, livida ac macra. Nec novellarum suum, præter

vulve est maigre et livide, à moins qu'il ne soit tué le jour même. On n'estime celle des jeunes truies que lorsqu'elles sont mères pour la première fois. On préfère celle des vieilles, pourvu qu'elles ne soient pas épuisées, et qu'on ne les tue pas deux jours avant qu'elles mettent bas, ni deux jours après, ni le jour même de l'avortement. Après la vulve d'une truie qui a avorté, la meilleure est celle d'une truie tuée le lendemain du jour où elle a fait ses petits. Les tetines de cette dernière sont excellentes, pourvu que les petits n'en aient point sucé le lait. Celles d'une truie qui a avorté sont d'un goût détestable. Les anciens nommaient cette partie *abdomen*. Ils n'étaient pas dans l'usage de tuer des truies prêtes à mettre bas, et avant que les tetines fussent durcies et desséchées.

Des animaux qui ont de la graisse et de ceux qui n'en ont pas.

Les cornigères qui ont des dents à une seule mâchoire et des astragales aux pieds, ont du suif. Les pieds fourchus, les fissipèdes et ceux qui n'ont point de cornes, ont de la graisse. Cette graisse est compacte, et devient cassante étant refroidie. Elle se trouve toujours ramassée aux extrémités de la chair. Au contraire, la graisse qui s'étend entre la chair et la peau est molle et liquide. Quelques animaux, tels que le lièvre et la perdrix, ne

primiparas probatur; potiusque veterum, dum ne affectarum, nec biduo ante partum, aut post partum, aut quo ejecerint die. Proxima ejectitiæ est, occisæ uno die post partum. Hujus et sumen optimum, si modo fœtus non hauserit; ejectitiæ deterrimum. Antiqui abdomen vocabant; priusquam calleret, incientes occidere non adsueti.

LXXXV. Cornigera una parte dentata, et quæ in pedibus talos habent, sevo pinguescunt. Bisulca, scissisve in digitos pedibus, et non cornigera, adipe. Concretus hic; et quum refrixit, fragilis; semperque in fine carnis. Contra pingue inter carnem cutemque, succo liquidum. Quædam non pinguescunt, ut lepus, perdix. Steriliora cuncta pinguia,

prennent jamais de graisse. Tous ceux qui sont gras, mâles ou femelles, sont moins féconds. Ceux qui sont très chargés de graisse vieillissent plus vîte. Tous les animaux ont une sorte de graisse dans les yeux. Dans tous, la graisse est insensible, parcequ'elle n'a ni artères ni veines. L'excès de l'embonpoint, chez la plupart des animaux, produit l'insensibilité. On a vu des porcs rongés par des rats sans qu'ils parussent le sentir. On prétend même qu'on dégraissa le fils de L. Apronius, consulaire; son corps, chargé d'embonpoint, n'était plus qu'une masse immobile.

De la moelle.

La moelle semble formée de la même matière; dans la jeunesse elle est rouge, elle blanchit dans la vieillesse. La moelle n'existe que dans les os creux. Les bêtes de somme et les chiens n'en ont point dans les jambes; c'est pourquoi ces parties fracturées ne se rejoignent pas. Elles ne pourraient se rejoindre qu'au moyen de l'épanchement de la moelle.

Cette substance est grasse dans les animaux adipeux; elle est de la nature du suif dans les animaux à cornes; et dans ceux qui n'ont point d'os, comme les poissons, elle est de la nature du nerf, et ne se trouve que dans l'épine dorsale. Les ours n'ont point de moelle. Le lion en a, mais

et in maribus, et in feminis; senescuntque celerius præpinguia. Omnibus animalibus est quoddam in oculis pingue. Adeps cunctis sine sensu, quia nec arterias habet, nec venas. Plerisque animalium est pinguitudo sine sensu; quam ob causam sues spirantes a muribus tradunt adrosos. Quin et L. Apronii consularis viri filio detractos adipes, levatumque corpus immobili onere.

LXXXVI. Et medulla ex eodem videtur esse, in juventa rubens, et senecta albescens. Non nisi cavis hæc ossibus; nec cruribus jumentorum, aut canum; quare fracta non ferruminantur, quod defluente evenit medulla.

Est autem pinguis iis quibus adeps; sevosa, cornigeris, nervosa et in spina tantum dorsi, ossa non habentibus, ut piscium generi; ursis nulla

en petite quantité, dans quelques os des cuisses et des
bras. Les autres sont d'une telle dureté qu'on en fait jaillir le feu comme d'un caillou.

Des os et des arêtes.

Les animaux qui ne prennent point de graisse ont les
os durs. Ceux des ânes rendent des sons et servent à
faire des flûtes. Les dauphins ont des os et point d'arêtes; car ils sont vivipares. Les serpents ont des arêtes.
Les mollusques n'en ont pas, mais leur corps est lié par
des cercles de chair : tels sont la sèche et le calmar. On
assure que les insectes en sont également privés. Les poissons cartilagineux ont de la moelle dans l'épine. Les
veaux marins ont un cartilage et n'ont point d'os. Chez
tous les animaux, les oreilles et les narines, quand elles
sont saillantes, sont molles et flexibles. La prévoyance de
la nature les a faites ainsi, afin qu'elles ne soient pas
brisées. Un cartilage rompu ne se rejoint pas. Les os coupés ne repoussent jamais, excepté dans les bêtes de somme,
depuis l'ongle du pied jusqu'au jarret. L'homme croît en
hauteur jusqu'à vingt et un ans, ensuite il épaissit. Il semble se dénouer en quelque sorte au temps de la puberté,
surtout après une maladie.

sunt in feminum et brachiorum ossibus paucis exigua admodum; cetera
tanta duritia, ut ignis elidatur, velut e silice.

LXXXVII. His dura, quæ non pinguescunt; asinorum ad tibias ca-
nora. Delphinis ossa, non spinæ : animal enim pariunt; serpentibus
spinæ. Aquatilium mollibus, nulla; sed corpus circulis carnis vinctum,
ut sepiæ, atque loligini. Et insectis negatur æque esse ulla. Cartilaginea
aquatilium habent medullam in spina. Vituli marini cartilaginem, non
ossa. Item omnium auriculæ, ac nares, quæ modo eminent, flexili mol-
litia, naturæ providentia, ne frangerentur. Cartilago rupta non solidescit. Nec præcisa ossa recrescunt, præterquam veterinis ab ungula ad
suffraginem. Homo crescit in longitudinem ad annos usque ter septenos; tum deinde ad plenitudinem. Maxime autem pubescens nodum
quemdam solvere, et præcipue ægritudine, sentitur.

Des nerfs.

Les nerfs qui partent du cœur, et qui même dans le bœuf sont repliés autour de ce viscère, ont la même nature et le même principe que la moelle (63). Dans tous les animaux, ils sont attachés à des os lisses et glissants. Tantôt intermédiaires, tantôt orbiculaires ou transversaux, arrondis ou plats, selon que la configuration de chaque os l'exige, ils lient les jointures, qu'on appelle articulations. Une fois coupés, ils ne se rejoignent plus. Chose étonnante! un nerf blessé cause des douleurs aiguës, coupé tout à fait, il n'en cause aucune. Quelques animaux, tels que les poissons, n'ont point de nerfs; leurs ligaments sont les artères. Mais les mollusques n'ont pas même d'artères. Partout où il y a des nerfs, les intérieurs servent à étendre les membres, les extérieurs à les retirer. Entre les nerfs sont cachées les artères, c'est-à-dire les conduits de l'air, et parmi elles circulent les veines, c'est-à-dire les canaux du sang (64). Le battement des artères, sensible surtout à la superficie des membres, indique l'état des maladies. Régulier, lent ou précipité, ses variétés ont été calculées selon les âges, et déterminées avec précision par Hérophile, un des oracles de la médecine. Cette théorie admirable a été abandonnée comme

LXXXVIII. Nervi orsi a corde, bubuloque etiam circumvoluti, similem naturam et causam habent, in omnibus lubricis applicati ossibus, nodosque corporum, qui vocantur articuli, aliubi interventu, aliubi ambitu, aliubi transitu ligantes, hic teretes, illic lati, ut in unoquoque poscit figuratio. Neque ii solidantur incisi; miranque, vulneratis summus dolor; præsectis, nullus. Sine nervis sunt quædam animalia, ut pisces; arteriis enim constant. Sed neque his molles piscium generis. Ubi sunt nervi, interiores conducunt membra, superiores revocant. Inter hos latent arteriæ, id est spiritus semitæ. His innatant venæ, id est, sanguinis rivi. Arteriarum pulsus, in cacumine maxime membrorum evidens, index fere morborum, in modulos certos legesque metricas, per ætates, stabilis, aut citatus, aut tardus, descriptus ab Herophilo, medicinæ vate, miranda arte, nimiam propter subtilitatem

trop subtile. Toutefois il est constant que l'observation de la fréquence ou de la lenteur du pouls est un des sûrs moyens de gouverner la santé.

Des artères et des veines.

Les artères sont dénuées de sentiment ; elles le sont même de sang. Toutes ne contiennent pas l'esprit vital ; et lorsqu'une artère est coupée, le seul inconvénient qui en résulte, c'est que la partie où elle se trouve reste engourdie. Les oiseaux n'ont ni veines ni artères (65). Il en est de même des serpents, des tortues, des lézards : ils ont très peu de sang. Les veines répandues partout sous la peau se partagent en une infinité de ramifications, qui deviennent à la fin si minces et si ténues que le sang n'y peut pénétrer. Il y entre seulement une humeur subtile qui suinte au travers de la peau en formant une multitude de petites bulles, et que nous appelons sueur. Les veines se rendent et se réunissent au nombril.

Particularités sur le sang.

Les animaux en qui le sang est épais et abondant sont colériques. Il est plus noir chez les mâles que chez les femelles ; il l'est plus dans la jeunesse que dans la vieillesse. Il est plus épais aux parties inférieures. La vie consiste en grande partie dans le sang. Lorsqu'il sort du

desertus, observatione tamen crebri aut languidi ictus, gubernacula vitæ temperat.

LXXXIX. Arteriæ carent sensu ; nam et sanguine. Nec omnes vitalem continent spiritum ; præcisisque torpescit tantum pars ea corporis. Aves nec venas nec arterias habent ; item serpentes, testudines, lacertæ, minimumque sanguinis. Venæ in prætenues postremo fibras subter totam cutem dispersæ, adeo in angustam subtilitatem tenuantur, ut penetrare sanguis non possit, aliudve quam exilis humor ab illo, qui cacuminibus innumeris sudor appellatur. Venarum in umbilico nodus ac coitus.

XC. 38. Sanguis quibus multus et pinguis, iracunda ; maribus, quam feminis, nigrior ; et juventæ magis quam senio ; et inferiore parte plu-

corps, il emporte avec lui l'esprit vital. Cependant il est insensible.

Les animaux qui ont le sang plus dense sont plus courageux; ceux qui l'ont plus fluide sont plus intelligents; ceux qui en ont très peu ou qui n'en ont point du tout sont plus timides. Le sang des taureaux se coagule et se durcit très vite; aussi est-il un poison mortel, surtout pris en breuvage. Celui des sangliers, des cerfs, des chevreuils et des bubales ne se coagule point. L'âne a le sang le plus épais; l'homme, le sang le plus fluide. Les animaux qui ont plus de quatre pieds n'ont point de sang. Il est moins abondant chez les animaux chargés d'embonpoint, parceque sa substance est employée en graisse.

L'homme est le seul qui rende le sang par le nez. Quelques uns le rendent par une seule narine, d'autres par l'anus, plusieurs par la bouche, à des époques déterminées : c'est ce qui est arrivé de nos jours à l'ex-préteur Macrinus Viscus. Volusius Saturninus, préfet de Rome, qui a vécu plus de quatre-vingt-dix ans, vomissait le sang une fois l'année. Le sang est la seule substance dans le corps qui reçoive un accroissement momentané. En effet, les victimes en répandent une plus grande quantité lorsqu'elles ont bu avant que d'être immolées.

guior. Magna et in eo vitalitatis portio. Emissus spiritum secum trahit, tactum tamen non sentit.

Animalium fortiora, quibus sanguis crassior; sapientiora, quibus tenuior; timidiora, quibus minimus, aut nullus. Taurorum celerrime coit atque durescit, ideo pestifer potu maxime. Aprorum, ac cervorum, caprearumque, et bubalorum omnium non spissatur. Pinguissimus asinis, homini tenuissimus. His quibus plus quaterni pedes, nullus. Obesis minus copiosus, quoniam absumitur pingui.

Profluvium ejus uni fit in naribus homini, aliis nare alterutra, quibusdam per inferna, multis per ora stato tempore, ut nuper Macrino Visco viro prætorio; sed omnibus annis Volusio Saturnino, Urbis præfecto, qui nonagesimum etiam excessit annum. Solum hoc in corpore temporarium sentit incrementum; siquidem hostiæ abundantiorem fundunt, si prius bibere.

Autres particularités sur le sang.

Les animaux qui se cachent pendant une partie de l'année n'ont alors que quelques gouttes de sang autour du cœur. Procédé merveilleux de la nature! c'est ainsi qu'elle a voulu que dans l'homme le sang éprouvât diverses altérations par les causes les plus légères : nonseulement il se porte au visage; mais suivant chaque affection de l'ame, dans la honte, la colère, la crainte, l'homme pâlit ou rougit de diverses manières. En effet, la rougeur et la pâleur ne sont pas les mêmes dans la colère que dans la honte. Il est certain que dans la crainte le sang se retire et disparaît, et que plusieurs hommes ont été percés de part en part sans rendre une goutte de sang; ce qui est particulier à l'espèce humaine. Les animaux que j'ai dit changer de couleur n'éprouvent ce changement que par le reflet d'un corps étranger. L'homme seul en trouve la cause en lui-même. Toutes les maladies et la mort consument le sang.

Le sang est-il le principe de la vie?

Il y a des auteurs qui pensent que la subtilité de l'ame ne dépend pas de la fluidité du sang; mais que les animaux sont plus ou moins stupides, comme les huîtres et les tortues, suivant que leur peau ou leurs téguments ont

XCI. Quæ animalium latere certis temporibus diximus, non habent tunc sanguinem, præter exiguas admodum circa corda guttas, miro opere naturæ; sicut in homine, vim ejus ad minima momenta mutari, non modo tantum in ore suffusa materia, verum ad singulos animi habitus, pudore, ira, metu : palloris pluribus modis, item ruboris. Alius enim iræ, et alius verecundiæ. Nam et in metu refugere, et nusquam esse certum est, multisque non transfluere transfossis; quod homini tantum evenit. Nam quæ mutari diximus, colorem alienum accipiunt quodam repercussu; homo solus in se mutat. Morbi omnes morsque sanguinem absumunt.

XCII. 39. Sunt qui subtilitatem animi constare non tenuitate sanguinis putent, sed cute operimentisque corporum magis aut minus

plus ou moins d'épaisseur. Ils disent que le cuir des bœufs, que les soies du porc font obstacle au passage de l'air, qu'il ne peut pénétrer pur et subtil, et que la même chose arrive aux hommes quand ils ont la peau trop épaisse et trop compacte. Mais dans le crocodile, la dureté de la peau ne se trouve-t-elle pas jointe à l'adresse?

Du cuir.

Le cuir de l'hippopotame est d'une telle épaisseur qu'on en forge des piques; et cependant cet animal se procure, par son instinct, les secours de la médecine. De la peau de l'éléphant on forme des boucliers impénétrables; et cependant c'est celui de tous les quadrupèdes auquel on reconnaît le plus d'intelligence. La peau par elle-même est insensible, surtout à la tête. Partout où elle est seule et sans chair, elle ne se rejoint point après qu'elle a été entamée. Il en est de même pour les paupières et quelques parties des joues.

Des poils et de ce qui recouvre la peau.

Les vivipares ont du poil; les ovipares ont des plumes ou des écailles, ou une carapace, comme la tortue, ou une simple peau, comme le serpent. Les tuyaux des plumes sont toujours creux. Coupées, elles ne croissent plus; ar-

bruta esse, ut ostreas et testudines; boum terga, setas suum, obstare tenuitati immeantis spiritus, nec purum liquidumque transmitti; sic et in homine, quum crassior callosiorve excludat cutis; ceu vero non crocodilis et duritia tergoris tribuatur, et solertia.

XCIII. Hippopotami corii crassitudo talis, ut inde tornentur hastæ, et tamen quædam ingenio medica diligentia. Elephantorum quoque tergora impenetrabiles cetras habent, quum tamen omnium quadrupedum subtilitas animi præcipua perhibeatur illis. Ergo cutis ipsa sensu caret, maxime in capite; ubicumque per se ac sine carne est, vulnerata non coit, ut in bucca cilioque.

XCIV. Quæ animal pariunt, pilos habent; quæ ova, pennas, aut squamas, aut corticem, ut testudines; aut cutem puram, ut serpentes. Pennarum caules omnium cavi; præcisæ non crescunt, evulsæ renas-

rachées, elles repoussent. Les insectes volent au moyen de membranes fragiles. Celles des hirondelles de mer sont humides; celles des chauves-souris sont sèches. Les ailes de ces oiseaux ont aussi des articulations. Le poil qui sort d'une peau épaisse est rude. Celui des femelles a plus de finesse. Les chevaux ont une grande abondance de poil au cou, et les lions aux épaules. Le dasypode a du poil dans l'intérieur de la bouche et aux pieds. Trogue assigne ces deux caractères au lièvre, et il en conclut que les hommes qui ont beaucoup de poil sont plus enclins aux plaisirs. Le plus velu des animaux, c'est le lièvre. L'homme est le seul chez lequel croisse cette espèce de cheveux destinée à couvrir les parties qui caractérisent le sexe. Sans cette nouvelle production, tout individu, mâle ou femelle, est incapable d'engendrer. Il y a des poils que l'homme apporte en naissant; d'autres ne viennent qu'avec l'âge. Les premiers ne tombent jamais aux eunuques, et rarement aux femmes. Cependant on a vu des femmes devenir chauves, comme on en voit dont le menton se couvre de duvet, après que les écoulements périodiques se sont arrêtés. Il y a des hommes chez qui la nature ne produit point les poils qui viennent avec l'âge.

Les quadrupèdes muent chaque année. Les poils qui

cuntur. Membranis volant fragilibus insecta, humentibus hirundines in mari, siccis inter tecta vespertilio. Horum alæ quoque articulos habent. Pili a cute exeunt crassi hirti, feminis tenuiores, equis in juba largii, in armis leoni; dasypodi et in buccis intus, et in pedibus, quæ utraque Trogus et in lepore tradidit, hoc exemplo libidinosiores hominum quoque hirtos colligens. Villosissimus animalium lepus. Pubescit homo solus, quod nisi contigit, sterilis in gignendo est, seu masculus, seu femina. Pili in homine partim simul, partim postea gignuntur. Congeniti, autem non desinunt, sicut nec feminis magnopere. Inventæ tamen quædam defluvio capitis invalidæ; ut et lanugines oris, quum menstrui cursus stetere. Quibusdam post geniti viris sponte non gignuntur.

Quadrupedibus pilum cadere atque subnasci, annuum est. Viris

s'allongent le plus dans l'homme sont les cheveux et la barbe. Lorsqu'ils ont été coupés, ils ne repoussent pas, comme l'herbe, par la partie entamée, mais par la racine. Certaines maladies, telles que la phthisie, font croître le poil. Il s'allonge dans la vieillesse et même après la mort. Dans les hommes livrés aux plaisirs, les poils que nous avons en naissant tombent de meilleure heure. Les autres croissent plus vite. Le poil et la laine des quadrupèdes s'allongent et s'éclaircissent dans la vieillesse. Ils ont le dos garni de poil et le ventre nu. Au moyen de la cuisson, on fait de la colle forte avec le cuir du bœuf ; la meilleure se fait avec celui du taureau.

Des mamelles.

L'homme est le seul des mâles qui ait des mamelles. Les autres animaux n'en ont que les marques indicatives ; mais les femelles mêmes n'ont point de mamelles à la poitrine, à moins qu'elles ne puissent porter leurs petits entre leurs bras. Nul ovipare n'a de mamelles, et nul animal n'a de lait s'il n'est vivipare. Parmi les volatiles, la seule chauve-souris donne du lait, car je regarde comme une fable que les *striges* versent le lait de leurs mamelles sur les lèvres des enfants. Je sais que depuis longtemps le mot *strige* est devenu une dénomination injurieuse (66),

crescunt maxime in capillo, mox in barba. Recisi, non, ut herbæ, ab ipsa incisura augentur, sed ab radice exeunt. Crescunt et in quibusdam morbis, maxime phthisi, et in senecta ; defunctorum quoque corporibus. Libidinosis congeniti, maturius defluunt ; agnati, celerius crescunt. Quadrupedibus senectute crassescunt, lanæque rarescunt. Quadrupedum dorsa pilosa, ventres glabri. Boum coriis glutinum excoquitur, taurorumque præcipuum.

XCV. Mammas homo solus e maribus habet ; cetera animalia mammarum notas tantum. Sed ne feminæ quidem in pectore, nisi quæ possunt partus suos attollere. Ova gignentium, nulli ; nec lac, nisi animal parienti ; volucrum, vespertilioni tantum. Fabulosum enim arbitror de strigibus ubera eas infantium labris immulgere. Esse in maledictis jam antiquis strigem convenit ; sed quæ sit avium, constare non arbitror.

mais je ne crois pas que personne sache quel est cet oiseau.

Les ânesses, après avoir mis bas, ont les mamelles dou-
loureuses ; c'est par cette raison qu'elles écartent leur
ânon au bout de six mois, quoique la cavale allaite son
poulain une année presque entière. Les solipèdes et les
animaux qui ne donnent jamais plus de deux petits ont deux
mamelles qui sont toujours situées entre les cuisses. Les
bêtes à cornes et à pied fourchu les ont placées au même
endroit. Les vaches en ont quatre ; les brebis et les chèvres deux. Les animaux qui donnent des portées nombreuses, et ceux dont les pieds sont digités, en ont un
grand nombre distribuées sur deux rangs le long du ventre : telles sont les truies. Celles de la meilleure espèce
ont douze mamelles, les communes en ont deux de moins.
Il en est ainsi des chiennes. D'autres animaux en ont
quatre au milieu du ventre, comme les panthères ; d'autres deux, comme les lionnes. L'éléphant en a deux seulement au-dessous des épaules, non pas à la poitrine, mais
en deçà et cachées sous les aisselles. Nul animal digité
n'a les mamelles entre les cuisses.

Dans chaque portée de la truie, les premiers-nés s'attachent aux premières mamelles, je veux dire à celles
qui sont le plus près de la gorge. Chacun des petits con-

40. Asinis a foetu dolent ; ideo sexto mense arcent partus, quam equæ
anno prope toto præbeant. Quibus solida ungula, nec supra geminos
foetus, hæc omnia binas habent mammas, nec aliubi, quam in feminibus.
Eodem loco bisulca et cornigera ; boves quaternas, oves capræque binas.
Quæ numeroso fecunda partu, et quibus digiti in pedibus, hæc plures
habent, toto ventre duplici ordine, ut sues ; generosæ duodenas, vulgares binis minus ; similiter canes. Alia ventre medio quaternas, ut
pantheræ ; alia binas, ut leænæ. Elephas tantum sub armis duas ; nec
in pectore, sed citra in alis occultas. Nulli in feminibus digitos habentium.

Primogeniti in quoque partu suis primas premunt ; eæ sunt faucibus
proximæ ; suum quisque novit in foetu quo genitus est ordine, eaque

naît la sienne, selon l'ordre de sa naissance. Il est nourri
par elle et jamais par une autre. Si on enlève celui que
cette mamelle nourrit, elle devient stérile aussitôt, et se
retire. Si on n'en laisse qu'un de toute la portée, la seule
qui lui fut destinée à sa naissance reste pour lui continuer son bienfait.

Les ourses ont quatre mamelles. Les dauphins ont
seulement au bas du ventre deux mamelons à peine visibles, et qui s'étendent un peu obliquement. Nul autre
animal n'allaite en courant. Les baleines et les veaux
marins allaitent aussi leurs petits.

Du lait.

Jusqu'au septième mois de la grossesse, le lait de la
femme n'est d'aucun usage. A sept mois, c'est une nourriture salubre, parcequ'à cette époque le nouveau-né
peut vivre. Chez bien des femmes, le lait sort par toutes
les parties des mamelles, et même par les aisselles. La
femelle du chameau donne du lait jusqu'à ce qu'elle soit
pleine de nouveau. Ce lait passe pour très agréable, lorsqu'on le mêle avec trois fois autant d'eau. Celui de la
vache tarit quelque temps avant qu'elle mette bas. Le
premier qu'elle donne, après avoir vêlé, est colostré ; et
si l'on y mêle de l'eau, il se durcit comme une pierre

alitur, nec alia. Detracto illa alumno suo sterilescit illico, ac resilit.
Uno vero ex omni turba relicto, sola munifex, quæ genito fuerat adtri-
buta, descendit.

Ursæ mammas quaternas gerunt. Delphini binas in ima alvo papillas
tantum, nec evidentes, et paulum in obliquum porrectas. Neque aliud
animal in cursu lambitur. Et balenæ autem vitulique mammis nutriunt
fœtus.

XCVI. 41. Mulieri ante septimum mensem profusum lac, inutile.
Ab eo mense, quod vitales partus, salubre. Plerisque autem totis mammis, atque etiam alarum sina fluit. Cameli lac habent, donec iterum
gravescant. Suavissimum hoc existimatur ad unam mensuram tribus
aquæ additis. Bos ante partum non habet. Ex primo semper a partu
colostre fiunt ; quæ, ni admisceatur aqua, in pumicis modum coeunt

ponce. Les ânesses ont du lait dès qu'elles sont pleines. Dans les pâturages gras, ce lait est mortel pour l'ânon nouveau-né, s'il en goûte les deux premiers jours. La maladie que cause ce premier lait s'appelle *colostratio.*

Le lait des animaux qui ont des dents en haut et en bas ne forme point de fromage parcequ'il ne se coagule pas. Le lait le plus clair est celui des chameaux, ensuite celui des cavales ; celui de l'ânesse est épais, au point qu'on s'en sert comme de présure. On croit qu'il contribue aussi à blanchir la peau des femmes. Poppée, femme de Néron, traînait partout à sa suite cinq cents ânesses nourrices. Elle plongeait son corps entier dans le lait d'ânesse, croyant aussi donner plus de souplesse à sa peau. Toute espèce de lait s'épaissit par le feu et s'éclaircit par le froid. Le lait de vache rend plus de fromage que celui de chèvre ; et même, en quantité égale, il donne presque le double. Le lait des animaux qui ont plus de quatre mamelles n'est point propre à faire du fromage ; le meilleur est celui des animaux qui ont deux mamelles. On vante la présure du faon, du lièvre, du chevreau, mais surtout celle du dasypode, qui de plus est un remède contre le flux de ventre. De tous les animaux qui

duritia. Asinæ prægnantes continuo lactescunt. Pullos earum, ubi pingue pabulum, biduo a partu maternum lac gustasse, lethale est. Genus mali vocatur colostratio.

Caseus non fit ex utrinque dentatis, quoniam eorum lac non coit. Tenuissimum camelis, mox equis ; crassissimum asinæ, ut quo coaguli vice utantur. Conferre aliquid et candori in mulierum cute existimatur. Poppæa, certe Domitii Neronis conjux, quingentas secum per omnia trahens fœtas, balnearum etiam solio totum corpus illo lacte macerabat, extendi quoque cutem credens. Omne autem igne spissatur, frigore serescit. Bubulum caseo fertilius, quam caprinum, ex eadem mensura pene altero tanto. Quæ plures quaternis mammas habent, caseo inutilia, et meliora quæ binas. Coagulum hinnulei, leporis, hædi laudatum. Præcipuum tamen dasypodis, quod et profluvio alvi medetur, unius utrinque dentatorum.

ont des dents à l'une et à l'autre mâchoire, c'est le seul
dont la présure ait cette propriété.

Il est étonnant que les nations barbares, qui vivent de
lait, ignorent ou méprisent depuis tant de siècles le mérite
du fromage. Cependant ils font prendre le lait pour en
former une liqueur agréablement acide et un beurre gras.
Le beurre est l'écume du lait, plus épaisse que ce qu'on
appelle petit-lait. N'omettons pas de dire qu'il a les propriétés de l'huile, et que tous les barbares sont dans l'u-
sage de s'en oindre le corps, ainsi que nous le faisons
pour nos enfants.

Des diverses espèces de fromage.

A Rome, où l'on prononce sur le mérite des productions de tous les pays, on préfère entre les fromages qui
viennent des provinces, ceux de Nîmes et ceux de la Lo-
zère et du Gévaudan ; mais leur qualité ne se conserve
pas longtemps : ils ne sont bons qu'étant frais. Deux sortes de fromages donnent du renom aux pâturages des
Alpes. Les Alpes Dalmatiques nous envoient le docléate,
les Centroniennes, le vétusique. L'Apennin produit des
variétés plus nombreuses. La Ligurie donne le fromage
de Céva, qui est fait principalement de lait de brebis,
l'Ombrie, celui d'Ésina ; et les confins de l'Étrurie et de
la Ligurie, celui de Luna, remarquable par sa grandeur.

Mirum barbaras gentes, quæ lacte vivant, ignorare aut spernere tot
sæculis casei dotem, densantes id alioqui in acorem jucundum, et pingue butyrum ; spuma id est lactis, concretiorque quam quod serum
vocatur. Non omittendum in eo olei vim esse, et barbaros omnes infan-
tesque nostros ita ungi.

XCVII. 42. Laus caseo Romæ, ubi omnium gentium bona cominus
judicantur, e provinciis, Nemausensi præcipua, Lesuræ Gabalicique
pagi ; sed brevis, ac mustæ tantum commendatio. Duobus Alpes generibus pabula sua adprobant ; Dalmaticæ docleatam mittunt, Centro-
niæ vatusicum. Numerosior Apennino. Cebanum hic e Liguria mittit,
ovium maxime lactis ; æsinatem ex Umbria ; mistoque Etruriæ atque
Liguriæ confinio, lunensem magnitudine conspicuum ; quippe et ad

Dans ce pays, les fromages pèsent jusqu'à mille livres. Aux environs de Rome, nous avons le vestin ; le meilleur de ce canton est celui que produit la campagne Cédicienne. Les fromages de lait de chèvre ont aussi leur mérite, surtout ceux d'Agrigente. La fumée leur donne un nouveau prix. C'est à Rome qu'on excelle dans l'art de les fumer. Le procédé qu'on suit dans les Gaules leur fait contracter un goût de médicament.

Quant aux fromages d'outre-mer, la supériorité est accordée à celui de Bithynie. La preuve qu'il existe un sel naturel dans les pâturages, c'est que, sans avoir été salé, tout fromage prend un goût de sel en vieillissant. Macéré dans le vinaigre et le thym, il reprend sa saveur première. On rapporte que Zoroastre vécut vingt années dans les déserts, se nourrissant de fromage tellement composé qu'il ne se sentait jamais de la vétusté.

Des membres chez les hommes et chez les animaux.

De tous les animaux terrestres, l'homme seul est bipède (67). Lui seul a une gorge, lui seul a des bras, lui seul a une clavicule (68). Les autres n'ont qu'une omoplate. Ceux qui ont des mains, les ont charnues seulement en dedans ; au dehors, il n'y a que des nerfs et de la peau.

singula millia pondo premitur ; proximum autem Urbi vestinum, eumque e Ceditio campo laudatissimum. Et caprarum gregibus sua laus est, Agrigenti maxime eam augente gratiam fumo ; qualis in ipsa Urbe conficitur, cunctis præferendus. Nam Galliarum sapor medicamenti vim obtinet.

Trans maria vero Bithynus fere in gloria est. Inesse pabulis salem, etiam ubi non detur, ita maxime intelligitur, omni in salem caseo senescente, quales redire in musteum saporem, aceto et thymo maceratos, certum est. Tradunt Zoroastrem in desertis caseo vixisse annis viginti, ita temperato, ut vetustatem non sentiret.

XCVIII. 43. Terrestrium solus homo bipes. Uni juguli, humeri, ceteris armi ; uni ulnæ. Quibus animalium manus sunt, intus tantum carnosæ ; extra nervis et cute constant.

Des doigts, des bras.

Quelques individus ont six doigts aux mains. Nous lisons que deux filles de C. Horatius, de famille patricienne, ont été, par cette raison, nommées *Sedigitæ*. Nous pouvons citer aussi Volcatius *Sedigitus*, poëte célèbre. Les doigts de l'homme ont trois articulations; le pouce en a deux. Il se fléchit dans un sens opposé aux autres doigts réunis. De lui-même il s'étend obliquement. Il est plus gros que les autres. Le petit doigt lui est égal en longueur. Celui du milieu est le plus long de tous; les deux autres sont égaux entre eux. Les quadrupèdes qui vivent de proie ont cinq doigts aux pieds de devant, et quatre aux autres. Les lions, les loups, les chiens et quelques autres, en petit nombre, ont cinq ongles aux pieds de derrière; un de ces ongles est placé près de l'articulation de la jambe. Les animaux plus petits ont aussi cinq doigts. Tous les hommes n'ont pas les bras égaux. On sait que parmi les gladiateurs de Caligula, le Thrace Studiosus avait le bras droit plus long que le gauche. Quelques animaux se servent des pieds de devant comme de mains. Ils s'asseyent portant avec ces pieds leurs aliments à la bouche; tels sont les écureuils.

XCIX. Digiti quibusdam in manibus seni. C. Horatii ex patricia gente filias duas ob id Sedigitas appellatas accepimus, et Volcatium Sedigitum, illustrem in poetica. Hominis digiti articulos habent ternos, pollex binos, et digitis adversus universis flectitur; per se vero in obliquum porrigitur, crassior ceteris. Huic minimus mensura par est; duo reliqui sibi, inter quos medius longissime protenditur. Quibus ex rapina victus quadrupedum, quini digiti in prioribus pedibus, reliquis quaterni. Leones, lupi, canes, et pauca in posterioribus quoque quinos ungues habent, uno juxta cruris articulum dependente; reliqua quæ sunt minora, et digitos quinos. Brachia non omnibus paria secum. Studioso Thraci in C. Cæsaris ludo notum est dextram fuisse proceriorem. Animalium quædam, ut manibus, utuntur priorum ministerio pedum; sedentque ad os illis admoventia cibos, ut sciuri.

Ressemblance des hommes et des singes.

Les diverses espèces de singes nous offrent l'imitation parfaite de l'homme. Ils lui ressemblent par la face, par les narines, par les oreilles, par les cils ; ce sont les seuls quadrupèdes qui aient des cils à la paupière inférieure (69). Ils ont, comme lui, les mamelles placées à la poitrine, les bras qui se fléchissent en un sens contraire à celui des jambes. Ils ont aussi des ongles aux mains, des doigts, et le doigt du milieu plus long que les autres ; mais ils en diffèrent un peu par leurs pieds, qui sont allongés comme des mains. La trace qu'ils impriment ressemble à la paume de la main. Ils ont, ainsi que nous, le pouce du pied, des articulations ; et si, dans le mâle seulement, on excepte la partie sexuelle, tout en eux, l'intérieur même, est organisé comme chez l'homme.

Des ongles.

On pense que les ongles sont les extrémités des nerfs. Tous les animaux qui ont des doigts ont des ongles. Mais chez le singe, ils sont arqués ; chez l'homme, ils sont plats ; ils croissent même après la mort. Les animaux de proie les ont crochus. Les autres, comme les chiens, les ont droits, si ce n'est celui qui, chez la plupart, est attaché à la jambe. Tous ceux qui ont des pieds ont des doigts ; il y a une exception à faire pour l'éléphant. Il est bien vrai

C. 44. Nam simiarum genera perfectam hominis imitationem continent, facie, naribus, auribus, palpebris, quas solæ quadrupedum et in inferiore habent gena. Jam manuas in pectore, et brachia, et crura in contrarium similiter flexa ; in manibus ungues, digitos, longioremque mediium. Pedibus paulum differunt. Sunt enim ut manus, prælongi, sed vestigium palmæ simile faciunt. Pollex quoque his, et articuli, ut homini, ac præter genitale, et hoc in maribus tantum, viscera etiam interiora omnia ad exemplar.

CI. 45. Ungues clausulæ nervorum summæ existimantur. Omnibus hi, quibus et digiti. Sed simiæ imbricati, hominibus lati, et defuncto crescunt, rapacibus unci ; ceteris recti, ut canibus, præter eum qui a crure plerisque dependet. Omnia digitos habent, quæ pedes, excepto

qu'il a cinq doigts, mais ils sont informes, attachés ensemble et légèrement distingués ; il a plutôt une corne que des ongles. Ses pieds de devant sont plus grands que les autres. A la jambe de derrière, la partie du pied est très courte. L'éléphant fléchit les jarrets en avant, comme l'homme. Les autres animaux ploient les jambes de derrière en un sens contraire à celui des jambes antérieures. Les vivipares fléchissent le genou en avant, et le jarret en arrière.

Des genoux et des jarrets.

Les genoux et les coudes de l'homme se fléchissent en sens opposé. Il en est de même pour les ours et les singes ; ce qui les rend moins prompts à la course. Parmi les quadrupèdes ovipares, les crocodiles, les lézards ploient les genoux en arrière et les jarrets en avant. Leurs jambes se fléchissent obliquement, comme le pouce de l'homme. Il en est ainsi des insectes multipèdes ; il en faut excepter les insectes sauteurs, qui ont les jambes de derrière droites. Les articulations de l'oiseau sont comme celles du quadrupède, il fléchit les ailes en avant, et les jambes en arrière.

Parties du corps humain auxquelles se rattachent des idées religieuses.

L'usage des nations a de tous temps attaché une cer-

elephanto. Huic enim informes, numero quidem quinque, sed indivisi, ac leviter discreti ; ungulisque, haud unguibus similes ; et pedes majores priores. In posterioribus articuli breves. Idem poplites intus flectit hominis modo. Cetera animalia, in diversum posterioribus articuli pedibus, quam prioribus. Nam quæ animal generant genua ante se flectunt, et suffraginum artus in aversum.

CII. Homini genua et cubita contraria ; item ursis, et simiarum generi, ob id minime pernicibus. Ova parientibus quadrupedum, crocodilo, lacertis, priora genua post curvantur, posteriora in priorem partem. Sunt autem crura his obliqua, humani pollicis modo. Sic et multipedibus, præterquam novissima salientibus. Aves, ut quadrupedes, alas in priora curvant, suffragines in posteriora.

CIII. Hominis genibus quædam et religio inest, observatione geo-

taine superstition aux genoux de l'homme. Ce sont les genoux que pressent les suppliants; c'est vers les genoux qu'ils tendent les mains; ils se prosternent devant eux, comme devant les autels, peut-être parcequ'ils contiennent le principe de la vie. En effet, à l'articulation même de chaque genou, tant à droite qu'à gauche, il se trouve une double cavité dans la partie antérieure. Une incision profonde à cette partie serait aussi funeste qu'à la gorge, elle donnerait la mort. On a encore attaché quelque superstition à d'autres parties : par exemple, on présente à baiser le dessus de la main droite; on étend cette main dans les promesses.

Chez les anciens Grecs, l'usage était de toucher le menton de ceux qu'on suppliait. Quand nous invoquons le témoignage de quelqu'un, nous lui prenons le bas de l'oreille. C'est là que réside la mémoire. Derrière l'oreille droite, réside pareillement Némésis, déesse qui n'a point trouvé de nom latin, même dans le Capitole (70). Nous y portons le doigt annulaire, après l'avoir touché de la bouche, pour demander aux dieux le pardon d'une parole indiscrète.

Varices.

Les varices aux jambes sont une incommodité particulière à l'espèce humaine; les femmes en ont rarement.

tium. Hæc supplices adtingunt; ad hæc manus tendunt; hæc, ut aras, adorant; fortassis quia inest iis vitalitas. Namque in ipsa genu utriusque commissura, dextra lævaque, a priore parte gemina quædam buccarum inanitas inest ; qua perfossa, ceu jugulo, spiritus fugit. Inest et aliis partibus quædam religio ; sicut dextra osculis aversa appetitur, in fide porrigitur.

Antiquis Græciæ in supplicando mentum adtingere mos erat. Est in aure ima memoriæ locus, quem tangentes attestamur. Est post aurem æque dextram Nemesios (quæ dea latinum nomen ne in Capitolio quidem invenit), quo referimus tactum ore proximum a minimo digitum, veniam sermonis a diis ibi recondentes.

CIV. Varices in cruribus viro tantum ; mulieri raro. C. Marium, qui

C. Marius, sept fois consul, est, au rapport d'Oppius, le seul mortel qui jamais ait enduré qu'on lui coupât les varices étant debout (71).

De la marche, des pieds, des jambes.

Tous les animaux se mettent en marche en partant du pied droit. Ils se couchent du côté gauche. Presque tous mesurent leurs pas au gré de leur caprice ; le lion seulement et le chameau n'avancent jamais le pied gauche au delà du pied droit ; le pied gauche reste toujours en arrière. L'assiette du pied est plus grande dans l'homme que dans les autres animaux. Les femelles, dans toutes les espèces, ont les pieds plus petits que les mâles. L'homme seul a des mollets et les jambes charnues. Nous lisons dans quelques auteurs qu'on a vu en Égypte un homme sans mollets. L'homme seul a la plante du pied creuse. Quelques individus font exception. De là sont venus les surnoms de Plancus, Plautus, Scaurus, Pansa (72). C'est ainsi que les difformités des jambes ont donné lieu aux surnoms de Varus, Vacia, Vatinius. Ces difformités se retrouvent aussi dans les quadrupèdes.

Les animaux qui n'ont point de cornes ont l'ongle du pied solide. Cet ongle est leur arme. Ces mêmes animaux n'ont point d'astragales ; mais les pieds fourchus en ont,

septies consul fuit, stantem sibi extrahi passum unum hominum, Oppius auctor est.

CV. Omnia animalia a dextris partibus incedunt, sinistris incubant. Reliqua, ut libitum est, gradiuntur. Leo tantum et camelus pedatim, hoc est, ut sinister pes non transeat dextrum, sed subsequatur. Pedes homini maximi, feminis tenuiores in omni genere. Suræ homini tantum et crura carnosa. Reperitur apud auctores quemdam in Ægypto non habuisse suras. Vola homini tantum, exceptis quibusdam. Namque et hinc cognomina inventa, Planci, Plauti, Pansa, Scauri : sicut a cruribus Vari, Vaciæ, Vatinii : quæ vitia et in quadrupedibus.

Solidas habent ungulas, quæ non sunt cornigera ; igitur pro his telum ungula est illis. Nec talos habent eadem. At quæ bisulca sunt, habent

les digités n'en ont pas, et nul n'en a aux pieds antérieurs. Les astragales du chameau ressemblent à ceux du
bœuf, si ce n'est qu'ils sont plus petits. En effet, le chameau a le pied fourchu, quoique la séparation soit peu
apparente. Il a aussi la plante du pied charnue, comme
celle de l'ours ; c'est pourquoi il ne résiste pas aux voyages
de long cours, à moins qu'il n'ait les pieds enveloppés
d'une chaussure.

Des sabots.

La corne du pied ne repousse qu'aux bêtes de somme.
En quelques cantons de l'Illyrie, les porcs sont solipèdes.
Les bêtes à cornes ont d'ordinaire le pied fourchu. Nul
animal ayant deux cornes n'est solipède. L'âne indien est
unicorne. L'oryx est tout ensemble unicorne et pied fourchu. L'âne indien est le seul solipède qui ait des astragales. Ces os sont très mal conformés chez les porcs,
parceque ces animaux font la nuance entre les solipèdes
et les fissipèdes. Les auteurs qui prétendent que l'astragale se trouve dans l'homme seront aisément convain-
cus d'erreur (73). Parmi les fissipèdes, le lynx seul a
quelque chose de semblable, celui du lion est encore
plus tortueux. L'astragale est un os droit articulé avec le
pied, qui a deux faces, l'une convexe, l'autre concave, et
qui est attaché à la vertèbre.

idem digitos habentibus non sunt ; neque in prioribus pedibus omnino
ulli. Camelo tali similes bubalis, sed minores paulo. Est enim bisulcus
dixerimus exiguo pes imus, vestigio carnoso, ut ursi ; qua de causa in
longiore itinere sine calciatu fatiscunt.

CVI 46. Ungulæ veterino tantum generi renascuntur. Sues in Illyrico quibusdam locis solidas habent ungulas. Cornigera fere bisulca.
Solida ungula et bicorne, nullum. Unicorne asinus tantum Indicus ;
unicorne et bisulcum, oryx. Talos asinus Indicus unus solidipedum
habet. Nam sues ex utroque genere existimantur, ideo fœdi earum.
Hominem qui existimarunt habere, facile convicti. Lynx tantum digitos habentium, simile quiddam talo habet ; leo etiammum tortuosius.
Talos autem rectus est in articulo pedis ventre eminens concavo, in
vertebra ligatus.

Pattes des oiseaux.

Parmi les oiseaux, les uns sont digités, d'autres sont palmipèdes ; quelques uns ont les doigts divisés en partie, en partie attachés par une membrane ; mais ils ont tous quatre doigts, trois en avant, un en arrière. Celui-ci manque à quelques uns de ceux qui ont les jambes longues. Le torcol seul a deux doigts en avant, deux en arrière. Il tire une langue d'une longueur démesurée. Il a, comme le choucas, les ongles très grands. Quelques oiseaux pesants ont un ergot à la jambe ; mais il ne se trouve à aucun de ceux qui ont les ongles crochus. Les oiseaux à longues jambes les étendent vers la queue lorsqu'ils volent ; ceux à jambes courtes les retirent sous le milieu du corps. Les auteurs qui prétendent que tous les oiseaux ont des pieds, l'assurent positivement de l'apode, de la petite outarde et de la drépanis, dont l'apparition est rare. On a vu même des serpents avec des pieds pareils à ceux de l'oie (74).

Pieds des animaux.

Ceux des insectes qui ont les yeux durs ont les pieds antérieurs plus longs que les autres, afin de pouvoir de temps en temps s'en essuyer les yeux, comme nous l'ob-

CVII. 47. Avium aliæ digitatæ, aliæ palmipedes, aliæ inter utramque divisis digitis adjecta latitudine. Sed omnibus quaterni digiti, tres in priore parte, unus a calce. Hic deest quibusdam longa crura habentibus. Lynx sola utrimque binos habet. Eadem linguam serpentum similem in magnam longitudinem porrigit. Collum circumagit in aversum. Ungues ei grandes, ceu graculis. Avium quibusdam gravioribus, in cruribus additi radii ; nulli uncos habentium ungues. Longipedes porrectis ad caudam cruribus volant ; quibus breves, contractis ad medium. Qui negant volucrem ullam sine pedibus esse, confirmant et apodas habere, et oten et drepanin, in eis quæ rarissime apparent. Visæ jam etiam serpentes anserinis pedibus.

CVIII. 48. Insectorum pedes primi longiores duros habentibus oculos, ut subinde pedibus eos tergeant, ceu notamus in muscis. Quæ

serxons dans les mouches. Ceux qui ont les pieds de derrière plus longs vont en sautant, comme les sauterelles. Ils ont tous six pieds. Quelques araignées ont en outre deux pieds très longs. Chacun a trois phalanges. Nous avons dit que les animaux marins ont huit pieds; tels sont les polypes, les sèches, les calmars, les cancres, qui meuvent leurs bras en sens contraire, et leurs pieds circulairement et obliquement. Ce sont les seuls animaux dont les pieds soient arrondis. Dans les autres, la marche est réglée par le mouvement de deux de leurs pieds; dans les cancres seuls elle est déterminée par le mouvement de quatre pieds à la fois. Les insectes terrestres qui ont plus de huit pieds, comme la plupart des vers, n'en ont jamais moins de douze; quelques uns en ont jusqu'à cent. Le nombre des pieds n'est jamais impair. Les jambes des solipèdes ont acquis leur juste grandeur dès le moment de la naissance. Dans la suite, elles grossissent plutôt qu'elles ne s'allongent. Aussi, dans le premier âge, ces animaux se grattent-ils l'oreille avec les pieds de derrière, ce qu'ils ne peuvent faire dans un âge plus avancé, parceque l'accroissement en longueur ne porte que sur la surface du corps. C'est par cette raison que dans les commencements, et jusqu'à ce que le cou ait acquis son

ex his novissimos habent longos, saliunt; ut locustæ. Omnibus autem his seni pedes. Araneis quibusdam prælongi accedunt bini. Internodia singulis terna. Octonos et marinis esse diximus, polypis, sepiis, loliginibus, cancris, qui brachia in contrarium movent, pedes in orbem, aut in obliquum. Iisdem solis animalium rotundi. Cetera binos pedes duces habent; cancri tantum, quaternos. Quæ hunc numerum pedum excessere terrestria, ut plerique vermes, non infra duodenos habent, aliqua vero et centenos. Numerus pedum impar nulli est. Solidipedum crura statim justa nascuntur mensura; postea exporrigentia se verius, quam crescentia. Itaque in infantia scabunt aures posterioribus, quod addita ætate nonqueunt; quia longitudo superficiem corporum solam ampliat. Hac de causa inter initia pasci, nisi submissis genibus, non possunt; nec æque dum cervix ad justa incrementa perveniat.

entière croissance, ils ne peuvent paître qu'en fléchissant les genoux.

Il y a des nains dans toutes les espèces d'animaux, même parmi les oiseaux.

Organes de la reproduction. Hermaphrodites.

Nous avons dit quels animaux ont les parties génitales en arrière. Elles sont osseuses dans les loups, les renards, les belettes et les furets, et c'est d'elles que nous tirons les principaux remèdes contre la pierre. On prétend que celles de l'ours prennent la consistance de la corne, aussitôt après sa mort. Les peuples de l'Orient font les meilleures cordes pour leurs arcs avec le membre du chameau. Relativement à l'objet que nous traitons, quels contrastes dans les usages des nations, et même dans leurs idées religieuses! Les prêtres de Cybèle se coupent ces parties sans que l'amputation leur soit funeste. D'autre part, on trouve des femmes, en petit nombre, qui ont une ressemblance monstrueuse avec l'homme; il faut ranger dans cette classe les hermaphrodites qui réunissent les deux sexes. On en voit des exemples même chez les quadrupèdes. Je crois que le premier qui nous soit connu date de l'empire de Néron. Du moins ce prince faisait vanité d'atteler à son char des juments hermaphrodites qu'on avait trouvées aux environs de Trèves dans la

49. Pumilionum genus in omnibus animalibus est, atque etiam inter volucres.

CIX. Genitalia maribus quibus essent retro, satis diximus. Ossea sunt lupis, vulpibus, mustelis, viverris; unde etiam calculo humano remedia præcipua. Urso quoque simul atque exspiraverit, cornescere aiunt. Camelino arcus intendere, Orientis populis fidissimum. Nec non aliqua gentium quoque in hoc discrimina, et sacrorum etiam, citra perniciem amputantibus Matris deum Gallis. Contra mulierum paucis prodigiosa assimilatio; sicut hermaphroditis utriusque sexus; quod etiam quadrupedum generi accidisse Neronis principatu primum arbitror. Ostentabat certe hermaphroditas subjunctas carpento suo equas,

tiaule; sans doute le maître de la terre, traîné par des chevaux monstres, était un spectacle digne de la contemplation des peuples.

Le gros et le menu bétail ont les bourses pendantes; les porcs les ont adhérentes au ventre. Les testicules du dauphin sont très longs, et cachés dans la partie postérieure du ventre. Ceux de l'éléphant ne se manifestent pas au dehors. Les ovipares les ont intérieurement attachés aux lombes; ces animaux sont très prompts dans l'acte de la génération. Les poissons et les serpents n'en ont pas; ils ont à la place deux conduits qui vont des reins aux parties génitales. Le triorchès a trois testicules. Il n'arrive qu'à l'homme qu'ils soient détruits ou naturellement ou par une cause étrangère. Et c'est ce qui établit, après les hermaphrodites et les eunuques, une troisième sorte d'individus qui n'ont pas tout ce qui constitue l'homme. Dans toutes les espèces, hors la panthère et l'ours, les mâles sont plus courageux que les femelles.

Des queues.

Si l'on excepte l'homme et les singes (75), tous les vivipares et les ovipares ont une queue proportionnée au besoin de leur corps : nue dans ceux qui ont le poil hérissé, comme les sangliers; petite dans les animaux velus,

---

Treverico Galliæ agro repertas; ceu plane visenda res esset, principem terrarum insidere portentis.

CX. Testes pecori armentoque ad crura decidui, suibus adnexi; delphino praelongi ultima conduntur alvo, et elephanto occulti. Ova parientium lumbis intus adhærent; qualia ocissima in Venere. Piscibus serpentibusque nulli, sed eorum vice binæ ad genitalia a renibus venæ. Buteonibus terni. Homini tantum injuria, aut sponte natura franguntur; idque tertium ab hermaphroditis et spadonibus semiviri genus habent. Mares in omni genere fortiores, praeterquam in pantheris, et ursis.

CXI. 50. Caudæ, praeter hominem ac simias, omnibus fere animal et ova gignentibus, pro desiderio corporum: nudae hirtis, ut apris;

comme l'ours ; garnie de crins dans les animaux très longs,
comme le cheval. La queue du lézard et du serpent se reproduit après avoir été amputée. Celle des poissons leur
sert à la fois et de gouvernail et de rame. On trouve des
lézards à deux queues. Dans le bœuf, la tige de la queue
est très longue et garnie de poil par le bas. Elle est plus
longue dans l'âne que dans le cheval. Mais toutes les bêtes
de charge l'ont garnie de poil. La queue du lion se termine comme celle du bœuf et de la souris. Il n'en est pas
de même de la panthère. La queue du renard et du loup
est très garnie, comme celle de la brebis ; mais la brebis
l'a plus longue. Celle du porc est tortillée. Les chiens
abâtardis replient la queue sous le ventre.

Des voix diverses chez les animaux.

Aristote pense que nul animal n'a de la voix, à moins
qu'il ne respire. En conséquence il refuse le nom de voix
au bruit que font les insectes ; ce n'est qu'un son formé
par l'air comprimé dans leur corps. Le bourdonnement
des abeilles, le chant aigu et prolongé des cigales n'a
d'autre cause que l'air qui, reçu dans deux cavités au-
dessous de la poitrine, y rencontre une membrane mobile, dont le tressaillement produit le son que nous prenons pour leur voix. Le bourdonnement des mouches, des

parvæ villosis, ut ursis ; prælongis setosæ, ut equis. Amputatæ lacertis
et serpentibus renascuntur. Piscium meatus gubernaculi modo regunt,
atque etiam in dextram atque lævam motæ, ut remigio quodam impellunt. Lacertis inveniuntur et geminæ. Boum caudis longissimis caus-
lis, atque in ima parte hirtus. Idem asinis longior quam equis, sed
setosus veterinis. Leoni infima parte, ut bubus et sorici ; pantheris non
item ; vulpibus et lupis villosus, ut ovibus, quibus procerior. Sues
intorquent ; canum degeneres sub alvum reflectunt.

CXII. 51. Vocem non habere, nisi quæ spirent, Aristoteles putat.
Idcirco et insectis sonum esse, non vocem, intus meante spiritu, et incluso sonante. Alia murmur edere, ut apes. Alia cum tractu stridorem,
ut cicadas. Recepto enim ut duobus sub pectore cavis spiritu, mobili
occursante membrana intus, attritu ejus sonare. Muscas, apes, et sunt-

abeilles et d'autres insectes semblables, commence et finit avec leur vol. En effet, il est formé par le froissement de cette membrane et par l'air intérieur, et non par la respiration.

On croit généralement que les sauterelles ne produisent de son que par le battement de leurs ailes et de leurs cuisses. Parmi les animaux aquatiques, les pétoncles ne bruissent qu'en volant. Les mollusques et les crustacés n'ont point de voix, et ne font entendre aucun son. Il est vrai que les autres poissons, quoique dépourvus de poumon et de trachée-artère, ne sont pas absolument muets. Mais on répond que ce qu'on entend est le frottement de leurs dents. Le caprisque, poisson du fleuve Achéloüs, a le grognement du porc. Il en est ainsi de beaucoup d'autres dont nous avons parlé. Les ovipares ont un sifflement ; dans les serpents, ce sifflement est prolongé ; dans les tortues, il est entrecoupé. Les grenouilles ont un son particulier qui se forme dans la bouche, et non dans la poitrine. Peut-être faut-il mettre en doute l'existence même de ce son. A cet égard du moins la nature des lieux fait une différence (76). On prétend que dans la Macédoine, les grenouilles sont muettes et même les sangliers. Les oiseaux les plus petits sont ceux qui babillent le plus, surtout dans la saison des amours. Les uns font

lia cum volatu et incipere audiri et desinere. Sonum enim attritu et interiore aura, non anima reddi.

Locustas pennarum et feminum attritu sonare creditur sane. Item aquatilium pectines stridere, quum volant ; mollia et crusta intecta nec vocem nec sonum ullum habere. Sed et ceteri pisces, quamvis pulmone et arteria careant, non in totum sine ullo sono sunt. Stridorem enim dentibus fieri cavillantur. Et is qui caper vocatur, in Acheloo amne, grunnitum habet, et alii de quibus diximus. Ova parientibus siblius, serpentibus longus, testudini abruptus. Ranis sonus sui generis, ut dictum est (nisi si et in his ferenda dubitatio est), qui mox in ore concipitur, non in pectore. Multum tamen in iis refert et locorum natura. Mutæ in Macedonia traduntur, muti et apri. Avium loquaciores quæ

entendre leur voix dans le combat, comme les cailles; d'autres avant le combat, comme les perdrix; d'autres après la victoire, comme les coqs. Dans les espèces que je viens de nommer, les mâles ont une voix qui leur est propre. Dans les autres, celle des mâles et des femelles est la même, comme dans les rossignols. Quelques oiseaux chantent toute l'année, d'autres à certaines époques, comme je l'ai dit en parlant de chacun en particulier.

L'éléphant a deux sortes de voix : l'une, qui passe par la bouche, ressemble à un éternument; l'autre, qui sort du nez, est rauque comme un instrument d'airain. Les vaches sont les seules femelles qui aient la voix plus grave que leurs mâles (77). Dans toute autre espèce, les femelles ont la voix plus grêle : telle est aussi celle des eunuques dans l'espèce humaine. L'enfant qui naît ne fait point entendre sa voix qu'il ne soit entièrement sorti de la mère. Il commence à parler au bout d'un an. Le fils de Crésus parla dans son berceau, à l'âge de six mois; prodige qui entraîna la chute de cet empire. Les enfants qui ont commencé plus tôt à parler commencent plus tard à marcher. La voix devient plus forte à la quatorzième année. Dans la vieillesse elle est plus grêle. En nul autre animal, elle n'éprouve de plus fréquentes mutations.

minores, et circa coitus maxime. Aliis in pugna vox, ut coturnicibus; aliis ante pugnam, ut perdicibus; aliis quam vicere, ut gallinaceis. Iisdem sua maribus; aliis eadem ut feminis; ut lusciniarum generi. Quædam toto anno canunt, quædam certis temporibus; ut in singulis dictum est.

Elephas citra nares ore ipso, sternutamento similem ollidit sonum, per nares autem, tubarum raucitati. Bubus tantum feminis vox gravior; in omni alio genere exilior, quam maribus; in homine etiam castratis. Infantis in nascendo nulla auditur, antequam totus emergat utero. Primus sermo anniculo est. Semestris locutus est Cræsi filius in crepundiis; quo prodigio totum id concidit regnum. Qui celerius fari cœpere, tardius ingredi incipiunt. Vox roboratur quartodecimo anno. Eadem in senecta exilior; neque in alio animalium sæpius mutatur.

Des observations curieuses sur la voix doivent trouver ici leur place. De la limaille ou du sable répandus sur le parquet des théâtres, des murs raboteux, et même des tonneaux vides, l'amortissent et l'absorbent : mais elle se propage le long de parois concaves ou droites (78); et si nulle inégalité ne l'arrête, elle porte jusqu'à l'autre extrémité des mots, quoique prononcés très bas. La voix chez l'homme fait partie de la physionomie. Avant que d'apercevoir une personne, nous la reconnaissons à la voix aussi certainement qu'à la vue. Il y a autant de sortes de voix que d'individus. Chacun a la sienne, comme chacun a son visage. De là cette diversité de figures et de langages dans tout l'univers. De là cette incalculable variété de chants, de modulations et d'inflexions. Mais ce qui est par-dessus tout, c'est que la parole, cette interprète de l'ame, qui nous a distingués du reste des animaux, établit encore entre les hommes eux-mêmes une différence non moins grande que celle qui sépare l'homme de la brute.

Des membres surnuméraires.

Les membres surnuméraires, tels qu'un sixième doigt à la main, ne sont d'aucun usage. On a montré en Égypte une monstruosité de ce genre. C'était un homme qui,

Mira praeterea sunt de voce digna dictu. In theatrorum orchestris, scobe aut arena superjecta devoratur, et in rudi parietum circumjecto, doliis etiam inanibus; currit eadem concavo vel recto parietum spatio, quamvis levi sono dicta verba ad alterum caput perferens, si nulla inaequalitas impediat. Vox in homine magnam vultus habet partem. Agnoscimus eam prius quam cernamus, non aliter quam oculis; totidemque sunt eae quot in rerum natura mortales; et sua cuique, sicut facies. Hinc illa gentium, totque linguarum, toto orbe diversitas; hinc tot cantus et moduli, flexionesque. Sed ante omnia explanatio animi, quae nos distinxit a feris, inter ipsos quoque homines discrimen alterum aeque grande, quam a belluis, fecit.

CXIII. 52. Membra animalibus adgnata inutilia sunt, sicut sextus homini semper digitus. Placuit in Ægypto nutrire portentum, binis

outre les yeux que la nature nous donne, en avant deux
autres derrière la tête ; mais ils ne voyaient pas.

De la vitalité; indices du moral des hommes.

Je m'étonne qu'Aristote ait pensé, et qu'il ait même
écrit qu'on trouve dans le corps de l'homme quelques
pronostics de la longueur et de la brièveté de la vie. Je
crois que ce qu'il dit à ce sujet est destitué de fondement,
et ne doit pas être publié sans réserve, de peur que chacun ne cherche avec anxiété des augures en soi-même.
Cependant je transmettrai quelques points d'une doctrine
que ce grand homme n'a pas dédaigné d'exposer. Il établit donc, comme signes d'une vie courte, les dents écar-
tées, les doigts très longs, la couleur plombée, et des lignes
nombreuses et courtes dans la main. Au contraire, il regarde comme destinés à vivre longtemps ceux qui ont
les épaules voûtées, deux longues lignes dans une main,
plus de trente-deux dents, les oreilles grandes. Sans
doute il n'exige pas la réunion de tous ces signes : un seul
suffit. Rien de plus chimérique à mon avis ; toutefois rien
de plus généralement répandu que cette prétendue science.
Et chez nous, Trogue Pompée, auteur non moins grave
qu'Aristote, a donné aussi des règles pour connaître les
mœurs d'un homme par l'inspection de son visage. Je citerai ses propres expressions. « Un grand front décèle l'in-

et in aversa capitis parte oculis hominem, sed iis non cernentem.

CXIV. Miror quidem Aristotelem non modo credidisse præscita vitæ
esse aliqua in corporibus ipsis, verum etiam prodidisse. Quæ quamquam vana existimo, nec sine cunctatione proferenda, ne in se quisque
et auguria anxie quærat ; adtingam tamen, quæ tantus vir in doctrina
non sprevit. Igitur vitæ brevis signa ponit raros dentes, prælongos digitos, plumbeum colorem, pluresque in manu incisuras, nec perpetuas.
Contra longæ esse vitæ incurvos humeris, et in manu una duas incisuras longas habentes, et plures quam XXXII. dentes, auribus amplis.
Nec universa hæc (ut arbitror) sed singula observat, frivola (ut reor),
et vulgo tamen narrata. Addidit morum quoque aspectus simili modo
apud nos Trogus, et ipse auctor severissimus : quos verbis ejus subji-

« dolence ; un petit front, la vivacité ; un front arrondi,
« l'emportement et la colère ; comme si ce renflement du
« front était produit par l'intumescence des passions. Les
« sourcils qui s'étendent en ligne droite indiquent un
« homme efféminé ; ceux qui descendent vers le nez an-
« noncent un homme austère ; s'ils descendent vers les
« tempes, l'homme est railleur. Abaissés dans leur tota-
« lité, ils dénotent la malveillance et l'envie. Les yeux
« très fendus indiquent un caractère malfaisant. Les yeux
« qui ont l'angle charnu du côté du nez sont une marque
« de méchanceté. Le blanc de l'œil fort étendu est un
« signe d'impudence, et le clignotement habituel, un signe
« d'inconstance. La grandeur des oreilles annonce le babil
« et la sottise. » Telles sont les expressions de Trogue
Pompée (79).

De la respiration et de la nourriture.

L'haleine du lion est fétide ; celle de l'ours est pesti-
lentielle. Nulle bête sauvage ne touche aux objets qu'il a
flétris de son souffle, et ils se corrompent plus vite qu'aucun autre. L'homme est le seul dont la nature a voulu
que l'haleine fût infectée par plusieurs causes, telles que
la corruption des aliments, la carie des dents, mais sur-

ciam : « Frons ubi est magna, segnem animum subesse significat ; qui-
« bus parva, mobilem ; quibus rotunda, iracundum, velut hoc vestigio
« tumoris apparente. Supercilia quibus porriguntur in rectum, molles
« significant ; quibus juxta nasum flexa sunt, austeros ; quibus juxta
« tempora inflexa, derisores ; quibus in totum demissa, malevolos et
« invidos. Oculi quibuscumque sunt longi maleficos esse indicant. Qui
« carnosos a naribus angulos habent, malitiæ notam præbent. Candida
« pars extenta notam impudentiæ habet ; qui identidem operire solent,
« inconstantiæ. Auricularum magnitudo, loquacitatis et stultitiæ nota
« est. » Hactenus Trogus.

CXV. 55. Animæ leonis virus grave, ursi pestilens. Contacta halitu
ejus nulla fera adtingit ; citiusque putrescunt afflata reliquis. Hominis
tantum infici natura voluit pluribus modis, et ciborum ac dentium vitiis,

tout la vieillesse. Impalpable, insensible, ce souffle, sans lequel rien n'est senti, ne laissait point de prise à la douleur ; il entrait, il sortait ; sans cesse renouvelé, il devait ne nous quitter qu'à notre heure dernière, et survivre seul à tout ce qui est en nous. Enfin, c'était du ciel qu'il émanait. Toutefois la nature ne l'a pas épargné. Elle a su nous faire un supplice du véhicule même de la vie. Les Parthes surtout en ressentent les tristes effets, même dès la jeunesse, grâce aux ragoûts dont ils font un usage immodéré. Le vin qu'ils boivent avec excès leur donne une haleine empestée. Mais les riches y remédient par les grains du citron qui, mêlés dans les sauces, en corrigent les rapports par une saveur qui domine.

L'haleine des éléphants force les serpents à sortir de leur tron ; celle des cerfs les brûle. Nous avons parlé de ces hommes qui tirent le venin des plaies en les suçant. Les serpents sont une nourriture pour les porcs, et un poison pour les autres animaux. Une aspersion d'huile tue tous les animaux que nous avons compris sous le nom d'insectes. Les vautours, qui fuient les parfums, aiment les autres odeurs ; les scarabées recherchent la rose. L'odeur du scorpion fait périr quelques serpents. Les Scythes trempent leurs flèches dans le venin de la vipère, mêlé avec

sed maxime senio. Dolorem sentire non poterat ; tactu sensuque omni carebat, sine qua, nihil sentitur. Eadem commeabat, recens, exitura suprema, et sola ex omnibus superfutura. Denique hæc trahebatur e cœlo. Hujus quoque tamen reperta pœna est, ut neque id ipsum, quo viveret, in vita juvaret. Parthorum populis hoc præcipue, et a juventa, propter indiscretos cibos ; namque, et vino fœtent ora nimio. Sed sibi proceres medentur grano Assyrii mali, cujus est suavitas præcipua in esculenta addito.

Elephantorum anima serpentes extrahit, cervorum urit. Diximus hominum genera, qui venena serpentium suctu corporibus exigerent. Quin et subus serpentes in pabulo sunt, et aliis venenum est. Quæ insecta appellavimus, omnia olei aspersu necantur. Vultures unguento qui fugantur, alios appetunt odores ; scarabæi rosam ; quasdam ser-

le sang de l'homme : il suffit d'en être effleuré, cette abominable composition donne la mort à l'instant.

Animaux qui mangent impunément des substances véné-neuses, et dont la chair empoisonne.

J'ai dit quels animaux se repaissent de poisons. Quelques uns, non nuisibles par eux-mêmes, le deviennent en se nourrissant de substances vénéneuses. Dans la Pamphylie et dans les montagnes de la Cilicie, les sangliers qui ont dévoré une salamandre empoisonnent ceux qui mangent de leur chair. Ni l'odeur ni le goût n'avertissent du péril. Qu'une salamandre meure dans du vin ou de l'eau (80) ; que seulement elle en ait bu, ceux qui en boiront seront empoisonnés. Il en est de même du crapaud : tant la vie est environnée de dangers! Les guêpes sont avides de la chair du serpent ; et cet aliment rend leurs piqûres mortelles. La différence est grande entre telle et telle nourriture : Théophraste rapporte que dans les pays des Ichthyophages, les bœufs mêmes se nourrissent de poisson, mais qu'ils ne touchent jamais au poisson mort.

Des mauvaises digestions.

Les aliments les plus simples sont ceux qui profitent le plus à l'homme. La multitude des mets, funeste par elle-même, devient encore plus pernicieuse par les assaison-

pentes scorpio occidit. Scythæ sagittas tingunt viperina sanie, et humano sanguine; irremediabile id scelus mortem illico affert levi tactu.

CXVI. Quæ animalium pascerentur veneno, diximus. Quædam innocua aliqui, venenatis pasta, noxia fiunt et ipsa. Apros in Pamphylia et Ciliciæ montuosis, salamandra ab his devorata, qui edere moriuntur. Nec est intellectus ullus in odore, vel sapore ; et aqua vinumque interimit salamandra ibi immortua, vel si omnino biberit, unde potetur ; item rana, quam rubetam vocant. Tantum insidiarum est vitæ! Vespæ serpente avide vescuntur, quo alimenta mortiferos ictus faciunt. Ideoque magna differentia est victus; ut in tracta pisce viventium Theophrastus prodit boves quoque pisce vesci, sed non nisi vivente.

CXVII. Homini cibus utilissimus simplex. Acervatio saporum pestifera, et condimento perniciosior. Difficulter autem perficiuntur omnia

nements. Toute nourriture, ou trop acide, ou prise en trop grande quantité, ou trop avidement avalée, se digère difficilement. La digestion est plus pénible en été qu'en hiver, et dans la vieillesse que dans la jeunesse. Les vomissements, inventés par l'homme comme un préservatif contre les indigestions, refroidissent le corps, et sont nuisibles surtout aux yeux et aux dents.

De l'embonpoint.

La digestion qui se fait pendant le sommeil donne plus d'embonpoint que de force : aussi conseille-t-on aux athlètes de digérer en se promenant. C'est dans l'état de veille que l'estomac remplit le mieux ses fonctions.

Une nourriture douce et succulente, et le fréquent usage des boissons engraissent. Les aliments secs, arides, froids, et la soif maigrissent. Quelques animaux, les bestiaux même en Afrique, ne boivent que tous les quatre jours. L'homme peut vivre sept jours sans manger : il est certain que la plupart meurent après le onzième jour. La faim est, chez tous les animaux, un besoin qu'on ne peut tromper.

Des objets qui, pris en petite quantité, apaisent la faim et la soif.

D'un autre côté, certaines choses prises en petite quan-

in cibis acria, nimia, et avide hausta ; et æstate, quam hieme, difficilius ; et in senecta quam in juventa. Vomitiones homini ad hæc in remedium excogitatæ, frigidiora corpora faciant ; nimiæ oculis maxime, ac dentibus.

CXVIII. Somno concoquere corpulentiæ quam firmitati utilius. Ideo athletas malunt cibos ambulatione perficere. Pervigilio quidem præcipue vincuntur cibi.

54. Augescunt corpora dulcibus atque pinguibus, et potu ; minuuntur siccis et aridis, frigidisque, ac siti. Quædam animalia, et pecudes quoque in Africâ, quarto die bibunt ; homini non utique septimo lethale est inediæ durasse ; at ultra undecimum plerosque certum est mori, esuriendi semper inexplebili aviditate animalium unicuique.

CXIX. Quædam rursus exiguo gustu famem ac sitim sedant, con-

tité, comme le beurre, l'hippace (84), la réglisse, apaisent la faim et la soif, et soutiennent les forces. Au surplus, ce qu'il y a de plus pernicieux pour l'homme, c'est l'excès, et surtout l'excès de la table. Retrancher le superflu en quelque genre que ce soit, est la plus utile de toutes les recettes (82).

servantque vires, ut butyrum, hyppace, glycyrrhiza, Perniciosissimum autem in omni quidem vita, quod nimium, præcipue tamen corpori; minusque, quod gravet, quolibet modo utilius. Verùm ad reliqua naturæ transeamus.

FIN.

NOTES.

LIVRE SEPTIÈME.

(1) P. 9. — Les quatre livres qui précèdent contiennent la géographie de Pline. Cette partie de son ouvrage est infiniment précieuse par les discussions et les faits historiques qu'elle renferme. Quoique défectueuse à plusieurs égards, elle est ce que les géographes anciens nous ont laissé de mieux, du moins avant Ptolémée. Pomponius Méla, Dionysius et Strabon, tous trois antérieurs à Pline, d'environ un demi-siècle, sont beaucoup moins instructifs et moins complets.

(2) P. 10. — « L'enfant ne commence à rire qu'au bout de quarante jours. C'est aussi le temps auquel il commence à pleurer ; car, auparavant, les cris et les gémissements ne sont point accompagnés de larmes. Le rire et les pleurs sont des signes particuliers à l'espèce humaine pour exprimer le plaisir ou la douleur de l'âme, tandis que les cris, les mouvements et les autres signes des douleurs et des plaisirs du corps, sont communs à l'homme et à la plupart des animaux. » *Buff.*, *t. IV*.

(3) P. 11. — C'est le mot désolant du poëte Rousseau : *C'était bien la peine de naître.* L'auteur de cette sentence si ancienne, et tant de fois répétée par les poëtes et par les philosophes, nous est indiqué par Cicéron à la fin de sa première Tusculane, ch. 48. « On rapporte aussi de Silène, qu'ayant été pris par le roi Midas, il lui enseigna, comme une maxime d'assez grand prix pour payer sa rançon, que, pour l'homme, le mieux est de ne point naître, ou du moins de mourir au plus

tôt. » Hérodote parle de ce même fait, livre VIII. Ce Midas
dont il s'agit ici vivait du temps d'Omphale, reine de Lydie,
et par conséquent du temps d'Hercule. C'est le premier des
cinq rois qui ont porté ce nom.

(4) P. 12. — Par le mot *Éthiopiens*, Pline entend des hommes noirs. On appelait Éthiopiens, une foule de peuples divers, et éloignés les uns des autres, qui ne pouvaient être
distingués que par leurs différences apparentes, ou d'après
leurs couleurs. Hérodote place leur chef-lieu dans les pays au-
dessus de l'Égypte, connus aujourd'hui sous le nom de Nubie et d'Abyssinie. Cet historien ne distingue que deux nations
principales, celle de Méroë et celle des Macrobiens. Il y avait,
de plus, les Ichthyophages, qui habitaient les bords de l'Asta-
boras, aujourd'hui *Atbar* ou *Tacassé*; les Hylophages, les Élé-
phantiphages, les Sthrutiophages, les Sangallas, peuples pas-
teurs et chasseurs, et les Troglodytes, qui n'habitaient que
des cavernes. Après les conquêtes d'Alexandre, d'autres peuplades qui habitaient depuis l'Indus jusqu'au golfe Persique
et Arabique, sur les côtes de Gédrosie, de Caramanie, d'Arabie, furent mises au nombre des Éthiopiens.

« On a été longtemps dans l'erreur, dit Buffon, au sujet de la
couleur et des traits du visage des Éthiopiens, parcequ'on les
a confondus avec les Nubiens, leurs voisins, qui sont cependant d'une race différente. La couleur naturelle des Éthiopiens
est brune ou olivâtre, comme celle des Arabes méridionaux,
desquels ils ont préalablement tiré leur origine. Ils ont la taille
haute, les traits du visage bien marqués, les yeux beaux et bien
fendus, le nez bien fait, les lèvres petites, et les dents blanches;
au lieu que les habitants de la Nubie ont le nez écrasé, les lèvres grosses et épaisses, et le visage fort noir. Ces Nubiens,
aussi bien que les Barberins, leurs voisins du côté de l'occident, sont des espèces de nègres, assez semblables à ceux du
Sénégal. » *Buff., t. V.*

(5) P. 13. — L'art peut sans doute imiter les variétés de la
nature, et les portraits de mille personnes qui ne se ressemblent pas n'auront pas entre eux plus de ressemblance. Mais
Pline, en opposant ici la fécondité de la nature à la stérilité de
l'art, a principalement en vue les artistes grecs. On sait qu'ils
n'ont pas infiniment varié les caractères de têtes, et que leurs

statues, surtout celles de femmes, ont pour la plupart un air de famille.

(6) P. 14. — Ces sacrifices ont été en usage, même dans Rome. Dès les temps les plus anciens, les Romains immolaient des enfants. (*Macrob. Saturn.*, l. I, cap. 7.) Après l'expulsion des Tarquins, Brutus fit abroger cet usage.

Sous la république et les empereurs, les victimes humaines n'ont point cessé d'avoir lieu. Tite-Live, Plutarque, Dion Cassius, l'attestent.

On voit qu'en l'an 638, un Gaulois et une Gauloise, un Grec et une Grecque furent sacrifiés dans une des places de Rome. Sous le consulat de Cornélius Lentulus et de Licinius Crassus, l'an 657, le sénat défendit les sacrifices humains adoptés chez les peuples barbares, mais nullement ceux qui étaient ordonnés par les oracles sibyllins. Si nous en croyons Dion, liv. XLVIII, César en donna encore l'exemple. On trouve, jusque sous le règne d'Aurélien, cet usage impie pratiqué dans Rome, l'année où ce prince fut défait, près de Plaisance, par les Juthonges, l'an 1021 de la fondation de Rome, et 270 de l'ère chrétienne.

(7) P. 14. — Pline, liv. XXX, parlant de la défense que Tibère fit aux Druides, de sacrifier des hommes, prouve qu'on se nourrissait de ces horribles victimes.

(8) P. 14. — *Suivant Cuvier, la fable des Arimaspes et de leurs combats avec les griffons a été inventée dans la vue de cacher le véritable siége du commerce de l'or, qui paraît s'être fait dès la plus haute antiquité avec le nord de l'Asie. Quant au griffon, c'est un être imaginaire, dont le tapir a pu donner l'idée.

(9) P. 16. — Les Psylles prétendaient avoir le droit de jouer impunément avec les serpents, et de maîtriser à leur gré leur force et leur poison.

(10) P. 17. — * Tout cela est un conte ridicule.

(11) P. 20. — «Raleigh parle des peuples indiens qui ont le cou si court et les épaules si élevées, que leurs yeux paraissent être sur leurs épaules, et leur bouche dans leur poitrine. Cette difformité si monstrueuse n'est sûrement pas naturelle; et il y a grande apparence que ces sauvages, qui se plaisent tant à défigurer la nature en aplatissant, en arrondissant, en allongean

la tête de leurs enfants, auront aussi imaginé de leur faire rentrer le cou dans les épaules. Il ne faut, pour donner naissance à toutes ces bizarreries, que l'idée de se rendre, par ces difformités, plus effroyables et plus terribles à leurs ennemis. Les Scythes, autrefois aussi sauvages que le sont aujourd'hui les Américains, avaient apparemment les mêmes idées, qu'ils réalisaient de la même manière; et c'est ce qui a sans doute donné lieu à ce que les anciens ont écrit au sujet des hommes acéphales, cynocéphales, etc. » *Buffon, t. V.*

(12) P. 21. — *Spithama* signifie mesure de toute l'étendue de la main, depuis le bout du pouce jusqu'au bout du petit doigt. *Dodrans* veut dire les trois quarts de la livre ou du pied, que les Romains divisaient également en douze parties, qu'ils nommaient *uncia*, once. Le pied romain peut être évalué 10 pouces 10 lignes 6/10 ancienne mesure. Ainsi les 27 pouces dont il s'agit reviennent à 2 pieds 5 lignes 8/10 (663 millim.). — *La fable des Pygmées, permise à Homère, ne l'était plus à Pline.

(13) P. 22. — Voyez les premiers vers du troisième chant de l'Iliade. Homère compare les cris des Troyens à ceux des grues, lorsqu'elles vont porter le carnage et la mort chez les Pygmées.

Pline, liv. IV, chap. 11, dit que, s'il faut en croire les récits anciens, les Pygmées habitèrent d'abord un canton de la Thrace, d'où ils furent chassés par les grues.

Rochefort, auteur d'une traduction de l'Iliade en vers français, n'a vu dans ces combats des Pygmées et des grues, et même dans l'existence de ce peuple nain, qu'une fable qui s'explique aisément par les anciens monuments. On voit, dit-il, à Rome, dans la bibliothèque du Vatican, la figure du Nil couché, accompagné de seize Pygmées qui vont combattre les crocodiles. Pline parle d'une autre figure du Nil en basalte, que Vespasien avait fait placer dans le temple de la Paix, entouré de seize enfants ou Pygmées, qui désignaient les seize coudées de la crue annuelle de ce fleuve. N'est-il pas aisé de voir que, dans le langage allégorique des Égyptiens, dont ces figures ont été empruntées, les combats des Pygmées contre les grues ne désignaient autre chose que le décroissement du Nil, au temps où ces oiseaux quittent les climats du Nord pour passer au midi, c'est-à-dire, vers le mois de novembre, aux approches de l'hiver?

(14) P. 23. — Deux mètres, 355 millimètres (sept pieds, trois pouces).

(15) P. 25. — Voici comment s'explique l'auteur des Recherches philosophiques sur les Égyptiens et les Chinois, t. I, pag. 99 : « Les anciens attribuent aux eaux du Nil la fécondité des femmes. Ces eaux ont été plus d'une fois analysées, et par toutes les analyses, on a découvert qu'elles contiennent, en assez grande quantité, un sel qui paraît être un principe de quelques maladies de peau. Comme il y a une veine qui sort de l'émulgente, et par laquelle toutes les sérosités nitreuses, et même toutes les substances alcalines, se déchargent dans les reins, les eaux du Nil ont une vertu stimulante, tant par rapport aux hommes que par rapport aux bêtes; et voilà à quoi se réduit tout le prodige. Les eaux du Nil n'ont pas changé de nature, et cependant les Égyptiennes n'accouchent plus de quatre enfants à la fois, et bien moins de sept. »

(16) P. 26. — « L'on n'a aucun fait avéré au sujet des hermaphrodites, et la plupart des sujets qu'on a cru être dans ce cas n'étaient que des femmes chez lesquelles certaine partie avait pris trop d'accroissement. » *Buff.*, *t. IV*.

(17) P. 26. — Il s'agit probablement ici d'un enfant dont parlent Tite-Live, liv. XXVII, et Valère-Maxime, et qui naquit avec une tête d'éléphant,* c'est-à-dire, avec un vice de conformation qui donnait, sans doute, au nez de cet enfant l'apparence d'une petite trompe.

(18) P. 26. — Phlégon, dans son Traité des Merveilles, liv. XXXIV, donne une description fort étendue de cet hippocentaure. Il le représente avec une face humaine, un aspect féroce, les bras terminés en sabot de cheval, une crinière rousse; il dit qu'il se nourrissait de chair; qu'on l'avait pris sur une montagne voisine de Sauna, ville d'Arabie; que le roi du pays l'avait envoyé à l'empereur, mais que cet animal n'ayant pu supporter le changement de climat, le préfet d'Égypte le fit embaumer après sa mort; qu'il l'envoya à Rome, et que le Palatium fut le premier endroit où on l'exposa aux yeux du public. — * Suivant Cuvier, l'hippocentaure n'est pro-

bablement qu'un veau dont la mâchoire supérieure n'avait pas pris son accroissement normal.

(19) P. 26. — Cette assertion, absolument fausse, repose sur des erreurs matérielles ou sur la supercherie.

(20) P. 27. — *Ceci pouvait être vrai du temps de Pline et même plus tard, mais ne l'est plus, grace aux progrès qu'a faits, à notre époque, l'art des accouchements.

(21) P. 28. — La loi des Douze Tables étendait jusqu'à la fin du dixième mois la portée complète de l'enfant. Aulu-Gelle nous apprend, liv. III, chap. 16, que l'empereur Adrien avait décidé que l'enfant pouvait naître le onzième mois. Il ajoute que cette décision était fondée sur l'autorité des anciens philosophes et des anciens médecins. Selon Buffon, les limites pour les termes de l'accouchement s'étendent depuis le septième jusqu'aux neuvième et dixième mois, et peut-être jusqu'au onzième.

(22) P. 32. — « Une femme de Charles-Town, dans la Caroline méridionale, accoucha, en 1714, de deux jumeaux tout de suite, l'un après l'autre. Il se trouva que l'un était un enfant nègre et l'autre un enfant blanc, ce qui surprit beaucoup les assistants. Ce témoignage évident de l'infidélité de cette femme à l'égard de son mari, la força d'avouer qu'un nègre qui la servait était entré dans sa chambre, un jour que son mari venait de la quitter et de la laisser dans son lit; elle ajouta, pour s'excuser, que ce nègre l'avait menacée de la tuer, et qu'elle avait été contrainte de le satisfaire.» *Buff., t. IV.*

(23) P. 35. — Mime vient du grec μιμεῖσθαι, imiter. C'est un nom commun à une certaine espèce de poésie dramatique, aux auteurs qui la composaient, aux acteurs qui la jouaient. Le but qu'on s'y proposait était l'imitation fidèle des mœurs du temps. Dans les représentations theâtrales, les Romains partageaient la déclamation entre deux acteurs, dont l'un prononçait les paroles, et l'autre faisait les gestes. Ce dernier se plaçait sur une espèce d'estrade, au bas de la scène. Pilade et Bathile, sous l'empire d'Auguste, créèrent un nouveau genre, qu'ils portèrent au plus haut degré de perfection. Ils exécutèrent des pièces entières sans paroles. On leur donna le nom de pantomimes, parcequ'ils imitaient tout avec le geste seul. Ainsi les pantomimes étaient des acteurs qui, par des mouvements, des

signes, des gestes, et sans s'aider du discours, exprimaient des passions, des caractères, et même des événements.

(24) P. 35.—Lorsque les jeux scéniques furent célébrés la première fois à Rome, l'an 391, les acteurs qu'on fit venir de l'Étrurie, dansèrent, à la manière de leur pays, au son des flûtes, sur un simple échafaud de planches. Ils furent nommés histrions, parceque *hister*, en langue étrusque, signifiait *bateleur, bouffon*. Dans la suite, ce nom fut donné généralement à tous ceux qui paraissaient sur le théâtre. On voit cependant que ce mot se prenait souvent en mauvaise part, et servait à désigner un mauvais comédien, un plat bouffon. Cicéron, dans son plaidoyer pour Q. Roscius, dit, en parlant d'un homme qui avait pris des leçons de Roscius : *Qui ne in novissimis quidem erat histrionibus, ad primos pervenerat comœdos.*

(25) P. 38. — * La femelle du singe est aussi sujette à un écoulement menstruel.—Ce qui est dit plus bas des effets pernicieux du sang menstruel est faux.

(26) P. 41. — * C'est-à-dire avec imperforation de la membrane *hymen*.

(27) P. 43. — Zoroastre, l'auteur du Zend Avesta, l'instituteur ou le restaurateur du culte du feu et de la religion des Mages, a été contemporain de Darius Hystaspe, et naquit, suivant Anquetil, 589 ans avant J.-C.

(28) P. 45. — Plusieurs philosophes de l'antiquité pensaient que la conflagration générale du globe devait être à la fin des siècles la dernière catastrophe de la nature. Des astronomes ont osé même en fixer l'époque. Nous lisons dans Sénèque, liv. III, chap. 29, des Questions naturelles : « Bérose soutient que la terre sera réduite en cendres, quand tous les astres, qui suivent aujourd'hui des routes différentes, seront réunis dans le signe du cancer, et placés les uns sur les autres, tellement que la même ligne droite traverse tous les centres. Il ajoute que l'inondation générale aura lieu quand la même multitude de signes sera rassemblée dans le capricorne. »

Au surplus, cette attente d'un embrasement universel était fondée sur des traditions transmises d'âge en âge, accréditées par les poëtes, souvent même exagérées par les philosophes. Nul doute que l'établissement du christianisme n'ait contribué à propager encore cette opinion dans le temps où Pline et Sénèque écrivaient.

Nous avons vu ces sortes de prédictions renouvelées plusieurs fois depuis Bérose. En 1186, les astrologues effrayèrent l'Europe, en annonçant une conjonction de toutes les planètes, qui devait causer des ravages extraordinaires. Je crois qu'on ne me saura pas mauvais gré de placer ici quelques détails relatifs à cette prédiction; je les tiens de M. Lalande, dont on connaît le zèle et les efforts infatigables pour les progrès de la science. Ce célèbre astronome, curieux de savoir si ce phénomène rare et singulier avait eu lieu cette année-là, avait prié M. Flaugergues, associé de l'Institut, de faire les calculs. Il s'est trouvé qu'en effet, le 15 septembre 1186, toutes les planètes étaient comprises entre 6 signes et 6 signes 10 degrés de longitude : ce n'est pas précisément une conjonction; mais peut-être faudrait-il bien des milliers d'années, pour qu'il y en eût une aussi rapprochée.

Stofler, astronome allemand du xve siècle, prédit que la conjonction de Jupiter, Saturne et Mars, dans le signe des poissons, en 1524, causerait un déluge universel, et cette prédiction jeta la terreur dans toute l'Europe.

Les Orientaux, écrit Bailly, Histoire de l'Astronomie ancienne, p. 137, ont attaché la même crainte aux conjonctions des planètes. Ressemblance remarquable des hommes de tous les climats, qui tombent dans les mêmes erreurs aux extrémités du monde.

(29) P. 43. — Solin, liv. I, chap. 9, cherche à confirmer le fait énoncé par Pline. Il dit que L. Flaccus et le consul Metellus voulurent s'en assurer par leurs propres yeux. Cependant il diffère de Pline, en donnant à son colosse trente-trois coudées au lieu de quarante-six. Phlégon dit aussi qu'après un tremblement de terre, on trouva dans une montagne du Bosphore Cimmérien, des ossements qui avaient appartenu à un corps humain de quarante pieds. En 1613, on prétendit avoir trouvé en Dauphiné un tombeau qui renfermait un squelette humain de vingt-cinq pieds et demi. C'était, disait-on, celui de Teutobocchus. Cette découverte donna lieu, dans le temps, à de vives disputes entre les médecins et les anatomistes. Des observations mieux faites ont réduit tous ces prodiges à leur juste va-

leur. Grace aux progrès qu'a faits chez nous l'étude de la nature, beaucoup de merveilles sont devenues des effets naturels. Dans des siècles moins éclairés, les ossements des grands animaux avaient pu facilement être pris pour ceux d'hommes d'une stature gigantesque. Le fémur, le tibia, l'humérus et les vertèbres, qui sont les os cités en preuve par des hommes crédules et avides du merveilleux, se ressemblent singulièrement dans l'homme et dans plusieurs autres espèces. Mais l'anatomie comparée, ayant démontré la méprise, prouve le ridicule des hypothèses par lesquelles on explique un fait évidemment faux. * (Voir Cuvier, sur les ossements fossiles.)

(30) P. 43. — Pline écrivait cet ouvrage l'an de Rome 833, et 72 de l'ère chrétienne ; par conséquent, Homère a existé, selon lui, 928 ans avant l'ère chrétienne ; ce qui s'accorde avec le calcul de Velleius Paterculus. Voici comme celui-ci s'exprime en parlant d'Homère, liv. I : *Hic longius a temporibus belli, quod composuit, Troici, quam quidam rentur, abfuit. Nam fere ante annos nonagentos quinquaginta floruit. Intra mille annos natus est.* Or cet auteur écrivait l'an de Rome 798 ou 799. C'était le temps où Séjan jouissait de toute la faveur de Tibère. Ainsi le poëte grec vivait, selon lui, 923 ou 924 ans avant l'ère chrétienne.

(31) P. 44. — Vous trouverez plusieurs fois dans l'Iliade ces expressions d'Homère : οἷοι νῦν βροτοί εἰσιν, que Virgile a rendues par ce vers :

Qualia nunc hominum producit corpora tellus.
Æn. lib. XII.

Ce qui a fait dire à Juvénal, sat. 15 :

Nam genus hoc vivo jam decrescebat Homero.
Terra malos homines nunc educat, atque pusillos.

Si toutes ces complaintes sur la dégradation de l'espèce humaine étaient fondées, depuis longtemps la terre ne serait peuplée que de nains.

(32) P. 44. — Le géant Gilli, de Trente, dans le Tyrol, avait 8 pieds 2 pouces 10 lignes. La hauteur d'un garde du roi de Prusse était de 8 pieds 0 pouces 8 lignes.

(33) P. 44. — 8 pieds 10 pouces 1 ligne, *ancienne mesure*, 2 mètres 872 millimètres.

(34) P. 44. — Nicolas Ferri, surnommé Bébé, n'a jamais excédé la hauteur commune d'un enfant de quatre ans. Il mourut à Nanci, en 1764, dans sa vingt-troisième année; il était déjà caduc et décrépit. Un sabot lui servit longtemps de berceau. A six ans, il était haut de 15 pouces, et à seize ans, de 29. L'histoire parle d'un nain qui, à 30 ans, n'avait que 18 pouces. Il appartenait à la reine Henriette de France, femme de Charles Iᵉʳ.

(35) P. 44. — 2 pieds 4 lignes : deux tiers du mètre.

(36) P. 44. — La coudée était de 6 palmes; 4 palmes formaient le pied romain. Ainsi deux coudées nous donnent 2 p. 8 pouces 7 lignes (ancienne mesure) : à peu près 1 mètre.

(37) P. 48. — La livre romaine, réduite au poids de Paris, mesure ancienne, valait, à peu de chose près, 10 onces 5 gros. 100 livres revenaient à 32 kilogrammes et demi (66 livres 5 onces).

(38) P. 48. — Le stade est de 94 toises et demie. 1140 stades font, en lieues de 2500 toises, 45 lieues 230 toises (21 myriamètres et demi).

(39) P. 48. — Le cirque avait trois stades et demi de long, un stade de large. Il fut bâti par Tarquin l'Ancien, dans la vallée Murcia, entre les monts Aventin et Palatin. Jusqu'alors les Romains avaient assisté aux jeux debout et en plein air. Tarquin voulut que les spectateurs fussent assis et à couvert. Cet édifice devint, par la suite, l'ouvrage le plus magnifique de Rome. Il contenait, selon les uns, 150,000 personnes; selon les autres, 260,000. Les grands jeux, nommés proprement *circenses*, duraient cinq jours et commençaient le 5 septembre. Ce ne furent d'abord que différentes sortes de courses. On y joignit, dans la suite, les autres combats athlétiques, et même des combats d'animaux étrangers.

(40) P. 48. — Le pas romain, composé de 5 pieds, pouvait être de 4 de nos pieds, 6 pouces 5 lignes. Le mille sera de 755 toises 4 pieds 8 pouces : 160 milles donneront 44 lieues 930 toises (22 myriamètres).

(41) P. 49. — Ce promontoire se nomme aujourd'hui *Capo di Marsalla*. Strabon compte de ce promontoire en Afrique,

1000 stades, c'est-à-dire, 125,000 pas. De Lisle compte 20 lieues entre ce cap et l'entrée du port de Carthage.

(42) P. 49. — « Un horloger d'Angleterre, nommé Boverick, avait fait une chaise d'ivoire à quatre roues, dans laquelle un homme était assis; elle était si petite et si légère, qu'une mouche la traînait aisément. La chaise et la mouche ne pesaient qu'un grain. Le même ouvrier construisit une table à quadrille avec son tiroir, une table à manger, un buffet, un miroir, douze chaises à dossier, six plats, une douzaine de couteaux, autant de fourchettes et de cuillers, deux salières, avec un cavalier, une dame et un laquais; et tout cela était si petit qu'il entrait dans un noyau de cerise, dont il n'occupait encore que la moitié. La chose ne paraît pas croyable; mais Backer, savant très respectable, dit l'avoir vue. » *Histoire des Progrès de l'esprit humain, par Savérien,* p. 314.

Au livre XXXVI, Pline parle encore de Callicrate et de Myrmécide; il cite d'autres ouvrages de même genre, exécutés en marbre.

(43) P. 50. — Cicéron rapporte le même fait au commencement du liv. II, *de Natura deorum: Quum ad fluvium Sagram Crotoniates Locri maximo prælio devicissent, eo ipso die auditam esse eam pugnam ludis Olympiæ, memoriæ proditum est.* On voit qu'il s'énonce avec la même ambiguïté que Pline. Il ne dit pas si ce bruit fut entendu par un seul homme ou par toute l'assemblée. Au surplus, la distance était trop grande pour qu'il ait été possible d'entendre le bruit du combat. On compte plus de 310,000 pas; 90 lieues (45 myriamètres).

(44) P. 54. — Du temps de la république, le mot *imperator* avait deux acceptions. Outre la signification commune de général, il devenait un titre d'honneur pour le général en chef qui avait remporté une victoire décisive. Les soldats le proclamaient *imperator* sur le champ de bataille; et si le sénat ratifiait ce qu'ils avaient fait, ce général prenait à la suite de son nom la qualité d'*imperator*, et ne quittait ce titre qu'en rentrant à Rome. Ce même nom d'*imperator* fut donné à César d'une manière nouvelle, pour signifier le généralissime de toutes les forces de la république. Il fut déféré à Auguste et à ses successeurs. Nous le traduisons par le mot *empereur*. Employé dans ce sens, il précédait tous les noms de celui qui en était

décoré, *Imperator C. Julius Cæsar, consul quartum, dictator perpetuus, pater patriæ.*

(45) P. 55. — Ces trophées et ces inscriptions rappellent le souvenir de ce drapeau de l'armée d'Italie, envoyé en l'an VI au Directoire exécutif, par le général Bonaparte, et présenté par le général Joubert. On lisait sur une face de ce drapeau : *A l'armée d'Italie, la patrie reconnaissante.* Sur l'autre côté, on voyait le nom de tous les combats livrés et de toutes les places prises par l'armée d'Italie. On remarquait entre autres les inscriptions suivantes : 150,000 prisonniers; — 170 drapeaux; — 550 pièces de siége; — 600 pièces de campagne; — 5 équipages de pont; — 9 vaisseaux de ligne de 64 canons; — 12 frégates de 32; — 12 corvettes; — 18 galères. — Armistice avec le roi de Sardaigne. — Convention avec Gênes. — Armistice avec le duc de Parme. — Armistice avec le duc de Modène. — Armistice avec le roi de Naples. — Armistice avec le pape. — Préliminaires de Léoben. — Convention de Montebello avec la république de Gênes. — Traité de paix avec l'empereur, à Campo-Formio. — Donné la liberté aux peuples de Bologne, Ferrare, Modène, Massa-Carrara, de la Romagne, de la Lombardie, de Mantoue, de Brescia, Bergame, Crême, d'une partie du Véronais, de Chiavenne, Bormio, de la Valteline, au peuple de Gênes, aux fiefs impériaux, aux peuples des départements de Corcyre, de la mer Égée et d'Ithaque. — Envoyé à Paris tous les chefs-d'œuvre de Michel-Ange, de Guerchin, de Titien, de Paul Véronèse, du Corrége, de l'Albane, des Carraches, de Raphaël, de Léonard de Vinci, etc., etc.

(46) P. 55. — Ce que les Romains nommaient l'Asie n'était qu'une portion de l'Asie Mineure. Cette portion avait pour limites, au couchant et au sud, la mer Égée; au levant, la Galatie et la Cappadoce; au nord, la Bithynie. Elle comprenait la Mysie, la Phrygie, l'Éolide, l'Ionie, la Lydie, la Carie, la Doride, la Pisidie.

(47) P. 56. — Nous lisons dans le discours d'Eschine contre Ctésiphon, que l'orateur Aristophon se glorifiait lui-même d'avoir été accusé soixante-quinze fois.

(48) P. 58. — Il n'y eut jamais de général aussi mutilé que le maréchal de Rantzau : il avait perdu à la guerre un bras, une

jambe, un œil, une oreille, et, comme dit Beautru, il ne lui
restait qu'un de tout ce dont un homme peut avoir deux.

On connaît son épitaphe. L'auteur, s'adressant au tombeau,
lui dit :

> Du corps du grand Ramzan tu n'as qu'une des parts;
> L'autre moitié resta dans les plaines de Mars.
> Il dispersa partout ses membres et sa gloire;
> Tout abattu qu'il fut, il demeura vainqueur.
> Son sang fut en cent lieux le prix de sa victoire,
> Et Mars ne lui laissa rien d'entier que le cœur.

(49) P. 64. — Tite-Live nous apprend que ce titre avait
déjà été décerné à Camille ; mais celui-ci ne l'avait obtenu, le
jour de son triomphe, que par l'acclamation des soldats, au
lieu que Cicéron fut nommé Père de la patrie par un décret
du sénat.

(50) P. 64. — Les sages de la Grèce envoyaient leurs sentences au temple de Delphes. Ces sentences étaient claires et
concises : c'étaient les résultats simples d'une suite d'expériences, des exhortations fortes à la vertu, des avertissements
énergiques, tels que le simple bon sens pût les comprendre, et
la mémoire la plus faible les retenir. Elles tiraient autant et
même plus de poids de leurs auteurs que des vérités mêmes
qu'elles exprimaient.

(51) P. 65. — On dit que Bérose eut une fille appelée De-
mo, qui fut la sibylle babylonienne, et la même que la sibylle
de Cumes. Elle suivit son père dans ses voyages, et vint à Cumes, où elle prophétisa. Il paraît constant qu'elle existait avant
la guerre de Troie. Ainsi, c'est dans l'Asie qu'il faut chercher
l'origine des sibylles. Elles ont pris le nom de la constellation
de la Vierge, appelée en persan et en arabe *Sumbul* et *Sumbula*,
d'où les Phéniciens et les Chaldéens ont fait Sybulla. On ne s'é-
tonnera point que les Orientaux aient donné aux vierges qui
se mêlaient de prédire l'avenir, le nom d'une constellation,
puisqu'aujourd'hui les Persans appellent les astrologues *mu-
negiim* ce qui signifie *globe céleste parlant*. Bailly, *Hist. de
l'Astron. anc.*

(52) P. 65. — Pline en parle encore, liv. XXV, ch. 5 : *Me-
lampodis fama divinationis artibus nota est.* Tout ce qu'on

sait de lui, c'est qu'il a vécu avant le siége de Troie, et qu'il introduisit chez les Argiens le culte de Dionysus (Bacchus), ou, selon d'autres, de Déméter (Cérès). Il prétendait comprendre le langage des oiseaux et des serpents, qui, en lui léchant les oreilles, lui avaient appris l'art de prédire.

(53) P. 65. — Cicéron parle plusieurs fois des frères Marcius : *Quo in genere Marcios quosdam fratres, nobili loco natos, apud majores nostros fuisse scriptum videmus; De Divinat.*, I, cap. 40. Symmaque, liv. IV, ép. 34, dit que leurs prédictions avaient été écrites sur des écorces; et Tite-Live, liv. XXV, ch. 12, rapporte deux des prédictions de Marcius.

(54) P. 66. — Hygin, fab. 254, rapporte un fait semblable, arrivé dans la Grèce. Xantippe, fille de Cimon, sauva la vie à son père, en le nourrissant de son lait dans la prison. Les peintres, qui ont souvent traité ce double sujet, distinguent l'un de l'autre par le nom de piété romaine et de piété grecque.

(55) P. 72. — La reine Claude a été de même fille de Louis XII, femme de François Ier, et mère de Henri II.

(56) P. 81. — « En prenant l'âge d'homme seulement pour trente ans, ce serait 270 pour la corneille, 1080 pour le cerf, 3240 pour le corbeau. En réduisant l'âge d'homme à 10 ans, ce serait 90 pour la corneille, 360 pour le cerf, et 1080 pour le corbeau; ce qui serait encore exorbitant. Le seul moyen de donner un sens raisonnable à ce passage, c'est de rendre le γένεα d'Hésiode et le *ætas* de Pline par *année*. Alors la vie de la corneille se réduit à 9 années, celle du cerf à 36, comme elle a été déterminée dans l'histoire naturelle de cet animal, et celle du corbeau à 108, comme il est prouvé par l'observation. » *Hist. des Oiseaux*, t. V.

(57) P. 82. — Les anciens peuples ont fait usage, pour mesurer le temps, de différents intervalles, de différentes révolutions, qui toutes également ont été appelées années. Il est prouvé par les témoignages d'une foule d'auteurs qu'il y a eu des années d'un, de deux, de trois et de six mois. On a même compté les années par les jours. On le prouve, à l'égard des anciens Egyptiens, par le passage suivant : *Huic (Mercurio) successit in regno Vulcanus, diesque mille sexcentos octoginta, hoc est, annos 4, menses 7, dies 3, regnavit; nesciebant enim tum Ægyptii annos definire; sed unius diei spatium annum*

appellabant. Chron. Alexand., p. 107. Bailly, *Hist. de l'Astron. anc.*, p. 295.

(58) P. 83. — La chaise curule désigne les grandes magistratures. C'était un siége d'ivoire, pliant et sans dossier, plus élevé que les siéges ordinaires, sur lequel s'asseyaient les premiers magistrats, non-seulement chez eux, mais partout où ils allaient, au sénat, à la place publique, dans les assemblées du peuple, dans les temples, aux spectacles, et même chez les particuliers. Cette chaise les suivait à l'armée : on la plaçait sur les chars de triomphe, et l'on prétend que c'est de là qu'elle a tiré son nom ; mais quelques auteurs pensent que c'est d'une petite ville des Sabins, nommée Cures, d'où les Romains en avaient emprunté l'usage.

(59) P. 84. — Le théâtre de Pompée est le premier théâtre permanent qui ait existé dans Rome. Il pouvait contenir quarante mille spectateurs. Il y a lieu de s'étonner qu'un seul particulier fût en état de suffire à une dépense si énorme. Mais la surprise doit bien s'accroître, si, comme Dion le rapporte, ce ne fut pas Pompée, mais Démétrius, son affranchi, qui en fit les frais.

(60) P. 84. — L'an de Rome 245, qui fut le premier de la liberté, la peste ayant exercé ses ravages dans Rome, le consul Valérius Publicola offrit des sacrifices solennels à Pluton et à Proserpine. Soixante ans après, c'est-à-dire, l'an 305, on réitéra les mêmes sacrifices, en y ajoutant des cérémonies prescrites par les livres sibyllins ; et alors il fut réglé que ces fêtes auraient toujours lieu à la fin de chaque siècle, ce qui leur fit donner le nom de *jeux séculaires.*

Les premiers jeux séculaires furent célébrés l'an 245 ; les seconds, l'an 305 ; les troisièmes, l'an 505 ; les quatrièmes, l'an 605, et les cinquièmes, qui furent ceux d'Auguste, en 737. Ils n'eurent pas lieu l'an 705, probablement à cause de la guerre civile qui éclata cette année même entre César et Pompée. Les jeux séculaires furent célébrés, pour la dernière fois, par Philippe, l'an 1000 de Rome.

(61) P. 85. — On présume qu'Épigène vivait sous Ptolémée Philadelphe, qui monta sur le trône quarante ans après Alexandre. Sénèque le cite avec éloge. Mais les historiens ne nous ont laissé aucun détail sur sa vie.

57

(62) P. 85. — Il y a eu deux Béroses : l'un, connu par une explication absurde des phases de la lune et de ses éclipses, paraît avoir été antérieur à la guerre de Troie. L'autre, célèbre historien de Babylone, a dédié son ouvrage à Antiochus Soter, environ 280 ans avant J.-C. Il passa de l'Asie dans la Grèce, et établit dans l'île de Cos une école où il enseignait l'astronomie et l'astrologie. On le dit inventeur du cadran solaire. C'est celui dont Pline parle ici.

(63) P. 85. — Cette méthode était fondée sur la division du zodiaque en quatre parties. Chaque quart contient trois signes, et chaque signe occupe trente degrés. Selon ces astrologues, un homme dont la naissance correspond au lever d'un signe, ne peut vivre que le nombre d'années déterminé par ce signe et par les deux qui le suivent. Mais le nombre de ces années n'est pas uniforme pour tous les climats. Il dépend de la position des parallèles, et de la différente inclinaison du ciel. Julius Firmicus, liv. II, enseigne qu'à Rome le bélier promet 17 ans de vie ; le taureau, 22 ; les gémeaux, 27 ; le cancer, 22 ; le lion, 37 ; la vierge, 42 ; la balance, 42 ; le scorpion, 57 ; le sagittaire, 32 ; le capricorne, 27 ; le verseau, 22 ; les poissons, 17. Ainsi la combinaison la plus heureuse est celle qui, plaçant la naissance au premier point d'ascension du lion, suivi de la vierge et de la balance, donne la probabilité de 121 années de vie. Tel est du moins le calcul de Ptolémée que Pline avait en vue ; ce qui donne lieu de penser qu'il s'est glissé une faute dans le texte, et qu'il faut lire cxxi *annos vitæ contingere*, et non pas cxxiv.

(64) P. 85. — Pétosiris et Nécepsos, les astronomes égyptiens, sont ceux à qui on attribue l'estimation de la distance des astres. On présume que Pétosiris était un prêtre, et Nécepsos, un roi de la Basse-Égypte. Ils étaient contemporains. Le premier avait composé quelques ouvrages qui sont cités par Vectius Valens. Quelques auteurs placent le règne de Nécepsos dans le seizième siècle avant l'ère chrétienne ; d'autres le font régner immédiatement avant Psammétique ; ce qui répondrait au septième siècle avant Jésus-Christ.

(65) P. 86. — On appelle ainsi les années dont la somme est le produit de deux nombres multipliés l'un par l'autre.

Ainsi la cinquante-quatrième année est climatérique, parceque 54 est le produit de 9 multiplié par 6.

(66) P. 86. — C'est le dernier recensement dont il soit fait mention dans l'histoire. On ne nous a point transmis le nombre des citoyens qui firent leur déclaration. Celui qui eut lieu sous Claude donna 5,954,000 citoyens. Dans le dernier dénombrement fait sous la république, le nombre était de 450,000.

(67) P. 87. — Auguste divisa l'Italie en onze régions ou provinces. C'est cette division que Pline a suivie dans son livre III. La huitième région comprenait la Gaule Cispadane, c'est-à-dire, la Gaule située, par rapport aux Romains, en deçà du Pô, où sont aujourd'hui les États de Parme, de Modène, une portion du Mantouan, du duché de la Mirandole, le Bolonése, une partie du Ferçarois, de la Romagne et de la Romagne Florentine.

(68) P. 87. — Il y a eu en Europe, pendant le cours du dix-huitième siècle, quatre-vingt-dix-neuf exemples de longévité extraordinaire. Quelques individus ont vécu jusqu'à cent, cent vingt et cent vingt-cinq ans. Les trois royaumes de la Grande-Bretagne comptent, pour leur part, quatre-vingts de ces hommes. Il existe à l'hospice de la rue Saint-Antoine une négresse qui se dit âgée de cent vingt-sept ans. Haller ayant rassemblé le plus grand nombre d'exemples de longévité, en a trouvé plus de mille de cent à cent dix ans ; soixante de cent dix à cent vingt ans ; vingt-neuf de cent vingt à cent trente ans ; quinze de cent trente à cent quarante ans ; six de cent quarante à cent soixante ans ; un de cent soixante-neuf ans.

(69) P. 89. — Il n'est peut-être aucun passage de Pline qui ait donné plus d'exercice aux commentateurs. Chacun a essayé d'interpréter à sa manière le mot *sapientiam*. Les uns veulent qu'il signifie ici, frénésie ; selon d'autres, Pline n'a entendu parler que d'une maladie opposée à la sagesse, du délire, de la folie ; selon d'autres encore, il s'agit en cet endroit du suicide réfléchi. Plusieurs, peu satisfaits de ces explications, n'ont pas douté que le texte n'ait été altéré ; en conséquence, quelques uns proposent de lire : *Atque etiam morbus est aliquantis per sapientiam mori* ; quelques autres, *morbus est aliquis sapientium præmori* ; ou bien, *morbus est aliquis per sapientium morosis.* Enfin, dans ces derniers temps, le-

docteur Goulin, mort l'an VII, professeur de l'histoire de la médecine à l'école de Paris, a proposé, dans le *Journal de Médecine*, tome LXVI, 1784, de substituer *senectutem* à *sapientiam*; de sorte qu'on lirait : *Atque etiam morbus est aliquis per senectutem mori. C'est même une espèce de maladie que de mourir de vieillesse.* Il s'appuie de l'autorité de Térence, qui fait dire à un vieillard : *Senectus ipsa est morbus* ; de celle de Galien, qui a dit : Τοὺς (γήρας) νόσον ἤδη λέγουσιν εἶναι. *Quelques-uns appellent la vieillesse une maladie.* Je conviens que ce sens est raisonnable ; que même il s'accorde avec ce qui précède et ce qui suit. Cependant est-il permis, je ne dis pas de réformer, mais de changer ainsi le texte d'un auteur? Pour moi, il me semble qu'il n'y a dans cette phrase aucun mot omis ou corrompu. Je crois que Pline parle ici de cette sombre mélancolie qui souvent même conduit les hommes à la mort; et le sens que je donne à ce passage me paraît s'accorder tout aussi bien avec ce qui précède et ce qui suit, et n'être pas moins digne du grave historien de la nature.

(70) P. 96. — Cette note et la soixante-dix-neuvième sont d'Ansse de Villoison. Ce savant helléniste a levé deux difficultés contre lesquelles avaient échoué tous les commentateurs. Nul autre n'était plus en état de répandre la lumière sur des passages aussi difficiles.

Pline, liv. VII, ch. LIII, dit en parlant des morts subites : « Cornelius Gallus Prætorius, et V. Etherius, eques romanus, *in venere obiere*, et quos nostra adnotavit ætas, duo equestris ordinis, in eodem pantomimo MYSTICO, tum forma præcellente. »

C'est ainsi que portent tous les manuscrits de Pline, de l'aveu même du P. Hardouin, qui a introduit dans son texte la correction peu naturelle, quoique adoptée par le P. Brotier, de MYTHICO, au lieu de MYSTICO. Hardouin aurait dû prévenir ses lecteurs que cette correction n'est pas de lui, mais d'Antoine du Pinet, qui, p. 285, t. I de sa vieille traduction de Pline, édition de Lyon, 1556, *in-folio*, rend ainsi ce passage : *Moururent tous deux ayant à faire à un qui jouoit le badin ès comédies*, et met en note marginale : *pantomimus mythicus.*

Poinsinet de Sivry (note 26, p. 223, t. III de sa traduction, Paris, 1771 ; in-4°) blâme avec raison le P. Hardouin d'avoir lu *Mythico*, contre la foi de tous les manuscrits, au lieu de *Mystico*, ajoute que ce dernier mot *Mystico* ne présente aucun sens raisonnable, et qu'il faut substituer *Mistico*, avec un *i* simple, au lieu d'un *y* grec. « C'est, dit-il, un composé « de *mistus*, ou *mistura*, équivalent du mot grec μίξις, *mistura, coitus*; et une expression *à peu près grecque* a voilé « l'indécence de la chose. »

Rien de plus ridicule que ce mot *Mistico*, *à peu près grec*, ni de plus forcé que cette conjecture, si ce n'est l'explication de la Nauze, rapportée *ibid.*, p. 223 et 224. Ce savant académicien, trompé par l'interprétation du P. Hardouin, rend ainsi cette phrase : « Et de nos jours deux chevaliers romains « moururent ensemble dans la même *pantomime mythique*, « *dont la représentation, la plus belle du monde alors, par le* « *rang des acteurs, devint pourtant la plus affreuse par l'ac-* « *cident qui leur arriva.* » Il est inutile de prouver que *forma præcellente* ne peut s'entendre que de la *rare beauté du pantomime*.

Je crois qu'il ne faut absolument rien changer à la leçon uniforme de tous les manuscrits de Pline, mais seulement prendre *Mystico* pour un nom propre, et traduire : « *moururent dans les bras du même pantomime, qui s'appelait Mysticus, et était le plus bel homme de son temps.* » Pline a voulu désigner plus particulièrement ce pantomime, et rapporter son nom, qui était assez commun chez les Latins. En effet, je trouve trois différents *Mysticus* dans trois inscriptions diverses du Recueil de Gruter, p. 241, lign. 7, p. 316, n° 6, et p. 875, n° 5, et une femme pareillement appelée *Mystice*, p. 841, n° 10.

Saumaise, dans sa note sur Flavius Vopiscus, p. 844, t. II des *Historiæ Augustæ scriptores*, *Lugduni Batavorum*, 1671, in-8°, avait rejeté et détruit la fausse leçon de *Mythicus*, en disant d'une manière fort judicieuse : « *inde fabulæ doctorum* « *hominum, qui nescio quos* FABULARES (μυθικούς) *pantomi-* « *mos sibi sunt imaginati ex illo Plinii loco. Hinc et duo ge-* « *nera pantomimorum fecere, scenicos, et* MYTHICOS. *Nihil* « *fingi poterat* μυθικώτερον (de plus fabuleux). » Il avait bien senti que ce devait être un nom propre, et avait remarqué avec fondement que, chez les Romains, presque tous les noms de pan-

tomimes sont grecs; et, en conséquence, il corrige *Mithæco*,
parceque *Mithæcus* est un nom grec. Mais je viens de prouver
que *Mysticus* est de même grec et latin; qu'il se trouve dans
plusieurs inscriptions, et dans tous les manuscrits de Pline :
ce qui suffit pour empêcher de le changer.

Le P. Hardouin s'élève contre la leçon de *Mithæcus*, et ne
veut point voir de nom propre dans ce passage, parcequ'alors,
dit-il, la construction nécessaire, *in eodem mimo obiere*, serait
vicieuse. La décence ne permet pas de développer l'image
horrible que présente ici la préposition IN. J'observerai seulement que Pline la fait rapporter de suite à deux mots, *in
venere*, et *in eodem mimo*, *obiere*; ce qui fixe le sens, et que
les Latins la joignent souvent d'une manière assez singulière
à de certains verbes, et la prennent quelquefois pour *super*,
Par exemple, Ovide, *Remed. amor.*, v. 258 :

— IN niveis luna rebetur equis.

(71) P. 97. — Ceux qui conduisaient les chars dans le
cirque étaient divisés en troupes, auxquelles les Romains donnaient le nom de *factions*. Ces factions étaient distinguées par
leurs couleurs. Il n'y en eut d'abord que deux, la blanche et
la rouge; puis on y en ajouta deux autres, la verte et la bleue.
Ces couleurs sont exprimées dans un passage de Sidonius,
carm. 25 :

Micant colores
Albus, vel venetus, virens rubensque.

La faveur des empereurs et celle du peuple se partageaient
entre elles : chacune avait ses partisans. Il résulta quelquefois
de grands désordres de l'intérêt trop vif que les spectateurs
prirent à ces factions. Sous Justinien, il y eut quarante mille
hommes tués pour les factions verte et bleue.

(72) P. 98. — La coutume de brûler les corps était de la
plus haute antiquité chez les Grecs. Elle a même précédé les
temps du siège de Troie. Il ne faut pourtant pas s'imaginer
qu'elle ait été adoptée la première, même chez ces peuples. De
tous les genres de sépulture, dit Cicéron *de Legibus*, liv. II, je
n'en connais point de plus ancien que celui qui est employé
par Cyrus dans Xénophon; le corps est ainsi rendu à la terre, et

Il est couvert du voile de sa mère. — *Ac mihi quidem antiquissimum sepulturæ genus id fuisse videtur, quo apud Xenophontem Cyrus utitur ; redditur terræ corpus, et ita locatum ac situm, quasi operimento matris abducitur.* »

A Rome, l'usage de brûler les corps et celui de les enterrer ont subsisté dans le même temps. La loi des Douze Tables défendait également d'inhumer ou de brûler les morts dans l'enceinte de la ville : *Hominem mortuum in urbe ne sepelito, neve urito.* Nous avons vu, chap. XVI, qu'on ne portait point au bûcher les enfants à qui il n'était pas encore poussé de dents. L'usage de brûler les morts fut entièrement aboli sous Théodose.

Le P. Hardouin et Falconnet reprochent à Pline d'être ici en contradiction avec lui-même, parcequ'il a dit, liv. XIV, chap. 12 : *Numæ regis postumia lex est : vino rogum ne respergito.* D'où ils concluent que dès le temps de Numa, par conséquent dès les premiers temps de Rome, on portait les morts au bûcher. Il me semble que Pline ne nie pas que quelques individus n'en aient donné l'exemple ; il veut seulement indiquer l'époque où cet usage est devenu général.

(73) P. 98. — Quoique les anciens paraissent n'avoir pas eu des idées bien déterminées sur la signification de ce mot, on voit que, le plus souvent, ils entendaient par mânes les ames séparées des corps. Voici ce que dit Apulée, dans son livre *de Deo Socratis* ; c'est celui de tous les auteurs anciens qui s'est expliqué le plus clairement à ce sujet. L'esprit de l'homme, après être sorti du corps, devient une espèce de démon que les anciens Latins appelaient *Lemures.* Ceux d'entre les morts qui étaient bons et qui prenaient soin de leurs descendants, étaient nommés *Lares familiares ;* ceux qui étaient malfaisants et qui épouvantaient les hommes par des apparitions nocturnes, s'appelaient *Larvæ ;* et lorsqu'on ignorait ce qu'était devenue l'ame du mort, si elle avait été faite *lar* ou *larva,* on l'appelait *manes.* Les quatre vers suivants, attribués à Ovide, ne nous disent pas, il est vrai, ce que sont les mânes : mais il nous apprennent le lieu qu'elles habitent :

> Bis duo sunt homini, manes, caro, spiritus, umbra.
> Quatuor ista, loci bis duo suscipiunt.

Terra tegit carnem : tumulum circumvolat umbra ;
Orcus habet manes, spiritus astra petit.

Anima signifiait proprement l'ame, principe de la vie. *Umbra* était l'ame revêtue d'un corps aérien, parfaitement semblable à celui qu'on avait eu pendant la vie.

(74) P. 100. — « Il ne faut pas confondre Thaut, Hermès ou Mercure, inventeur des lettres et des sciences, avec la divinité armée du caducée, que les Grecs ont appelée *Mercure*. Le premier était né dans la Chaldée. Il passa dans l'Éthiopie, vraisemblablement vers 3352 ans avant J.-C. Il y fonda toutes les connaissances. Il y régla, dit-on, le culte des dieux ; il y apporta les hiéroglyphes, les principes de la religion et des sciences, qui y étaient cachés, et institua dans les temples les mystères de l'Asie. Il plaça dans les sanctuaires ces tables de pierres gravées, qui, de son nom, furent appelées *stèles*, en égyptien *thoth*, parceque l'Hermès des Grecs et des Chaldéens portait, en Égypte, le nom de *Thoth*. Il indiqua le culte d'Hercule, symbole du soleil. Il inventa ou communiqua les caractères alphabétiques. Enfin, il fut l'inventeur de l'astronomie, parcequ'apparemment il avait recueilli les restes de l'ancienne astronomie, déposés dans les monuments d'Asie… Les prêtres qu'il avait institués continuèrent de graver sur les stèles les découvertes qu'ils firent depuis lui. Leur nom n'y paraissait point. Toutes ces inventions, prises séparément ou ensemble, gardèrent le nom de stèles où elles étaient inscrites. On les nomma les inventions de Thoth. De là la prodigieuse quantité d'ouvrages dont on a fait honneur à Thoth, Hermès ou Mercure. » Bailly, *Hist. de l'Astron. ancienne*, p. 160.

M. Grotefend (*Mines de l'Orient*, t. V) a découvert sur des médailles et des abraxas égyptiens les traces d'un alphabet samarito-phénicien, qui, à ce qu'il paraît, fut connu des Égyptiens dès le temps de Psammétique, et peut-être même plus tôt. Cet alphabet est peut-être celui que Pline appelle *assyrien* (M. L. Marcus, dans le Pline, éd. de M. Panckoucke.)

(75) P. 100. — 200 ans environ avant la guerre de Troie, ou 1400 ans avant J.-C.

(76) P. 101. — Phoronée, fils d'Inachus, vivait vers l'an 1957 avant J.-C.

(77) P. 101. — * Suivant Hardouin, dont l'opinion est la plus probable, Pline n'a pas voulu indiquer quand on commença, à Babylone, à écrire des observations astronomiques sur des pierres cuites, mais seulement que l'on connaît de ces observations qui embrassent une époque de 720 ou de 490 mille ans. — Le millénaire a été omis dans la plupart des manuscrits, et dans toutes les éditions qui ont précédé celle de Brotier. Par là on a fait dire à Pline une absurdité. Comment, en effet, après avoir cité Épigène, qui aurait trouvé sept cent vingt années d'observations gravées sur des briques ; Bérose et Critodème, qui n'en auraient trouvé que quatre cent quatre-vingt-dix ; comment, dis-je, en aurait-il conclu que les caractères de l'écriture existaient de toute antiquité, lui qui savait très bien que les poèmes d'Hésiode et d'Homère ont été écrits 900 ou 1000 ans avant J.-C. ?

D'ailleurs, deux passages de Cicéron, que nous allons citer, ne nous laisseront aucun doute sur cette altération du texte de Pline. Ils sont tirés du premier et du second livre de la Divination : *Contemnamus Babylonios et eos qui ex Caucaso cœli signa servantes, numeris stellarum cursus et motus persequuntur ; condemnemus, inquam, hos aut stultitiæ, aut vanitatis, aut imprudentiæ, qui CCCCLXX millia annorum, ut ipsi dicunt, monumentis comprehensa continent, et mentiri judicemus*, lib. I, cap. 19. *Nunc quum aiunt, quadringenta et septuaginta millia annorum in periclitandis experiundisque pueris, quicumque essent nati, Babylonios posuisse, fallunt*, lib. II, cap. 46. Ce nombre de quatre cent soixante-dix mille ans, exprimé en chiffres dans le premier livre, énoncé en toutes lettres dans le second, prouve que, quelle qu'ait été l'opinion de Cicéron sur cette multitude prodigieuse d'années, il a rapporté fidèlement les calculs des Babyloniens. D'autres que lui ont taxé les Chaldéens d'imposture et d'orgueil : c'est qu'ils les ont jugés sans les comprendre ; ces années ne sont que des jours. Le mot année ne signifie que révolution. Il est hors de doute que les anciens ont entendu par ce mot différentes espèces de révolutions d'un ou de plusieurs mois, d'un jour même ; et il est assez naturel que les premiers astronomes qui

ont amassé des observations, aient compté par les jours mêmes
de ces observations. Les sept cent vingt mille ans d'Épigène
étant supposés des jours, ne font qu'environ dix-neuf cent
soixante et onze années solaires; ce qui est d'accord avec le
rapport de Simplicius, qui dit que Callisthènes fit passer à
Aristote une suite d'observations qui embrassaient dix-neuf
cent trois années. Ces observations furent continuées, sans
doute; et Épigène, plus moderne qu'Alexandre et Callisthènes, a dû compter quelques années de plus. Il est probable
que le calcul de Callisthènes se terminait à la prise de Babylone par Alexandre, et qu'Épigène conduisait le sien jusqu'à
son temps. Ainsi, d'après Épigène et Callisthènes, ces observations ont commencé deux mille deux cent trente-quatre ans
avant Jésus-Christ. Bérose donne une date moins ancienne; il
ne les fait remonter que vers l'an 1626 avant la même époque.

(78) P. 109. — Hérodote, le plus ancien des historiens, rapporte une inscription gravée sur un trépied, sous le règne
d'Amphytrion, à l'époque où les caractères phéniciens furent
apportés dans la Grèce. Il dit que ces caractères, qu'il a exa-
minés avec soin, ne lui ont paru différer en rien des caractères
ioniques usités de son temps.

(79) P. 109. — « Pline affirme, liv. VII, ch. 58, ainsi que
Tacite, *Annal.*, liv. XI, ch. 14, et Marius Victorinus, liv. I,
p. 2452 des *Grammaticæ latinæ auctores antiqui*, que la forme
primitive des anciennes lettres grecques était la même que
celle des latines. Pour prouver son assertion, il cite une inscription de Delphes, qui a donné la torture aux critiques, et
qui a été fort altérée par les copistes. Turnèbe (liv. XXIX,
ch. 18, *Adversariorum*, p. 1054, t. II, édition de Strasbourg,
1604, in-folio) et Joseph Scaliger (p. 111, *Animadversionum
in Eusebium, Amstelodami*, 1658, in-folio) ont tâché de la res-
tituer. Brotier la corrige d'une manière forcée en lisant διὰ
δεξιὸν ἀιῶνα, *ob felix ævum*, qui n'est guère plus admissible
que le ἑὸς δέξατο ᾔδιον τένδε de Turnèbe.

Saumaise (p. 56, *Notarum ad consecrationem templi in agro
Herodis, Lutetiæ*, 1619, in-4°) et Corsini (p. 13, *Spiegazione
di due antichissime iscrizioni greche in Roma*, 1756, in-4°)
approchent plus près de la vérité en rétablissant, NAVSIKRA-

TES TISAMENO ATHENAIOS ANETHEKE, *c'est-à-dire*, Nau-
sicratz, fils de Tisamène, Athénien, a consacré ce monument.
On voit sur les anciennes médailles et inscriptions grecques le
sigma et le *rho* figurés comme les lettres S et R des latins ; et,
avant l'invention de la voyelle H et du Θ, on mettait à leur
place l'E et le TH ; ce qu'ont suivi les Romains : la diphthon-
gue ω et l'*oméga* se rendaient alors par un simple *omicron*.
De là ΟΙΚΟΙ, *domi*, pour ΟΙΚΩΙ.

Je préférerais la leçon de Chishull et de Thomas Pérelli,
parcequ'elle est plus conforme au texte des anciens manuscrits de Pline, et nous tient compte de tous les mots. Chishull
(p. 12, note 25 de ses *Antiquitates Asiaticæ*, *Londini*, 1728,
in-folio) et Thomas Pérelli, dans sa lettre à Sébastien Donati
(p. 58 de la troisième édition des *Nuovi Miscellanei Lucchesi*,
Lucca, 1775, *in-4°*) restituent d'une manière fort ingénieuse
et vraisemblable :

NAVSICRATES TISAMENO ATHENAIOS KORAI
KAI ATHENAI ANETHEKEN.

*Nausicrate, fils de Tisamène, Athénien, a consacré ce mo-
nument à Proserpine et à Minerve.*

J'observe que le savant président Bouhier, dans sa lettre à
Jean le Clerc, écrite en 1710 et imprimée en 1734, p. 73,
t. XVIII de la *Bibliothèque Italique, Genève*, in-8°, avait déja
proposé la même correction, que je retrouve bien auparavant
dans la note de Casaubon sur le vingt-sixième chapitre du quatrième livre des *Antiquités Romaines* de Denys d'Halicarnasse
(p. 706, vol. II de l'édition de Reiske, Leipsig, 1774, in-8°),
et, ce qui est plus singulier, p. 291, t. I de la traduction fran-
çaise de Pline, par Antoine du Pinet, 1576, in-folio. Seulement du Pinet se sert des lettres grecques ordinaires, et met,
ainsi que Casaubon, le Θ, qui n'était pas encore usité, au lieu
de TH ; de même que Pérelli figure ainsi le sigma, C, en place
du S qu'on trouve sur plusieurs anciens monuments. Le président Bouhier, ou plutôt son éditeur, aurait également dû
éviter de mettre Σ au lieu de S. Le P. Audrich (p. 134 de ses
Institutiones Antiquariæ, Florentiæ, in-4°) ne donne que le
commencement de cette inscription, et reproche avec raison
à plusieurs éditeurs de Pline d'avoir rendu ce texte inintelli-

gible, parcequ'ils ont fait imprimer cette inscription avec les caractères grecs ordinaires, qui n'ont été inventés, et ensuite adoptés, que dans un temps postérieur. Il fallait retracer les anciennes formes, qui sont précisément les mêmes que celles des lettres latines, suivant l'observation judicieuse de Pline. Hardouin, Poinsinet de Sivry, Jean-Pierre Miller, dont on a une jolie édition de Pline, sans notes, mais fort utile par son excellent *index*, donnée à Berlin, 1766, en cinq volumes in-8°, et Brotier, n'y ont point fait attention, et n'ont pas profité des lumières que plusieurs critiques avaient répandues sur ce passage intéressant.

Denys d'Halicarnasse, dans le vingt-sixième chapitre du quatrième livre de ses *Antiquités Romaines*, p. 706, t. II, édition de Reiske, dit que, de son temps, on voyait encore subsister dans le temple de Diane du mont Aventin une colonne d'airain sur laquelle Servius Hostilius avait fait graver un traité conclu entre divers peuples du Latium, et écrit avec les anciens caractères dont les Grecs se servaient dans le commencement. Ce qui prouve, ajoute cet historien (*ibid.*), que les premiers fondateurs de Rome n'étaient pas barbares, puisqu'ils employaient l'alphabet grec. Il avait été apporté en Italie par les Arcadiens, dont Évandre était le chef, selon le même Denys d'Halicarnasse (liv. I, ch. 33, p. 87, t. I), qui décide (*ibid.* liv. I, ch. 90, p. 232) que le latin n'est ni totalement barbare, ni parfaitement grec; que c'est un mélange de la langue des barbares et de celle des Grecs, et qu'il dérive, pour la plus grande partie, du dialecte éolien. Athénée (liv. X, ch. 6, p. 425, édit. de Lyon, 1612) et Quintilien (liv. I, ch. 6, p. 39, édit. de Gesner, Gœttingue, 1738, in-4°) disent précisément la même chose; et Térentianus Maurus s'exprime en ces termes, *capite de syllabis*, p. 2397 des *Grammaticæ latinæ auctores antiqui*, de l'édition de Putschius, Hanoviæ, 1605, in-4°:

Æolica etiam dialectos fere est mixta Italæ.

Cette vérité serait beaucoup plus sensible, si l'antiquité nous avait transmis tous les mots de l'ancienne langue grecque, dont un très grand nombre est perdu. Par exemple Varron (*De re rustica*, liv. III, ch. 12, p. 117, édit. de Paris, 1585, in-8°) nous apprend que le mot *lepus*, c'est-à-dire *lièvre*, vient de l'ancien mot grec usité chez les Éoliens de Béotie. Voyez ce que Diodore de Sicile dit de l'origine éolienne des Béotiens, liv. IV, p. 311 et 312, t. I de l'édition de Wesseling, Amsterdam, 1746, in-folio. Aussi la Thébaine Corinne écrivait-elle toujours dans le dialecte éolique, dont on trouve beaucoup de termes dans Pindare, qui dit que les cordes de sa lyre sont *éoliennes*, Pythique II, v. 128, et qui appelle ses chants *éoliens*, Olymp. I, v. 164. *Lepus* était aussi un mot sicilien, selon le même Varron, *De Lingua latina*, liv. IV, p. 26. Il nous enseigne (*ibid.*), liv. V, p. 61, que le mot *puteus*, c'est-à-dire *puits*, vient de l'ancien mot des Grecs, qui ne disaient pas alors φρέαρ, comme ils l'ont fait ensuite. Ces expressions antiques et surannées étaient déjà inconnues à la plupart des contemporains de Varron. Aulugelle (liv. I, ch. 18, p. 121 et 122, t. I, édition de Conradi, Leipsig, 1762, in-8) cite un ouvrage perdu de ce savant romain, qui disait : « *Leporem dicimus... quod est vocabulum antiquum Græcum. Multa enim vetera illorum ignorantur quod pro iis, aliis nunc vocabulis utantur ; et illorum esse plerique ignorent* GRÆCUM *quod nunc nominant* ΈΛΛΗΝΑ, PUTEUM *quod vocant* φρέαρ, LEPOREM *quod* λαγωόν *vocant.* » Il serait à souhaiter qu'un homme tel que Varron nous eût donné un catalogue complet de tous les anciens mots grecs perdus, qui ont passé dans la langue latine, comme l'observe très bien M. Ignarra, p. 91, *De phratriis primis Græcorum*, Neapoli, 1795, 4°. Ce secours nous mettrait à portée de pouvoir déchiffrer les monuments étrusques, et de mieux connaître la valeur, la racine et l'étymologie des mots latins. »

(80) P. 110. — L'usage était de ne se faire raser et couper les cheveux que depuis vingt et un ans jusqu'à quarante-neuf; passé ce temps, on portait la barbe longue. Au surplus, les quatorze premiers empereurs se firent raser. Adrien rétablit l'usage de porter la barbe. Il voulut, par ce moyen, dit Plutarque, cacher les cicatrices qu'il avait au visage.

(81) P. 110. — Pline a nommé Anaximène de Milet, disciple d'Anaximandre et de Thalès; il dit que, le premier, il fit voir à Lacédémone un cadran solaire. Cette invention était une suite assez naturelle de celle du gnomon qu'Anaximandre avait érigé à Lacédémone.

(82) P. 111. — L'invention de cette espèce d'horloge est

attribuée par Vitruve à Ctésibius d'Alexandrie, qui vivait sous Ptolémée Évergète, environ 240 ans avant l'ère chrétienne. Elles furent introduites à Rome environ un siècle après par Scipion Nasica (*Vitruve*, liv. IX, chap. 9.*—Suivant M. Marcus, les Romains connaissaient encore une autre horloge hydraulique qu'ils appelèrent comme les Grecs, clepsydre. C'était un vase criblé au fond et rempli d'eau, qui s'écoulait par les trous. On s'en servait dans les tribunaux pour régler le temps accordé aux avocats et aux parties pour parler, et dans les camps, pour déterminer le temps des sentinelles.

Les auteurs grecs mentionnent aussi l'ὑδρίον ὡροσκοπεῖον, hydrion horoscope, qu'on croit inventé par les Babyloniens. C'est la plus ancienne horloge ; elle consistait en un vase rempli jusqu'au bord d'eau qui s'écoulait par une ouverture, tandis qu'un autre vase emplissait le premier de nouveau. Cette horloge avait beaucoup de précision.

LIVRE HUITIÈME.

(1) P. 113.—*Cuvier remarque qu'on a fort exagéré l'instinct de l'éléphant, et que, sous ce rapport, il est loin d'égaler le chien ou le cheval. Les Indiens partagent encore l'opinion de Pline.

(2) P. 115. — Sénèque, Suétone et Dion affirment que des éléphants ont plusieurs fois dansé sur la corde à la vue de tout le peuple romain.

(3) P. 118. — Ceci est confirmé par Cornélius Népos, dans la vie de Caton, chap. III. L'ouvrage de Caton n'est point parvenu jusqu'à nous. Cicéron en parle avec estime dans son *Brutus*. Il avait pour titre *Origines*, parceque l'auteur y expliquait l'origine de toutes les villes de l'Italie.

(4) P. 119. — La pudicité des éléphants est une fable. — Les mâles ne sont pas plus précoces que les femelles, qui ne reçoivent le mâle qu'à quinze ou seize ans.

(5) P. 126. — Ceci est vrai des éléphants du nord de l'Afri-

que, mais faux pour ceux du midi, aussi forts que ceux de l'Inde.

(6) P. 125. — « L'opinion d'Aristote est la plus conforme à la vérité. » Les éléphants ne s'accouplent point lorsqu'ils ne sont pas libres. » (M. Tessier a fait accoupler des éléphants dans l'état de domesticité.) On enchaîne fortement les mâles quand ils sont en rut, pendant quatre à cinq semaines. Ils sont si furieux alors, que leurs cornacs ou gouverneurs ne peuvent les approcher sans danger. Il arrive quelquefois que la femelle, qu'on garde à l'écurie dans ce temps, s'échappe et va joindre dans les bois les éléphants sauvages ; mais, quelques jours après, son cornac va la chercher, et l'appelle par son nom tant de fois, qu'à la fin elle arrive, se soumet avec docilité, et se laisse conduire et renfermer ; et c'est ainsi que l'on a vu que la femelle fait son petit à peu près au bout de neuf mois. »

(7) P. 127. — « L'éléphant nage très bien, dit Buffon, quoique la forme de ses jambes et de ses pieds paraisse indiquer le contraire ; mais comme la capacité de la poitrine et du ventre est très-grande, que le volume des poumons et des intestins est énorme, et que toutes ces grandes parties sont remplies d'air ou de matières plus légères que l'eau, il enfonce moins qu'un autre : il a dès lors moins de résistance à vaincre, et peut par conséquent nager plus vite en faisant moins d'efforts et moins de mouvement des jambes que les autres. Aussi s'en sert-on très utilement pour le passage des rivières. Outre deux pièces de canon de deux ou trois livres de balles, on lui met encore sur le corps une infinité d'équipages, indépendamment de quantité de personnes qui s'attachent à ses oreilles et à sa queue pour passer l'eau. Lorsqu'il est ainsi chargé, il nage entre deux eaux, et on ne lui voit que la trompe, qu'il tient élevée pour respirer. » *Buff., Hist. nat., t. IX.*

(8) P. 127. — « La trompe ne leur sert dans ce cas que pour porter à la bouche l'eau dont est rempli son double canal. M. Cuvier a confirmé l'observation rapportée par Pline sur la peur que les rats inspirent aux éléphants.

(9) P. 136. — C'est le serpent, et non l'éléphant, qui a le sang froid. Le récit de Pline est ridicule.

(10) P. 131. — Ce pouvoir ne consiste sans doute que dans la corruption de l'haleine du serpent, qui, viciant l'air à quelque

distance, et l'imprégnant de miasmes putrides et délétères, a pu, dans certaines circonstances, étourdir des oiseaux, leur ôter leurs forces, les plonger dans une sorte d'asphyxie, et les contraindre à tomber dans la gueule énorme ouverte pour les recevoir. *Histoire des serpents*, p. 355. — * Il vaut mieux croire que ce pouvoir de fasciner est inventé à plaisir, et que les serpents ne s'emparent que des petits oiseaux, qui nichent à terre.

(11) P. 132. — Voyez la description de l'élan dans Buffon, t. X, p. 226. Cet auteur, après avoir comparé plusieurs passages de Pausanias et de César, croit devoir conclure que le texte de Pline est corrompu dans cet endroit, et que les deux noms Alcé et Achlis désignent un seul et même animal, qui est l'élan. Au reste, ajoute-t-il, on ne doit pas être surpris du silence des Grecs au sujet de l'élan et du renne, ni de l'incertitude avec laquelle les Latins en ont parlé, puisque les climats septentrionaux étaient absolument inconnus aux premiers, et n'étaient connus des seconds que par relation. — * C'est aussi le sentiment de Cuvier.

(12) P. 133. — Si l'on considère qu'Aristote est le seul des Grecs qui ait parlé du bonasus; que cet animal n'a été reconnu par aucun des naturalistes grecs ou latins qui ont écrit après lui; que Pline lui-même n'en parle qu'avec incertitude : *tradunt in Pæonia feram, quæ bonasus vocatur*, etc.; on verra que notre auteur n'a pu répéter ici que ce qu'en avait dit le philosophe grec : ἀμύνεται δὲ λακτίζων, καὶ προσαφοδεύων, καὶ εἰς τέτταρας ὀργυιὰς ἀφ' ἑαυτοῦ ῥίπτων. «Sa défense est de ruer et de lâcher ses excréments, qu'il lance jusqu'à la distance de quatre brasses» (traduction de Camus). Comment donc a-t-il rendu le mot ὀργυιὰ par *jugerum*? Hérodote, liv. II, voulant exprimer quelle est la profondeur du lac Mœris, s'était servi du mot πεντηκοντόργυιον; et Pline, parlant de ce même lac, liv. V, § 9, dit que sa profondeur est de 50 pas. Ainsi l'orgye grecque était la même chose que le pas romain. D'un autre côté, le *jugerum*, selon Pline, liv. XVIII, § 3, est de 240 pieds, ce qui fait 48 pas romains, ou 36 toises 1 pied 8 pouces de Paris. La différence entre ces deux mesures est trop grande pour qu'elles puissent être employées l'une pour l'autre.

Brotier propose de lire : *trium passuum longitudine*; et c'est le sens que j'ai suivi dans ma traduction.

(13) P. 134. — *Le nom de léopard est donné par les anciens à un produit mélangé du pard ou panthère et de la lionne. Ce mélange est tout à fait imaginaire. (*Cuvier.*)

(14) P. 135. — Antigonus en a porté le nombre à 70, et Diogène Laërce l'a réduit à 31. Pour avoir plus de détails sur ce qui nous reste des ouvrages du philosophe grec, consultez le discours sur Aristote par Camus.

(15) P. 135. — La nuit du 18 au 19 brumaire an IX, une des lionnes de la ménagerie du Muséum d'histoire naturelle mit bas trois petits, vivants et à terme. Ils étaient aussi grands que des chats adultes, mais ils avaient la tête plus grosse. Leur pelage était d'un brun roux, tacheté de points et de bandes noirâtres. Leur queue était marquée d'anneaux noirs sur un fond fauve. Les mâles n'avaient pas de crinière. Ils avaient les yeux ouverts, en quoi ils diffèrent des autres animaux carnassiers, qui sont quelque temps aveugles. Leurs cris ressemblaient à de très forts miaulements, comme ceux d'un chat en colère. La mère en avait le plus grand soin.

C'est la première fois qu'une lionne ait produit en France. Celle-ci avait déjà porté une fois; mais quelques personnes l'ayant irritée dans sa loge, elle s'était blessée, et, le 17 messidor an VIII, elle avait mis bas deux petits qui étaient morts. Ces lionceaux, qui avaient deux mois de conception, étaient parfaitement conformés. On les conserve dans la collection d'anatomie du Muséum.

Le 16 messidor an IX, la même lionne a encore mis bas deux petits. Ceux qui sont nés le 18 brumaire sont mâles. Ceux du 16 messidor sont femelles.

Gesner rapporte qu'il naquit des lions dans la ménagerie de Florence. Willughbi dit qu'à Naples une lionne avait produit cinq petits d'une même portée; et la lionne Jenny, renfermée dans la tour de Londres, et qui vivait en 1755, avait mis bas, à diverses époques, neuf petits. L'un d'eux vécut vingt ans, un autre dix, le reste périt en bas âge. Mais, dans toutes ces occasions, les observations n'avaient pas été faites avec exactitude. Grâce aux soins et à l'intelligence du sieur Félix, un des gardiens de la ménagerie du Muséum, nous connaissons beaucoup de particularités relatives à la propagation de cette espèce.

L'accouplement du lion est le même que celui du chat: même fureur, même douleur, mêmes cris de la part de la femelle.

Le temps de la gestation est de cent jours.

(16) P. 135. — C'est-à-dire, dans la Macédoine, la Thessalie et une partie de la Thrace. Il ne s'en trouve actuellement dans aucune partie de l'Europe. Il paraît même que les lions sont maintenant beaucoup moins communs qu'ils ne l'étaient anciennement. On n'en voit ni en Syrie ni en Égypte. Il n'en existe plus que dans le reste de l'Afrique et dans les parties méridionales de l'Asie.

(17) P. 137. — On raconte une foule de traits qui prouvent à quel point cet animal est magnanime et sensible. Je ne citerai qu'un seul exemple, arrivé dans le dernier siècle. Je le trouve dans le *Cours de littérature* de La Harpe. Ce fait sera doublement intéressant, et par sa ressemblance avec celui que nous lisons dans Pline, et par la précision et l'énergie du récit. « Un lion s'était échappé de la ménagerie du grand-duc de Florence, et courait dans les rues de la ville. L'épouvante se répand de tous côtés, tout fuit devant lui. Une femme, qui emportait son enfant dans ses bras, le laisse tomber en courant. Le lion le prend dans sa gueule. La mère éperdue se jette à genoux devant l'animal terrible, et lui redemande son enfant avec des cris déchirants. Il n'y a personne qui ne sente que cette action extraordinaire, qui est le dernier degré de l'égarement et du désespoir, cet oubli de la raison, si supérieur à la raison même, cet instinct d'une grande douleur qui ne se persuade pas que rien puisse être inflexible, est véritablement ce que nous appelons ici le sublime (l'auteur cite ce fait comme un exemple de ces mouvements produits par un instinct sublime). Le lion s'arrête, la regarde fixement, remet l'enfant à terre sans lui avoir fait aucun mal, et s'éloigne. Le malheur et le désespoir ont-ils donc une expression qui se fait entendre même aux bêtes farouches? On les connaît capables des sentiments qui tiennent à l'habitude, et l'on cite beaucoup de traits de leur attachement et de leur reconnaissance. Mais ici cette mère, pour arrêter la dent de l'animal féroce, n'avait qu'un moment et qu'un cri. Il fallait qu'il entendît ce qu'elle demandait, et qu'il fût touché de sa prière : il l'entendit et il en fut touché. »

Comment ? c'est ce qui peut fournir plusieurs réflexions sur la correspondance naturelle entre tous les êtres animés. » *Cours de littérature, par La Harpe.*

(18) P. 147. — Cette haine du chameau pour le cheval est un conte populaire. Il n'y a point de caravane où il ne se trouve un grand nombre de chameaux, de chevaux et d'ânes, qui vivent ensemble en bonne intelligence. Voici même ce que nous lisons dans Buffon, *Supplément à l'histoire des animaux*, t. V. Il parle des chevaux de race arabe qu'on destine à la course : ils tettent les femelles chameaux, qu'ils suivent, quelque grands qu'ils soient, et ce n'est qu'à l'âge de six ou sept ans qu'on commence à les monter. »

(19) P. 147. — L'autre, que Pline n'indique pas ici, est l'autruche, que les Latins nommaient *struthiocamelus.*

(20) P. 148. — Pline va bientôt parler encore de cet animal à l'article du loup. *Sunt in eo genere, qui cercarii vocantur, qualem e Gallia in Pompeii Magni arena spectatum diximus.* C'est le lynx ou loup-cervier. Il est, comme le loup commun, un animal de proie : il en approche encore par la grandeur du corps, quoique moins gros et plus bas sur ses jambes. Il a, comme lui, une espèce de hurlement ou de cri prolongé ; mais pour tout le reste il en diffère absolument. On l'a nommé cervier, soit parcequ'il attaque les cerfs, ou plutôt, suivant Buffon, parceque sa peau est variée de taches à peu près comme celles des jeunes cerfs, lorsqu'ils ont la livrée.

(21) P. 148. — On ignore quel est cet animal. Brotier veut que ce soit le gibbon (espèce de singe). Buffon a confondu le κῆπος avec le κῆβος d'Aristote, qui signifie singe à longue queue. Il dit que c'est la mone. Mais si les deux noms désignent le même animal, comment Pline a-t-il pu dire que Rome ne l'a plus vu depuis les jeux de Pompée ? Buffon dit lui-même que, du temps d'Aristote, la mone était très connue, et même commune chez les Grecs.

(22) P. 149. — * Il est très difficile, pour ne pas dire impossible, de rapporter la description suivante à une espèce connue, ou plutôt à diverses espèces réunies confusément en un seul groupe par les naturalistes anciens.

(23) P. 150. — Quoique cette mobilité des cornes ne soit exac-

tement vraie d'aucun animal, il semble cependant qu'on peut reconnaître à ces traits le rhinocéros d'Afrique, qui porte deux cornes, moins immobiles en effet que celles de tous les autres animaux, puisqu'elles ne prennent point naissance dans l'os du front, mais qu'elles résultent d'un paquet de fibres de la même nature que les poils, et seulement implantées profondément dans la peau. *Encycl. méth.*, *hist. nat. des an.*, t. I.

(24) P. 150. — * Il faut entendre soit le tigre, comme le veut Pausanias, soit un animal mythologique, comme le soupçonne Héeren avec plus de raison. Il en est de même de l'animal décrit au commencement du chap. XXXI.

(25) P. 150. — L'*axis* est, selon Buffon, l'animal vulgairement connu sous le nom de cerf du Gange. *Histoire naturelle*, t. X.

(26) P. 151. — Cet animal est absolument inconnu aux zoologistes modernes. Les cornes de licorne qu'on montre en différents endroits sont des cornes d'animaux connus, et spécialement la grande défense du narwhal, ou même des ivoires tournés.

* Si l'on veut avoir des renseignements plus amples sur ce sujet, on peut recourir à la longue note insérée par Cuvier dans l'édition Panckoucke.

(27) P. 151. — « Rien de plus fabuleux que cet animal, au sujet duquel on a répandu tant de contes ridicules, qu'on a doué de tant de qualités merveilleuses, et dont la réputation sert encore à faire admirer entre les mains des charlatans, par un peuple ignorant et crédule, une peau de raie desséchée, contournée d'une manière bizarre, et que l'on décore du nom fameux de cet animal chimérique. » *Hist. nat. des quadrup. ovip.*, p. 284.

(28) P. 154. — « Rarement cet animal retourne à sa première proie ; c'est ce qui a fait dire que, de tous les animaux, c'était celui qui avait le moins de mémoire. » *Buffon*, *Histoire naturelle*, t. VIII.

(29) P. 155. — Le céraste, écrit Lacépède, a réellement, au-dessus de chaque œil, un petit corps pointu et allongé, auquelle nom de corne me paraît mieux convenir qu'aucun autre. Chacune de ces cornes est placée précisément au-dessus de l'œil, et comme implantée parmi les petites écailles qui forment la partie supé-

rieure de l'orbite. Bélon a comparé la forme de ces éminences à celle d'un grain d'orge, et c'est apparemment cette ressemblance avec une graine dont se nourrissent quelques oiseaux qui a fait penser que le céraste se cachait sous des feuilles, et ne laissait paraître que ses cornes, qui servaient d'appât pour les petits oiseaux qu'il dévorait. *Histoire naturelle des serpents*, p. 75.

(30) P. 155. — « Les écailles qui les revêtent sont presque carrées, plus ou moins régulières, disposées transversalement et réunies l'une à côté de l'autre de manière à former des anneaux entiers qui environnent l'animal. Cette forme d'anneaux, également construits au-dessus et au-dessous de leurs corps, leur donne une grande facilité pour se retourner, se replier en différents sens comme les vers, et exécuter divers mouvements interdits aux autres serpents. Trouvant d'ailleurs dans ces anneaux la même résistance, soit qu'ils avancent ou qu'ils reculent, ils peuvent ramper presque avec une égale vitesse en avant et en arrière; et delà vient le nom de double-marcheurs ou d'amphisbènes qui leur a été donné. Ayant la queue très grosse et terminée par un bout arrondi, portant souvent en arrière cette extrémité grosse et obtuse, et lui faisant faire des mouvements que la tête seule exécute communément dans beaucoup d'autres reptiles, on a cru qu'ils avaient deux têtes, non pas placées à côté l'une de l'autre, comme dans certains serpents monstrueux, mais la première à une extrémité du corps, et la seconde à l'autre. On a écrit qu'ils étaient venimeux ; nous avons trouvé cependant que leurs mâchoires n'étaient garnies d'aucun crochet mobile. » *Hist. nat. des serpents*, par Lacépède, p. 460.

(31) P. 156. — Le crocodile a une langue fort large et beaucoup plus considérable en proportion que celle du bœuf, mais qu'il ne peut allonger ni darder à l'extérieur, parce qu'elle est attachée aux deux bords de la mâchoire inférieure par une membrane qui la couvre presque tout entière. Cette membrane est percée de plusieurs trous auxquels aboutissent des conduits qui partent des glandes de la langue.

(32) P. 156. — Cette erreur d'Aristote a été copiée par tous les anciens auteurs, et répétée même par beaucoup de voya-

geurs modernes. Ce qui y a donné lieu, c'est que la bouche du crocodile est fendue jusque derrière les oreilles et que la mâchoire inférieure se prolonge derrière le crâne. Mais des observations exactes ont fait reconnaître que la mâchoire supérieure du crocodile est, comme dans tous les animaux, jointe aux autres os de la tête, sans qu'il y ait aucune articulation qui puisse la rendre mobile.

(33) P. 157. — C'est-à-dire, 24 pieds 5 ou 6 pouces. L'auteur de l'*Histoire naturelle des quadrupèdes ovipares* dit que la longueur des plus grands ne passe guère 25 ou 26 pieds dans les climats qui leur conviennent le mieux, et qu'il paraît même que, dans certaines contrées qui leur sont moins favorables, leur longueur ordinaire ne s'étend pas au delà de 13 ou 14 pieds.

* Le crocodile, en sortant de l'œuf, atteint à peine la longueur de 6 pouces.

(34) P. 157. — * Hérodote avait déjà remarqué que les crocodiles, aussitôt qu'ils vont à terre, sont assaillis par des fourmis qui les tourmentent horriblement, ils en sont souvent délivrés par des oiseaux du rivage, qui entrent sans crainte dans leur gueule pour y chercher les insectes. M. Geoffroy, accompagnant l'Empereur en Egypte, a fait la même observation (Milne Edwards). Cuvier parle de sangsues et non de mouches. (*Notes sur Pline.*)

Pour ce qui est de l'attaque de l'ichneumon (la mangouste des modernes), c'est vraisemblablement un conte.

(35) P. 157. — Cet animal vit dans l'eau ainsi qu'à terre, Pline, parlant du scinque, liv. XVIII, § 30, dit : *scincus quem quidam terrestrem crocodilum esse dixerunt*, etc. Plusieurs modernes l'ont appelé de même crocodile terrestre. « C'est un grand abus des dénominations que l'application du nom de cet énorme animal à un petit lézard (*lacerta scincus*) qui n'a que 7 à 8 pouces de longueur. » *Histoire naturelle des quadrupèdes ovipares*, t. I, p. 376.

(36) P. 158. — * Rien n'établit la réalité de cette guerre du dauphin contre le crocodile ; quoi qu'il en soit, remarque Cuvier, l'animal dont il est question ici n'est pas le dauphin des naturalistes modernes, bien que Pline paraisse avoir connu ce

poisson dans d'autres passages ; et il est probable qu'il parle ici de squales (sq. *centrina* ; sq. *spinax*.)

(37) P. 162. — Voici comme Lacépède explique cette opération du serpent. «Lorsque le serpent exécute cette opération, les écailles qui recouvrent les mâchoires sont les premières qui se retournent en se détachant du palais, et en demeurant toujours très unies avec les écailles du dessus et du dessous de la tête. Ces dernières se retournent jusqu'aux coins de la gueule, et on pourrait voir alors la tête du serpent, depuis le museau jusque derrière les yeux, revêtue d'une peau nouvelle, et faisant effort pour continuer de se dégager de l'espèce de fourreau dans lequel elle est encore un peu renfermée. Ce fourreau continue de se retourner comme un gant, de telle manière que, pendant que la véritable tête de l'animal s'avance dans un sens pour s'en débarrasser, le museau de la vieille peau, qui est toujours bien entière, s'avance, pour ainsi dire, vers la queue, pour que cette vieille peau achève de se retourner. Les yeux se dépouillent comme le reste du corps; la cornée se détache en entier, ainsi que les paupières de nature écailleuse qui l'entourent, et elle conserve sa forme dans la dépouille desséchée, où elle présente, à l'extérieur, son côté concave, attendu que cette dépouille n'est que la peau retournée..... Le serpent, en se tournant en différents sens, et en se frottant contre le terrain qu'il parcourt, ainsi que contre les divers corps qu'il rencontre, achève de se débarrasser de sa vieille peau, qui continue de se retourner. Le museau de cette vieille peau dépasse bientôt l'extrémité de la queue dans le sens opposé à celui dans lequel s'avance le serpent, de telle sorte que, pendant que le reptile, revêtu d'une peau et d'écailles nouvelles, sort de son fourreau, qui se replie en arrière, ce fourreau paraît comme un autre reptile qui engloutirait le serpent, et dans la gueule duquel on verrait disparaître l'extrémité de sa queue. Vers la fin de l'opération, le serpent et la dépouille, tournés en sens contraire, ne tiennent plus l'un à l'autre que par la dernière écaille du bout de la queue, qui se détache aussi, mais sans se retourner. » *Histoire des serpents*, p. 169.

* Dans les deux chapitres 41 et 42, il y a presque autant de fables que de phrases.

(38) P. 165. — * Cette erreur provient ou de ce qu'on aura

vu quelques squelettes d'hyènes dont les vertèbres étaient sou-
dées entre elles, ou bien de ce que cet animal a une très grande
force dans les muscles du cou, ce qui le lui fait tenir très
roide.

(39) P. 166. — Le castoréum, matière dont on fait un grand
usage en médecine, est contenu dans deux grosses vésicules,
situées près des aines, et que les anciens avaient prises pour
les testicules de l'animal.

Nul auteur ancien ne parle de la société ni des travaux des
castors. Cependant ils étaient communs sur les rives du Pont-
Euxin. Apparemment, dit Buffon, que ces animaux n'étaient
pas assez tranquilles sur les bords de cette mer, qui, en effet,
sont fréquentés par les hommes, de temps immémorial.

(40) P. 171. — «Telle est l'histoire ou la fable que l'on a
faite d'un cerf qui fut pris par Charles VI, dans la forêt de
Senlis, et qui portait un collier sur lequel était écrit : *César
hoc me donavit*. L'on a mieux aimé supposer mille ans de vie
à cet animal, et faire donner ce collier par un empereur romain, que de convenir que ce cerf pouvait venir d'Allemagne,
où les empereurs ont, dans tous les temps, pris le nom de César. Ce que l'on a débité sur la longue vie des cerfs n'est appuyé sur aucun fondement. Ils vivent trente ou quarante ans. »
Buff., t. VII.

(41) P. 172. — Animal qui participe du bouc, par sa barbe
et la villosité de ses épaules, et du cerf. Suivant Linnée, le tragélaphe est le renne. Bélon donne ce nom au bouquetin ; Brisson, à la chèvre du Levant ; Gesner et Klein, à l'élan. Buffon
pense que le tragélaphe de Pline est le même animal que l'hippélaphe d'Aristote, et que ces deux noms désignent également
et uniquement le cerf des Ardennes.

* Cuvier, d'après Duvencel, regarde cet animal, qu'Aristote
appelle hippélaphe, comme un cerf des montagnes du nord de
l'Indostan, et qui peut très bien s'étendre le long du Caucase jusqu'au Phase ; il le décrit sous le nom de *cervus Aristotelis*.

(42) P. 173. — «Au lieu d'une paupière qui puisse être levée
et baissée à volonté, les yeux du caméléon sont recouverts par
une membrane chagrinée, attachée à l'œil, et qui en suit tous
les mouvements. Cette membrane est divisée par une fente ho-

rizontale, au travers de laquelle on aperçoit une prunelle vive, brillante et comme bordée de couleur d'or... Les yeux du caméléon sont mobiles indépendamment l'un de l'autre. Quelquefois il les tourne de manière que l'un regarde en arrière et l'autre en avant, ou bien de l'un il voit les objets placés au-dessus de lui, tandis que de l'autre il aperçoit ceux qui sont situés au-dessous. Il peut par là considérer à la fois un plus grand espace, et sans cette propriété singulière, il serait presque privé de la vue, malgré la bonté de ses yeux, sa prunelle pouvant uniquement admettre les rayons lumineux qui passent par la fente très courte et très étroite que présente la membrane chagrinée. » *Hist. nat. des quad. ovip.*, p. 342.

(43) P. 173. — On a trouvé des mouches, des fourmis et d'autres petits insectes dans l'estomac du caméléon. Cependant Valmont de Bomare pense qu'il est ou peut être quatre mois sans prendre aucune nourriture apparente. Plusieurs auteurs assurent même qu'il peut, ainsi que les autres lézards, vivre un an sans manger.

Lacépède écrit que la crainte, la colère et la chaleur qu'éprouve le caméléon lui paraissent les causes des diverses couleurs qu'il présente, et qui ont été le sujet de tant de fables. Consultez l'article *Caméléon*, *Hist. nat. des quadrup. ovipares*. L'auteur est entré à ce sujet dans les plus grands détails.

* Le caméléon a des muscles partout où en ont les lézards; il a également du sang partout; sa rate est extrêmement petite; c'est ce qui a trompé les naturalistes anciens.

(44) P. 173. — Le renne, qui est le *tarandus*, et l'élan ne se trouvent aujourd'hui que dans les pays les plus septentrionaux, l'élan en deçà et le renne au delà du cercle polaire. Mais plusieurs passages de César prouvent que ces animaux existaient de son temps dans les forêts des Gaules et de la Germanie.

(45) P. 173. — Des observations exactes, faites pendant plusieurs années, sur des ours nourris à Berne, ont constaté que la durée de la gestation de l'ourse est de sept mois. Ils sont entrés en chaleur tous les ans au mois de juin, et la femelle a toujours mis bas au mois de janvier. Les petits, en venant au monde, sont d'une assez jolie figure, couleur fauve, avec du blanc autour du cou, et n'ont point l'air d'un ours... Ils n'ont

d'abord guère plus de huit pouces de longueur, et trois mois après, ils ont déjà quatorze à quinze pouces, depuis le bout du museau jusqu'à la racine de la queue, et du poil de près d'un pouce. *Supplém. à l'hist. nat.*, t. V.

(46) P. 177. — Buffon dit que les ours noirs n'habitent guère que les pays froids, mais qu'on trouve des ours bruns ou roux dans les climats froids et tempérés, et même dans les régions du midi... Il s'en trouve à la Chine, au Japon, en Arabie, en Égypte, et jusque dans l'île de Java. *Histoire naturelle*, t. VIII.

* M. Ruppel a vu des ours en Afrique, mais on ne sait pas s'ils étaient nés sur le sol africain.

(47) P. 178. — Ce sont les gerboises. On connaissait depuis longtemps la conformation très singulière de leurs pieds, dont ceux de derrière sont cinq à six fois plus longs que ceux de devant ; mais on n'avait pas d'idées justes de la manière dont ils marchent. Olivier nous a appris qu'ils ne vont que par sauts et par bonds, mais qu'ils retombent chaque fois sur leurs quatre pieds.

(48) P. 179. — Le *dipsacus*, notre chardon à foulon, quoique connu du temps de Dioscoride et de Pline, ne servait point encore à lainer les étoffes. On employait pour cette manipulation des peaux de hérisson, ou les épines d'une plante appelée *hippophaes*, sur la nature de laquelle on ne trouve rien de précis.

(49) P. 180. — Buffon dit que notre lynx ou loup-cervier recouvre son urine, comme font les chats, auxquels il ressemble beaucoup, et dont il a les mœurs et même la propreté. Mais cette urine ne devient point une pierre précieuse. Ce lynx, que Pline a mis à la tête des sphinx, des pégases, des licornes et des autres prodiges ou monstres qu'enfante l'Éthiopie, est un animal fabuleux, aussi bien que toutes les propriétés qu'on lui attribue. *Hist. nat.*, t. VIII.

(50) P. 184. — Voici un fait assez curieux que j'ai entendu raconter à Michel Lambert, imprimeur à Paris. Il avait un très beau chien danois auquel il était très attaché, mais qu'il ne put refuser à un officier supérieur qui le lui demandait avec instance. Cet officier partit dès le lendemain pour la Provence, et emmena le chien avec lui. M. Lambert fut très étonné de

voir, quelques mois après, cet animal rentrer chez lui, épuisé de fatigue. Il alla aux informations, et découvrit enfin que le chien revenait de l'île Minorque. Il s'était embarqué avec le duc de Fronsac, chargé d'apporter à la cour la nouvelle de la prise du Port-Mahon. Il avait suivi sa chaise de poste jusqu'à Paris, et, à peine entré dans la ville, il l'avait quittée, pour se rendre de suite à la maison de son ancien maître, qui demeurait alors rue de la Comédie-Française.

(51) P. 185. — On a cru longtemps que cet accouplement ne pouvait avoir lieu. Buffon a fait inutilement plusieurs tentatives pour l'obtenir. Mais dans le Ve tome des *Suppléments à l'histoire naturelle*, p. 12, nous lisons qu'une louve, couverte par un chien, a donné le 6 juin 1773, à Namur, quatre petits qui ressemblaient parfaitement à des petits chiens. D'autres faits encore sont cités, p. 22. — * L'accouplement de la panthère et du tigre avec le chien ne produit rien.

(52) P. 185. — « Les chiens de Tartarie, d'Albanie, du nord de la Grèce, du Danemark, de l'Irlande, sont les plus grands, les plus forts et les plus puissants de tous les chiens. On s'en sert pour tirer des voitures. Ces chiens, que nous appelons chiens d'Irlande, ont une origine très ancienne, et se sont maintenus, quoique en petit nombre, dans le climat dont ils sont originaires. Les anciens les appelaient chiens d'Épire, chiens d'Albanie. Ils sont beaucoup plus grands que nos plus grands mâtins : comme ils sont fort rares en France, je n'en ai jamais vu qu'un, qui me parut avoir, tout assis, près de cinq pieds de hauteur, et ressembler, pour la forme, au chien que nous appelons *grand danois;* mais il en différait beaucoup par l'énormité de sa taille; il était tout blanc, et d'un naturel doux et tranquille. » *Histoire naturelle*, t. VI, p. 335.

(53) P. 191. — Voyez la description de l'étalon, par Virgile, *Géorgiques*, liv. III.

(54) P. 193. — Matière que l'antiquité s'est plu à considérer comme un philtre redoutable : ce mot vient de ἴππος, cheval, et de μαίνομαι, mettre en fureur. En effet, il excite à l'amour l'étalon dont on en frotte les narines. On distingue deux sortes d'hippomanès. L'un est une liqueur qui découle des parties naturelles de la cavale, lorsqu'elle est en chaleur. L'autre est

le sédiment épaissi de la liqueur de l'allantoïde : il se trouve quelquefois sur le front du poulain naissant, mais il n'y est jamais attaché ; il en est au contraire séparé par la membrane amnios. La jument lèche le poulain après sa naissance, mais elle ne touche pas à l'hippomanès, et les anciens se sont encore trompés lorsqu'ils ont assuré qu'elle le dévorait à l'instant.

* Cuvier dit cependant que la jument dévore l'hippomanès, quand elle a mis bas, de même que les autres femelles de quadrupèdes dévorent l'arrière-faix.

(55) P. 193. — Cette fécondité des cavales, par le seul effet du vent, est donnée comme un fait certain par une foule d'auteurs, tels que Varron, Columelle, Élien, Avicenne. Les traditions des navigateurs phéniciens avaient répandu, parmi les Grecs, une quantité d'histoires merveilleuses sur la fécondité incroyable de toutes les côtes et de toutes les îles des extrémités de l'occident ou de l'Hespérie. Rien n'était donc plus naturel que d'attribuer au zéphyr qui y règne, c'est-à-dire au doux zéphyr de l'occident, la faculté de fertiliser. C'est de là que vient l'idée des Champs Élyséens dans les îles Fortunées. « Les douces haleines du zéphyr qu'envoie l'Océan, y apportent continuellement, avec un léger murmure, une délicieuse fraîcheur. » (Odyssée, IV, v. 565.) De là aussi les cavales de la Lusitanie fécondées par les zéphyrs. Justin, abréviateur de Trogue Pompée, est le premier des anciens qui nous ait donné la véritable explication de cette fable, liv. XLIV, ch. 3 : *In Lusitanis, juxta fluvium Tagum, vento equas concipere multi auctores prodidere : quæ fabulæ ex equarum fecunditate, et gregum multitudine natæ sunt : qui tanti in Gallæcia et Lusitania ac tam pernices visuntur, ut non immerito vento ipso concepti videantur.*

(56) P. 194. — Les asturcons étaient des chevaux que les Romains faisaient venir d'Espagne, et dont l'allure était douce, agréable et même voluptueuse. Ils allaient l'amble, et étaient renommés par leur vitesse, comme on le voit par ces vers d'une épigramme de Martial :

Hic brevis, ad numerum rapidos qui colligit ungues,
Venit ab auriferis gentibus astur equus.

Lib. XIV, Epig. 199.

Quant au mot *thieldones*, dont on ne connaît pas la signification, Louis Carion propose de lire *thiellones* ou *thellones*
par la raison qu'en langue allemande, une haquenée se nomme *tellener*. Pellicier propose *tolutones*, et s'autorise de cette
phrase de Sénèque : *Non omnibus obesis mannis, et asturconi-*
bus et tolutariis præferres unicum illum equum ab ipso Catone
defrictum ? Ep. 84.

(57) P. 194. — Il y a dans le texte, *sicut omnibus in genere*
veterino. On comprenait le cheval, l'âne, le mulet et le bœuf,
sous le nom générique *veterina.* On appelait vétérinaires non-
seulement les hommes chargés du soin de ces animaux, mais
aussi toutes les choses qui les concernaient. Les gens qui conduisaient les bêtes de charge et de trait, et qui les soignaient
en état de santé, étaient nommés vétérinaires. Ceux qui trai-
taient ces animaux dans leurs maladies étaient des médecins
vétérinaires.

(58) P. 194. — Varron, liv. III, ch. 8, écrit qu'Axius paya
un âne 40,000 et non 400,000 sesterces. Mais c'est évidemment une faute, et le texte de Varron doit être corrigé par
celui de Pline ; car si cet âne n'avait coûté que 40,000 sesterces (9,000 fr.), comment Pline aurait-il pu dire que nul
animal peut-être ne fut jamais mis à si haut prix ? d'autant
plus que Varron lui-même avait déjà parlé, liv. II, ch. 1, d'un
âne étalon vendu 100,000 sesterces (22,500 fr.)

(59) P. 197. — Pline se trompe en accusant d'impuissance
et de stérilité tous les animaux qui proviennent d'espèces mé-
langées. Le mulet qui provient du bouc et de la brebis est aussi
fécond que sa mère et son père ; dans les oiseaux, la plupart
des mulets, qui proviennent d'espèces différentes, ne sont point
inféconds. Quant aux animaux qui sont nés du cheval et de
l'ânesse, ou de l'âne et de la jument, il est certain, dit Buffon,
que le mulet peut engendrer, et que la mule peut produire ;
seulement ces animaux d'espèces mixtes sont beaucoup moins
féconds, et toujours plus tardifs que ceux d'espèce pure. D'ailleurs, ils n'ont jamais produit dans les climats froids, et ce
n'est que rarement qu'ils produisent dans les climats chauds,
et encore plus rarement dans les contrées tempérées. Dès lors
leur infécondité, sans être absolue, peut néanmoins être re-

gardée comme positive, puisque la production est si rare qu'on peut à peine en citer un certain nombre d'exemples. *Voyez Buffon*, t. XII, p. 228, et t. V, *suppl.*, p. 22.

(60) P. 197. — Aristote, liv. VI, ch. 36, dit qu'on voit en Syrie des animaux qu'on nomme *hémionoi*, et qui, ressemblant au produit du cheval et de l'âne, forment une espèce différente : qu'on leur a donné le nom de mulets, comme le nom d'ânes aux ânes sauvages, à cause de quelque ressemblance, et qu'ils diffèrent des vrais mulets par la vitesse, attribut par lequel les ânes sauvages diffèrent également de l'âne proprement dit. Il ajoute qu'on avait amené quelques uns de ces animaux en Phrygie ; mais que, n'ayant pu s'accoutumer à ce nouveau climat, de neuf il n'en restait plus que trois. La Cappadoce étant limitrophe à la Phrygie, il pourrait bien se faire que ces mulets féconds dont parle ici Théophraste, fussent les mêmes qu'Aristote nous apprend avoir été amenés de Syrie en Phrygie.

Buffon a soupçonné que l'animal désigné par Aristote pouvait être le mulet de Daurie, que les Tartares Mongoux appellent *czigithai*, et sur lequel il a donné peu de détails. Ce même animal a été décrit plus exactement dans les mémoires de l'académie des sciences de Pétersbourg, par Pallas, sous le nom de *equus hemionus*. La taille et la conformation intérieure de l'animal sont à peu près celles du cheval : la tête est plus allongée que celle du cheval, plus allongée même que celle de l'âne. Il se rapproche du zèbre par les oreilles et la queue ; de l'âne par la forme de la corne du pied : le surplus de l'ensemble de son corps et ses membres bien dégagés le font ressembler au mulet, mais son dos a une forme arquée qui lui est propre : il a aussi sous les narines une éminence cartilagineuse en forme de verrue. Pallas pense que cet animal est l'hémionus d'Aristote, et il assure qu'il est originaire du pays des Mongoux. La Tartarie est assez voisine de la Syrie pour qu'on puisse soupçonner que l'hémionus d'Aristote a passé de l'une de ces deux contrées dans l'autre. *Extrait des notes sur l'histoire des animaux d'Aristote, par Camus.*

(61) P. 198. — Nous trouvons cette dénomination expliquée dans ces vers de Martial :

Dum tener est onager, solaque lactente matre
Pascitur, hoc infans, sed breve nomen habet.
Liv. XIII, Epigr. 97.

(62) P. 201. — Valère Maxime, liv. VIII, ch. 1, rapporte le même fait. Columelle, liv. VI, et Varron, *de Re rust.*, liv. II, ch. 5, disent que tuer un bœuf était autrefois un crime capital.

C'étaient ces mêmes anciens qui, pour ménager l'utile compagnon de leurs travaux, avaient borné à une longueur de cent vingt pieds la plus grande étendue du sillon que le bœuf devait tracer par une continuité non interrompue d'efforts et de mouvements : ils le laissaient reprendre haleine pendant quelques moments, avant de poursuivre le même sillon ou d'en commencer un autre. *Actus vocabatur, in quo boves agerentur cum aratro, uno impetu justo. Hic erat CXX pedum.* Plin., lib. XVIII, § 3.

(63) P. 201. — Il paraît que les Romains prirent beaucoup de plaisir à ces combats de taureaux. Suétone, *Vie de Claude*, chap. XXI, après avoir dit que l'empereur donnait souvent des combats d'animaux au lieu des courses de chevaux, ajoute : *præterea Thessalos equites exhibuit, qui feros tauros per spatia circi agunt, insiliuntque defessos et ad terram cornibus detrahunt.* On reconnaît ici les combats de taureaux, comme on les donne aujourd'hui à Séville et à Madrid.

(64) P. 204. — Voici l'explication que Varron nous donne du mot *cordus* : *Dicuntur agni chordi qui post tempus nascuntur, et remanserunt in valvis intimis ; χορόν vocant a quo chordi appellati. De Re rust.*, lib. II, cap. 1. On lit chez Festus : *Corda frumenta quæ sero maturescunt : ut fœnum cordum.*

(65) P. 205. — Pline parle ici d'une espèce de moutons qu'on élevait aux environs de Tarente. On les nommait *oves tectæ*, parce qu'ils portaient toujours une couverture, pour garantir leur laine des injures de l'air et de tous les autres accidents. Columelle est entré dans le détail des soins qu'exigeaient ces animaux. Il commence par dire qu'il faut renoncer à former ces troupeaux, à moins que le propriétaire ne vive dans sa terre et ne les surveille lui-même avec la plus grande attention,

parce que la moindre négligence peut faire perdre le fruit des peines qu'on s'est données. Il paraît que ces moutons étaient plus forts, et consommaient plus que les autres. On donnait à chaque agneau le lait de deux brebis. Rarement ils quittaient la bergerie, et lorsqu'ils sortaient, on les conduisait dans des campagnes découvertes, où l'on ne rencontrait ni ronces ni buissons. Il fallait, de temps à autre, laver, démêler, peigner leur laine, les délivrer de leurs couvertures, pour les rafraîchir. Leur chair n'était pas estimée, mais la toison était d'un grand prix. *Voyez Columelle*, liv. VII.

Horace parle ainsi de ces moutons :

> *Dulce pellitis ovibus Galesi flumen.*
>
> Od., lib. II.

Si l'on en croit Oléarius, cet usage se trouve chez certains peuples de la Tartarie. Les moutons des Tartares Usbeck et de Beschac sont chargés d'une laine grisâtre et longue, frisée au bout en petites boucles blanches et serrées en forme de perles ; ce qui fait un très bel effet. C'est pourquoi on en estime bien plus la toison que la chair, parceque cette sorte de fourrure est la plus précieuse de toutes celles dont on se sert en Perse, après la zibeline. On les nourrit avec un grand soin, et le plus souvent à l'ombre, et quand on est obligé de les mener à l'air, on les couvre comme les chevaux. *Voyage d'Oléarius*, t. I, p. 547.

(66) P. 206. — Le *pænula* était une sorte de *surtout*, ouvert seulement par le haut pour laisser passer la tête, et ayant un capuchon. On s'en était servi d'abord dans les camps. Les soldats le portaient quand ils étaient en marche ou en faction. L'usage s'en établit ensuite dans Rome même. C'était l'habit de voyage. On le mettait dans les mauvais temps. Il paraît qu'il était beaucoup plus étroit et plus serré que la toge. C'est ce que nous indique cette phrase de l'auteur du Dialogue sur les orateurs : *Quantum humilitatis putamus eloquentiæ attulisse pænulas istas, quibus adstricti et velut inclusi cum judicibus fabulamur ?* Quel air ignoble ne donnent pas à l'éloquence ces manteaux qui nous entravent et nous enveloppent pendant que nous discourons devant les juges ?

(67) P. 206. — Les beaux draps, chez les Romains, étaient

à long poil, comme nos draps peluchés; ce poil était peigné
et lustré avec soin, comme nous le voyons par ce vers de Martial :

> Pexatæ pulchre rides mea, scilla, trita.
>
> Lib. I, Epig. 53.

Et par ce passage d'Horace :

> Si forte subucula pexa
> Trita subest tunica.
>
> Lib. I, Ep. I,

(68) P. 207. — Ce mot vient de ἀμφί et de μαλλός, long
poil ; il signifie habit peluché par dessus et par dessous. Les
amphimalles et les gausapes étaient des espèces de *surtouts*
qu'on substituait à la toge. Déja, du temps d'Auguste, les
Romains commençaient à renoncer à leur ancien habit. Ce
prince résista, tant qu'il le put, à cette innovation. Un jour
qu'il vit dans une assemblée un grand nombre de citoyens
vêtus des habits qu'ils appelaient *lacerna* et *pænula*, il prononça avec indignation ce vers de Virgile :

> Romanos rerum dominos, gentemque togatam !

Il défendit aux édiles de laisser paraître aucun citoyen dans
le cirque ou dans les assemblées, s'il n'était vêtu de la toge.
Mais on trouvait la toge incommode ; les replis bouffants et
la pesanteur de cet ample vêtement firent qu'on renonça enfin
à l'habit national.

Les gausapes et les amphimalles étaient des vêtements très
légers ; nous pouvons en juger par ces vers de Martial :

> Is mihi candor inest, villorum gratia tanta est,
> Ut me vel media sumere messe velis.
>
> Lib. IV.

Pline dit que son père a vu commencer l'usage des gausapes.
Cependant Varron (lib. IV, *de Latina Lingua*) en fait déja
mention. Mais, du temps de Varron, ces étoffes ne servaient
encore que pour les tapis de table, et c'est sous ce rapport
que Martial en parle dans ce vers :

> Nobilius villosa tegant tibi gausapa citrum.

(69) P. 208. — La prétexte était la toge blanche brodée d'une bande de pourpre. *Prætexta*, dit Varron, *toga est alba purpureo limbo*. Les jeunes filles la portaient jusqu'à ce qu'elles fussent mariées, et les jeunes Romains jusqu'à leur dix-septième année. Les grands magistrats et les principaux ministres de la religion portaient la prétexte dans leurs fonctions.

(70) P. 208. — La trabée était la toge ornée de plusieurs bandes de pourpre. Elle était ainsi nommée, *quod trabibus purpura intertexatur*. Elle devint commune dans la suite à toutes les magistratures, et même l'habit distinctif des chevaliers romains, lorsqu'ils passaient la revue devant les censeurs.

(71) P. 209. — Homère, liv. III, v. 125, représente Hélène occupée à représenter en broderie les combats des Grecs et des Troyens.

(72) P. 210. — Buffon le regarde comme la souche primitive de toutes les brebis. On trouve le mouflon dans les montagnes de Grèce, dans les îles de Chypre, de Sardaigne, de Corse et dans les déserts de la Tartarie. Il existe dans l'état de nature : il subsiste et se multiplie sans le secours de l'homme. *Buffon*, t. X, p. 136.

(73) P. 214. — Cicéron, liv. II *de Natura Deorum*, attribue ce mot à Chrysippe : *Sus vero quid habet præter escam? Cui quidem, ne putresceret, animam ipsam pro sale datum dicit esse Chrysippus.*

(74) P. 215. — Ce nom est celui de trois Romains fameux par leur gourmandise. Le premier vécut avant l'extinction de la république, le second sous Auguste et Tibère, et le troisième sous Trajan. Le plus célèbre est le second, qui inventa une espèce de pâtisserie de son nom. Il tint à Rome une école de gourmandise, dépensa des sommes immenses pour satisfaire la sienne, et composa un traité dans lequel il enseignait la manière d'exciter l'appétit, *de Gulæ irritamentis*. On dit que, voyant qu'il ne possédait plus qu'un million de sesterces (125,000 fr.), il s'empoisonna de désespoir. Le troisième Apicius vivait sous Trajan. Il se piquait d'avoir un secret admirable pour conserver les huîtres dans leur fraîcheur. Il en régala l'empereur dans le pays des Parthes, à plusieurs journées de la mer.

(75) P. 213. — *Sumen*, mamelle, vient de *sugere*, quasi *sugimen*. Il fallait, pour les gourmets, que ces mamelles fussent pleines de lait. Pline nous dira, liv. XI, ch. 51, qu'on tuait la truie le lendemain du jour où elle avait fait ses petits, et avant qu'elle les eût allaités. *Occisæ uno die post partum, hujus et sumen optimum est, si modo fœtus non hauserit.* Si on est curieux de savoir comment on apprêtait ces mamelles, on peut lire Apicius, liv. VII, chap. 2.

(76) P. 217. — L'animal que Pline indique ici paraît être le babiroussa. « Le caractère le plus remarquable et qui distingue le babiroussa de tous les autres animaux, dit Buffon, t. X, p. 404, ce sont quatre énormes défenses, ou dents canines dont les deux moins longues sortent, comme celles des sangliers, de la mâchoire inférieure ; et les deux autres, qui sont beaucoup plus grandes, partent de la mâchoire supérieure en perçant les joues, ou plutôt les lèvres de dessus, et s'étendent en courbes jusqu'au-dessous des yeux, et ces défenses sont d'un très bel ivoire, plus net, plus fin, mais moins dur que celui de l'éléphant. La position et la direction de ces deux défenses supérieures qui percent le museau du babiroussa, et qui d'abord se dirigent droit en haut, et ensuite se recourbent en cercle, ont fait penser à quelques physiciens, même habiles, que ces défenses ne doivent point être regardées comme des dents, mais comme des cornes. »

(77) P. 219. — Dans les hautes montagnes et dans les pays du Nord, les lièvres deviennent blancs pendant l'hiver, et reprennent en été leur couleur ordinaire ; il n'y en a que quelques uns, et ce sont peut-être les plus vieux, qui restent toujours blancs, car tous le deviennent plus ou moins en vieillissant. En Laponie, ils sont blancs pendant dix mois de l'année, et ne prennent leur couleur fauve que pendant les deux mois les plus chauds de l'été. *Buffon*, t. VII, p. 115.

(78) P. 219. — Buffon écrit qu'il paraît que les seuls endroits de l'Europe où il y eût anciennement des lapins étaient la Grèce et l'Espagne. Camus me semble avoir démontré, dans ses *Notes sur l'Histoire des animaux* d'Aristote, que ces animaux ont été inconnus aux Grecs. Il cite Polybe, Athénée, Posidonius, Élien, qui, tous écrivant en grec, et voulant décrire le lapin, lui ont donné le nom de *cuniculus*, grécisé,

κούνελος, κόνικλος, par lequel les Espagnols l'ont désigné. Toutes ces circonstances, ajoute-t-il, n'indiquent-elles pas un animal qui ne fut point connu des Grecs, puisqu'ils ne le nommèrent point? En lui conservant son nom latin, n'est-ce pas attester que ce sont les Latins seuls qui l'ont fait connaître aux Grecs? *Notes sur l'Hist. des animaux d'Aristote*, par Camus, p. 278.

(79) P. 220. — Ils demandaient qu'on leur envoyât des hommes qui ne se fissent pas un scrupule de détruire ces animaux. Ces peuples auraient cru commettre une impiété en tuant les lapins et en se nourrissant de leur chair. César remarqua le même préjugé chez les habitants des îles britanniques. *Leporem et gallinam gustare fas non putant. De Bell. Gall.*, lib. V.

(80) P. 220. — Dasypode veut dire *pied velu*. Pline fait du lièvre et du dasypode deux animaux différents. Mais il y a ici une de ces inadvertances dont on trouve quelques exemples dans notre auteur. Camus nous fait voir dans ses *Notes sur l'Hist. des animaux*, qu'Aristote a employé deux noms pour désigner le seul animal qu'il indique comme ayant les pieds velus. Ces deux noms sont λαγώς et δασύπους. Il ne s'est servi du premier que deux fois; partout ailleurs il emploie le second. Tantôt Pline a traduit le mot δασύπους par *lepus*, tantôt, comme dans l'endroit dont il s'agit ici, il en fait deux animaux qu'il compare l'un à l'autre.

D'ailleurs, à quel animal appliquer le nom de dasypode?

Buffon dit que c'est le lapin. Mais nous avons vu que cet animal n'a pas été connu des anciens Grecs.

Brotier veut que ce soit le lièvre blanc des Alpes. Le dasypode n'est donc qu'un lièvre.

Poinsinet soupçonne que ce peut être le cochon d'Inde. Mais Buffon nous dit que cet animal a été transporté du Brésil dans la Guinée; il a donc été inconnu aux Grecs.

Camus croit qu'il faut tenir avec Budée, Bochart et Klein, que le dasypode et le lièvre sont le même animal. *Notes sur l'Hist. des anim.*, p. 286.

(81) P. 224. — Tournefort (*Voyage dans le Levant*, t. I) écrit qu'aujourd'hui les grenouilles, dans l'île de Sériphe, ne

sont pas plus muettes que dans les autres pays. Il est probable que Pline et les auteurs cités par lui n'avaient pas observé la grenouille rousse, qui paraît, au premier coup d'œil, n'être qu'une variété de la grenouille commune. Mais, dit Lacépède, comme elle habite dans le même pays, comme elle vit, pour ainsi dire, dans les mêmes étangs, et qu'elle en diffère cependant constamment par quelques unes de ses habitudes et par ses couleurs, on ne peut pas rapporter ses caractères distinctifs à la différence du climat ou de la température, et l'on doit la considérer comme une espèce particulière... On l'a appelée la muette, par comparaison avec la grenouille commune, dont les cris désagréables et souvent répétés se font entendre de très loin. Cependant, dans le temps de son accouplement, ou lorsqu'on la tourmente, elle pousse un cri sourd, semblable à une sorte de grognement, et qui est plus fréquent et moins faible dans le mâle, *Hist. des quadrup. ovip.*, p. 528.

(82) P. 224. — La morsure de la musaraigne n'est pas venimeuse ; cet animal existe au nord des Apennins. Ce qui, sans doute, fait dire qu'elle meurt quand elle trouve une ornière, c'est que le coup le plus léger peut la tuer.

(83) P. 224, avant-dernière ligne. — Les Romains désignaient par le nom d'Afrique la partie de la terre qui renfermait l'Éthiopie, l'Égypte, la Cyrénaïque, la Syrtique, la Numidie, les Mauritanies, la Lybie. Ils n'avaient de ce pays qu'une connaissance très imparfaite. L'intérieur leur était absolument inconnu, et même les deux tiers de l'Afrique, étant situés sous la zone torride, étaient jugés inhabitables.

LIVRE NEUVIÈME.

(1) P. 227. — Sans doute il y a beaucoup d'exagération dans ces calculs. Les baleines excèdent rarement quarante mètres (cent vingt pieds). On assure pourtant qu'on en a vu de soixante-six ou soixante-sept mètres (deux cent

pieds). Il est certain, d'ailleurs, que celles qu'on prenait dans le Nord, dans les premiers temps de la pêche, étaient beaucoup plus grandes que celles qu'on y trouve à présent; sans doute parcequ'elles étaient plus vieilles. On n'a guère vu de scies qui eussent plus de cinq mètres (quinze pieds), et la longueur de leur arme est communément égale au tiers de la longueur totale de l'animal. Quant aux anguilles de trente pieds, voici ce qu'écrit à ce sujet Lacépède, *Hist. nat. des poissons*, t. II, p. 235 : « Il n'est pas très rare d'en trouver en Angleterre, ainsi qu'en Italie, du poids de huit à dix kilogrammes. Dans l'Albanie, on en a vu dont on a comparé la grosseur à celle de la cuisse d'un homme, et des observateurs très dignes de foi ont assuré que, dans des lacs de la Prusse, on en avait pêché qui étaient longues de trois ou quatre mètres. On a même écrit que le Gange en avait nourri de plus de dix mètres de longueur; mais ce ne peut être qu'une erreur, et l'on aura vraisemblablement donné le nom d'anguille à quelque grand serpent, à quelque boa devin que l'on aura aperçu de loin nageant au-dessus de la surface du grand fleuve de l'Inde. »

(2) P. 229. — Ceci n'est évidemment qu'une exagération portée à l'excès; et il en est sans doute de cet *arbre* comme du kraken ou poisson montagne, qui, si l'on en croit les navigateurs norvégiens, s'élève des fonds de la mer comme un écueil, et attire sur ses flancs une infinité d'animaux marins qui viennent y vivre.

(3) P. 229. — « En général, les phoques ont la tête ronde, comme l'homme; le museau large, comme la loutre; les yeux grands et placés haut, peu ou point d'oreilles externes, seulement deux trous auditifs aux côtés de la tête, des moustaches autour de la gueule, des dents assez semblables à celles du loup, la langue fourchue, ou plutôt échancrée à la pointe, le cou bien dessiné, le corps, les mains et les pieds couverts d'un poil court et assez rude, point de bras ni d'avant-bras apparents, mais deux mains, ou plutôt deux membranes, deux peaux renfermant cinq doigts et terminées par cinq ongles; deux pieds sans jambes, tout pareils aux mains, seulement plus larges et tournés en arrière, comme pour se réunir à une queue très courte qu'ils accompagnent des deux côtés; le corps allongé comme celui d'un poisson, mais renflé vers la

poitrine, étroit à la partie du ventre, sans hanches, sans croupe
et sans cuisses au dehors ; animal d'autant plus étrange, qu'il
paraît fictif, et qu'il est le modèle sur lequel l'imagination des
poëtes enfanta les tritons, les sirènes et ces dieux de la mer à
tête humaine, à corps de quadrupède, à queue de poisson ; et le
phoque règne en effet dans cet empire muet par sa voix, par
sa figure, par son intelligence, par les facultés, en un mot, qui
lui sont communes avec les habitants de la terre, si supérieures à celles des poissons, qu'ils semblent être non-seulement d'un autre ordre, mais d'un monde différent. » *Buffon*,
t. XI, p. 272.

Lacépède (article *Lophie baudroie*, t. I de l'*Histoire naturelle des poissons*, p. 307) fait voir comment, l'imagination
cédant avec facilité au plaisir d'enfanter de faux rapports et de
vaines ressemblances, des observateurs superficiels ont cru retrouver dans les êtres les plus hideux une espèce de copie, bien
informe sans doute, mais cependant on peu reconnaissable, du
plus noble des modèles.

(4) P. 230. — « La voix du phoque peut se comparer à l'a-
boiement d'un chien enroué ; dans le premier âge, il fait entendre un bruit plus clair, à peu près comme le miaulement
d'un chat ; les petits qu'on enlève à leur mère miaulent continuellement. Les vieux phoques aboient contre ceux qui les
frappent. » *Buffon*, t. XI, p. 293.

(5) P. 231. — Il paraît que les baleines, autrefois plus
communes sur nos côtes, les ont abandonnées à cause du grand
nombre de vaisseaux qui les fréquentent.

(6) P. 231. — L'ourque, ou épaulard, est un cétacé de
moyenne grandeur : il n'a guère que quinze à seize pieds de
longueur. Mais sa férocité, sa force, son agilité dans l'attaque,
et les dents tranchantes dont sa large gueule est armée, le rendent redoutable, même aux plus grandes baleines.

(7) P. 233. — On appelle évents un ou deux tuyaux qui,
du fond de la bouche, parviennent à l'extérieur du corps, vers
le derrière de la tête.

(8) P. 233. — Les branchies, que d'autres ont appelées
ouïes, sont les organes respiratoires qui, dans les poissons,
remplacent les poumons proprement dits. Si l'on veut connaître la nature de ces organes, et comment le sang en reçoit le

principe de la vie, il faut lire le discours sur la nature des poissons, *Hist. nat. des poissons*, par Lacépède, t. I, p. 36. Il y explique tout ce qui concerne la respiration des poissons.

(9) P. 235. — Le dauphin est un cétacé moins grand que l'ourque et plus grand que le marsouin. Tous trois forment le groupe des petits cétacés, qui, pour toutes les dimensions, sont infiniment au-dessous des baleines et des cachalots. Le dauphin a communément neuf ou dix pieds de longueur, et deux d'épaisseur à l'endroit le plus gros du corps.

(10) P. 236. — Il arrive que les dauphins se jettent sur le rivage et restent à sec, lorsqu'ils poursuivent avec impétuosité les poissons sur les bords de la mer, ou lorsqu'ils sont tourmentés par de certains insectes qui les molestent d'une manière insupportable.

(11) P. 236. — C'est-à-dire qu'ils viennent lorsqu'on les siffle. *Voyez* la note suivante.

(12) P. 236. — « Malgré ce qu'on a dit du caractère social de ces animaux et de leur goût prétendu pour la musique, s'ils suivent les vaisseaux, s'ils en approchent de très près lorsque les mariniers les sifflent, c'est plutôt par le désir d'attraper ce qu'on leur jette, que par amour pour l'homme. Aussi les prend-on avec un morceau de viande mis au bout d'un hameçon ; d'autres fois on les harponne comme les autres cétacés. Néanmoins, dans les mers de Grèce, ils conservent une espèce de franchise, fondée apparemment sur la tradition des histoires que contait l'ancienne Grèce, du service qu'ils avaient rendu à plusieurs Grecs en les sauvant du naufrage ; et Bélon dit que jamais aucun des pêcheurs turcs, grecs, esclavons et albanais, ne fait de mal à un dauphin. » *Valmont de Bomare.*

(13) P. 239. — On pêche toujours des muges au même endroit, mais cette merveilleuse association n'a plus lieu. Ce que Pline cite ici comme une preuve de l'intelligence des dauphins, et comme un effet ordinaire de leurs qualités naturelles, n'est tout au plus qu'un fait particulier. Il a pu arriver, dit Astruc à ce sujet (*Hist. nat. du Languedoc*), que les filets des pêcheurs se soient trouvés pleins de poissons poursuivis par les dauphins. En voilà plus qu'il n'en fallait pour faire croire à ces pêcheurs que c'était pour eux que les dauphins travaillaient, et ce qu'ils ont dit a été répété et est devenu une

opinion générale. Le même auteur observe que les choses qui ne dépendent que des lois de la nature et que les animaux font sans éducation et par la force de leur instinct, sont aussi invariables que la nature elle-même; et que, si les dauphins ne portent pas à présent les mêmes secours à nos pêcheurs, il en faut conclure que ce qu'ils ne font plus aujourd'hui, ils ne l'ont jamais fait.

(14) P. 242. — Le marsouin est le plus petit des cétacés. Sa longueur ordinaire est de près de deux mètres (cinq pieds); mais, quoique moins long que le dauphin, il a le corps plus fourni à proportion, et plus épais. Il se nourrit de maquereaux, de sardines et surtout de harengs.

(15) P. 242. — La carapace des grandes tortues a depuis quatre jusqu'à cinq pieds de long, sur trois ou quatre pieds de largeur; le corps entier a quelquefois plus de quatre pieds d'épaisseur verticale à l'endroit du dos le plus élevé. Le poids total de ces grandes tortues excède ordinairement huit cents livres; les deux couvertures en pèsent à peu près quatre cents. *Hist. nat. des quadr. ovip.*, p. 50.

(16) P. 243. — Tous les voyageurs et les observateurs modernes s'accordent à dire que la tortue abandonne ses œufs après les avoir pondus. Elle cherche les graviers, les sables dépourvus de vase et de corps marins. Elle y creuse avec ses nageoires et au-dessus de l'endroit où parviennent les plus hautes vagues, un ou plusieurs trous d'environ un pied de largeur et deux pieds de profondeur; elle y dépose ses œufs au nombre de plus de cent; elle les couvre d'un peu de sable, mais assez légèrement pour que la chaleur du soleil puisse les échauffer et les faire éclore. Comme elles choisissent presque toujours le temps de la nuit pour aller déposer leurs œufs, c'est apparemment d'après leurs petits voyages nocturnes que les anciens ont pensé qu'elles couvaient pendant les ténèbres.

(17) P. 246. — « Cardan dit affirmativement que cette propriété, qui avait passé pour fabuleuse, a été trouvée réelle aux Indes... Il y a toute apparence que ce n'est qu'un phénomène électrique, dont les anciens et les modernes, ignorant la cause, ont attribué l'effet au flux et au reflux de la mer. » *Buffon*, t. XI, p. 286.

(18) P. 246. — La vipère n'est pas vraiment vivipare. Elle

produit d'abord des œufs, et les petits sortent de ces œufs. Il est vrai que tout cela s'opère dans le corps de la mère, et qu'au lieu de jeter ses œufs au dehors, comme les autres animaux ovipares, elle les garde et les fait éclore en dedans. *Buffon*, t. III, p. 460.

(19) P. 245. — Lacépède définit le poisson, un animal dont le sang est rouge, et qui respire, au milieu de l'eau, par le moyen des branchies.

Hardouin propose de lire cent quarante-quatre, au lieu de soixante-quatorze : il se fonde sur ce que Pline, liv. XXXII, § 3, faisant le dénombrement des diverses espèces d'animaux qui peuplent la mer, en nomme cent soixante-quatorze, dans lesquels sont compris ceux qu'il désigne par ces mots : *crustia intecta*.

Les zoologistes modernes sont parvenus à reconnaître un bien plus grand nombre de poissons. Daubenton en compte huit cent soixante-six, Lacépède annonce en avoir observé plus de mille. Aujourd'hui le Cabinet du Roi en possède plus de sept mille.

(20) P. 245. — Trois cent quatre-vingt-six kilogrammes, ou sept cent soixante-douze livres. L'auteur de l'*Histoire naturelle des poissons* ne croit pas ce fait admissible. Il dit que les observateurs modernes ont mesuré et pesé des thons de trois cent vingt-cinq centimètres de longueur, et du poids de cinquante-cinq ou soixante kilogrammes. Il assure cependant que les thons de mille livres ne sont pas rares ; il dit même qu'on en a vu de dix-huit cents. Il remarque que ces poissons, ainsi que tous ceux qui n'éclosent pas dans le ventre de leur mère, proviennent d'œufs très petits ; qu'on a comparé la grosseur de ceux du thon à celle des graines de pavot. *Hist. des poissons*, t. II, p. 615, par Lacépède.

(21) P. 247. — Il y a des husos de plus de vingt-quatre pieds (huit mètres) de longueur ; et l'on en pêche qui pèsent jusqu'à deux mille huit cents livres (plus de cent quarante myriagrammes). Ce poisson ne se trouve guère que dans la mer Caspienne et dans la mer Noire, et on ne le voit communément remonter que dans le Volga, le Danube et les autres grands fleuves qui portent leurs eaux dans ces deux mers.

L'esturgeon habite non-seulement dans l'Océan, mais encore dans la Méditerranée, dans la mer Rouge, dans le Pont-Euxin, dans la mer Caspienne; il s'engage dans presque tous les grands fleuves. Il remonte particulièrement dans le Volga, le Tanaïs, le Danube, le Pô, la Garonne, la Loire, le Rhin, l'Elbe, l'Oder. Lorsqu'il a atteint tout son développement, il a plus de dix-huit pieds (six mètres) de longueur. *Hist. nat. des poissons*, par Lacépède, t. I, p. 417 et 423.

(22) P. 250. — Ils ont été ainsi nommés parcequ'ils offrent, l'un les mêmes nuances et les mêmes reflets que le merle, et l'autre les points et les taches vives et variées de la grive.

(23) P. 250. — Le trichias est un petit poisson du genre de l'alose. Son nom vient de τριχος, cheveu, parceque ses arêtes sont minces et déliées comme les cheveux.

(24) P. 253. — Hippure, ἱππος et ουρα, signifie queue de cheval. Ce nom a été donné à ce poisson à cause de la conformation de sa nageoire dorsale, dont les rayons très nombreux ont quelques rapports avec les crins du cheval.

Le coracin a quelques rapports avec le corbeau par sa couleur noire. C'est de là que vient le nom qu'on lui a donné. *Suivant Cuvier, le coracin de mer est le *castagneau*, *sparus chromis*; celui du Nil, le *bolty* (*chromis nilotica*).

(25) P. 253. — « Ses dents sont émoussées au lieu d'être pointues, et par conséquent très propres à couper ou arracher les algues et les autres plantes marines que le scare trouve sur les rochers qu'il fréquente. Ces végétaux marins paraissent être l'aliment préféré par ce chelline, et cette singularité n'a pas échappé aux naturalistes les plus anciens. Mais ils ne se sont pas contentés de rechercher les rapports que présente le scare entre la forme de ses dents, les dimensions de son canal intestinal, la qualité de ses sucs digestifs et la nature de sa nourriture, très différente de celle qui convient au plus grand nombre des poissons; ils ont considéré le scare comme occupant, parmi ces poissons carnassiers, la même place que les animaux ruminants, qui ne vivent que de plantes, parmi les mammifères, qui ne se nourrissent que de proie; exagérant ce parallèle, étendant les ressemblances et tombant dans une erreur qu'il aurait été cependant facile d'éviter, ils sont allés jusqu'à dire que le scare ruminait.

« Le scare ne parvient guère qu'à la longueur de deux ou

trois décimètres. Les individus de cette espèce vivent en troupes. » *Hist. nat. des poissons*, t. III, p. 532.

(26) P. 255. — L'art des hommes est parvenu à transplanter plusieurs sortes de poissons d'un climat sous un autre. Noël, que Lacépède a cité plusieurs fois en rendant un juste hommage au zèle et à l'exactitude de ce savant observateur, a lu, en fructidor an VII, à la société d'Émulation de Rouen, un mémoire sur les moyens de naturaliser, dans les eaux douces des fleuves, des poissons originaires des eaux salées. Il nous apprend que Francklin peupla de harengs une rivière de la Nouvelle-Angleterre en y déposant seulement des feuilles de plantes couvertes d'œufs.

Il n'y avait point de carpes en Angleterre avant la fin du seizième siècle. Ces beaux poissons dorés, aujourd'hui communs en France, nous ont été apportés de la Chine.

Nous lisons dans le premier volume de l'*Hist. nat. des poissons*, p. 436, que Frédéric Ier, roi de Suède, a introduit avec succès l'acipensère strelet dans le lac Mœler et dans d'autres lacs de la Suède, et que le roi de Prusse Frédéric le Grand a répandu ce même poisson dans un très grand nombre d'endroits de la Poméranie et de la Marche de Brandebourg.

Voyez aussi, t. II, p. 394 du même ouvrage, par quel moyen on est parvenu à transporter vivantes, sur plusieurs côtes d'Europe, un grand nombre de morues prises sur les bancs de Terre-Neuve.

(27) P. 256. — Pline comprend sous un seul nom le mulle rouget et le surmulet. Lacépède observe que ces deux poissons ayant les mêmes habitudes et assez de formes et de qualités communes pour qu'on ait souvent appliqué les mêmes dénominations à l'un et à l'autre, on est tombé dans une telle confusion d'idées au sujet de ces deux mulles, que d'illustres naturalistes très récents les ont rapportées à la même espèce, sans supposer même qu'ils formassent deux variétés distinctes. *Voyez*, t. III de l'*Hist. nat. des poissons*, les caractères qui distinguent le mulle rouget et le surmulet.

(28) P. 257. — C'était un des raffinements du luxe et de la délicatesse des gourmands de Rome. Déjà Sénèque, liv. III, ch. 17, 18, avait reproché à ses contemporains ce plaisir bizarre et cruel.

« Un mulet ne paraît pas frais s'il ne meurt dans les mains des convives. On les expose à la vue dans des vases de verre On observe les différentes couleurs par lesquelles une agonie lente et douloureuse les fait passer successivement. Ils en tuent d'autres dans la sauce et les font confire tout vivants... On les tue sur la table même, après avoir longtemps joui de leur mort, et avoir rassasié sa vue avant son goût.

« Les palais de nos gourmands sont devenus si dédaigneux, qu'ils ne peuvent goûter d'un poisson s'ils ne l'ont vu nager et palpiter au milieu d'un festin... On disait autrefois : rien de meilleur qu'un mulet pris entre les rochers. On dit aujourd'hui : rien de plus beau qu'un mulet expirant. Passez-moi ce vase de verre, que je le voie bondir, que je le voie tressaillir. Après l'avoir longtemps loué avec extase, on le tire de ce vivier transparent. Alors les plus experts instruisent les autres. Voyez ce rouge de feu, plus vif que le plus beau vermillon. Voyez ces veines qui s'enflent. On dirait que son ventre est de sang. Avez-vous remarqué cet éclat d'azur que viennent de réfléchir ses ouïes? Mais bientôt il se roidit, il pâlit, ses couleurs se confondent en une seule. »

(29) P. 257. — Cette saumure, si estimée des gourmands de Rome, et réservée pour la table des riches, se composait avec le sang du scomber, ou maquereau. Beaucoup d'auteurs en ont parlé, et l'appellent toujours *garum sociorum*, comme nous disions le tabac de la ferme. Par le mot *sociorum* il faut entendre une compagnie de négociants qui s'étaient emparés de cette branche de commerce. Pline, liv. XXXI, chap. 8, dit qu'à l'exception des parfums, il n'y avait pas de liqueur qui fût aussi chère et qui fît autant de réputation aux pays d'où elle était tirée : *Nec liquor ullus pene præter unguenta majore in pretio esse cœpit, nobilitatis etiam gentibus.*

(30) P. 259. — Lacépède observe qu'on ne peut pas attribuer à un surmulet ni à aucun autre mulle le poids de quarante kilogrammes assigné par Pline à un poisson de la mer Rouge, que ce grand écrivain regarde comme un mulle, mais qu'il faut plutôt inscrire parmi ces silures si communs dans les eaux de l'Égypte, dont plusieurs deviennent très grands, et qui, de même que les mulles, ont leur museau garni de très longs barbillons.

(31) P. 258. — Ce poisson a été nommé *faber*, forgeron, à cause de l'espèce de sifflement ou de grognement qu'il fait entendre lorsqu'on le prend. A Marseille, ou l'appelle par la même raison truie.

(32) P. 260. — « On ne doit, à la rigueur, donner le nom de nageoires qu'à des organes composés d'une membrane plus ou moins large, haute et épaisse, et soutenue par de petits cylindres plus ou moins mobiles, plus ou moins nombreux, et auxquels on a attaché le nom de rayons, parcequ'ils paraissent quelquefois disposés comme des rayons autour d'un centre. Cependant il est des espèces de poissons sur lesquelles des rayons sans membrane, ou des membranes sans rayons, ont reçu avec raison, et par conséquent doivent conserver la dénomination de nageoires, à cause de leur position sur l'animal et de l'usage que ce dernier en peut faire.

« Un poisson peut avoir depuis une jusqu'à dix nageoires, ou organes de mouvements extérieurs, plus ou moins puissants. » *Disc. sur l'Hist. nat. des poissons*, par Lacépède, t. I, p. 46.

(33) P. 260. — Lacépède établit que la murène des anciens est celle qu'il nomme murénophis. Elle diffère des autres par l'absence d'une nageoire caudale. Le bout de sa queue est d'une forme déliée, dénué de nageoires, ainsi que l'extrémité de la queue des vrais reptiles. Pline dit que les murènes n'ont point de nageoires ; il parle dans le sens d'Aristote, qui n'accorde ce nom qu'aux nageoires pectorales et ventrales. Pline ajoute qu'elles n'ont point de branchies. C'est une erreur : elles en ont quatre de chaque côté. Seulement l'ouverture de ces branchies est très petite et très étroite.

(34) P. 260. — « Les différentes personnes, dit Lacépède, qui ont mangé de la raie batis, et qui ont dû voir et manier ces longs rayons cartilagineux qui partent du corps de l'animal, et qui s'étendent, en divergeant un peu, jusqu'au bord des nageoires, ne seront pas peu étonnées d'apprendre que ces rayons ont échappé à l'observation de quelques naturalistes. Aristote lui-même, qui cependant a bien connu et très bien exposé les principales habitudes des raies, a écrit que la batis et la pastenaque n'avaient point de nageoires. C'est qu'il ne croyait pas que les côtés de ces poissons renfermassent des rayons, ou qu'il n'a pas considéré ces rayons comme des caractères dis-

tinctifs des nageoires. » Voyez *Hist. nat. des poissons*, t. I,
p. 42.

(35) P. 261. — La croissance de l'anguille se fait avec une
extrême lenteur. Des expériences exactes et précises sur la
durée de son développement ont fait conclure à Lacépède que
ce poisson vit au moins un siècle.

(36) P. 261. — Martini rapporte dans son Dictionnaire
qu'autrefois on pêchait jusqu'à soixante mille anguilles dans
un seul jour et avec un seul filet. On lit dans l'ouvrage de
Redi, sur les animaux vivants, que, lors du second passage des
anguilles dans l'Arno, c'est-à-dire lorsqu'elles remontent de la
mer vers les sources de ce fleuve de Toscane, plus de deux
cent mille peuvent tomber dans les filets, quoique dans un très
court espace de temps. Il y en a une si grande abondance dans
les marais de Commachio, qu'en 1782 on en pêcha neuf cent
quatre-vingt-dix mille kilogrammes. Et nous savons par Noël
qu'à Cléon, près d'Elbeuf, et même auprès de presque toutes
les rives de la basse Seine, il passe des troupes, ou plutôt des
légions si considérables de petites anguilles, qu'on en remplit
des seaux et des baquets. *Hist. nat. des poissons*, par Lacépède, t. II, p. 245.

(37) P. 263. — Le mot sélaques, σελάχη, vient de deux
mots grecs : ἔχειν, avoir, et σέλας, éclat, flamme. On voit que
le nom qu'il leur a donné est relatif à leur phosphorescence.
L'expression par laquelle Pline indique ces mêmes animaux
est fondée sur un autre de leurs caractères, et c'est celle que
les modernes ont adoptée.

(38) P. 263. — Ils ne sont pas vraiment vivipares. Ils produisent des œufs. Il est vrai qu'ils ne les jettent pas au dehors,
comme les autres ovipares, et qu'ils les gardent jusqu'à ce
qu'ils éclosent. Lorsque les fœtus ont acquis assez de force
pour rompre leur enveloppe, ils la déchirent dans le ventre
même de la mère, et sortent tout formés, comme les petits de
plusieurs serpents et de plusieurs quadrupèdes rampants, qui
n'en sont pas moins ovipares.

(39) P. 263. — «Lorsque les rémoras ne sont pas à portée
de se coller contre quelque grand habitant des eaux, ils s'ac-
crochent à la carène des vaisseaux, et c'est de cette habitude

que sont nés tous les contes que l'antiquité a imaginés sur ces
animaux.

« Du milieu de ces suppositions ridicules, il jaillit cependant une vérité : c'est que, dans les instants où la carène d'un
vaisseau est hérissée, pour ainsi dire, d'un très grand nombre
d'échénéis, elle éprouve, en cinglant au milieu des eaux, une
résistance semblable à celle que ferait naître des animaux à
coquille très nombreux et attachés également à sa surface ;
qu'elle glisse avec moins de facilité au travers d'un fluide que
choquent des aspérités, et qu'elle ne présente plus la même
vitesse. Et il ne faut pas croire que les circonstances où les
échénéis se trouvent ainsi accumulés contre la charpente extérieure d'un navire soient extrêmement rares dans tous les
parages : il est des mers où l'on a vu ces poissons nager en
grand nombre autour des vaisseaux, et les suivre en troupes
pour saisir les matières animales que l'on jette hors du bâti-
ment et pour se nourrir des substances corrompues dont on
se débarrasse. C'est ce qu'on a observé, particulièrement dans
le golfe de Guinée. » *Hist. des poissons*, t. III, p. 159.

(40) P. 265. — « Plusieurs trigles ont reçu des noms d'oiseaux : on les a appelées *hirondelle*, *coucou*, *milan*, etc. Les
premiers observateurs, frappés des grands rapports qu'ils trouvaient entre les écailles et les plumes, la parure des oiseaux
et le vêtement des poissons, les ailes des premiers et les nageoires des seconds, le vol des habitants de l'atmosphère et la
natation des habitants des eaux, aimaient à indiquer ces ressemblances curieuses par des noms d'oiseaux donnés à des
poissons.

« La pirapède peut s'élever au-dessus de la mer à une assez
grande hauteur pour que la courbe qu'elle décrit dans l'air ne
la ramène dans les flots que lorsqu'elle a franchi un intervalle
égal, suivant quelques observateurs, au moins à une trentaine
de mètres, et voilà pourquoi, depuis Aristote jusqu'à nous,
elle a porté le nom de faucon de la mer, et surtout d'hirondelle marine. » *Hist. des poissons*, t. III, p. 329.

(41) P. 265. — « La trigle milan a été aussi appelée, et
même par plusieurs célèbres naturalistes, *lanterne* ou *fanal*,
parcequ'elle offre d'une manière assez remarquable la propriété
de luire dans les ténèbres, qui appartient non-seulement aux

poissons morts dont les chairs commencent à s'altérer et à se décomposer, mais encore à un nombre assez grand d'osseux et de cartilagineux vivants. C'est principalement la tête du milan, et en particulier l'intérieur de sa bouche et surtout son palais, qui brillent dans l'obscurité de l'éclat doux et tranquille que répandent, pendant les belles nuits de l'été des contrées méridionales, tant de substances phosphoriques vivantes ou inanimées. » *Hist. des poissons*, t. III, p. 363.

(42) P. 266. — * L'encre des sèches n'est pas leur bile, mais un excrément renfermé dans une bourse particulière. On a dit que l'encre des sèches servait à faire la véritable encre de Chine. Ce n'est pas l'opinion de M. Abel Rémusat.

(43) P. 266. — Voici comme Camus explique l'effet de ce mécanisme. Il faut considérer, dit-il, que dans toute leur longueur, les bras sont garnis de petits corps convexes à l'extérieur, concaves en dedans, attachés au bras par une sorte de pédicule, et cerclés par le bas d'une partie un peu plus ferme, de la substance de la corne. Ce sont comme autant de ces petits calices dans lesquels les glands de chêne sont enfermés en partie. Cela posé, lorsque l'animal veut saisir quelque chose, il applique son bras, et touche ce qu'il saisit avec ses suçoirs. Les fibres musculeuses qui forment le corps du suçoir se contractent et rétrécissent sa cavité ; le muscle du pédicule, exerçant aussi son action, s'éloigne de l'objet touché et augmente la hauteur de la cavité : il se forme un vide, et alors l'eau environnante qui presse fortement contre les parois extérieures des suçoirs, ne permet plus à l'objet saisi de se détacher des bras de l'animal. Cet effet est le même que celui des ventouses appliquées sur la peau, et qui y tiennent par la pression de l'air environnant tant qu'elles sont vides d'air. C'est la comparaison de Rondelet et de Swammerdam. *Hist. nat. des anim. d'Aristote*, par Camus, t. II, p. 311.

(44) P. 280. — Pline nous dit, à la fin de ce chapitre, que ce fut pendant la guerre de Jugurtha que les Romains donnèrent le nom d'uniones aux perles remarquables par leur grandeur. L'unio était proprement l'ognon *unici capitis*, le même que les Grecs nommaient μονόκοκκον et μονόκεφαλον ; et notre mot *ognon* n'est venu que de ce terme *unio*, employé en ce sens par les paysans romains, longtemps avant que l'on

connût à Rome l'usage des perles, comme ils donnaient le nom de *gemma* au bourgeon de vigne, avant qu'ils eussent vu des pierres précieuses.

Saint-Simon parle dans ses *Mémoires*, t. II, de la fameuse pélegrine que le roi d'Espagne portait à son chapeau, au mariage de son fils. Cette perle, de la plus belle eau qu'on ait jamais vue, est, dit-il, précisément faite et évasée comme ces petites poires que l'on appelle de *sept en gueule*, et qui paraissent dans leur maturité vers la fin des fraises. La pélegrine est grosse et longue comme les moins grosses de ces poires, et, sans comparaison, plus qu'aucune autre perle que ce soit. Aussi est-elle unique. On la dit pareille à celle que la folie de magnificence et d'amour fit dissoudre par Cléopâtre dans une coupe de vinaigre.

(45) P. 280. — Sénèque parle aussi de ces pendants d'oreilles à plusieurs perles. *De Benef.*, l. III, cap. 9.

« Je vois des perles non simples pour chaque oreille ; les oreilles elles-mêmes sont exercées à porter des fardeaux : on les accouple deux à deux, et, par dessus ce premier rang, on en adapte d'autres. Un homme ne se croirait pas suffisamment asservi au délire des femmes, s'il ne leur attachait deux ou trois terres à chaque oreille. »

(46) P. 281. — Cet usage, ou cette fantaisie, se trouve encore aujourd'hui chez les Égyptiennes. A chacune des quinze tresses qui flottent sur leurs épaules, et que l'on allonge avec de la soie noire ou blonde, elles cousent des paillettes d'or. On attache à chaque extrémité un sequin percé à cet effet. Lorsqu'une femme marche, elle doit être annoncée par cette sonnerie.

(47) P. 288. — Quoique plusieurs modernes, dit Réaumur, aient composé des traités sur la couleur de la pourpre, on a été peu instruit sur la nature de la liqueur qui la fournissait, et cette teinture précieuse a été mise au rang des secrets perdus. Nos naturalistes ne sont pas même bien décidés sur l'espèce particulière de coquillages qui est la vraie pourpre des anciens.

(48) P. 291. — C'était la pourpre par excellence. La beauté et la rareté de cette couleur en avaient rendu l'usage particulier aux empereurs et aux premiers magistrats de Rome. Les

femmes mêmes n'osaient l'employer dans leurs habits. Elle était réservée pour les robes prétextes des hautes magistratures.

(49) P. 292. — Cette couleur tenait le milieu entre la pourpre et le bleu. Elle tirait sur le violet.

(50) P. 294. — Le *coccus*, qui fournissait aux anciens le rouge écarlate, et dont Pline nous parle comme d'une plante, est, à ce qu'il paraît, notre kermès (*c. ilicis*). On y trouve ce petit insecte sur les feuilles épineuses et sur les tendres rejetons d'une espèce d'yeuse, ou de chêne vert (*q. ilex*) qui croît dans les collines pierreuses de ceux de nos départements qui représentent la Provence et le Languedoc.

(51) P. 296. — « Il y a des êtres, dit Buffon, qui ne sont ni animaux, ni végétaux, ni minéraux, et qu'on tenterait vainement de rapporter aux uns ou aux autres. Par exemple, lorsque Trembley, cet auteur célèbre de la découverte des animaux qui se multiplient par chacune de leurs parties détachées, coupées ou séparées, observa pour la première fois le polype de la lentille d'eau, combien employa-t-il de temps pour reconnaître si ce polype était un animal ou une plante? et combien n'eut-il pas sur cela de doutes et d'incertitudes? C'est qu'en effet le polype de la lentille n'est peut-être ni l'un ni l'autre, et que tout ce qu'on en peut dire, c'est qu'il approche un peu plus de l'animal que du végétal. Mais, comme on veut que tout être vivant soit un animal ou une plante, on croirait n'avoir pas bien connu un être organisé, si on ne le rapportait pas à l'un ou à l'autre de ces noms généraux, tandis qu'il doit y avoir, et qu'il y a en effet une grande quantité d'êtres organisés qui ne sont ni l'un ni l'autre. » *Buffon*, t. III, p. 388.

Tel est aussi le sentiment de Daubenton. Voici comme il s'exprime, t. V, p. 277 des *Séances des Écoles normales* : « Les polypes, l'acétabule, les animaux des infusions n'ont-ils pas une organisation assez différente de celle de la plupart des animaux pour avoir un autre nom? Les conserves, les champignons, les moisissures, les lichens sont-ils de vraies plantes? Je pourrais rapporter ici beaucoup d'autres observations qui tendent à prouver qu'il y a une très grande quantité d'êtres organisés qui ne sont ni de vraies plantes, ni de vrais animaux.

Ce n'est qu'à force d'observations et de méditations que l'on
pourra distinguer clairement les vraies plantes et les vrais animaux des autres êtres organisés qui en diffèrent assez pour
avoir une autre détermination et un autre rang dans la division méthodique des productions de la nature. »

(52) P. 296. — Réaumur a proposé de les nommer gelée
de mer, parceque leur chair et leur ensemble ont la consistance d'une vraie gelée. L'ortie de mer a été ainsi appelée,
non pour exprimer aucun rapport de ressemblance avec la
plante qui porte ce nom, mais parcequ'elle cause des déman-
geaisons à ceux qui la touchent.

(53) P. 297. — Les modernes ont reconnu que l'éponge
n'est point un animal. C'est une espèce de ruche, un assem-
blage de cellules contiguës, construites par une multitude
d'insectes. Elle est pour eux ce qu'est le gâteau de cire pour
les abeilles. Les contractions qu'elle éprouve, lorsqu'on la touche, sont l'effet de la retraite intérieure et subite de ses nombreux habitants.

(54) P. 301. — Plusieurs auteurs pensent que le chalcis est
la sardine. Son nom vient du mot grec χαλκός, cuivre, airain;
il a rapport aux taches dorées qui brillent sur sa tête.

(55) P. 301. — « L'enflure considérable et les douleurs longues et aiguës qui suivent la piqûre de la vive ont fait penser
que cette trachine était véritablement venimeuse, et voilà pourquoi, sans doute, on lui a donné le nom de l'araignée, dans
laquelle on croyait devoir supposer un poison actif. Mais la
vive ne lance dans la plaie qu'elle fait aucune liqueur particulière. Tous les effets douloureux de ses aiguillons doivent être
attribués à la force avec laquelle elle se débat lorsqu'on la
saisit, à la dureté ainsi qu'à la forme très pointue de ses piquants, et à la profondeur à laquelle elle les fait parvenir. »
Hist. nat. des poissons, par Lacépède, t. II, p. 361.

(56) P. 302. — « Lorsque cette arme, dit Lacépède, est
introduite très avant dans la main, dans le bras, ou dans quelque autre endroit du corps; lorsque surtout elle y est agitée en
différents sens, et qu'elle est à la fin violemment retirée par
des efforts multipliés de l'animal, elle peut blesser le périoste,
les tendons ou d'autres parties plus ou moins délicates, de manière à produire des inflammations, des convulsions et d'au-

tres symptômes alarmants. Ces terribles effets ont bientôt été regardés comme les signes de la présence d'un venin des plus actifs. Mais, continue ce judicieux observateur, l'on peut assurer que l'on ne trouve auprès de la racine de ce grand aiguillon aucune glande destinée à filtrer une liqueur empoisonnée; on ne voit aucun vaisseau qui puisse conduire un venin plus ou moins puissant jusqu'à ce piquant dentelé; le dard ne renferme aucune cavité propre à transmettre ce poison jusque dans la blessure, et aucune humeur particulière n'imprègne ou n'humecte cette arme, dont toute la puissance provient de sa grandeur, de sa dureté, de ses dentelures, et de la force avec laquelle l'animal s'en sert pour frapper. » *Hist. nat. des poissons*, par Lacépède, t. I, p. 109.

Voyez encore les excellentes observations du même auteur, au sujet des poissons réputés venimeux. *Discours sur la nat. des poissons*, p. 117.

(57) P. 303. — Il est plusieurs espèces de poissons, et particulièrement des gades, dont une seule femelle contient plus de neuf millions d'œufs. *Discours sur la nature des poissons*, p. 97.

(58) P. 303. — Cette opinion de Pline est contraire à l'observation la plus exacte. Voyez *Hist. nat. des quadr. ovip.*, p. 519. Lacépède est entré dans les plus grands détails sur la génération des grenouilles.

(59) P. 304. — Il est bien vrai que les mères vont quelquefois se frotter contre les rochers ou d'autres corps durs, mais c'est pour se débarrasser plus facilement des petits déjà éclos dans leur intérieur. L'anguille, dit Lacépède, vient d'un véritable œuf, comme les autres poissons. L'œuf éclôt le plus souvent dans le ventre de la mère, comme celui des raies, des squales, de plusieurs blennies, de plusieurs silures; la pression sur la partie inférieure du corps de la mère facilite la sortie des petits déjà éclos. *Hist. nat. des poissons*, par Lacépède, t. II, p. 254.

(60) P. 304. — La rhinobate est une espèce existante par elle-même, et qui peut se renouveler sans altération, ainsi que toutes les autres espèces d'animaux que l'on n'a pas imaginé de regarder comme métisses. Elle n'est point moitié raie, moitié squale; c'est véritablement une raie, car son corps est plat

par dessous ; et, ce qui forme le véritable caractère distinctif par lequel les raies sont séparées des squales, les ouvertures de ses branchies ne sont pas placées sur les côtés, mais sur la partie inférieure du corps. *Hist. nat. des poissons*, par Lacépède, t. I, p. 140.

(61) P. 305. — Il y a dans le texte : *Non recipiant cara capitis*. Le mot *caput* signifie ici le corps, le tronc de l'animal. Aristote, liv. IV, nous apprend que les auteurs donnaient le nom de tête à ce qui est véritablement le tronc du polype.

(62) P. 307. — Elle a sous la partie la plus basse du ventre une espèce de fente où mûrissent ses œufs, et d'où sortent les petits, quand ils sont parfaits.

(63) P. 307. — Il s'agit ici de l'orvet. On a écrit que ses yeux étaient si petits, qu'on avait peine à les distinguer ; cependant, quoiqu'ils soient moins grands à proportion que ceux de beaucoup d'autres serpents, ils sont très visibles et d'ailleurs noirs et très brillants. Les petits serpents de cette espèce n'éclosent pas hors du ventre de leur mère, comme la plupart des couleuvres non venimeuses ; mais ils viennent au jour tout formés. *Hist. nat. des serpents*, p. 432.

(64) P. 307. — *La tortue franche*, etc. *Voyez* la note 16.

(65) P. 307. — Gesner fait mention d'un poisson prodigieux pêché en 1447 dans un étang auprès d'Elbrein ; on lui trouva une nageoire percée d'un anneau portant cette inscription : *Primus ego piscis quem in hoc stagnum injecit Fredericus II, IMP. V. Octob. MCCV*. Ce qui suppose que ce poisson avait vécu deux cent quarante-quatre ans, sans compter l'âge qu'il avait lorsque cet empereur le fit jeter dans cet étang.

Voyez, Disc. sur l'hist. nat. des poiss., p. 135, pourquoi la vie des poissons doit être plus longue que celle des autres animaux.

(66) P. 309. — Pline (liv. XXXII, § 6) est entré dans de bien plus grands détails. Il indique les lieux de la mer où se pêchent les bonnes huîtres ; il parle de la variété de leurs couleurs, de la forme qu'elles doivent avoir, des qualités qui constituent une huître excellente, des voyages qu'on leur fait faire. Il assigne enfin les rivages qui étaient célèbres alors par ce genre de production.

Gaudent dulcibus aquis, et ubi plurimi influunt amnes; pelagia parva et rara sunt. Gignuntur tamen et in petrosis, carentibusque aquarum dulcium adventu, sicut circa Grynium et Myrinam. Grandescunt sideris quidem ratione maxime, ut in natura aquatilium diximus; sed privatim circa initia æstatis, multo lacte prægnantia, atque ubi sol penetret in vada. Hæc videtur causa, quare minora in alto reperiantur. Opacitas cohibet incrementum, et tristitia minus adpetunt cibos.

Variant coloribus, rufa Hispaniæ, fusca Illyrico, nigra et carne et testa Circeiis.

Præcipua vero habentur in quacumque gente spissa, nec saliva sua lubrica, crassitudine potius spectanda, quam latitudine, neque in luto capta, neque in arenosis, sed solido vado, spondylo brevi atque non carnoso, nec fibris lacinioso, ac tota in alvo. Addunt pe-

Les huîtres aiment les eaux douces, et se plaisent à l'embouchure des rivières. En haute mer, elles sont rares et petites. Cependant on en trouve sur des rochers éloignés des eaux douces; par exemple, aux environs de Grynia et de Myrina. Elles croissent à la pleine lune, ainsi que je l'ai dit en parlant des animaux aquatiques, mais particulièrement au retour de l'été, saison où elles sont pleines de lait, et partout où le soleil pénètre au fond de l'eau. C'est ce qui semble expliquer pourquoi elles sont plus petites en pleine mer. L'opacité de l'eau nuit à leur accroissement. Elles sont languissantes et sans appétit.

Les huîtres varient en couleur. Rousses en Espagne, brunes en Illyrie, elles sont noires de chair et d'écailles à Circéi.

Mais en tout pays, on met au premier rang les huîtres d'une chair ferme, qui ne flottent point dans leur eau, qui présentent plus d'épaisseur que d'étendue. On veut qu'elles n'aient point été prises dans la vase ni dans le sable, mais sur un fond solide; que la fraise soit courte, non charnue, non découpée; qu'elles soient tout ventre. Les

connaisseurs ajoutent une autre marque caractéristique,
c'est une frange purpurine
qui borde la fraise. D'après
cela, ils distinguent les huîtres supérieures par le nom
de *calliblephara* (beaux cils).

Les huîtres se plaisent à
voyager, elles aiment qu'on
les transporte dans des eaux
qu'elles ne connaissent pas.
C'est ainsi que celles de Brindes, parquées dans l'Averne,
conservent, dit-on, leur suc,
et reçoivent du lac Lucrin une
saveur nouvelle. Voilà ce qui
concerne la nature de l'huître.

Les rivages ne doivent pas
être frustrés de leur gloire.
Je nommerai aussi les contrées célèbres, mais j'emprunterai une voix étrangère, celle
de l'homme de notre siècle le
plus en état de prononcer sur
cette matière.

Voici donc ce que dit Mu-
cien : « A Cyzique (1), les
huîtres sont plus grandes qu'à
Lucrin, plus douces que sur
les côtes britanniques, plus
savoureuses qu'à Médoc; elles
ont plus de sel qu'à Leptis (2),
moins d'eau qu'à Coryphan-
te (3), elles sont plus pleines

ritiores notam, ambiente
purpureo crine fibras, eoque argumento generosa interpretantur, calliblepha-
rata appellantes.

Gaudent et peregrina-
tione, transferrique in igno-
tas aquas. Sic Brundisiana
in Averno compasta, et
suum retinere succum, et a
Lucrino adoptare credun-
tur. Hæc sint dicta de corpore.

Dicemus et de nationi-
bus; ne fraudentur gloria
sua litora; sed dicemus aliena lingua, quæque peritis-
sima hujus censuræ in nostro ævo fuit.

Sunt ergo Muciani verba,
quæ subjiciam :
« Cyzicena majora Lu-
« crinis, dulciora Britanni-
« cis, suaviora Medulis,
« acriora Lepticis, sicciora
« Coryphantenis, pleniora
« Lucensibus, teneriora Is-

1 Ville de l'Hellespont.
2 En Afrique.
3 Sur la côte d'Éolie en Asie.

« tricis, candidiora Cir-
« ceiensibus. » Sed his neque dulciora, neque tene-
riora esse ullà compertum
est.

In Indico mari Alexandri
rerum auctores pedalia inveniri prodidere. Necnon
inter nos nepotis cujusdam
nomenclator tridacna ap-
pellavit ; tantæ amplitudi-
nis intelligi cupiens, ut ter
mordenda essent.

Addiditque luxuria fri-
gus obrutis nive, summa
montium et maris ima mis-
cens.

qu'à Lucentum (1), plus tendres qu'en Istrie, plus blanches qu'à Circéi. » Toutefois
il est reconnu qu'il n'en est
point de plus douces ni de
plus tendres que celles de
Circéi.

Les historiens d'Alexandre
ont écrit que dans la mer Indienne on trouve des huîtres
de la grandeur d'un pied ; et,
chez nous, le nomenclateur
de je ne sais quel prodigue a
donné à certaines huîtres le
nom de *tridacna*, signifiant
par là qu'elles sont si grandes, qu'il faut en faire trois
bouchées.

Le luxe, rapprochant et
confondant ensemble la cime
des montagnes et le fond de
la mer, a imaginé de couvrir
les huîtres de neige, pour les
manger à la glace.

(67) P. 310. — Athénée, liv. II, chap. 22, de ses *Deipnoso-
phistes*, nous fait voir que les Grecs aussi mangeaient des
limaçons ; mais ils n'y mettaient pas le même prix que les Romains, et ils n'avaient pas, comme eux, des viviers pour les
engraisser. On mange également des limaçons, même de terre,
dans plusieurs de nos départements. On préfère généralement
ceux de vigne.

(68) P. 312. — Il serait trop long de rapporter ici les observations d'Astruc sur les poissons fossiles. Mais si l'on veut
consulter les *Mémoires pour l'histoire naturelle du Languedoc*,
par Astruc, troisième partie, chap. X, p. 549, on verra ce

____

1 Ville d'Espagne.

qu'on doit penser de ces poissons qu'on trouvait vivants dans des lieux entièrement secs, où nulle eau ne pouvait pénétrer, et qui s'engendraient d'eux-mêmes par la vertu particulière du terroir.

(69) P. 315. — Réaumur l'appelle un insecte de mer. Linnée l'a placée dans la classe des vers zoophytes. Peu de modernes ont parlé de cette chaleur brûlante qui consume tout ce qu'elle touche. Valmont de Bomare, qui l'a observée avec soin, n'en dit absolument rien. Il remarque seulement que toutes celles qu'il a ramassées sur les rivages de la Méditerranée sont garnies de longues épines, et qu'on ne les prend pas toujours aussi impunément que celles des environs de l'Islande, qui en sont dépourvues.

(70) P. 315. — Les coquillages nommés solènes, ongles, oniches, aules, donaques, sont des variétés d'un même genre, dont le nom est dail, en latin *dactilus*. Réaumur leur avait d'abord refusé la propriété que Pline leur assigne ici ; mais il a reconnu dans la suite qu'il s'était trompé. Voyez les *Mémoires des Savants*, 1737, p. 678.

(71) P. 316. — Ce que les anciens ont dit sur le poisson conducteur de la baleine paraît absolument fabuleux. Les modernes n'ont rien observé de semblable. Peut-être a-t-on pris pour le guide de la baleine le baleineau, que la mère suit toujours jusqu'à ce qu'elle l'ait sevré. *Valmont de Bomare.*

LIVRE DIXIÈME.

(1) P. 317. — Le mot latin *struthiocamelus* signifie l'oiseau chameau ; il est composé des deux mots grecs στρουθός et κάμηλος. On l'a donné à l'autruche, à cause des rapports de ressemblance qu'elle a avec le chameau, par la longueur de son cou et de ses jambes.

Il est à remarquer que chez les anciens Grecs le nom στρουθός est commun à l'autruche et au passereau. Ce n'est pas qu'ils aient voulu indiquer comme ne formant qu'un même genre deux animaux aussi différents. Mais il paraît que, dans l'origine, le mot στρουθός avait une signification très étendue, et que, dans la suite, on l'a restreint à désigner seulement l'autruche et le passereau. Presque toujours les auteurs y joignent une épithète pour indiquer le pays ou quelque attribut de l'autruche. Le mot στρουθοκάμηλος ne se trouve point dans les anciens auteurs grecs.

* Cuvier remarque que l'autruche avale mais ne digère pas tout. Il a vu des estomacs d'autruche percés par des clous.

« L'autruche est un oiseau propre et particulier à l'Afrique, aux îles voisines de ce continent, et à la partie de l'Asie qui confine à l'Afrique. Ces régions, qui sont le pays natal du chameau, du rhinocéros, de l'éléphant et de plusieurs autres grands animaux, devaient être aussi la patrie de l'autruche, qui est l'éléphant des oiseaux. Les voyageurs modernes conviennent qu'elles ne s'écartent guère au delà du trente-cinquième degré de latitude de part et d'autre de la ligne. » *Hist. nat. des oiseaux.*

(2) P. 318. Cet oiseau fabuleux n'était que l'emblème d'une révolution solaire qui renaît au moment qu'elle expire. Il signifiait la grande année caniculaire des Égyptiens. Unique comme le soleil, le phénix brille des couleurs de la lumière. Il vient de l'Arabie : c'était en effet la route que les connaissances astronomiques avaient suivie pour parvenir jusqu'en Égypte. Enfin, cet oiseau périt et renaît sur l'autel du Soleil, parceque c'est le soleil qui règle et constitue la période caniculaire, et que les meilleurs astronomes égyptiens faisaient leur séjour à Héliopolis, fameuse par la meilleure école des prêtres d'Égypte. *Hist. de l'astron. ancienne,* par Bailly, p. 164.

Tacite n'a pas dédaigné de parler de l'apparition du phénix en Égypte. Après avoir dit que tout ce qu'on eu raconte est incertain et mêlé de fables, il ajoute que cependant personne ne doute que cet oiseau ne paraisse quelquefois en Égypte ; qu'il s'y est montré sous le règne de Sésostris, sous Amasis et sous Ptolémée Évergète, qui vécut environ 250 ans avant le règne de Tibère. *Hæc incerta et fabulosis aucta. Cæterum aspici aliquando in Ægypto eam volucrem non ambigitur.* Annal., lib. VI, cap. 28.

Bélon a prétendu retrouver le phénix dans l'oiseau de paradis. Mais, quelque analogie qu'il y ait entre les fables qu'on a débitées sur l'un et sur l'autre, il suffira d'observer que le phénix des anciens se trouvait en Arabie et quelquefois en Égypte, au lieu que l'oiseau de paradis ne s'y montre jamais. On ne le rencontre guère que dans la partie orientale de l'Asie, et spécialement dans les îles d'Arou.

* Cuvier pense qu'il s'agit du faisan doré.

(3) P. 319. — Les anciens appelaient année une révolution quelconque, soit d'une, soit de plusieurs planètes. Ils appelaient grande année celle qui embrassait un plus long intervalle. La grande année était une période qui comprenait exactement un nombre de révolutions complètes de plusieurs astres, de manière que tous ces astres, partis du même point ou de certains aspects, devaient se trouver revenus aux mêmes points ou aux mêmes aspects.

« Les anciens y attachèrent une sorte de superstition. Les premiers hommes qui étudièrent l'état du ciel pour les besoins de l'agriculture, remarquèrent que la révolution du soleil ramenait les saisons dans le même ordre; ils crurent reconnaître que certaines intempéries dépendaient de l'aspect de la lune, et en attachant les différents pronostics de ces intempéries aux levers et aux couchers des étoiles, ils se persuadèrent que les vicissitudes des choses d'ici-bas avaient des périodes réglées comme les mouvements célestes. De là naquit le préjugé que le même aspect, le même arrangement de tous les astres qui avait eu lieu à la naissance du monde, en amènerait la destruction. Le temps de cette longue révolution était la durée prédestinée à la vie de la nature. Un autre préjugé, qui eut la même source, fut que le monde ne devait périr à cette époque que pour renaître, et pour que le même ordre de choses recommençât avec le même cours de phénomènes célestes. Les uns fixèrent ce renouvellement universel à la conjonction de toutes les planètes. Les autres, qui avaient connaissance du mouvement des fixes, l'attendirent au retour des étoiles au même point de l'écliptique. D'autres, en réunissant ces deux espèces de révolutions, marquèrent le terme de la durée de toutes choses, au moment où les planètes et les étoiles reviendraient à la même situation primitive à l'égard de l'écliptique, c'est-à-dire qu'ils concevaient une période qui renfermerait une ou plusieurs révolutions complètes des étoiles, et de même un certain nombre de révolutions complètes de chacune des planètes. Période immense! le monde peut durer des milliers de siècles sans qu'elle s'achève. Toutes ces périodes s'appelèrent la grande année, c'est-à-dire grande révolution. » *Hist. de l'astronomie ancienne*, par Bailly, p. 254.

Lalande, *Hist. de l'astron. pour l'an IX*, déclare que les conjonctions rigoureuses de toutes les planètes sont incalculables. Un aperçu de ces retours, où il n'a employé que les jours pour la durée des révolutions, lui a donné dix-sept mille millions de millions d'années pour l'intervalle d'une conjonction à l'autre. Que serait-ce, dit-il, si j'avais tenu compte des heures et des minutes?

(4) P. 319. — * Suivant Cuvier, cette description se rapporte, non pas à l'aigle commun, mais au petit aigle appelé vulgairement aigle criard; sa femelle, quand elle est vieille, est presque toute noire et sans tache.

(5) P. 320. — « Le naturaliste Frisch n'ayant point trouvé de langue dans le bec d'un coq de bruyère mort, et lui ayant ouvert le gosier, y retrouva la langue, qui s'y était retirée avec toutes ses dépendances, et il faut que cela arrive le plus ordinairement, puisque c'est une opinion commune parmi les chasseurs, que les coqs de bruyère n'ont point de langue; peut-être en est-il de même de cet aigle noir dont Pline fait mention, et de cet oiseau du Brésil dont parle Scaliger, lequel passait aussi pour n'avoir point de langue, sans doute sur le rapport de quelques voyageurs crédules, ou de chasseurs peu attentifs, qui ne voient presque jamais les animaux que morts ou mourants, et surtout parcequ'aucun observateur ne leur avait regardé dans le gosier. » *Buffon, Hist. des oiseaux*, t. III.

(6) P. 320. — Buffon dit que le percnoptère ne ressemble à l'aigle que par la grandeur. Ce n'est point du tout un aigle, et ce n'est certainement qu'un vautour, ou, si l'on veut suivre le sentiment des anciens, il sera le dernier degré des nuances entre ces deux genres d'oiseaux, tenant d'infiniment plus près aux vautours qu'aux aigles. *Hist. des oiseaux*, t. I, p. 209.

* Cuvier pense au contraire qu'il s'agit du grand aigle à tête blanche.

(7) P. 322. — L'orfraie a été appelé par nos nomenclateurs le grand aigle de mer. Les Latins l'ont nommé *ossifraga*, parcequ'ils avaient remarqué que cet oiseau brise avec son bec les os des animaux dont il fait sa proie.

Voyez, *Hist. des oiseaux*, t. I, p. 165, ce qu'il faut penser de tout ce que Pline dit ici de la génération de l'aigle de mer.

(8) P. 324. — Cette aigle était ordinairement d'or ou d'argent. Sa grosseur était à peu près celle d'un pigeon. Elle avait les ailes déployées, tenant quelquefois un foudre dans ses serres. Elle était posée au bout d'une pique sur un petit piédestal rond ou carré du même métal. On mettait au-dessous un petit drapeau qui la faisait remarquer de loin. Les soldats avaient un si grand respect pour les aigles romaines, qu'ils les invoquaient comme leurs divinités spéciales : *Irent*, dit Tacite, Annal., lib. II, cap. 17, *sequerentur aves romanas, propria legionum numina*.

(9) P. 325. — C'est ce combat de l'aigle avec le serpent que Cicéron a peint si bien dans ces beaux vers, qui seuls nous sont restés de son poëme sur Marius. Nous les trouvons dans le premier livre de la divination, chap. 47, que Voltaire traduit ainsi dans sa préface de *Rome sauvée* :

> Tel on voit cet oiseau qui porte le tonnerre,
> Blessé par un serpent élancé de la terre;
> Il s'envole, il entraîne au séjour azuré
> L'ennemi tortueux dont il est entouré.
> Le sang tombe des airs. Il déchire, il dévore
> Le reptile acharné qui le combat encore;
> Il le perce, il le tient sous ses ongles vainqueurs,
> Par cent coups redoublés il venge ses douleurs.
> Le monstre, en expirant, se débat, se replie,
> Il exhale en poisons les restes de sa vie:
> Et l'aigle tout sanglant, fier et victorieux,
> Le rejette en fureur, et plane au haut des cieux.

(10) P. 326. — On sait que la superstition des présages était la base de la religion chez les Romains. Ils n'entreprenaient aucune affaire publique sans avoir consulté les augures et les aruspices, qui devinaient l'avenir par le chant ou le vol des oiseaux. Il ne faut donc pas s'étonner que ces augures et ces aruspices étudiassent avec un soin particulier toutes les

actions des oiseaux, les circonstances de leur vol, les différences de leur chant. C'est par cette raison que Pline s'est plusieurs fois appuyé de leur autorité.

(11) P. 352. — On sait que cet oiseau était révéré chez les Égyptiens, parce qu'il détruit les serpents, les grenouilles, les lézards et autres animaux semblables. Les naturalistes paraissent s'accorder à regarder l'ibis blanc de Brisson et de Buffon, et le tantalus ibis de Linnée, comme l'ibis des anciens Égyptiens. Cuvier, ayant ouvert quelques momies d'ibis rapportées d'Égypte, a reconnu que les os et le bec de ces oiseaux ne pouvaient provenir que d'un courlis à peine plus gros que le nôtre, et qu'ils ne ressemblaient, ni par la taille ni par la forme, à ceux du tantalus ibis. D'après ces faits et d'autres, rapportés par des auteurs qui ont examiné des momies d'ibis, tels que Buffon, Shaw, Edwards, Caylus, Cuvier s'est déterminé à chercher l'ibis parmi les vrais courlis, et il en a trouvé une espèce qui correspond beaucoup mieux que le tantalus ibis, non-seulement aux restes que les momies nous présentent, mais aux descriptions qu'Hérodote et Plutarque nous ont laissées de l'oiseau sacré, et qui surtout ressemblent aux figures coloriées qui se trouvent dans quelques uns des tableaux déterrés à Herculanum. Il juge que cette espèce est la même que l'abou-hannés de Bruce, et que ce voyageur est le seul qui ait deviné la vérité, en regardant son habou-hannés comme l'ibis des Égyptiens.

(12) P. 352. — Pline, liv. XVIII, chap. 35, indique encore plusieurs autres inflexions de la voix du corbeau. On en comptait jusqu'à soixante-quatre, toutes distinctes, et qui toutes avaient leur signification particulière.

(13) P. 355. — Quelques auteurs ont appliqué ce nom au coracias ou crare. Cet oiseau est attiré par tout ce qui brille, et cherche à se l'approprier. On l'a vu même, dit Buffon, enlever du foyer de la cheminée des morceaux de bois tout allumés, et mettre ainsi le feu dans la maison.

Spinturnix, autre nom qu'on donnait à cet oiseau, venant de σπινθήρ, *étincelle*, présente le même sens que *incendiaria*.

(14) P. 340. — Ce genre de spectacle plaît beaucoup aux Anglais, et encore plus aux Anglo-Américains. Chez eux, des

combats de coqs, annoncés avec solennité, ont lieu en champ
clos, à certaines époques de l'année, surtout pendant l'hiver.
Les combattants ont ordinairement les pattes armées de lames
tranchantes; presque toujours l'un des deux périt sur le
champ de bataille, et l'autre en sort souvent fort maltraité.
Ceux qui ont remporté plusieurs victoires sont cités avec distinction.

(15) P. 342. — Il ne s'agit pas ici de notre *tadorne*, oie qui
se fait un terrier comme les renards, mais bien d'une oie ho-
norée par les Égyptiens (*oie armée*, *oie d'Égypte*), comme le
symbole de l'amour filial.

(16) P. 343. — « Pline ayant dit avec raison que l'oiseau
appelé *otis* par les Grecs, se nommait *avis tarda* en Espagne,
ce qui convient à l'outarde, ajoute que la chair en est mauvaise,
ce qui convient à l'*otus*, selon Aristote et la vérité, mais nullement à l'outarde. Trompé apparemment par la ressemblance
des mots, il a confondu l'*otis* avec l'*otus*. Et cette méprise est
d'autant plus facile à supposer, que Pline, dans le chapitre
suivant, confond évidemment ces deux oiseaux. » *Hist. nat.
des oiseaux*, t. III, p. 6.

(17) P. 343. — C'est-à-dire des bords de la mer du Kam-
schatka, qui est la partie de l'océan Oriental la plus voisine
du cercle polaire. La contrée de *Grus-Tinski* et la ville de
Grustina, qui se trouvent au voisinage de cette mer, paraissent, par leurs dénominations, indiquer le séjour des grues.

(18) P. 345. — Le canton de Serponouwtzi, par delà le
fleuve Obi.

(19) P. 345. — Voyez la note 5.

(21) P. 347. — L'ortygomètre, le glottis, le cychrame, n'ont
pas encore été reconnus par les auteurs modernes. Au surplus,
tous s'accordent à regarder comme une fable l'histoire de ces
oiseaux qui accompagnent les cailles dans leurs voyages. Quant
au hibou, voici ce que Buffon observe à ce sujet. Les cailles
surchargées de graisse, lorsqu'elles partent en automne, ne
volent guère que la nuit; elles se reposent pendant le jour à
l'ombre, pour éviter la chaleur. On a pu, par cette raison, s'a-
percevoir que le hibou accompagnait ou précédait quelquefois
ces troupes de cailles.

(22) P. 348. — « Ces mouvements bouffons, attribués au

hibou par les anciens, appartiennent aussi à presque tous es oiseaux de nuit, et, dans le fait, ils se réduisent à une contenance étonnée, à de fréquents tournements de cou, à des mouvements de tête en haut, en bas, et de tous côtés, à des craquements de bec, à des trépidations de jambes et des mouvements de pieds, dont ils portent un doigt tantôt en arrière et tantôt en avant. On peut aisément remarquer tout cela en gardant quelques uns de ces oiseaux en captivité. Mais j'observerai encore qu'il faut les prendre très jeunes, lorsqu'on veut les nourrir : les autres refusent toute la nourriture qu'on leur présente, dès qu'ils sont enfermés. » Buffon, *Hist. des Oiseaux*, t. II, p. 149.

(23) P. 351.—Volney, dans son *Voyage en Syrie et en Égypte*, cite un exemple bien remarquable de ces singularités de la nature. « Depuis 550 ans qu'il y a des Mamelouks en Égypte, pas un seul n'a donné lignée subsistante ; il n'en existe pas une famille à la seconde génération. Tous leurs enfants périssent dans le premier ou le second âge. Les Ottomans sont presque dans le même cas, et l'on observe qu'ils ne s'en garantissent qu'en épousant des femmes indigènes , ce que les Mamelouks ont toujours dédaigné. Qu'on explique pourquoi des hommes bien constitués, mariés à des femmes saines, ne peuvent naturaliser, sur les bords du Nil, un sang formé aux pieds du Caucase, et qu'on se rappelle que les plantes d'Europe refusent également d'y maintenir leur espèce : on pourra hésiter de croire ce double phénomène ; mais il n'en est pas moins constant, et il ne paraît pas nouveau. Les anciens ont des observations qui y sont analogues. Ainsi, lorsque Hippocrate dit que chez les Scythes et les Égyptiens tous les individus se ressemblent, et que ces deux nations ne ressemblent à aucune autre ; lorsqu'il ajoute que, dans le pays de ces deux peuples, le climat, les saisons, les éléments et le terrain ont une uniformité qu'ils n'ont point ailleurs, n'est-ce pas reconnaître cette espèce d'intolérance dont je parle ? Quand de tels pays impriment un caractère si particulier à ce qui leur appartient, n'est-ce pas une raison de repousser tout ce qui leur est étranger ? » *Voyage en Syrie et en Égypte, par Volney, troisième édition*, t. I, p. 94.

(24) P. 352. — Pline nous apprend, liv. XVIII, chap. 13, qu'il faut semer les raves entre les fêtes de Neptune et de Vulcain. Or, les premières se célébraient le 23 juillet, et les autres le 23 août.

(25) P. 356. — Cette transformation du bec-figue en mésange cendrée est une erreur populaire. Cette erreur, adoptée par Aristote et par Pline, vient de ce que ces deux oiseaux ne paraissent jamais ou presque jamais dans le même temps, l'un disparaissant quand l'autre se montre : ce qui a donné lieu de croire que le successeur était le même oiseau métamorphosé. Expliquons de même ce que Pline dit du rouge-gorge et du rossignol des murailles.

(26) P. 357. — Les anciens étaient persuadés qu'il n'existait de merles blancs que sur le mont Cillène, en Arcadie, près des frontières de l'Achaïe. Mais il n'y a guère de pays où il ne s'en rencontre : ils sont plus communs dans le Nord que partout ailleurs. Lacépède, *Histoire des Oiseaux*, t. III, p. 495, écrit que ce passage du noir au blanc est irrégulier, fortuit, très peu fréquent, et propre à quelques individus de la couvée, dans laquelle on compte d'autres individus qui ne présentent en rien cette sorte de métamorphose.

Voici quelques observations assez curieuses, qui m'ont été communiquées par M. Cosme, médecin et professeur d'histoire naturelle à l'École centrale du département d'Eure-et-Loir. Il possède un merle blanc vivant.

Cet oiseau fut trouvé en l'an VI à Chavanne, petite commune peu éloignée de Chartres. Un même nid contenait quatre petits ; deux étaient de couleur ordinaire, le troisième avait une petite collerette blanche, le quatrième était parfaitement blanc. L'arbre qui portait le nid était planté contre un mur argileux. On rencontre fréquemment de ces variétés dans les oiseaux de ce département, mais seulement dans les lieux où l'on remarque une terre argileuse. C'est là que l'on trouve des alouettes blanches. M. Marchand, qui s'occupe beaucoup de l'histoire naturelle, en possède plusieurs dans son cabinet.

On voit aussi à Chartres un moineau blanc et un moineau panaché, trouvés tous les deux dans un colombier, à quatre lieues de Chartres. Les habitants assurent qu'on ne trouve

que dans des pays découverts ou contre les murs, des merles
blancs, des alouettes blanches, des moineaux blancs.

Il semble que la couleur blanche affecte plutôt les oiseaux
femelles que les mâles. Le merle blanc, le moineau blanc, qui
vivent à Chartres sont femelles, tandis que le moineau panaché et des merles nuancés de noir et de blanc sont mâles. Ce
phénomène est-il constant? c'est ce qu'une observation plus
longtemps suivie peut seule démontrer.

(27) P. 358.—Les anciens, et surtout les poëtes, ont célébré
les jours de l'alcyon. C'était ainsi qu'ils nommaient les beaux
jours qui arrivent quelquefois au solstice d'hiver. Cependant
ils n'étaient pas bien d'accord sur le nombre ni même sur le
temps où ils arrivaient. Les modernes ne savent à quel oiseau
il faut rapporter l'alcyon des anciens. Valmont de Bomare écrit
que l'oiseau avec lequel on lui trouve le plus de ressemblance
est celui que l'on voit à la Louisiane et à la Chine, et qui est
connu sous le nom d'hirondelle de la Chine. Mais les anciens
n'ont point connu la Louisiane, et il est fort douteux que l'hirondelle de la Chine leur ait été connue.

« Les nids d'alcyon sont un objet de commerce dans l'Inde,
écrit de Bomare. Les Chinois les mangent avec du gingembre,
on les font bouillir avec un autre aromate qui en déguise la
saveur insipide et glutineuse. Ils les estiment bons pour guérir les maux d'estomac et les maladies de langueur. On les
recueille sur les rochers escarpés, à la côte de Coromandel.
Quelques marins disent que ces nids sont composés avec le
goémon, espèce d'algue marine qui a une bonne odeur ; d'autres prétendent qu'ils sont formés par une espèce d'écume
blanche qui sort du bec de ces oiseaux quand ils sont en
amour. » Cl. Peissonnel a montré que ce sont de vrais po-
lypiers.

(28) P. 360. — Pline (liv. XVIII, chap. 29) parle de l'oiseau *parra*, qui se cache précisément le jour de la canicule :
*Avem parram, oriente syrio, ipso die non apparere, donec
occidat.*

Hardouin pense que le parra est le même que l'œuanthe
dont Pline a dit la même chose. Les Romains le croyaient d'un
sinistre présage.

> *Impios parræ recinentis omen*
> *Ducat.*

A dit Horace, liv. III des Odes. * Cuvier voit dans cet oiseau le rémix (*parus pendulinus*), ou la moustache (*p. biarmicus*).

(29) P. 362. — C'est aux perdrix rouges que doit se rapporter tout ce que les anciens ont dit des perdrix. Nul autre avant Pline n'a parlé de la perdrix grise ; cet oiseau même était nouveau pour lui. Il en fera mention au chap. XLIX; elle y est désignée par le nom de *oris nova*. Il fixe l'époque où cette espèce de perdrix a commencé à paraître dans l'Italie. Ce temps n'était pas éloigné de celui où il vivait, car la guerre dont il parle est celle qui eut lieu entre Othon et Vitellius, et la bataille qui assura l'empire au dernier se livra l'an 820 de Rome, 69 ans après J.-C.

(30) P. 363. — « Aristote dit que les perdrix femelles conçoivent et produisent des œufs lorsqu'elles se trouvent sous le vent des mâles, ou lorsque ceux-ci passent au-dessus d'elles en volant, et même lorsqu'elles entendent leur voix; et on a répandu du ridicule sur les paroles du philosophe grec, comme si elles eussent signifié qu'un courant d'air imprégné par les corpuscules fécondants du mâle, ou seulement mis en vibration par le son de sa voix, suffisait pour féconder réellement une femelle ; tandis qu'elles ne veulent dire autre chose, sinon que les perdrix femelles ayant le tempérament assez chaud pour produire des œufs d'elles-mêmes et sans commerce avec le mâle, tout ce qui peut exciter leur tempérament doit augmenter encore cette puissance, et l'on ne niera point que ce qui leur annonce la présence du mâle ne puisse et ne doive avoir cet effet. » Buffon, *Hist. nat. des Oiseaux*, t. IV, p. 205.

(31) P. 364. — Ce qui est dit ici au sujet des mœurs et des habitudes des pigeons, doit se rapporter aux pigeons de volière.

(32) P. 366. — Si le *tinniculus* est vraiment la cresserelle (*falco tinnunculus*), ainsi que tous les naturalistes s'accordent à le penser, on ne voit pas sur quel fondement Pline a fait de cet oiseau de proie l'ami et le protecteur des pigeons. Nous lisons dans Buffon que souvent il prend des pigeons qui s'écartent de leur compagnie.

(33) P. 369. — Le mot apodes vient de α privatif, et de πους, pied. Ces oiseaux ont été nommés ainsi, non qu'ils manquent de pieds, mais parcequ'ils ont les pieds très petits et très faibles.

Le mot *cypseli*, logeurs, vient du grec καψέλη, ruche. On leur a donné aussi ce nom, parcequ'ils nichent dans de petites loges faites en boue, et de forme allongée, qui n'ont qu'une ouverture proportionnée à la grosseur de leur corps.

Les modernes font tous de l'apode une espèce d'hirondelle qu'ils nomment la grande hirondelle, le martinet.

(34) P. 371. — On peut conclure de tout ce que les anciens ont dit du perroquet, qu'ils n'ont connu que celui qui vient de l'Inde, et seulement l'espèce que nous appelons la grande perruche à collier rouge.

(35) P. 381. — Ce qui résulte des données fournies par Athénée, IX, 9, et par Ælien, *Hist. des Animaux*, XV, c'est que le scops passait pour un oiseau très amusant, qui imite tout et se moque de tout; que l'on avait une espèce de danse moqueuse qui portait le même nom. Aristote désigne par σκωψ le petit duc de Buffon; strix, scops de Linnée. Selon quelques auteurs, les scops d'Homère sont plutôt de la race des pluviers.

(36) P. 381. — La première de toutes est de l'an de Rome 569; elle fut proposée par C. Orchius, tribun du peuple. Cette loi prescrivait seulement le nombre des convives. Vingt-deux ans après, l'an 591, la loi Fannia fixa la dépense même. Elle entrait dans le plus grand détail sur la distinction des jours. Elle permettait de dépenser 100 as par repas en certains jours de fêtes, 30 as dix fois par mois; la dépense des autres jours était réduite à 10 as, non compris les légumes, les fruits et le vin. L'an 609, la loi Didia étendit les dispositions de la loi Fannia à toute l'Italie. Enfin la loi Licinia fut portée l'an 642. Elle ne fit guère que confirmer la loi Fannia. Elle eut cela de particulier, que le sénat ordonna qu'elle serait exécutée, même avant que d'avoir reçu la sanction du peuple. On fit encore quelques autres règlements; mais le luxe, plus fort que toutes les lois, rompit toujours les barrières qu'on s'efforçait de lui opposer.

(37) P. 381. — Les Romains distinguaient par des noms différents les esclaves qu'ils employaient pour le service de la table. Ils les appelaient *structores*, *carptores*, *diribitores*, *scissores*, *archimagiri*, *cheironomontes*. Ce grand nombre de noms prouve la diversité de leurs emplois et la variété de leurs talents. Consultez à ce sujet Sénèque, ép. 47, et *de Vitæ brevitate*, ch. XII ; Apulée, liv. II ; Pétrone, ch. XXXVI, et plusieurs satires de Juvénal. Je donnerai seulement la traduction des vers suivants :

« Regarde, pour surcroît d'indignation, et l'agilité de celui qui met sur table, et l'adresse avec laquelle cet écuyer tranchant exécute rapidement toutes les leçons de son maître. Certes, il importe beaucoup comment on doit s'y prendre pour découper le lièvre et le poulet. » Sat. II, v. 120. Traduction de Dusaulx.

(38) P. 382. — Pline (liv. XI, chap. 53) parlera encore des Parthes comme se livrant avec fureur à tous les excès de la table. Quinte-Curce a dit de ces peuples (liv. V, chap. I) : *Convivales ludi tota Perside regibus purpuratisque cordi sunt.* On connaît aussi ce vers d'Horace :

Persicos odi, puer, apparatus.

(39) P. 382. — On voit par les écrits de Varron et de Columelle, sur l'économie rurale, que les anciens savaient réduire à l'état de domesticité plusieurs espèces d'oiseaux sauvages qu'ils engraissaient par milliers dans de grandes volières. Varron cite une maison de campagne où l'on avait engraissé cinq mille grives en un an.

(40) P. 384. — Voici les vers d'Horace :

Longa quibus facies ovis erit, illa memento,
Ut succi melioris, et ut magis alba rotundis,
Ponere.

Horat., lib. II, satir. 4.

Observons que Pline se trompe en prenant pour les sentiments d'Horace les propos d'un certain Catius, interlocuteur ridicule, dont ce poëte se moque par des remercîments ironiques.

(41) P. 384. — Ces poules, remarquables par leur fécondité, étaient ainsi nommées du pays d'où on les tirait. C'était des environs d'Adria, ville d'Italie, qui avait donné son nom à la mer Adriatique, aujourd'hui le golfe de Venise.

(42) P. 387. — Les Égyptiens, rapporte Diodore de Sicile, avaient une méthode de faire éclore des poulets, sans que les œufs eussent été couvés par des poules. Ils les enfermaient dans un four légèrement échauffé, et dont le degré de chaleur se rapportait à la chaleur naturelle des poules. Ce procédé est toujours en usage dans ce pays. Le temps le plus favorable pour cette opération est depuis le commencement de janvier jusqu'à la fin de mars. Pendant ces quatre mois, ils font couver plus de trois cent mille œufs qui, sans réussir tous, fournissent à peu de frais une quantité prodigieuse de volailles. On emploie à peu près dix jours pour échauffer les fours, et autant pour faire éclore les œufs. *Lettres sur l'Égypte*, t. II.

(43) P. 388. — Ce que Pline dit ici d'un seul homme, Cicéron l'attribue à presque tous les habitants de Délos, qui faisaient métier d'élever des volailles. *Vides ut in proverbio sit ovorum inter se similitudo? tamen hoc accepimus, Deli fuisse complures qui gallinas alere permultas quæstus causa solerent. Hi quum ovum inspexerunt, quæ id gallina peperisset dicere solebant. Acad. quæst.*, lib. *VI*, cap. 18.

(44) P. 393. — Il est probable que ces œufs hypénémiens, zéphyriens (œufs du vent, œufs du zéphyre) ont été nommés ainsi parceque les oiseaux dont parle notre auteur ne pondent guère de ces œufs que dans la nouvelle saison, annoncée ordinairement et même désignée par les zéphyrs.

(45) P. 393. — Beaucoup d'auteurs ont rangé la chauve-souris au nombre des oiseaux. D'autres en ont fait un animal intermédiaire entre les quadrupèdes et les oiseaux. Mais elle est un véritable quadrupède. La chauve-souris, dit Daubenton (*Séances des Écoles normales*, t. V, p. 10), ne diffère des quadrupèdes fissipèdes qu'en ce que les phalanges des doigts sont à proportion beaucoup plus longues, et qu'elles soutiennent une membrane qui se prolonge le long des côtes du corps jusqu'à la queue. Elle vole à l'aide de cette mem-

brane, lorsqu'elle est étendue ; mais, après l'avoir repliée avec les longues phalanges de ses doigts, elle marche comme les quadrupèdes, le poignet des jambes de devant lui servant de pieds. Au reste, la chauve-souris est conformée comme les autres quadrupèdes, tant à l'intérieur qu'à l'extérieur. Sa conformation n'a rien de commun avec les caractères essentiels à celle des oiseaux. S'il suffisait d'avoir une membrane propre au vol pour participer à la nature des oiseaux, le lézard volant, le poisson volant, et un grand nombre d'espèces d'insectes y auraient autant de part que la chauve-souris.

(46) P. 394. — Nous n'avons pas besoin de réfuter ces opinions, dit Lacépède. Les anciens, ainsi que les modernes, ont quelquefois pris des faits particuliers, des accidents bizarres des observations exagérées pour des lois générales ; et d'ailleurs il semble qu'ils avaient quelque plaisir à croire que la naissance d'une génération d'animaux aussi redoutés que la vipère ne pouvait avoir lieu que par l'extinction de la génération précédente. *Hist. nat. des Serp.*, p. 85.

(47) P. 394. — Les femelles ne couvent point leurs œufs ; elles les abandonnent après la ponte ; elles les laissent quelquefois sur la terre nue, surtout dans les contrées très chaudes ; mais le plus souvent elles les couvent avec plus ou moins de soin, suivant que l'ardeur du soleil et celle de l'atmosphère sont plus ou moins vives.

L'on ignore encore combien de jours s'écoulent dans les diverses espèces entre la ponte des œufs et le moment où le serpenteau vient à la lumière. Ce temps doit être très relatif à la chaleur du climat. *Hist. nat. des Serpents*, p. 27.

(48) P. 394. — Les crocodiles ne couvent point leurs œufs ; la chaleur seule de l'atmosphère les fait éclore. Lacépède cite une observation de Laborde, qui rapporte qu'à Surinam la femelle du crocodile se tient toujours à une certaine distance de ses œufs qu'elle garde, pour ainsi dire, et qu'elle défend avec une sorte de fureur. *Hist. des Quadrup. ovip.*, p. 10.

(49) P. 398. — On pense assez généralement que ces chiens ont été ainsi nommés parcequ'ils se trouvaient en Laconie, contrée de la Grèce, dont Lacédémone était la capi-

tale. Buffon présume que l'épithète *laconicus* pourrait bien avoir été employée dans le sens moral, c'est-à-dire, pour exprimer la brièveté ou le son aigu de la voix ; et qu'on aura appelé *laconic* ce chien qu'Aristote dit provenir du renard et du chien, parcequ'il n'aboyait pas comme les autres chiens, et qu'il avait la voix courte et glapissante comme celle du renard. Il retrouve dans ce chien laconic notre chien de berger, celui de tous dont la voix est la plus brève et la plus rare. Buffon, *Hist. nat.*, t. XII, p. 253.

(50) P. 402. — Ces rats bipèdes sont les mêmes animaux que les modernes ont nommés gerboises. On connaissait depuis longtemps la conformation très singulière de leurs pieds, dont ceux de derrière sont cinq à six fois plus longs que ceux de devant ; mais on n'avait pas d'idée juste de la manière dont ils marchent. Olivier nous a appris qu'ils ne vont que par sauts, mais qu'ils retombent chaque fois sur leurs quatre pieds.

(51) P. 403. — Maupertuis, qui s'est beaucoup occupé de ce lézard, a démontré l'action des flammes sur la salamandre. Il a remarqué qu'à peine elle est sur le feu, qu'elle paraît couverte de son lait qui, raréfié par la chaleur, s'échappe par tous les pores de la peau, sort en plus grande quantité sur la tête, ainsi que sur les mamelons, et se durcit sur-le-champ. Mais on n'a certainement pas besoin de dire que ce lait n'est jamais assez abondant pour éteindre le moindre feu. *Hist. nat. des Quadrup. ovip.*, p. 463.

(52) P. 403. — La salamandre femelle met bas des petits tout formés, et sa fécondité est très grande. Maupertuis a trouvé quarante-deux petites salamandres dans le corps d'une femelle, et cinquante-quatre dans une autre. *Hist. nat. des Quadr. ovip.*, p. 468.

(53) P. 404. — « Dans l'homme, écrit Buffon (*Hist. nat.*, t. V, p. 281), le premier des sens pour l'excellence, est le toucher, et l'odorat est le dernier... En général, les sens les plus relatifs à la pensée et à la connaissance sont plus parfaits chez l'homme, et les sens relatifs à l'instinct et à l'appétit sont plus parfaits dans l'animal. L'homme a donc le toucher, l'oreille et l'œil plus parfaits, et l'odorat plus imparfait que l'animal. Quant au goût, comme il est un odorat intérieur, et qu'il est

encore plus relatif à l'appétit qu'aucun des autres sens, on peut croire que l'animal a aussi ce sens plus sûr et plus exquis que l'homme. On pourrait le prouver par la répugnance invincible que les animaux ont pour certains aliments, et par l'appétit naturel qui les porte à choisir, sans se tromper, ceux qui leur conviennent; au lieu que l'homme, s'il n'était averti, mangerait le fruit du mancenillier comme la pomme, et la ciguë comme le persil. »

On pourrait observer que Buffon suppose gratuitement la vue de l'homme meilleure que celle d'un grand nombre d'animaux. Il s'en faut infiniment que nous ayons la vue aussi perçante que l'aigle et la frégate. Le goût aussi paraît être le plus imparfait des sens chez les poissons. Mais, dit Lacépède, il est remplacé par l'odorat, dans lequel on peut le considérer en quelque sorte comme transporté.

(54) P. 404. — « Dans presque aucun des animaux qui vivent habituellement dans l'eau et qui reçoivent les impressions sonores par l'intermédiaire d'un fluide plus dense que celui de l'atmosphère, on ne voit ni ouverture extérieure pour l'organe de l'ouïe, ni oreille externe, ni canal auditif extérieur, ni membrane du tympan, ni cavité du même nom, ni passage aboutissant à l'intérieur de la bouche, et connu sous le nom de *trompe d'Eustache*, ni osselets auditifs correspondants à ceux que l'on a nommés *enclume*, *marteau* ou *étrier*, ni limaçon, ni communication intérieure désignée par la dénomination de fenêtre ronde. Ces parties manquent en effet, non-seulement dans les poissons, mais encore dans les salamandres aquatiques ou à queue plate, dans un grand nombre de serpents, dans les crabes et dans d'autres animaux à sang blanc, tels que les sépies, qui ont un organe de l'ouïe, et qui habitent au milieu des eaux. Mais les poissons n'en ont pas moins reçu, ainsi que les serpents dont nous venons de parler, un instrument auditif, composé de plusieurs parties très remarquables, très grandes et très distinctes. » *Discours sur la nat. des Poissons*, par Lacépède, p. LXI.

(55) P. 404. — « Ce fait, bien connu des anciens, a été très souvent vérifié dans les temps modernes. Il y a, par exemple, bien plus d'un siècle que l'on sait que des poissons nourris dans des bassins d'un jardin de Paris désigné par la

dénomination de *Jardin des Tuileries*, accouraient lorsqu'on les appelait, et particulièrement lorsqu'on prononçait le nom qu'on leur avait donné. Ceux à qui l'éducation des poissons n'est pas étrangère n'ignorent pas que dans les étangs d'une grande partie de l'Allemagne on accoutume les truites, les carpes et les tanches à se rassembler au son d'une cloche, et à venir prendre la nourriture qu'on leur destine. » *Discours sur la nat. des Poissons*, p. CXXIX, par Lacépède.

(56) P. 405. — Lacépède établit même que ce sens est exquis chez les poissons, et qu'il est le premier de leurs sens. Le siége de l'odorat, dit-il, est le véritable œil des poissons. Il les dirige au milieu des tempêtes les plus épaisses, malgré les vagues les plus agitées, dans le sein des eaux les plus troubles, les moins perméables aux rayons de la lumière. Il ajoute que si l'odorat des poissons était moins parfait, ce ne serait que dans un petit nombre de circonstances qu'ils pourraient rechercher leurs aliments, échapper aux dangers qui les menacent, parcourir un espace d'eau un peu étendu. Voyez le *Discours sur la nat. des Poissons*, p. LXVII.

(57) P. 409. — Le gerbe, ou la gerboise proprement dite, animal de la taille d'un rat de moyenne grandeur, ne boit point, et refuse absolument tout aliment imbibé d'eau. On le trouve en Circassie, en Barbarie, en Égypte, en Arabie.

(58) P. 413. — On dort beaucoup dans la première enfance, ainsi que dans la décrépitude; l'*Encyclopédie méth.* (*Hist. des An.*, t. I, p. XLV) cite M. Moivre, de l'Académie des sciences, mort à quatre-vingt-huit ans, et qui n'était éveillé, vers la fin de sa vie, que pendant quatre heures sur vingt-quatre.

ONZIÈME LIVRE.

(1) P. 415. — Sous le nom d'*insectes* Pline désigne les animaux rangés aujourd'hui dans la classe des *articulés*.

(2) P. 417. — *Les modernes ont décidé cette question. Ils ont découvert les organes de la respiration chez les insectes. Ces animaux respirent par des trachées ou trous placés

sur leurs différents anneaux. Ces trachées sont des milliers de canaux repliés de mille manières, à travers l'orifice (*stigmate*) desquels l'air s'introduit comme par autant de bouches dans toutes les parties.

(3) P. 418. — Le bourdonnement des abeilles n'est point une voix, mais un son produit par le frottement et l'agitation de leurs ailes. Le chant des cigales est un simple bruissement qu'elles exécutent hors d'elles-mêmes, et qui ne provient nullement du jeu des poumons. Selon Réaumur, on observe sous le ventre de la cigale, à la suite de ses six jambes, deux calottes creuses et écailleuses qu'on serait tenté de qualifier de timbales ; elles servent à modifier le son que rend une membrane fortement tendue, et qui devient tantôt concave et tantôt convexe, mais toujours avec bruit, par l'entremise de deux muscles qui se contractent et se relâchent alternativement. Cette mécanique, observe Valmont de Bomare, est démontrée, parceque, en tiraillant ces muscles, on fait chanter une cigale, quoique morte, pourvu que les parties soient encore fraîches.

(4) P. 418. — *L'encre de sèche est une liqueur excrémentitielle : ce mollusque a un système respiratoire complet.

(5) P. 419. — *Les insectes ont un système nerveux, des muscles, et ne sont pas dépourvus de graisse.

(6) P. 419. — Les modernes ont donné la description anatomique de plusieurs insectes, et nous ont fait connaître leur cœur, leur foie, leur poumon. Réaumur a découvert que, dans la chenille, ce que les anciens prenaient pour un intestin est le cœur même de l'animal. Ce cœur est un long vaisseau appliqué au dos dans toute son étendue : il assure même que ses mouvements alternatifs de contraction et de dilatation s'aperçoivent facilement dans plusieurs espèces de chenilles rases, surtout dans celles dont la peau est transparente.

(7) P. 421. — De toutes les constellations, les plus anciennement observées sont celles des pléiades et du taureau. Les pléiades surtout furent d'un grand usage dans l'antiquité. Au temps d'Hésiode, elles divisaient l'année en deux parties. Leur coucher le matin marquait le commencement de l'hiver, et leur lever le matin marquait le commencement de l'été. Chez les Romains, ce lever et ce coucher marquaient également le commencement de ces deux saisons, comme nous le voyons par ces phra-

ses de Pline, l. XVIII, ch. 25 : *Ab æquinoctio autumni ad brumam, vergiliarum matutinus occasus hyemem die* XLIV *in-
choat... Ab æquinoctio verno initium æstatis die* XLVIII *vergiliarum exortu matutino.*

Pline et Columelle placent le lever des pléiades quarante-
huit jours après l'équinoxe du printemps, ce qui n'est pas
exact ; ce calcul n'est vrai que pour le temps de Méton, qui vivait 430 ans avant J.-C., et pour le climat de la Grèce. L'erreur
provient de ce que les Romains avaient adopté, sans choix et
sans examen, le calendrier des Grecs, qui ne convenait ni à
leur position ni à leur siècle.

(8) P. 422. — Il y a dans le texte : *Melliginem ex lacrymis
arborum quæ glutinum pariunt... fingunt. Melligo* est un nom
générique sous lequel Pline comprend trois sortes de matières
qu'il nomme, quelques lignes plus bas, *commosis, pissocéros,
propolis,* et dont les abeilles se servent pour enduire l'intérieur
de la ruche. Les modernes les ont réduites à une seule, à laquelle ils ont donné le nom de propolis. Les deux premières
ne sont que la propolis plus ou moins pure, plus ou moins
visqueuse. On ignore quels sont les arbres et les plantes qui
fournissent cette matière aux abeilles ; jamais on n'a pu les
trouver occupées à cette récolte.

(9) P. 426. — Cette assertion de Pline est démentie par les
modernes. Ce qu'il attribue à l'abeille qui habite les ruches,
ne convient qu'à une autre espèce de mouches, que l'on appelle abeille maçonne. Celle-ci bâtit son logement contre les
murs, avec un mortier composé de sable et de gravier. On la
voit voler chargée de petites pierres, et il est facile de la confondre avec la véritable abeille.

(10) P. 427. — On a reconnu que ce que les anciens nommaient les rois des abeilles sont les femelles, dont l'unique
fonction est la reproduction de l'espèce. Les faux-bourdons
sont les mâles ; ils fécondent les reines. Les abeilles ouvrières
sont des mouches neutres qui ne se reproduisent pas. Elles sont
les plus nombreuses et les plus puissantes de la ruche. Il ne
s'y fait rien que par elles, excepté la fécondation et la ponte.

Les ouvrières sont au nombre de plus de quinze mille dans
les ruches ordinaires ; les faux-bourdons n'excèdent guère le
nombre de mille lorsqu'ils abondent le plus. Les reines sont

les moins nombreuses de toutes : on n'en trouve jamais plus de vingt dans la ruche la plus peuplée.

(11) P. 428. — Quelques admirateurs enthousiastes se sont écriés que l'instinct des abeilles équivaut à la géométrie la plus sublime, et qu'elles résolvent sans hésiter le problème de bâtir le plus solidement qu'il soit possible dans le moindre espace possible, et avec la plus grande économie possible. Mais Buffon établit (t. V, p. 379) que ces hexagones tant vantés, tant admirés, ne sont qu'un résultat mécanique et assez imparfait qui se trouve souvent dans la nature, et que l'on remarque même dans ses productions les plus brutes. *Voyez* à ce sujet *Hist. nat.*, t. V, p. 379. Au surplus, les cellules destinées aux reines ne sont pas hexagones ; elles sont d'une forme arrondie, oblongue, et en tout assez irrégulière.

(12) P. 428. — Tous les anciens ont pensé généralement que le miel était comme une rosée qui tombait du ciel, et que les abeilles n'avaient que la peine de le recueillir. Mais Linnée a découvert dans les fleurs certaines glandes qui sont des réservoirs d'une liqueur douce et sucrée. Il appelle ces réservoirs *nectaria*. C'est là que les abeilles vont puiser le miel : elles font passer cette liqueur dans leur corps, d'où elles la rejettent dans les cellules.

(13) P. 433. — Les anciens se servaient des figues sauvages pour obtenir la maturité des figues domestiques. Voici en quoi consistait le travail de la caprification : chaque année, en juin et juillet, les cultivateurs enfilaient à des brochettes des figues printanières, cueillies sur des arbres sauvages, et les accrochaient aux figuiers domestiques. Ces figues contenaient certains petits vers que les Grecs nommaient psènes, et qui bientôt se métamorphosaient en moucherons. Ces moucherons s'accouplaient et entraient par l'ombilic dans les figues domestiques. Ils y déposaient non-seulement les poussières fécondantes des étamines des figues d'où ils sortaient, et dont ils étaient couverts, mais encore leurs œufs ; et les insectes qui en provenaient faisaient mûrir et grossir successivement les figues domestiques.

Pline parle de ce procédé (liv. XV, ch. 19). Aristote en fait aussi mention (liv. V, ch. 32 de son *Histoire naturelle des Animaux*). Ils observent l'un et l'autre que beaucoup de

cultivateurs plantaient un figuier sauvage près des figuiers domestiques, de manière que le vent pût emporter les moucherons sur ces derniers. On a conclu de là que les anciens avaient
trouvé l'art de féconder les fruits produits par les arbres femelles avec les étamines mâles ; et que par conséquent ils connaissaient déjà la distinction des plantes mâles et femelles ;
mais elle n'était pas appuyée sur une véritable connaissance des sexes. C'est Linnée qui, le premier, a mis dans tout
son jour la théorie du sexe des plantes, pour en faire la base
de son système.

(14) P. 433. — Cette fête se célébrait, suivant Gruter, au
mois d'août, dix jours avant les calendes de septembre.

(15) P. 435. — Il n'est pas étonnant que tout ce qui concerne la génération des abeilles ait été un mystère pour les anciens. Il est bien vrai que, du temps de Pline, ils avaient
imaginé les ruches de corne ; mais ces ruches étaient moins
transparentes que celles de verre : d'ailleurs ils ne portaient
pas aussi loin que nous l'esprit d'observation. Cette connaissance semblait être réservée à Réaumur. Il perfectionna les
ruches de verre dont Maraldi a le premier fait usage. Il réussit
à tirer la reine de son palais, la mit tête à tête avec un mâle,
fut témoin de leur accouplement, et parvint à découvrir un secret qui avait paru jusqu'alors impénétrable.

(16) P. 435. — C'est la mouche asile, comme le prouvent
ces vers de Virgile :

> Est lucos Silari circa, ilicibusque virentem
> Plurimus alburnum volitans : cui nomen asilo
> Romanum est ; œstrum Graii vertere vocantes,
> Asper acerba sonans, quo tota exterrita silvis
> Diffugiunt armenta, furit mugitibus æther
> Concussus, sylvæque et sicci ripa Tanagri.
> Hoc quondam monstro horribiles exercuit iras
> Inachiæ Juno pestem meditata juvencæ.
>
> Georg., liv. III, v. 146.

> Aux rives du Silare, où des forêts d'yeuses
> Prolongent dans les champs leurs ombres ténébreuses,
> Vole un insecte affreux que Junon autrefois,
> Pour tourmenter Io, déchaîna dans les bois.
> Aux bourdonnements sourds de son aile bruyante

> Tout un troupeau s'enfuit en hurlant d'épouvante.
> De leurs cris furieux le Taïgare frémit,
> La forêt s'en ébranle, et l'Olympe en gémit.
>
> *Delille.*

(17) P. 438. — La femelle n'a point d'autres fonctions que celle de la ponte. C'en est bien assez pour l'occuper; car la reine abeille peut pondre jusqu'à deux cents œufs par jour, et trente à quarante mille œufs dans le cours d'une année.

Elle est privée de tous les instruments nécessaires pour le travail; elle n'a point de brosses, point de palette triangulaire; en un mot, tous les organes propres au travail ont été sacrifiés en faveur des organes de la génération.

(18) P. 440. — Les abeilles ouvrières massacrent les mâles lorsque la femelle est fécondée.

(19) P. 441. — « L'aiguillon, écrit Valmont de Bomare, est situé à l'extrémité du ventre de l'abeille. Sa longueur est d'environ deux lignes. Il entre avec beaucoup de vitesse, par le moyen de certains muscles placés fort près de l'aiguillon, qu'on aperçoit facilement en pressant le derrière de l'abeille. Ce dard, qui paraît si délié à l'œil, est un petit tuyau creux, de matière de corne ou d'écaille. Il contient un aiguillon composé lui-même de deux aiguillons accolés qui jouent en même temps ou séparément au gré de l'abeille. Leur extrémité est taillée en scie, dont les dents sont tournées dans le sens d'un fer de flèche qui entre aisément, et ne peut sortir sans faire de cruelles déchirures. Aussi presque toujours la piqûre que fait une mouche à miel lui est-elle fatale, l'aiguillon entraînant avec lui la vessie, et quelquefois une partie des intestins. »

(20) P. 443. — Réaumur écrit qu'il ignore si l'abeille vit plus d'un an, mais qu'on a conservé des ruches jusqu'à trente ans.

(21). P. 445. — C'est dans le morceau, du IVᵉ livre des *Géorgiques*, qui commence par ces vers :

> Sed si quem proles subito defecerit omnis,
> Nec genus unde novæ stirpis revocetur habebit;
> Tempus et Arcadii memoranda inventa magistri

> Pandere, quoque modo caesis jam saepe juvencis
> Insincerus apes tulerit cruor, etc.
>
> v. 281.
>
> Mais si de tes essaims tout l'espoir est détruit,
> Apprends par quels secrets ce peuple est reproduit;
> Je vais de ce grand art éterniser la gloire, etc.
>
> *Delille.*

Tout cela est faux.

(22) P. 446. — Suivant Réaumur, la matière qui compose les gâteaux des guêpes et des frelons est une espèce de carton où il entre en effet beaucoup de particules de bois, que ces insectes coupent avec les scies dont leur bouche est armée.

(23) P. 446. Cette guêpe diffère des autres, en ce qu'elle n'a pas, comme celles-ci, les ailes pliées en deux.

(24) P. 448. — Quelques auteurs ont cru reconnaître ici les métamorphoses et le travail de notre ver à soie. Mais il est facile de montrer qu'ils sont dans l'erreur : 1° le ver à soie n'a point de cornes ; 2° il subit toutes ses métamorphoses en moins de deux mois ; 3° sa coque n'a rien de commun à un tissu formé d'une espèce de trame et de chaîne, et semblable à la toile de l'araignée. Nous ne connaissons point l'insecte dont il est ici question.

(25) P. 448. — Tout cet endroit présente des difficultés d'autant plus grandes, qu'il s'agit des divers états par où passe un insecte qui ne nous est pas connu. Hardouin pense que le bombyce est la chenille dans l'état de chrysalide ; que le nécydale est l'insecte *né de nouveau de lui-même*, né du bombyce qui était comme mort (νεκύς, mort). Brotier est d'un autre avis. Selon lui, bombilis est le ver qui file ; le nécydale est la chrysalide ou le papillon qui sort de la chrysalide.

(26) P. 448. — Sénèque (*De Beneficiis*, VII, 9) a parlé aussi du goût des femmes romaines pour ces étoffes qui laissaient voir ce qu'elles paraissaient couvrir.

« Je vois des vêtements de soie, si l'on peut donner le nom de vêtements à des étoffes qui ne garantissent ni le corps ni la pudeur, et avec lesquels une femme ne pourrait, sans mentir, assurer qu'elle n'est pas nue. Nous faisons venir à grands

frais ces étoffes de pays inconnus, même au commerce, afin
que nos femmes n'aient rien de plus à montrer en secret à
leurs amants, qu'en public à tous les citoyens. » Traduction
de Lagrange.

(27) P. 450. — L'araignée ne tire pas son fil de l'intérieur
de son corps. Il sort de mamelons disposés sur le corps de
l'insecte, auprès de l'anus. La matière de ce fil paraît être une
liqueur glutineuse qui se fige à mesure qu'elle sort, mais qui
a déjà sa forme dans le petit sac où elle est contenue.

(28) P. 452. — Loin de s'associer ainsi pour le travail et la
chasse, les araignées vivent entre elles en état de guerre, excepté le temps où elles s'accouplent.

Les mâles filent, mais beaucoup moins que les femelles.

(29) P. 453. Les modernes ont reconnu que le scorpion est vivipare, et que la femelle produit ses petits tout formés. Élien,
parmi les anciens, en avait déjà fait l'observation. *De nat.
Animal., l. VI., cap.* 20.

* Ce qui a induit en erreur, c'est que les petits sont blancs,
que leur queue et leurs pieds sont rapprochés.

(30) P. 455. — Maupertuis, qui a disséqué beaucoup de
scorpions, ne leur a jamais trouvé moins de vingt-sept petits,
et, dans quelques uns, il en a trouvé jusqu'à soixante-cinq.

(31) P. 455. — La cigale n'a qu'une trompe, au lieu de
bouche. Elle s'en sert pour pomper le suc des feuilles. Ce suc
est sa nourriture.

(32) P. 464. — Pline et Aristote ont dit très peu de choses
du chat, qui probablement n'était pas aussi commun chez les
anciens, et domestique comme chez nous. Buffon écrit que le
chat sauvage a toujours les lèvres noires, les oreilles roides et
les couleurs constantes. Son poil est gris-brun, sans aucune
moucheture et sans aucune tache. — * L'animal dont Pline
parle ici n'est assurément pas une fourmi; c'est peut-être le
corsac, petit renard de l'Inde (*canis corsac*).

(33) P. 467. — Suivant Réaumur, elles ne meurent pas;
mais elles ne rentrent jamais dans la tunique qu'on leur a fait
quitter : elles préfèrent de s'en fabriquer une autre.

(34) P. 468. — * Il faut entendre ici différents coléoptères

dont plusieurs ne sont pas du genre *cantharide*, et qui ont tous une génération aussi naturelle que les autres insectes auxquels Pline attribue faussement une génération spontanée.

(35) P. 468. — On trouve quelquefois des neiges qui couvrent les hautes montagnes, teintes d'un rouge assez vif. La matière qui les colore brûle avec une odeur semblable à celle de beaucoup de substances végétales. Saussure, qui en a souvent recueilli dans les Alpes, avait été conduit par cette propriété et par le lieu et le temps où on trouve cette matière, savoir, en été et dans les lieux où beaucoup de plantes sont en fleur, à la regarder comme la poudre des étamines de quelques plantes. Ramond, qui a retrouvé cette poudre sur les neiges des Pyrénées, ayant remarqué qu'elle est plus pesante que l'eau, lui a soupçonné une origine minérale, et il a trouvé en effet qu'elle provient de la décomposition de certains micas.

(36) P. 469. — Cicéron rapporte le même fait en citant Aristote. *Apud Hypanin fluvium qui ab Europæ parte in Pontum influit, Aristoteles ait bestiolas quasdam nasci quæ unum diem vivant. Ex his igitur hora octava quæ mortua est, provecta ætatem mortua est; quæ vero occidente sole, decrepita; eo magis, si solstitiali die. Confer nostram longissimam ætatem cum æternitate; in eadem propemodum brevitate, qua illæ bestiolæ, reperiemur.* Tuscul. I, cap. 39. « Aristote dit que sur les bords du fleuve Hypanis, qui tombe du côté de l'Europe dans le Pont-Euxin, il se forme de certaines petites bêtes qui ne vivent que l'espace d'un jour. Celle qui meurt à deux heures après-midi meurt bien âgée, et celle qui va jusqu'au coucher du soleil meurt décrépite, surtout un grand jour d'été. Si vous comparez avec l'éternité la vie de l'homme la plus longue, vous trouverez que ces petites bêtes y tiennent presque autant de place que nous. » Traduction de d'Olivet.

Les modernes connaissent d'autres insectes éphémères dont la vie est encore plus courte. Ils commencent à voler vers le soir; au milieu de la nuit, ils ont déjà cessé de vivre.

(37) P. 469. — *Voyez* la note 2, liv. X.

(38) P. 469. — Oiseaux célèbres dans la Fable. Ils étaient d'une grandeur prodigieuse. Hercule les chassa du lac Stymphale. Ce fut le cinquième de ses travaux.

Stymphalidas pepulit volucres discrimine quinto.

Auson.

Lucrèce en fait des animaux de proie à ongles crochus.

Uncisque timenda
Unguibus Arcadiæ volucres Stymphala colentes.

Lucr., liv. V.

(39) P. 470. — Cette légion fut formée par J. César. Voici ce que nous apprend Suétone à ce sujet : *Cæsar ad legiones quas a republica acceperat, alias privato sumptu addidit; unam etiam ex Transalpinis conscriptam, vocabulo quoque gallico (alauda enim appellabatur); quam disciplina cultuque romano institutam et ornatam, postea universam civitate donavit.* Suet., *Vita Cæs.*, cap. XXIV.

« César joignit aux troupes qu'il avait reçues de la république, deux autres légions qu'il leva à ses frais : une de ces légions était toute composée de Transalpins, et avait même un nom gaulois (l'alouette). Il leur donna l'armure des Romains, les forma à la même discipline, et, dans la suite, les mit au rang des citoyens. »

(40) P. 470. — « Les anciens, les modernes ont tous parlé du dragon consacré par la religion des premiers peuples... Proclamé par la voix sévère de l'histoire, partout décrit, partout célébré, partout redouté, montré sous toutes les formes, toujours revêtu de la plus grande puissance, immolant ses victimes par ses regards, se transportant au milieu des nuées avec la rapidité de l'éclair, frappant comme la foudre, dissipant l'obscurité des nuages par l'éclat de ses yeux étincelants, réunissant l'agilité de l'aigle, la force du lion, la grandeur du serpent, présentant même quelquefois une figure humaine, doué d'une intelligence presque divine, et adoré de nos jours dans de grands empires de l'Orient : le dragon a été tout et s'est trouvé partout, hors dans la nature. A la place de cet être fantastique, que trouvons-nous dans la réalité? un animal aussi petit que faible, un lézard innocent, un des moins armés des quadrupèdes ovipares, et qui, par une conformation particulière, a la facilité de se transporter avec agilité, et de voltiger de branche en branche dans les forêts qu'il habite. » *Voyez* l'article *Dragon, Hist. des Quadrup. ovip.*, p. 448.

(41) P. 470. — Voici ce que Valère Maxime, l. V, ch. 6, rapporte de Cipus : *Genutio Cipo paludato portam egredienti, nori et inauditi generis prodigium incidit ; namque in capite ejus subito quasi cornua emerserunt ; responsumque est regem eum fore si in urbem revertisset ; quod ne accideret, voluntarium sibimet ac perpetuum indixit exilium.*

Jean Schenckius (*Observ. medic.*, p. 14) a recueilli plusieurs exemples d'hommes auxquels il était venu des cornes.

Valmont de Bomare, t. II, fait mention d'un homme du pays du Maine, à qui, du temps de Henri IV, pareille chose était arrivée.

Voici ce qui est raconté à ce sujet par J.-A. Dulaure (*Nouvelle Description des Curiosités de Paris*, chez Lejay, 1785) : « Le maréchal de Beaumanoir chassant dans la forêt du Maine en 1599, ses gens lui amenèrent un homme qu'ils avaient trouvé endormi dans un buisson, et dont la figure était très singulière. Il avait au bout du front deux cornes faites et placées comme celles d'un bélier. Il était fort chauve, et avait au bas du menton une barbe rousse et par flocons, telle qu'on peint celle des satyres. Il conçut tant de chagrin de se voir promener de foire en foire, qu'il en mourut à Paris au bout de trois mois. On l'enterra dans le cimetière de Saint-Côme. »

(42) P. 471. Cette assertion est démentie par Buffon, liv. VII, p. 83. Ce qui marque, dit-il, une grande différence entre ces animaux (le cerf et le chevreuil), c'est que le cerf ne met bas sa tête qu'au printemps, et ne la refait qu'en été, au lieu que le chevreuil la met bas à la fin de l'automne et la refait pendant l'hiver.

(43) P. 473. — Le bois du cerf tient immédiatement à la couronne, qui est un prolongement de l'os du front.

« L'adhérence du bois avec la prominence correspondante de l'os frontal est telle, dans le moment où ils ont acquis toute leur dureté, qu'il est impossible alors de tracer la limite entre la base et la partie adhérente. La peau et le périoste s'arrêtent au-dessous du bourrelet osseux qui environne cette base. Au moment de la chute, il se forme entre le bois et la prominence une ligne de séparation rougeâtre ; le bois s'ébranle et tombe au moindre choc. La prominence mise à nu ressemble alors à un os scié en travers. Elle est bientôt recouverte par la peau du front. Alors en cet endroit il s'élève un tubercule qui, d'abord cartilagineux et recouvert de la peau et du périoste, est pénétré de toutes parts par les vaisseaux qui rampent à sa surface; il s'ossifie; le bourrelet se forme, ses dentelures se resserrent, oblitèrent les vaisseaux; la peau et le périoste se dessèchent et tombent, et l'os mis à nu est le bois parfait, qui ne tarde pas à tomber aussi, pour renaître plus considérable qu'auparavant. » Cuvier, *Leçons d'Anatomie comparée*, t. I.

(44) P. 474. — Les Romains, qui portaient les cheveux courts, donnèrent le nom de *Comata* à cette partie de la Gaule où on laissait croître les cheveux. La Gaule chevelue est celle qui fut conquise par César. Elle se divisait en trois parties. La première, au septentrion, était habitée par les Belges, la seconde par les Aquitains, et la troisième, c'est-à-dire, celle du milieu, par les Celtes.

(45) P. 475. — « La forme de la tête de l'homme diffère principalement de celle des animaux par le volume du cerveau et par la longueur des mâchoires. Le cerveau est plus gros et les mâchoires plus courtes dans l'homme que dans aucun des animaux. Le grand volume du cerveau de l'homme forme la saillie de l'occiput au delà du grand trou occipital, et met la tête en équilibre sur le cou. Le cerveau forme aussi, par son étendue, le front et toute la partie de la tête qui est au-dessus des oreilles. Le cerveau est si petit dans les animaux, que la plupart n'ont point d'occiput, ou que le front leur manque, ou n'a que peu d'élévation. Dans ceux qui ont un grand front, il se trouve placé aussi bas et même plus bas que les oreilles: tel est le front du cheval, du bœuf, etc. Mais ces animaux à grand front manquent d'occiput, et le sommet de leur tête n'a qu'une petite étendue. » *Encyclop. méthod.*, *Hist. nat. des Animaux*, t. I. p. xxiv.

(46) P. 476. — Cette observation a été vérifiée par Réaumur. Mais il diffère de notre auteur par rapport au nombre des vers. En disséquant une tête de cerf, il trouva près du larynx et de l'ouverture des narines, dans la bouche, deux bourses ou poches naturelles qui contenaient des vers. Il croit qu'il y en avait plus de cent; car, en ne comptant que les plus gros, il en tira, dit-il, soixante-quatre à soixante-cinq. Dans une

autre tête, il ne s'en est trouvé qu'une douzaine. Selon d'autres observations, les cerfs ont aussi quelques vers dans le suc mucilagineux de la vertèbre qui joint la tête au cou.

(47) P. 476. — Aristote (liv. VI, ch. 29) dit seulement que toutes les biches de la montagne nommée Élaphus, qui est en Asie, dans l'île d'Arginusse où mourut Alcibiade, ont l'oreille fendue, et que les faons portent la même marque dans le ventre de la mère. Pline a généralisé cette observation d'Aristote, et l'a mal à propos étendue à tous les cerfs.

(48) P. 477. — La face ou le visage comprend tout ce qui se présente dans toute l'étendue superficielle de la tête, entre la chevelure ou partie chevelue et le cou ; savoir : le front, les sourcils, les paupières, les yeux, le nez, la bouche, le menton, les joues, les oreilles.

(49) P. 485. — Le surnom de Strabon a été donné à plusieurs citoyens des familles *Fannia* et *Pompeia*. Le père du grand Pompée était surnommé Strabo. Ce mot signifie louche, qui a les yeux tournés.

Plusieurs individus des familles Ælia et Papiria ont reçu le surnom de *Pætus*, qui veut dire celui dont la vue n'est pas fixe.

(50) P. 485. — Pline désigne ici la chauve-souris, que beaucoup d'anciens ont placée dans la classe des oiseaux, parce qu'elle a des ailes. Les modernes la rangent au nombre des quadrupèdes.

(51) P. 487. — *Voyez* la note 23, liv. VIII. La mâchoire supérieure est plus ou moins mobile dans les oiseaux, les serpents et les poissons ; immobile dans les autres animaux, ainsi que les os de la face entre lesquels elle est enclavée.

(52) P. 488. Ses dents sont émoussées, au lieu d'être pointues, et par conséquent très propres à couper ou arracher les algues et les autres plantes marines dont il fait sa nourriture. *Voyez* la note 25 du liv. IX.

(53) P. 488. — Les progrès des sciences naturelles nous ont fait voir la fausseté de cette explication. Le venin des serpents est renfermé dans une vésicule placée de chaque côté de la tête, au-dessous du muscle de la mâchoire supérieure. *Voyez la note suivante.*

(54) P. 489. — « Toutes les vipères ont de chaque côté de la mâchoire supérieure, une ou deux et quelquefois trois ou quatre dents longues d'environ trois lignes, blanches, diaphanes, crochues et très aiguës ; on les a appelées les dents canines de la vipère, à cause d'une ressemblance imparfaite qu'elles ont avec les dents canines de plusieurs quadrupèdes. Ces dents sont très mobiles, ainsi que celles des autres serpents vipères. L'animal les peut incliner ou redresser à volonté ; communément elles sont couchées en arrière, le long de la mâchoire, et alors leur pointe ne paraît point ; mais lorsque la vipère veut mordre, elle les relève et les enfonce dans la plaie en même temps qu'elle y répand son venin.

« Ces dents canines de la vipère sont creuses ; elles renferment une double cavité et comme un double tube. Le premier de ces deux conduits s'ouvre à l'extérieur par deux petits trous, dont l'un est situé à la base de la dent, et l'autre vers sa pointe ; et le second n'est ouvert que vers la base où il reçoit les vaisseaux et les nerfs qui attachent la dent à la mâchoire. Ces mêmes dents sont renfermées, jusqu'aux deux tiers de leur longueur, dans une espèce de gaîne composée de fibres très fortes et d'un tissu cellulaire. Cette gaîne est toujours ouverte vers la pointe de la dent. Le poison de la vipère est contenu dans une vésicule placée de chaque côté de la tête, au-dessous du muscle de la mâchoire supérieure. Le mouvement du muscle, pressant cette vésicule, en fait sortir le venin qui arrive par un conduit à la base de la dent, traverse la gaîne, entre dans la cavité de la dent par le trou situé près de la base, en sort par celui qui est auprès de la pointe, et pénètre dans la blessure. » *Hist. nat. des Serpents*, p. 7.

(55) P. 492. — La langue des serpents peut paraître fendue en trois lorsque le serpent l'agite vivement, mais elle ne l'est réellement qu'en deux.

« Dans la plupart des espèces, elle est renfermée presqu'en entier dans un fourreau, d'où l'animal peut la faire sortir en l'allongeant ; il peut même la darder hors de sa gueule sans remuer ses mâchoires et sans les séparer l'une de l'autre, la mâchoire supérieure ayant au-dessous du museau une petite échancrure par où la langue peut passer, et par où, en effet, on voit souvent déborder les deux pointes de cet organe, même dans l'état de repos du serpent. » *Hist. nat. des Serpents*, p. 30.

(56) P. 493. — Les organes qui servent au coassement et qui n'appartiennent qu'à la grenouille mâle, consistent en deux vessies à air, dont l'ouverture est voisine du gosier, à l'endroit où se trouve dans l'homme le commencement des gencives de la mâchoire supérieure. Ces vessies sont composées de deux membranes qui peuvent se séparer facilement et s'enfler l'une sans l'autre. La première est continue à la membrane du palais, et l'autre à la peau extérieure.

Lorsque les mâles coassent, ils gonflent ces deux vessies qui, en se remplissant d'air, deviennent comme deux instruments retentissants, et augmentent le volume de leur voix. *Extrait des notes sur l'Hist. nat. des Animaux d'Aristote*, par Camus, p. 389.

(57) P. 495. — Ces animaux ont sept vertèbres dans le cou, comme tous les autres quadrupèdes. Du reste, tous ces détails anatomiques sont très inexacts, et il y a une grande confusion dans les termes.

(58) P. 499. — Voici ce que Celse (liv. III, chap. 19) dit de cette maladie : *Morbi genus quod καρδιακόν a Græcis nominatur, nihil aliud est quam nimia imbecillitas corporis, quod, stomacho languente, immodico sudore digeritur. Licetque protinus scire id esse ubi venarum exigui imbecillique pulsus sunt.*

(59) P. 508. — Ce mot signifie tête de chèvre. Plusieurs naturalistes appliquent ce nom à la barge, oiseau de nuit, qui cherche sa nourriture dans les marais salés.

(60) P. 509. — Pline a répété ce qu'a dit Aristote. Je vais transcrire ici l'observation de Camus sur cette assertion du philosophe grec : « Si Aristote n'avait donné à l'homme que sept côtes, on croirait qu'il a parlé seulement des vraies côtes, dont le nombre est effectivement de sept. Mais il n'est pas possible de supposer, avec Cælius Rhodiginus, que, pour compter huit côtes, il ait joint la clavicule avec les côtes, puisqu'il a appelé cet os par son nom. Tout ce que l'on peut dire pour excuser Aristote, c'est que les côtes, qui sont ordinairement au nombre de douze de chaque côté, se trouvent quel-

quefois en nombre plus ou moins grand, soit d'un côté, soit des deux côtés, et que, comme Riolan l'assure en propres termes, on a trouvé plus d'une fois une huitième côte attachée au cartilage xiphoïde qui fait la pointe du sternum. Les singes ont de chaque côté huit vraies côtes. Il est donc possible que dans un temps où les dissections anatomiques étaient rares, Aristote ait vu un homme qui avait huit côtes attachées au sternum, et que d'ailleurs ayant ouvert plus de singes que d'hommes, il ait cru pouvoir assurer que les côtes, en ne parlant que des côtes vraies, étaient au nombre de huit. » *Notes sur l'Hist. nat. des Animaux d'Aristote*, par Camus, t. II, p. 591.

(61) P. 509. — Les os qui restent au serpent, après ceux de la tête, ne consistent qu'en vertèbres et en côtes. Les vertèbres commencent à la partie supérieure du crâne, à laquelle la première est articulée. Les autres sont rangées de suite, jusqu'à l'extrémité de la queue. A chacune des vertèbres qui existent depuis la fin de la tête jusqu'à la naissance de la queue, sont attachées deux côtes, ordinairement d'autant plus longues qu'elles sont plus près du milieu du corps. C'est probablement de ces côtes du milieu que Pline a voulu parler ici, quand il a dit que le serpent en a trente. Les vertèbres de la queue sont dépourvues de côtes. La vipère a 145 vertèbres, depuis la tête jusqu'à la queue, et 290 côtes; le boa ou devin 246 vertèbres, et par conséquent 592 côtes.

(62) P. 510. — Dans la vulve la plus intérieure se forment les œufs de la vipère, qui se débarrasse de ces œufs dans la seconde vulve, où elle les garde jusqu'à ce qu'ils soient éclos, et c'est ainsi qu'elle produit des petits vivants, quoiqu'ils sortent réellement d'un œuf.

(63) P. 514. — Pline, dans tout cet article, comprend sous le nom de *nervus* (νεῦρος, des Grecs), les nerfs, les tendons, les ligaments. Les anatomistes modernes nous ont appris que les nerfs sont les cordons blancs qui sortent du cerveau, du cervelet et de la moelle de l'épine, et qui se répandent dans toutes les parties du corps.

(64) P. 514. — Ce mot *veines* avait, chez les anciens, une signification bien plus étendue que chez nous. Ils comprenaient sous cette dénomination les veines et les artères. Sui-

vant eux, tout le sang était renfermé dans le cœur et dans les veines. Les artères étaient les canaux destinés à conduire l'air.

(65) P. 515. — Pline semble être en contradiction avec lui-même, lorsqu'au liv. XXIX, chap. 6, parlant de l'utilité dont peut être le sang des pigeons pour guérir certaines maladies des yeux, il recommande d'ouvrir la veine qui est sous l'aile du pigeon : *Vena autem sub ala ad hunc usum inciditur.* Mais, suivant le P. Hardouin, il n'a prétendu parler que des petits oiseaux, et il a voulu dire qu'ils n'ont pas des veines proprement dites, mais des vaisseaux capillaires, des fibres presque imperceptibles ; en quoi il s'est exprimé conformément à l'opinion d'Aristote, qui écrit (liv. III, chap. 4 de l'*Hist. des Anim.*) : « Les veines se distinguent aisément dans les grands animaux qui ont beaucoup de sang ; mais on ne les suit pas avec la même facilité dans les petits et dans ceux qui, soit naturellement, soit à raison de leur graisse, ont peu de sang ; les vaisseaux absorbés alors dans la graisse peuvent être comparés à des ruisseaux qui se perdent dans un terrain fangeux. Il y a d'autres animaux dont les veines sont en petit nombre et ressemblent plutôt à des fibres qu'à des veines. » Traduction de Camus.

(66) P. 520. — Ovide a parlé des striges (liv. VI des *Fastes*), et voici la description qu'il en fait :

> Sunt avidæ volucres...
> Grande caput, stantes oculi, rostra apta rapinæ.
>   Canities pennis, unguibus hamus inest.
> Nocte volant, puerosque petunt nutricis egentes,
>   Et vitiant cunis corpora rapta suis.
> Carpere dicuntur lactentia viscera rostris :
>   Et plenum poto sanguine guttur habent.
> Est illis strigibus nomen ; sed nominis hujus
>   Causa, quod horrenda stridere nocte solent.

Voici ce que Festus dit au sujet de ces mêmes oiseaux : *Striges aves nocturnas, ut ait Verrius, Græci* στρίγγας *appellant ; a quo maleficis mulieribus nomen inditum est, quas volaticas etiam vocant.* On voit qu'on désignait par ce nom des oiseaux de nuit dont le vol et le cri avaient quelque chose d'effrayant ; que ces oiseaux, cruels et voraces, cherchaient à surprendre et à déchirer les enfants dans leur berceau. On avait nommé *striges* les sorcières et les magiciennes, qu'on appelait aussi *volaticæ*, parceque, disait-on, elles prenaient la forme de ces oiseaux.

Il est assez inutile de rechercher quels sont ces striges que Pline n'a pas reconnus, et qu'il traite lui-même d'oiseaux fabuleux. Poinsinet de Sivri veut que ce soit notre grimpereau, oiseau de passage, et qu'on nomme aussi torche-pot.

Brotier pense que c'est le hibou d'Orient, oiseau si vorace, dit-il, qu'il entre la nuit dans les maisons et déchire les enfants. Il s'appuie de l'autorité d'Asselquist, *Voyages dans le Levant*, t. II, p. 19.

(67) P. 525. — Pline ne connaissait point l'orang-outang. Voyez, dans Buffon, les caractères de ressemblance entre l'homme et cet animal. *Hist. nat.*, t. XII.

(68) P. 525. — La clavicule se trouve aussi dans les mammifères qui portent leurs bras en avant, tels que les singes, les rongeurs ; et dans ceux qui volent, comme les chauve-souris. L'os claviculaire (dit Cuvier, *Leçons d'Anatomie comparée,* t. I) s'affaiblit, se perd entre les chairs, ou disparaît entièrement à mesure que les animaux se rapprochent de ceux dans lesquels l'usage du membre antérieur se réduit uniquement à la marche. Dans les oiseaux qui volent, cet os est soutenu par celui de la fourchette, qui forme comme une seconde clavicule ; et dans ceux qui ne volent pas, il dégénère en une faible apophyse.

(69) P. 527. — « La queue de l'éléphant est couverte ou plutôt parsemée dans sa longueur de soies dures et plus grosses que celles du sanglier. Il se trouve aussi de ces soies sur la partie convexe de la trompe et aux paupières, où elles sont quelquefois longues de plus d'un pied. Ces soies ou poils aux deux paupières ne se trouvent guère que dans l'homme, le singe et l'éléphant. *Buffon*, t. IX, p. 283. »

(70) P. 529. — Pline parle encore de Némésis (liv. XXVIII, chap. 2) : *Cujus Romæ simulacrum in Capitolio est, quamvis latinum nomen non sit.* Cette déesse était celle qui punissait

les indiscrétions. Elle avait pour attribut une équerre et un mors, comme on le voit par ces deux anciens vers grecs :

Ἡ Νέμεσις προλέγει τῷ πήχει τῷ τε χαλινῷ,
   Μήτ' ἄμετρόν τι ποιεῖν, μήτ' ἀχάλινα λέγειν.

« Némésis, par l'équerre et le mors qu'elle porte, prescrit la mesure dans les actions, et la circonspection dans les discours. »

(71) P. 530. — On donne le nom de varices, en chirurgie, aux veines dilatées qui forment des tubercules inégaux, noueux et noirâtres. Elles viennent le plus souvent aux jambes.

Cicéron nous apprend, au second livre des *Tusculanes*, que, depuis Marius, d'autres ont montré le même courage, et qu'au surplus ce Romain ne se fit faire l'opération qu'à une seule jambe. *Fuisse acrem morsum doloris idem Marius ostendit : crus enim alterum non præbuit. Ita et tulit dolorem, ut vir ; et ut homo, majorem ferre sine causa necessaria noluit.* « Une preuve que la douleur de Marius fut aiguë, c'est qu'il ne donna point son autre jambe. Pour une première opération, le courage l'avait emporté ; mais ensuite la sensibilité naturelle usa de ses droits. »

(72) P. 530. — Ces surnoms ont été donnés aux premières familles de Rome : telles que celles des Munatius, des Émilius, des Aurélius, des Servilius, des Apuléius.

Plancus et Plautus signifient pied-plat ; Scaurus, celui qui a un talon tortu, et sur lequel la jambe porte à faux ; Pansa, pied large ; Varus, celui qui a les jambes arquées en dehors ; Vacia, celui qui a les jambes arquées en dedans ; Vatinius, celui qui a les jambes contournées.

(73) P. 531. — L'astragale est un des sept os du tarse ; il est placé entre le calcanéum et les os de la jambe. Pline a répété l'erreur d'Aristote en niant que cet os existe dans l'homme et dans les solipèdes. Cette erreur vient, dit Camus (*Notes sur l'Histoire des animaux d'Aristote*, p. 594), de ce qu'Aristote l'ayant remarqué, surtout dans les animaux qui ont le pied fourchu, a cherché ce même os dans d'autres animaux et dans l'homme, à la même distance du bout du pied où il le voyait, par exemple, dans le mouton. Ne l'y trouvant point, il a affirmé que l'homme et plusieurs autres animaux ne l'avaient pas, ce

qui est faux. Seulement la forme n'est pas toujours la même ;
et Aristote a raison de dire que l'astragale du porc, comparé
à celui du bœuf ou du mouton, n'est pas aussi bien formé,
c'est-à-dire, que les élévations de cet os ne sont pas aussi saillantes, ni les creux aussi renfoncés qu'ils le sont dans l'astragale d'autres animaux.

(74) P. 532. — Voyez la description de deux reptiles bipèdes,
dont l'un est le cannelé qu'on a trouvé au Mexique, et qui a
beaucoup de rapport par sa conformation générale avec les serpents amphisbènes. L'autre est le sheltopusik, dont Pallas a
parlé le premier. On le trouve auprès du Wolga, ainsi qu'aux
environs de Térékam, près du Kuman. *Hist. nat. des Quadr.
ovip.*, p. 614.

(75) P. 535. — Le simia des Latins, ainsi que le pithécos
des Grecs, est un singe, un vrai singe, c'est-à-dire un animal
sans queue, dont la face est aplatie, dont les dents, les mains,
les doigts et les ongles ressemblent à ceux de l'homme, et qui,
comme lui, marche debout sur les pieds. Les anciens n'en connaissaient qu'une seule espèce, le pithèque, qui n'a, tout au
plus que deux pieds et demi de hauteur. Ils n'ont pas connu
l'orang-outang ni le gibbon.

(76) P. 537. — Cette différence ne tient point à la nature
des lieux. Il y a une espèce particulière de grenouilles qui habite dans les mêmes pays que la grenouille commune, mais qui
en diffère par quelques unes de ses habitudes, et par ses couleurs. C'est la rousse, qu'on a aussi appelée la muette, parcequ'elle ne fait entendre son cri que dans le moment de son accouplement et lorsqu'on la tourmente. *Voy. Hist. nat. des Quadrup. ovip.*, p. 528.

(77) P. 538. — «Quoique les anciens, dit Buffon, aient écrit
que la vache, le bœuf et même le veau avaient la voix plus
grave que le taureau, il est très certain que le taureau a la voix
beaucoup plus forte, puisqu'il se fait entendre de bien plus
loin que la vache, le bœuf ou le veau. Ce qui a fait croire qu'il
avait la voix moins grave, c'est que son mugissement n'est pas
un son simple, mais un son composé de deux ou trois octaves,
dont la plus élevée frappe le plus l'oreille; et en y faisant attention, l'on entend en même temps un son grave, et plus grave

que celui de la vache, du bœuf ou du veau, dont les mugissements sont aussi bien plus courts. » *Hist. nat. des Animaux*, t. VI.

(78) P. 539. — Voici l'explication que donne sur ce sujet l'abbé Nollet, dans ses leçons de physique : « On peut dire en général que le son augmente toutes les fois que le corps sonore imprime un mouvement à un air qui est appuyé. La voix se fait mieux entendre dans les rues d'une ville qu'en rase campagne, et mieux encore dans une chambre close que dans une rue. C'est que les particules d'air qui ont été plus fortement pliées, font des vibrations plus grandes; et l'air, comme tout autre ressort, se comprime d'autant plus qu'il se déplace moins pendant que la puissance comprimante agit sur lui. Mais cette augmentation du son, causée par l'immobilité de l'air, est encore plus sensible quand c'est un corps dur qui arrête et qui soutient les parties de ce fluide. Un orateur se fait mieux entendre quand il a moins de monde pour l'écouter, et que le lieu où il parle n'est pas meublé; car alors le son, au lieu de s'amortir, comme il fait en frappant des corps mous et sans réaction, revient sur lui-même ou se porte d'un autre côté, suivant la manière dont il est réfléchi. Voilà pourquoi le bruit du tonnerre, celui du canon ou d'un fusil s'étend plus loin dans les vallées et le long des rivières que dans le pays plat. Voilà pourquoi aussi, dans les aqueducs ou dans les autres souterrains voûtés, la voix la moins forte se porte intelligiblement d'un bout à l'autre. C'est encore par la raison d'un air immobile, d'ailleurs fortement comprimé et appuyé contre des parois fort dures, qu'un homme enfermé dans l'eau, sous la cloche du plongeur, pensa s'évanouir par l'étonnement que lui causa le son d'un cornet ou petit cor qu'il essaya d'emboucher. On doit expliquer par le même principe ce qui surprend les curieux dans des édifices où la voix la plus basse se fait entendre d'un angle à l'autre, sans que les assistants, qui sont placés partout ailleurs, puissent entendre un mot de ce que l'on dit. » Nollet, *Leçons de physique*, t. III. p. 435.

(79) P. 541. — Cet auteur n'a fait que rassembler et répéter de suite ce qui est épars dans Aristote : *Hist. nat. des Animaux*, t. I, chap. 9.

Buffon convient qu'on peut connaître, à l'inspection des changements du visage, la situation de l'ame ; mais il établit que l'ame n'ayant point de forme qui puisse être relative à aucune forme matérielle, on ne peut pas la juger par la figure du corps ou par la forme du visage. « Les anciens, ajoute-t-il, étaient cependant fort attachés à cette espèce de préjugé, et dans tous les temps, il y a eu des hommes qui ont voulu faire une science divinatoire de leurs prétendues connaissances en physionomie ; mais il est bien évident qu'elles ne peuvent s'étendre qu'à deviner les mouvements de l'ame par ceux des yeux, du visage et du corps ; et que la forme du nez, de la bouche et des autres traits ne fait pas plus à la forme de l'ame, au naturel de la personne, que la grandeur ou la grosseur des membres ne fait à la pensée. Un homme en sera-t-il plus spirituel parcequ'il aura le nez bien fait ? en sera-t-il moins sage parcequ'il aura les yeux petits et la bouche grande ? Il faut donc avouer que tout ce que nous ont dit les physionomistes est destitué de tout fondement, et que rien n'est plus chimérique que les inductions qu'ils ont voulu tirer de leurs prétendues observations métoposcopiques. » Buffon, *Hist. nat.*, t. IV, p. 305.

(80) P. 543. — Pline a même écrit (liv. XXIX, chap. 4) qu'en infectant de son venin presque tous les végétaux d'une vaste contrée, la salamandre pouvait donner la mort à des nations entières : *Salamandra populos pariter necare improvidos potest.* Les modernes ont aussi cru pendant longtemps au poison de la salamandre ; mais Gessner a prouvé par l'expérience qu'elle ne mord point, de quelque manière qu'on cherche à l'irriter ; et Wurfbianus a fait voir qu'on peut impunément la toucher, ainsi que boire de l'eau des fontaines qu'elle habite. *Hist. nat. des Quadr. ovip.*, p. 464.

(81) P. 545. — Pline parle encore de l'hippace (liv. XXV, chap. 8). Il dit que c'est une production de la Scythie, et qu'en tenant cette plante dans leur bouche, les peuples de ce pays supportent la faim et la soif pendant douze jours. Il ajoute que le nom hippace, dont la racine est *ἵππος, cheval*, lui a été donné parcequ'elle produit le même effet sur les chevaux : *idem præstat hippace dicta, quod in equis quoque eumdem effectum habeat.* Brotier, dans ses notes sur Pline, rapporte que les peuples du Canada ont une plante qui a la même propriété. Ils

la broient et l'avalent après l'avoir délayée dans l'eau. Ils la nomment *tsioterese-goû*, ce qui signifie la grande longue racine.

(82) P. 545. — «Je me suis assuré par ma propre expérience, dit Haller, qu'une nourriture sobre, et surtout une extrême modération dans l'usage des viandes, procure un sommeil paisible, favorise les travaux de l'esprit, entretient le bon appétit, et nous met en état de bien remplir toutes nos fonctions. »

Le célèbre Cornaro, se sentant épuisé dès l'âge de quarante ans, rétablit sa santé par une diète rigoureuse, et poussa sa carrière jusqu'à cent ans et au delà. Il s'était borné par jour à quatorze onces de boisson, e à douze onces d'aliments solides.

FIN.

TABLE DES MATIÈRES.

FIN DE LA TABLE.

www.ingramcontent.com/pod-product-compliance
Lightning Source LLC
LaVergne TN
LVHW021919060726
842528LV00001B/31